# 1. Statik in der Ebene

**Das Drehmoment**

**1.**

a) $M = Fl = 200\,\text{N} \cdot 0,36\,\text{m} = 72\,\text{Nm}$

b) Kurbeldrehmoment = Wellendrehmoment

$$Fl = F_1 \frac{d}{2}$$

$$F_1 = F \frac{2l}{d} = 200\,\text{N} \cdot \frac{2 \cdot 0,36\,\text{m}}{0,12\,\text{m}} = 1200\,\text{N}$$

**2.**

$$M = F \frac{d}{2} = 7 \cdot 10^3\,\text{N} \cdot \frac{0,2\,\text{m}}{2} = 700\,\text{Nm}$$

**3.**

$$M = Fl \qquad F = \frac{M}{l} = \frac{62\,\text{Nm}}{0,28\,\text{m}} = 221,4\,\text{N}$$

**4.**

$$M = Fl \qquad l = \frac{M}{F} = \frac{396\,\text{Nm}}{120\,\text{N}} = 3,3\,\text{m}$$

**5.**

$$M = F \frac{d}{2} \qquad F = \frac{2M}{d} = \frac{2 \cdot 860\,\text{Nm}}{0,5\,\text{m}} = 3440\,\text{N}$$

**6.**

a) $M_1 = F_u \frac{d_1}{2}$

$$F_u = \frac{2M_1}{d_1} = \frac{2 \cdot 10 \cdot 10^3\,\text{Nmm}}{10\,\text{mm}} = 200\,\text{N}$$

b) $M_2 = F_u \frac{d_2}{2} = 200\,\text{N} \cdot \frac{180\,\text{mm}}{2}$

$\quad M_2 = 18\,000\,\text{Nmm} = 18\,\text{Nm}$

**7.**

a) $d_1 = z_1\, m_{1/2} = 15 \cdot 4\,\text{mm} = 60\,\text{mm}$

$\quad d_2 = z_2\, m_{1/2} = 30 \cdot 4\,\text{mm} = 120\,\text{mm}$

$\quad d_{2'} = z_{2'}\, m_{2'/3} = 15 \cdot 6\,\text{mm} = 90\,\text{mm}$

$\quad d_3 = z_3\, m_{2'/3} = 25 \cdot 6\,\text{mm} = 150\,\text{mm}$

b) $M_1 = F_{u1/2} \frac{d_1}{2}$

$$F_{u1/2} = \frac{2M_1}{d_1} = \frac{2 \cdot 120 \cdot 10^3\,\text{Nmm}}{60\,\text{mm}} = 4000\,\text{N}$$

c) $M_2 = F_{u1/2} \frac{d_2}{2} = 4000\,\text{N} \cdot \frac{120\,\text{mm}}{2}$

$\quad M_2 = 2,4 \cdot 10^5\,\text{Nmm} = 240\,\text{Nm}$

d) $F_{u2'/3} = \frac{2M_2}{d_{2'}} = \frac{2 \cdot 240 \cdot 10^3\,\text{Nmm}}{90\,\text{mm}} = 5333\,\text{N}$

e) $M_3 = F_{u2'/3} \frac{d_3}{2} = 5333\,\text{N} \cdot \frac{150\,\text{mm}}{2}$

$\quad M_3 = 4 \cdot 10^5\,\text{Nmm} = 400\,\text{Nm}$

**8.**

a) $M_1 = Fl_1 = 220\,\text{N} \cdot 0,21\,\text{m} = 46,2\,\text{Nm}$

b) Das Kettendrehmoment ist gleich dem Tretkurbel-drehmoment:

$\quad M_k = M_1$

$$F_k \frac{d_1}{2} = M_1$$

$$F_k = \frac{2M_1}{d_1} = \frac{2 \cdot 46,2\,\text{Nm}}{0,182\,\text{m}} = 507,7\,\text{N}$$

c) $M_2 = F_k \frac{d_2}{2} = 507,7\,\text{N} \cdot \frac{0,065\,\text{m}}{2} = 16,5\,\text{Nm}$

d) Das Kraftmoment aus Vortriebskraft $F_v$ und Hinterradradius $l_2$ ist gleich dem Drehmoment $M_2$ am Hinterrad.

$\quad F_v l_2 = M_2$

$$F_v = \frac{M_2}{l_2} = \frac{16,5\,\text{Nm}}{0,345\,\text{m}} = 47,83\,\text{N}$$

**Das Freimachen der Bauteile**

**9.**

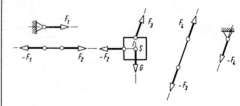

**10.**

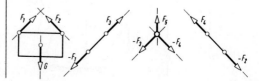

1

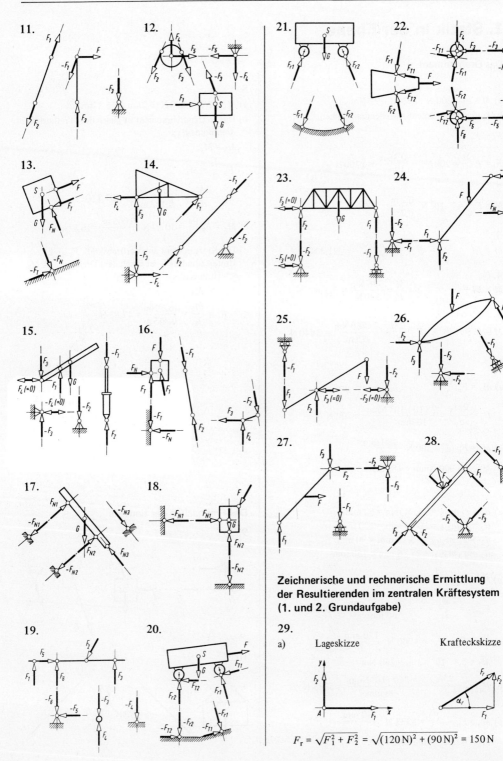

**11.** **12.** **21.** **22.**

**13.** **14.** **23.** **24.**

**15.** **16.** **25.** **26.**

**27.** **28.**

**17.** **18.**

**Zeichnerische und rechnerische Ermittlung der Resultierenden im zentralen Kräftesystem (1. und 2. Grundaufgabe)**

**19.** **20.** **29.**

a)     Lageskizze                    Krafteckskizze

$$F_r = \sqrt{F_1^2 + F_2^2} = \sqrt{(120\,\text{N})^2 + (90\,\text{N})^2} = 150\,\text{N}$$

b) $\alpha_r = \arctan \dfrac{F_2}{F_1} = \arctan \dfrac{90\,\text{N}}{120\,\text{N}} = 36,87°$

**30.**

*Rechnerische Lösung:*

a)     Lageskizze

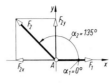

| $n$ | $F_n$ | $\alpha_n$ | $F_{nx} = F_n \cos\alpha_n$ | $F_{ny} = F_n \sin\alpha_n$ |
|---|---|---|---|---|
| 1 | 70 N | 0° | + 70,00 N | 0 N |
| 2 | 105 N | 135° | − 74,25 N | + 74,25 N |
|  |  |  | − 4,25 N | + 74,25 N |

$$F_{rx} = \Sigma F_{nx} = -4,25\,\text{N}; \quad F_{ry} = \Sigma F_{ny} = 74,25\,\text{N}$$

$$F_r = \sqrt{F_{rx}^2 + F_{ry}^2} = \sqrt{(-4,25\,\text{N})^2 + (74,25\,\text{N})^2}$$

$$F_r = 74,37\,\text{N}$$

b) $\beta_r = \arctan \dfrac{|F_{ry}|}{|F_{rx}|} = \arctan \dfrac{74,25\,\text{N}}{4,25\,\text{N}} = 86,72°$

$F_r$ wirkt im II. Quadranten:

$$\alpha_r = 180° - \beta_r = 93,28°$$

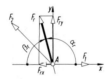

*Zeichnerische Lösung:*

Lageplan                    Kräfteplan ($M_K = 40\ \frac{\text{N}}{\text{cm}}$)

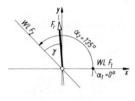

**31.**

*Rechnerische Lösung:*

a)     Lageskizze

| $n$ | $F_n$ | $\alpha_n$ | $F_{nx} = F_n \cos\alpha_n$ | $F_{ny} = F_n \sin\alpha_n$ |
|---|---|---|---|---|
| 1 | 15 N | 0° | + 15 N | 0 N |
| 2 | 25 N | 76,5° | + 5,836 N | + 24,31 N |
|  |  |  | + 20,836 N | + 24,31 N |

$$F_{rx} = \Sigma F_{nx} = 20,84\,\text{N}; \quad F_{ry} = \Sigma F_{ny} = 24,31\,\text{N}$$

$$F_r = \sqrt{F_{rx}^2 + F_{ry}^2} = \sqrt{(20,84\,\text{N})^2 + (24,31\,\text{N})^2} = 32,02\,\text{N}$$

b) $\beta_r = \arctan \dfrac{|F_{ry}|}{|F_{rx}|} = \arctan \dfrac{24,31\,\text{N}}{20,84\,\text{N}} = 49,4°$

$F_r$ wirkt im I. Quadranten:

$$\alpha_r = \beta_r = 49,4°$$

*Zeichnerische Lösung:*

Lageplan                    Kräfteplan ($M_K = 15\ \frac{\text{N}}{\text{cm}}$)

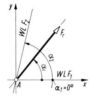

**32.**

*Rechnerische Lösung:*
Die Kräfte werden auf ihren
Wirklinien bis in den Schnittpunkt verschoben (LB, S. 9)
und dann reduziert.

a) Lageskizze

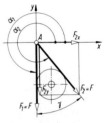

| $n$ | $F_n$ | $\alpha_n$ | $F_{nx} = F_n \cos\alpha_n$ | $F_{ny} = F_n \sin\alpha_n$ |
|---|---|---|---|---|
| 1 | 50 kN | 270° | 0 kN | − 50,00 kN |
| 2 | 50 kN | 310° | + 32,14 kN | − 38,30 kN |
|  |  |  | + 32,14 kN | − 88,3 kN |

$$F_{rx} = \Sigma F_{nx} = 32,14\,\text{kN}; \quad F_{ry} = \Sigma F_{ny} = -88,3\,\text{kN}$$

$$F_r = \sqrt{F_{rx}^2 + F_{ry}^2} = \sqrt{(32,14\,\text{kN})^2 + (-88,3\,\text{kN})^2} = 93,97\,\text{kN}$$

b) $\beta_r = \arctan \dfrac{|F_{ry}|}{|F_{rx}|} = \arctan \dfrac{88,3\,\text{kN}}{32,14\,\text{kN}} = 70°$

$F_r$ wirkt im IV. Quadranten:

$$\alpha_r = 360° - 70° = 290°$$

*Zeichnerische Lösung:*

Lageplan                    Kräfteplan ($M_K = 40\ \frac{\text{N}}{\text{cm}}$)

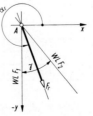
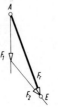

3

**33.**

*Rechnerische Lösung:*

a)  Lageskizze

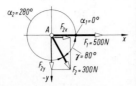

| $n$ | | $\alpha_n$ | $F_{nx} = F_n \cos\alpha_n$ | $F_{ny} = F_n \sin\alpha_n$ |
|---|---|---|---|---|
| 1 | 500 N | 0° | + 500 N | 0 N |
| 2 | 300 N | 280° | + 52,09 N | − 295,4 N |
| | | | + 552,09 N | − 295,4 N |

$F_{rx} = \Sigma F_{nx} = 552,1\,\text{N}; \quad F_{ry} = \Sigma F_{ny} = -295,4\,\text{N}$

$F_r = \sqrt{F_{rx}^2 + F_{ry}^2} = \sqrt{(552,1\,\text{N})^2 + (-295,4\,\text{N})^2} = 626,2\,\text{N}$

$F_r = 626,2\,\text{N}$

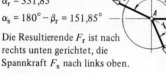

b)  $\beta_r = \arctan \dfrac{|F_{ry}|}{|F_{rx}|} = \arctan \dfrac{295,4\,\text{N}}{552,1\,\text{N}} = 28,15°$

$F_r$ wirkt im IV. Quadranten:

$\alpha_r = 360° - \beta_r = 360° - 28,15°$

$\alpha_r = 331,85°$

$\alpha_s = 180° - \beta_r = 151,85°$

Die Resultierende $F_r$ ist nach
rechts unten gerichtet, die
Spannkraft $F_s$ nach links oben.

*Zeichnerische Lösung:*

Lageplan                     Kräfteplan ($M_K = 200\,\frac{\text{N}}{\text{cm}}$)

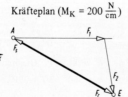

**34.**

*Rechnerische Lösung:*

a)

| $n$ | $F_n$ | $\alpha_n$ | $F_{nx} = F_n \cos\alpha_n$ | $F_{ny} = F_n \sin\alpha_n$ |
|---|---|---|---|---|
| 1 | 400 N | 40° | + 306,4 N | + 257,1 N |
| 2 | 350 N | 0° | + 350,0 N | 0 N |
| 3 | 300 N | 330° | + 259,8 N | − 150,0 N |
| 4 | 500 N | 320° | + 383,0 N | − 321,4 N |
| | | | + 1299,2 N | − 214,3 N |

$F_{rx} = \Sigma F_{nx} = +1299,2\,\text{N}; \quad F_{ry} = \Sigma F_{ny} = -214,3\,\text{N}$

$F_r = \sqrt{F_{rx}^2 + F_{ry}^2} = \sqrt{(1299,2\,\text{N})^2 + (-214,3\,\text{N})^2} = 1317\,\text{N}$

b)  $\beta_r = \arctan \dfrac{|F_{ry}|}{|F_{rx}|} = \arctan \dfrac{214,3\,\text{N}}{1299,2\,\text{N}} = 9,37°$

$F_r$ wirkt im IV. Quadranten:

$\alpha_r = 360° - \beta_r = 360° - 9,37°$

$\alpha_r = 350,63°$

*Zeichnerische Lösung:*      Kräfteplan ($M_K = 500\,\frac{\text{N}}{\text{cm}}$)

Lageplan

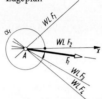
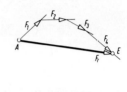

**35.**

*Rechnerische Lösung:*

a)  Lageskizze

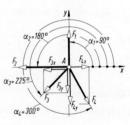

| $n$ | $F_n$ | $\alpha_n$ | $F_{nx} = F_n \cos\alpha_n$ | $F_{ny} = F_n \sin\alpha_n$ |
|---|---|---|---|---|
| 1 | 1,2 kN | 90° | 0 kN | + 1,2000 kN |
| 2 | 1,5 kN | 180° | − 1,5000 kN | 0 kN |
| 3 | 1,0 kN | 225° | − 0,7071 kN | − 0,7071 kN |
| 4 | 0,8 kN | 300° | + 0,4000 kN | − 0,6928 kN |
| | | | − 1,8071 kN | − 0,1999 kN |

$F_{rx} = \Sigma F_{nx} = -1,807\,\text{kN}; \quad F_{ry} = \Sigma F_{ny} = -0,1999\,\text{kN}$

$F_r = \sqrt{F_{rx}^2 + F_{ry}^2} = \sqrt{(-1,807\,\text{kN})^2 + (-0,1999\,\text{kN})^2}$

$F_r = 1,818\,\text{kN}$

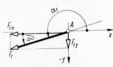

b)  $\beta_r = \arctan \dfrac{|F_{ry}|}{|F_{rx}|} = \arctan \dfrac{0,1999\,\text{kN}}{1,8071\,\text{kN}} = 6,31°$

$F_r$ wirkt im III. Quadranten:

$\alpha_r = 180° + \beta_r = 180° + 6,31°$

$\alpha_r = 186,31°$

*Zeichnerische Lösung:*

Lageplan

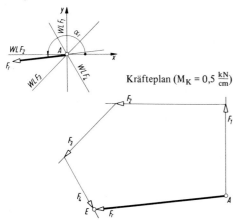

Kräfteplan ($M_K = 0{,}5\,\frac{kN}{cm}$)

## 36.

*Rechnerische Lösung:*

a)

| $n$ | $F_n$ | $\alpha_n$ | $F_{nx} = F_n \cos\alpha_n$ | $F_{ny} = F_n \sin\alpha_n$ |
|---|---|---|---|---|
| 1 | 400 N | 120° | − 200  N | + 346,4 N |
| 2 | 500 N | 45° | + 353,6 N | + 353,6 N |
| 3 | 350 N | 0° | + 350  N | 0  N |
| 4 | 450 N | 270° | 0  N | − 450  N |
|  |  |  | + 503,6 N | + 250  N |

$$F_{rx} = \Sigma F_{nx} = 503{,}6\,N; \quad F_{ry} = \Sigma F_{ny} = 250\,N$$

$$F_r = \sqrt{F_{rx}^2 + F_{ry}^2} = \sqrt{(503{,}6\,N)^2 + (250\,N)^2} = 562{,}2\,N$$

b) $\beta_r = \arctan \dfrac{|F_{ry}|}{|F_{rx}|} = \arctan \dfrac{250\ N}{503{,}6\ N} = 26{,}4°$

$F_r$ wirkt im I. Quadranten:

$\alpha_r = \beta_r = 26{,}4°$

*Zeichnerische Lösung:*

Lageplan     Kräfteplan ($M_K = 250\,\frac{N}{cm}$)

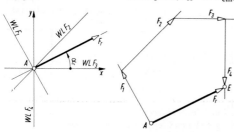

## 37.

*Rechnerische Lösung:*

a) Lageskizze

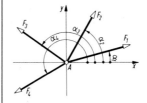

| $n$ | $F_n$ | $\alpha_n$ | $F_{nx} = F_n \cos\alpha_n$ | $F_{ny} = F_n \sin\alpha_n$ |
|---|---|---|---|---|
| 1 | 22 N | 15° | + 21,25 N | +  5,69 N |
| 2 | 15 N | 60° | +  7,5  N | + 12,99 N |
| 3 | 30 N | 145° | − 24,57 N | + 17,21 N |
| 4 | 25 N | 210° | − 21,65 N | − 12,5  N |
|  |  |  | − 17,47 N | + 23,39 N |

$$F_{rx} = \Sigma F_{nx} = -17{,}47\,N; \quad F_{ry} = \Sigma F_{ny} = +23{,}39\,N$$

$$F_r = \sqrt{F_{rx}^2 + F_{ry}^2} = \sqrt{(-17{,}47\,N)^2 + (23{,}39\,N)^2} = 29{,}2\,N$$

b) $\beta_r = \arctan \dfrac{|F_{ry}|}{|F_{rx}|} = \arctan \dfrac{23{,}39\ N}{17{,}47\ N} = 53{,}24°$

$F_r$ wirkt im II. Quadranten:

$\alpha_r = 180° - \beta_r = 180° - 53{,}24°$

$\alpha_r = 126{,}76°$

*Zeichnerische Lösung:*

Lageplan     Kräfteplan ($M_K = 15\,\frac{N}{cm}$)

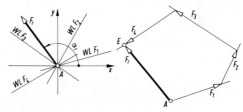

## 38.

*Rechnerische Lösung:*

a) Lageskizze wie in Lösung 37a.

| $n$ | $F_n$ | $\alpha_n$ | $F_{nx} = F_n \cos\alpha_n$ | $F_{ny} - F_n \sin\alpha_n$ |
|---|---|---|---|---|
| 1 | 120 N | 80° | +  20,84 N | + 118,18 N |
| 2 | 200 N | 123° | − 108,93 N | + 167,73 N |
| 3 | 220 N | 165° | − 212,50 N | +  56,94 N |
| 4 | 90 N | 290° | +  30,78 N | −  84,57 N |
| 5 | 150 N | 317° | + 109,70 N | − 102,30 N |
|  |  |  | − 160,11 N | + 155,98 N |

$F_{rx} = \Sigma F_{nx} = -160,1\,\text{N}; \quad F_{ry} = \Sigma F_{ny} = +156\,\text{N}$

$F_r = \sqrt{F_{rx}^2 + F_{ry}^2} = \sqrt{(-160,1\,\text{N})^2 + (156\,\text{N})^2}$

$F_r = 223,5\,\text{N}$

b) $\beta_r = \arctan \dfrac{|F_{ry}|}{|F_{rx}|} = \arctan \dfrac{156\,\text{N}}{160,1\,\text{N}} = 44,26°$

$F_r$ wirkt im II. Quadranten:

$\alpha_r = 180° - \beta_r = 180° - 44,26°$

$\alpha_r = 135,74°$

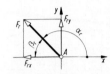

*Zeichnerische Lösung:*

Lageplan

Kräfteplan ($M_K = 100\,\frac{\text{N}}{\text{cm}}$)

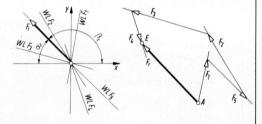

**39.**

*Rechnerische Lösung:*

a) Lageskizze wie in Lösung 37a.

| $n$ | $F_n$ | $\alpha_n$ | $F_{nx} = F_n \cos\alpha_n$ | $F_{ny} = F_n \sin\alpha_n$ |
|---|---|---|---|---|
| 1 | 75 N | 27° | + 66,83 N | + 34,05 N |
| 2 | 125 N | 72° | + 38,63 N | + 118,88 N |
| 3 | 95 N | 127° | − 57,17 N | + 75,87 N |
| 4 | 150 N | 214° | − 124,36 N | − 83,88 N |
| 5 | 170 N | 270° | 0 N | − 170,0 N |
| 6 | 115 N | 331° | + 100,58 N | − 55,75 N |
| | | | + 24,51 N | − 80,83 N |

$F_{rx} = \Sigma F_{nx} = +24,51\,\text{N}; \quad F_{ry} = \Sigma F_{ny} = -80,83\,\text{N}$

$F_r = \sqrt{F_{rx}^2 + F_{ry}^2} = \sqrt{(24,51\,\text{N})^2 + (-80,83\,\text{N})^2} = 84,46\,\text{N}$

b) $\beta_r = \arctan \dfrac{|F_{ry}|}{|F_{rx}|} = \arctan \dfrac{80,83\,\text{N}}{24,51\,\text{N}} = 73,13°$

$\alpha_r = 360° - \beta_r = 360° - 73,13° = 286,87°$

*Zeichnerische Lösung:*

Lageplan

Kräfteplan ($M_K = 75\,\frac{\text{N}}{\text{cm}}$)

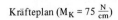

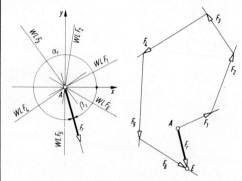

## Zeichnerische und rechnerische Zerlegung von Kräften im zentralen Kräftesystem (1. und 2. Grundaufgabe)

**40.**

Eine Einzelkraft wird oft am einfachsten trigonometrisch in zwei Komponenten zerlegt.

Krafteckskizze

$F_1 = F \cos\alpha = 25\,\text{N} \cdot \cos 35° = 20,48\,\text{N}$

$F_2 = F \sin\alpha = 25\,\text{N} \cdot \sin 35° = 14,34\,\text{N}$

**41.**

Krafteckskizzen

$\tan\alpha_2 = \dfrac{F_1}{F}$

$F_1 = F \tan\alpha_2 = 3600\,\text{N} \cdot \tan 45°$

$F_1 = 3600\,\text{N}$

$\cos\alpha_2 = \dfrac{F}{F_2}$

$F_2 = \dfrac{F}{\cos\alpha_2} = \dfrac{3600\,\text{N}}{\cos 45°}$

$F_2 = 5091\,\text{N}$

**42.**

a) $F_{ry} = F_r \cos\alpha = 68\,\text{kN} \cdot \cos 52°$

$F_{ry} = 41,86\,\text{kN}$

Krafteckskizze

b) $F_{rx} = F_r \sin\alpha = 68\,\text{kN} \cdot \sin 52°$

$F_{rx} = 53,58\,\text{kN}$

*Hinweis:* *Hier* liegt der Winkel $\alpha$ zwischen der Kraft $F_r$ und der *Senkrechten*. Darum erhalten wir hier nicht die gewohnten Gleichungen für $F_{rx}$ und $F_{ry}$.

## 43.

Krafteckskizze

$F_{Ax} = F_A \sin 36° = 26\,\text{kN} \cdot \sin 36°$
$F_{Ax} = 15,28\,\text{kN}$
$F_{Ay} = F_A \cos 36° = 26\,\text{kN} \cdot \cos 36°$
$F_{Ay} = 21,03\,\text{kN}$

## 44.

*Trigonometrische Lösung:*
Krafteckskizze

$\alpha = 40°$ gegeben
$\gamma = 90° - \beta = 65°$
$\delta = 180° - (\alpha + \gamma) = 180° - 105°$
$\delta = 75°$

Lösung mit dem Sinussatz:

$$\frac{F}{\sin \gamma} = \frac{F_1}{\sin \delta} = \frac{F_2}{\sin \alpha}$$

$$F_1 = F \frac{\sin \delta}{\sin \gamma} = 5,5\,\text{kN} \cdot \frac{\sin 75°}{\sin 65°} = 5,862\,\text{kN}$$

$$F_2 = F \frac{\sin \alpha}{\sin \gamma} = 5,5\,\text{kN} \cdot \frac{\sin 40°}{\sin 65°} = 3,901\,\text{kN}$$

*Zeichnerische Lösung:*

Lageplan          Kräfteplan ($M_K = 2,5\,\frac{\text{kN}}{\text{cm}}$)

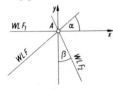
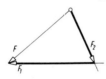

## 45.

*Trigonometrische Lösung:*
Lageskizze          Krafteckskizze

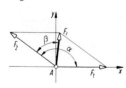

$180° - \alpha = 35°$
$\beta = 60°$
$\gamma = 180° - (35° + 60°)$
$\gamma = 85°$

Sinussatz:

$$\frac{F_r}{\sin(180° - \alpha)} = \frac{F_1}{\sin \beta} = \frac{F_2}{\sin \gamma}$$

$$F_1 = F_r \frac{\sin \beta}{\sin(180° - \alpha)} = 75\,\text{N} \cdot \frac{\sin 60°}{\sin 35°} = 113,2\,\text{N}$$

$$F_2 = F_r \frac{\sin \gamma}{\sin(180° - \alpha)} = 75\,\text{N} \cdot \frac{\sin 85°}{\sin 35°} = 130,3\,\text{N}$$

*Zeichnerische Lösung:*

Lageplan          Kräfteplan ($M_K = 50\,\frac{\text{N}}{\text{cm}}$)

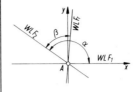
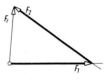

## 46.

Lageskizze          Krafteckskizze

$\beta = 180° - \alpha = 110°$
$\gamma = \frac{\alpha}{2} = 35°$

Sinussatz:

$$\frac{F_r}{\sin \beta} = \frac{F}{\sin \gamma}$$

$$F = F_r \frac{\sin \gamma}{\sin \beta} = 73\,\text{kN} \cdot \frac{\sin 35°}{\sin 110°} = 44,56\,\text{kN}$$

## 47.

*Trigonometrische Lösung:*
Krafteckskizze

$\gamma = 180° - (40° + 25°) = 115°$

Sinussatz:

$$\frac{F}{\sin \gamma} = \frac{F_1}{\sin 25°} = \frac{F_2}{\sin 40°}$$

$$F_1 = F \frac{\sin 25°}{\sin \gamma} = 1,1\,\text{kN} \cdot \frac{\sin 25°}{\sin 115°} = 512,9\,\text{N}$$

$$F_2 = F \frac{\sin 40°}{\sin \gamma} = 1,1\,\text{kN} \cdot \frac{\sin 40°}{\sin 115°} = 780,2\,\text{N}$$

*Zeichnerische Lösung:*

Lageplan          Kräfteplan ($M_K = 0,4\,\frac{\text{kN}}{\text{cm}}$)

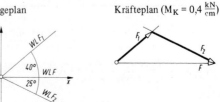

**48.**

*Trigonometrische Lösung:*

Krafteckskizze

$\gamma = 180° - (60° + 40°) = 80°$

Sinussatz:

$$\frac{F}{\sin\gamma} = \frac{F_1}{\sin 60°} = \frac{F_2}{\sin 40°}$$

$$F_1 = F\frac{\sin 60°}{\sin 80°} = 30\,\text{kN}\cdot\frac{\sin 60°}{\sin 80°} = 26,38\,\text{kN}$$

$$F_2 = F\frac{\sin 40°}{\sin 80°} = 30\,\text{kN}\cdot\frac{\sin 40°}{\sin 80°} = 19,58\,\text{kN}$$

*Zeichnerische Lösung:*

Lageplan                     Kräfteplan ($M_K = 15\,\frac{\text{kN}}{\text{cm}}$)

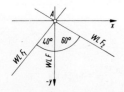

**Zeichnerische und rechnerische Ermittlung unbekannter Kräfte im zentralen Kräftesystem (3. und 4. Grundaufgabe)**

**49.**

*Analytische Lösung:*

$\alpha_1 = 210°$

$\alpha_2 = 300°$

$\alpha\ = 90°$

Lageskizze

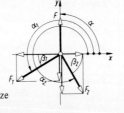

I. $\Sigma F_x = 0 = F_1\cos\alpha_1 + F_2\cos\alpha_2 + F\cos\alpha$

II. $\Sigma F_y = 0 = F_1\sin\alpha_1 + F_2\sin\alpha_2 + F\sin\alpha$

I. = II. $\quad F_2 = \dfrac{-F_1\cos\alpha_1 - F\cos\alpha}{\cos\alpha_2} = \dfrac{-F_1\sin\alpha_1 - F\sin\alpha}{\sin\alpha_2}$

$-F_1\cos\alpha_1\sin\alpha_2 - F\cos\alpha\sin\alpha_2 = -F_1\sin\alpha_1\cos\alpha_2 - F\sin\alpha\cos\alpha_2$

$F_1\underbrace{(\sin\alpha_1\cos\alpha_2 - \cos\alpha_1\sin\alpha_2)}_{\sin(\alpha_1-\alpha_2)} = \underbrace{F(\cos\alpha\sin\alpha_2 - \sin\alpha\cos\alpha_2)}_{\sin(\alpha_2-\alpha)}$

$$F_1 = F\frac{\sin(\alpha_2-\alpha)}{\sin(\alpha_1-\alpha_2)} = 17\,\text{kN}\frac{\sin(300°-90°)}{\sin(210°-300°)} = 8,5\,\text{kN}$$

I. $\quad F_2 = \dfrac{-F_1\cos\alpha_1 - F\cos\alpha}{\cos\alpha_2} = \dfrac{-8,5\,\text{kN}\cdot\cos 210° - 17\,\text{kN}\cdot\cos 90°}{\cos 300°} = 14,72\,\text{kN}$

*Trigonometrische Lösung:*

Krafteckskizze

$\delta = \beta_1 + \beta_2 = 90°$

$\gamma_1 = 90° - \beta_1 = 60°$

$\gamma_2 = 90° - \beta_2 = 30°$

d.h. rechtwinkliges Dreieck.

$F_1 = F\cos\gamma_1 = 17\,\text{kN}\cdot\cos 60° =\ 8,5\ \ \text{kN}$

$F_2 = F\cos\gamma_2 = 17\,\text{kN}\cdot\cos 30° = 14,72\,\text{kN}$

*Zeichnerische Lösung*

Lageplan                     Kräfteplan ($M_K = 5\,\frac{\text{N}}{\text{cm}}$)

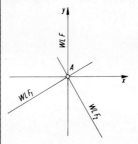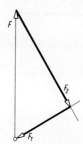

**50.**

*Analytische Lösung:*

a)   $\alpha_1 = 270°$
     $\alpha_2 = 155°$
     $\alpha_3 = 80°$

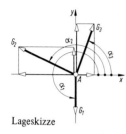

Lageskizze

I. $\Sigma F_x = 0 = G_1\cos\alpha_1 + G_2\cos\alpha_2 + G_3\cos\alpha_3$

II. $\Sigma F_y = 0 = G_1\sin\alpha_1 + G_2\sin\alpha_2 + G_3\sin\alpha_3$

I. = II.   $G_3 = \dfrac{-G_1\cos\alpha_1 - G_2\cos\alpha_2}{\cos\alpha_3} = \dfrac{-G_1\sin\alpha_1 - G_2\sin\alpha_2}{\sin\alpha_3}$

$-G_1\cos\alpha_1\sin\alpha_3 - G_2\cos\alpha_2\sin\alpha_3 = -G_1\sin\alpha_1\cos\alpha_3 - G_2\sin\alpha_2\cos\alpha_3$

$G_2\underbrace{(\sin\alpha_2\cos\alpha_3 - \cos\alpha_2\sin\alpha_3)}_{\sin(\alpha_2 - \alpha_3)} = G_1\underbrace{(\cos\alpha_1\sin\alpha_3 - \sin\alpha_1\cos\alpha_3)}_{\sin(\alpha_3 - \alpha_1)}$

$G_2 = G_1\dfrac{\sin(\alpha_3 - \alpha_1)}{\sin(\alpha_2 - \alpha_3)}$

In gleicher Weise ergibt sich für $G_3 = G_1\dfrac{\sin(\alpha_2 - \alpha_1)}{\sin(\alpha_3 - \alpha_2)}$

b) $G_2 = 30\,\text{N} \cdot \dfrac{\sin(80° - 270°)}{\sin(155° - 80°)} = 5{,}393\,\text{N}$

$G_3 = 30\,\text{N} \cdot \dfrac{\sin(155° - 270°)}{\sin(80° - 155°)} = 28{,}15\,\text{N}$

Kontrolle mit der trigonometrischen und der zeichnerischen Lösung.

---

**51.**

*Rechnerische Lösung:*

a) Lageskizze

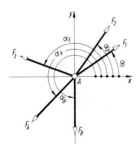

$\alpha_1 = 35°$
$\alpha_2 = 55°$
$\alpha_3 = 160°$
$\alpha_A = 225°$
$\alpha_B = 270°$

I. $\Sigma F_x = 0 = F_1\cos\alpha_1 + F_2\cos\alpha_2 + F_3\cos\alpha_3 + F_A\cos\alpha_A + F_B\cos\alpha_B$

II. $\Sigma F_y = 0 = F_1\sin\alpha_1 + F_2\sin\alpha_2 + F_3\sin\alpha_3 + F_A\sin\alpha_A + F_B\sin\alpha_B$

I. $F_B = \dfrac{-F_1\cos\alpha_1 - F_2\cos\alpha_2 - F_3\cos\alpha_3 - F_A\cos\alpha_A}{\cos\alpha_B}$

II. $F_B = \dfrac{-F_1\sin\alpha_1 - F_2\sin\alpha_2 - F_3\sin\alpha_3 - F_A\sin\alpha_A}{\sin\alpha_B}$

I. = II.   $-F_1\cos\alpha_1\sin\alpha_B - F_2\cos\alpha_2\sin\alpha_B - F_3\cos\alpha_3\sin\alpha_B - F_A\cos\alpha_A\sin\alpha_B$
$= -F_1\sin\alpha_1\cos\alpha_B - F_2\sin\alpha_2\cos\alpha_B - F_3\sin\alpha_3\cos\alpha_B - F_A\sin\alpha_A\cos\alpha_B$

$F_A\underbrace{(\sin\alpha_A\cos\alpha_B - \cos\alpha_A\sin\alpha_B)}_{\sin(\alpha_A - \alpha_B)} = F_1\underbrace{(\cos\alpha_1\sin\alpha_B - \sin\alpha_1\cos\alpha_B)}_{\sin(\alpha_B - \alpha_1)}$

$+ F_2\underbrace{(\cos\alpha_2\sin\alpha_B - \sin\alpha_2\cos\alpha_B)}_{\sin(\alpha_B - \alpha_2)} + F_3\underbrace{(\cos\alpha_3\sin\alpha_B - \sin\alpha_3\cos\alpha_B)}_{\sin(\alpha_B - \alpha_3)}$

$F_A = \dfrac{F_1\sin(\alpha_B - \alpha_1) + F_2\sin(\alpha_B - \alpha_2) + F_3\sin(\alpha_B - \alpha_3)}{\sin(\alpha_A - \alpha_B)}$

$F_A = 185{,}4\,\text{N}$

I. $F_B = \dfrac{-F_1\cos\alpha_1 - F_2\cos\alpha_2 - F_3\cos\alpha_3 - F_A\cos\alpha_A}{\cos\alpha_B}$

Der ETR zeigt als Ergebnis „0" und „Fehler" an (Blinken).
Das liegt daran, daß $\cos\alpha_B = 0$ und die Division durch Null unzulässig ist.
Die Kraft $F_B$ kann darum nur aus Gleichung II. berechnet werden:

II. $F_B = \dfrac{-F_1\sin\alpha_1 - F_2\sin\alpha_2 - F_3\sin\alpha_3 - F_A\sin\alpha_A}{\sin\alpha_B}$

$F_B = 286\,\text{N}$

b) Der angenommene Richtungssinn war richtig, weil sich für $F_A$
und $F_B$ positive Beträge ergeben haben.
$F_A$ wirkt nach links unten, $F_B$ wirkt nach unten.

9

*Zeichnerische Lösung:*

Lageplan

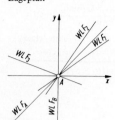

Kräfteplan ($M_K = 150 \frac{N}{cm}$)

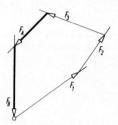

**53.**

*Rechnerische Lösung:*

Lageskizze

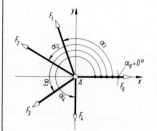

$\alpha_1 = 110°$
$\alpha_2 = 150°$
$\alpha_3 = 215°$
$\alpha_4 = 270°$
$\alpha_g = \phantom{0}0°$

**52.**

Lageskizze 1
(freigemachter Gelenkbolzen)

Krafteckskizze 1

Wegen der Symmetrie sind die Kräfte $F_2$ und $F_3$ in beiden Schwingen gleich groß:

$$F_2 = F_3 = \frac{F_1}{2 \sin\varphi}$$

a) I. $\Sigma F_x = 0 = F_1 \cos\alpha_1 + F_2 \cos\alpha_2 + F_3 \cos\alpha_3 + F_4 \cos\alpha_4 + F_g \cos\alpha_g$

II. $\Sigma F_y = 0 = F_1 \sin\alpha_1 + F_2 \sin\alpha_2 + F_3 \sin\alpha_3 + F_4 \sin\alpha_4 + F_g \sin\alpha_g$

I. $-F_g = \dfrac{F_1 \cos\alpha_1 + F_2 \cos\alpha_2 + F_3 \cos\alpha_3 + F_4 \cos\alpha_4}{\cos\alpha_g}$

II. $-F_g = \dfrac{F_1 \sin\alpha_1 + F_2 \sin\alpha_2 + F_3 \sin\alpha_3 + F_4 \sin\alpha_4}{\sin\alpha_g}$

I. = II. $F_1 \cos\alpha_1 \sin\alpha_g + F_2 \cos\alpha_2 \sin\alpha_g + F_3 \cos\alpha_3 \sin\alpha_g + F_4 \cos\alpha_4 \sin\alpha_g$
$= F_1 \sin\alpha_1 \cos\alpha_g + F_2 \sin\alpha_2 \cos\alpha_g + F_3 \sin\alpha_3 \cos\alpha_g + F_4 \sin\alpha_4 \cos\alpha_g$

$F_4(\cos\alpha_4 \sin\alpha_g - \sin\alpha_4 \cos\alpha_g)$
$= F_1(\sin\alpha_1 \cos\alpha_g - \cos\alpha_1 \sin\alpha_g) + F_2(\sin\alpha_2 \cos\alpha_g - \cos\alpha_2 \sin\alpha_g)$
$+ F_3(\sin\alpha_3 \cos\alpha_g - \cos\alpha_3 \sin\alpha_g)$

Mit den entsprechenden Additionstheoremen wird vereinfacht:

$F_4 \sin(\alpha_g - \alpha_4) = F_1 \sin(\alpha_1 - \cos\alpha_g) + F_2 \sin(\alpha_2 - \alpha_g) + F_3 \sin(\alpha_3 - \alpha_g)$

$F_4 = \dfrac{F_1 \sin(\alpha_1 - \alpha_g) + F_2 \sin(\alpha_2 - \alpha_g) + F_3 \sin(\alpha_3 - \alpha_g)}{\sin(\alpha_g - \alpha_4)} = 2{,}676 \text{ N}$

b) I. $F_g = -\dfrac{F_1 \cos\alpha_1 + F_2 \cos\alpha_2 + F_3 \cos\alpha_3 + F_4 \cos\alpha_4}{\cos\alpha_g} = 17{,}24 \text{ N}$

Lageskizze 2
(freigemachter Pressenstößel)

Krafteckskizze 2

$$F_p = F_3 \cos\varphi = \frac{F_1}{2 \sin\varphi} \cos\varphi = \frac{F_1}{2 \tan\varphi}$$

$$F_{p5°} = \frac{F_1}{2 \tan 5°} = 5{,}715 \, F_1$$

$$F_{p1°} = \frac{F_1}{2 \tan 1°} = 28{,}64 \, F_1$$

(Kontrolle mit der analytischen Lösung)

*Zeichnerische Lösung:*

Lageplan

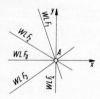

Kräfteplan ($M_K = 5 \frac{N}{cm}$)

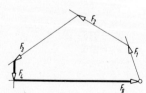

## 54.

Weil nur drei Kräfte wirken, ist die trigonometrische Lösung am einfachsten.

Lageskizze        Krafteckskizze

(freigemachter Gelenkbolzen)

$$F_1 = \frac{\dfrac{F_s}{2}}{\sin \dfrac{\beta}{2}} = \frac{F_s}{2 \sin \dfrac{\beta}{2}} = \frac{120\,\text{kN}}{2 \sin 45°} = 84,85\,\text{kN} = F_2$$

(Kontrolle mit der analytischen und der zeichnerischen Lösung)

## 55.

*Trigonometrische Lösung:*

a) Lageskizze        Krafteckskizze

(freigemachte Auslegerspitze)

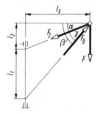 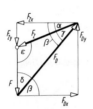

Berechnung der Winkel:

$$\alpha = \arctan \frac{l_2}{l_3} = \arctan \frac{1,5\,\text{m}}{4\,\text{m}} = 20,56°$$

$$\beta = \arctan \frac{l_1 + l_2}{l_3} = \arctan \frac{4,5\,\text{m}}{4\,\text{m}} = 48,37°$$

$$\begin{aligned}
\gamma &= \beta - \alpha = 27,81° \\
\delta &= 90° - \beta = 41,63° \\
\epsilon &= 90° + \alpha = 110,56°
\end{aligned}$$

Probe:   $\gamma + \delta + \epsilon = 180,00°$

Auswertung der Krafteckskizze nach dem Sinussatz:

$$\frac{F}{\sin \gamma} = \frac{F_Z}{\sin \delta} = \frac{F_D}{\sin \epsilon}$$

$$F_Z = F \frac{\sin \delta}{\sin \gamma} = 20\,\text{kN} \cdot \frac{\sin 41,63°}{\sin 27,81°} = 28,48\,\text{kN}$$

$$F_D = F \frac{\sin \epsilon}{\sin \gamma} = 20\,\text{kN} \cdot \frac{\sin 110,56°}{\sin 27,81°} = 40,14\,\text{kN}$$

(Kontrolle mit der analytischen Lösung)

Berechnung der Komponenten (siehe Krafteckskizze):

b) $F_{Zx} = F_Z \cos \alpha = 28,48\,\text{kN} \cdot \cos 20,56° = 26,67\,\text{kN}$
$\phantom{b)}\ F_{Zy} = F_Z \sin \alpha = 28,48\,\text{kN} \cdot \sin 20,56° = 10,00\,\text{kN}$

c) $F_{Dx} = F_D \cos \beta = 40,14\,\text{kN} \cdot \cos 48,37° = 26,67\,\text{kN}$
$\phantom{c)}\ F_{Dy} = F_D \sin \beta = 40,14\,\text{kN} \cdot \sin 48,37° = 30\,\text{kN}$

*Zeichnerische Lösung:*

Lageplan ($M_L = 1,5\,\frac{\text{m}}{\text{cm}}$)     Kräfteplan ($M_K = 10\,\frac{\text{N}}{\text{cm}}$)

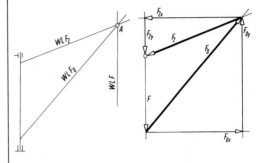

## 56.

*Analytische Lösung:*        Lageskizze

Beide Stützkräfte sind wegen Symmetrie gleich groß. Sie werden auf ihren Wirklinien in den Stangenmittelpunkt (Zentralpunkt) verschoben.

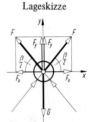

$$\Sigma F_y = 0 = 2 F_y - G = 2 F \sin \frac{\beta}{2} - G$$

$$F = \frac{G}{2 \sin \dfrac{\beta}{2}} = \frac{1,2\,\text{kN}}{2 \cdot \sin 50°} = 783,2\,\text{N}$$

(Kontrolle mit der trigonometrischen Lösung)

## 57.

*Trigonometrische Lösung:*

Lageskizze        Krafteckskizze

(freigemachte Einhängöse)

Berechnung der Winkel:

$$\beta = \arctan \frac{l_3}{l_2} = 25,41°$$

$$\gamma = \arctan \frac{l_3}{l_1} = 38,37°$$

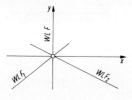

Auswertung der Krafteckskizze mit dem Sinussatz:

$$\frac{G}{\sin(\gamma + \beta)} = \frac{F_1}{\sin(90° - \beta)} = \frac{F_2}{\sin(90° - \gamma)}$$

$$F_1 = G \frac{\sin(90° - \beta)}{\sin(\gamma + \beta)} = 50\,\mathrm{kN} \cdot \frac{\sin(90° - 25,41°)}{\sin(38,37° + 25,41°)} = 50,35\,\mathrm{kN}$$

$$F_2 = G \frac{\sin(90° - \gamma)}{\sin(\gamma + \beta)} = 50\,\mathrm{kN} \cdot \frac{\sin(90° - 38,37°)}{\sin(38,37° + 25,41°)} = 43,70\,\mathrm{kN}$$

(Kontrolle mit der analytischen Lösung)

*Zeichnerische Lösung:*

Lageplan

Kräfteplan ($M_K = 25\,\frac{\mathrm{kN}}{\mathrm{cm}}$)

**58.**

Die trigonometrische Lösung ist am einfachsten:

Lageskizze (freigemachte Lampe)

Krafteckskizze

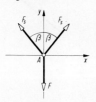

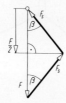

$$F_w = G \tan\beta = 220\,\mathrm{N} \cdot \tan 20° = 80,07\,\mathrm{N}$$

$$F = \frac{G}{\cos\beta} = \frac{220\,\mathrm{N}}{\cos 20°} = 234,1\,\mathrm{N}$$

(Kontrolle mit der analytischen und der zeichnerischen Lösung)

**59.**

Die trigonometrische Lösung ist am einfachsten:

Lageskizze

Krafteckskizze

$$F_s = \frac{\frac{F}{2}}{\cos\beta} = \frac{F}{2\cos\beta} = \frac{12\,\mathrm{kN}}{2 \cdot \cos 40°} = 7,832\,\mathrm{kN}$$

(Kontrolle mit der analytischen und der zeichnerischen Lösung)

**60.**

Die trigonometrische Lösung ist am einfachsten:

Lageskizze
(freigemachter prismatischer Körper)    Krafteckskizze

$\delta = 180° - (\gamma + \beta) = 90°$;  d.h. das Krafteck ist ein *rechtwinkliges* Dreieck.

$$F_A = G \cos\gamma = 750\,\mathrm{N} \cdot \cos 35° = 614,4\,\mathrm{N}$$

$$F_B = G \cos\beta = 750\,\mathrm{N} \cdot \cos 55° = 430,2\,\mathrm{N}$$

(Kontrolle mit der analytischen und der zeichnerischen Lösung)

**61.**

*Trigonometrische Lösung:*

Lageskizze (freigemachte Walze)      Krafteckskizze

$$\beta = \arctan \frac{l_1}{l_2} = \arctan \frac{280\,\mathrm{mm}}{320\,\mathrm{mm}} = 41,19°$$

Sinussatz nach Krafteckskizze:

$$\frac{G}{\sin(\gamma + \beta)} = \frac{F_s}{\sin(90° - \beta)} = \frac{F_r}{\sin(90° - \gamma)}$$

$$F_s = G \frac{\sin(90° - \beta)}{\sin(\gamma + \beta)} = 3,8\,\mathrm{kN} \cdot \frac{\sin(90° - 41,19°)}{\sin(40° + 41,19°)} = 2,894\,\mathrm{kN}$$

$$F_r = G \frac{\sin(90° - \gamma)}{\sin(\gamma + \beta)} = 3,8\,\mathrm{kN} \cdot \frac{\sin(90° - 40°)}{\sin(40° + 41,19°)} = 2,946\,\mathrm{kN}$$

*Analytische Lösung:*

Lageskizze

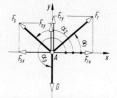

$$\alpha_1 = \beta = 41,19°$$

$$\alpha_2 = 180° - \gamma = 140°$$

$$\alpha_3 = 270°$$

I.   $\Sigma F_x = 0 = F_r \cos\alpha_1 + F_s \cos\alpha_2 + G \cos\alpha_3$

II   $\Sigma F_y = 0 = F_r \sin\alpha_1 + F_s \sin\alpha_2 + G \sin\alpha_3$

I. $-F_r = \dfrac{F_s \cos\alpha_2 + G\cos\alpha_3}{\cos\alpha_1}$

II. $-F_r = \dfrac{F_s \sin\alpha_2 + G\sin\alpha_3}{\sin\alpha_1}$

I. = II. $F_s \cos\alpha_2 \sin\alpha_1 + G\cos\alpha_3 \sin\alpha_1 = F_s \sin\alpha_2 \cos\alpha_1 + G\sin\alpha_3 \cos\alpha_1$

$F_s \underbrace{(\sin\alpha_2 \cos\alpha_1 - \cos\alpha_2 \sin\alpha_1)}_{\sin(\alpha_2 - \alpha_1)} = G\underbrace{(\sin\alpha_1 \cos\alpha_3 - \cos\alpha_1 \sin\alpha_3)}_{\sin(\alpha_1 - \alpha_3)}$

$F_s = G \dfrac{\sin(\alpha_1 - \alpha_3)}{\sin(\alpha_2 - \alpha_1)} = 3{,}8\,\text{kN}\ \dfrac{\sin(41{,}19^\circ - 270^\circ)}{\sin(140^\circ - 41{,}19^\circ)}$

$F_s = 2{,}894\,\text{kN}$

eingesetzt in I. oder II. ergibt

$F_r = 2{,}894\,\text{kN}$

$F_s = \dfrac{F_k}{\cos\beta} = \dfrac{31{,}42\,\text{kN}}{\cos 11{,}31^\circ} = 32{,}04\,\text{kN}$

$F_N = F_k \tan\beta = 31{,}42\,\text{kN} \cdot \tan 11{,}31^\circ = 6{,}283\,\text{kN}$

(Kontrolle mit der analytischen und der zeichnerischen Lösung)

c) $M = F_s\, r = 32{,}04 \cdot 10^3\,\text{N} \cdot 0{,}2\,\text{m} = 6408\,\text{Nm}$

*Zeichnerische Lösung:*

Lageplan ($M_L = 12{,}5\,\tfrac{\text{cm}}{\text{cm}}$)     Kräfteplan ($M_K = 1\,\tfrac{\text{kN}}{\text{cm}}$)

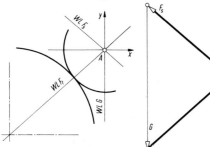

**62.**

a) Kolbenkraft = Druck $\times$ Kolbenfläche

$F_k = p\,A = p\,\dfrac{\pi}{4}d^2 \qquad p = 10\,\text{bar} = 10^6\,\text{Pa} = 10^6\,\dfrac{\text{N}}{\text{m}^2}$

$F_k = 10^6\,\dfrac{\text{N}}{\text{m}^2} \cdot \dfrac{\pi}{4}(0{,}2\,\text{m})^2 = 31416\,\text{N} = 31{,}42\,\text{kN}$

b) Lageskizze (freigemachter Kreuzkopf)

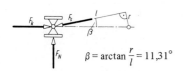

$\beta = \arctan \dfrac{r}{l} = 11{,}31^\circ$

Krafteckskizze

**63.**

*Trigonometrische Lösung:*

Lageskizze (freigemachter Kolben)     Krafteckskizze

a) $F_N = F \tan\gamma = 110\,\text{kN} \cdot \tan 12^\circ = 23{,}38\,\text{kN}$

b) $F_p = \dfrac{F}{\cos\gamma} = \dfrac{110\,\text{kN}}{\cos 12^\circ} = 112{,}5\,\text{kN}$

*Analytische Lösung:*

Lageskizze

$\alpha_1 = 0$
$\alpha_2 = 102^\circ$
$\alpha_3 = 270^\circ$

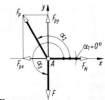

a) I. $\Sigma F_x = 0 = F_N \cos\alpha_1 + F_p \cos\alpha_2 + F\cos\alpha_3$

II. $\Sigma F_y = 0 = F_N \sin\alpha_1 + F_p \sin\alpha_2 + F\sin\alpha_3$

I. = II. $-F_p = \dfrac{F_N \cos\alpha_1 + F\cos\alpha_3}{\cos\alpha_2} = \dfrac{F_N \sin\alpha_1 + F\sin\alpha_3}{\sin\alpha_2}$

$F_N \cos\alpha_1 \sin\alpha_2 + F\cos\alpha_3 \sin\alpha_2 = F_N \sin\alpha_1 \cos\alpha_2 + F\sin\alpha_3 \cos\alpha_2$

$F_N \underbrace{(\sin\alpha_1 \cos\alpha_2 - \cos\alpha_1 \sin\alpha_2)}_{\sin(\alpha_1 - \alpha_2)} = F\underbrace{(\sin\alpha_2 \cos\alpha_3 - \cos\alpha_2 \sin\alpha_3)}_{\sin(\alpha_2 - \alpha_3)}$

$F_N = F\dfrac{\sin(\alpha_2 - \alpha_3)}{\sin(\alpha_1 - \alpha_2)} = 110\,\text{kN} \cdot \dfrac{\sin(102^\circ - 270^\circ)}{\sin(0^\circ - 102^\circ)} = 23{,}38\,\text{kN}$

b) I. $F_p = -\dfrac{F_N \cos\alpha_1 + F\cos\alpha_3}{\cos\alpha_2}$

$F_p = -\dfrac{23{,}38\,\text{kN} \cdot \cos 0^\circ + 110\,\text{kN} \cdot \cos 270^\circ}{\cos 102^\circ} = 112{,}5\,\text{kN}$

13

**64.**

*Analytische Lösung:*

Lageskizze

$$\alpha = \arctan = \frac{l_1}{l_2} = \arctan \frac{4\,\text{m}}{1\,\text{m}} = 75{,}96°$$

$$\alpha_1 = 0$$
$$\alpha_2 = 180° - 75{,}96° = 104{,}04°$$
$$\alpha_3 = 270°$$

a) I. $\Sigma F_x = 0 = F\cos\alpha_1 + 2\,F_z\cos\alpha_2 + G\cos\alpha_3$
   II. $\Sigma F_y = 0 = F\sin\alpha_1 + 2\,F_z\sin\alpha_2 + G\sin\alpha_3$

$$\text{I.}=\text{II.}\quad -F_z = \frac{F\cos\alpha_1 + G\cos\alpha_3}{2\cos\alpha_2} = \frac{F\sin\alpha_1 + G\sin\alpha_3}{2\sin\alpha_2}$$

$$2\,F\cos\alpha_1\sin\alpha_2 + 2\,G\cos\alpha_3\sin\alpha_2 = 2\,F\sin\alpha_1\cos\alpha_2 + 2\,G\sin\alpha_3\cos\alpha_2$$

$$\underbrace{F(\sin\alpha_1\cos\alpha_2 - \cos\alpha_1\sin\alpha_2)}_{\sin(\alpha_1-\alpha_2)} = \underbrace{G(\sin\alpha_2\cos\alpha_3 - \cos\alpha_2\sin\alpha_3)}_{\sin(\alpha_2-\alpha_3)}$$

$$F = G\,\frac{\sin(\alpha_2-\alpha_3)}{\sin(\alpha_1-\alpha_2)} = 2\,\text{kN}\,\frac{\sin(104{,}04°-270°)}{\sin(0°-104{,}04°)} = 0{,}5\,\text{kN}$$

b) $F_z = 1{,}031\,\text{kN}$ (aus I. oder II.)

**65.**

*Vorüberlegung:*

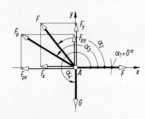

Die Spannkräfte in beiden Riementrums sind gleich groß $F = 150\,\text{N}$. Die Wirklinie ihrer Resultierenden läuft deshalb durch den Spannrollen-Mittelpunkt. Verschieben wir den Angriffspunkt der Resultierenden in den Mittelpunkt, so können wir die Resultierende dort wieder in die beiden Komponenten $F$ zerlegen. Damit ist der Mittelpunkt zugleich der Zentralpunkt $A$ eines zentralen Kräftesystems.

Lageskizze

$$\alpha_1 = 0$$
$$\alpha_2 = 130°$$
$$\alpha_3 = 150°$$
$$\alpha_4 = 270°$$

**66.**

*Trigonometrische Lösung:*

a) Lageskizze
   (freigemachter Seilring)

Berechnung der Winkel
$\beta$ und $\gamma$:

$$\beta = \arctan\frac{l_3}{l_1} = \arctan\frac{0{,}75\,\text{m}}{1{,}7\,\text{m}} = 23{,}81°$$

$$\gamma = \arctan\frac{l_3}{l_2} = \arctan\frac{0{,}75\,\text{m}}{0{,}7\,\text{m}} = 46{,}97°$$

Krafteckskizze

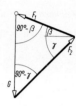

Sinussatz:

$$\frac{G}{\sin(\beta+\gamma)} = \frac{F_1}{\sin(90°-\gamma)} = \frac{F_2}{\sin(90°-\beta)}$$

$$F_1 = G\,\frac{\sin(90°-\gamma)}{\sin(\beta+\gamma)} = 25\,\text{kN} \cdot \frac{\sin(90°-46{,}97°)}{\sin(23{,}81°+46{,}97°)}$$

$$F_1 = 18{,}06\,\text{kN}$$

$$F_2 = G\,\frac{\sin(90°-\beta)}{\sin(\beta+\gamma)} = 25\,\text{kN} \cdot \frac{\sin(90°-23{,}81°)}{\sin(28{,}81°+46{,}97°)}$$

$$F_2 = 24{,}22\,\text{kN}$$

a) I. $\Sigma F_x = 0 = F\cos\alpha_1 + F\cos\alpha_2 + F_p\cos\alpha_3 + G\cos\alpha_4$

   II. $\Sigma F_y = 0 = F\sin\alpha_1 + F\sin\alpha_2 + F_p\sin\alpha_3 + G\sin\alpha_4$

$$\text{I.}=\text{II.}\quad -F_p = \frac{F(\cos\alpha_1+\cos\alpha_2)+G\cos\alpha_4}{\cos\alpha_3} = \frac{F(\sin\alpha_1+\sin\alpha_2)+G\sin\alpha_4}{\sin\alpha_3}$$

$$F(\cos\alpha_1+\cos\alpha_2)\sin\alpha_3 + G\cos\alpha_4\sin\alpha_3 = F(\sin\alpha_1+\sin\alpha_2)\cos\alpha_3 + G\sin\alpha_4\cos\alpha_3$$

$$G(\sin\alpha_4\cos\alpha_3 - \cos\alpha_4\sin\alpha_3) = F[(\cos\alpha_1+\cos\alpha_2)\sin\alpha_3 - (\sin\alpha_1+\sin\alpha_2)\cos\alpha_3]$$

$$G = F\,\frac{(\cos\alpha_1+\cos\alpha_2)\sin\alpha_3 - (\sin\alpha_1+\sin\alpha_2)\cos\alpha_3}{\sin(\alpha_4-\alpha_3)} = 145{,}8\,\text{N}$$

b) $F_p = 61{,}87\,\text{N}$ (aus I. oder II.)

b) Lageskizze (Punkt *B* freigemacht)    Krafteckskizze

$$F_{k1} = F_1 \sin\beta = 18,06\,\text{kN} \cdot \sin 23,81° = 7,290\,\text{kN}$$
$$F_{d1} = F_1 \cos\beta = 18,06\,\text{kN} \cdot \cos 23,81° = 16,53\,\text{kN}$$

c) Lageskizze (Punkt *C* freigemacht)    Krafteckskizze

$$F_{k2} = F_2 \sin\gamma = 24,22\,\text{kN} \cdot \sin 46,97° = 17,71\,\text{kN}$$
$$F_{d2} = F_2 \cos\gamma = 24,22\,\text{kN} \cdot \cos 46,97° = 16,53\,\text{kN}$$

*Hinweis:* Hier ist eine doppelte Kontrolle für *alle* Ergebnisse möglich:

1. Die Balkendruckkräfte $F_{d1}$ und $F_{d2}$ sind innere Kräfte des Systems „Krangeschirr"; sie müssen also gleich groß und gegensinnig sein. Diese Bedingung ist erfüllt: 16,53 kN = 16,53 kN.

2. Die Summe der beiden Kettenzugkräfte $F_{k1}$ und $F_{k2}$ muß der Gewichtskraft *G* das Gleichgewicht halten. Diese Bedingung ist auch erfüllt:

$$F_{k1} + F_{k2} = 7,29\,\text{kN} + 17,71\,\text{kN} = 25\,\text{kN}$$

**67.**

Die rechnerische Lösung dieser Aufgabe erfordert einen unverhältnismäßig großen geometrischen Aufwand.

Lageskizze
(freigemachter Zylinder 1)

Berechnung des Winkels $\gamma$:

$$\gamma = \arctan \frac{l - \dfrac{d_1 + d_2}{2}}{\dfrac{d_1 + d_2}{2}} = \arctan\left(\frac{2\,l}{d_1 + d_2} - 1\right)$$

$$\gamma = 65,38°$$

Krafteckskizze für die trigonometrische Lösung

$$F_A = \frac{G_1}{\tan\gamma} = \frac{3\,\text{N}}{\tan 65,38°} = 1,375\,\text{N}$$

$$F_B = \frac{G_1}{\sin\gamma} = \frac{3\,\text{N}}{\sin 65,38°} = 3,300\,\text{N}$$

freigemachter Zylinder 2    Lageskizze für
die analytische Lösung

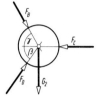    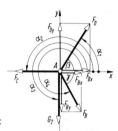

Berechnung des Winkels $\beta$:

$$\beta = \arccos \frac{l - \dfrac{d_2 + d_3}{2}}{\dfrac{d_2 + d_3}{2}} = \arccos\left(\frac{2\,l}{d_2 + d_3} - 1\right)$$

$$\beta = 56,94°$$

$$\alpha_1 = \beta = 56,94°$$
$$\alpha_2 = 180°$$
$$\alpha_3 = 270°$$
$$\alpha_4 = 360° - \gamma = 360° - 65,38° = 294,62°$$

Gleichgewichtsbedingungen nach Lageskizze:

I.  $\Sigma F_x = 0 = F_D \cos\alpha_1 + F_C \cos\alpha_2 + G_2 \cos\alpha_3 + F_B \cos\alpha_4$
II. $\Sigma F_y = 0 = F_D \sin\alpha_1 + F_C \sin\alpha_2 + G_2 \sin\alpha_3 + F_B \sin\alpha_4$

Das sind zwei Gleichungen mit den beiden Variablen (Unbekannten) $F_C$ und $F_D$ und mit den Lösungen

$$F_C = 6,581\,\text{N} \quad \text{und} \quad F_D = 9,545\,\text{N}$$

freigemachter Zylinder 3    Lageskizze für
die analytische Lösung

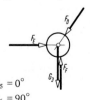    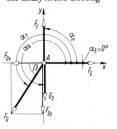

$$\alpha_5 = 0°$$
$$\alpha_6 = 90°$$
$$\alpha_7 = 180° + \beta = 236,94°$$
$$\alpha_8 = 270°$$

I. $\Sigma F_x = 0 = F_E \cos\alpha_5 + F_F \cos\alpha_6 + F_D \cos\alpha_7 + G_3 \cos\alpha_8$

II. $\Sigma F_y = 0 = F_E \sin\alpha_5 + F_F \sin\alpha_6 + F_D \sin\alpha_7 + G_3 \sin\alpha_8$

Das sind zwei Gleichungen mit den beiden Variablen $F_E$ und $F_F$ und mit den Lösungen

$F_E = 5{,}206\,\text{N}$ und $F_F = 10\,\text{N}$

*Hinweis:* Betrachten wir die drei Zylinder als ein gemeinsames System, dann haben wir die Möglichkeit einer doppelten Kontrolle:

1. Die senkrechte Stützkraft $F_F$ muß mit der Summe der drei Gewichtskräfte im Gleichgewicht sein:

   $F_F = G_1 + G_2 + G_3 \implies 10\,\text{N} = 3\,\text{N} + 5\,\text{N} + 2\,\text{N}$

2. Die drei waagerechten Stützkräfte müssen ebenfalls im Gleichgewicht sein:

   $F_A + F_E = F_C \implies 1{,}375\,\text{N} + 5{,}206\,\text{N} = 6{,}581\,\text{N}$

*Zeichnerische Lösung:* Kräftepläne für die Walzen 1, 2, 3

Lageplan ($M_L = 4\,\frac{\text{cm}}{\text{cm}}$)  ($M_K = 2{,}5\,\frac{\text{N}}{\text{cm}}$)

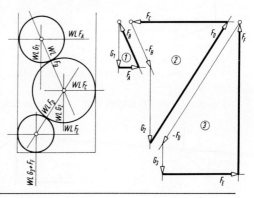

---

**68.**

a) *Analytische Lösung für die Kraft $G_3$:*

Lageskizze

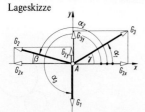

$\alpha_1 = \gamma = 30°$

$\alpha_2 = 180° - \beta$

$\alpha_3 = 270°$

I. $\Sigma F_x = 0 = G_3 \cos\alpha_1 + G_2 \cos\alpha_2 + G_1 \cos\alpha_3$

II. $\Sigma F_y = 0 = G_3 \sin\alpha_1 + G_2 \sin\alpha_2 + G_1 \sin\alpha_3$

I. = II. $\sin\alpha_2 = \dfrac{-G_3 \sin\alpha_1 - G_1 \sin\alpha_3}{G_2} = -\dfrac{G_3 \sin\alpha_1 + G_1 \sin\alpha_3}{G_2}$

$\cos\alpha_2 = \sqrt{1 - \sin^2\alpha_2} = \sqrt{1 - \left(-\dfrac{G_3 \sin\alpha_1 + G_1 \sin\alpha_3}{G_2}\right)^2}$

$\cos\alpha_2 = \sqrt{\dfrac{G_2^{\,2} - (G_3 \sin\alpha_1 + G_1 \sin\alpha_3)^2}{G_2^{\,2}}}$

$\cos\alpha_2 = \dfrac{1}{G_2}\sqrt{G_2^{\,2} - (G_3 \sin\alpha_1 + G_1 \sin\alpha_3)^2} \implies = A$ gesetzt

und in I. eingesetzt

I. $G_3 \cos\alpha_1 + G_2 A + G_1 \cos\alpha_3 = 0$

$G_3 = -\dfrac{G_2 A + G_1 \cos\alpha_3}{\cos\alpha_1} = -\dfrac{G_2 \cdot \frac{1}{G_2}\sqrt{G_2^{\,2} - (G_3 \sin\alpha_1 + G_1 \sin\alpha_3)^2} + G_1 \cos\alpha_3}{\cos\alpha_1}$

$(G_3 \cos\alpha_1 + G_1 \cos\alpha_3)^2 = \left(-\sqrt{G_2^{\,2} - (G_3 \sin\alpha_1 + G_1 \sin\alpha_3)^2}\right)^2$

$G_3^{\,2}\cos^2\alpha_1 + 2\,G_3 G_1 \cos\alpha_1 \cos\alpha_3 + G_1^{\,2}\cos^2\alpha_3 = G_2^{\,2} - G_3^{\,2}\sin^2\alpha_1 - 2\,G_1 G_3 \sin\alpha_1 \sin\alpha_3 - G_1^{\,2}\sin^2\alpha_3$

$G_3^{\,2}\underbrace{(\sin^2\alpha_1 + \cos^2\alpha_1)}_{1} + 2\,G_1 G_3 \underbrace{(\cos\alpha_1 \cos\alpha_3 + \sin\alpha_1 \sin\alpha_3)}_{\cos(\alpha_1 - \alpha_3)} + G_1^{\,2}\sin^2\alpha_3 - G_2^{\,2} = 0$

$G_3 = -G_1 \cos(\alpha_1 - \alpha_3) \pm \sqrt{G_1^{\,2}\cos^2(\alpha_1 - \alpha_3) - G_1^{\,2}\sin^2\alpha_3 + G_2^{\,2}}$

$G_3 = -G_1 \cos(\alpha_1 - \alpha_3) + \sqrt{G_1^{\,2}[\cos^2(\alpha_1 - \alpha_3) - \sin^2\alpha_3] + G_2^{\,2}}$

Der negative Wurzelausdruck ist physikalisch ohne Sinn, weil er zu einer negativen Gewichtskraft $G_3$ führt.

*Trigonometrische Lösung für den Winkel $\beta$:*

Lageskizze (freigemachter Seilring)    Krafteckskizze

Sinussatz:

$$\frac{G_1}{\sin(\gamma+\beta)} = \frac{G_2}{\sin(90°-\gamma)} = \frac{G_2}{\cos\gamma}$$

$$\sin(\gamma+\beta) = \frac{G_1}{G_2}\cos\gamma$$

b) $\gamma + \beta = \arcsin\left(\dfrac{G_1}{G_2}\cos\gamma\right) = \arcsin\left(\dfrac{20\,\text{N}}{25\,\text{N}}\cdot\cos 30°\right) = 43{,}85°$

$\beta = 43{,}85° - \gamma = 13{,}85°$

$G_3 = -20\,\text{N}\cdot\cos(-240°) + \sqrt{(20\,\text{N})^2[\cos^2(-240°)-\sin^2 270°]+(25\,\text{N})^2}$

$G_3 = 28{,}03\,\text{N}$

*Hinweis:* Stabkräfte werden mit dem Formelzeichen $S$ bezeichnet.

I. $\Sigma F_x = 0 = S_2\cos\alpha_1 + F_A\cos\alpha_2 + S_1\cos\alpha_3$

II. $\Sigma F_y = 0 = S_2\sin\alpha_1 + F_A\sin\alpha_2 + S_1\sin\alpha_3$

I. = II. $-S_2 = \dfrac{F_A\cos\alpha_2 + S_1\cos\alpha_3}{\cos\alpha_1} = \dfrac{F_A\sin\alpha_2 + S_1\sin\alpha_3}{\sin\alpha_1}$

$F_A\cos\alpha_2\sin\alpha_1 + S_1\cos\alpha_3\sin\alpha_1 = F_A\sin\alpha_2\cos\alpha_1 + S_1\sin\alpha_3\cos\alpha_1$

$S_1(\sin\alpha_1\cos\alpha_3 - \cos\alpha_1\sin\alpha_3) = F_A(\sin\alpha_2\cos\alpha_1 - \cos\alpha_2\sin\alpha_1)$

$S_1 = F_A\dfrac{\sin(\alpha_2-\alpha_1)}{\sin(\alpha_1-\alpha_3)} = 18\,\text{kN}\dfrac{\sin(90°-0°)}{\sin(0°-194{,}04°)} = 74{,}22\,\text{kN}$

(Druckstab, weil $S_1$ auf den Knotenpunkt $A$ zu wirkt)

$S_2 = 72\,\text{kN}$ (aus I. oder II.)

(Zugstab, weil $S_2$ vom Knotenpunkt $A$ weg wirkt)

*Zeichnerische Lösung:*

Lageplan          Kräfteplan ($M_K = 10\,\frac{\text{N}}{\text{cm}}$)          Lageskizze für den Angriffspunkt der Kraft $F_1$

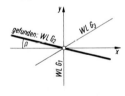    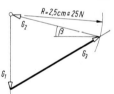    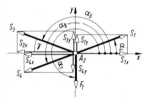

**69.**

*Rechnerische Lösung:*

Lageskizze für den Knotenpunkt $A$

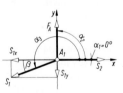

Berechnung des Winkels $\beta$:

$\beta = \arctan\dfrac{1{,}5\,\text{m}}{6\,\text{m}} = 14{,}04°$

$\alpha_1 = 0$

$\alpha_2 = 90°$

$\alpha_3 = 194{,}04°$

Berechnung des Winkels $\gamma$:

$\gamma = \arctan\dfrac{0{,}5\,\text{m}}{2\,\text{m}} = 14{,}04°$

$\alpha_4 = 14{,}04°$

$\alpha_5 = 165{,}96°$

$\alpha_6 = 194{,}04°$

$\alpha_7 = 270°$

*Hinweis:* Die Stabkraft $S_1$ ist jetzt eine *bekannte* Größe. Sie wirkt als Druckkraft auf den Knoten zu, d.h. nach rechts oben.

I. $\Sigma F_x = 0 = S_1 \cos\alpha_4 + S_3 \cos\alpha_5 + S_4 \cos\alpha_6 + F_1 \cos\alpha_7$

II. $\Sigma F_y = 0 = S_1 \sin\alpha_4 + S_3 \sin\alpha_5 + S_4 \sin\alpha_6 + F_1 \sin\alpha_7$

Die algebraische Behandlung wie oben führt zu den Ergebnissen:

$S_3 = 30,92$ kN (Druckstab)
$S_4 = 43,29$ kN (Druckstab)

*Zeichnerische Lösung:*

Lageplan ($M_L = 1\,\frac{m}{cm}$)

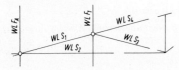

Kräftepläne ($M_K = 25\,\frac{N}{cm}$)

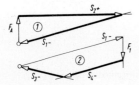

**70.**

Die trigonometrische Lösung führt hier schneller zum Ziel als die analytische.

Lageskizze der linken Fachwerkecke

Berechnung des Winkels $\alpha$:

$\alpha = \arctan\dfrac{2\,m}{4,5\,m} = 23,96°$

Krafteckskizze

$S_1 = \dfrac{F}{2\tan\alpha} = \dfrac{10\,kN}{2\cdot\tan 23,96°} = 11,25$ kN

(Druckkraft, weil $S_1$ auf den Knoten zu gerichtet ist)

$S_2 = \dfrac{F}{2\sin\alpha} = \dfrac{10\,kN}{2\cdot\sin 23,96°} = 12,31$ kN

(Zugkraft, weil $S_2$ vom Knoten weg gerichtet ist)

Lageskizze des Knotens 2–3–6

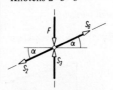

*Hinweis:* $S_2$ ist jetzt bekannt und wirkt als Zugkraft vom Knoten weg (nach links unten).

Krafteckskizze

Das Krafteck ist ein Parallelogramm. Ohne zu rechnen lesen wir daraus ab:

$S_3 = F = 10\,kN$ (Druckkraft)

$S_6 = S_2 = 12,31$ kN (Zugkraft)

(Kontrolle mit der analytischen und der zeichnerischen Lösung)

**71.**

Lageskizze der rechten Fachwerkecke
(Knoten 1–2)

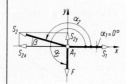

Berechnung des Winkels $\beta$:

$\beta = \arctan\dfrac{1\,m}{3,6\,m} = 15,52°$

$\alpha_1 = 0$

$\alpha_2 = 180° - \beta = 164,48°$

$\alpha_3 = 270°$

Gleichgewichtsbedingungen nach Lageskizze:

I. $\Sigma F_x = 0 = S_1 \cos\alpha_1 + S_2 \cos\alpha_2 + F \cos\alpha_3$

II. $\Sigma F_y = 0 = S_1 \sin\alpha_1 + S_2 \sin\alpha_2 + F \sin\alpha_3$

Die algebraische Bearbeitung dieses Gleichungssystems mit zwei Variablen führt zu

$S_1 = 36$ kN (Druckstab)
$S_2 = 37,36$ kN (Zugstab)

Lageskizze des Knotens 2–3–6

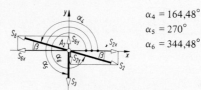

$\alpha_4 = 164,48°$

$\alpha_5 = 270°$

$\alpha_6 = 344,48°$

I. $\Sigma F_x = 0 = S_6 \cos\alpha_4 + S_3 \cos\alpha_5 + S_2 \cos\alpha_6$

II. $\Sigma F_y = 0 = S_6 \sin\alpha_4 + S_3 \sin\alpha_5 + S_2 \sin\alpha_6$

Ergebnisse:
$S_6 = 37{,}36$ kN   (Zugstab)
$S_3 = 0$            (Nullstab)

Lageskizze des Knotens 1–3–4–5

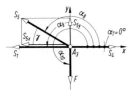

Stabkraft $S_3$ wird nicht eingezeichnet, weil sie gleich Null ist.

Berechnung des Winkels $\gamma$:

$$\gamma = \arctan \frac{\frac{2}{3}\,\text{m}}{1{,}2\,\text{m}} = 29{,}05°$$

$\alpha_7 = 0°$
$\alpha_8 = 180° - \gamma = 150{,}95°$
$\alpha_9 = 180°$
$\alpha_{10} = 270°$

Gleichgewichtsbedingungen:

I. $\Sigma F_x = 0 = S_4 - S_1 - S_{5x} = S_4 - S_1 - S_5 \cos\alpha_8$
II. $\Sigma F_y = 0 = S_{5y} - F = S_5 \sin\alpha_8 - F$

II. $S_5 = \dfrac{F}{\sin\alpha_8} = \dfrac{10\,\text{kN}}{\sin 150{,}95°} = 20{,}59$ kN   (Zugstab)

I. $S_4 = S_1 + S_5 \cos\alpha_8 = 36\,\text{kN} + 20{,}59\,\text{kN}\cdot\cos 150{,}95° = 54\,\text{kN}$
(Druckstab)

## Zeichnerische und rechnerische Ermittlung der Resultierenden im allgemeinen Kräftesystem, Seileckverfahren und Momentensatz (5. und 6. Grundaufgabe)

### 72.
*Rechnerische Lösung* (Momentensatz)

Lageskizze

a) $F_r = -F_1 - F_2 = -16{,}5$ N
(Minus bedeutet hier: senkrecht nach unten gerichtet)

b) $+ F_r\, l_0 = + F_1\, l$

$$l_0 = \frac{F_1}{F_r}\, l = \frac{5\,\text{N}}{16{,}5\,\text{N}} \cdot 18\,\text{cm} = 5{,}455\,\text{cm}$$

(positives Ergebnis bedeutet: Annahme der WL $F_r$ links von WL $F_2$ war richtig)
(Kontrolle: Rechnung wiederholen mit Bezugspunkt $D$ auf WL $F_1$.)

---

*Zeichnerische Lösung* (Seileckverfahren)

Lageplan ($M_L = 6\,\frac{\text{cm}}{\text{cm}}$)      Kräfteplan ($M_K = 10\,\frac{\text{N}}{\text{cm}}$)

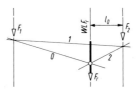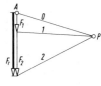

### 73.
*Rechnerische Lösung:*

Lageskizze

a) $F_r = +F_1 - F_2 = 180\,\text{N} - 240\,\text{N} = -60\,\text{N}$
(Minus bedeutet hier: nach unten gerichtet)

b) $-F_r\, l_0 = -F_2\, l$

$$l_0 = \frac{-F_2\, l}{-F_r} = \frac{240\,\text{N}}{60\,\text{N}} \cdot 0{,}78\,\text{m} = 3{,}12\,\text{m}$$

(d.h., $F_r$ wirkt noch weit rechts von $F_2$)
(Kontrolle: Bezugspunkt $D$ auf WL $F_2$ festlegen, neu rechnen.)

c) Die Resultierende ist nach unten gerichtet (siehe Lösung a).

*Zeichnerische Lösung:*

Lageplan ($M_L = 0{,}5\,\frac{\text{m}}{\text{cm}}$)

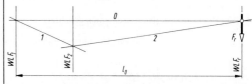

Kräfteplan ($M_K = 125\,\frac{\text{N}}{\text{cm}}$)

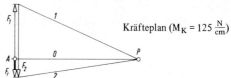

### 74.
*Rechnerische Lösung:*
Lageskizze

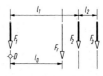

a) $F_r = -F_1 - F_2 - F_3 = -50\,\text{kN} - 52\,\text{kN} - 52\,\text{kN} = -154\,\text{kN}$
(Minus bedeutet hier: nach unten gerichtet)

b) $-F_r l_0 = -F_2 l_1 - F_3 (l_1 + l_2)$

$$l_0 = \frac{F_2 l_1 + F_3 (l_1 + l_2)}{F_r} = \frac{52\,\text{kN} \cdot 4,7\,\text{m} + 52\,\text{kN} \cdot 6\,\text{m}}{154\,\text{kN}}$$

$l_0 = 3,613\,\text{m}$

(Kontrolle mit der zeichnerischen Lösung)

## 75.

*Rechnerische Lösung:*

Lageskizze

a) $F_r = -F_1 - F_2 - F_3 = -3,1\,\text{kN}$

(Minus bedeutet hier: nach unten gerichtet)

b) $-F_r l_0 = -F_1 l_1 - F_2 (l_1 + l_2) - F_3 (l_1 + l_2 + l_3)$

$$l_0 = \frac{F_1 l_1 + F_2 (l_1 + l_2) + F_3 (l_1 + l_2 + l_3)}{F_r}$$

$$l_0 = \frac{0,8\,\text{kN} \cdot 1\,\text{m} + 1,1\,\text{kN} \cdot 2,5\,\text{m} + 1,2\,\text{kN} \cdot 4,5\,\text{m}}{3,1\,\text{kN}} = 2,887\,\text{m}$$

(Kontrolle mit der zeichnerischen Lösung)

## 76.

*Rechnerische Lösung:*

Lageskizze

a) $F_r = -F_1 + F_2 - F_3 = -500\,\text{N} + 800\,\text{N} - 2100\,\text{N}$

$F_r = -1800\,\text{N}$

(Minus bedeutet hier: nach unten gerichtet)

b) Die Resultierende wirkt senkrecht nach unten.

c) $-F_r l_0 = -F_1 l_1 + F_2 (l_1 + l_2) - F_3 (l_1 + l_2 + l_3)$

$$l_0 = \frac{-F_1 l_1 + F_2 (l_1 + l_2) - F_3 (l_1 + l_2 + l_3)}{-F_r}$$

$$l_0 = \frac{-500\,\text{N} \cdot 0,15\,\text{m} + 800\,\text{N} \cdot 0,45\,\text{m} - 2100\,\text{N} \cdot 0,6\,\text{m}}{-1800\,\text{N}}$$

$l_0 = 0,5417\,\text{m}$

d.h., die Wirklinie der Resultierenden liegt zwischen $F_2$ und $F_3$.

*Zeichnerische Lösung:*

Lageplan ($M_L = 200\,\frac{\text{mm}}{\text{cm}}$)    Kräfteplan ($M_K = 100\,\frac{\text{N}}{\text{cm}}$)

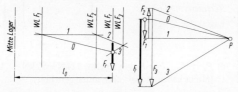

## 77.

Lageskizze des belasteten Kranes

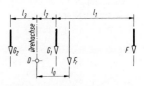

a) $F_r = -F - G_1 - G_2 = -10\,\text{kN} - 9\,\text{kN} - 16\,\text{kN} = -35\,\text{kN}$

(Minus bedeutet hier: nach unten gerichtet)

b) $-F_r l_0 = -F (l_1 + l_2) - G_1 l_2 + G_2 l_3$

$$l_0 = \frac{-F (l_1 + l_2) - G_1 l_2 + G_2 l_3}{-F_r}$$

$$l_0 = \frac{-10\,\text{kN} \cdot 4,5\,\text{m} - 9\,\text{kN} \cdot 0,9\,\text{m} + 16\,\text{kN} \cdot 1,2\,\text{m}}{-35\,\text{kN}}$$

$l_0 = 0,9686\,\text{m} = 968,6\,\text{mm}$

Lageskizze des unbelasteten Kranes

c) $F_r = -G_1 - G_2 = -9\,\text{kN} - 16\,\text{kN}$

$F_r = -25\,\text{kN}$   (Minus: nach unten gerichtet)

d) $-F_r l_0 = +G_2 l_3 - G_1 l_2$

$$l_0 = \frac{+G_2 l_3 - G_1 l_2}{-F_r} = \frac{16\,\text{kN} \cdot 1,2\,\text{m} - 9\,\text{kN} \cdot 0,9\,\text{m}}{-25\,\text{kN}} = -0,444\,\text{m}$$

(Minus bedeutet hier: Die Wirklinie der Resultierenden liegt auf der anderen Seite des Bezugspunktes $D$, also nicht rechts von der Drehachse des Kranes, sondern links)

(Kontrolle mit dem Seileckverfahren)

## 78.

Lageskizze

a) $F_{rx} = \Sigma F_{nx} = F_1 + F_{2x} = F_1 + F_2 \cos \alpha$

$= 1200\,\text{N} + 350\,\text{N} \cdot \cos 10° = 1544,7\,\text{N}$ (nach rechts)

$F_{ry} = -F_{2y} = -F_2 \sin \alpha = -350\,\text{N} \cdot \sin 10° = -60,78\,\text{N}$

(nach unten)

$F_r = \sqrt{F_{rx}^2 + F_{ry}^2} = \sqrt{(1544,7\,\text{N})^2 + (-60,78\,\text{N})^2} = 1546\,\text{N}$

b) $\alpha_r = \arctan \frac{F_{ry}}{F_{rx}} = \arctan \frac{-60,78\,\text{N}}{1544,7\,\text{N}} = -2,25°$

c) Lageskizze für den Momentensatz

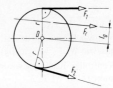

Als Momentenbezugspunkt $D$ wird der Scheibenmittelpunkt festgelegt.

$$-F_r l_0 = -F_1 r + F_2 r$$

$$l_0 = \frac{(F_2 - F_1) r}{-F_r} = \frac{(-850\,\text{N}) \cdot 0,24\,\text{m}}{-1546\,\text{N}} = 0,1320\,\text{m}$$

d) $M = -F_r l_0 = -1546\,\text{N} \cdot 0,132\,\text{m} = -204\,\text{Nm}$
(Minus bedeutet hier: Rechtsdrehsinn)

e) $\Sigma M_{(D)} = -F_1 r + F_2 r = (F_2 - F_1) r = -850\,\text{N} \cdot 0,24\,\text{m}$
$\Sigma M_{(D)} = -204\,\text{Nm}$
Das Drehmoment der Resultierenden ist gleich der Drehmomentensumme der beiden Riemenkräfte.
(Das ist zugleich die Kontrolle für die Teillösungen a, c und d.)

**79.**

*Rechnerische Lösung* (Momentensatz):

Lageskizze

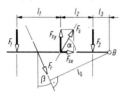

a) $F_{rx} = \Sigma F_{nx} = F_{sx} = F_s \cos\alpha = 25\,\text{kN} \cdot \cos 60° = +12,5\,\text{kN}$
(Plus bedeutet: nach rechts)
$F_{ry} = \Sigma F_{ny} = -F_1 + F_{sy} - F_2 = -F_1 + F_s \sin\alpha - F_2$
$F_{ry} = -30\,\text{kN} + 25\,\text{kN} \cdot \sin 60° - 20\,\text{kN} = -28,35\,\text{kN}$
(Minus bedeutet: nach unten)

$$F_r = \sqrt{F_{rx}^2 + F_{ry}^2} = \sqrt{(12,5\,\text{kN})^2 + (-28,35\,\text{kN})^2} = 30,98\,\text{kN}$$

b) $\beta = \arctan \dfrac{F_{rx}}{F_{ry}} = \arctan \dfrac{12,5\,\text{kN}}{-28,35\,\text{kN}}$
$\beta = -23,79°$

c) (Momentenbezugspunkt = Punkt $B$)
$F_r l_0 = F_1 (l_1 + l_2 + l_3) - F_{sy}(l_2 + l_3) + F_2 l_3$
$$l_0 = \frac{F_1(l_1 + l_2 + l_3) - F_s \sin\alpha (l_2 + l_3) + F_2 l_3}{F_r}$$
$$l_0 = \frac{30\,\text{kN} \cdot 4,2\,\text{m} - 25\,\text{kN} \cdot \sin 60° \cdot 2,2\,\text{m} + 20\,\text{kN} \cdot 0,7\,\text{m}}{30,98\,\text{kN}}$$
$l_0 = 2,981\,\text{m}$

*Zeichnerische Lösung* (Seileckverfahren):

Lageplan ($M_L = 1,5\,\frac{\text{m}}{\text{cm}}$)　　　Kräfteplan ($M_K = 10\,\frac{\text{kN}}{\text{cm}}$)

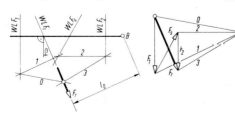

**80.**

Lageskizze

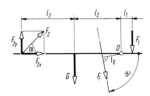

a) $F_{rx} = \Sigma F_{nx} = F_{2x} = F_2 \cos\alpha = 0,5\,\text{kN} \cdot \cos 45°$
$F_{rx} = 0,3536\,\text{kN}$　　(positiv: nach rechts)
$F_{ry} = \Sigma F_{ny} = F_{2y} - G - F_1 = F_2 \sin\alpha - G - F_1$
$F_{ry} = 0,5\,\text{kN} \cdot \sin 45° - 2\,\text{kN} - 1,5\,\text{kN} = -3,146\,\text{kN}$
(negativ: nach unten)

$$F_r = \sqrt{F_{rx}^2 + F_{ry}^2} = \sqrt{(0,3536\,\text{kN})^2 + (-3,146\,\text{kN})^2}$$
$F_r = 3,166\,\text{kN}$

b) $\alpha_r = \arctan \dfrac{F_{ry}}{F_{rx}} = \arctan \dfrac{-3,146\,\text{kN}}{0,3536\,\text{kN}} = -83,59°$

c) (Momentenbezugspunkt = Punkt $O$)
$+F_r l_0 = -F_{2y}(l_2 + l_3) + G l_2 - F_1 l_1$
$$l_0 = \frac{-F_2 \sin\alpha (l_2 + l_3) + G l_2 - F_1 l_1}{F_r}$$
$$l_0 = \frac{-0,5\,\text{kN} \cdot \sin 45° \cdot 1,7\,\text{m} + 2\,\text{kN} \cdot 0,8\,\text{m} - 1,5\,\text{kN} \cdot 0,2\,\text{m}}{3,166\,\text{kN}}$$
$l_0 = 0,2208\,\text{m}$

**81.**

Lageskizze

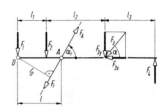

a) $F_{rx} = \Sigma F_{nx} = -F_{3x} = -F_3 \cos\alpha = -500\,\text{N} \cdot \cos 50°$
$F_{rx} = -321,4\,\text{N}$　　(Minus bedeutet: nach links)
$F_{ry} = \Sigma F_{ny} = -F_1 - F_2 - F_{3y} + F_4$
$F_{ry} = -300\,\text{N} - 200\,\text{N} - 500\,\text{N} \cdot \sin 50° + 100\,\text{N} = -783\,\text{N}$
(Minus bedeutet: nach unten)

$$F_r = \sqrt{F_{rx}^2 + F_{ry}^2} = \sqrt{(-3,214 \cdot 10^2\,\text{N})^2 + (-7,83 \cdot 10^2\,\text{N})^2}$$
$F_r = 846,4\,\text{N}$　　nach links unten.
Die Stützkraft wirkt mit demselben Betrag im Lager $A$ nach rechts oben.

b) $\alpha_r = \arctan \dfrac{F_{ry}}{F_{rx}} = \arctan \dfrac{-783\,\text{N}}{-321,4\,\text{N}} = 67,68°$

c) $-F_r l_0 = -F_2 l_1 - F_{3y}(l_1 + l_2) + F_4(l_1 + l_2 + l_3)$
$$l_0 = \frac{-F_2 l_1 - F_3 \sin\alpha (l_1 + l_2) + F_4(l_1 + l_2 + l_3)}{-F_r}$$
$$l_0 = \frac{-200\,\text{N} \cdot 2\,\text{m} - 500\,\text{N} \cdot \sin 50° \cdot 6\,\text{m} + 100\,\text{N} \cdot 9,5\,\text{m}}{-846,4\,\text{N}}$$
$l_0 = 2,065\,\text{m}$

$$l = \frac{l_0}{\sin\alpha_r} = \frac{2,065\,\text{m}}{\sin 67,68°} = 2,233\,\text{m}$$

21

Der Abstand $l$ kann auf folgende Weise auch unmittelbar berechnet werden (Kontrolle!):

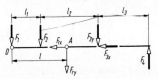

$$-F_{ry}\,l = -F_2 l_1 - F_{3y}\,(l_1 + l_2) + F_4\,(l_1 + l_2 + l_3)$$

$$l = \frac{-F_2 l_1 - F_3 \sin\alpha\,(l_1 + l_2) + F_4\,(l_1 + l_2 + l_3)}{-F_{ry}}$$

$$l = \frac{-200\,\text{N} \cdot 2\,\text{m} - 500\,\text{N} \cdot \sin 50^\circ \cdot 6\,\text{m} + 100\,\text{N} \cdot 9,5\,\text{m}}{-783\,\text{N}}$$

$$l = 2,233\,\text{m}$$

**82.**

Lageskizze

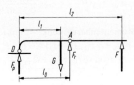

Die Druckkraft auf die Klappenfläche beträgt beim Öffnen

$$F_p = p\,A = p\,\frac{\pi}{4}\,d^2 = 6\,\text{bar} \cdot \frac{\pi}{4} \cdot (20 \cdot 10^{-3}\,\text{m})^2$$

$$F_p = 6 \cdot 10^5\,\frac{\text{N}}{\text{m}^2} \cdot \frac{\pi}{4} \cdot 400 \cdot 10^{-6}\,\text{m}^2 = 188,5\,\text{N}$$

Resultierende $F_r$ = Kraft im Hebeldrehpunkt $A$:

$$F_r = F_p - G + F = 188,5\,\text{N} - 11\,\text{N} + 50\,\text{N} = +227,5\,\text{N}$$

(Plus bedeutet: nach oben)

Momentensatz um $D$:

$$F_r l_0 = -G\,l_1 + F\,l_2$$

$$l_0 = \frac{-G\,l_1 + F\,l_2}{F_r} = \frac{-11\,\text{N} \cdot 90\,\text{mm} + 50\,\text{N} \cdot 225\,\text{mm}}{227,5\,\text{N}}$$

$l_0 = 45,10\,\text{mm}$;　　d.h., der Hebeldrehpunkt muß *links* von der WL $G$ liegen.

**Zeichnerische und rechnerische Ermittlung unbekannter Kräfte im allgemeinen Kräftesystem**
**3-Kräfte-Verfahren und Gleichgewichtsbedingungen (7. und 8. Grundaufgabe)**

**83.**

Lageskizze

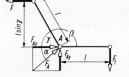

$$\gamma = 180^\circ - \beta = 60^\circ$$

I. $\Sigma F_x = 0 = F_{Ax} - F$

II. $\Sigma F_y = 0 = F_{Ay} - F_1$

III. $\Sigma M_{(A)} = 0 = F\,l \sin\gamma - F_1 l$

a) III.　$F = F_1 \dfrac{l}{l \sin\gamma} = \dfrac{F_1}{\sin\gamma} = \dfrac{500\,\text{N}}{\sin 60^\circ} = 577,4\,\text{N}$

b)　I. $F_{Ax} = F = 577,4\,\text{N}$

　　II. $F_{Ay} = F_1 = 500\,\text{N}$

$$F_A = \sqrt{F_{Ax}^2 + F_{Ay}^2} = \sqrt{(5,774 \cdot 10^2\,\text{N})^2 + (5 \cdot 10^2\,\text{N})^2}$$
$$F_A = 763,8\,\text{N}$$

c) $\alpha = \arctan\dfrac{F_{Ay}}{F_{Ax}} = \arctan\dfrac{500\,\text{N}}{577,4\,\text{N}} = 40,89^\circ$

$$\left(\text{Kontrolle: } \alpha = \arcsin\frac{F_{Ay}}{F_A} \text{ oder } \alpha = \arccos\frac{F_{Ax}}{F_A}\right)$$

**84.**

*Analytische Lösung:*

Lageskizze
(Stange $AC$
freigemacht)

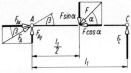

I. $\Sigma F_x = 0 = F_{Ax} - F\cos\alpha$

II. $\Sigma F_y = 0 = F_{Ay} - F\sin\alpha + F_C$

III. $\Sigma M_{(A)} = 0 = F_C l_1 - F\sin\alpha\,\dfrac{l_1}{2}$

a) III. $F_C = \dfrac{F\sin\alpha\,\dfrac{l_1}{2}}{l_1} = \dfrac{F\sin\alpha}{2} = \dfrac{1000\,\text{N} \cdot \sin 45^\circ}{2} = 353,6\,\text{N}$

b) I. $F_{Ax} = F\cos\alpha = 1000\,\text{N} \cdot \cos 45^\circ = 707,1\,\text{N}$

　II. $F_{Ay} = F\sin\alpha - F_C = F\sin\alpha - \dfrac{F\sin\alpha}{2} = \dfrac{F\sin\alpha}{2}$
　　　$F_{Ay} = 353,6\,\text{N}$

$$F_A = \sqrt{F_{Ax}^2 + F_{Ay}^2} = \sqrt{(707,1\,\text{N})^2 + (353,6\,\text{N})^2}$$
$$F_A = 790,6\,\text{N}$$

(Kontrolle: Neuer Ansatz mit $\Sigma M_{(C)} = 0$)

c) $\beta = \arctan\dfrac{F_{Ay}}{F_{Ax}} = \arctan\dfrac{353,6\,\text{N}}{707,1\,\text{N}} = 26,57^\circ$

*Zeichnerische Lösung:*

Lageplan ($M_L = 1\,\frac{\text{m}}{\text{cm}}$)　　　　Kräfteplan ($M_K = 400\,\frac{\text{N}}{\text{cm}}$)

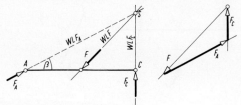

**85.**

Lageskizze (freigemachte Tür)

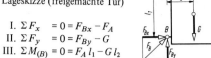

I. $\Sigma F_x \quad = 0 = F_{Bx} - F_A$
II. $\Sigma F_y \quad = 0 = F_{By} - G$
III. $\Sigma M_{(B)} = 0 = F_A l_1 - G l_2$

a) Die Wirklinie der Stützkraft $F_A$ liegt waagerecht.

b) III. $F_A = \dfrac{G l_2}{l_1} = \dfrac{800\,\text{N} \cdot 0,6\,\text{m}}{1\,\text{m}} = 480\,\text{N}$

c) I. $F_{Bx} = F_A = 480\,\text{N}$
II. $F_{By} = G = 800\,\text{N}$

$$F_B = \sqrt{F_{Bx}^2 + F_{By}^2} = \sqrt{(480\,\text{N})^2 + (800\,\text{N})^2} = 933\,\text{N}$$

d) $F_{Bx} = 480\,\text{N};\quad F_{By} = 800\,\text{N}$ \qquad (siehe Teillösung $c$)

**86.**

Lageskizze (freigemachte Säule)

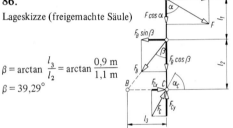

$\beta = \arctan \dfrac{l_3}{l_2} = \arctan \dfrac{0,9\,\text{m}}{1,1\,\text{m}}$

$\beta = 39,29°$

I. $\Sigma F_x \quad = 0 = F \sin\alpha - F_B \sin\beta + F_{Cx}$
II. $\Sigma F_y \quad = 0 = F_{Cy} - F_B \cos\beta - F \cos\alpha$
III. $\Sigma M_{(C)} = 0 = F_B \sin\beta\, l_2 - F \sin\alpha\,(l_1 + l_2)$

a) III. $F_B = \dfrac{F \sin\alpha\,(l_1 + l_2)}{l_2 \sin\beta} = \dfrac{2,2\,\text{kN} \cdot \sin 60° \cdot 2\,\text{m}}{1,1\,\text{m} \cdot \sin 39,29°}$

$\quad F_B = 5,470\,\text{kN}$

b) I. $F_{Cx} = F_B \sin\beta - F \sin\alpha$
$\quad F_{Cx} = 5,47\,\text{kN} \cdot \sin 39,29° - 2,2\,\text{kN} \cdot \sin 60° = 1,559\,\text{kN}$

II. $F_{Cy} = F_B \cos\beta + F \cos\alpha$
$\quad F_{Cy} = 5,47\,\text{kN} \cdot \cos 39,29° + 2,2\,\text{kN} \cdot \cos 60° = 5,334\,\text{kN}$

$$F_C = \sqrt{F_{Cx}^2 + F_{Cy}^2} = \sqrt{(1,559\,\text{kN})^2 + (5,334\,\text{kN})^2}$$
$$F_C = 5,557\,\text{kN}$$

c) $\alpha_C = \arctan \dfrac{F_{Cy}}{F_{Cx}} = \arctan \dfrac{5,334\,\text{kN}}{1,559\,\text{kN}} = 73,71°$

**87.**

Lageskizze (freigemachter Ausleger)

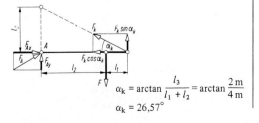

$\alpha_k = \arctan \dfrac{l_3}{l_1 + l_2} = \arctan \dfrac{2\,\text{m}}{4\,\text{m}}$

$\alpha_k = 26,57°$

I. $\Sigma F_x \quad = 0 = F_{Ax} - F_k \cos\alpha_k$
II. $\Sigma F_y \quad = 0 = F_{Ay} - F + F_k \sin\alpha_k$
III. $\Sigma M_{(A)} = 0 = F_k \sin\alpha_k\,(l_1 + l_2) - F l_2$

a) III. $F_k = \dfrac{F l_2}{\sin\alpha_k\,(l_1 + l_2)} = \dfrac{8\,\text{kN} \cdot 3\,\text{m}}{\sin 26,57° \cdot 4\,\text{m}} = 13,42\,\text{kN}$

b) I. $F_{Ax} = F_k \cos\alpha_k = 13,42\,\text{kN} \cdot \cos 26,57° = 12\,\text{kN}$
II. $F_{Ay} = F - F_k \sin\alpha_k = 8\,\text{kN} - 13,42\,\text{kN} \cdot \sin 26,57° = 2\,\text{kN}$
(Kontrolle mit $\Sigma M_{(B)} = 0$)

$$F_A = \sqrt{F_{Ax}^2 + F_{Ay}^2} = \sqrt{(12\,\text{kN})^2 + (2\,\text{kN})^2} = 12,17\,\text{kN}$$

c) $F_{Ax} = 12\,\text{kN};\quad F_{Ay} = 2\,\text{kN}$ \qquad (siehe Teillösung b)

**88.**

Lageskizze (freigemachter Drehkran)

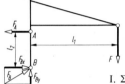

I. $\Sigma F_x \quad = 0 = F_{Bx} - F_A$
II. $\Sigma F_y \quad = 0 = F_{By} - F$
III. $\Sigma M_{(B)} = 0 = F_A l_2 - F l_1$

a) III. $F_A = F \dfrac{l_1}{l_2} = 7,5\,\text{kN} \cdot \dfrac{1,6\,\text{m}}{0,65\,\text{m}} = 18,46\,\text{kN}$

b) I. $F_{Bx} = F_A = 18,46\,\text{kN}$
II. $F_{By} = F = 7,5\,\text{kN}$

$$F_B = \sqrt{F_{Bx}^2 + F_{By}^2} = \sqrt{(18,46\,\text{kN})^2 + (7,5\,\text{kN})^2}$$
$$F_B = 19,93\,\text{kN}$$

c) $F_{Bx} = 18,46\,\text{kN};\quad F_{By} = 7,5\,\text{kN}$ (siehe Teillösung b)

**89.**

Lageskizze (freigemachte Säule)

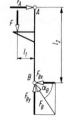

I. $\Sigma F_x \quad = 0 = F_A - F_{Bx}$
II. $\Sigma F_y \quad = 0 = F_{By} - F$
III. $\Sigma M_{(B)} = 0 = F l_1 - F_A l_2$

a) III. $F_A = F \dfrac{l_1}{l_2} = 6,3\,\text{kN} \cdot \dfrac{0,58\,\text{m}}{2,75\,\text{m}}$

$\quad F_A = 1,329\,\text{kN}$

b) I. $F_{Bx} = F_A = 1,329\,\text{kN}$
II. $F_{By} = F = 6,3\,\text{kN}$

$$F_B = \sqrt{F_{Bx}^2 + F_{By}^2} = \sqrt{(1,329\,\text{kN})^2 + (6,3\,\text{kN})^2} = 6,439\,\text{kN}$$

c) $\alpha_B = \arctan \dfrac{F_{By}}{F_{Bx}} = \arctan \dfrac{6,3\,\text{kN}}{1,329\,\text{kN}} = 78,09°$

**90.**

Lageskizze (freigemachter Gittermast)

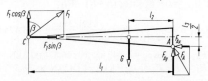

I. $\Sigma F_x \quad = 0 = F_1 \sin\beta - F_{Ax}$
II. $\Sigma F_y \quad = 0 = F_1 \cos\beta - G + F_{Ay}$
III. $\Sigma M_{(A)} = 0 = G\, l_2 - F_1 \cos\beta\, l_1 - F_1 \sin\beta \dfrac{l_3}{2}$

a) III. $F_1 = G\, \dfrac{l_2}{l_1 \cos\beta + \dfrac{l_3}{2}\sin\beta}$

$F_1 = 29\,\text{kN} \cdot \dfrac{6,1\,\text{m}}{20\,\text{m}\cdot\cos 55° + 0,65\,\text{m}\cdot\sin 55°}$

$F_1 = 14,74\,\text{kN}$

b) I. $F_{Ax} = F_1 \sin\beta = 14,74\,\text{kN}\cdot\sin 55° = 12,07\,\text{kN}$
II. $F_{Ay} = G - F_1 \cos\beta = 29\,\text{kN} - 14,74\,\text{kN}\cdot\cos 55°$
$F_{Ay} = 20,55\,\text{kN}$
(Kontrolle: $\Sigma M_{(C)} = 0$)

$F_A = \sqrt{F_{Ax}^2 + F_{Ay}^2} = \sqrt{(12,07\,\text{kN})^2 + (20,55\,\text{kN})^2}$
$F_A = 23,83\,\text{kN}$

c) siehe Teillösung b!

d) Lageskizze (freigemachte Pendelstütze)

Die Pendelstütze ist ein Zweigelenkstab, denn sie wird nur in zwei Punkten
belastet und ist in diesen Punkten
„gelenkig gelagert".
Folglich bilden die Kräfte $F_1, F_2, F_3$
ein zentrales Kräftesystem mit dem
Zentralpunkt $B$ an der Spitze der
Pendelstütze.

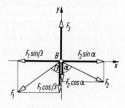

Lageskizze für das
zentrale Kräftesystem

I. $\Sigma F_x = 0 = F_2 \sin\alpha - F_1 \sin\beta$
II. $\Sigma F_y = 0 = F_3 - F_1 \cos\beta - F_2 \cos\alpha$

I. $\alpha = \arcsin\left(\dfrac{F_1}{F_2}\sin\beta\right) = \arcsin\left(\dfrac{14,74\,\text{kN}}{13\,\text{kN}}\cdot\sin 55°\right)$
$\alpha = 68,22°$

e) II. $F_3 = F_1 \cos\beta + F_2 \cos\alpha$
$F_3 = 14,74\,\text{kN}\cdot\cos 55° + 13\,\text{kN}\cdot\cos 68,22° = 13,28\,\text{kN}$

**91.**

Lageskizze (freigemachter Tisch)

$\alpha_k = \arctan\dfrac{0,3\,\text{m}}{0,5\,\text{m}}$
$\alpha_k = 30,96°$

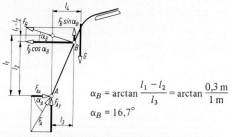

I. $\Sigma F_x \quad = 0 = F_{sx} - F_k \cos\alpha_k$
II. $\Sigma F_y \quad = 0 = F_k \sin\alpha_k - F - F_{sy}$
III. $\Sigma M_{(S)} = 0 = F\cdot 0,5\,\text{m} - F_k \sin\alpha_k \cdot 0,3\,\text{m} - F_k \cos\alpha_k \cdot 0,1\,\text{m}$

a) III. $F_k = F\cdot \dfrac{0,5\,\text{m}}{0,3\,\text{m}\cdot\sin\alpha_k + 0,1\,\text{m}\cdot\cos\alpha_k}$

$F_k = 12\,\text{kN}\cdot \dfrac{0,5\,\text{m}}{0,3\,\text{m}\cdot\sin 30,96° + 0,1\,\text{m}\cdot\cos 30,96°}$

$F_k = 24,99\,\text{kN}$

b) I. $F_{sx} = F_k \cos\alpha_k = 24,99\,\text{kN}\cdot\cos 30,96° = 21,43\,\text{kN}$
II. $F_{sy} = F_k \sin\alpha_k - F = 24,99\,\text{kN}\cdot\sin 30,96° - 12\,\text{kN}$
$F_{sy} = 0,8571\,\text{kN}$
$F_s = \sqrt{F_{sx}^2 + F_{sy}^2} = \sqrt{(21,43\,\text{kN})^2 + (0,8571\,\text{kN})^2}$
$F_s = 21,45\,\text{kN}$

c) $\alpha_s = \arctan\dfrac{F_{sy}}{F_{sx}} = \arctan\dfrac{0,8571\,\text{kN}}{21,43\,\text{kN}} = 2,29°$

**92.**

Lageskizze (freigemachte Leuchte)

$\alpha_B = \arctan\dfrac{l_1 - l_2}{l_3} = \arctan\dfrac{0,3\,\text{m}}{1\,\text{m}}$
$\alpha_B = 16,7°$

I. $\Sigma F_x \quad = 0 = F_{Ax} - F_B \cos\alpha_B$
II. $\Sigma F_y \quad = 0 = F_{Ay} + F_B \sin\alpha_B - G$
III. $\Sigma M_{(A)} = 0 = F_B \sin\alpha_B\, l_3 + F_B \cos\alpha_B\, l_2 - G\, l_4$

a) III. $F_B = G\, \dfrac{l_4}{l_3 \sin\alpha_B + l_2 \cos\alpha_B}$

$F_B = 600\,\text{N}\cdot \dfrac{1,2\,\text{m}}{1\,\text{m}\cdot\sin 16,7° + 2,7\,\text{m}\cdot\cos 16,7°}$

$F_B = 250,6\,\text{N}$

b) I. $F_{Ax} = F_B \cos\alpha_B = 250,6\,\text{N}\cdot\cos 16,7° = 240\,\text{N}$
II. $F_{Ay} = G - F_B \sin\alpha_B = 600\,\text{N} - 250,6\,\text{N}\cdot\sin 16,7°$
$F_{Ay} = 528\,\text{N}$

$F_A = \sqrt{F_{Ax}^2 + F_{Ay}^2} = \sqrt{(240\,\text{N})^2 + (528\,\text{N})^2}$
$F_A = 580\,\text{N}$

c) $\alpha_A = \arctan\dfrac{F_{Ay}}{F_{Ax}} = \arctan\dfrac{528\,\text{N}}{240\,\text{N}} = 65,56°$

**93.**

Lageskizze (freigemachte Lenksäule mit Vorderrad)

Hier wird zweckmäßiger-
weise die Längsachse der
Lenksäule als $y$-Achse
festgelegt.

Die Kraft $F$ müssen wir
deshalb in ihre Kompo-
nenten $F \sin \alpha$ und
$F \cos \alpha$ zerlegen.

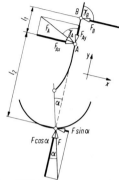

I. $\Sigma F_x \quad = 0 = F_{Ax} - F_B - F \sin \alpha$
II. $\Sigma F_y \quad = 0 = F \cos \alpha - F_{Ay}$
III. $\Sigma M_{(A)} = 0 = F_B \, l_1 - F \sin \alpha \, l_2$

a) III. $F_B = F \dfrac{l_2 \sin \alpha}{l_1} = 250\,\text{N} \cdot \dfrac{0{,}75\,\text{m} \cdot \sin 15°}{0{,}2\,\text{m}} = 242{,}6\,\text{N}$

b) I. $F_{Ax} = F_B + F \sin \alpha = 242{,}6\,\text{N} + 250\,\text{N} \cdot \sin 15°$
$F_{Ax} = 307{,}3\,\text{N}$
II. $F_{Ay} = F \cos \alpha = 250\,\text{N} \cdot \cos 15° = 241{,}5\,\text{N}$

$$F_A = \sqrt{F_{Ax}^2 + F_{Ay}^2} = \sqrt{(307{,}3\,\text{N})^2 + (241{,}5\,\text{N})^2}$$
$$F_A = 390{,}9\,\text{N}$$

c) $F_B$ wirkt rechtwinklig zur Lenksäule (einwertiges
Lager); $\gamma_B = 90°$

d) $\gamma_A = \arctan \dfrac{F_{Ax}}{F_{Ay}} = \arctan \dfrac{307{,}3\,\text{N}}{241{,}5\,\text{N}} = 51{,}84°$

**94.**

Lageskizze
(freigemachtes Bremspedal)

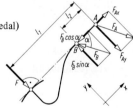

I. $\Sigma F_x \quad = 0 = F_{Ax} - F_B \cos \alpha$
II. $\Sigma F_y \quad = 0 = F_B \sin \alpha - F - F_{Ay}$
III. $\Sigma M_{(A)} = 0 = F \, l_1 - F_B \sin \alpha \, l_2$

a) III. $F_B = F \dfrac{l_1}{l_2 \sin \alpha} = 110\,\text{N} \cdot \dfrac{290\,\text{mm}}{45\,\text{m} \cdot \sin 75°} = 733{,}9\,\text{N}$

b) I. $F_{Ax} = F_B \cos \alpha = 733{,}9\,\text{N} \cdot \cos 75° = 189{,}9\,\text{N}$
II. $F_{Ay} = F_B \sin \alpha - F = 733{,}9\,\text{N} \cdot \sin 75° - 110\,\text{N}$
$F_{Ay} = 598{,}9\,\text{N}$

$$F_A = \sqrt{F_{Ax}^2 + F_{Ay}^2}$$
$$F_A = \sqrt{(1{,}899 \cdot 10^2\,\text{N})^2 + (5{,}989 \cdot 10^2\,\text{N})^2} = 628{,}3\,\text{N}$$

**95.**

Lageskizze 1
(freigemachter Hubarm)

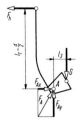

I. $\Sigma F_x \quad = 0 = F_{Ax} - F_h$
II. $\Sigma F_y \quad = 0 = F_{Ay} - G$
III. $\Sigma M_{(A)} = 0 = F_h \left( l_1 - \dfrac{d}{2} \right) - G \, l_3$

a) III. $F_h = G \dfrac{l_3}{l_1 - \dfrac{d}{2}} = 1{,}25\,\text{kN} \cdot \dfrac{0{,}21\,\text{m}}{1{,}3\,\text{m}} = 0{,}2019\,\text{kN}$

b) I. $F_{Ax} = F_h = 0{,}2019\,\text{kN}$
II. $F_{Ay} = G = 1{,}25\,\text{kN}$

$$F_A = \sqrt{F_{Ax}^2 + F_{Ay}^2} = \sqrt{(0{,}2019\,\text{kN})^2 + (1{,}25\,\text{kN})^2}$$
$$F_A = 1{,}266\,\text{kN}$$

Für die Teillösungen c) bis e) wird eines der beiden
Räder freigemacht:

Lageskizze 2
(freigemachtes Rad)

*Hinweis:* Jedes Rad nimmt nur
die Hälfte der Achslast $F_A$ auf.

Berechnung des Abstands $l_4$:

$$l_4 = \sqrt{\left( \dfrac{d}{2} \right)^2 - \left( \dfrac{d}{2} - l_2 \right)^2} = \sqrt{(0{,}3\,\text{m})^2 - (0{,}1\,\text{m})^2}$$
$$l_4 = 0{,}2828\,\text{m}$$

Gleichgewichtsbedingungen:

I. $\Sigma F_x \quad = 0 = F_x - \dfrac{F_{Ax}}{2}$

II. $\Sigma F_y \quad = 0 = F_N + F_y - \dfrac{F_{Ay}}{2}$

III. $\Sigma M_{(B)} = 0 = F_N \, l_4 + \dfrac{F_{Ax}}{2} \left( \dfrac{d}{2} - l_2 \right) - \dfrac{F_{Ay}}{2} \, l_4$

c) III. $F_N = \dfrac{\dfrac{F_{Ay}}{2} l_4 - \dfrac{F_{Ax}}{2} \left( \dfrac{d}{2} - l_2 \right)}{l_4} = \dfrac{F_{Ay}}{2} - \dfrac{F_{Ax}}{2} \dfrac{\dfrac{d}{2} - l_2}{l_4}$

$F_N = 0{,}625\,\text{kN} - 0{,}101\,\text{kN} \cdot \dfrac{0{,}1\,\text{m}}{0{,}2828\,\text{m}} = 0{,}5893\,\text{kN}$

d) I. $F_x = \dfrac{F_{Ax}}{2} = 0{,}101\,\text{kN}$

II. $F_y = \dfrac{F_{Ay}}{2} - F_n = 0{,}625\,\text{kN} - 0{,}5893\,\text{kN} = 0{,}0357\,\text{kN}$

$$F = \sqrt{F_x^2 + F_y^2} = \sqrt{(0{,}101\,\text{kN})^2 + (0{,}0357\,\text{kN})^2}$$
$$F = 0{,}1071\,\text{kN}$$

e) siehe Teillösung d!

**96.**

Lageskizze (freigemachter Hebel)

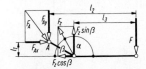

$\beta = 180° - \alpha = 60°$

I. $\Sigma F_x = 0 = F_{Ax} - F_z \cos\beta$
II. $\Sigma F_y = 0 = F_z \sin\beta - F_{Ay} - F$
III. $\Sigma M_{(A)} = 0 = F_z \sin\beta (l_2 - l_3) - F_z \cos\beta l_1 - F l_2$

a) III. $F_z = F \dfrac{l_2}{(l_2 - l_3) \sin\beta - l_1 \cos\beta}$

$F_z = 60\,\text{N} \cdot \dfrac{80\,\text{mm}}{15\,\text{mm} \cdot \sin 60° - 10\,\text{mm} \cdot \cos 60°}$

$F_z = 600,7\,\text{N}$

b) I. $F_{Ax} = F_z \cos\beta = 600,7\,\text{N} \cdot \cos 60° = 300,36\,\text{N}$
II. $F_{Ay} = F_z \sin\beta - F = 600,7\,\text{N} \cdot \sin 60° - 60\,\text{N}$
$F_{Ay} = 460,2\,\text{N}$

$F_A = \sqrt{F_{Ax}^2 + F_{Ay}^2} = \sqrt{(300,36\,\text{N})^2 + (460,2\,\text{N})^2}$
$F_A = 549,6\,\text{N}$

**97.**

Lageskizze (freigemachter Tisch)

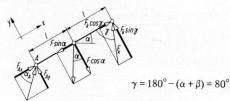

$\gamma = 180° - (\alpha + \beta) = 80°$

I. $\Sigma F_x = 0 = F_{Ax} - F \sin\alpha + F_k \cos\gamma$
II. $\Sigma F_y = 0 = F_{Ay} - F \cos\alpha + F_k \sin\gamma$
III. $\Sigma M_{(A)} = 0 = F_k \sin\gamma \cdot 2\,l - F \cos\alpha\, l$

a) III. $F_k = F \dfrac{l \cos\alpha}{2\,l \sin\gamma} = F \dfrac{\cos\alpha}{2 \sin\gamma} = 5,5\,\text{kN} \cdot \dfrac{\cos 30°}{2 \cdot \sin 80°}$

$F_k = 2,418\,\text{kN}$

b) I. $F_{Ax} = F \sin\alpha - F_k \cos\gamma$
$F_{Ax} = 5,5\,\text{kN} \cdot \sin 30° - 2,418\,\text{kN} \cdot \cos 80° = 2,33\,\text{kN}$
II. $F_{Ay} = F \cos\alpha - F_k \sin\gamma$
$F_{Ay} = 5,5\,\text{kN} \cdot \cos 30° - 2,418\,\text{kN} \cdot \sin 80° = 2,382\,\text{kN}$

*Hinweis:* Dieses Teilergebnis enthält bereits eine
Kontrolle der vorangegangenen Rechnungen:
Weil die Belastung $F$ in Tischmitte wirkt, müssen
die $y$-Komponenten der Stützkräfte ($F_{Ay}$ und $F_k \sin\gamma$)
gleich groß und gleich der Hälfte der Komponente
$F \cos\alpha$ sein.

$F_A = \sqrt{F_{Ax}^2 + F_{Ay}^2} = \sqrt{(2,33\,\text{kN})^2 + (2,382\,\text{kN})^2}$
$F_A = 3,332\,\text{kN}$

c) $\alpha_A = \arctan \dfrac{F_{Ay}}{F_{Ax}} = \arctan \dfrac{2,382\,\text{kN}}{2,33\,\text{kN}} = 45,63°$

**98.**

Lageskizze (freigemachter Spannkeil)   Krafteckskizze

Nach Krafteckskizze ist:

a) $F_N = \dfrac{F}{\tan\alpha} = \dfrac{200\,\text{N}}{\tan 15°} = 746,4\,\text{N}$

b) $F_A = \dfrac{F}{\sin\alpha} = \dfrac{200\,\text{N}}{\sin 15°} = 772,7\,\text{N}$

Für die Teillösungen c) bis e) wird der Klemmhebel
freigemacht.

Lageskizze
(freigemachter Klemmhebel)

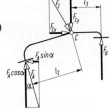

I. $\Sigma F_x = 0 = F_{Cx} - F_A \sin\alpha$
II. $\Sigma F_y = 0 = F_A \cos\alpha + F_B - F_{Cy}$
III. $\Sigma M_{(C)} = 0 = F_B l_3 - F_A l_2$

*Hinweis:* In der Momentengleichgewichtsbedingung
(III) rechnen wir zweckmäßigerweise nicht mit den
Komponenten $F_A \sin\alpha$ und $F_A \cos\alpha$, sondern mit
der Kraft $F_A$.

c) III. $F_B = F_A \dfrac{l_2}{l_3} = 772,7\,\text{N} \cdot \dfrac{35\,\text{mm}}{20\,\text{mm}} = 1352\,\text{N}$

d) I. $F_{Cx} = F_A \sin\alpha = 772,7\,\text{N} \cdot \sin 15° = 200\,\text{N}$
II. $F_{Cy} = F_A \cos\alpha + F_B = 772,7\,\text{N} \cdot \cos 15° + 1352\,\text{N}$
$F_{Cy} = 2099\,\text{N}$

$F_C = \sqrt{F_{Cx}^2 + F_{Cy}^2} = \sqrt{(200\,\text{N})^2 + (2099\,\text{N})^2}$
$F_C = 2108\,\text{N}$

e) siehe Teillösung d)!

**99.**

Lageskizze
(freigemachter
Schwinghebel)

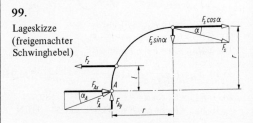

I. $\Sigma F_x = 0 = F_s \cos\alpha - F_z + F_{Ax}$
II. $\Sigma F_y = 0 = F_{Ay} - F_s \sin\alpha$
III. $\Sigma M_{(A)} = 0 = F_z l - F_s \sin\alpha\, r - F_s \cos\alpha\, r$

a) III. $F_s = F_z \dfrac{l}{r(\sin\alpha + \cos\alpha)}$

$$F_s = 1\,\text{kN} \cdot \frac{100\,\text{mm}}{250\,\text{mm}(\sin 15° + \cos 15°)} = 0,3266\,\text{kN}$$

b) I. $F_{Ax} = F_z - F_s \cos\alpha = 1\,\text{kN} - 0,3266\,\text{kN} \cdot \cos 15°$

$\qquad F_{Ax} = 0,6845\,\text{kN}$

II. $F_{Ay} = F_s \sin\alpha = 0,3266\,\text{kN} \cdot \sin 15° = 0,0845\,\text{kN}$

$$F_A = \sqrt{F_{Ax}^2 + F_{Ay}^2} = \sqrt{(0,6845\,\text{kN})^2 + (0,0845\,\text{kN})^2}$$

$\qquad F_A = 0,6897\,\text{kN}$

c) $\alpha_A = \arctan \dfrac{F_{Ay}}{F_{Ax}} = \arctan \dfrac{0,0845\,\text{kN}}{0,6845\,\text{kN}} = 7,04°$

## 100.

a) Lageskizze (freigemachte Stützrolle)　　Krafteckskizze

$$F_B = \frac{F_C}{\tan\beta} = \frac{20\,\text{N}}{\tan 30°} = 34,64\,\text{N}$$

$$F_D = \frac{F_C}{\sin\beta} = \frac{20\,\text{N}}{\sin 30°} = 40\,\text{N}$$

(Mit der gleichen Kraft drückt der Zweigelenkstab $C$–$D$ auf das Lager $D$.)

b) Lageskizze (freigemachter Hebel)

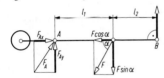

I. $\Sigma F_x \quad = 0 = F_{Ax} - F\cos\alpha$

II. $\Sigma F_y \quad = 0 = F_{Ay} - F\sin\alpha + F_B$

III. $\Sigma M_{(A)} = 0 = F_B(l_1 + l_2) - F\sin\alpha\, l_1$

III. $F = F_B \dfrac{l_1 + l_2}{l_1 \sin\alpha} = 34,64\,\text{N} \cdot \dfrac{90\,\text{mm}}{50\,\text{mm} \cdot \sin 60°} = 72\,\text{N}$

I. $F_{Ax} = F\cos\alpha = 72\,\text{N} \cdot \cos 60° = 36\,\text{N}$

II. $F_{Ay} = F\sin\alpha - F_B = 72\,\text{N} \cdot \sin 60° - 34,64\,\text{N} = 27,71\,\text{N}$

$$F_A = \sqrt{F_{Ax}^2 + F_{Ay}^2} = \sqrt{(36\,\text{N})^2 + (27,71\,\text{N})^2} = 45,43\,\text{N}$$

## 101.

a) Lageskizze
(freigemachter Tisch)

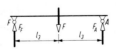

I. $\Sigma F_y \quad = 0 = F_A + F_F - F$

II. $\Sigma M_{(F)} = 0 = F_A \cdot 2\,l - F\,l$

II. $F_A = F \dfrac{l}{2\,l} = \dfrac{F}{2} = 1\,\text{kN} = 1000\,\text{N}$

I. $F_F = F - F_A = 1\,\text{kN} = 1000\,\text{N}$

---

Für die Teillösungen b) und c) wird der Winkelhebel $A$–$B$–$C$ freigemacht:

Lageskizze

I. $\Sigma F_x \quad = 0 = F_{Bx} - F_{CD}$

II. $\Sigma F_y \quad = 0 = F_{By} - F_A$

III. $\Sigma M_{(B)} = 0 = F_A\, l_5 \cos\beta - F_{CD}\, l_4 \cos\beta$

b) III. $F_{CD} = F_A \dfrac{l_5 \cos\beta}{l_4 \cos\beta} = F_A \dfrac{l_5}{l_4} = 1\,\text{kN} \cdot \dfrac{40\,\text{mm}}{90\,\text{mm}}$

$\qquad F_{CD} = 0,4444\,\text{kN}$

c) I. $F_{Bx} = F_{CD} = 0,4444\,\text{kN}$

II. $F_{By} = F_A = 1\,\text{kN}$

$$F_B = \sqrt{F_{Bx}^2 + F_{By}^2} = \sqrt{(0,4444\,\text{kN})^2 + (1\,\text{kN})^2}$$

$\qquad F_B = 1,094\,\text{kN}$

Für die Teillösungen d) und e) wird der Winkelhebel $D$–$E$–$F$ freigemacht:

Lageskizze

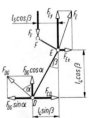

I. $\Sigma F_x \quad = 0 = F_{Ex} + F_{CD} - F_{DG} \sin\alpha$

II. $\Sigma F_y \quad = 0 = F_{DG} \cos\alpha + F_{Ey} - F_F$

III. $\Sigma M_{(E)} = 0 = F_F\, l_5 \cos\beta + F_{CD}\, l_4 \cos\beta$
$\qquad\qquad\qquad\quad - F_{DG} \sin\alpha\, l_4 \cos\beta - F_{DG} \cos\alpha\, l_4 \sin\beta$

d) III. $F_{DG} = \dfrac{F_F\, l_5 \cos\beta + F_{CD}\, l_4 \cos\beta}{l_4 (\sin\alpha \cos\beta + \cos\alpha \sin\beta)}$

$\qquad F_{DG} = \dfrac{(F_F\, l_5 + F_{CD}\, l_4)\cos\beta}{l_4 \sin(\alpha + \beta)}$

$\qquad F_{DG} = \dfrac{(1\,\text{kN} \cdot 40\,\text{mm} + 0,4444\,\text{kN} \cdot 90\,\text{mm}) \cdot \cos 30°}{90\,\text{mm} \cdot \sin 80°}$

$\qquad F_{DG} = 0,7817\,\text{kN}$

e) I. $F_{Ex} - F_{DG} \sin\alpha - F_{CD}$

$\qquad F_{Ex} = 0,7817\,\text{kN} \cdot \sin 50° - 0,4444\,\text{kN} = 0,1544\,\text{kN}$

II. $F_{Ey} = F_F - F_{DG} \cos\alpha$

$\qquad F_{Ey} = 1\,\text{kN} - 0,7817\,\text{kN} \cdot \cos 50° = 0,4975\,\text{kN}$

$$F_E = \sqrt{F_{Ex}^2 + F_{Ey}^2} = \sqrt{(0,1544\,\text{kN})^2 + (0,4975\,\text{kN})^2}$$

$\qquad F_E = 0,5209\,\text{kN}$

Für die Teillösungen f) und g) wird die Deichsel freigemacht:

Lageskizze

$$\text{I. } \Sigma F_x = 0 = F_{DG} \sin \alpha - F_h - F_{Kx}$$
$$\text{II. } \Sigma F_y = 0 = F_{Ky} - F_{DG} \cos \alpha$$
$$\text{III. } \Sigma M_{(K)} = 0 = F_h (l_1 + l_2) - F_{DG} \sin \alpha \, l_2$$

f) III. $F_h = F_{DG} \dfrac{l_2 \sin \alpha}{l_1 + l_2} = 0{,}7817\,\text{kN} \cdot \dfrac{180\,\text{mm} \cdot \sin 50°}{1280\,\text{mm}}$

$\quad F_h = 0{,}0842\,\text{kN}$

g) I. $F_{Kx} = F_{DG} \sin \alpha - F_h$
$\quad F_{Kx} = 0{,}7817\,\text{kN} \cdot \sin 50° - 0{,}0842\,\text{kN} = 0{,}5146\,\text{kN}$
$\quad$II. $F_{Ky} = F_{DG} \cos \alpha = 0{,}7817\,\text{kN} \cdot \cos 50° = 0{,}5025\,\text{kN}$

$\quad F_K = \sqrt{F_{Kx}^2 + F_{Ky}^2} = \sqrt{(0{,}5146\,\text{kN})^2 + (0{,}5025\,\text{kN})^2}$
$\quad F_K = 0{,}7192\,\text{kN}$

$\quad \alpha_K = \arctan \dfrac{F_{Ky}}{F_{Kx}} = \arctan \dfrac{502{,}5\,\text{N}}{514{,}6\,\text{N}} = 44{,}32°$

**102.**

Lageskizze (freigemachte Leiter)

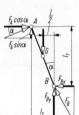

Berechnung des Winkels $\alpha$:

$$\alpha = \arctan \dfrac{l_2}{l_1} = \arctan \dfrac{1{,}5\,\text{m}}{4\,\text{m}} = 20{,}56°$$

$$\text{I. } \Sigma F_x = 0 = F_A \cos \alpha - F_{Bx}$$
$$\text{II. } \Sigma F_y = 0 = F_A \sin \alpha + F_{By} - G$$

$$\text{III. } \Sigma M_{(B)} = 0 = G \dfrac{l_2}{2} - F_A \sin \alpha \, l_2 - F_A \cos \alpha \, l_1$$

a) III. $F_A = G \dfrac{l_2}{2(l_1 \cos \alpha + l_2 \sin \alpha)}$

$\quad F_A = 800\,\text{N} \cdot \dfrac{1{,}5\,\text{m}}{2(4\,\text{m} \cdot \cos 20{,}56° + 1{,}5\,\text{m} \cdot \sin 20{,}56°)}$

$\quad F_A = 140{,}4\,\text{N}$
$\quad F_{Ax} = F_A \cos \alpha = 140{,}4\,\text{N} \cdot \cos 20{,}56° = 131{,}5\,\text{N}$
$\quad F_{Ay} = F_A \sin \alpha = 140{,}4\,\text{N} \cdot \sin 20{,}56° = 49{,}32\,\text{N}$

b) I. $F_{Bx} = F_A \cos \alpha = 131{,}5\,\text{N}$
$\quad$II. $F_{By} = G - F_A \sin \alpha = 800\,\text{N} - 49{,}32\,\text{N} = 750{,}7\,\text{N}$

$\quad F_B = \sqrt{F_{Bx}^2 + F_{By}^2} = \sqrt{(131{,}6\,\text{N})^2 + (750{,}7\,\text{N})^2}$
$\quad F_B = 762{,}1\,\text{N}$

**103.**

Lageskizze
(freigemachter Stab)

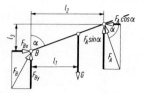

Berechnung des Winkels $\alpha$:

$$\alpha = \arctan \dfrac{l_2}{l_3} = \arctan \dfrac{3\,\text{m}}{1\,\text{m}} = 71{,}57°$$

$$\text{I. } \Sigma F_x = 0 = F_{Bx} - F_A \cos \alpha$$
$$\text{II. } \Sigma F_y = 0 = F_{By} - G + F_A \sin \alpha$$
$$\text{III. } \Sigma M_{(B)} = 0 = -G\,l_1 + F_A \sin \alpha \, l_2 + F_A \cos \alpha \, l_3$$

a) III. $F_A = G \dfrac{l_1}{l_2 \sin \alpha + l_3 \cos \alpha}$

$\quad F_A = 100\,\text{N} \cdot \dfrac{2\,\text{m}}{3\,\text{m} \cdot \sin 71{,}57° + 1\,\text{m} \cdot \cos 71{,}57°}$

$\quad F_A = 63{,}25\,\text{N}$

$\quad F_{Ax} = F_A \cos \alpha = 63{,}25\,\text{N} \cdot \cos 71{,}57° = 20\,\text{N}$
$\quad F_{Ay} = F_A \sin \alpha = 63{,}26\,\text{N} \cdot \sin 71{,}57° = 60\,\text{N}$

b) I. $F_{Bx} = F_A \cos \alpha = 63{,}25\,\text{N} \cdot \cos 71{,}57° = 20\,\text{N}$
$\quad$II. $F_{By} = G - F_A \sin \alpha = 100\,\text{N} - 60\,\text{N} = 40\,\text{N}$

$\quad F_B = \sqrt{F_{Bx}^2 + F_{By}^2} = \sqrt{(20\,\text{N})^2 + (40\,\text{N})^2} = 44{,}72\,\text{N}$

**104.**

Anordnung ⓐ

Lageskizze (freigemachte Platte)

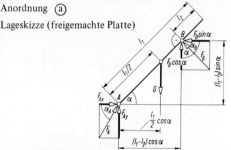

$$\text{I. } \Sigma F_x = 0 = F_{Ax} - F_B \sin \alpha$$
$$\text{II. } \Sigma F_y = 0 = F_{Ay} - G + F_B \cos \alpha$$

$$\text{III. } \Sigma M_{(A)} = 0 = -G \dfrac{l_1}{2} \cos \alpha + F_B \sin \alpha (l_1 - l_2) \sin \alpha$$
$$+ F_B \cos \alpha (l_1 - l_2) \cos \alpha$$

III. $F_B = G \dfrac{\dfrac{l_1}{2} \cos \alpha}{(l_1 - l_2) \underbrace{(\sin^2 \alpha + \cos^2 \alpha)}_{=1}} = G \dfrac{l_1 \cos \alpha}{2(l_1 - l_2)}$

$\quad F_B = 2{,}5\,\text{kN} \cdot \dfrac{2\,\text{m} \cdot \cos 45°}{2 \cdot 1{,}5\,\text{m}} = 1{,}179\,\text{kN}$

I. $F_{Ax} = F_B \sin \alpha = 1{,}179\,\text{kN} \cdot \sin 45° = 0{,}8333\,\text{kN}$

II. $F_{Ay} = G - F_B \cos \alpha = 2{,}5\,\text{kN} - 1{,}179\,\text{kN} \cdot \cos 45°$
$\quad F_{Ay} = 1{,}667\,\text{kN}$

$$F_A = \sqrt{F_{Ax}^2 + F_{Ay}^2} = \sqrt{(0,833\,\text{kN})^2 + (1,667\,\text{kN})^2}$$
$$F_A = 1,863\,\text{kN}$$

$$\alpha_A = \arctan \frac{F_{Ay}}{F_{Ax}} = \arctan \frac{1,667\,\text{kN}}{0,8333\,\text{kN}} = 63,43°$$

$\alpha_B = 45°$, nämlich rechtwinklig zur Platte.

Anordnung ⓑ

Lageskizze (freigemachte Platte)

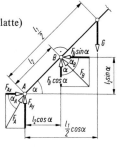

I. $\Sigma F_x = 0 = F_{Ax} - F_B \sin \alpha$
II. $\Sigma F_y = 0 = F_{Ay} + F_B \cos \alpha - G$
III. $\Sigma M_{(A)} = 0 = F_B \sin \alpha \cdot l_2 \sin \alpha + F_B \cos \alpha \cdot l_2 \cos \alpha$
$\qquad\qquad\qquad - G \dfrac{l_1}{2} \cos \alpha$

III. $F_B = G \dfrac{\frac{l_1}{2} \cos \alpha}{l_2 \underbrace{(\sin^2 \alpha + \cos^2 \alpha)}_{= 1}} = G \dfrac{l_1 \cos \alpha}{2\, l_2}$

$$F_B = 2,5\,\text{kN} \cdot \frac{2\,\text{m} \cdot \cos 45°}{2 \cdot 0,5\,\text{m}} = 3,536\,\text{kN}$$

I. $F_{Ax} = F_B \sin \alpha = 3,536\,\text{kN} \cdot \sin 45° = 2,5\,\text{kN}$
II. $F_{Ay} = G - F_B \cos \alpha = 2,5\,\text{kN} - 2,5\,\text{kN} = 0$
$\qquad F_A = F_{Ax} = 2,5\,\text{kN}; \quad \alpha_A = 0°; \quad \alpha_B = 45°$

## 105.

Lageskizze
(freigemachter Hebel)

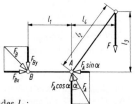

Berechnung des Abstandes $l_4$:
$$l_4 = \sqrt{l_2^2 - l_3^2} = \sqrt{(0,5\,\text{m})^2 - (0,4\,\text{m})^2} = 0,3\,\text{m}$$

I. $\Sigma F_x = 0 = F_{Bx} - F_A \sin \alpha$
II. $\Sigma F_y = 0 = -F_{By} + F_A \cos \alpha - F$
III. $\Sigma M_{(B)} = 0 = F_A \cos \alpha\, l_1 - F(l_1 + l_4)$

a) III. $F_A = F \dfrac{l_1 + l_4}{l_1 \cos \alpha} = 350\,\text{N} \cdot \dfrac{0,3\,\text{m} + 0,3\,\text{m}}{0,3\,\text{m} \cdot \cos 30°} = 808,3\,\text{N}$

$\qquad F_{Ax} = F_A \sin \alpha = 808,3\,\text{N} \cdot \sin 30° = 404,1\,\text{N}$
$\qquad F_{Ay} = F_A \cos \alpha = 808,3\,\text{N} \cdot \cos 30° = 700\,\text{N}$

*Hinweis:* Hier ist $\alpha$ der Winkel zwischen $F_A$ und
der *Senkrechten*, daher andere Gleichungen für $F_{Ax}$
und $F_{Ay}$ als gewohnt.

b) I. $F_{Bx} = F_A \sin \alpha = 404,1\,\text{N}$
II. $F_{By} = F_A \cos \alpha - F = 700\,\text{N} - 350\,\text{N} = 350\,\text{N}$
$\qquad F_B = \sqrt{F_{Bx}^2 + F_{By}^2} = \sqrt{(404,1\,\text{N})^2 + (350\,\text{N})^2}$
$\qquad F_B = 534,6\,\text{N}$

## 106.

Lageskizze (freigemachte Rampe)

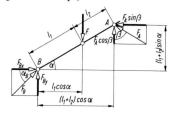

I. $\Sigma F_x = 0 = F_{Bx} - F_A \sin \beta$
II. $\Sigma F_y = 0 = F_{By} - F + F_A \cos \beta$
III. $\Sigma M_{(B)} = 0 = -F l_1 \cos \alpha + F_A \cos \beta\,(l_1 + l_2) \cos \alpha$
$\qquad\qquad\qquad + F_A \sin \beta\,(l_1 + l_2) \sin \alpha$

a) III. $F_A = F \dfrac{l_1 \cos \alpha}{(l_1 + l_2)(\cos \alpha \cos \beta + \sin \alpha \sin \beta)}$

$\qquad F_A = F \dfrac{l_1 \cos \alpha}{(l_1 + l_2) \cos(\alpha - \beta)} = 5\,\text{kN} \cdot \dfrac{2\,\text{m} \cdot \cos 20°}{3,5\,\text{m} \cdot \cos(-40°)}$

$\qquad F_A = 3,505\,\text{kN}$

b) I. $F_{Bx} = F_A \sin \beta = 3,505\,\text{kN} \cdot \sin 60° = 3,035\,\text{kN}$
II. $F_{By} = F - F_A \cos \beta = 5\,\text{kN} - 3,505\,\text{kN} \cdot \cos 60° = 3,248\,\text{kN}$
$\qquad F_B = \sqrt{F_{Bx}^2 + F_{By}^2} = \sqrt{(3,035\,\text{kN})^2 + (3,248\,\text{kN})^2}$
$\qquad F_B = 4,445\,\text{kN}$

c) $\alpha_B = \arctan \dfrac{F_{By}}{F_{Bx}} = \arctan \dfrac{3,248\,\text{kN}}{3,035\,\text{kN}} = 46,94°$

## 107.

Lageskizze
(freigemachter Drehkran)

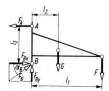

I. $\Sigma F_x = 0 = F_{Bx} - F_A$
II. $\Sigma F_y = 0 = F_{By} - G - F$
III. $\Sigma M_{(B)} = 0 = F_A l_3 - G l_2 - F l_1$

a) III. $F_A = \dfrac{G l_2 + F l_1}{l_3} = \dfrac{8\,\text{kN} \cdot 0,55\,\text{m} + 20\,\text{kN} \cdot 2,2\,\text{m}}{1,2\,\text{m}}$

$\qquad F_A = 40,33\,\text{kN}$

b) I. $F_{Bx} = F_A = 40,33\,\text{kN}$
II. $F_{By} = G + F = 8\,\text{kN} + 20\,\text{kN} = 28\,\text{kN}$
$\qquad F_B = \sqrt{F_{Bx}^2 + F_{By}^2} = \sqrt{(40,33\,\text{kN})^2 + (28\,\text{kN})^2}$
$\qquad F_B = 49,1\,\text{kN}$

c) $\alpha_B = \arctan \dfrac{F_{By}}{F_{Bx}} = \arctan \dfrac{28\,\text{kN}}{40,33\,\text{kN}} = 34,77°$

(Zeichnerische Lösung nach dem Schlußlinienverfahren)

**108.**

Lageskizze 1 (freigemachte Spannrolle)

Lageskizze 2 (freigemachter Winkelhebel)

I. $\Sigma F_x = 0 = F_{Ax} - F_B$
II. $\Sigma F_y = 0 = F_{Ay} - 2F$
III. $\Sigma M_{(A)} = 0 = 2Fl_2 - F_B l_1$

a) III. $F_B = 2F \dfrac{l_2}{l_1} = 2 \cdot 35\,\text{N} \cdot \dfrac{110\,\text{mm}}{135\,\text{mm}} = 57{,}04\,\text{N}$

b) I. $F_{Ax} = F_B = 57{,}04\,\text{N}$
II. $F_{Ay} = 2F = 2 \cdot 35\,\text{N} = 70\,\text{N}$

$F_A = \sqrt{F_{Ax}^2 + F_{Ay}^2} = \sqrt{(57{,}04\,\text{N})^2 + (70\,\text{N})^2}$

$F_A = 90{,}3\,\text{N}$

c) $\alpha_A = \arctan \dfrac{F_{Ay}}{F_{Ax}} = \arctan \dfrac{70\,\text{N}}{57{,}04\,\text{N}} = 50{,}83°$

**109.**

Lageskizze (freigemachter Träger)

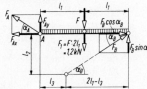

Berechnung des Winkels $\alpha_B$:

$\alpha_B = \arctan \dfrac{l_2}{2\,l_1 - l_3} = \arctan \dfrac{0{,}7\,\text{m}}{0{,}85\,\text{m}} = 39{,}47°$

I. $\Sigma F_x = 0 = F_B \cos \alpha_B - F_{Ax}$
II. $\Sigma F_y = 0 = F_{Ay} - F - F_1 + F_B \sin \alpha_B$
III. $\Sigma M_{(A)} = 0 = -(F + F_1)\,l_1 + F_B \sin \alpha_B \cdot 2\,l_1$

a) III. $F_B = (F + F_1) \dfrac{l_1}{2\,l_1 \sin \alpha_B} = \dfrac{F + F_1}{2 \sin \alpha_B}$

$F_B = 12{,}74\,\text{kN}$

b) I. $F_{Ax} = F_B \cos \alpha_B = 12{,}74\,\text{kN} \cdot \cos 39{,}47° = 9{,}836\,\text{kN}$
II. $F_{Ay} = F + F_1 - F_B \sin \alpha_B$
$F_{Ay} = 15\,\text{kN} + 1{,}2\,\text{kN} - 12{,}74\,\text{kN} \cdot \sin 39{,}47° = 8{,}1\,\text{kN}$

$F_A = \sqrt{F_{Ax}^2 + F_{Ay}^2} = \sqrt{(9{,}836\,\text{kN})^2 + (8{,}1\,\text{kN})^2}$
$F_A = 12{,}74\,\text{kN}$

c) $\alpha_A = \arctan \dfrac{F_{Ay}}{F_{Ax}} = \arctan \dfrac{8{,}1\,\text{kN}}{9{,}836\,\text{kN}} = 39{,}47°$

*Hinweis:* Wegen der Wirkliniensymmetrie müssen $F_A = F_B$ und $\alpha_A = \alpha_B$ sein (siehe Lageskizze). Die Teillösungen b) und c) enthalten also zugleich eine Kontrolle der Rechnungen.

**110.**

*Rechnerische Lösung:*
Lageskizze (freigemachter Bogenträger)

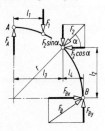

Berechnung des Abstands $l_4$:

$l_4 = r - l_3 = r - \sqrt{r^2 - l_2^2} = 3{,}6\,\text{m} - \sqrt{(3{,}6\,\text{m})^2 - (2{,}55\,\text{m})^2}$

$l_4 = 3{,}6\,\text{m} - \sqrt{6{,}4575\,\text{m}^2} = 1{,}059\,\text{m}$

I. $\Sigma F_x = 0 = F_{Bx} - F_2 \cos \alpha$
II. $\Sigma F_y = 0 = F_A - F_1 - F_2 \sin \alpha + F_{By}$
III. $\Sigma M_{(B)} = 0 = -F_A r + F_1 (r - l_1)$
$\qquad\qquad + F_2 \sin \alpha\, l_4 + F_2 \cos \alpha\, l_2$

a) III. $F_A = \dfrac{F_1 (r - l_1) + F_2 (l_4 \sin \alpha + l_2 \cos \alpha)}{r}$

$F_A = \dfrac{21\,\text{kN} \cdot 2{,}2\,\text{m} + 18\,\text{kN}(1{,}059\,\text{m} \cdot \sin 45° + 2{,}55\,\text{m} \cdot \cos 45°)}{3{,}6\,\text{m}}$

$F_A = 25{,}59\,\text{kN}$

b) I. $F_{Bx} = F_2 \cos \alpha = 18\,\text{kN} \cdot \cos 45° = 12{,}73\,\text{kN}$
II. $F_{By} = F_1 + F_2 \sin \alpha - F_A$
$= 21\,\text{kN} + 18\,\text{kN} \cdot \sin 45° - 25{,}59\,\text{kN} = 8{,}14\,\text{kN}$

$F_B = \sqrt{F_{Bx}^2 + F_{By}^2} = \sqrt{(12{,}73\,\text{kN})^2 + (8{,}14\,\text{kN})^2}$
$F_B = 15{,}11\,\text{kN}$

c) siehe Teillösung b)!

*Zeichnerische Lösung:*

Anleitung: Im Lageplan WL $F_1$ und WL $F_2$ zum Schnitt bringen. Im Kräfteplan Resultierende $F_r$ aus $F_1$ und $F_2$ ermitteln und parallel in den Punkt $S$ im Lageplan verschieben. Dann 3-Kräfte-Verfahren mit den WL $F_r$, WL $F_A$ und WL $F_B$ anwenden.

Lageplan ($M_L = 2\,\frac{\text{m}}{\text{cm}}$)

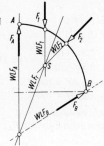

Kräfteplan ($M_K = 10\,\frac{\text{kN}}{\text{cm}}$)

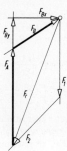

**111.**

*Vorüberlegung:*

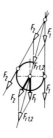

Die Zugkraft $F_2$ im linken Zugseil ist gleich der Belastung $F_1$ im rechten Seiltrum.
Wir verschieben beide Kräfte in den Schnittpunkt ihrer Wirklinien (3. Grundoperation) und ersetzen sie dort durch ihre Resultierende $F_{r\,1,2}$ (1. Grundoperation), deren Wirklinie durch den Seilrollenmittelpunkt verläuft. Dann verschieben wir die Resultierende in den Rollenmittelpunkt (3. Grundoperation) und zerlegen sie dort wieder in ihre Komponenten $F_1$ und $F_2$.
Auf diese Weise erhalten wir für beide Kräfte einen Angriffspunkt, der durch die gegebenen Abmessungen genau festgelegt ist.

Lageskizze (freigemachter Ausleger)

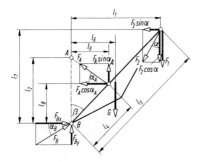

Bei der Lösung dieser Aufgabe ist zur Berechnung der Wirkabstände und Winkel ein verhältnismäßig großer trigonometrischer Aufwand erforderlich.

$\beta = \arcsin \dfrac{l_1}{l_5} = \arcsin \dfrac{5\,\text{m}}{7\,\text{m}} = 45,58°$

$l_7 = l_1 \cot \beta = 5\,\text{m} \cdot \cot 45,58° = 4,899\,\text{m}$

$l_8 = l_4 \cos \beta = 3\,\text{m} \cdot \cos 45,58° = 2,1\,\text{m}$

$l_9 = l_4 \sin \beta = 3\,\text{m} \cdot \sin 45,58° = 2,143\,\text{m}$

$\alpha_A = \arctan \dfrac{l_2 - l_8}{l_9} = \arctan \dfrac{3,5\,\text{m} - 2,1\,\text{m}}{2,143\,\text{m}} - 33,16°$

Rechnungsansatz mit den Gleichgewichtsbedingungen:

I. $\Sigma F_x \quad = 0 = F_{Bx} - F_A \cos \alpha_A - F_2 \sin \alpha$
II. $\Sigma F_y \quad = 0 = F_{By} + F_A \sin \alpha_A - G - F_2 \cos \alpha - F_1$
III. $\Sigma M_{(B)} = 0 = F_A \cos \alpha_A\, l_8 + F_A \sin \alpha_A\, l_9 - G\, l_6$
$\qquad\qquad\qquad + F_2 \sin \alpha\, l_7 - F_2 \cos \alpha\, l_1 - F_1\, l_1$

für $F_2 = F_1$ gesetzt:

I. $F_{Bx} - F_A \cos \alpha_A - F_1 \sin \alpha = 0$
II. $F_{By} + F_A \sin \alpha_A - G - F_1 (1 + \cos \alpha) = 0$
III. $F_A (l_8 \cos \alpha_A + l_9 \sin \alpha_A) - G\, l_6$
$\qquad + F_1 (l_7 \sin \alpha - l_1 \cos \alpha - l_1) = 0$

a) III. $F_A = \dfrac{G\, l_6 - F_1\, [l_7 \sin \alpha - l_1 (1 + \cos \alpha)]}{l_8 \cos \alpha_A + l_9 \sin \alpha_A}$

$F_A = \dfrac{9\,\text{kN} \cdot 2,4\,\text{m} - 30\,\text{kN}\,[4,899\,\text{m} \cdot \sin 25° - 5\,\text{m}(1 + \cos 25°)]}{2,1\,\text{m} \cdot \cos 33,16° + 2,143\,\text{m} \cdot \sin 33,16°}$

$F_A = 83,76\,\text{kN}$

b) I. $F_{Bx} = F_A \cos \alpha_A + F_1 \sin \alpha$
$\quad F_{Bx} = 83,76\,\text{kN} \cdot \cos 33,16° + 30\,\text{kN} \cdot \sin 25° = 82,8\,\text{kN}$
II. $F_{By} = G + F_1 (1 + \cos \alpha) - F_A \sin \alpha_A$
$\quad F_{By} = 9\,\text{kN} + 30\,\text{kN}(1 + \cos 25°) - 83,76\,\text{kN} \cdot \sin 33,16°$
$\quad F_{By} = 20,37\,\text{kN}$

$\quad F_B = \sqrt{F_{Bx}^2 + F_{By}^2} = \sqrt{(82,8\,\text{kN})^2 + (20,37\,\text{kN})^2}$
$\quad F_B = 85,27\,\text{kN}$

c) $\alpha_B = \arctan \dfrac{F_{By}}{F_{Bx}} = \arctan \dfrac{20,37\,\text{kN}}{82,8\,\text{kN}} = 13,82°$

**112.**

Nach der gleichen Vorüberlegung wie in Lösung 111 verschieben wir die Angriffspunkte der beiden Kettenspannkräfte $F_1 = 120\,\text{N}$ in den Mittelpunkt des Spannrades.

Lageskizze
(freigemachter
Spannhebel)

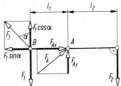

I. $\Sigma F_x \quad = 0 = F_{Ax} - F_1 \sin \alpha$
II. $\Sigma F_y \quad = 0 = -F_1 + F_1 \cos \alpha + F_{Ay} - F_2$
III. $\Sigma M_{(A)} = 0 = F_1\, l_1 - F_1 \cos \alpha\, l_1 - F_2\, l_2$

a) III. $F_2 = F_1 (1 - \cos \alpha) \dfrac{l_1}{l_2}$

$\quad F_2 = 120\,\text{N}\,(1 - \cos 45°)\, \dfrac{50\,\text{mm}}{85\,\text{mm}} = 20,67\,\text{N}$

b) I. $F_{Ax} = F_1 \sin \alpha = 120\,\text{N} \cdot \sin 45° = 84,85\,\text{N}$
II. $F_{Ay} = F_1 (1 - \cos \alpha) + F_2$
$\quad F_{Ay} = 120\,\text{N}\,(1 - \cos 45°) + 20,67\,\text{N} = 55,82\,\text{N}$
$\quad$ (Kontrolle mit $\Sigma M_{(B)} = 0$)

$\quad F_A = \sqrt{F_{Ax}^2 + F_{Ay}^2} = \sqrt{(84,85\,\text{N})^2 + (55,82\,\text{N})^2}$

$\quad F_A = 101,6\,\text{N}$

c) siehe Teillösung b!

**113.**

Lageskizze
(freigemachtes Dach)

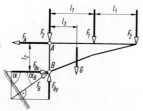

$\text{I. } \Sigma F_x \quad = 0 = F_{Bx} - F_A$

$\text{II. } \Sigma F_y \quad = 0 = F_{By} - G - F_1 - 2F_2$

$\text{III. } \Sigma M_{(B)} = 0 = F_A\, l_2 - G\, l_3 - F_1\, l_1 - F_2 \cdot 2\, l_1$

a) III. $F_A = \dfrac{G\, l_3 + (F_1 + 2F_2)\, l_1}{l_2}$

$F_A = \dfrac{1{,}3\,\text{kN} \cdot 0{,}9\,\text{m} + (5\,\text{kN} + 5\,\text{kN}) \cdot 1{,}5\,\text{m}}{1{,}1\,\text{m}} = 14{,}7\,\text{kN}$

b) I. $F_{Bx} = F_A = 14{,}7\,\text{kN}$

II. $F_{By} = G + F_1 + 2F_2$

$F_{By} = 1{,}3\,\text{kN} + 5\,\text{kN} + 2 \cdot 2{,}5\,\text{kN} = 11{,}3\,\text{kN}$

$F_B = \sqrt{F_{Bx}^2 + F_{By}^2} = \sqrt{(14{,}7\,\text{kN})^2 + (11{,}3\,\text{kN})^2}$

$F_B = 18{,}54\,\text{kN}$

c) $\alpha_B = \arctan \dfrac{F_{By}}{F_{Bx}} = \arctan \dfrac{11{,}3\,\text{kN}}{14{,}7\,\text{kN}} = 37{,}55°$

Winkel $\alpha$ ist Komplementwinkel zum Winkel $\alpha_B$:
$\alpha = 90° - \alpha_B = 52{,}45°$

**114.**

Lageskizze
(freigemachte
Laufbühne)

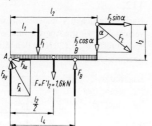

$\text{I. } \Sigma F_x \quad = 0 = F_2 \sin\alpha - F_{Ax}$

$\text{II. } \Sigma F_y \quad = 0 = F_{Ay} - F_1 - F + F_B - F_2 \cos\alpha$

$\text{III. } \Sigma M_{(A)} = 0 = -F_1\, l_1 - F\, \dfrac{l_2}{2} + F_B\, l_4$

$\qquad\qquad\qquad - F_2 \cos\alpha\, l_2 - F_2 \sin\alpha\, l_3$

a) III. $F_B = \dfrac{F_1\, l_1 + F\, \dfrac{l_2}{2} + F_2\,(l_2 \cos\alpha + l_3 \sin\alpha)}{l_4}$

$F_B = \dfrac{2{,}5\,\text{kN} \cdot 0{,}6\,\text{m} + 1{,}6\,\text{kN} \cdot 1\,\text{m} + 0{,}5\,\text{kN}\,(2\,\text{m} \cdot \cos 52° + 0{,}8\,\text{m} \cdot \sin 52°)}{1{,}5\,\text{m}} = 2{,}687\,\text{kN}$

b) I. $F_{Ax} = F_2 \sin\alpha = 0{,}5\,\text{kN} \cdot \sin 52° = 0{,}394\,\text{kN}$

II. $F_{Ay} = F_1 + F + F_2 \cos\alpha - F_B$

$\qquad = 2{,}5\,\text{kN} + 1{,}6\,\text{kN} + 0{,}5\,\text{kN} \cdot \cos 52° - 2{,}687\,\text{kN}$

$F_{Ay} = 1{,}721\,\text{kN}$

$F_A = \sqrt{F_{Ax}^2 + F_{Ay}^2} = \sqrt{(0{,}394\,\text{kN})^2 + (1{,}721\,\text{kN})^2}$

$F_A = 1{,}765\,\text{kN}$

c) siehe Teillösung b!

**115.**

Lageskizze
(freigemachte Schwinge
mit Motor)

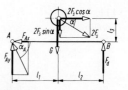

*Vorüberlegung:* Wir dürfen die beiden parallelen Spannkräfte $F_s$ durch die Resultierende $2F_s$, im Scheibenmittelpunkt angreifend, ersetzen.

$\text{I. } \Sigma F_x \quad = 0 = 2F_s \cos\alpha - F_{Ax}$

$\text{II. } \Sigma F_y \quad = 0 = F_{Ay} - 2F_s \sin\alpha - G + F_d$

$\text{III. } \Sigma M_{(A)} = 0 = F_d\,(l_1 + l_2) - G\, l_1 - 2F_s \sin\alpha\, l_1$

$\qquad\qquad\qquad\qquad - 2F_s \cos\alpha\, l_3$

a) III. $F_d = \dfrac{G\, l_1 + 2F_s\,(l_1 \sin\alpha + l_3 \cos\alpha)}{l_1 + l_2}$

$F_d = \dfrac{300\,\text{N} \cdot 0{,}35\,\text{m} + 400\,\text{N}\,(0{,}35\,\text{m} \cdot \sin 30° + 0{,}17\,\text{m} \cdot \cos 30°)}{0{,}65\,\text{m}}$

$F_d = 359{,}8\,\text{N}$

b) I. $F_{Ax} = 2F_s \cos\alpha = 2 \cdot 200\,\text{N} \cdot \cos 30° = 346{,}4\,\text{N}$

II. $F_{Ay} = 2F_s \sin\alpha + G - F_d$

$\qquad = 2 \cdot 200\,\text{N} \cdot \sin 30° + 300\,\text{N} - 359{,}8\,\text{N} = 140{,}2\,\text{N}$

(Kontrolle mit $\Sigma M_{(B)} = 0$)

$F_A = \sqrt{F_{Ax}^2 + F_{Ay}^2} = \sqrt{(346{,}4\,\text{N})^2 + (140{,}2\,\text{N})^2}$

$F_A = 373{,}7\,\text{N}$

c) $\alpha_A = \arctan \dfrac{F_{Ay}}{F_{Ax}} = \arctan \dfrac{140{,}2\,\text{N}}{346{,}4\,\text{N}} = 22{,}03°$

**116.**

*Vorüberlegung* wie in Lösung 111.

Lageskizze
(freigemachter Spannhebel)

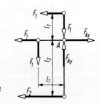

$\text{I. } \Sigma F_x \quad = 0 = F_{Ax} - 2F_1 - F_2$

$\text{II. } \Sigma F_y \quad = 0 = F_{Ay} - 2F_1$

$\text{III. } \Sigma M_{(A)} = 0 = F_1\, l_1 + F_1\, l_1 - F_2\, l_2$

a) III. $F_2 = \dfrac{2F_1\, l_1}{l_2} = F_1\, \dfrac{2\, l_1}{l_2} = 100\,\text{N} \cdot \dfrac{2 \cdot 35\,\text{mm}}{110\,\text{mm}}$

$F_2 = 63{,}64\,\text{N}$

b) I. $F_{Ax} = 2F_1 + F_2 = 2 \cdot 100\,\text{N} + 63{,}64\,\text{N} = 263{,}64\,\text{N}$

II. $F_{Ay} = 2F_1 = 200\,\text{N}$

$F_A = \sqrt{F_{Ax}^2 + F_{Ay}^2} = \sqrt{(263{,}64\,\text{N})^2 + (200\,\text{N})^2}$

$F_A = 330{,}9\,\text{N}$

c) siehe Teillösung b!

## 4-Kräfte-Verfahren und Gleichgewichtsbedingungen (7. und 8. Grundaufgabe)

### 117.

*Rechnerische Lösung:*

Lageskizze
(freigemachtes Mantelrohr
mit Ausleger)

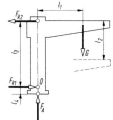

I. $\Sigma F_x = 0 = F_{R1} - F_{R2}$
II. $\Sigma F_y = 0 = F_A - G$
III. $\Sigma M_{(O)} = 0 = F_{R2}\, l_3 - G\, l_1$

a) Stützkräfte in oberster Stellung

III. $F_{R2} = G\,\dfrac{l_1}{l_3} = 24\,\text{kN} \cdot \dfrac{1,6\,\text{m}}{2,4\,\text{m}} = 16\,\text{kN}$

I. $F_{R1} = F_{R2} = 16\,\text{kN}$
II. $F_A = G = 24\,\text{kN}$

b) Stützkräfte in unterster Stellung

Beim Senken des Auslegers verändern keine der vier Wirklinien ihre Lage. Folglich bleiben auch die Stützkräfte $F_A$, $F_{R1}$ und $F_{R2}$ unverändert.

*Zeichnerische Lösung:*

Lageplan ($M_L = 1\,\frac{\text{m}}{\text{cm}}$)  Kräfteplan ($M_K = 10\,\frac{\text{kN}}{\text{cm}}$)

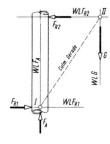

### 118.

Lageskizze
(freigemachter Kran)

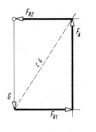

I. $\Sigma F_x = 0 = F_B - F_C$
II. $\Sigma F_y = 0 = F_A - G_1 - (F_s + G_2)$
III. $\Sigma M_{(B)} = 0 - F_C\, l_3 - G_1\, l_1 - (F_s + G_2)\, l_2$

III. $F_C = \dfrac{G_1\, l_1 + (F_s + G_2)\, l_2}{l_3}$

$F_C = \dfrac{34\,\text{kN} \cdot 1,1\,\text{m} + 32\,\text{kN} \cdot 4\,\text{m}}{2,8\,\text{m}} = 59,07\,\text{kN}$

I. $F_B = F_C = 59,07\,\text{kN}$
II. $F_A = G_1 + F_s + G_2 = 66\,\text{kN}$

### 119.

Lageskizze
(freigemachter
Anhänger)

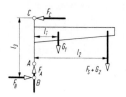

I. $\Sigma F_x = 0 = F_s - G \sin\alpha$
II. $\Sigma F_y = 0 = F_A + F_B - G \cos\alpha$
III. $\Sigma M_{(O)} = 0 = G \sin\alpha (l_3 - l_2) + G \cos\alpha\, l_1 - F_A \cdot 2\, l_1$

a) „20 % Gefälle" bedeutet: der Neigungswinkel hat einen Tangens von 0,2.
   $\alpha = \arctan 0,2 = 11,31°$

b) I. $F_s = G \sin\alpha = 100\,\text{kN} \cdot \sin 11,31° = 19,61\,\text{kN}$

c) III. $F_A = G\,\dfrac{(l_3 - l_2)\sin\alpha + l_1 \cos\alpha}{2\, l_1}$

$F_A = 100\,\text{kN} \cdot \dfrac{0,5\,\text{m} \cdot \sin 11,31° + 2\,\text{m} \cdot \cos 11,31°}{2 \cdot 2\,\text{m}}$
$F_A = 51,48\,\text{kN}$

II. $F_B = G \cos\alpha - F_A = 100\,\text{kN} \cdot \cos 11,31° - 51,48\,\text{kN}$
$F_B = 46,58\,\text{kN}$

### 120.

Lageskizze (freigemachter Wagen ohne Zugstange)

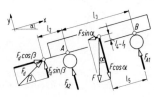

I. $\Sigma F_x = 0 = F_d \cos\beta - F \sin\alpha$
II. $\Sigma F_y = 0 = F_d \sin\beta + F_{A2} - F \cos\alpha + F_{A1}$
III. $\Sigma M_{(A)} = 0 = -F_d \sin\beta\, l_2 + F \sin\alpha (l_4 - l_1) - F \cos\alpha (l_3 - l_5) + F_{A1}\, l_3$

I. $F_d = F\,\dfrac{\sin\alpha}{\cos\beta} = 38\,\text{kN} \cdot \dfrac{\sin 10°}{\cos 30°} = 7,619\,\text{kN}$

III. $F_{A1} = \dfrac{F_d\, l_2 \sin\beta + F[(l_3 - l_5)\cos\alpha - (l_4 - l_1)\sin\alpha]}{l_3}$

$F_{A1} = \dfrac{7,619\,\text{kN} \cdot 1,1\,\text{m} \cdot \sin 30° + 38\,\text{kN}\,(1,6\,\text{m} \cdot \cos 10° - 0,2\,\text{m} \cdot \sin 10°)}{3,2\,\text{m}} = 19,61\,\text{kN}$

II. $F_{A2} = F\cos\alpha - F_d \sin\beta - F_{A1}$

$\quad F_{A2} = 38\,\text{kN}\cdot\cos 10° - 7,618\,\text{kN}\cdot\sin 30° - 19,61\,\text{kN}$

$\quad F_{A2} = 14\,\text{kN}$

(Kontrolle mit $\Sigma M_{(B)} = 0$)

## 121.

Lageskizze (freigemachte Arbeitsbühne)

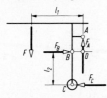

$\quad$ I. $\Sigma F_x \quad = 0 = F_B - F_C$

$\quad$ II. $\Sigma F_y \quad = 0 = F_A - F$

$\quad$ III. $\Sigma M_{(O)} = 0 = F l_1 - F_C l_2$

a) II. $F_A = F = 4,2\,\text{kN}$

b) III. $F_C = F \dfrac{l_1}{l_2} = 4,2\,\text{kN}\cdot\dfrac{1,2\,\text{m}}{0,75\,\text{m}} = 6,72\,\text{kN}$

$\quad$ I. $F_B = F_C = 6,72\,\text{kN}$

## 122.

*Rechnerische Lösung:*

Lageskizze (freigemachte Laufkatze)

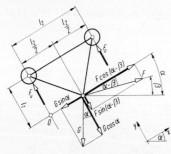

$\quad$ I. $\Sigma F_x \quad = 0 = F\cos(\alpha - \beta) - G\sin\alpha$

$\quad$ II. $\Sigma F_y \quad = 0 = F_u + F_o - G\cos\alpha - F\sin(\alpha - \beta)$

$\quad$ III. $\Sigma M_{(O)} = 0 = F_o l_2 - [G\cos\alpha + F\sin(\alpha - \beta)]\dfrac{l_2}{2}$

a) I. $F = G\dfrac{\sin\alpha}{\cos(\alpha - \beta)} = 18\,\text{kN}\cdot\dfrac{\sin 30°}{\cos 15°} = 9,317\,\text{kN}$

b) III. $F_o = [G\cos\alpha + F\sin(\alpha - \beta)]\dfrac{l_2}{2\,l_2}$

$\quad F_o = \dfrac{18\,\text{kN}\cdot\cos 30° + 9,317\,\text{kN}\cdot\sin 15°}{2} = 9\,\text{kN}$

$\quad$ II. $F_u = G\cos\alpha + F\sin(\alpha - \beta) - F_o$

$\quad F_u = 18\,\text{kN}\cdot\cos 30° + 9,317\,\text{kN}\cdot\sin 15° - 9\,\text{kN} = 9\,\text{kN}$

*Zeichnerische Lösung:*

Lageplan ($M_L = 0,2\,\frac{\text{m}}{\text{cm}}$) $\qquad$ Kräfteplan ($M_K = 6\,\frac{\text{kN}}{\text{cm}}$)

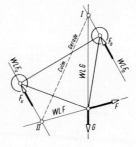
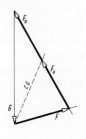

## 123.

Lageskizze (freigemachte Stange)

$\quad$ I. $\Sigma F_x \quad = 0 = G\sin\alpha - F_A - F_B$

$\quad$ II. $\Sigma F_y \quad = 0 = F_C - G\cos\alpha$

$\quad$ III. $\Sigma M_{(B)} = 0 = F_A l_2 - G\sin\alpha\,(\tfrac{l_1}{2} - l_3)$

$\quad$ III. $F_A = G\dfrac{(\frac{l_1}{2} - l_3)\sin\alpha}{l_2} = 750\,\text{N}\cdot\dfrac{1,3\,\text{m}\cdot\sin 12°}{1,7\,\text{m}}$

$\quad F_A = 119,2\,\text{N}$

$\quad$ I. $F_B = G\sin\alpha - F_A = 750\,\text{N}\cdot\sin 12° - 119,2\,\text{N} = 36,69\,\text{N}$

$\quad$ (Kontrolle mit $\Sigma M_{(A)} = 0$)

$\quad$ II. $F_C = G\cos\alpha = 750\,\text{N}\cdot\cos 12° = 733,6\,\text{N}$

## 124.

Lageskizze (freigemachte Leiter)

Berechnung der Abstände
und des Winkels $\alpha$:

Nach dem 2. Strahlensatz ist

$\dfrac{l_4}{l_1} = \dfrac{l_5}{l_2}$, und daraus:

$l_5 = \dfrac{l_4 l_2}{l_1} = \dfrac{(l_1 - l_3)l_2}{l_1} = \dfrac{4\,\text{m}\cdot 3\,\text{m}}{6\,\text{m}} = 2\,\text{m}$

$l_6 = l_2 - l_5 = 1\,\text{m}$

$l_4 = l_1 - l_3 = 4\,\text{m}$

$l_7 = \dfrac{l_2}{2} = 1,5\,\text{m}$, ebenfalls nach Strahlensatz.

$\alpha = \arctan\dfrac{l_3}{l_5} = \arctan\dfrac{2\,\text{m}}{2\,\text{m}} = 45°$

Gleichgewichtsbedingungen:

I. $\Sigma F_x = 0 = F_A - F_2 \cos\alpha$
II. $\Sigma F_y = 0 = F_B - F_1 - F_2 \sin\alpha$
III. $\Sigma M_{(O)} = 0 = F_1 l_7 + F_2 \sin\alpha\, l_6 - F_2 \cos\alpha\, l_4$

III. $F_2 = F_1 \dfrac{l_7}{l_4 \cos\alpha - l_6 \sin\alpha}$

$\quad F_2 = 800\,\text{N} \cdot \dfrac{1,5\,\text{m}}{4\,\text{m} \cdot \cos 45° - 1\,\text{m} \cdot \sin 45°} = 565,7\,\text{N}$

I. $F_A = F_2 \cos\alpha = 565,7\,\text{N} \cdot \cos 45° = 400\,\text{N}$

II. $F_B = F_1 + F_2 \sin\alpha = 800\,\text{N} + 565,7\,\text{N} \cdot \sin 45° = 1200\,\text{N}$

## 125.

*Vorüberlegung:*

Nach der 3. Grundoperation dürfen wir die beiden Radialkräfte $F_B$ und $F_C$ an der Kugel in den Kugelmittelpunkt $M$ (= Wirklinienschnittpunkt) verschieben (s. Lösung 111).
Diesen Punkt dürfen wir dann also auch als Angriffspunkt der beiden Reaktionskräfte $F_B$ und $F_C$ an der Führungsschiene des Tisches annehmen.

Lageskizze (freigemachter Tisch)

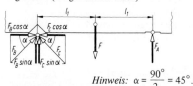

$$\text{Hinweis: } \alpha = \frac{90°}{2} = 45°.$$

I. $\Sigma F_x = 0 = F_B \cos\alpha - F_C \cos\alpha$
II. $\Sigma F_y = 0 = F_B \sin\alpha + F_C \sin\alpha - F + F_A$
III. $\Sigma M_{(M)} = 0 = F_A \cdot 2\, l_1 - F\, l_1$

III. $F_A = F \dfrac{l_1}{2\, l_1} = \dfrac{F}{2} = 225\,\text{N}$

I. $F_C = F_B \dfrac{\cos\alpha}{\cos\alpha} = F_B$; in Gleichung II eingesetzt:

II. $F_B = \dfrac{F - F_A}{2 \sin\alpha} = \dfrac{225\,\text{N}}{2 \cdot \sin 45°} = 159,1\,\text{N}$

I. $F_C = F_B = 159,1\,\text{N}$

## 126.

Lageskizze (freigemachter Werkzeugschlitten)

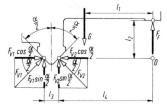

I. $\Sigma F_x = 0 = F_{V1} \cos\dfrac{\alpha}{2} - F_{V2} \cos\dfrac{\alpha}{2}$

II. $\Sigma F_y = 0 = F_{V1} \sin\dfrac{\alpha}{2} + F_{V2} \sin\dfrac{\alpha}{2} - G + F_F$

III. $\Sigma M_{(O)} = 0 = G\, l_1 - F_{V1} \sin\dfrac{\alpha}{2}(l_3 + l_4) - F_{V2} \sin\dfrac{\alpha}{2}\, l_4$

I. $F_{V2} = F_{V1} \dfrac{\cos\dfrac{\alpha}{2}}{\cos\dfrac{\alpha}{2}} = F_{V1}$; in Gleichung III eingesetzt:

III. $F_{V1} = G \dfrac{l_1}{(l_3 + 2\, l_4) \sin\dfrac{\alpha}{2}} = 1,5\,\text{kN} \cdot \dfrac{380\,\text{mm}}{960\,\text{mm} \cdot \sin 45°}$

$\quad F_{V1} = 0,8397\,\text{kN}$

I. $F_{V2} = F_{V1} = 0,8397\,\text{kN}$

II. $F_F = G - 2\, F_{V1} \sin\dfrac{\alpha}{2}$

$\quad F_F = 1,5\,\text{kN} - 2 \cdot 0,8397\,\text{kN} \cdot \sin 45° = 0,3125\,\text{kN}$

## 127.

Lageskizze (freigemachter Bettschlitten)

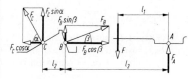

I. $\Sigma F_x = 0 = F_B \cos\beta - F_C \cos\alpha$
II. $\Sigma F_y = 0 = F_A - F + F_B \sin\beta + F_C \sin\alpha$
III. $\Sigma M_{(A)} = 0 = F\, l_1 - F_B \sin\beta\, l_3 - F_C \sin\alpha\,(l_2 + l_3)$

I. $F_C = F_B \dfrac{\cos\beta}{\cos\alpha}$; in Gleichung III eingesetzt:

III. $F\, l_1 - F_B\, l_3 \sin\beta - F_B \dfrac{\cos\beta}{\cos\alpha} \cdot \sin\alpha\,(l_2 + l_3) = 0$

$\quad F_B = F \dfrac{l_1}{l_3 \sin\beta + (l_2 + l_3) \cos\beta \tan\alpha}$

$\quad = 18\,\text{kN} \cdot \dfrac{0,6\,\text{m}}{0,78\,\text{m} \cdot \sin 20° + 0,92\,\text{m} \cdot \cos 20° \cdot \tan 60°}$

$\quad F_B = 6,122\,\text{kN}$

I. $F_C = F_B \dfrac{\cos\beta}{\cos\alpha} = 6,122\,\text{kN} \cdot \dfrac{\cos 20°}{\cos 60°} = 11,51\,\text{kN}$

II. $F_A = F - F_B \sin\beta - F_C \sin\alpha$
$\quad = 18\,\text{kN} - 6,122\,\text{kN} \cdot \sin 20° - 11,51\,\text{kN} \cdot \sin 60°$
$\quad F_A = 5,942\,\text{kN}$

**128.**

Lageskizze
(freigemachter Support)

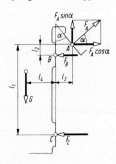

I. $\Sigma F_x \ = 0 = F_A \cos\alpha - F_B - F_C$

II. $\Sigma F_y \ = 0 = F_A \sin\alpha - G$

III. $\Sigma M_{(C)} = 0 = F_B (l_1 - l_2) + G l_4 + F_A \sin\alpha \, l_3 - F_A \cos\alpha \, l_1$

II. $F_A = \dfrac{G}{\sin\alpha} = \dfrac{1,8\,\text{kN}}{\sin 40°} = 2,800\,\text{kN}$

III. $F_B = \dfrac{F_A \, l_1 \cos\alpha - F_A \, l_3 \sin\alpha - G \, l_4}{l_1 - l_2} = \dfrac{F_A \, (l_1 \cos\alpha - l_3 \sin\alpha) - G \, l_4}{l_1 - l_2}$

$F_B = \dfrac{2,8\,\text{kN}\,(0,28\,\text{m}\cdot\cos 40° - 0,05\,\text{m}\cdot\sin 40°) - 1,8\,\text{kN}\cdot 0,09\,\text{m}}{0,25\,\text{m}} = 1,394\,\text{kN}$

I. $F_C = F_A \cos\alpha - F_B = 2,8\,\text{kN}\cdot\cos 40° - 1,394\,\text{kN} = 0,7508\,\text{kN}$

(Kontrolle mit $\Sigma M_{(B)} = 0$)

**129.**

Lageskizze (freigemachter Reitstock)

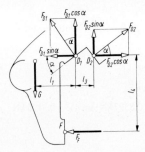

I. $\Sigma F_x \ = 0 = F_{D2} \cos\alpha - F_{D1} \sin\alpha - F_F$

II. $\Sigma F_y \ = 0 = F_{D1} \cos\alpha + F_{D2} \sin\alpha - G$

III. $\Sigma M_{(D1)} = 0 = G \, l_1 - F_F \, l_4 + F_{D2} \sin\alpha \, l_3$

III. $F_{D2} = \dfrac{F_F \, l_4 - G \, l_1}{l_3 \sin\alpha}$; in Gleichungen I und II eingesetzt:

I. $\dfrac{F_F \, l_4 - G \, l_1}{l_3 \sin\alpha} \cdot \cos\alpha - F_{D1} \sin\alpha - F_F = 0$ ⎫ Beide
Gleichungen

II. $F_{D1} \cos\alpha + \dfrac{F_F \, l_4 - G \, l_1}{l_3 \sin\alpha} \sin\alpha - G = 0$ ⎬ nach $F_{D1}$ aufgelöst und gleichgesetzt:

$F_{D1} = \dfrac{\dfrac{F_F \, l_4 - G \, l_1}{l_3 \tan\alpha} - F_F}{\sin\alpha} = \dfrac{G - \dfrac{F_F \, l_4 - G \, l_1}{l_3}}{\cos\alpha}$

$(F_F \, l_4 - G \, l_1)\dfrac{\cos\alpha}{l_3 \tan\alpha} - F_F \cos\alpha \ = G \sin\alpha - (F_F \, l_4 - G \, l_1)\dfrac{\sin\alpha}{l_3} \ \Big| \ \cdot l_3 \tan\alpha$

$(F_F \, l_4 - G \, l_1) \cos\alpha - F_F \, l_3 \sin\alpha \ = G \, l_3 \sin\alpha \tan\alpha - (F_F \, l_4 - G \, l_1) \sin\alpha \tan\alpha$

$F_F \, l_4 \cos\alpha - G \, l_1 \cos\alpha - F_F \, l_3 \sin\alpha \ = G \, l_3 \sin\alpha \tan\alpha - F_F \, l_4 \sin\alpha \tan\alpha + G \, l_1 \sin\alpha \tan\alpha$

$F_F \, (l_4 \cos\alpha - l_3 \sin\alpha + l_4 \sin\alpha \tan\alpha) \ = G \, (l_3 \sin\alpha \tan\alpha + l_1 \sin\alpha \tan\alpha + l_1 \cos\alpha)$

$F_F \, [l_4 \, (\cos\alpha + \sin\alpha \tan\alpha) - l_3 \sin\alpha] \ = G \, [l_1 \, (\cos\alpha + \sin\alpha \tan\alpha) + l_3 \sin\alpha \tan\alpha]$

$F_F \, [l_4 \overbrace{\dfrac{\cos^2\alpha + \sin^2\alpha}{\cos\alpha}}^{=\,1} - l_3 \sin\alpha] \ = G \, [l_1 \overbrace{\dfrac{\cos^2\alpha + \sin^2\alpha}{\cos\alpha}}^{=\,1} + l_3 \sin\alpha \tan\alpha]$

$F_F \, \left(\dfrac{l_4}{\cos\alpha} - l_3 \sin\alpha\right) \ = G \, \left(\dfrac{l_1}{\cos\alpha} + l_3 \sin\alpha \tan\alpha\right)$

$F_F = G \, \dfrac{\dfrac{l_1}{\cos\alpha} + l_3 \sin\alpha \tan\alpha}{\dfrac{l_4}{\cos\alpha} - l_3 \sin\alpha} \ = G \, \dfrac{l_1 + l_3 \sin^2\alpha}{l_4 - l_3 \sin\alpha \cos\alpha}$

$F_F = 3,2\,\text{kN} \cdot \dfrac{275\,\text{mm} + 120\,\text{mm}\cdot\sin^2 35°}{500\,\text{mm} - 120\,\text{mm}\cdot\sin 35°\cdot\cos 35°} = 2,268\,\text{kN}$

III. $F_{D2} = \dfrac{F_F \, l_4 - G \, l_1}{l_3 \sin\alpha} = \dfrac{2,268\,\text{kN}\cdot 500\,\text{mm} - 3,2\,\text{kN}\cdot 275\,\text{mm}}{120\,\text{mm}\cdot\sin 35°} = 3,694\,\text{kN}$

II. $F_{D1} = \dfrac{G - F_{D2} \sin\alpha}{\cos\alpha} = \dfrac{3,2\,\text{kN} - 3,694\,\text{kN}\cdot\sin 35°}{\cos 35°} = 1,320\,\text{kN}$

**130.**

a)        Lageskizze
(freigemachtes
Gestänge mit Motor)

I. $\Sigma F_x = 0 = F_B - F_A + F_N \cos\alpha$
II. $\Sigma F_y = 0 = F_N \sin\alpha - F$
III. $\Sigma M_{(A)} = 0 = F l_1 - F_B l_2 + F_N \cos\alpha\, l_3$

II. $F_N = \dfrac{F}{\sin\alpha} = \dfrac{350\,\text{N}}{\sin 60°} = 404,1\,\text{N}$

III. $F_B = \dfrac{F l_1 + F_N\, l_3 \cos\alpha}{l_2}$

$F_B = \dfrac{350\,\text{N} \cdot 0,11\,\text{m} + 404,1\,\text{N} \cdot 0,16\,\text{m} \cdot \cos 60°}{0,32\,\text{m}}$

$F_B = 221,3\,\text{N}$

I. $F_A = F_B + F_N \cos\alpha = 221,3\,\text{N} + 404,1\,\text{N} \cdot \cos 60°$
$F_A = 423,4\,\text{N}$
(Kontrolle mit $\Sigma M_{(B)} = 0$)

b)        Lageskizze

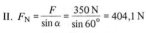

I. $\Sigma F_x = 0 = F_A + F_B - F_N \cos\alpha$
II. $\Sigma F_y = 0 = F_N \sin\alpha - F$
III. $\Sigma M_{(A)} = 0 = F l_1 - F_B l_2 - F_N \cos\alpha\, l_3$

II. $F_N = \dfrac{F}{\sin\alpha} = \dfrac{350\,\text{N}}{\sin 60°} = 404,1\,\text{N}$

III. $F_B = \dfrac{F l_1 - F_N\, l_3 \cos\alpha}{l_2}$

$F_B = \dfrac{350\,\text{N} \cdot 0,11\,\text{m} - 404,1\,\text{N} \cdot 0,16\,\text{m} \cdot \cos 60°}{0,32\,\text{m}}$

$F_B = 19,28\,\text{N}$

I. $F_A = F_N \cos\alpha - F_B = 404,1\,\text{N} \cdot \cos 60° - 19,28\,\text{N}$
$F_A = 182,8\,\text{N}$
(Kontrolle mit $\Sigma M_{(B)} = 0$)

c)        Lageskizze

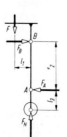

I. $\Sigma F_x = 0 = F_B - F_A$
II. $\Sigma F_y = 0 = F_N - F$
III. $\Sigma M_{(A)} = 0 = F l_1 - F_B l_2$

II. $F_N = F = 350\,\text{N}$

III. $F_B = F \dfrac{l_1}{l_2} = 350\,\text{N} \cdot \dfrac{110\,\text{mm}}{320\,\text{mm}} = 120,3\,\text{N}$

I. $F_A = F_B = 120,3\,\text{N}$

**131.**

*Rechnerische Lösung:*

a) Lageskizze 1
(freigemachte Leiter)

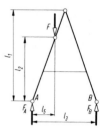

Nach dem 1. Strahlensatz

ist $\dfrac{l_2}{l_1} = \dfrac{l_5}{\frac{l_3}{2}}$, und daraus:

$l_5 = \dfrac{l_2\, l_3}{2\, l_1} = \dfrac{1,8\,\text{m} \cdot 1,4\,\text{m}}{2 \cdot 2,5\,\text{m}} = 0,504\,\text{m}$

I. $\Sigma F_x = 0$     keine vorhanden
II. $\Sigma F_y = 0 = F_A + F_B - F$
III. $\Sigma M_{(A)} = 0 = -F l_5 + F_B l_3$

III. $F_B = F \dfrac{l_5}{l_3} = 850\,\text{N} \cdot \dfrac{0,504\,\text{m}}{1,4\,\text{m}} = 306\,\text{N}$

II. $F_A = F - F_B = 850\,\text{N} - 306\,\text{N} = 544\,\text{N}$

Lageskizze 2
zu den Teillösungen b) und c)
(linke Leiterhälfte freigemacht)

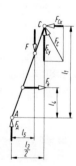

I. $\Sigma F_x = 0 = F_k - F_{Cx}$
II. $\Sigma F_y = 0 = F_A - F + F_{Cy}$
III. $\Sigma M_{(C)} = 0 = F \left(\dfrac{l_3}{2} - l_5\right) + F_k (l_1 - l_4) - F_A \dfrac{l_3}{2}$

b) III. $F_k = \dfrac{F_A \dfrac{l_3}{2} - F \left(\dfrac{l_3}{2} - l_5\right)}{l_1 - l_4}$

$F_k = \dfrac{544\,\text{N} \cdot 0,7\,\text{m} - 850\,\text{N} \cdot 0,196\,\text{m}}{1,7\,\text{m}} = 126\,\text{N}$

c) I. $F_{Cx} = F_k = 126\,\text{N}$
    II. $F_{Cy} = F - F_A = 850\,\text{N} - 544\,\text{N} = 306\,\text{N}$

$F_C = \sqrt{F_{Cx}^2 + F_{Cy}^2} = \sqrt{(126\,\text{N})^2 + (306\,\text{N})^2}$

$F_C = 330,9\,\text{N}$

*Zeichnerische Lösung:*

Lageplan ($M_L = 1 \frac{m}{cm}$)  Kräfteplan ($M_K = 250 \frac{N}{cm}$)

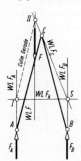  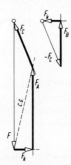

*Anleitung:* Auf die *rechte* Hälfte der Leiter wirken drei Kräfte: $F_B$, $F_k$ und $F_C$. WL $F_k$ und WL $F_B$ werden zum Schnitt $S$ gebracht; Gerade $SC$ ist Wirklinie von $F_C$ (3-Kräfte-Verfahren). Nun kann an der *linken* Leiterhälfte das 4-Kräfte-Verfahren mit den Wirklinien von $F$, $F_A$, $F_k$ und $F_C$ angewendet werden.

## 132.

a) siehe Lageskizze 1 in Lösung 131! Die Kraft $F$ wirkt jetzt in Höhe der Kette, so daß lediglich die Länge $l_5$ kürzer wird.

Nach dem 1. Strahlensatz ist $\dfrac{l_2}{l_1} = \dfrac{l_5}{\frac{l_3}{2}}$, und daraus:

$$l_5 = \frac{l_2\, l_3}{2\, l_1} = \frac{0,8\,m \cdot 1,4\,m}{2 \cdot 2,5\,m} = 0,224\,m$$

II. $\Sigma F_y \quad = 0 = F_A + F_B - F$

III. $\Sigma M_{(A)} = 0 = -F\, l_5 + F_B\, l_3$

III. $F_B = F \dfrac{l_5}{l_3} = 850\,N \cdot \dfrac{0,224\,m}{1,4\,m} = 136\,N$

II. $F_A = F - F_B = 850\,N - 136\,N = 714\,N$

b) und c) siehe Lageskizze 2 in Lösung 131!

I. $\Sigma F_x \quad = 0 = F_k - F_{Cx}$

II. $\Sigma F_y \quad = 0 = F_A - F + F_{Cy}$

III. $\Sigma M_{(C)} = 0 = F\left(\dfrac{l_3}{2} - l_5\right) + F_k\,(l_1 - l_4) - F_A \dfrac{l_3}{2}$

b) III. $F_k = \dfrac{F_A \dfrac{l_3}{2} - F\left(\dfrac{l_3}{2} - l_5\right)}{l_1 - l_4}$

$$F_k = \frac{714\,N \cdot 0,7\,m - 850\,N \cdot 0,476\,m}{1,7\,m} = 56\,N$$

c) I. $F_{Cx} = F_k = 56\,N$

II. $F_{Cy} = F - F_A = 850\,N - 714\,N = 136\,N$

$$F_C = \sqrt{F_{Cx}^2 + F_{Cy}^2} = \sqrt{(56\,N)^2 + (136\,N)^2} = 147,1\,N$$

## 133.

a) Lageskizze 1
(freigemachter Hubtisch
mit Stange und Rolle)

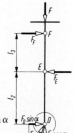

I. $\Sigma F_x \quad = 0 = F_F - F_E + F_D \sin\alpha$

II. $\Sigma F_y \quad = 0 = F_D \cos\alpha - F$

III. $\Sigma M_{(E)} = 0 = F_D \sin\alpha\, l_2 - F_F\, l_1$

II. $F_D = \dfrac{F}{\cos\alpha} = \dfrac{250\,N}{\cos 30°} = 288,7\,N$

III. $F_F = \dfrac{F_D\, l_2 \sin\alpha}{l_1} = \dfrac{288,7\,N \cdot 7\,cm \cdot \sin 30°}{5\,cm} = 202,1\,N$

I. $F_E = F_F + F_D \sin\alpha = 202,1\,N + 288,7\,N \cdot \sin 30°$

$F_E = 346,4\,N$

(Kontrolle mit $\Sigma M_{(F)} = 0$)

Lageskizze 2 (freigemachter Winkelhebel)

*Hinweis:* Bekannte Kraft
ist jetzt die Reaktionskraft
der vorher ermittelten
Kraft $F_D$.

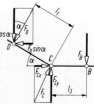

I. $\Sigma F_x \quad = 0 = F_{Cx} - F_D \sin\alpha$

II. $\Sigma F_y \quad = 0 = F_{Cy} - F_D \cos\alpha - F_B$

III. $\Sigma M_{(C)} = 0 = F_D\, l_1 - F_B\, l_3$

III. $F_B = F_D \dfrac{l_1}{l_3} = 288,7\,N \cdot \dfrac{5\,cm}{4\,cm} = 360,8\,N$

I. $F_{Cx} = F_D \sin\alpha = 288,7\,N \cdot \sin 30° = 144,3\,N$

II. $F_{Cy} = F_D \cos\alpha + F_B = 288,7\,N \cdot \cos 30° + 360,8\,N$

$F_{Cy} = 610,8\,N$

$$F_C = \sqrt{F_{Cx}^2 + F_{Cy}^2} = \sqrt{(144,3\,N)^2 + (610,8\,N)^2}$$

$F_C = 627,7\,N$

Lageskizze 3 (freigemachter Hebel mit Rolle $B$)

*Hinweis:* Bekannte Kraft
ist jetzt die Reaktionskraft
der vorher ermittelten
Kraft $F_B$.

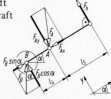

I. $\Sigma F_x \quad = 0 = F_B \sin\alpha - F_{Ax}$

II. $\Sigma F_y \quad = 0 = F_B \cos\alpha - F_{Ay} + F_h$

III. $\Sigma M_{(A)} = 0 = F_h\, l_5 - F_B \cos\alpha\, l_4$

III. $F_h = F_B \dfrac{l_4 \cos\alpha}{l_5} = 360,8\,\text{N} \cdot \dfrac{2\,\text{cm} \cdot \cos 30°}{3,5\,\text{cm}}$

$F_h = 178,6\,\text{N}$

I. $F_{Ax} = F_B \sin\alpha = 360,8\,\text{N} \cdot \sin 30° = 180,4\,\text{N}$
II. $F_{Ay} = F_B \cos\alpha + F_h = 360,8\,\text{N} \cdot \cos 30° + 178,6\,\text{N}$
$F_{Ay} = 491,1\,\text{N}$
(Kontrolle mit $\Sigma M_{(B)} = 0$)

$F_A = \sqrt{F_{Ax}^2 + F_{Ay}^2} = \sqrt{(180,4\,\text{N})^2 + (491,1\,\text{N})^2}$
$F_A = 523,2\,\text{N}$

b) siehe Lösung a), Lageskizze 3

I. $\Sigma F_x = 0 = F_B \sin\alpha - F_{Ax}$
II. $\Sigma F_y = 0 = F_B \cos\alpha - F_{Ay} + F_h$
III. $\Sigma M_{(A)} = 0 = F_h l_5 - F_B \cos\alpha \, l_4$

III. $F_B = F_h \dfrac{l_5}{l_4 \cos\alpha} = 75\,\text{N} \cdot \dfrac{3,5\,\text{cm}}{2\,\text{cm} \cdot \cos 30°} = 151,6\,\text{N}$

I. $F_{Ax} = F_B \sin\alpha = 151,6\,\text{N} \cdot \sin 30° = 75,78\,\text{N}$
II. $F_{Ay} = F_B \cos\alpha + F_h = 151,6\,\text{N} \cdot \cos 30° + 75\,\text{N}$
$F_{Ay} = 206,3\,\text{N}$
(Kontrolle mit $\Sigma M_{(B)} = 0$)

$F_A = \sqrt{F_{Ax}^2 + F_{Ay}^2} = \sqrt{(75,8\,\text{N})^2 + (206,3\,\text{N})^2}$
$F_A = 219,7\,\text{N}$

siehe Lösung a), Lageskizze 2

*Hinweis:* Bekannte Kraft ist jetzt die Reaktionskraft der vorher ermittelten Kraft $F_B$.

I. $\Sigma F_x = 0 = F_{Cx} \quad F_D \sin\alpha$
II. $\Sigma F_y = 0 = F_{Cy} - F_D \cos\alpha - F_B$
III. $\Sigma M_{(C)} = 0 = F_D l_1 - F_B l_3$

III. $F_D = F_B \dfrac{l_3}{l_1} = 151,6\,\text{N} \cdot \dfrac{4\,\text{cm}}{5\,\text{cm}} = 121,2\,\text{N}$

I. $F_{Cx} = F_D \sin\alpha = 121,2\,\text{N} \cdot \sin 30° = 60,62\,\text{N}$
II. $F_{Cy} = F_D \cos\alpha + F_B = 121,2\,\text{N} \cdot \cos 30° + 151,6\,\text{N}$
$F_{Cy} = 256,6\,\text{N}$

$F_C = \sqrt{F_{Cx}^2 + F_{Cy}^2} = \sqrt{(60,62\,\text{N})^2 + (256,6\,\text{N})^2}$

$F_C = 263,6\,\text{N}$

siehe Lösung a), Lageskizze 1

*Hinweis:* Bekannte Kraft ist jetzt die Reaktionskraft der vorher ermittelten Kraft $F_D$.

I. $\Sigma F_x = 0 = F_F - F_E + F_D \sin\alpha$
II. $\Sigma F_y = 0 = F_D \cos\alpha - F$
III. $\Sigma M_{(E)} = 0 = F_D \sin\alpha \, l_2 - F_F l_1$

II. $F = F_D \cos\alpha = 121,2\,\text{N} \cdot \cos 30° - 105\,\text{N}$

III. $F_F = F_D \dfrac{l_2 \sin\alpha}{l_1} = 121,2\,\text{N} \cdot \dfrac{7\,\text{cm} \cdot \sin 30°}{5\,\text{cm}} = 84,87\,\text{N}$

I. $F_E = F_F + F_D \sin\alpha = 84,87\,\text{N} + 121,2\,\text{N} \cdot \sin 30°$
$F_E = 145,5\,\text{N}$
(Kontrolle mit $\Sigma M_{(F)} = 0$)

*Kontrolle für alle Teilergebnisse:*
Lageskizzen und Ansatzgleichungen sind für die Teillösungen a) und b) identisch. Die unter a) ermittelte Zugstangenkraft $F_h$ beträgt 178,6 N, die für die Teillösung b) vorgegebene Kraft ist $F_h = 75\,\text{N}$. Alle übrigen Kräfte der Teillösung b) müssen also das $\dfrac{75}{178,6}$-fache der Kräfte aus Teillösung a) betragen.

**134.**

*Rechnerische Lösung:*
Lageskizze (freigemachter Tisch)

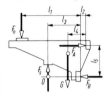

I. $\Sigma F_x = 0 = F_A - F_B$
II. $\Sigma F_y = 0 = F_s - F_n - G$
III. $\Sigma M_{(O)} = 0 = F_n (l_1 - l_3) - F_A l_5 - G(l_2 + l_3 - l_4)$

III. $F_A = \dfrac{F_n (l_1 - l_3) - G(l_2 + l_3 - l_4)}{l_5}$

$F_A = \dfrac{3,2\,\text{kN} \cdot 18\,\text{cm} - 0,8\,\text{kN} \cdot 13\,\text{cm}}{21\,\text{cm}} = 2,248\,\text{kN}$

I. $F_B = F_A = 2,248\,\text{kN}$
II. $F_s = F_n + G = 3,2\,\text{kN} + 0,8\,\text{kN} = 4\,\text{kN}$

*Zeichnerische Lösung:*

*Anleitung:* $G$ und $F_n$ werden nach dem Seileckverfahren zur Resultierenden $F_r$ reduziert und dann werden mit $F_r$ als bekannter Kraft die Kräfte $F_A$, $F_B$, $F_s$ nach dem 4-Kräfte-Verfahren ermittelt.

**135.**

Lageskizze 1 (freigemachter Spannrollenhebel; siehe auch Lösung 108, Lageskizze 1)

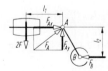

I. $\Sigma F_x = 0 = F_{Ax} - F_B$
II. $\Sigma F_y = 0 = F_{Ay} - 2F$
III. $\Sigma M_{(A)} = 0 = 2F l_1 - F_B l_2$

a) III. $F_B = 2F \dfrac{l_1}{l_2} = 2 \cdot 50\,\text{N} \cdot \dfrac{120\,\text{mm}}{100\,\text{mm}} = 120\,\text{N}$

I. $F_{Ax} = F_B = 120\,\text{N}$
II. $F_{Ay} = 2F = 100\,\text{N}$

$F_A = \sqrt{F_{Ax}^2 + F_{Ay}^2} = \sqrt{(120\,\text{N})^2 + (100\,\text{N})^2}$

$F_A = 156,2\,\text{N}$

Lageskizze 2 für die
Teillösungen b) und c)
(freigemachte Spannstange)

*Hinweis:* Bekannte Kraft ist
jetzt die Reaktionskraft
der vorher ermittelten Kraft $F_A$.

I. $\Sigma F_x = 0 = F_C - F_{Ax} - F_D$
II. $\Sigma F_y = 0 = F - F_{Ay}$
III. $\Sigma M_{(C)} = 0 = F_{Ax} l_3 - F_D l_4$

b) II. $F = F_{Ay} = 100\,\text{N}$

c) III. $F_D = F_{Ax} \dfrac{l_3}{l_4} = 120\,\text{N} \cdot \dfrac{180\,\text{mm}}{220\,\text{mm}} = 98{,}18\,\text{N}$

I. $F_C = F_{Ax} + F_D = 120\,\text{N} + 98{,}18\,\text{N} = 218{,}2\,\text{N}$
(Kontrolle mit $\Sigma M_{(D)} = 0$)

**136.**

a) *Rechnerische Lösung:*

Lageskizze (freigemachte Fußplatte mit Motor)

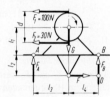

I. $\Sigma F_x = 0 = F - F_1 - F_2$
II. $\Sigma F_y = 0 = F_A - G + F_B$
III. $\Sigma M_{(O)} = 0 = -F_A(l_3 + l_4) + F_1\left(l_1 + l_2 + \dfrac{d}{2}\right)$
$\qquad + F_2\left(l_1 + l_2 - \dfrac{d}{2}\right) + G\,l_4$

I. $F = F_1 + F_2 = 100\,\text{N} + 30\,\text{N} = 130\,\text{N}$

III. $F_A = \dfrac{F_1\left(l_1 + l_2 + \frac{d}{2}\right) + F_2\left(l_1 + l_2 - \frac{d}{2}\right) + G\,l_4}{l_3 + l_4}$
$\quad = \dfrac{100\,\text{N} \cdot 0{,}21\,\text{m} + 30\,\text{N} \cdot 0{,}11\,\text{m} + 80\,\text{N} \cdot 0{,}1\,\text{m}}{0{,}22\,\text{m}}$

$F_A = 146{,}8\,\text{N}$

II. $F_B = G - F_A = 80\,\text{N} - 146{,}8\,\text{N} = -66{,}8\,\text{N}$
(Minus bedeutet: Die Kraft $F_B$ wirkt nicht wie
angenommen nach oben auf die Fußplatte, sondern
nach unten.)

*Zeichnerische Lösung:*

$F_1, F_2$ und $G$ werden zur Resultierenden $F_r$ reduziert
(Seileckverfahren), und dann werden mit $F_r$ als be-
kannter Kraft die Kräfte $F, F_A, F_B$ nach dem 4-Kräfte-
Verfahren ermittelt.

b) Lageskizze wie bei Lösung a), aber $F_1$ und $F_2$
vertauscht.

I. $\Sigma F_x = 0 = F - F_1 - F_2$
II. $\Sigma F_y = 0 = F_A - G + F_B$
III. $\Sigma M_{(O)} = 0 = -F_A(l_3 + l_4) + F_1\left(l_1 + l_2 - \dfrac{d}{2}\right)$
$\qquad + F_2\left(l_1 + l_2 + \dfrac{d}{2}\right) + G\,l_4$

I. $F = F_1 + F_2 = 100\,\text{N} + 30\,\text{N} = 130\,\text{N}$

III. $F_A = \dfrac{F_1\left(l_1 + l_2 - \frac{d}{2}\right) + F_2\left(l_1 + l_2 + \frac{d}{2}\right) + G\,l_4}{l_3 + l_4}$
$\quad = \dfrac{100\,\text{N} \cdot 0{,}11\,\text{m} + 30\,\text{N} \cdot 0{,}21\,\text{m} + 80\,\text{N} \cdot 0{,}1\,\text{m}}{0{,}22\,\text{m}}$

$F_A = 115\,\text{N}$

II. $F_B = G - F_A = 80\,\text{N} - 115\,\text{N} = -35\,\text{N}$
(Minus bedeutet: Kraft $F_B$ wirkt dem angenomme-
nen Richtungssinn entgegen nach unten.)

## Schlußlinienverfahren und Gleichgewichts-
## bedingungen (7. und 8. Grundaufgabe)

**137.**

*Rechnerische Lösung:*

Lageskizze

I. $\Sigma F_x = 0$: keine $x$-Kräfte vorhanden
II. $\Sigma F_y = 0 = F_A - F + F_B$
III. $\Sigma M_{(B)} = 0 = F\,l_2 - F_A(l_1 + l_2)$

III. $F_A = F\,\dfrac{l_2}{l_1 + l_2} = 1250\,\text{N} \cdot \dfrac{3{,}15\,\text{m}}{1{,}3\,\text{m} + 3{,}15\,\text{m}} = 884{,}8\,\text{N}$

II. $F_B = F - F_A = 1250\,\text{N} - 884{,}8\,\text{N} = 365{,}2\,\text{N}$
(Kontrolle mit $\Sigma M_{(A)} = 0$)

*Zeichnerische Lösung:*

Lageplan ($M_L = 2{,}5\,\tfrac{\text{m}}{\text{cm}}$) \qquad Kräfteplan ($M_K = 1000\,\tfrac{\text{N}}{\text{cm}}$)

**138.**

*Rechnerische Lösung:*

Lageskizze

I. $\Sigma F_x = 0$: keine $x$-Kräfte vorhanden
II. $\Sigma F_y = 0 = F_A + F_B - F$
III. $\Sigma M_{(B)} = 0 = F\,l_2 - F_A(l_2 - l_1)$

a) III. $F_A = F\,\dfrac{l_2}{l_2 - l_1} = 690\,\text{N} \cdot \dfrac{1{,}35\,\text{m}}{0{,}45\,\text{m}} = 2070\,\text{N}$

II. $F_B = F - F_A = 690\,\text{N} - 2070\,\text{N} = -1380\,\text{N}$
(Kontrolle mit $\Sigma M_{(A)} = 0$)

b) Die Kraft $F_A$ wirkt gegensinnig zu $F$, die Kraft $F_B$ gleichsinnig (Minuszeichen bedeutet: umgekehrter Richtungssinn als angenommen).

*Zeichnerische Lösung:*

Lageplan ($M_L = 0,5 \frac{m}{cm}$)   Kräfteplan ($M_K = 1000 \frac{N}{cm}$)

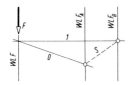
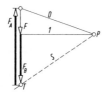

## 139.

Lageskizze (freigemachter Fräserdorn)

I. $\Sigma F_x$ = 0: keine $x$-Kräfte vorhanden
II. $\Sigma F_y$ = 0 = $F - F_A - F_B$
III. $\Sigma M_{(B)} = 0 = F_A (l_1 + l_2) - F l_2$

III. $F_A = F \dfrac{l_2}{l_1 + l_2} = 5\,\text{kN} \cdot \dfrac{170\,\text{mm}}{300\,\text{mm}} = 2,833\,\text{kN}$

II. $F_B = F - F_A = 5\,\text{kN} - 2,833\,\text{kN} = 2,167\,\text{kN}$
(Kontrolle mit $\Sigma M_{(A)} = 0$)

## 140.

Lageskizze (freigemachter Support)

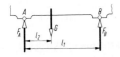

I. $\Sigma F_x$ = 0: keine $x$-Kräfte vorhanden
II. $\Sigma F_y$ = 0 = $F_A - G + F_B$
III. $\Sigma M_{(A)} = 0 = - G l_2 + F_B l_1$

III. $F_B = G \dfrac{l_2}{l_1} = 2,2\,\text{kN} \cdot \dfrac{180\,\text{mm}}{520\,\text{mm}} = 0,7615\,\text{kN}$

II. $F_A = G - F_B = 2,2\,\text{kN} - 0,7615\,\text{kN} = 1,438\,\text{kN}$
(Kontrolle mit $\Sigma M_{(B)} = 0$)

## 141.

Lageskizze (freigemachter Hebel)

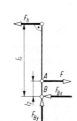

I. $\Sigma F_x$ = 0 = $F - F_h - F_{Bx}$
II. $\Sigma F_y$ = 0 = $F_{By}$
III. $\Sigma M_{(B)} = 0 = F_h l_1 - F l_2$

a) III. $F_h = F \dfrac{l_2}{l_1} = 1,8\,\text{kN} \cdot \dfrac{0,095\,\text{m}}{1,12\,\text{m}} = 0,1527\,\text{kN}$

b) I. $F_{Bx} = F - F_h = 1,8\,\text{kN} - 0,1527\,\text{kN} = 1,647\,\text{kN}$
(Kontrolle mit $\Sigma M_{(A)} = 0$)
II. $F_{By} = 0$; d.h. es wirkt im Lager B keine
$y$-Komponente, folglich ist $F_B = F_{Bx} = 1,647\,\text{kN}$

## 142.

Lageskizze
(freigemachter Hängeschuh)

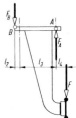

I. $\Sigma F_x$ = 0: keine $x$-Kräfte vorhanden
II. $\Sigma F_y$ = 0 = $F_A - F_B - F$
III. $\Sigma M_{(B)} = 0 = F_A (l_2 + l_3) - F(l_2 + l_3 + l_4)$

a) III. $F_A = F \dfrac{l_2 + l_3 + l_4}{l_2 + l_3} = 14\,\text{kN} \cdot \dfrac{350\,\text{mm}}{280\,\text{mm}} = 17,5\,\text{kN}$

b) II. $F_B = F_A - F = 17,5\,\text{kN} - 14\,\text{kN} = 3,5\,\text{kN}$
(Kontrolle mit $\Sigma M_{(A)} = 0$)

## 143.

Lageskizze
(freigemachte Welle)

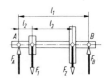

I. $\Sigma F_x$ = 0: keine $x$-Kräfte vorhanden
II. $\Sigma F_y$ = 0 = $F_A - F_1 - F_2 + F_B$
III. $\Sigma M_{(A)} = 0 = - F_1 l_2 - F_2 (l_2 + l_3) + F_B l_1$

III. $F_B = \dfrac{F_1 l_2 + F_2 (l_2 + l_3)}{l_1}$

$F_B = \dfrac{6,5\,\text{kN} \cdot 0,22\,\text{m} + 2\,\text{kN} \cdot 0,91\,\text{m}}{1,2\,\text{m}} = 2,708\,\text{kN}$

II. $F_A = F_1 + F_2 - F_B = 6,5\,\text{kN} + 2\,\text{kN} - 2,708\,\text{kN}$
$F_A = 5,792\,\text{kN}$
(Kontrolle mit $\Sigma M_{(B)} = 0$)

## 144.

Lageskizze
(freigemachter
Kragträger)

I. $\Sigma F_x$ = 0 = $F_{Ax}$
II. $\Sigma F_y$ = 0 = $F_{Ay} - F_1 + F_B - F_2$
III. $\Sigma M_{(A)} = 0 = - F_1 l_1 + F_B (l_1 + l_2) - F_2 (l_1 + l_2 + l_3)$

III. $F_B = \dfrac{F_1 l_1 + F_2 (l_1 + l_2 + l_3)}{l_1 + l_2}$

$F_B = \dfrac{30\,\text{kN} \cdot 2\,\text{m} + 20\,\text{kN} \cdot 6\,\text{m}}{5\,\text{m}} = 36\,\text{kN}$

II. $F_{Ay} = F_1 + F_2 - F_B = 30\,\text{kN} + 20\,\text{kN} - 36\,\text{kN} = 14\,\text{kN}$
(Kontrolle mit $\Sigma M_{(B)} = 0$)
I. $F_{Ax} = 0$; d.h. Stützkraft $F_A = F_{Ay} = 14\,\text{kN}$

**145.**

a) Lageskizze (freigemachte Drehlaufkatze)

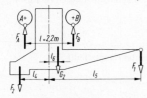

I. $\Sigma F_x = 0$: keine $x$-Kräfte vorhanden
II. $\Sigma F_y = 0 = F_A + F_B - F_1 - F_2 - G_2$
III. $\Sigma M_{(B)} = 0 = F_2 (\frac{l}{2} + l_4) + G_2 (\frac{l}{2} - l_6)$
$\qquad - F_1 (l_5 - \frac{l}{2}) - F_A l$

III. $F_A = \dfrac{F_2 (\frac{l}{2} + l_4) + G_2 (\frac{l}{2} - l_6) - F_1 (l_5 - \frac{l}{2})}{l}$

$\qquad F_A = \dfrac{96\,\text{kN} \cdot 2{,}4\,\text{m} + 40\,\text{kN} \cdot 0{,}7\,\text{m} - 60\,\text{kN} \cdot 3{,}1\,\text{m}}{2{,}2\,\text{m}}$

$\qquad F_A = \dfrac{72{,}4\,\text{kNm}}{2{,}2\,\text{m}} = 32{,}91\,\text{kN}$

II. $F_B = F_1 + F_2 + G_2 - F_A$
$\qquad F_B = 60\,\text{kN} + 96\,\text{kN} + 40\,\text{kN} - 32{,}91\,\text{kN} = 163{,}1\,\text{kN}$
(Kontrolle mit $\Sigma M_{(A)} = 0$)

b) Lageskizze (freigemachte Kranbrücke mit Drehlaufkatze)

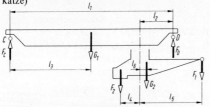

I. $\Sigma F_x = 0$: keine vorhanden
II. $\Sigma F_y = 0 = F_C + F_D - G_1 - G_2 - F_1 - F_2$
III. $\Sigma M_{(D)} = 0 = -F_C l_1 + G_1 (l_1 - l_3) + F_2 (l_2 + l_4)$
$\qquad + G_2 (l_2 - l_6) - F_1 (l_5 - l_2)$

III. $F_C = \dfrac{G_1 (l_1 - l_3) + F_2 (l_2 + l_4) + G_2 (l_2 - l_6) - F_1 (l_5 - l_2)}{l_1}$

$\qquad = \dfrac{97\,\text{kN} \cdot 5{,}6\,\text{m} + 96\,\text{kN} \cdot 3{,}5\,\text{m} + 40\,\text{kN} \cdot 1{,}8\,\text{m} - 60\,\text{kN} \cdot 2\,\text{m}}{11{,}2\,\text{m}}$

$\qquad F_C = 74{,}21\,\text{kN}$

II. $F_D = G_1 + G_2 + F_1 + F_2 - F_C$
$\qquad = 97\,\text{kN} + 40\,\text{kN} + 60\,\text{kN} + 96\,\text{kN} - 74{,}21\,\text{kN}$

$\qquad F_D = 218{,}8\,\text{kN}$

(Kontrolle mit $\Sigma M_{(C)} = 0$)

c) Lageskizze (freigemachte Drehlaufkatze)

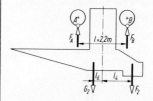

I. $\Sigma F_x = 0$: keine vorhanden
II. $\Sigma F_y = 0 = F_A + F_B - F_2 - G_2$
III. $\Sigma M_{(A)} = 0 = F_B l - G_2 (\frac{l}{2} - l_6) - F_2 (\frac{l}{2} + l_4)$

III. $F_B = \dfrac{G_2 (\frac{l}{2} - l_6) + F_2 (\frac{l}{2} + l_4)}{l}$

$\qquad F_B = \dfrac{40\,\text{kN} \cdot 0{,}7\,\text{m} + 96\,\text{kN} \cdot 2{,}4\,\text{m}}{2{,}2\,\text{m}} = 117{,}5\,\text{kN}$

II. $F_A = F_2 + G_2 - F_B = 96\,\text{kN} + 40\,\text{kN} - 117{,}5\,\text{kN}$
$\qquad F_A = 18{,}55\,\text{kN}$ (Kontrolle mit $\Sigma M_{(B)} = 0$)

Lageskizze (freigemachte Kranbrücke mit Drehlaufkatze)

I. $\Sigma F_x = 0$: keine vorhanden
II. $\Sigma F_y = 0 = F_C + F_D - G_1 - G_2 - F_2$
III. $\Sigma M_{(D)} = 0 = -F_C l_1 + G_1 (l_1 - l_3) + G_2 (l_2 + l_6)$
$\qquad + F_2 (l_2 - l_4)$

III. $F_C = \dfrac{G_1 (l_1 - l_3) + G_2 (l_2 + l_6) + F_2 (l_2 - l_4)}{l_1}$

$\qquad = \dfrac{97\,\text{kN} \cdot 5{,}6\,\text{m} + 40\,\text{kN} \cdot 2{,}6\,\text{m} + 96\,\text{kN} \cdot 0{,}9\,\text{m}}{11{,}2\,\text{m}}$

$\qquad F_C = 65{,}5\,\text{kN}$

II. $F_D = G_1 + G_2 + F_2 - F_C$
$\qquad F_D = 97\,\text{kN} + 40\,\text{kN} + 96\,\text{kN} - 65{,}5\,\text{kN} = 167{,}5\,\text{kN}$
(Kontrolle mit $\Sigma M_{(C)} = 0$)

**146.**

*Rechnerische Lösung:*
Lageskizze
(freigemachter Kragträger)

I. $\Sigma F_x = 0$: keine vorhanden
II. $\Sigma F_y = 0 = F_1 + F_A + F_B - F_2 - F_3$
III. $\Sigma M_{(B)} = 0 = -F_1 (l_1 + l_2) - F_A l_3 + F_2 l_2$

III. $F_A = \dfrac{-F_1(l_1+l_2)+F_2\,l_2}{l_3}$

$F_A = \dfrac{-15\,\text{kN}\cdot 4{,}3\,\text{m}+20\,\text{kN}\cdot 2\,\text{m}}{3{,}2\,\text{m}} = -7{,}656\,\text{kN}$

(Minus bedeutet: nach unten gerichtet!)

II. $F_B = F_2 + F_3 - F_1 - F_A$
$\phantom{F_B} = 20\,\text{kN}+12\,\text{kN}-15\,\text{kN}-(-7{,}656\,\text{kN})$

$F_B = 24{,}656\,\text{kN}$

(Kontrolle mit $\Sigma M_{(A)} = 0$)

*Zeichnerische Lösung:*

Lageplan ($M_L = 1{,}5\,\frac{\text{m}}{\text{cm}}$)   Kräfteplan ($M_K = 20\,\frac{\text{kN}}{\text{cm}}$)

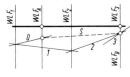 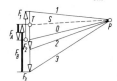

### 147.

Lageskizze
(freigemachte Getriebewelle)

I. $\Sigma F_x$ = 0: keine vorhanden
II. $\Sigma F_y$ = 0 = $F_A + F_2 + F_B - F_1 - F_3$
III. $\Sigma M_{(A)} = 0 = -F_1 l_1 + F_2(l_1+l_2) + F_B(l_1+l_2+l_3)$
$\phantom{III.\ \Sigma M_{(A)} = 0 =} -F_3(l_1+l_2+2\,l_3)$

III. $F_B = \dfrac{F_1 l_1 - F_2(l_1+l_2)+F_3(l_1+l_2+2\,l_3)}{l_1+l_2+l_3}$

$\phantom{F_B} = \dfrac{2\,\text{kN}\cdot 0{,}25\,\text{m}-5\,\text{kN}\cdot 0{,}4\,\text{m}+1{,}5\,\text{kN}\cdot 0{,}8\,\text{m}}{0{,}6\,\text{m}}$

$F_B = -0{,}5\,\text{kN}$   (Minus: nach unten!)

II. $F_A = F_1 + F_3 - F_2 - F_B$
$F_A = 2\,\text{kN}+1{,}5\,\text{kN}-5\,\text{kN}-(-0{,}5\,\text{kN}) = -1\,\text{kN}$
(Minus: nach unten!)
(Kontrolle mit $\Sigma M_{(B)} = 0$)

### 148.

Lageskizze
(freigemachter Balken)

I. $\Sigma F_x$ = 0: keine vorhanden
II. $\Sigma F_y$ = 0 = $F_A + F_B - F - F - F$
III. $\Sigma M_{(A)} = 0 = -F l_2 - F\cdot 2\,l_2 - F\cdot 3\,l_2 + F_B\,l_1$

III. $F_B = \dfrac{F(l_2+2\,l_2+3\,l_2)}{l_1} = \dfrac{6\,F l_2}{l_1} = \dfrac{6\cdot 10\,\text{kN}\cdot 1\,\text{m}}{5\,\text{m}} = 12\,\text{kN}$

II. $F_A = 3\,F - F_B = 3\cdot 10\,\text{kN}-12\,\text{kN} = 18\,\text{kN}$
(Kontrolle mit $\Sigma M_{(B)} = 0$)

### 149.

Lageskizze
(freigemachter Werkstattkran)

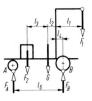

I. $\Sigma F_x$ = 0: keine vorhanden
II. $\Sigma F_y$ = 0 = $F_A + F_B - G - F_1 - F_2$
III. $\Sigma M_{(B)} = 0 = -F_A l_5 + F_2(l_2+l_3+l_4) + G(l_2+l_4)$
$\phantom{III.\ \Sigma M_{(B)} = 0 =} -F_1(l_1-l_4)$

III. $F_A = \dfrac{F_2(l_2+l_3+l_4)+G(l_2+l_4)-F_1(l_1-l_4)}{l_5}$

$\phantom{F_A} = \dfrac{7\,\text{kN}\cdot 1{,}2\,\text{m}+3{,}6\,\text{kN}\cdot 0{,}5\,\text{m}-7{,}5\,\text{kN}\cdot 0{,}7\,\text{m}}{1{,}7\,\text{m}}$

$F_A = 2{,}912\,\text{kN}$

II. $F_B = G + F_1 + F_2 - F_A$
$F_B = 3{,}6\,\text{kN}+7{,}5\,\text{kN}+7\,\text{kN}-2{,}912\,\text{kN} = 15{,}19\,\text{kN}$

### 150.

Lageskizze (freigemachte Rolleiter)

I. $\Sigma F_x$ = 0: keine vorhanden
II. $\Sigma F_y$ = 0 = $F_A + F_B - G - F$
III. $\Sigma M_{(B)} = 0 = F_A(l_1+l_2+l_3)-F(l_1+l_2)-G l_1$

III. $F_A = \dfrac{F(l_1+l_2)+G l_1}{l_1+l_2+l_3} = \dfrac{750\,\text{N}\cdot 1{,}1\,\text{m}+150\,\text{N}\cdot 0{,}8\,\text{m}}{1{,}6\,\text{m}}$

$F_A = 590{,}6\,\text{N}$

II. $F_B = G + F - F_A$
$F_B = 150\,\text{N}+750\,\text{N}-590{,}6\,\text{N} = 309{,}4\,\text{N}$
(Kontrolle mit $\Sigma M_{(A)} = 0$)

### 151.

Lageskizze
(freigemachter Pkw)

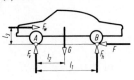

*Hinweis:* Bei *stehendem* Pkw entfallen die Kräfte $F_w$ und $F$.

a) I. $\Sigma F_x$ = 0. keine vorhanden
   II. $\Sigma F_y$ = 0 = $F_v + F_h - G$
   III. $\Sigma M_{(A)} = 0 = F_h l_1 - G l_2$

III. $F_h = G\,\dfrac{l_2}{l_1} = 13{,}9\,\text{kN}\cdot\dfrac{1{,}31\,\text{m}}{2{,}8\,\text{m}} = 6{,}503\,\text{kN}$

II. $F_v = G - F_h = 13{,}9\,\text{kN}-6{,}503\,\text{kN} = 7{,}397\,\text{N}$

b)  I. $\Sigma F_x = 0 = F_w - F$
   II. $\Sigma F_y = 0 = F_v + F_h - G$
   III. $\Sigma M_{(B)} = 0 = G(l_1 - l_2) - F_v l_1 - F_w l_3$

   I. $F = F_w = 1,2\,\text{kN}$

   III. $F_v = \dfrac{G(l_1 - l_2) - F_w l_3}{l_1}$

   $F_v = \dfrac{13,9\,\text{kN} \cdot 1,49\,\text{m} - 1,2\,\text{kN} \cdot 0,75\,\text{m}}{2,8\,\text{m}} = 7,075\,\text{kN}$

   II. $F_h = G - F_v = 13,9\,\text{kN} - 7,075\,\text{kN} = 6,825\,\text{kN}$
   (Kontrolle mit $\Sigma M_{(A)} = 0$)

## 152.

Lageskizze 1 (freigemachte Welle)

*Hinweis:* Die rechte Stützkraft an der Welle wird von 2 Brechstangen aufgebracht. Bezeichnen wir die Stützkraft an jeder Brechstange mit $F_B$, dann beträgt die Gesamtstützkraft $2 F_B$.

Ermittlung des Winkels $\beta$:

$\beta = \arcsin \dfrac{l_3}{\dfrac{d}{2}} = \arcsin \dfrac{2\,l_3}{d} = \arcsin \dfrac{2 \cdot 30\,\text{mm}}{120\,\text{mm}}$

$\beta = 30°$

Die Kräfte $F_A$ und $2 F_B$ werden am einfachsten nach der trigonometrischen Methode berechnet.

Krafteckskizze

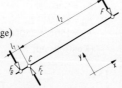

a)  $F_A = G \sin\alpha = 3,6\,\text{kN} \cdot \sin 30° = 1,8\,\text{kN}$
b)  $2 F_B = G \cos\alpha$
     $= 3,6\,\text{kN} \cdot \cos 30° = 3,118\,\text{kN}$

   $F_B = 1,559\,\text{kN}$

Lageskizze 2
(freigemachte Brechstange)

   I. $\Sigma F_x = 0$: keine vorhanden
   II. $\Sigma F_y = 0 = F_C - F_B - F$
   III. $\Sigma M_{(C)} = 0 = F_B l_1 - F l_2$

c)  III. $F = \dfrac{F_B l_1}{l_2} = \dfrac{1,559\,\text{kN} \cdot 110\,\text{mm}}{1340\,\text{mm}} = 0,128\,\text{kN}$

d)  II. $F_C = F_B + F = 1,559\,\text{kN} + 0,128\,\text{kN} = 1,687\,\text{kN}$

e)  $F_{Cx} = F_C \sin\alpha = 1,687\,\text{kN} \cdot \sin 30°$
    $F_{Cx} = 0,8434\,\text{kN}$
    $F_{Cy} = F_C \cos\alpha = 1,687\,\text{kN} \cdot \cos 30°$
    $F_{Cy} = 1,461\,\text{kN}$

## 153.

a)  Lageskizze 1
    (freigemachte
    Transportkarre)

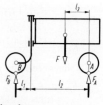

   I. $\Sigma F_x = 0$: keine vorhanden
   II. $\Sigma F_y = 0 = F_A + F_B - F$
   III. $\Sigma M_{(A)} = 0 = -F_B(l_1 + l_2) + F l_3$

   III. $F_B = \dfrac{F l_3}{l_1 + l_2} = \dfrac{5\,\text{kN} \cdot 0,4\,\text{m}}{1,25\,\text{m}} = 1,6\,\text{kN}$

   II. $F_A = F - F_B = 5\,\text{kN} - 1,6\,\text{kN} = 3,4\,\text{kN}$
   (Kontrolle mit $\Sigma M_{(B)} = 0$)

b)  Lageskizze 2
    (freigemachter Schwenkarm)

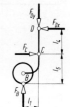

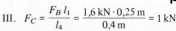

   I. $\Sigma F_x = 0 = F_C - F_{Dx}$
   II. $\Sigma F_y = 0 = F_B - F_{Dy}$
   III. $\Sigma M_{(D)} = 0 = F_C l_4 - F_B l_1$

   III. $F_C = \dfrac{F_B l_1}{l_4} = \dfrac{1,6\,\text{kN} \cdot 0,25\,\text{m}}{0,4\,\text{m}} = 1\,\text{kN}$

   I. $F_{Dx} = F_C = 1\,\text{kN}$
   II. $F_{Dy} = F_B = 1,6\,\text{kN}$

   $F_D = \sqrt{F_{Dx}^2 + F_{Dy}^2} = \sqrt{(1\,\text{kN})^2 + (1,6\,\text{kN})^2} = 1,887\,\text{kN}$

c)  siehe Teillösung b)!

## 154.

a)  Lageskizze 1
    (freigemachte Transportkarre)

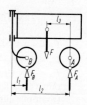

   I. $\Sigma F_x = 0$: keine vorhanden
   II. $\Sigma F_y = 0 = F_A + F_B - F$
   III. $\Sigma M_{(A)} = 0 = F l_3 - F_B(l_2 - l_1)$

   III. $F_B = \dfrac{F l_3}{l_2 - l_1} = \dfrac{5\,\text{kN} \cdot 0,4\,\text{m}}{0,75\,\text{m}} = 2,667\,\text{kN}$

   II. $F_A = F - F_B = 5\,\text{kN} - 2,667\,\text{kN} = 2,333\,\text{kN}$

b)  Lageskizze 2
    (freigemachter Schwenkarm)

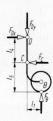

   I. $\Sigma F_x = 0 = F_{Dx} - F_C$
   II. $\Sigma F_y = 0 = F_B - F_{Dy}$
   III. $\Sigma M_{(C)} = 0 = F_B l_1 - F_{Dx} l_4$

III. $F_{Dx} = \dfrac{F_B\, l_1}{l_4} = \dfrac{2{,}667\,\text{kN} \cdot 0{,}25\,\text{m}}{0{,}4\,\text{m}} = 1{,}667\,\text{kN}$

I. $F_C = F_{Dx} = 1{,}667\,\text{kN}$

II. $F_{Dy} = F_B = 2{,}667\,\text{kN}$

$F_D = \sqrt{F_{Dx}^2 + F_{Dy}^2} = \sqrt{(1{,}667\,\text{kN})^2 + (2{,}667\,\text{kN})^2}$

$F_D = 3{,}145\,\text{kN}$

c) siehe Teillösung b)!

## 155.

Zuerst wird die Druckkraft $F$ berechnet, die beim Öffnen des Ventils auf den Ventilteller wirkt.

$F = pA = p \cdot \dfrac{\pi}{4}\, d^2 = 3\,\text{bar} \cdot \dfrac{\pi}{4} \cdot 60^2\,\text{mm}^2$

$\qquad = 3 \cdot 10^5\,\dfrac{\text{N}}{\text{m}^2} \cdot \dfrac{\pi}{4} \cdot 60^2\,\text{mm}^2$

$F = 3 \cdot 10^{-1}\,\dfrac{\text{N}}{\text{mm}^2} \cdot \dfrac{\pi}{4} \cdot 60^2\,\text{mm}^2 = 848{,}2\,\text{N}$

Lageskizze
(freigemachter Hebel
mit Ventilkörper)

I. $\Sigma F_x \;\; = 0$: keine vorhanden

II. $\Sigma F_y \;\; = 0 = F_D + F - G_1 - G_2 - G_3$

III. $\Sigma M_{(D)} = 0 = F\, l_1 - G_1\, l_1 - G_2\, l_2 - G_3\, x$

a) III. $x = \dfrac{F\, l_1 - G_1\, l_1 - G_2\, l_2}{G_3}$

$\qquad = \dfrac{848{,}2\,\text{N} \cdot 75\,\text{mm} - 8\,\text{N} \cdot 75\,\text{mm} - 15\,\text{N} \cdot 320\,\text{mm}}{120\,\text{N}}$

$\qquad x = 485{,}1\,\text{mm}$

b) II. $F_D = G_1 + G_2 + G_3 - F$

$\qquad F_D = 8\,\text{N} + 15\,\text{N} + 120\,\text{N} - 848{,}2\,\text{N} = -705{,}2\,\text{N}$

(Minus bedeutet: $F_D$ wirkt nach unten)

c) Lageskizze
(freigemachter Hebel
mit Ventilkörper)

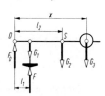

*Hinweis:* Stützkraft $F_t$ am Ventilteller nicht vergessen!

I. $\Sigma F_x \;\; = 0$: keine vorhanden

II. $\Sigma F_y \;\; = 0 = F_t - F_D - G_1 - G_2 - G_3$

III. $\Sigma M_{(A)} = 0 = F_D\, l_1 - G_2(l_2 - l_1) - G_3(x - l_1)$

III. $F_D = \dfrac{G_2(l_2 - l_1) + G_3(x - l_1)}{l_1}$

$F_D = \dfrac{15\,\text{N} \cdot 245\,\text{mm} + 120\,\text{N} \cdot 410{,}1\,\text{mm}}{75\,\text{mm}} = 705{,}2\,\text{N}$

*Erkenntnis:* Bei zunehmendem Dampfdruck wird die Stützkraft des Ventilsitzes auf den Ventilteller immer kleiner, bis sie beim Öffnen des Ventils Null ist: Der Ventilteller stützt sich dann statt auf dem Ventilsitz auf dem Dampf ab.

## 156.

*Rechnerische Lösung:*

Lageskizze (freigemachter Balken)

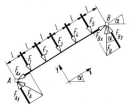

I. $\Sigma F_x \;\; = 0 = F_{Bx} - F_{Ax}$

II. $\Sigma F_y \;\; = 0 = F_{Ay} + F_{By} - F_1 - F_2 - F_3 - F_4 - F_5$

III. $\Sigma M_{(A)} = 0 = F_{By} \cdot 6\,l - F_1\, l - F_2 \cdot 2\,l - F_3 \cdot 3\,l$
$\qquad\qquad\qquad - F_4 \cdot 4\,l - F_5 \cdot 5\,l$

III. $F_{By} = \dfrac{F_1 + 2F_2 + 3F_3 + 4F_4 + 5F_5}{6}$

$F_{By} = \dfrac{4\,\text{kN} + 2 \cdot 2\,\text{kN} + 3 \cdot 1\,\text{kN} + 4 \cdot 3\,\text{kN} + 5 \cdot 1\,\text{kN}}{6}$

$F_{By} = 4{,}667\,\text{kN}$

II. $F_{Ay} = F_1 + F_2 + F_3 + F_4 + F_5 - F_{By}$
$\qquad\;\; = 4\,\text{kN} + 2\,\text{kN} + 1\,\text{kN} + 3\,\text{kN} + 1\,\text{kN} - 4{,}667\,\text{kN}$

$F_{Ay} = 6{,}333\,\text{kN}$

Aus dem Zerlegungsdreieck für $F_B$ ergibt sich:

$F_{Bx} = F_{By} \tan\alpha = 4{,}667\,\text{kN} \cdot \tan 30° = 2{,}694\,\text{kN}$

$F_B = \dfrac{F_{By}}{\cos\alpha} = \dfrac{4{,}667\,\text{kN}}{\cos 30°} = 5{,}389\,\text{kN}$

Aus der I. Ansatzgleichung ergibt sich

$F_{Ax} = F_{Bx} = 2{,}694\,\text{kN}$, und damit

$F_A = \sqrt{F_{Ax}^2 + F_{Ay}^2} = \sqrt{(2{,}694\,\text{kN})^2 + (6{,}333\,\text{kN})^2}$

$F_A = 6{,}883\,\text{kN}$

*Zeichnerische Lösung:*

Lageplan ($M_L = 2\,\frac{\text{m}}{\text{cm}}$)  Kräfteplan ($M_K = 3\,\frac{\text{kN}}{\text{cm}}$)

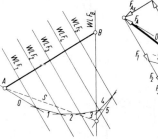

**157.**

*Rechnerische Lösung:*

Lageskizze (freigemachtes Sprungbrett)

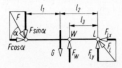

I. $\Sigma F_x = 0 = F\cos\alpha - F_{Lx}$
II. $\Sigma F_y = 0 = F_W + F_{Ly} - G - F\sin\alpha$
III. $\Sigma M_{(L)} = 0 = F\sin\alpha\,(l_1 + l_2) + G\,l_2 - F_W\,l_3$

a) III. $F_W = \dfrac{F\sin\alpha\,(l_1 + l_2) + G\,l_2}{l_3}$

$F_W = \dfrac{900\,\text{N}\cdot\sin 60°\cdot 5\,\text{m} + 300\,\text{N}\cdot 2,4\,\text{m}}{2,1\,\text{m}} = 2199\,\text{N}$

b) I. $F_{Lx} = F\cos\alpha = 900\,\text{N}\cdot\cos 60° = 450\,\text{N}$
II. $F_{Ly} = F\sin\alpha + G - F_W$
$F_{Ly} = 900\,\text{N}\cdot\sin 60° + 300\,\text{N} - 2199\,\text{N} = -1119\,\text{N}$

(Minuszeichen bedeutet: $F_{Ly}$ wirkt dem angenommenen Richtungssinn entgegen, also nach unten.)

$F_L = \sqrt{F_{Lx}^2 + F_{Ly}^2} = \sqrt{(450\,\text{N})^2 + (1119\,\text{N})^2} = 1206\,\text{N}$

c)

$\alpha_L = \arctan\dfrac{F_{Ly}}{F_{Lx}} = \arctan\dfrac{1119\,\text{N}}{450\,\text{N}} = 68,1°$

*Zeichnerische Lösung:*

Lageplan ($M_L = 2\,\frac{\text{m}}{\text{cm}}$)          Kräfteplan ($M_K = 600\,\frac{\text{N}}{\text{cm}}$)

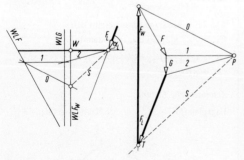

**158.**

Lageskizze (freigemachte Bühne)

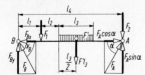

Die Streckenlast wird durch die Einzellast $F'l_3$ im Streckenlastschwerpunkt ersetzt.

I. $\Sigma F_x = 0 = F_A\cos\alpha - F_{Bx}$
II. $\Sigma F_y = 0 = F_{By} + F_A\sin\alpha - F_1 - F'l_3 - F_2$
III. $\Sigma M_{(B)} = 0 = F_A\sin\alpha\cdot l_4 - F_1 l_1 - F'l_3\left(l_1 + l_2 + \dfrac{l_3}{2}\right) - F_2 l_4$

a) III. $F_A = \dfrac{F_1 l_1 + F'l_3\left(l_1 + l_2 + \dfrac{l_3}{2}\right) + F_2 l_4}{l_4\sin\alpha}$

$= \dfrac{9\,\text{kN}\cdot 0,4\,\text{m} + 6\,\frac{\text{kN}}{\text{m}}\cdot 0,6\,\text{m}\cdot 1\,\text{m} + 6,5\,\text{kN}\cdot 1,8\,\text{m}}{1,8\,\text{m}\cdot\sin 75°}$

$F_A = 10,87\,\text{kN}$

b) I. $F_{Bx} = F_A\cos\alpha = 10,87\,\text{kN}\cdot\cos 75° = 2,813\,\text{kN}$
II. $F_{By} = F_1 + F_2 + F'l_3 - F_A\sin\alpha$

$= 9\,\text{kN} + 6,5\,\text{kN} + 6\,\frac{\text{kN}}{\text{m}}\cdot 0,6\,\text{m} - 10,87\,\text{kN}\cdot\sin 75°$

$F_{By} = 8,6\,\text{kN}$

(Kontrolle mit $\Sigma M_{(A)} = 0$)

$F_B = \sqrt{F_{Bx}^2 + F_{By}^2} = \sqrt{(2,813\,\text{kN})^2 + (8,6\,\text{kN})^2}$

$F_B = 9,049\,\text{kN}$

c) $\alpha_B = \arctan\dfrac{F_{By}}{F_{Bx}} = \arctan\dfrac{8,6\,\text{kN}}{2,813\,\text{kN}} = 71,88°$

**159.**

*Rechnerische Lösung:*

a) $\alpha = \arctan\dfrac{l_6}{l_2} = \arctan\dfrac{1,5\,\text{m}}{0,7\,\text{m}}$

$\alpha = 64,98°$

b) und c)   Lageskizze 1 (freigemachter Angriffspunkt der Kraft $F_s$)

Zentrales Kräftesystem. Lösung am einfachsten nach der trigonometrischen Methode.

Kraftecksskizze

$F_A = F_s\tan\alpha = 2,1\,\text{kN}\cdot\tan 64,98° = 4,5\,\text{kN}$

c) $F_k = \dfrac{F_s}{\cos\alpha} = \dfrac{2,1\,\text{kN}}{\cos 64,98°} = 4,966\,\text{kN}$

Lageskizze 2 (freigemachter Stützträger mit Kette und Pendelstütze) zu d) und e)

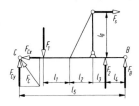

I. $\Sigma F_x = 0 = F_s - F_{Cx}$
II. $\Sigma F_y = 0 = F_B + F_{Cy} + F_2 - F_1$
III. $\Sigma M_{(C)} = 0 = -F_1 [l_5 - (l_1 + l_2 + l_3 + l_4)]$
$\qquad + F_2 (l_5 - l_4) + F_B l_5 - F_s l_6$

d) III. $F_B = \dfrac{F_1 [l_5 - (l_1 + l_2 + l_3 + l_4)] - F_2 (l_5 - l_4) + F_s l_6}{l_5}$

$F_B = \dfrac{3,8\,\text{kN} \cdot 0,7\,\text{m} - 3\,\text{kN} \cdot 2,6\,\text{m} + 2,1\,\text{kN} \cdot 1,5\,\text{m}}{3,2\,\text{m}}$

$F_B = \dfrac{2,66\,\text{kNm} - 7,8\,\text{kNm} + 3,15\,\text{kNm}}{3,2\,\text{m}}$

$F_B = \dfrac{-1,99\,\text{kNm}}{3,2\,\text{m}} = -0,6219\,\text{kN}$

(Minuszeichen bedeutet: $F_B$ wirkt dem angenommenen Richtungssinn entgegen, also nach unten.)

e) I. $F_{Cx} = F_s = 2,1\,\text{kN}$
II. $F_{Cy} = F_1 - F_B - F_2$
$\quad F_{Cy} = 3,8\,\text{kN} - (-0,6219\,\text{kN}) - 3\,\text{kN} = 1,422\,\text{kN}$
$\quad F_C = \sqrt{F_{Cx}^2 + F_{Cy}^2} = \sqrt{(2,1\,\text{kN})^2 + (1,422\,\text{kN})^2}$
$\quad F_C = 2,536\,\text{kN}$

f) siehe Teillösung e)!

*Zeichnerische Lösung* der Teilaufgaben d), e) und f):
Lageplan ($M_L = 1,25\,\tfrac{\text{m}}{\text{cm}}$)    Kräfteplan ($M_K = 2,5\,\tfrac{\text{kN}}{\text{cm}}$)

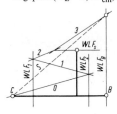
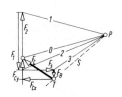

## Statik der Fachwerke
## Cremonaplan, Culmannsches Schnittverfahren, Rittersches Schnittverfahren

Die Kraftbeträge in den Kräftetabellen sind berechnet und gerundet. Besonders kleine Kräfte können *im Cremonaplan* oft nicht mit dieser Genauigkeit ermittelt werden.

**160.**

a) Der Dachbinder ist symmetrisch aufgebaut und symmetrisch belastet und alle Kräfte einschließlich der Stützkräfte wirken parallel (siehe Lageplan unten). Folglich sind die Stützkräfte gleich groß:

$$F_A = F_B = \frac{F_1 + F_2 + F_3}{2} = \frac{4\,\text{kN} + 8\,\text{kN} + 4\,\text{kN}}{2} = 8\,\text{kN}$$

b) Lageplan ($M_L = 1,25\,\tfrac{\text{m}}{\text{cm}}$)    Cremonaplan ($M_K = 5\,\tfrac{\text{kN}}{\text{cm}}$)

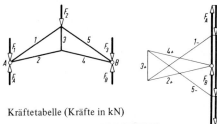

Kräftetabelle (Kräfte in kN)

| Stab | Zug | Druck |
|------|------|-------|
| 1 | – | 10,6 |
| 2 | 8,98 | – |
| 3 | 4,00 | – |
| 4 | 8,98 | – |
| 5 | – | 10,6 |

c) Nachprüfung nach Culmann
Lageplan ($M_L = 1,25\,\tfrac{\text{m}}{\text{cm}}$)    Kräfteplan ($M_K = 5\,\tfrac{\text{kN}}{\text{cm}}$)

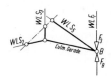

Nachprüfung nach Ritter
Lageskizze

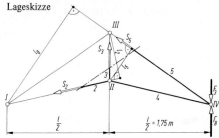

$\Sigma M_{(\text{III})} = 0 = F_B \cdot \dfrac{l}{2} - F_3 \dfrac{l}{2} - S_2 l_2$

$S_2 = \dfrac{(F_B - F_3)\,l}{2\,l_2}$

Berechnung von $l_2$
(Stablängen sind
mit $s$ bezeichnet):

$$\alpha = \arctan \frac{2\,h_1}{l} = \arctan \frac{2 \cdot 0,4\,\text{m}}{3,5\,\text{m}} = 12,88°$$

$$\beta = \arctan \frac{2\,(h_1 + h_2)}{l} = \arctan \frac{2 \cdot 1,2\,\text{m}}{3,5\,\text{m}} = 34,44°$$

$$\gamma = \beta - \alpha = 34,44° - 12,88° = 21,56°$$

$$s_1 = \sqrt{(\tfrac{l}{2})^2 + (h_1 + h_2)^2} = \sqrt{(1,75\,\text{m})^2 + (1,2\,\text{m})^2}$$

$$s_1 = 2,122\,\text{m}$$

$$l_2 = s_1 \sin\gamma = 2,122\,\text{m} \cdot \sin 21,56° = 0,7799\,\text{m}$$

$$S_2 = \frac{(8\,\text{kN} - 4\,\text{kN}) \cdot 3,5\,\text{m}}{2 \cdot 0,7799\,\text{m}} = +8,976\,\text{kN} \quad \text{(Zugstab)}$$

$$\Sigma M_{(\text{II})} = 0 = F_B \frac{l}{2} - F_3 \frac{l}{2} + S_5\,l_5$$

$$S_5 = \frac{(F_3 - F_B)\,l}{2\,l_5}$$

Berechnung von $l_5$:

$$s_4 = \sqrt{(\tfrac{l}{2})^2 + h_1^2} = \sqrt{(1,75\,\text{m})^2 + (0,4\,\text{m})^2} = 1,795\,\text{m}$$

$$l_5 = s_4 \sin\gamma = 1,795\,\text{m} \cdot \sin 21,56° = 0,6598\,\text{m}$$

$$S_5 = \frac{(4\,\text{kN} - 8\,\text{kN}) \cdot 3,5\,\text{m}}{2 \cdot 0,6598\,\text{m}} = -10,61\,\text{kN} \quad \text{(Druckstab)}$$

$$\Sigma M_{(\text{I})} = 0 = F_B\,l - F_3\,l + S_3 \frac{l}{2} + S_5\,l_6$$

$$S_3 = \frac{(F_3 - F_B)\,l - S_5\,l_6}{\frac{l}{2}}$$

Berechnung von $l_6$:

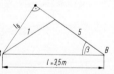

$$l_6 = l \sin\beta = 3,5\,\text{m} \cdot \sin 34,44° = 1,979\,\text{m}$$

$$S_3 = \frac{-4\,\text{kN} \cdot 3,5\,\text{m} - (-10,61\,\text{kN}) \cdot 1,979\,\text{m}}{1,75\,\text{m}} = 4\,\text{kN}$$
$$\text{(Zugstab)}$$

**161.**

a) $F_A = F_B = \dfrac{4\,F}{2} = \dfrac{4 \cdot 6\,\text{kN}}{2} = 12\,\text{kN}$
(s. Erläuterung zu 160a)

b) Lageplan
$(M_L = 2,5 \frac{\text{m}}{\text{cm}})$

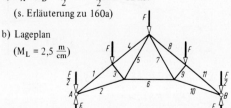

Cremonaplan $(M_K = 6 \frac{\text{kN}}{\text{cm}})$

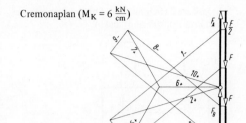

**Kräftetabelle (Kräfte in kN)**

| Stab | Zug | Druck |
|------|------|-------|
| 1 | – | 23,2 |
| 2 | 18,9 | – |
| 3 | – | 4,69 |
| 4 | – | 19,4 |
| 5 | 10,5 | – |
| 6 | 10 | – |
| 7 | 10,5 | – |
| 8 | – | 19,4 |
| 9 | – | 4,69 |
| 10 | 18,9 | – |
| 11 | – | 23,2 |

c) Nachprüfung nach Culmann

Lageplan $(M_L = 2,5 \frac{\text{m}}{\text{cm}})$

Kräfteplan $(M_K = 6 \frac{\text{kN}}{\text{cm}})$

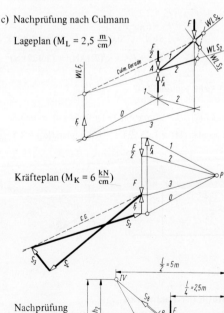

Nachprüfung
nach Ritter

Lageskizze
(Stablängen sind mit $s$ bezeichnet)

$$\Sigma M_{(IV)} = 0 = F_B \frac{l}{2} - \frac{F}{2} \frac{l}{2} - F \frac{l}{4} - S_6(h_1 - h_2)$$

$$S_6 = \frac{F_B \frac{l}{2} - F \frac{l}{4} - F \frac{l}{4}}{h_1 - h_2} = \frac{(F_B - F) l}{2(h_1 - h_2)}$$

$$S_6 = \frac{6\,\text{kN} \cdot 10\,\text{m}}{2 \cdot 3\,\text{m}} = 10\,\text{kN} \quad \text{(Zugstab)}$$

$$\Sigma M_{(VII)} = 0 = F \frac{l}{4} + S_6 h_2 - S_7 l_7$$

$$S_7 = \frac{F \frac{l}{4} + S_6 h_2}{l_7}$$

Berechnung von $l_7$:

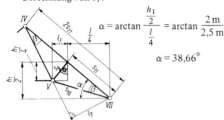

$$\alpha = \arctan \frac{\frac{h_1}{2}}{\frac{l}{4}} = \arctan \frac{2\,\text{m}}{2,5\,\text{m}}$$

$$\alpha = 38,66°$$

$$s_9 = \frac{\frac{h_1}{4}}{\cos \alpha} = \frac{1\,\text{m}}{\cos 38,66°} = 1,2806\,\text{m}$$

$$s_{11} = \sqrt{(\tfrac{l}{4})^2 + (\tfrac{h_1}{2})^2} = \sqrt{(2,5\,\text{m})^2 + (2\,\text{m})^2}$$

$$s_{11} = 3,2016\,\text{m}$$

$$\beta = \arctan \frac{s_9}{s_{11}} = \arctan \frac{1,2806\,\text{m}}{3,2016\,\text{m}} = 21,80°$$

$$l_7 = 2 s_{11} \sin \beta = 2 \cdot 3,2016\,\text{m} \cdot \sin 21,80° = 2,378\,\text{m}$$

$$S_7 = \frac{6\,\text{kN} \cdot 2,5\,\text{m} + 10\,\text{kN} \cdot 1\,\text{m}}{2,378\,\text{m}} = +10,51\,\text{kN} \quad \text{(Zugstab)}$$

$$\Sigma M_{(V)} = F_B \left( \frac{l}{4} + l_F \right) - \frac{F}{2} \left( \frac{l}{4} + l_F \right) - F l_F + S_8 s_9$$

$$S_8 = \frac{(\frac{F}{2} - F_B)(\frac{l}{4} + l_F) + F l_F}{s_9}$$

Berechnung von $l_F$ (s. vorige Skizze, dunkles Dreieck):

$$l_F = s_9 \sin \alpha = 1,2806\,\text{m} \cdot \sin 38,66° = 0,8\,\text{m}$$

$$S_8 = \frac{(3\,\text{kN} - 12\,\text{kN}) \cdot (2,5\,\text{m} + 0,8\,\text{m}) + 6\,\text{kN} \cdot 0,8\,\text{m}}{1,2806\,\text{m}}$$

$$S_8 = -19,44\,\text{kN} \quad \text{(Druckstab)}$$

**162.**

a) $F_A = F_B = \dfrac{6F}{2} = 3F = 60\,\text{kN}$ (s. Erläuterung zu 160a)

b) Lageplan ($M_L = 1,5\,\frac{\text{m}}{\text{cm}}$)   Cremonaplan ($M_K = 20\,\frac{\text{kN}}{\text{cm}}$)

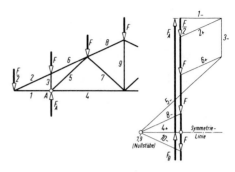

Kräftetabelle  (Kräfte in kN)

| Stab | Zug | Druck | Stab |
|------|------|-------|------|
| 1 | – | 22,5 | 17 |
| 2 | 24,6 | – | 16 |
| 3 | – | 20 | 15 |
| 4 | 22,5 | – | 14 |
| 5 | – | 60,2 | 13 |
| 6 | 24,6 | – | 12 |
| 7 | – | – | 11 |
| 8 | – | 24,6 | 10 |
| 9 | – | – | 9 |

c) Nachprüfung nach Culmann

Lageplan ($M_L = 1\,\frac{\text{m}}{\text{cm}}$)    Kräfteplan ($M_K = 20\,\frac{\text{kN}}{\text{cm}}$)

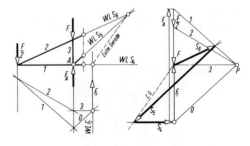

Nachprüfung nach Ritter

Lageskizze

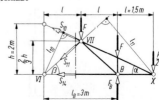

49

$$\Sigma M_{(VI)} = 0 = S_{10}\, l_{10} - Fl - F \cdot 2\,l + F_B \cdot 2\,l - \frac{F}{2} \cdot 3\,l$$

$$S_{10} = \frac{Fl + (F - F_B) \cdot 2\,l + \frac{F}{2} \cdot 3\,l}{l_{10}}$$

Berechnung von $l_{10}$:

$$\alpha = \arctan \frac{h}{l_B + l} = \arctan \frac{2\,m}{4,5\,m} = 23,96°$$

$$l_{10} = (l_B + l)\sin\alpha = 4,5\,m \cdot \sin 23,96° = 1,828\,m$$

$$S_{10} = \frac{20\,kN \cdot 1,5\,m + (-40\,kN \cdot 3\,m) + 10\,kN \cdot 4,5\,m}{1,828\,m}$$

$$S_{10} = -24,62\,kN \quad \text{(Druckstab)}$$

$$\Sigma M_{(X)} = 0 = Fl - F_B\, l + F \cdot 2\,l + S_{11}\, l_{11}$$

$$S_{11} = \frac{(F_B - F)\,l - F \cdot 2\,l}{l_{11}}$$

Berechnung von $l_{11}$ (s. Lageskizze)

$$\beta = \arctan \frac{\frac{2}{3}\,h}{l} = \arctan \frac{1,333\,m}{1,5\,m} = 41,63°$$

$$l_{11} = (l_B + l)\sin\beta = 4,5\,m \cdot \sin 41,63° = 2,99\,m$$

$$S_{11} = \frac{40\,kN \cdot 1,5\,m - 20\,kN \cdot 3\,m}{2,99\,m} = 0 \quad \text{(Nullstab)}$$

$$\Sigma M_{(VII)} = 0 = -S_{14}\,\frac{2\,h}{3} - Fl + F_B\, l - \frac{F}{2} \cdot 2\,l$$

$$S_{14} = \frac{(F_B - F)\,l - Fl}{\frac{2}{3}\,h} = \frac{40\,kN \cdot 1,5\,m - 20\,kN \cdot 1,5\,m}{1,333\,m}$$

$$S_{14} = +22,5\,kN \quad \text{(Zugstab)}$$

## 163.

a) $F_A = F_B = \dfrac{6F}{2} = 3\,F = 3 \cdot 28\,kN = 84\,kN$

(s. Erläuterung zu 160a)

b) Lageplan ($M_L = 2,5\,\frac{m}{cm}$)

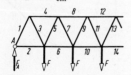

Cremonaplan ($M_K = 50\,\frac{kN}{cm}$)

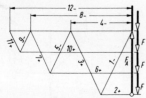

Kräftetabelle (Kräfte in kN)

| Stab | Zug | Druck | Stab |
|------|------|-------|------|
| 1 | – | 93,9 | 27 |
| 2 | 42 | – | 26 |
| 3 | 93,9 | – | 25 |
| 4 | – | 84 | 24 |
| 5 | – | 62,6 | 23 |
| 6 | 112 | – | 22 |
| 7 | 62,6 | – | 21 |
| 8 | – | 140 | 20 |
| 9 | – | 31,3 | 19 |
| 10 | 154 | – | 18 |
| 11 | 31,3 | – | 17 |
| 12 | – | 168 | 16 |
| 13 | – | – | 15 |
| 14 | 168 | – | 14 |

## 164.

a) $F_A = F_B = 84\,kN$ (s. Lösung 163a)

b) Lageplan ($M_L = 2,5\,\frac{m}{cm}$)

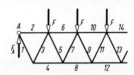

Cremonaplan ($M_K = 50\,\frac{kN}{cm}$)

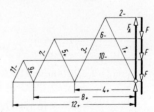

Kräftetabelle (Kräfte in kN)

| Stab | Zug | Druck | Stab |
|------|------|-------|------|
| 1 | 93,9 | – | 27 |
| 2 | – | 42 | 26 |
| 3 | – | 93,9 | 25 |
| 4 | 84 | – | 24 |
| 5 | 62,6 | – | 23 |
| 6 | – | 112 | 22 |
| 7 | – | 62,6 | 21 |
| 8 | 140 | – | 20 |
| 9 | 31,3 | – | 19 |
| 10 | – | 154 | 18 |
| 11 | – | 31,3 | 17 |
| 12 | 168 | – | 16 |
| 13 | – | – | 15 |
| 14 | – | 168 | 14 |

**165.**

a) $F_A = F_B = \dfrac{7F}{2} = \dfrac{7 \cdot 4\,\text{kN}}{2} = 14\,\text{kN}$

(s. Erläuterung zu 160a)

b) Lageplan ($M_L = 1\,\frac{\text{m}}{\text{cm}}$)

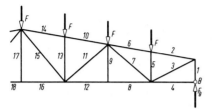

Cremonaplan ($M_K = 5\,\frac{\text{kN}}{\text{cm}}$)

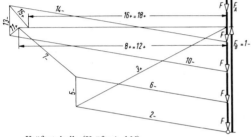

Kräftetabelle (Kräfte in kN)

| Stab | Zug | Druck |
|------|------|-------|
| 1 | – | 14 |
| 2 | – | 21,3 |
| 3 | 23,5 | – |
| 4 | – | – |
| 5 | – | 4 |
| 6 | – | 21,3 |
| 7 | – | 10,2 |
| 8 | 28,8 | – |
| 9 | – | – |
| 10 | – | 30,4 |
| 11 | 1,56 | – |
| 12 | 28,8 | – |
| 13 | – | 4 |
| 14 | – | 30,4 |
| 15 | 3,95 | – |
| 16 | 27,4 | – |
| 17 | – | – |

c) Nachprüfung nach Ritter

Lageskizze

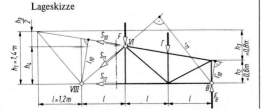

$\sum M_{(\text{VIII})} = 0 = S_{10}\, l_{10} - Fl - F \cdot 2l + F_B \cdot 3l$

$S_{10} = \dfrac{(F - F_B) \cdot 3l}{l_{10}}$

Berechnung von $l_{10}$:

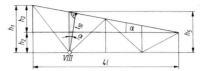

$\alpha = \arctan \dfrac{h_3}{4l} = \arctan \dfrac{h_1 - h_2}{4l} = \arctan \dfrac{1,4\,\text{m} - 0,6\,\text{m}}{4 \cdot 1,2\,\text{m}}$

$\alpha = 9,46°$

$h_5 = h_2 + 0,75\, h_3 = 0,6\,\text{m} + 0,6\,\text{m} = 1,2\,\text{m}$

(0,75 $h_3$ nach Strahlensatz)

$l_{10} = h_5 \cos\alpha = 1,2\,\text{m} \cdot \cos 9,46° = 1,184\,\text{m}$

(dunkles Dreieck)

$S_{10} = \dfrac{(4\,\text{kN} - 14\,\text{kN}) \cdot 3 \cdot 1,2\,\text{m}}{1,184\,\text{m}} = -30,41\,\text{kN}$

(Druckstab)

$\sum M_{(B)} = 0 = S_{11}\, l_{11} + S_{10}\, l'_{10} + Fl + F \cdot 2l$

$S_{11} = \dfrac{-S_{10}\, l'_{10} - F \cdot 3l}{l_{11}}$

Berechnung von $l'_{10}$ und $l_{11}$:

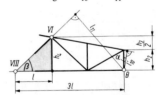

$l'_{10} = h_2 \cos\alpha = 0,6\,\text{m} \cdot \cos 9,46° = 0,5918\,\text{m}$

(kleines dunkles Dreieck, rechts)

$h_4 = h_2 + \dfrac{h_3}{2} = 0,6\,\text{m} + 0,4\,\text{m} = 1\,\text{m}$

$\beta = \arctan \dfrac{h_4}{l} = \arctan \dfrac{1,0\,\text{m}}{1,2\,\text{m}} = 39,81°$

(großes dunkles Dreieck, links)

$l_{11} = 3l \sin\beta = 3 \cdot 1,2\,\text{m} \cdot \sin 39,81° = 2,305\,\text{m}$

$S_{11} = \dfrac{-(-30,41\,\text{kN}) \cdot 0,5918\,\text{m} - 4\,\text{kN} \cdot 3,6\,\text{m}}{2,305\,\text{m}}$

$S_{11} = 1,562\,\text{kN}$  (Zugstab)

$\sum M_{(\text{VI})} = 0 = F_B \cdot 2l - Fl - S_{12}\, h_4$

$S_{12} = \dfrac{F_B \cdot 2l - Fl}{h_4} = \dfrac{14\,\text{kN} \cdot 2,4\,\text{m} - 4\,\text{kN} \cdot 1,2\,\text{m}}{1\,\text{m}}$

$S_{12} = 28,8\,\text{kN}$  (Zugstab)

**166.**

a) Die Tragkonstruktion wird symmetrisch belastet und alle Kräfte einschließlich der Stützkräfte haben parallele Wirklinien. Folglich sind die Stützkräfte $F_A$ und $F_B$ gleich groß.

$$F_A = F_B = \frac{F_1 + F_2}{2} = \frac{20\,\text{kN} + 20\,\text{kN}}{2} = 20\,\text{kN}$$

b) Lageplan ($M_L = 2\,\frac{\text{m}}{\text{cm}}$)

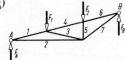

Cremonaplan ($M_K = 20\,\frac{\text{kN}}{\text{cm}}$)

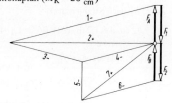

Kräftetabelle (Kräfte in kN)

| Stab | Zug | Druck |
|------|-----|-------|
| 1 | – | 82,4 |
| 2 | 80 | – |
| 3 | – | 41,2 |
| 4 | – | 41,2 |
| 5 | – | 20 |
| 6 | – | 41,2 |
| 7 | 50 | – |

c) Nachprüfung der Stäbe 2, 3, 4 nach Ritter

Lageskizze 1

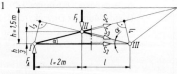

$$\Sigma M_{(II)} = 0 = S_2\,\frac{h}{3} - F_A\,l$$

$$S_2 = \frac{3\,F_A\,l}{h} = \frac{3 \cdot 20\,\text{kN} \cdot 2\,\text{m}}{1,5\,\text{m}} = +80\,\text{kN} \quad \text{(Zugstab)}$$

$$\Sigma M_{(I)} = 0 = -F_1\,l - S_3\,l_3$$

$$S_3 = \frac{-F_1\,l}{l_3}$$

Berechnung von $l_3$  (s. Lageskizze 1):

$$\alpha = \arctan\frac{\frac{h}{3}}{l} = \arctan\frac{0,5\,\text{m}}{2\,\text{m}} = 14,04°$$

(s. dunkles Dreieck)

$$l_3 = 2\,l\sin\alpha = 4\,\text{m} \cdot \sin 14,04° = 0,9701\,\text{m}$$

$$S_3 = \frac{-20\,\text{kN} \cdot 2\,\text{m}}{0,9701\,\text{m}} = -41,23\,\text{kN} \quad \text{(Druckstab)}$$

$$\Sigma M_{(III)} = 0 = -S_4\,l_4 + F_1\,l - F_A \cdot 2\,l$$

$$S_4 = \frac{(F_1 - 2\,F_A)\,l}{l_4} = \frac{-20\,\text{kN} \cdot 2\,\text{m}}{0,9701\,\text{m}} = -41,23\,\text{kN}$$

(Druckstab)

(*Hinweis:* Wegen Symmetrie ist $l_4 = l_3$; s. Lageskizze 1)

Nachprüfung der Stäbe 4, 5, 7 nach Ritter

Lageskizze 2

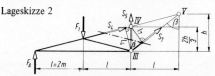

$$\Sigma M_{(III)} = 0 = F_1\,l - F_A \cdot 2\,l - S_4\,l_4$$

$$S_4 = \frac{(F_1 - 2\,F_A)\,l}{l_4} = \frac{-20\,\text{kN} \cdot 2\,\text{m}}{0,9701\,\text{m}} = -41,23\,\text{kN}$$

(Druckstab; s. oben)

$$\Sigma M_{(V)} = 0 = F_1 \cdot 2\,l - F_A \cdot 3\,l - S_5\,l$$

$$S_5 = \frac{(2\,F_1 - 3\,F_A)\,l}{l} = 2 \cdot 20\,\text{kN} - 3 \cdot 20\,\text{kN} = -20\,\text{kN}$$

(Druckstab)

$$\Sigma M_{(IV)} = 0 = F_1\,l - F_A \cdot 2\,l + S_7\,l_7$$

$$S_7 = \frac{(2\,F_A - F_1)\,l}{l_7}$$

Berechnung von $l_7$ (s. Lageskizze 2):

$$\beta = \arctan\frac{l}{h} = \arctan\frac{2\,\text{m}}{1,5\,\text{m}} = 53,13°$$

$$l_7 = \frac{2}{3}\,h\sin\beta = 1\,\text{m} \cdot \sin 53,13° = 0,8\,\text{m} \quad \text{(s. dunkles}$$
Dreieck)

$$S_7 = \frac{20\,\text{kN} \cdot 2\,\text{m}}{0,8\,\text{m}} = +50\,\text{kN} \quad \text{(Zugstab)}$$

**167.**

a) Lageskizze 1

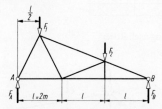

I. $\Sigma F_x$ = 0: keine vorhanden

II. $\Sigma F_y$ = 0 = $F_A + F_B - F_1 - F_2$

III. $\Sigma M_{(A)} = 0 = -F_1\,\frac{l}{2} - F_2 \cdot 2\,l + F_B \cdot 3\,l$

III. $F_B = \dfrac{(\frac{F_1}{2} + 2F_2)\,l}{3\,l} = \dfrac{\frac{F_1}{2} + 2F_2}{3}$

$F_B = \dfrac{15\,\text{kN} + 20\,\text{kN}}{3} = 11,67\,\text{kN}$

II. $F_A = F_1 + F_2 - F_B = 30\,\text{kN} + 10\,\text{kN} - 11,67\,\text{kN}$
$F_A = 28,33\,\text{kN}$

b) Lageplan ($M_L = 2\,\frac{\text{m}}{\text{cm}}$)

Cremonaplan

($M_K = 15\,\frac{\text{kN}}{\text{cm}}$)

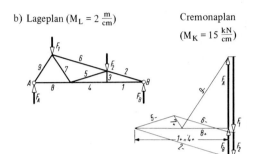

Kräftetabelle (Kräfte in kN)

| Stab | Zug | Druck |
|------|------|-------|
| 1 | 38,9 | – |
| 2 | – | 40,6 |
| 3 | – | – |
| 4 | 38,9 | – |
| 5 | – | 17,4 |
| 6 | – | 23,2 |
| 7 | 6 | – |
| 8 | 18,9 | – |
| 9 | – | 34,1 |

c) Nachprüfung nach Culmann

Lageplan ($M_L = 2,5\,\frac{\text{m}}{\text{cm}}$)

Kräfteplan ($M_K = 7,5\,\frac{\text{kN}}{\text{cm}}$)

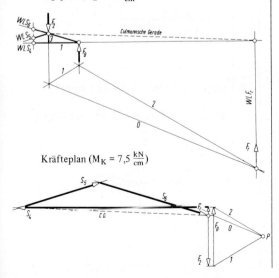

Nachprüfung nach Ritter

Lageskizze 2 (Stablängen sind mit $s$ bezeichnet)

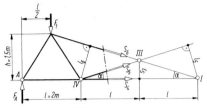

$\sum M_{(\text{III})} = 0 = F_1\,\dfrac{3\,l}{2} - F_A \cdot 2\,l + S_4\,s_3$

$S_4 = \dfrac{(2F_A - 1,5F_1)\,l}{s_3}$

Berechnung von $s_3$ (s. Lageskizze 2):

$\dfrac{s_3}{h} = \dfrac{l}{2,5\,l}$  (Strahlensatz)

$s_3 = \dfrac{h}{2,5} = \dfrac{1,5\,\text{m}}{2,5} = 0,6\,\text{m}$

$S_4 = \dfrac{(2 \cdot 28,33\,\text{kN} - 1,5 \cdot 30\,\text{kN}) \cdot 2\,\text{m}}{0,6\,\text{m}} = +38,89\,\text{kN}$

(Zugstab)

$\sum M_{(\text{I})} = 0 = F_1 \cdot \dfrac{5}{2}\,l - F_A \cdot 3\,l - S_5\,l_5$

$S_5 = \dfrac{(2,5\,F_1 - 3\,F_A)\,l}{l_5}$

Berechnung von $l_5$ (s. Lageskizze 2):

$\alpha = \arctan \dfrac{h}{2,5\,l} = \arctan \dfrac{1,5\,\text{m}}{2,5 \cdot 2\,\text{m}} = 16,7°$

$l_5 = 2\,l \sin\alpha = 2 \cdot 2\,\text{m} \cdot \sin 16,7° = 1,149\,\text{m}$

$S_5 = \dfrac{(2,5 \cdot 30\,\text{kN} - 3 \cdot 28,33\,\text{kN}) \cdot 2\,\text{m}}{1,149\,\text{m}} = -17,4\,\text{kN}$

(Druckstab)

$\sum M_{(\text{IV})} = 0 = F_1\,\dfrac{l}{2} - F_A\,l - S_6\,l_6$

$S_6 = \dfrac{(0,5\,F_1 - F_A)\,l}{l_6} = \dfrac{(0,5 \cdot 30\,\text{kN} - 28,33\,\text{kN}) \cdot 2\,\text{m}}{1,149\,\text{m}}$

$S_6 = -23,2\,\text{kN}$ (Druckstab)

*Hinweis:* $l_6 = l_5$ wegen Symmetrie (s. Lageskizze 2).

## 168.

Berechnung der Stützkräfte

Lageskizze

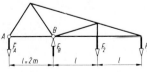

I. $\sum F_x$ = 0: keine vorhanden
II. $\sum F_y$ = 0 = $F_B - F_A - F_1 - F_2$
III. $\sum M_{(B)} = 0 = F_A\,l - F_2\,l - F_1 \cdot 2\,l$

III. $F_A = \dfrac{(F_2 + 2F_1)\,l}{l} = F_2 + 2F_1 = 10\text{kN} + 2\cdot30\text{kN}$

$F_A = 70\,\text{kN}$

II. $F_B = F_A + F_1 + F_2 = 70\text{kN} + 30\text{kN} + 10\text{kN} = 110\text{kN}$

*Zeichnerische Ermittlung der Stabkräfte*

Lageplan $(M_L = 2\,\tfrac{m}{cm})$

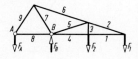

Cremonaplan $(M_K = 20\,\tfrac{kN}{cm})$

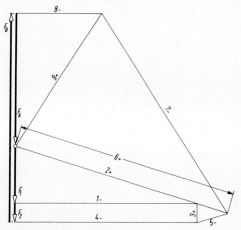

Kräftetabelle (Kräfte in kN)

| Stab | Zug | Druck |
|------|------|------|
| 1 | – | 100 |
| 2 | 104 | – |
| 3 | 10 | – |
| 4 | – | 100 |
| 5 | – | 17,4 |
| 6 | 122 | – |
| 7 | – | 126 |
| 8 | – | 46,7 |
| 9 | 84,1 | – |

**169.**

a) Lageskizze 1

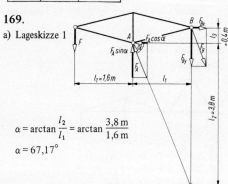

$\alpha = \arctan\dfrac{l_2}{l_1} = \arctan\dfrac{3,8\,\text{m}}{1,6\,\text{m}}$

$\alpha = 67,17°$

I. $\Sigma F_x \quad = 0 = F_{Bx} - F_A \cos\alpha$

II. $\Sigma F_y \quad = 0 = F_A \sin\alpha - F - F_{By}$

III. $\Sigma M_{(B)} = 0 = F\cdot2\,l_1 - F_A \sin\alpha\,l_1 - F_A \cos\alpha\,l_3$

III. $F_A = \dfrac{F\cdot 2\,l_1}{l_1 \sin\alpha + l_3 \cos\alpha}$

$\qquad = \dfrac{30\text{kN}\cdot2\cdot1,6\,\text{m}}{1,6\,\text{m}\cdot\sin 67,17° + 0,4\,\text{m}\cdot\cos 67,17°}$

$F_A = 58,9\,\text{kN}$

b) I. $F_{Bx} = F_A \cos\alpha = 58,9\text{kN}\cdot\cos 67,17° = 22,86\,\text{kN}$

II. $F_{By} = F_A \sin\alpha - F = 58,9\text{kN}\cdot\sin 67,17° - 30\text{kN}$

$F_{By} = 24,29\,\text{kN}$

$F_B = \sqrt{F_{Bx}^2 + F_{By}^2} = \sqrt{(22,86\,\text{kN})^2 + (24,29\,\text{kN})^2}$

$F_B = 33,35\,\text{kN}$

c) Lageplan $(M_L = 1\,\tfrac{m}{cm})$ \qquad Cremonaplan $(M_K = 25\,\tfrac{kN}{cm})$

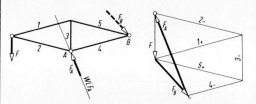

*Lösungshinweis:* Cremonaplan mit der Kraft $F$ und den Stabkräften 1 und 2 beginnen, *ohne* das äußere Krafteck zu zeichnen. Stützkraft $F_A$ ergibt sich von selbst im Krafteck für den Knoten $A$, Stützkraft $F_B$ beim Knoten $B$.

Kräftetabelle (Kräfte in kN)

| Stab | Zug | Druck |
|------|------|------|
| 1 | 61,8 | – |
| 2 | – | 61,8 |
| 3 | – | 30 |
| 4 | – | 38,3 |
| 5 | 61,8 | – |

d) Nachprüfung der Stäbe 1, 3, 4 nach Ritter

Lageskizze 2 (Stablängen sind mit $s$ bezeichnet)

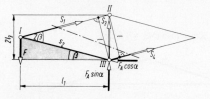

$\Sigma M_{(III)} = 0 = F\,l_1 - S_1\,l$

$S_1 = \dfrac{F\,l_1}{l}$

Berechnung von $l$:

$$s_2 = \sqrt{l_1^2 + l_3^2} = \sqrt{(1,6\,\text{m})^2 + (0,4\,\text{m})^2} = 1,649\,\text{m}$$

$$\beta = \arctan\frac{l_3}{l_1} = \arctan\frac{0,4\,\text{m}}{1,6\,\text{m}} = 14,04°$$

$$l = s_2 \sin 2\beta = 1,649\,\text{m} \cdot \sin 28,07° = 0,7761\,\text{m}$$

$$S_1 = \frac{30\,\text{kN} \cdot 1,6\,\text{m}}{0,7761\,\text{m}} = +61,85\,\text{kN} \quad (\text{Zugstab})$$

$$\Sigma M_{(\text{II})} = 0 = F\,l_1 + S_4\,l - F_A \cos\alpha \cdot 2\,l_3$$

$$S_4 = \frac{-F\,l_1 + F_A \cos\alpha \cdot 2\,l_3}{l}$$

$$= \frac{-30\,\text{kN} \cdot 1,6\,\text{m} + 58,9\,\text{kN} \cdot \cos 67,17° \cdot 0,8\,\text{m}}{0,7761\,\text{m}}$$

$$S_4 = -38,29\,\text{kN} \quad (\text{Druckstab})$$

$$\Sigma M_{(\text{I})} = 0 = S_3\,l_1 + S_4\,l + F_A \sin\alpha\,l_1 - F_A \cos\alpha\,l_3$$

$$S_3 = \frac{F_A(l_3 \cos\alpha - l_1 \sin\alpha) - S_4\,l}{l_1}$$

$$S_3 = \frac{58,9\,\text{kN}(0,4\,\text{m} \cdot \cos 67,17° - 1,6\,\text{m} \cdot \sin 67,17°) - (-38,29\,\text{kN}) \cdot 0,7761\,\text{m}}{1,6\,\text{m}}$$

$$S_3 = -30\,\text{kN} \quad (\text{Druckstab})$$

Nachprüfung der Stäbe 2, 3, 5 nach Culmann

Lageplan ($M_L = 1\,\frac{\text{m}}{\text{cm}}$)      Kräfteplan ($M_K = 25\,\frac{\text{kN}}{\text{cm}}$)

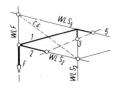
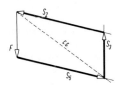

**170.**

a) (s. Lösung 32)

Lageskizze 1                     Krafteckskizze

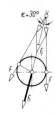

*Hinweis:* Seilzugkraft und Last $F$ sind gleich groß.

$$\cos\frac{\epsilon}{2} = \frac{F_r}{2F}$$

$$F_r = 2F\cos\frac{\epsilon}{2} = 2 \cdot 15\,\text{kN} \cdot \cos 15°$$

$$F_r = 28,98\,\text{kN}$$

b) Lageskizze 2 (Stablängen sind mit $s$ bezeichnet)

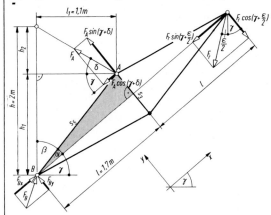

Die $x$-Achse für die Berechnung der Stützkräfte wird um den Winkel $\gamma$ in die Längsachse des Auslegers gedreht.

Berechnung des Winkels $\gamma$:

$$s_5 = \sqrt{l^2 + \left(\tfrac{s_3}{2}\right)^2} = \sqrt{(1,7\,\text{m})^2 + (0,35\,\text{m})^2} = 1,736\,\text{m}$$

$$\alpha = \arctan\frac{s_3}{2\,l} = \arctan\frac{0,7\,\text{m}}{2 \cdot 1,7\,\text{m}} = 11,63° \quad (\text{s. dunkles Dreieck})$$

$$\beta = \arcsin\frac{l_1}{s_5} = \arcsin\frac{1,1\,\text{m}}{1,736\,\text{m}} = 39,33°$$

$$\gamma = 90° - (\alpha + \beta) = 39,04°$$

$$h_1 = \frac{l_1}{\tan\beta} = \frac{1,1\,\text{m}}{\tan 39,33°} = 1,343\,\text{m}$$

$$h_2 = h - h_1 = 0,6574\,\text{m}$$

$$\delta = \arctan\frac{h_2}{l_1} = \arctan\frac{0,6574\,\text{m}}{1,1\,\text{m}} = 30,87°$$

$$\gamma + \delta = 39,04° + 30,87° = 69,90°$$

Berechnung der Stützkräfte

$$\text{I.}\ \Sigma F_x = 0 = F_{Bx} - F_A \cos(\gamma + \delta) - F_r \sin\left(\gamma + \tfrac{\epsilon}{2}\right)$$

$$\text{II.}\ \Sigma F_y = 0 = F_{By} + F_A \sin(\gamma + \delta) - F_r \cos\left(\gamma + \tfrac{\epsilon}{2}\right)$$

$$\text{III.}\ \Sigma M_{(B)} = 0 = F_A \sin(\gamma + \delta)\,l + F_A \cos(\gamma + \delta)\frac{s_3}{2}$$
$$- F_r \cos\left(\gamma + \tfrac{\epsilon}{2}\right) \cdot 2\,l$$

$$\text{III.}\ F_A = \frac{F_r \cos\left(\gamma + \tfrac{\epsilon}{2}\right) 2\,l}{l \sin(\gamma + \delta) + \frac{s_3}{2} \cos(\gamma + \delta)}$$

$$F_A = \frac{28,98\,\text{kN} \cdot \cos 54,04° \cdot 3,4\,\text{m}}{1,7\,\text{m} \cdot \sin 69,90° + 0,35\,\text{m} \cdot \cos 69,90°} = 33,70\,\text{kN}$$

55

I. $F_{Bx} = F_A \cos(\gamma + \delta) + F_r \sin\left(\gamma + \frac{\epsilon}{2}\right)$

$F_{Bx} = 33,7\,\text{kN} \cdot \cos 69,90° + 28,98\,\text{kN} \cdot \sin 54,04°$

$F_{Bx} = 35,04\,\text{kN}$

II. $F_{By} = F_r \cos\left(\gamma + \frac{\epsilon}{2}\right) - F_A \sin(\gamma + \delta)$

$F_{By} = 28,98\,\text{kN} \cdot \cos 54,04° - 33,7\,\text{kN} \cdot \sin 69,90°$

$F_{By} = -14,63\,\text{kN}$

(Minus bedeutet: $F_{By}$ wirkt entgegen dem angenommenen Richtungssinn nach rechts unten.)

$F_B = \sqrt{F_{Bx}^2 + F_{By}^2} = \sqrt{(35,04\,\text{kN})^2 + (14,63\,\text{kN})^2}$

$F_B = 37,97\,\text{kN}$

c) Lageplan ($M_L = 1\,\frac{\text{m}}{\text{cm}}$)   Cremonaplan ($M_K = 20\,\frac{\text{kN}}{\text{cm}}$)

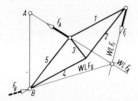 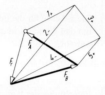

*Lösungshinweis:* Auf die Ermittlung der Stützkräfte $F_A$ und $F_B$ mit Hilfe des 3-Kräfte-Verfahrens (siehe Lageplan) kann auch verzichtet werden, weil beide Kräfte sich beim Aufzeichnen des Cremonaplanes von selbst ergeben (s. Lösung 169).

Kräftetabelle (Kräfte in kN)

| Stab | Zug | Druck |
|------|------|-------|
| 1 | 30,2 | – |
| 2 | | 54,2 |
| 3 | 21,8 | – |
| 4 | -- | 54,2 |
| 5 | 18,4 | -- |

d) Nachprüfung der Stäbe 1, 3, 4 nach Culmann

Lageplan ($M_L = 1\,\frac{\text{m}}{\text{cm}}$)   Kräfteplan ($M_K = 20\,\frac{\text{kN}}{\text{cm}}$)

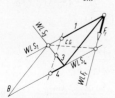 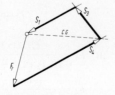

Nachprüfung der Stäbe 2, 3, 5 nach Ritter

Lageskizze 3

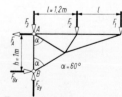

$\Sigma M_{(III)} = 0 = S_2\, l_2 + F_{By}\, l + F_{Bx}\, \frac{s_3}{2}$

$S_2 = \dfrac{-F_{By}\, l - F_{Bx}\, \frac{s_3}{2}}{l_2}$

Berechnung von $l_2$:

$l_2 = s_1 \sin 2\alpha = 1,736\,\text{m} \cdot \sin 23,27° = 0,6856\,\text{m}$

(*Hinweis:* $s_1 = s_5$ ; s. Teillösung b)

$S_2 = \dfrac{-14,63\,\text{kN} \cdot 1,7\,\text{m} - 35,04\,\text{kN} \cdot 0,35\,\text{m}}{0,6856\,\text{m}} = -54,17\,\text{kN}$

(Druckstab)

$\Sigma M_{(II)} = 0 = -S_5\, l_5 + F_{By}\, l - F_{Bx}\, \frac{s_3}{2}$

$S_5 = \dfrac{F_{By}\, l - F_{Bx}\, \frac{s_3}{2}}{l_5}$

$S_5 = \dfrac{14,63\,\text{kN} \cdot 1,7\,\text{m} - 35,04\,\text{kN} \cdot 0,35\,\text{m}}{0,6856\,\text{m}} = +18,40\,\text{kN}$

(Zugstab)

(*Hinweis:* Wegen Kongruenz ist $l_5 = l_2$.)

$\Sigma M_{(IV)} = 0 = S_3\, l + S_2\, l_2$

$S_3 = \dfrac{-S_2\, l_2}{l} = \dfrac{-(-54,17\,\text{kN} \cdot 0,6856\,\text{m})}{1,7\,\text{m}} = +21,85\,\text{kN}$

(Zugstab)

**171.**

a) Lageskizze 1

I. $\Sigma F_x \quad = 0 = F_{Bx} - F_A$

II. $\Sigma F_y \quad = 0 = F_{By} - F_1 - F_2 - F_3$

III. $\Sigma M_{(B)} = 0 = F_A\, h - F_2\, l - F_1 \cdot 2\, l$

III. $F_A = \dfrac{(F_2 + 2F_1)\, l}{h} = \dfrac{(10\,\text{kN} + 2 \cdot 5\,\text{kN}) \cdot 1,2\,\text{m}}{1\,\text{m}}$

$F_A = 24\,\text{kN}$

I. $F_{Bx} = F_A = 24\,\text{kN}$

II. $F_{By} = F_1 + F_2 + F_3 = 5\,\text{kN} + 10\,\text{kN} + 5\,\text{kN} = 20\,\text{kN}$

$F_B = \sqrt{F_{Bx}^2 + F_{By}^2} = \sqrt{(24\,\text{kN})^2 + (20\,\text{kN})^2}$

$F_B = 31,24\,\text{kN}$

b) Lageplan ($M_L = 0,8 \frac{m}{cm}$)

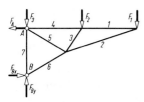

*Lösungshinweis:* Vorherige Ermittlung der Stütz-Kräfte $F_A$ und $F_B$ ist nicht erforderlich (siehe Lösung 169 c).

Cremonaplan ($M_K = 8 \frac{kN}{cm}$)

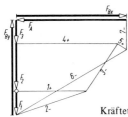

Kräftetabelle (Kräfte in kN)

| Stab | Zug | Druck |
|------|------|-------|
| 1 | 15,3 | – |
| 2 | – | 16,1 |
| 3 | – | 12 |
| 4 | 22 | – |
| 5 | 2,29 | – |
| 6 | – | 27,7 |
| 7 | – | 6,14 |

c) Nachprüfung der Stäbe 2, 3, 4 nach Ritter

Lageskizze 2

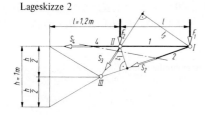

$$\Sigma M_{(II)} = 0 = -F_1 l - S_2 l_2$$
$$S_2 = \frac{-F_1 l}{l_2}$$

Berechnung von $l_2$:

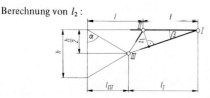

$$l_{III} = \frac{h}{2} \tan \alpha = 0,5\,m \cdot \tan 60° = 0,866\,m$$

$$l_I = 2\,l - l_{III} = 2,4\,m - 0,866\,m = 1,534\,m$$

$$\beta = \arctan \frac{\frac{h}{2}}{l_I} = \arctan \frac{0,5\,m}{1,534\,m} = 18,05°$$

$$l_2 = l \sin \beta = 1,2\,m \cdot \sin 18,05° = 0,3719\,m$$

$$S_2 = \frac{-5\,kN \cdot 1,2\,m}{0,3719\,m} = -16,13\,kN \quad \text{(Druckstab)}$$

$$\Sigma M_{(I)} = 0 = F_2\,l + S_3\,l_3$$
$$S_3 = \frac{-F_2\,l}{l_3}$$

Berechnung von $l_3$:

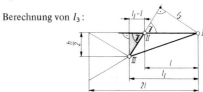

$$\gamma = \arctan \frac{\frac{h}{2}}{l_I - l} = \arctan \frac{0,5\,m}{1,534\,m - 1,2\,m}$$

$$\gamma = 56,26°$$

$$l_3 = l \sin \gamma = 1,2\,m \cdot \sin 56,26° = 0,9979\,m$$

$$S_3 = \frac{-10\,kN \cdot 1,2\,m}{0,9979\,m} = -12,03\,kN \quad \text{(Druckstab)}$$

$$\Sigma M_{(III)} = 0 = -F_1\,l_1 - F_2\,(l_1 - l) + S_4\,\frac{h}{2}$$

$$S_4 = \frac{F_1\,l_1 + F_2\,(l_1 - l)}{\frac{h}{2}} = \frac{5\,kN \cdot 1,534\,m + 10\,kN \cdot 0,334\,m}{0,5\,m}$$

$$S_4 = +22,02\,kN \quad \text{(Zugstab)}$$

Nachprüfung der Stäbe 4, 5, 6 nach Culmann

Lageplan ($M_L = 0,8 \frac{m}{cm}$)

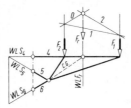

Kräfteplan ($M_K = 8 \frac{kN}{cm}$)

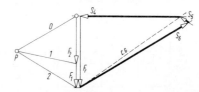

**172.**

a) Lageskizze 1

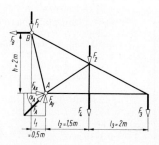

I. $\Sigma F_x = 0 = F_{Ax} - F_B$

II. $\Sigma F_y = 0 = F_{Ay} - F_1 - F_2 - F_3 - F_4$

III. $\Sigma M_{(A)} = 0 = F_B h + F_1 l_1 - F_2 l_2 - F_4 l_2 - F_3 (l_2 + l_3)$

III. $F_B = \dfrac{(F_2 + F_4)\, l_2 + F_3 (l_2 + l_3) - F_1 l_1}{h}$

$F_B = \dfrac{17\,\text{kN} \cdot 1{,}5\,\text{m} + 17\,\text{kN} \cdot (1{,}5\,\text{m} + 2\,\text{m}) - 6\,\text{kN} \cdot 0{,}5\,\text{m}}{2\,\text{m}}$

$\quad F_B = 41\,\text{kN}$

I. $F_{Ax} = F_B = 41\,\text{kN}$

II. $F_{Ay} = F_1 + F_2 + F_3 + F_4 = 6\,\text{kN} + 12\,\text{kN} + 17\,\text{kN} + 5\,\text{kN}$

$\quad F_{Ay} = 40\,\text{kN}$

$\quad F_A = \sqrt{F_{Ax}^2 + F_{Ay}^2} = \sqrt{(41\,\text{kN})^2 + (40\,\text{kN})^2} = 57{,}28\,\text{kN}$

b) $\alpha_A = \arctan \dfrac{F_{Ay}}{F_{Ax}} = \arctan \dfrac{40\,\text{kN}}{41\,\text{kN}} = 44{,}29°$

c) Lageplan ($M_L = 1{,}5\,\frac{\text{m}}{\text{cm}}$)
siehe Hinweis
in Lösung 169c!

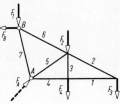

Cremonaplan ($M_K = 15\,\frac{\text{kN}}{\text{cm}}$)

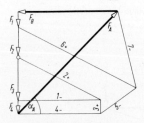

Kräftetabelle (Kräfte in kN)

| Stab | Zug | Druck |
|---|---|---|
| 1 | – | 34 |
| 2 | 38 | – |
| 3 | 5 | – |
| 4 | – | 34 |
| 5 | – | 17,5 |
| 6 | 54,3 | – |
| 7 | – | 31,2 |

d) Nachprüfung der Stäbe 2, 3, 4 nach Culmann

Lageplan ($M_L = 1{,}5\,\frac{\text{m}}{\text{cm}}$)     Kräfteplan ($M_K = 15\,\frac{\text{kN}}{\text{cm}}$)

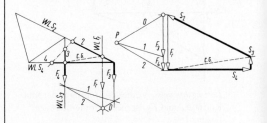

Nachprüfung der Stäbe 4, 5, 6 nach Ritter

Lageskizze 2

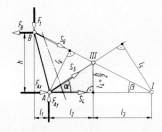

$\Sigma M_{(III)} = 0 = S_4 \dfrac{h}{2} + F_{Ax} \dfrac{h}{2} - F_{Ay} l_2 + F_B \dfrac{h}{2} + F_1 (l_1 + l_2)$

$S_4 = \dfrac{F_{Ay} l_2 - (F_{Ax} + F_B) \dfrac{h}{2} - F_1 (l_1 + l_2)}{\dfrac{h}{2}}$

$S_4 = \dfrac{40\,\text{kN} \cdot 1{,}5\,\text{m} - 82\,\text{kN} \cdot 1\,\text{m} - 6\,\text{kN} \cdot 2\,\text{m}}{1\,\text{m}} = -34\,\text{kN}$
(Druckstab)

$\Sigma M_{(I)} = 0 = -S_5 l_5 - F_{Ay} (l_2 + l_3) + F_B h + F_1 (l_1 + l_2 + l_3)$

$S_5 = \dfrac{F_B h + F_1 (l_1 + l_2 + l_3) - F_{Ay} (l_2 + l_3)}{l_5}$

Berechnung von $l_5$:

$\alpha = \arctan \dfrac{\dfrac{h}{2}}{l_2} = \arctan \dfrac{1\,\text{m}}{1{,}5\,\text{m}} = 33{,}69°$

(s. Lageskizze 2, dunkles Dreieck.)

$l_5 = (l_2 + l_3) \sin \alpha = 3{,}5\,\text{m} \cdot \sin 33{,}69° = 1{,}941\,\text{m}$

$S_5 = \dfrac{41\,\text{kN} \cdot 2\,\text{m} + 6\,\text{kN} \cdot 4\,\text{m} - 40\,\text{kN} \cdot 3{,}5\,\text{m}}{1{,}941\,\text{m}} = -17{,}51\,\text{kN}$
(Druckstab)

$\Sigma M_{(A)} = 0 = -S_6 l_6 + F_B h + F_1 l_1$

$S_6 = \dfrac{F_B h + F_1 l_1}{l_6}$

Berechnung von $l_6$ (s. Lageskizze 2)

$$\beta = \arctan \frac{h}{l_1 + l_2 + l_3} = \arctan \frac{2\,\text{m}}{0,5\,\text{m} + 1,5\,\text{m} + 2\,\text{m}}$$

$$\beta = 26,57°$$

$$l_6 = (l_2 + l_3)\sin \beta = 3,5\,\text{m} \cdot \sin 26,57° = 1,565\,\text{m}$$

$$S_6 = \frac{41\,\text{kN} \cdot 2\,\text{m} + 6\,\text{kN} \cdot 0,5\,\text{m}}{1,565\,\text{m}} = +54,3\,\text{kN} \quad \text{(Zugstab)}$$

**173.**

Lageskizze 1

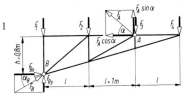

I. $\Sigma F_x \quad = 0 = F_{Bx} - F_A \cos\alpha$

II. $\Sigma F_y \quad = 0 = F_{By} + F_A \sin\alpha - F_1 - F_2 - F_3 - F_4$

III. $\Sigma M_{(B)} = 0 = -F_2 l - F_3 \cdot 2l - F_4 \cdot 3l$
$\qquad\qquad\qquad + F_A \cos\alpha \cdot h + F_A \sin\alpha \cdot 2l$

a) III. $F_A = \dfrac{(F_2 + 2F_3 + 3F_4)l}{h\cos\alpha + 2l\sin\alpha}$

$$F_A = \frac{73\,\text{kN} \cdot 1\,\text{m}}{0,8\,\text{m} \cdot \cos 40° + 2\,\text{m} \cdot \sin 40°} = 38,45\,\text{kN}$$

b) I. $F_{Bx} = F_A \cos\alpha = 38,45\,\text{kN} \cdot \cos 40° = 29,46\,\text{kN}$

II. $F_{By} = F_1 + F_2 + F_3 + F_4 - F_A \sin\alpha$

$F_{By} = 6\,\text{kN} + 10\,\text{kN} + 9\,\text{kN} + 15\,\text{kN} - 38,45\,\text{kN} \cdot \sin 40°$

$F_{By} = 15,28\,\text{kN}$

$F_B = \sqrt{F_{Bx}^2 + F_{By}^2} = \sqrt{(29,46\,\text{kN})^2 + (15,28\,\text{kN})^2}$

$F_B = 33,19\,\text{kN}$

c) $\alpha_B = \arctan \dfrac{F_{By}}{F_{Bx}} = \arctan \dfrac{15,28\,\text{kN}}{29,46\,\text{kN}} = 27,42°$

d) Lageplan $(M_L = 0,8 \frac{\text{m}}{\text{cm}})$

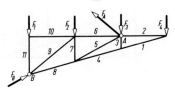

Cremonaplan $(M_K = 10 \frac{\text{kN}}{\text{cm}})$

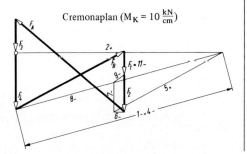

Kräftetabelle (Kräfte in kN)

| Stab | Zug | Druck |
|---|---|---|
| 1 | – | 58,2 |
| 2 | 56,3 | – |
| 3 | – | – |
| 4 | – | 58,2 |
| 5 | 33,4 | – |
| 6 | – | 2,67 |
| 7 | – | 7,86 |
| 8 | – | 27,7 |
| 9 | – | 3,43 |
| 10 | – | |
| 11 | – | 6 |

e) Nachprüfung der Stäbe 8, 9, 10 nach Culmann

Lageplan $(M_L = 0,8 \frac{\text{m}}{\text{cm}})$  Kräfteplan $(M_K = 10 \frac{\text{kN}}{\text{cm}})$

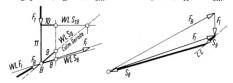

Nachprüfung der Stäbe 4, 5, 6 nach Ritter

Lageskizze 2

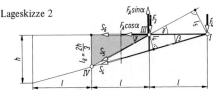

$\Sigma M_{(III)} = 0 = -S_4 l_4 - F_4 l$

$$S_4 = \frac{-F_4 l}{l_4}$$

Berechnung von $l_4$ (s. Lageskizze 2)

$$\beta = \arctan \frac{h}{3l} = \arctan \frac{0,8\,\text{m}}{3\,\text{m}} = 14,93°$$

$$l_4 = l \sin \beta = 1\,\text{m} \cdot \sin 14,93° = 0,2577\,\text{m}$$

$$S_4 = \frac{-15\,\text{kN} \cdot 1\,\text{m}}{0,2577\,\text{m}} = -58,22\,\text{kN} \quad \text{(Druckstab)}$$

$\Sigma M_{(I)} = 0 = S_5 l_5 - F_A \sin\alpha \cdot l + F_3 l$

$$S_5 = \frac{(F_A \sin\alpha - F_3)l}{l_5}$$

Berechnung von $l_5$ (s. Lageskizze 2, dunkles Dreieck)

$$\gamma = \arctan \frac{\frac{2h}{3}}{l} = \arctan \frac{2 \cdot 0,8\,\text{m}}{3 \cdot 1\,\text{m}} = 28,07°$$

$$l_5 = l \sin \gamma = 1\,\text{m} \cdot \sin 28,07° = 0,4706\,\text{m}$$

$$S_5 = \frac{(38,45\,\text{kN} \cdot \sin 40° - 9\,\text{kN}) \cdot 1\,\text{m}}{0,4706\,\text{m}} = +33,40\,\text{kN}$$

$$\text{(Zugstab)}$$

$\Sigma M_{(IV)} = 0 = S_6 l_6 + F_A \cos\alpha\, l_6 + F_A \sin\alpha\, l - F_3 l - F_4 \cdot 2l$

$$S_6 = \frac{(F_3 + 2F_4)l - F_A(l_6 \cos\alpha + l \sin\alpha)}{l_6}$$

Berechnung von $l_6$ (s. Lageskizze 2):

$$l_6 = \frac{2}{3} h = \frac{2}{3} \cdot 0.8\,\text{m} = 0.5333\,\text{m}$$

$$S_6 = \frac{39\,\text{kN} \cdot 1\,\text{m} - 38.45\,\text{kN} \cdot (0.5333\,\text{m} \cdot \cos 40° + 1\,\text{m} \cdot \sin 40°)}{0.5333\,\text{m}}$$

$S_6 = -2.677\,\text{kN}$  (Druckstab)

## 174.

a) Lageplan ($M_L = 1\,\frac{\text{m}}{\text{cm}}$)

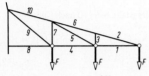

Cremonaplan ($M_K = 8\,\frac{\text{kN}}{\text{cm}}$)

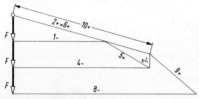

Kräftetabelle (Kräfte in kN)

| Stab | Zug | Druck |
|------|------|-------|
| 1 | – | 20,2 |
| 2 | 20,9 | – |
| 3 | – | – |
| 4 | – | 30,2 |
| 5 | 11,5 | – |
| 6 | 20,9 | – |
| 7 | – | 2,8 |
| 8 | – | 40,3 |
| 9 | 13,1 | – |
| 10 | 31,4 | – |

b) Nachprüfung nach Culmann

Lageplan ($M_L = 1\,\frac{\text{m}}{\text{cm}}$)

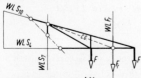

Kräfteplan ($M_K = 8\,\frac{\text{kN}}{\text{cm}}$)

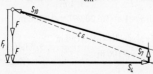

Nachprüfung nach Ritter

Lageskizze

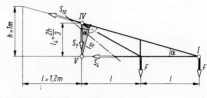

$\Sigma M_{(IV)} = 0 = -S_4 l_4 - Fl - F \cdot 2l$

$$S_4 = \frac{-3Fl}{l_4} = \frac{-(3 \cdot 5.6\,\text{kN} \cdot 1.2\,\text{m})}{0.6667\,\text{m}} = -30.24\,\text{kN}$$
$$\text{(Druckstab)}$$

$\Sigma M_{(I)} = 0 = S_7 \cdot 2l + Fl$

$$S_7 = \frac{-Fl}{2l} = -\frac{F}{2} = -2.8\,\text{kN} \quad \text{(Druckstab)}$$

$\Sigma M_{(V)} = 0 = S_{10} l_{10} - Fl - F \cdot 2l$

$$S_{10} = \frac{3Fl}{l_{10}}$$

Berechnung von $l_{10}$ (s. Lageskizze):

$$\alpha = \arctan\frac{h}{3l} = \arctan\frac{1\,\text{m}}{3.6\,\text{m}} = 15.52°$$

$$l_{10} = \frac{2h}{3} \cdot \cos\alpha = \frac{2 \cdot 1\,\text{m}}{3} \cdot \cos 15.52° = 0.6423\,\text{m}$$

$$S_{10} = \frac{3 \cdot 5.6\,\text{kN} \cdot 1.2\,\text{m}}{0.6423\,\text{m}} = +31.38\,\text{kN} \quad \text{(Zugstab)}$$

## 175.

a) Lageskizze 1

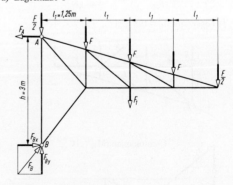

I.   $\Sigma F_x = 0 = F_{Bx} - F_A$

II.  $\Sigma F_y = 0 = F_{By} - F_1 - 2\frac{F}{2} - 3F$

III. $\Sigma M_{(B)} = 0 = F_A h - F_1 \cdot 2l - Fl - F \cdot 2l - F \cdot 3l - \frac{F}{2}4l$

III. $F_A = \dfrac{(2F_1 + 8F)l}{h} = \dfrac{(2 \cdot 20\,\text{kN} + 8 \cdot 12\,\text{kN}) \cdot 1.25\,\text{m}}{3\,\text{m}}$

$F_A = 56.67\,\text{kN}$

I. $F_{Bx} = F_A = 56,67 \, \text{kN}$

II. $F_{By} = F_1 + 4F = 20 \, \text{kN} + 4 \cdot 12 \, \text{kN} = 68 \, \text{kN}$

$F_B = \sqrt{F_{Bx}^2 + F_{By}^2} = \sqrt{(56,67 \, \text{kN})^2 + (68 \, \text{kN})^2}$

$F_B = 88,52 \, \text{kN}$

b) Lageplan ($M_L = 1 \, \frac{m}{cm}$)   siehe Hinweis zu Lösung 169c!

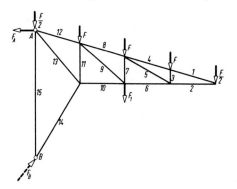

Cremonaplan ($M_K = 15 \, \frac{kN}{cm}$)

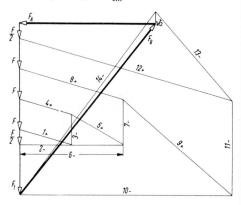

Kräftetabelle (Kräfte in kN)

| Stab | Zug | Druck |
|------|------|-------|
| 1 | 22,3 | – |
| 2 | – | 21,4 |
| 3 | – | 12 |
| 4 | 22,3 | – |
| 5 | 24,6 | – |
| 6 | – | 42,9 |
| 7 | – | 18 |
| 8 | 44,5 | – |
| 9 | 59,1 | – |
| 10 | – | 88,1 |
| 11 | – | 37,3 |
| 12 | 91,5 | – |
| 13 | – | 47,2 |
| 14 | – | 92 |
| 15 | 4,53 | – |

c) Nachprüfung nach Culmann

Lageplan ($M_L = 1 \, \frac{m}{cm}$)

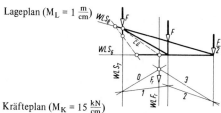

Kräfteplan ($M_K = 15 \, \frac{kN}{cm}$)

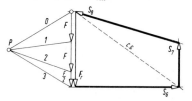

Nachprüfung nach Ritter

Lageskizze 2

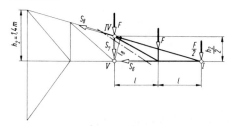

$\sum M_{(IV)} = 0 = -S_6 \frac{h_2}{2} - Fl - \frac{F}{2} 2l$

$S_6 = \frac{-2Fl}{\frac{h_2}{2}} = \frac{-2 \cdot 12 \, \text{kN} \cdot 1,25 \, \text{m}}{0,7 \, \text{m}} = -42,86 \, \text{kN}$

(Druckstab)

$\sum M_{(I)} = 0 = F \cdot 2l + Fl + S_7 \cdot 2l$

$S_7 = \frac{-3Fl}{2l} = -\frac{3F}{2} = -\frac{3 \cdot 12 \, \text{kN}}{2} = -18 \, \text{kN}$

(Druckstab)

$\sum M_{(V)} = 0 = S_8 l_8 - Fl - \frac{F}{2} \cdot 2l$

$S_8 = \frac{2Fl}{l_8}$

Berechnung von $l_8$:

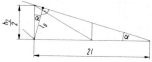

$\alpha = \arctan \frac{\frac{h_2}{2}}{2l} = \arctan \frac{h_2}{4l} = \arctan \frac{1,4 \, \text{m}}{4 \cdot 1,25 \, \text{m}} = 15,64°$

$l_8 = \frac{h_2}{2} \cos \alpha = 0,7 \, \text{m} \cdot \cos 15,64° = 0,6741 \, \text{m}$

$S_8 = \frac{2 \cdot 12 \, \text{kN} \cdot 1,25 \, \text{m}}{0,6741 \, \text{m}} = +44,51 \, \text{kN}$ (Zugstab)

# 2. Schwerpunktslehre

## Der Flächenschwerpunkt

**201.**

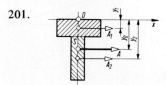

| $n$ | $A_n$ in cm² | $y_n$ in cm | $A_n y_n$ in cm³ |
|---|---|---|---|
| 1 | 9 | 0,9 | 8,1 |
| 2 | 7,05 | 4,15 | 29,26 |
| $A = 16,05$ | | | $\Sigma A_n y_n = 37,36$ |

$$A y_0 = A_1 y_1 + A_2 y_2 = \Sigma A_n y_n$$

$$y_0 = \frac{\Sigma A_n y_n}{A} = \frac{37,36 \text{ cm}^3}{16,05 \text{ cm}^2} = 2,328 \text{ cm} = 23,28 \text{ mm}$$

**202.**

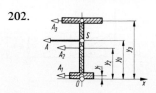

| $n$ | $A_n$ in cm² | $y_n$ in cm | $A_n y_n$ in cm³ |
|---|---|---|---|
| 1 | 50 | 1 | 50 |
| 2 | 67,8 | 30,25 | 2051 |
| 3 | 60 | 59,25 | 3555 |
| $A = 177,8$ | | | $\Sigma A_n y_n = 5656$ |

$$A y_0 = A_1 y_1 + A_2 y_2 + A_3 y_3 = \Sigma A_n y_n$$

$$y_0 = \frac{\Sigma A_n y_n}{A} = \frac{5656 \text{ cm}^3}{177,8 \text{ cm}^2} = 31,81 \text{ cm} = 318,1 \text{ mm}$$

**203.**

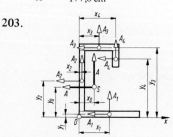

| $n$ | $A_n$ in mm² | $x_n$ in mm | $y_n$ in mm | $A_n x_n$ in mm³ | $A_n y_n$ in mm³ |
|---|---|---|---|---|---|
| 1 | 42 | 14 | 0,75 | 588 | 31,5 |
| 2 | 43,5 | 0,75 | 16 | 32,63 | 696 |
| 3 | 27 | 9 | 31,25 | 243 | 843,8 |
| 4 | 12,75 | 17,25 | 26,25 | 219,9 | 334,7 |
| $A = 125,25$ | | | | $\Sigma A_n x_n = 1084$ | $\Sigma A_n y_n =$ 1906 |

$$A x_0 = A_1 x_1 + A_2 x_2 + A_3 x_3 + A_4 x_4 = \Sigma A_n x_n$$
$$A y_0 = A_1 y_1 + A_2 y_2 + A_3 y_3 + A_4 y_4 = \Sigma A_n y_n$$

$$x_0 = \frac{\Sigma A_n x_n}{A} = \frac{1084 \text{ mm}^3}{125,25 \text{ mm}^2} = 8,65 \text{ mm}$$

$$y_0 = \frac{\Sigma A_n y_n}{A} = \frac{1906 \text{ mm}^3}{125,25 \text{ mm}^2} = 15,22 \text{ mm}$$

**204.**

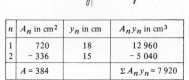

| $n$ | $A_n$ in cm² | $y_n$ in cm | $A_n y_n$ in cm³ |
|---|---|---|---|
| 1 | 720 | 18 | 12 960 |
| 2 | − 336 | 15 | − 5 040 |
| $A = 384$ | | | $\Sigma A_n y_n = 7 920$ |

$$A y_0 = A_1 y_1 - A_2 y_2 = \Sigma A_n y_n$$

$$y_0 = \frac{\Sigma A_n y_n}{A} = \frac{7920 \text{ cm}^3}{384 \text{ cm}^2} = 20,63 \text{ cm} = 206,3 \text{ mm}$$

**205.**

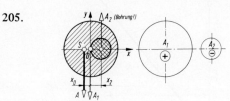

| $n$ | $A_n$ in mm² | $x_n$ in mm | $A_n x_n$ in mm³ |
|---|---|---|---|
| 1 | 2376 | 0 | 0 |
| 2 | −380,1 | 11 | 4181 |
| $A = 1996$ | | | $\Sigma A_n x_n = 4181$ |

$$A x_0 = A_1 x_1 + A_2 x_2 = \Sigma A_n x_n$$

$$x_0 = \frac{\Sigma A_n x_n}{A} = \frac{4181 \text{ mm}^3}{1996 \text{ mm}^2} = 2,095 \text{ mm}$$

**206.**

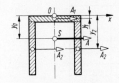

| $n$ | $A_n$ in cm² | $y_n$ in cm | $A_n y_n$ in cm³ |
|---|---|---|---|
| 1 | 39,2 | 0,7 | 27,44 |
| 2 | 2 · 42,84 | 16,7 | 1430,8 |
| $A = 124,88$ | | | $\Sigma A_n y_n = 1458$ |

$A y_0 = A_1 y_1 + 2 A_2 y_2 = \Sigma A_n y_n$

$y_0 = \dfrac{\Sigma A_n y_n}{A} = \dfrac{1458 \text{ cm}^3}{124{,}88 \text{ cm}^2} = 11{,}68 \text{ cm} = 116{,}8 \text{ mm}$

**207.**

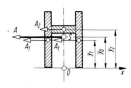

| $n$ | $A_n$ in cm$^2$ | $y_n$ in cm | $A_n y_n$ in cm$^3$ |
|---|---|---|---|
| 1 | $2 \cdot 60$ | 15 | $2 \cdot 900$ |
| 2 | 40 | 21,75 | 870 |
| | $A = 160$ | | $\Sigma A_n y_n = 2670$ |

$A y_0 = 2 A_1 y_1 + A_2 y_2 = \Sigma A_n y_n$

$y_0 = \dfrac{\Sigma A_n y_n}{A} = \dfrac{2670 \text{ cm}^3}{160 \text{ cm}^2} = 16{,}69 \text{ cm} = 166{,}9 \text{ mm}$

**208.**

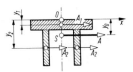

| $n$ | $A_n$ in cm$^2$ | $y_n$ in cm | $A_n y_n$ in cm$^3$ |
|---|---|---|---|
| 1 | 273 | 3,25 | 887,3 |
| 2 | $2 \cdot 82{,}25$ | 18,25 | $2 \cdot 1501$ |
| | $A = 437{,}5$ | | $\Sigma A_n y_n = 3889{,}4$ |

$A y_0 = A_1 y_1 + 2 A_2 y_2 = \Sigma A_n y_n$

$y_0 = \dfrac{\Sigma A_n y_n}{A} = \dfrac{3889{,}4 \text{ cm}^3}{437{,}5 \text{ cm}^2} = 8{,}89 \text{ cm} = 88{,}9 \text{ mm}$

**209.**

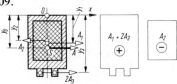

| $n$ | $A_n$ in cm$^2$ | $y_n$ in cm | $A_n y_n$ in cm$^3$ |
|---|---|---|---|
| 1 | 2925 | 32,5 | 95063 |
| 2 | $- 2204$ | 31,75 | $- 69977$ |
| 3 | $2 \cdot 20$ | 67,5 | $2 \cdot 1350$ |
| | $A = 761$ | | $\Sigma A_n y_n = 27786$ |

$A y_0 = A_1 y_1 - A_2 y_2 + 2 A_3 y_3 = \Sigma A_n y_n$

$y_0 = \dfrac{\Sigma A_n y_n}{A} = \dfrac{27786 \text{ cm}^3}{761 \text{ cm}^2} = 36{,}51 \text{ cm}$

$y_0 = 365{,}1 \text{ mm}$

**210.**

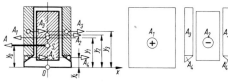

| $n$ | $A_n$ in cm$^2$ | $y_n$ in cm | $A_n y_n$ in cm$^3$ |
|---|---|---|---|
| 1 | 2760 | 30 | 82800 |
| 2 | $- 1224$ | 31 | $- 37944$ |
| 3 | $- 2 \cdot 384$ | 36 | $- 27648$ |
| 4 | $- 2 \cdot 20$ | 10,33 | $- 413$ |
| | $A = 728$ | | $\Sigma A_n y_n = 16795$ |

$A y_0 = A_1 y_1 - A_2 y_2 - 2 A_3 y_3 - 2 A_4 y_4 = \Sigma A_n y_n$

$y_0 = \dfrac{\Sigma A_n y_n}{A} = \dfrac{16795 \text{ cm}^3}{728 \text{ cm}^2} = 23{,}07 \text{ cm} = 230{,}7 \text{ mm}$

**211.**

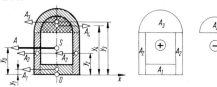

| $n$ | $A_n$ in cm$^2$ | $y_n$ in cm | $A_n y_n$ in cm$^3$ |
|---|---|---|---|
| 1 | 80,5 | 1,75 | 140,9 |
| 2 | $2 \cdot 70$ | 14 | 1960 |
| 3 | 307,9 | 33,94 | 10450 |
| 4 | $- 207{,}7$ | 32,88 | $- 6831$ |
| | $A = 320{,}6$ | | $\Sigma A_n y_n = 5720$ |

$A y_0 = A_1 y_1 + 2 A_2 y_2 + A_3 y_3 - A_4 y_4 = \Sigma A_n y_n$

$y_0 = \dfrac{\Sigma A_n y_n}{A} = \dfrac{5720 \text{ cm}^3}{320{,}6 \text{ cm}^2} = 17{,}84 \text{ cm} = 178{,}4 \text{ mm}$

**212.**

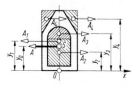

| $n$ | $A_n$ in cm$^2$ | $y_n$ in cm | $A_n y_n$ in cm$^3$ |
|---|---|---|---|
| 1 | 480 | 15 | 7200 |
| 2 | $- 182$ | 9 | $- 1638$ |
| 3 | $- 66{,}37$ | 18,76 | $- 1245$ |
| 4 | $- 2 \cdot 36$ | 26 | $- 1872$ |
| | $A = 159{,}63$ | | $\Sigma A_n y_n = 2445$ |

$$A y_0 = A_1 y_1 - A_2 y_2 - A_3 y_3 - 2 A_4 y_4 = \Sigma A_n y_n$$

$$y_0 = \frac{\Sigma A_n y_n}{A} = \frac{2445 \text{ cm}^3}{159,63 \text{ cm}^2} = 15,32 \text{ cm}$$

$$y_0 = 153,2 \text{ mm}$$

| $n$ | $A_n$ in cm² | $y_n$ in cm | $A_n y_n$ in cm³ |
|---|---|---|---|
| 1 | 2 · 3,8 | 44 − 2,2 + 0,9337 = 42,73 | 324,9 |
| 2 | 2 · 3,8 | 3 + 2,2 − 0,9337 = 4,266 | 32,44 |
| 3 | 2 · 80,52 | 44 − 2,2 − 18,3 = 23,5 | 3784 |
| 4 | 67,32 | 44 − 1,1 = 42,9 | 2888 |
| 5 | 2 · 6,9 | 2,2 + 1,5 = 3,7 | 51,06 |
| 6 | 67,32 | 1,1 | 74,05 |
| $A = 324,7$ | | | $\Sigma A_n y_n = 7155$ |

$$A y_0 = A_1 y_1 + A_2 y_2 + A_3 y_3 + A_4 y_4$$
$$\qquad + A_5 y_5 + A_6 y_6 = \Sigma A_n y_n$$

$$y_0 = \frac{\Sigma A_n y_n}{A} = \frac{7155 \text{ cm}^3}{324,7 \text{ cm}^2} = 22,036 \text{ cm}$$

$$y_0 = 220,4 \text{ mm}$$

## 213.

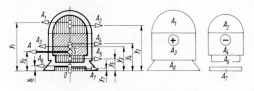

| $n$ | $A_n$ in cm² | $y_n$ in cm | $A_n y_n$ in cm³ |
|---|---|---|---|
| 1 | 226,2 | 25,09 | 5676 |
| 2 | − 176,5 | 24,5 | − 4324 |
| 3 | 360 | 12,5 | 4500 |
| 4 | − 286,2 | 13,25 | − 3792 |
| 5 | − 64 | 4,5 | − 288 |
| 6 | 127,5 | 2,353 [1] | 300 |
| 7 | − 18 | 0,5 | − 9 |
| $A = 169$ | | | $\Sigma A_n y_n = 2063$ |

[1] $\quad y_6 = \dfrac{5 \text{ cm}}{3} \cdot \dfrac{(30 + 2 \cdot 21) \text{ cm}}{(30 + 21) \text{ cm}} = 2,353 \text{ cm}$

$$A y_0 = A_1 y_1 - A_2 y_2 + A_3 y_3 - A_4 y_4 - A_5 y_5$$
$$\qquad + A_6 y_6 - A_7 y_7 = \Sigma A_n y_n$$

$$y_0 = \frac{\Sigma A_n y_n}{A} = \frac{2063 \text{ cm}^3}{169 \text{ cm}^2} = 12,21 \text{ cm}$$

$$y_0 = 122,1 \text{ mm}$$

## 215.

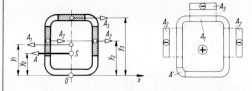

$$A' = \frac{\pi}{16} (12^2 - 7,6^2) \text{ cm}^2 = 16,93 \text{ cm}^2$$

| $n$ | $A_n$ in cm² | $y_n$ in cm | $A_n y_n$ in cm³ |
|---|---|---|---|
| 1 | 296,53 [1] | 20 | 5931 |
| 2 | − 2 · 44 | 23 | − 2024 |
| 3 | − 39,6 | 38,9 | − 1540 |
| $A = 168,93$ | | | $\Sigma A_n y_n = 2366$ |

[1] $\quad A_1 = 4 A' + 2 (36 - 12) \cdot 2,2 \text{ cm}^2 + 2 (40 - 12) \cdot 2,2 \text{ cm}^2$
$\qquad A_1 = 296.53 \text{ cm}^2$

$$A y_0 = A_1 y_1 - 2 A_2 y_2 - A_3 y_3 = \Sigma A_n y_n$$

$$y_0 = \frac{\Sigma A_n y_n}{A} = \frac{2366 \text{ cm}^3}{168,93 \text{ cm}^2} = 14,01 \text{ cm}$$

$$y_0 = 140,1 \text{ mm}$$

## 216.

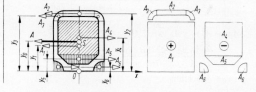

## 214.

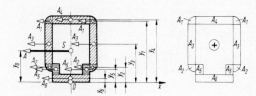

$$A_1 = A_2 = \frac{\pi}{16} (4,4 \text{ cm})^2 = 3,8 \text{ cm}^2$$

$$y_{01} = 0,6002 \cdot 2,2 \text{ cm} = 1,32 \text{ cm}$$
$$l_1 = y_{01} \sin \alpha = 0,9337 \text{ cm}$$

$$A_3 = \frac{\pi}{16}(12^2 - 8^2)\,cm^2 = 15,71\,cm^2$$

$$y_{03} = 38,197\,\frac{(R^3 - r^3)\sin\alpha}{(R^2 - r^2)\,\alpha^\circ}$$

$$y_{03} = 38,197\,\frac{(6^3 - 4^3)\,cm^3 \cdot \sin 45^\circ}{(6^2 - 4^2)\,cm^2 \cdot 45} = 4,562\,cm$$

$$l_3 = y_{03}\sin\alpha = 3,226\,cm$$

$$A_5 = \frac{28 + 15}{2} \cdot 7\,cm^2 = 150,5\,cm^2$$

$$y'_{05} = \frac{h}{3} \cdot \frac{2a + b}{a + b} = \frac{7}{3} \cdot \frac{56 + 15}{28 + 15}\,cm$$

$$y'_{05} = 3,853\,cm$$

$$A_6 = \frac{\pi}{16} \cdot 12^2\,cm^2 = 28,27\,cm^2$$

$$y_{06} = 0,6002 \cdot 6\,cm = 3,601\,cm$$

$$y_6 = y_{06}\cos\alpha = 2,456\,cm$$

| $n$ | $A_n$ in cm² | $y_n$ in cm | $A_n y_n$ in cm³ |
|---|---|---|---|
| 1 | 1024 | 16 | 16384 |
| 2 | 40 | 37 | 1480 |
| 3 | $2\,A_3 = 31,42$ | 35,226 | 1107 |
| 4 | - 644 | 22,5 | - 14490 |
| 5 | - 150,5 | 5,853 | - 880,8 |
| 6 | $- 2\,A_6 = - 56,55$ | 2,546 | - 144 |
| | $A = 244,4$ | | $\Sigma A_n y_n = 3456$ |

$$Ay_0 = \Sigma A_n y_n = A_1 y_1 + A_2 y_2 + 2\,A_3 y_3 - A_4 y_4 \\ - A_5 y_5 - 2\,A_6 y_6$$

$$y_0 = \frac{\Sigma A_n y_n}{A} = \frac{3456\,cm^3}{244,4\,cm^2} = 14,14\,cm$$

$$y_0 = 141,4\,mm$$

**217.**

a)

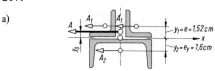

| $n$ | $A_n$ in cm² | $y_n$ in cm | $A_n y_n$ in cm³ |
|---|---|---|---|
| 1 | $2\,A_1 = 14,82$ | 1,52 | 22,53 |
| 2 | 17 | 1,6 | - 27,20 |
| | $A = 31,82$ | | $\Sigma A_n y_n = - 4,674$ |

$$Ay_0 = 2A_1 y_1 - A_2 y_2 = \Sigma A_n y_n$$

$$y_0 = \frac{\Sigma A_n y_n}{A} = \frac{- 4,674\,cm^3}{31,82\,cm^2} = - 0,147\,cm$$

$$y_0 = - 1,47\,mm$$

b) Das Minuszeichen zeigt, daß der Gesamtschwerpunkt $S$ nicht oberhalb sondern unterhalb der Bezugsachse liegt, d. h. also im U-Profil.

**218.**

a)

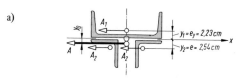

| $n$ | $A_n$ in cm² | $y_n$ in cm | $A_n y_n$ in cm³ |
|---|---|---|---|
| 1 | 42,3 | 2,23 | 94,33 |
| 2 | $2\,A_2 = 31,0$ | 2,54 | - 78,74 |
| | $A = 73,3$ | | $\Sigma A_n y_n = 15,59$ |

$$-Ay_0 = A_1 y_1 - 2A_2 y_2 = \Sigma A_n y_n$$

$$y_0 = \frac{\Sigma A_n y_n}{-A} = \frac{15,59\,cm^3}{- 73,3\,cm^2} = - 0,213\,cm$$

$$y_0 = - 2,13\,mm$$

b) Der Schwerpunkt liegt nicht, wie angenommen, unterhalb der Stegaußenkante, sondern oberhalb.

**219.**

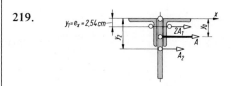

| $n$ | $A_n$ in cm² | $y_n$ in cm | $A_n y_n$ in cm³ |
|---|---|---|---|
| 1 | $2\,A_1 = 31,0$ | 2,54 | 78,74 |
| 2 | 24,0 | 10 | 240 |
| | $A = 55,0$ | | $\Sigma A_n y_n = 318,74$ |

$$Ay_0 = 2A_1 y_1 + A_2 y_2 = \Sigma A_n y_n$$

$$y_0 = \frac{\Sigma A_n y_n}{A} = \frac{318,74\,cm^3}{55\,cm^2} = 5,795\,cm$$

$$y_0 = 58\,mm$$

## Der Linienschwerpunkt

**Lösungshinweis für die Aufgaben 220 bis 238:**

Der Richtungssinn für die Teillinien (= „Teilkräfte") sollte so festgelegt werden, daß sich nach Möglichkeit positive (d.h. linksdrehende) Momente um den Bezugspunkt 0 ergeben. Bei allen Lösungen wird nach dieser Empfehlung verfahren, und auf die Pfeile für die Teillinien wird deshalb verzichtet.

Die Längen von Teillinien mit gleichem Schwerpunktsabstand von der Bezugsachse werden zu *einer* Teillänge zusammengefaßt (z.B. $l_2$, $l_3$, $l_4$ in Aufgabe 220).

**220.**

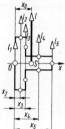

| $n$ | $l_n$ in mm | $x_n$ in mm | $l_n x_n$ in mm² |
|---|---|---|---|
| 1 | 50 | 0 | 0 |
| 2 | 20 | 5 | 100 |
| 3 | 38 | 10 | 380 |
| 4 | 50 | 22,5 | 1125 |
| 5 | 12 | 35 | 420 |
| | $l = 170$ | | $\Sigma\, l_n x_n = 2025$ |

$$l x_0 = \Sigma\, l_n x_n \qquad x_0 = \frac{\Sigma\, l_n x_n}{l} = \frac{2025\ \text{mm}^2}{170\ \text{mm}} = 11{,}91\ \text{mm}$$

**221.**

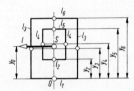

| $n$ | $l_n$ in mm | $y_n$ in mm | $l_n y_n$ in mm² |
|---|---|---|---|
| 1 | 32 | 0 | 0 |
| 2 | 16 | 14 | 224 |
| 3 | 84 | 21 | 1764 |
| 4 | 40 | 24 | 960 |
| 5 | 16 | 34 | 544 |
| 6 | 32 | 42 | 1344 |
| | $l = 220$ | | $\Sigma\, l_n y_n = 4836$ |

$$l y_0 = \Sigma\, l_n y_n \qquad y_0 = \frac{\Sigma\, l_n y_n}{l} = \frac{4836\ \text{mm}^2}{220\ \text{mm}} = 21{,}98\ \text{mm}$$

**222.**

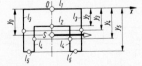

| $n$ | $l_n$ in mm | $y_n$ in mm | $l_n y_n$ in mm² |
|---|---|---|---|
| 1 | 80 | 0 | 0 |
| 2 | 50 | 22 | 1100 |
| 3 | 112 | 28 | 3136 |
| 4 | 68 | 39 | 2652 |
| 5 | 30 | 56 | 1680 |
| | $l = 340$ | | $\Sigma\, l_n y_n = 8568$ |

$$l y_0 = \Sigma\, l_n y_n$$

$$y_0 = \frac{\Sigma\, l_n y_n}{l} = \frac{8568\ \text{mm}^2}{340\ \text{mm}} = 25{,}2\ \text{mm}$$

**223.**

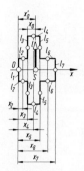

| $n$ | $l_n$ in mm | $x_n$ in mm | $l_n x_n$ in mm² |
|---|---|---|---|
| 1 | 15 | 0 | 0 |
| 2 | 12 | 3 | 36 |
| 3 | 30 | 6 | 180 |
| 4 | 16 | 10 | 160 |
| 5 | 30 | 14 | 420 |
| 6 | 22 | 19,5 | 429 |
| 7 | 15 | 25 | 375 |
| | $l = 140$ | | $\Sigma\, l_n x_n = 1600$ |

$$l x_0' = \Sigma\, l_n x_n$$

$$x_0' = \frac{\Sigma\, l_n x_n}{l} = \frac{1600\ \text{mm}^2}{140\ \text{mm}} = 11{,}43\ \text{mm}$$

$$x_0 = x_0' - 6\ \text{mm} = 5{,}43\ \text{mm}$$

**224.**

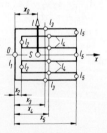

| $n$ | $l_n$ in mm | $x_n$ in mm | $l_n x_n$ in mm² |
|---|---|---|---|
| 1 | 56 | 0 | 0 |
| 2 | 26 | 7 | 182 |
| 3 | 140 | 35 | 4900 |
| 4 | 252 | 38,5 | 9702 |
| 5 | 30 | 70 | 2100 |
| | $l = 504$ | | $\Sigma\, l_n x_n = 16884$ |

$$l x_0 = \Sigma\, l_n x_n$$

$$x_0 = \frac{\Sigma\, l_n x_n}{l} = \frac{16884\ \text{mm}^2}{504\ \text{mm}} = 33{,}5\ \text{mm}$$

**225.**

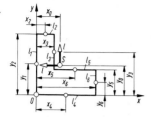

| $n$ | $l_n$ in mm | $x_n$ in mm | $y_n$ in mm | $l_n x_n$ in mm² | $l_n y_n$ in mm² |
|---|---|---|---|---|---|
| 1 | 18 | 0 | 9 | 0 | 162 |
| 2 | 8 | 4 | 0 | 32 | 0 |
| 3 | 18 | 9 | 18 | 162 | 324 |
| 4 | 11,66 | 11 | 5 | 128,3 | 58,3 |
| 5 | 4 | 16 | 10 | 64 | 40 |
| 6 | 8 | 18 | 14 | 144 | 112 |
| | $l = 67,66$ | | | $\Sigma\, l_n x_n = 530,3$ | $\Sigma\, l_n y_n = 696,3$ |

$$l x_0 = \Sigma\, l_n x_n \implies x_0 = \frac{\Sigma\, l_n x_n}{l} = \frac{530,3 \text{ mm}^2}{67,66 \text{ mm}} = 7,84 \text{ mm}$$

$$l y_0 = \Sigma\, l_n y_n \implies y_0 = \frac{\Sigma\, l_n y_n}{l} = \frac{696,3 \text{ mm}^2}{67,66 \text{ mm}} = 10,29 \text{ mm}$$

| $n$ | $l_n$ in mm | $x_n$ in mm | $y_n$ in mm | $l_n x_n$ in mm² | $l_n y_n$ in mm² |
|---|---|---|---|---|---|
| 1 | 28 | 0 | 14 | 0 | 392 |
| 2 | 8 | 4 | 28 | 32 | 224 |
| 3 | 16 | 8 | 20 | 128 | 320 |
| 4 | 28 | 14 | 0 | 392 | 0 |
| 5 | 20 | 18 | 12 | 360 | 240 |
| 6 | 12 | 28 | 6 | 336 | 72 |
| | $l = 112$ | | | $\Sigma\, l_n x_n = 1248$ | $\Sigma\, l_n y_n = 1248$ |

$$l x_0 = \Sigma\, l_n x_n \implies x_0 = \frac{\Sigma\, l_n x_n}{l} = \frac{1248 \text{ mm}^2}{112 \text{ mm}} = 11,14 \text{ mm}$$

$$l y_0 = \Sigma\, l_n y_n \implies y_0 = \frac{\Sigma\, l_n y_n}{l} = \frac{1248 \text{ mm}^2}{112 \text{ mm}} = 11,14 \text{ mm}$$

**226.**

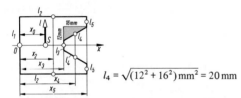

$$l_4 = \sqrt{(12^2 + 16^2) \text{ mm}^2} = 20 \text{ mm}$$

| $n$ | $l_n$ in mm | $x_n$ in mm | $l_n x_n$ in mm² |
|---|---|---|---|
| 1 | 38 | 0 | 0 |
| 2 | 92 | 23 | 2116 |
| 3 | 4 | 30 | 120 |
| 4 | 40 | 38 | 1520 |
| 5 | 10 | 46 | 460 |
| | $l = 184$ | | $\Sigma\, l_n x_n = 4216$ |

$$l x_0 = \Sigma\, l_n x_n$$

$$x_0 = \frac{\Sigma\, l_n x_n}{l} = \frac{4216 \text{ mm}^2}{184 \text{ mm}} = 22,91 \text{ mm}$$

**227.**

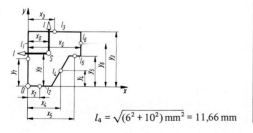

$$l_4 = \sqrt{(6^2 + 10^2) \text{ mm}^2} = 11,66 \text{ mm}$$

**228.**

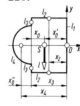

$$l_4 = \frac{\pi}{2} d = \frac{\pi}{2} \cdot 20 \text{ mm} = 31,42 \text{ mm}$$

$$x_0'' = 0,6366\,R$$
$$= 0,6366 \cdot 10 \text{ mm} = 6,366 \text{ mm}$$

| $n$ | $l_n$ in mm | $x_n$ in mm | $l_n x_n$ in mm² |
|---|---|---|---|
| 1 | 30 | 0 | 0 |
| 2 | 40 | 10 | 400 |
| 3 | 10 | 20 | 200 |
| 4 | 31,42 | 26,37 | 828,3 |
| | $l - 111,42$ | | $\Sigma\, l_n x_n = 1428,3$ |

$$l x_0' = \Sigma\, l_n x_n$$

$$x_0' = \frac{\Sigma\, l_n x_n}{l} = \frac{1428,3 \text{ mm}^2}{111,4 \text{ mm}} = 12,82 \text{ mm}$$

$$x_0 = 20 \text{ mm} - x_0' = 7,18 \text{ mm}$$

**229.**

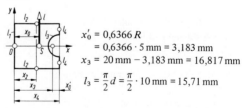

$$x_0' = 0,6366\,R$$
$$= 0,6366 \cdot 5 \text{ mm} = 3,183 \text{ mm}$$

$$x_3 = 20 \text{ mm} - 3,183 \text{ mm} = 16,817 \text{ mm}$$

$$l_3 = \frac{\pi}{2} d = \frac{\pi}{2} \cdot 10 \text{ mm} = 15,71 \text{ mm}$$

| $n$ | $l_n$ in mm | $x_n$ in mm | $l_n x_n$ in mm² |
|---|---|---|---|
| 1 | 20 | 0 | 0 |
| 2 | 40 | 10 | 400 |
| 3 | 15,71 | 16,82 | 264,2 |
| 4 | 10 | 20 | 200 |
| | $l = 85,71$ | | $\Sigma\, l_n x_n = 864,2$ |

$$l x_0 = \Sigma\, l_n x_n$$

$$x_0 = \frac{\Sigma\, l_n x_n}{l} = \frac{864,2 \text{ mm}^2}{85,71 \text{ mm}} = 10,08 \text{ mm}$$

**230.**

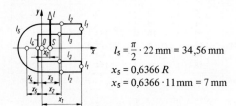

$l_5 = \dfrac{\pi}{2} \cdot 22\,\text{mm} = 34{,}56\,\text{mm}$

$x_5 = 0{,}6366\,R$

$x_5 = 0{,}6366 \cdot 11\,\text{mm} = 7\,\text{mm}$

| $n$ | $l_n$ in mm | $x_n$ in mm | $l_n x_n$ in mm$^2$ |
|---|---|---|---|
| 1 | 10 | 18 | 180 |
| 2 | 36 | 9 | 324 |
| 3 | 40 | 8 | 320 |
| 4 | 12 | 2 | − 24 |
| 5 | 34,56 | 7 | − 242 |
| | $l = 132{,}56$ | | $\Sigma\,l_n x_n = 558$ |

$l x_0 = \Sigma\,l_n x_n$

$x_0 = \dfrac{\Sigma\,l_n x_n}{l} = \dfrac{558\,\text{mm}^2}{132{,}56\,\text{mm}} = 4{,}21\,\text{mm}$

**231.**

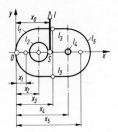

$l_1 = \dfrac{\pi}{2} \cdot 12\,\text{mm} = 18{,}85\,\text{mm}$

$x_1 = 6\,\text{mm} - 0{,}6366 \cdot 6\,\text{mm} = 2{,}18\,\text{mm}$

$l_2 = \pi \cdot 8\,\text{mm} = 25{,}13\,\text{mm}$

$l_4 = \pi \cdot 2\,\text{mm} = 6{,}283\,\text{mm}$

$l_5 = l_1 = 18{,}85\,\text{mm}$

$x_5 = (28 - 6 + 0{,}6366 \cdot 6)\,\text{mm} = 25{,}82\,\text{mm}$

| $n$ | $l_n$ in mm | $x_n$ in mm | $l_n x_n$ in mm$^2$ |
|---|---|---|---|
| 1 | 18,85 | 2,18 | 41,1 |
| 2 | 25,13 | 6 | 150,8 |
| 3 | 32 | 14 | 448 |
| 4 | 6,283 | 22 | 138,2 |
| 5 | 18,85 | 25,82 | 486,7 |
| | $l = 101{,}1$ | | $\Sigma\,l_n x_n = 1264{,}8$ |

$l x_0 = \Sigma\,l_n x_n$

$x_0 = \dfrac{\Sigma\,l_n x_n}{l} = \dfrac{1264{,}8\,\text{mm}^2}{101{,}1\,\text{mm}} = 12{,}51\,\text{mm}$

**232.**

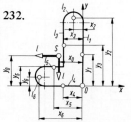

$l_2 = \dfrac{\pi}{2} \cdot 6\,\text{mm} = 9{,}425\,\text{mm} = l_6$

$y_2 = 21\,\text{mm} + 0{,}6366 \cdot 3\,\text{mm} = 22{,}91\,\text{mm}$

$x_6 = 13\,\text{mm} + 0{,}6366 \cdot 3\,\text{mm} = 14{,}91\,\text{mm}$

| $n$ | $l_n$ in mm | $x_n$ in mm | $y_n$ in mm | $l_n x_n$ in mm$^2$ | $l_n y_n$ in mm$^2$ |
|---|---|---|---|---|---|
| 1 | 21 | 0 | 10,5 | 0 | 220,5 |
| 2 | 9,425 | 3 | 22,91 | 28,27 | 215,9 |
| 3 | 15 | 6 | 13,5 | 90 | 202,5 |
| 4 | 13 | 6,5 | 0 | 84,5 | 0 |
| 5 | 7 | 9,5 | 6 | 66,5 | 42 |
| 6 | 9,425 | 14,91 | 3 | 140,52 | 28,27 |
| | $l = 74{,}85$ | | | $\Sigma\,l_n x_n = 409{,}8$ | $\Sigma\,l_n y_n = 709{,}2$ |

$l x_0 = \Sigma\,l_n x_n \implies x_0 = \dfrac{\Sigma\,l_n x_n}{l} = \dfrac{409{,}8\,\text{mm}^2}{74{,}85\,\text{mm}} = 5{,}47\,\text{mm}$

$l y_0 = \Sigma\,l_n y_n \implies y_0 = \dfrac{\Sigma\,l_n y_n}{l} = \dfrac{709{,}2\,\text{mm}^2}{74{,}85\,\text{mm}} = 9{,}47\,\text{mm}$

**233.**

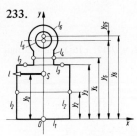

$l_6 = 0{,}75\,\pi \cdot 10\,\text{mm} = 23{,}56\,\text{mm}$

$y_{05} = \dfrac{R\,s}{b} = \dfrac{R \cdot 2R \sin\alpha \cdot 57{,}3°}{2R\,\alpha°}$

$y_{05} = R \sin\alpha \cdot \dfrac{57{,}3°}{\alpha°} = \sin 135° \cdot \dfrac{57{,}3°}{135°} \cdot R$

$y_{05} = 0{,}3001\,R = 0{,}3001 \cdot 5\,\text{mm} = 1{,}5\,\text{mm}$

| $n$ | $l_n$ in mm | $y_n$ in mm | $l_n y_n$ in mm$^2$ |
|---|---|---|---|
| 1 | 18 | 0 | 0 |
| 2 | 36 | 9 | 324 |
| 3 | 11 | 18 | 198 |
| 4 | 9 | 20,25 | 182,25 |
| 5 | 15,71 | 26 | 408,4 |
| 6 | 23,56 | 27,5 | 648 |
| | $l = 113{,}27$ | | $\Sigma\,l_n y_n = 1760{,}6$ |

$l y_0 = \Sigma\,l_n y_n$

$y_0 = \dfrac{\Sigma\,l_n y_n}{l} = \dfrac{1760{,}6\,\text{mm}^2}{113{,}27\,\text{mm}} = 15{,}54\,\text{mm}$

**234.**

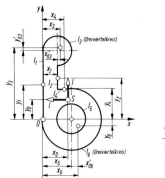

| $n$ | $l_n$ in m | $x_n$ in m | $y_n$ in m | $l_n x_n$ in m² | $l_n y_n$ in m² |
|---|---|---|---|---|---|
| 1 | 1,2 | 0 | 0,6 | 0 | 0,72 |
| 2 | 1,709 | 0,8 | 0,3 | 1,367 | 0,513 |
| 3 | 3,418 | 1,6 | 0,6 | 5,469 | 2,051 |
| 4 | 3,2 | 1,6 | 0 | 5,12 | 0 |
| 5 | 0,6 | 1,6 | 0,3 | 0,96 | 0,18 |
| $l = 10,13$ | | | | $\Sigma\, l_n x_n = 12,92$ | $\Sigma\, l_n y_n = 3,463$ |

$$l x_0 = \Sigma\, l_n x_n \implies x_0 = \frac{\Sigma\, l_n x_n}{l} = \frac{12,92\ \text{m}^2}{10,13\ \text{m}} = 1,275\ \text{m}$$

$$l y_0 = \Sigma\, l_n y_n \implies y_0 = \frac{\Sigma\, l_n y_n}{l} = \frac{3,463\ \text{m}^2}{10,13\ \text{m}} = 0,342\ \text{m}$$

$y_{06} = 0,3001\, R = 0,3001 \cdot 8\ \text{mm} = 2,4\ \text{mm}$
(s. Lösung 233)

$y'_{06} = x'_{06} = y_{06} \sin 45° = 2,4\ \text{mm} \cdot \sin 45° = 1,698\ \text{mm}$
$x_6 = 8\ \text{mm} + x'_{06} = 9,698\ \text{mm}$
$y_6 = y'_{06} = 1,698\ \text{mm}$

In gleicher Weise ergibt sich für den oberen Dreiviertelkreis:
$x'_{03} = y'_{03} = 0,8488\ \text{mm}$
$x_3 = 4,849\ \text{mm}; \qquad y_3 = 18,849\ \text{mm}$

| $n$ | $l_n$ in mm | $x_n$ in mm | $y_n$ in mm | $l_n x_n$ in mm² | $l_n y_n$ in mm² |
|---|---|---|---|---|---|
| 1 | 18 | 0 | 9 | 0 | 162 |
| 2 | 6 | 4 | 11 | 24 | 66 |
| 3 | 18,85 | 4,849 | 18,85 | 91,40 | 355,3 |
| 4 | 4 | 6 | 8 | 24 | 32 |
| 5 | 25,13 | 8 | 0 | 201,1 | 0 |
| 6 | 37,70 | 9,698 | 1,698 | 365,6 | − 64 *) |
| $l = 109,7$ | | | | $\Sigma\, l_n x_n = 706,1$ | $\Sigma\, l_n y_n = 551,3$ |

*) Der Schwerpunkt des Dreiviertelkreises liegt unterhalb der $x$-Achse. Dadurch wird das Längenmoment $l_6 y_6$ negativ (rechtsdrehend).

$$l x_0 = \Sigma\, l_n x_n$$
$$x_0 = \frac{\Sigma\, l_n x_n}{l} = \frac{706,1\ \text{mm}^2}{109,7\ \text{mm}} = 6,44\ \text{mm}$$
$$l y_0 = \Sigma\, l_n y_n$$
$$y_0 = \frac{\Sigma\, l_n y_n}{l} = \frac{551,3\ \text{mm}^2}{109,7\ \text{mm}} = 5,03\ \text{mm}$$

**235.**

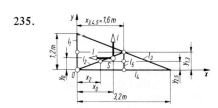

**236.**

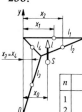

| $n$ | $l_n$ in m | $x_n$ in m | $l_n x_n$ in m² |
|---|---|---|---|
| 1 | 2,8 | 1,4 | 3,920 |
| 2 | 2,154 | 1,8 | 3,877 |
| 3 | 2,72 | 0,4 | 1,088 |
| 4 | 1,131 | 0,4 | 0,453 |
| $l = 8,806$ | | | $\Sigma\, l_n x_n = 9,338$ |

$$l x_0 = \Sigma\, l_n x_n$$

$$x_0 = \frac{\Sigma\, l_n x_n}{l} = \frac{9,338\ \text{m}^2}{8,806\ \text{m}} = 1,06\ \text{m}$$

**237.**

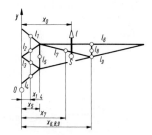

| $n$ | $l_n$ in m | $x_n$ in m | $l_n x_n$ in m² |
|---|---|---|---|
| 1 | 0,781 | 0,3 | 0,2343 |
| 2 | 0,721 | 0,3 | 0,2163 |
| 3 | 0,721 | 0,3 | 0,2163 |
| 4 | 0,781 | 0,3 | 0,2343 |
| 5 | 0,8 | 0,6 | 0,48 |
| 6 | 3,6 | 2,4 | 8,64 |
| 7 | 1,844 | 1,5 | 2,766 |
| 8 | 0,4 | 2,4 | 0,96 |
| 9 | 3,688 | 2,4 | 8,8508 |
| $l = 13,34$ | | | $\Sigma\, l_n x_n = 22,6$ |

$$l x_0 = \Sigma\, l_n x_n$$

$$x_0 = \frac{\Sigma\, l_n x_n}{l} = \frac{22,6\ \text{m}^2}{13,4\ \text{m}} = 1,695\ \text{m}$$

**238.**

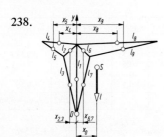

| $n$ | $l_n$ in m | $x_n$ in m | $l_n x_n$ in m$^2$ |
|---|---|---|---|
| 1 | 4,6 | 0 | 0 |
| 2 | 0,6403 | 0,25 | 0,16 |
| 3 | 4,23 | 0,25 | 1,057 |
| 4 | 2,408 | 1,2 | 2,89 |
| 5 | 1,992 | 1,45 | 2,889 |
| 6 | 0,6403 | 0,25 | − 0,16 *) |
| 7 | 4,23 | 0,25 | − 1,058 |
| 8 | 5,504 | 2,75 | − 15,135 |
| 9 | 5,036 | 3 | − 15,108 |
| | $l = 29,2826$ | | $\Sigma\, l_n x_n = -24,46$ |

*) Die Längenmomente der Längen $l_6 \dots l_8$ sind rechts-
drehend, also negativ. Dasselbe gilt für das Moment der
Gesamtlänge.

$$-lx_0 = \Sigma\, l_n x_n$$

$$x_0 = \frac{\Sigma\, l_n x_n}{-l} = \frac{-24,46\ \text{m}^2}{-29,28\ \text{m}} = 0,8355\ \text{m}$$

## Guldinsche Oberflächenregel

**239.**

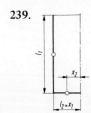

$A = A_1 + A_2 = 2\,\pi\,\Sigma\,\Delta l x$
$A = 2\,\pi\,(l_1 x_1 + l_2 x_2)$
$A = 2\,\pi\,(0,18165 + 0,02205)\ \text{m}^2$
$A = 1,2799\ \text{m}^2$

Probe:
$A_1 = 2\,\pi\,x_1\,l_1 = 1,1413\ \text{m}^2$
$A_2 = \pi\,x_1^2 = 0,1385\ \text{m}^2$

**240.**

$A = l \cdot 2\,\pi\,x_0 = \pi\,r \cdot 2\,\pi \cdot 0,6366\,r$
$A = 2\,\pi^2 r^2 \cdot 0,6366 = 0,0491\ \text{m}^2$

**241.**

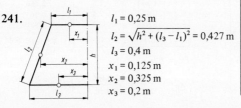

$l_1 = 0,25\ \text{m}$
$l_2 = \sqrt{h^2 + (l_3 - l_1)^2} = 0,427\ \text{m}$
$l_3 = 0,4\ \text{m}$
$x_1 = 0,125\ \text{m}$
$x_2 = 0,325\ \text{m}$
$x_3 = 0,2\ \text{m}$

$A = A_1 + A_2 + A_3 = 2\,\pi\,\Sigma\,\Delta l x$
$A = 2\,\pi\,(l_1 x_1 + l_2 x_2 + l_3 x_3)$
$A = 2\,\pi\,(0,03125 + 0,13884 + 0,08)\ \text{m}^2$
$A = 1,571\ \text{m}^2$

**242.**

a)

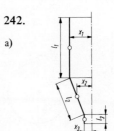

$l_1 = 2,1\ \text{m}$
$l_2 = \sqrt{(1,2^2 + 0,535^2)\ \text{m}^2} = 1,314\ \text{m}$
$l_3 = 0,18\ \text{m}$
$x_1 = 0,675\ \text{m}$
$x_2 = 0,4075\ \text{m}$
$x_3 = 0,14\ \text{m}$

$A = A_1 + A_2 + A_3 = 2\,\pi\,\Sigma\,\Delta l x$
$A = 2\,\pi\,(l_1 x_1 + l_2 x_2 + l_3 x_3)$
$A = 2\,\pi\,(1,4175 + 0,5354 + 0,0252)\ \text{m}^2$
$A = 12,43\ \text{m}^2$

b) $m = V\rho = A\,s\,\rho$

$m = 12,43\ \text{m}^2 \cdot 3 \cdot 10^{-3}\,\text{m} \cdot 7850\ \frac{\text{kg}}{\text{m}^3} = 292,7\ \text{kg}$

**243.**

a)

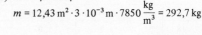
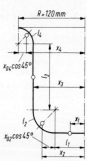

$l_1 = 0,09\ \text{m};\quad x_1 = 0,045\ \text{m}$

$l_2 = \frac{\pi}{2}\,r_2 = 0,03142\ \text{m}$

$x_2 = l_1 + x_{02}\cos 45°$
$x_2 = 0,09\ \text{m} + 0,9003 \cdot 0,02\ \text{m} \cdot \cos 45°$
$x_2 = 0,10273\ \text{m}$

$l_3 = 0,145\ \text{m};\quad x_3 = 0,11\ \text{m}$

$l_4 = \frac{\pi}{2}\,r_4 = 0,015708\ \text{m}$

$x_4 = R - x_{04}\cos 45°$
$x_4 = 0,12\ \text{m} - 0,9003 \cdot 0,01\ \text{m} \cdot \cos 45°$
$x_4 = 0,11364\ \text{m}$

$A = A_1 + A_2 + A_3 + A_4 = 2 \pi \Sigma \Delta l x$

$A = 2 \pi (l_1 x_1 + l_2 x_2 + l_3 x_3 + l_4 x_4)$

$A = 2 \pi (0,00405 + 0,003227 + 0,01595 + 0,001785) \, \text{m}^2$

$A = 0,1572 \, \text{m}^2$

b) $m = m' A = 2,6 \dfrac{\text{kg}}{\text{m}^2} \cdot 0,1572 \, \text{m}^2 = 0,4086 \, \text{kg}$

**244.**

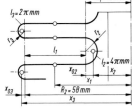

Die Gesamtlänge $l$ der erzeugenden Profillinie setzt sich zusammen aus:

1. $10 \, l_1 = 10 \, (R_2 - R_1) = 260 \, \text{mm}$

   mit dem Schwerpunktsabstand

   $$x_1 = \frac{R_1 + R_2}{2} = 45 \, \text{mm}$$

2. $5 \, l_2 = 5 \, \pi \, r_2 = 5 \cdot \pi \cdot 4 \, \text{mm} = 62,83 \, \text{mm}$

   $x_{02} = 0,6366 \, r_2 = 2,546 \, \text{mm}$

   $x_2 = R_1 - x_{02} = 29,45 \, \text{mm}$

3. $5 \, l_3 = 5 \, \pi \, r_3 = 5 \, \pi \cdot 2 \, \text{mm} = 31,42 \, \text{mm}$

   $x_{03} = 0,6366 \, r_3 = 1,273 \, \text{mm}$

   $x_2 = R_2 + x_{03} = 59,27 \, \text{mm}$

$A = A_1 + A_2 + A_3 = 2 \pi \Sigma l x$

$A = 2 \pi (10 \, l_1 \, x_1 + 5 \, l_2 \, x_2 + 5 \, l_3 \, x_3)$

$A = 2 \pi \cdot (0,0117 + 0,001851 + 0,001862) \, \text{m}^2$

$A = 0,09684 \, \text{m}^2$

**245.**

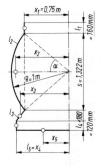

$l_1 = 0,16 \, \text{m}; \qquad x_1 = 0,75 \, \text{m}$

$\alpha = \arcsin \dfrac{s}{2R} = 41,38°$

$l_2 = 2 \pi R \cdot \dfrac{2 \alpha}{360°} = 2 \pi \cdot 1 \, \text{m} \cdot \dfrac{2 \cdot 41,38°}{360°} = 1,444 \, \text{m}$

$x_2 = \dfrac{R s}{b} = \dfrac{R s \cdot 57,3°}{2 R \alpha°} = \dfrac{s \cdot 57,3°}{2 \alpha°} = 0,9153 \, \text{m}$

$l_3 = \sqrt{(0,18 \, \text{m})^2 + (0,15 \, \text{m})^2} = \sqrt{0,0549 \, \text{m}^2} = 0,2343 \, \text{m}$

$x_3 = 0,825 \, \text{m}$

$l_4 = 0,12 \, \text{m}; \qquad x_4 = 0,9 \, \text{m}$

$l_5 = 0,9 \, \text{m}; \qquad x_5 = 0,45 \, \text{m}$

$A = A_1 + A_2 + A_3 + A_4 + A_5 = 2 \pi \Sigma \Delta l x$

$A = 2 \pi (l_1 x_1 + l_2 x_2 + l_3 x_3 + l_4 x_4 + l_5 x_5)$

$A = 2 \pi (0,12 + 1,322 + 0,1933 + 0,108 + 0,405) \, \text{m}^2$

$A = 13,5 \, \text{m}^2$

## Guldinsche Volumenregel

**246.**

$V = A \cdot 2 \pi x_0 = r h \cdot 2 \pi \dfrac{r}{2} = \pi r^2 h = 0,06922 \, \text{m}^3$

Nachprüfung:

$V = \pi r^2 h = 0,06922 \, \text{m}^3$

**247.**

$V = A \cdot 2 \pi x_0 = \dfrac{\pi}{2} r^2 \cdot 2 \pi \cdot 0,4244 \, r = 0,4244 \, \pi^2 \, r^3$

$V = 0,04771 \, \text{m}^3$

Nachprüfung:

$V = \dfrac{4}{3} \pi r^3 = 0,04771 \, \text{m}^3$

**248.**

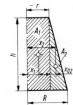

$A_1 = r h = 80 \, \text{cm}^2$

$x_1 = \dfrac{r}{2} = 2,5 \, \text{cm}$

$A_2 = \dfrac{R - r}{2} h = 32 \, \text{cm}^2$

$x_2 = r + x_{02} = r + \dfrac{R \cdot r}{3} = 5 \, \text{cm} + 1,333 \, \text{cm} = 6,333 \, \text{cm}$

$V = V_1 + V_2 = 2 \pi \Sigma \Delta A x$

$V = 2 \pi (A_1 x_1 + A_2 x_2) = 2 \pi (200 + 202,67) \, \text{cm}^3$

$V = 2530 \, \text{cm}^3$

**249.**

a)

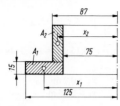

$A_1 = 0,00075\ \mathrm{m}^2$
$x_1 = 0,1\ \mathrm{m}$
$A_2 = 0,0006\ \mathrm{m}^2$
$x_2 = 0,081\ \mathrm{m}$

$V = V_1 + V_2 = 2\pi\,\Sigma\,\Delta A\,x$
$V = 2\pi\,(A_1\,x_1 + A_2\,x_2)$
$V = 2\pi\,(0,000075 + 0,0000486)\,\mathrm{m}^3$
$V = 0,0007766\ \mathrm{m}^3 = 0,7766 \cdot 10^{-3}\ \mathrm{m}^3$

b) $m = V\rho = 0,7766 \cdot 10^{-3}\,\mathrm{m}^3 \cdot 7,85 \cdot 10^3\,\dfrac{\mathrm{kg}}{\mathrm{m}^3} = 6,096\ \mathrm{kg}$

**250.**

a)

$A_1 = 0,315 \cdot 10^{-3}\,\mathrm{m}^2$
$x_1 = 0,034\ \mathrm{m}$
$A_2 = 0,1085 \cdot 10^{-3}\,\mathrm{m}^2$
$x_2 = 0,02275\ \mathrm{m}$

$V = V_1 + V_2 = 2\pi\,\Sigma\,\Delta A\,x$
$V = 2\pi\,(A_1\,x_1 + A_2\,x_2)$
$V = 2\pi\,(0,01071 + 0,00247) \cdot 10^{-3}\,\mathrm{m}^3$
$V = 0,0828 \cdot 10^{-3}\ \mathrm{m}^3 = 82,8\ \mathrm{cm}^3$

b) $m = V\rho = 0,0828 \cdot 10^{-3}\,\mathrm{m}^3 \cdot 1,2 \cdot 10^3\,\dfrac{\mathrm{kg}}{\mathrm{m}^3} = 0,09936\ \mathrm{kg}$
$m = 99,36\ \mathrm{g}$

**251.**

a)

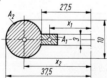

Die Fläche $A_1$ darf als Rechteck angesehen werden.
$A_1 = 15\ \mathrm{mm}^2$
$x_1 = 25\ \mathrm{mm}$
$A_2 = 78,54\ \mathrm{mm}^2$
$x_2 = 32,5\ \mathrm{mm}$

$V = V_1 + V_2 = 2\pi\,\Sigma\,\Delta A\,x$
$V = 2\pi\,(A_1\,x_1 + A_2\,x_2) = 2\pi\,(375 + 2553)\,\mathrm{mm}^3$
$V = 18394\ \mathrm{mm}^3$
$V = 18,394 \cdot 10^{-6}\ \mathrm{m}^3 = 18,394\ \mathrm{cm}^3$

b) $m = V\rho = 18,394 \cdot 10^{-6}\,\mathrm{m}^3 \cdot 1,15 \cdot 10^3\,\dfrac{\mathrm{kg}}{\mathrm{m}^3} = 21,15 \cdot 10^{-3}\,\mathrm{kg}$
$m = 21,15\ \mathrm{g}$

**252.**

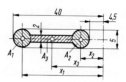

Die Fläche $A_3$ darf als Rechteck angesehen werden.
$A_1 = A_2 = 0,1963\ \mathrm{cm}^2$
$x_1 = 3,75\ \mathrm{cm}; \qquad x_2 = 0,7\ \mathrm{cm}$
$A_3 = 0,51\ \mathrm{cm}^2; \qquad x_3 = 2,225\ \mathrm{cm}$

$V = V_1 + V_2 + V_3 = 2\pi\,\Sigma\,\Delta A\,x$
$V = 2\pi\,(A_1\,x_1 + A_2\,x_2 + A_3\,x_3)$
$V = 2\pi\,(0,73631 + 0,13744 + 1,13475)\,\mathrm{cm}^3$
$V = 12,62\ \mathrm{cm}^3$

**253.**

a)

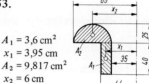

$A_1 = 3,6\ \mathrm{cm}^2$
$x_1 = 3,95\ \mathrm{cm}$
$A_2 = 9,817\ \mathrm{cm}^2$
$x_2 = 6\ \mathrm{cm}$

$V = V_1 + V_2 = 2\pi\,\Sigma\,\Delta A\,x$
$V = 2\pi\,(A_1\,x_1 + A_2\,x_2)$
$V = 2\pi\,(14,22 + 58,90)\,\mathrm{cm}^3$
$V = 459,5\ \mathrm{cm}^3 = 0,4595 \cdot 10^{-3}\ \mathrm{m}^3$

b) $m = V\rho = 0,4595 \cdot 10^{-3}\,\mathrm{m}^3 \cdot 1,35 \cdot 10^3\,\dfrac{\mathrm{kg}}{\mathrm{m}^3}$
$m = 0,6203\ \mathrm{kg}$

**254.**

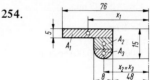

$A_1 = 1,4\ \mathrm{cm}^2; \qquad x_1 = 6,2\ \mathrm{cm}$
$A_2 = 0,48\ \mathrm{cm}^2; \qquad x_2 = 5,2\ \mathrm{cm}$
$A_3 = 0,2513\ \mathrm{cm}^2; \qquad x_3 = 5,2\ \mathrm{cm}$

$V = V_1 + V_2 + V_3 = 2\pi\,\Sigma\,\Delta A\,x$
$V = 2\pi\,(A_1\,x_1 + A_2\,x_2 + A_3\,x_3)$
$V = 2\pi\,(8,68 + 2,496 + 1,307)\,\mathrm{cm}^3 = 78,43\ \mathrm{cm}^3$

**255.**

a)

$A_1 = \dfrac{\pi}{2}\,(1,2^2 - 1^2)\ \mathrm{cm}^2 = 0,6912\ \mathrm{cm}^2$

$x_1 = 6,2\ \mathrm{cm}$
$A_2 = 1,36\ \mathrm{cm}^2$
$x_2 = 5,1\ \mathrm{cm}$

$V = V_1 + V_2 = 2\pi\,\Sigma\,\Delta A x$
$V = 2\pi\,(A_1 x_1 + A_2 x_2)$
$V = 2\pi\,(4{,}285 + 6{,}936)\,\text{cm}^3$
$V = 70{,}5\,\text{cm}^3 = 0{,}0705 \cdot 10^{-3}\,\text{m}^3$

b) $m = V\rho = 0{,}0705 \cdot 10^{-3}\,\text{m}^3 \cdot 8{,}4 \cdot 10^3\,\dfrac{\text{kg}}{\text{m}^3}$
$m = 0{,}5922\,\text{kg}$

**256.**

a)

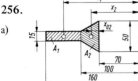

$A_1 = 9\,\text{cm}^2$
$x_1 = 13\,\text{cm}$
$A_2 = 9{,}75\,\text{cm}^2$
$x_2 = 7\,\text{cm} + x_{02}$
$x_{02} = \dfrac{h}{3} \cdot \dfrac{a + 2b}{a + b}$

$x_{02} = \dfrac{3\,\text{cm}}{3} \cdot \dfrac{5\,\text{cm} + 3\,\text{cm}}{5\,\text{cm} + 1{,}5\,\text{cm}} = 1{,}231\,\text{cm}$
$x_2 = 8{,}231\,\text{cm}$

$V = V_1 + V_2 = 2\pi\,\Sigma\,\Delta A x$
$V = 2\pi\,(A_1 x_1 + A_2 x_2)$
$V = 2\pi\,(117 + 80{,}25)\,\text{cm}^3$
$V = 1239\,\text{cm}^3 = 1{,}239 \cdot 10^{-3}\,\text{m}^3$

b) $m = V\rho = 1{,}239 \cdot 10^{-3}\,\text{m}^3 \cdot 7{,}3 \cdot 10^3\,\dfrac{\text{kg}}{\text{m}^3}$
$m = 9{,}047\,\text{kg}$

**257.**

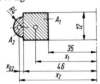

$A_1 = 1{,}32\,\text{cm}^2$
$x_1 = 4{,}05\,\text{cm}$
$A_2 = 0{,}2513\,\text{cm}^2$
$x_2 = 4{,}6\,\text{cm} + 0{,}4244 \cdot 0{,}4\,\text{cm}$
$x_2 = 4{,}77\,\text{cm}$

$V = V_1 + V_2 = 2\pi\,\Delta A x$
$V = 2\pi\,(A_1 x_1 + A_2 x_2)$
$V = 2\pi\,(5{,}346 + 1{,}199)\,\text{cm}^3 = 41{,}12\,\text{cm}^3$

**258.**

a)

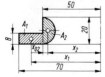

$A_1 = 1{,}6\,\text{cm}^2$
$x_1 = 6\,\text{cm}$
$A_2 = 1{,}571\,\text{cm}^2$
$x_2 = 5\,\text{cm} - 0{,}4244 \cdot 1\,\text{cm}$
$x_2 = 4{,}576\,\text{cm}$

$V = V_1 + V_2 = 2\pi\,\Sigma\,\Delta A x$
$V = 2\pi\,(A_1 x_1 + A_2 x_2)$
$V = 2\pi\,(9{,}6 + 7{,}187)\,\text{cm}^3$
$V = 105{,}5\,\text{cm}^3 = 0{,}1055 \cdot 10^{-3}\,\text{m}^3$

b) $m = V\rho = 0{,}1055 \cdot 10^{-3}\,\text{m}^3 \cdot 2{,}5 \cdot 10^3\,\dfrac{\text{kg}}{\text{m}^3}$
$m = 0{,}2637\,\text{kg}$

**259.**

a)

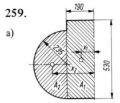

$A_1 = 0{,}1007\,\text{m}^2$
$x_1 = 0{,}095\,\text{m}$
$A_2 = 0{,}08675\,\text{m}^2$
$x_2 = 0{,}19\,\text{m} + 0{,}4244 \cdot 0{,}235\,\text{m}$
$x_2 = 0{,}2897\,\text{m}$

$V = V_1 + V_2 = 2\pi\,\Sigma\,\Delta A x$
$V = 2\pi\,(A_1 x_1 + A_2 x_2)$
$V = 2\pi\,(0{,}009567 + 0{,}02513)\,\text{m}^3$
$V = 0{,}218\,\text{m}^3 = 218\,l$

b)

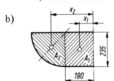

$A_1 = 0{,}04465\,\text{m}^2$
$x_1 = 0{,}095\,\text{m}$
$A_2 = 0{,}04337\,\text{m}^2$
$x_2 = 0{,}2897\,\text{m}$

(*Hinweis:* $x_2$ ist genauso groß wie unter a), weil der Halbkreisschwerpunkt auf der Verbindungsgeraden beider Viertelkreisschwerpunkte liegt.)

$V = V_1 + V_2 = 2\pi\,\Sigma\,\Delta A x$
$V = 2\pi\,(A_1 x_1 + A_2 x_2)$
$V = 2\pi\,(0{,}004242 + 0{,}012567)\,\text{m}^3$
$V = 0{,}1056\,\text{m}^3 = 105{,}6\,l$

**260.**

a)

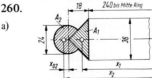

$A_1 = 3{,}24\,\text{cm}^2$
$x_1 = 24\,\text{cm} + \dfrac{1{,}8\,\text{cm}}{3} = 24{,}6\,\text{cm}$
$A_2 = 3{,}393\,\text{cm}^2$

$$x_{02} = \frac{2}{3} \cdot \frac{r\,s}{b}$$

$$b = \frac{2\,r\,\alpha}{57,3°}; \qquad s = 2\,r\sin\alpha$$

$$x_{02} = \frac{2}{3} \cdot \frac{r \cdot 2\,r\sin\alpha \cdot 57,3°}{2\,r\,\alpha} = \frac{2}{3}\,r\sin\alpha \cdot \frac{57,3°}{\alpha}$$

$$x_{02} = \frac{2}{3} \cdot 1,2\ \text{cm} \cdot \sin 135° \cdot \frac{57,3°}{135°} = 0,2401\ \text{cm}$$

$$x_2 = 24\ \text{cm} + 1,8\ \text{cm} + x_{02} = 26,04\ \text{cm}$$

$$V = V_1 + V_2 = 2\,\pi\,\Sigma\,\Delta A\,x$$
$$V = 2\,\pi\,(A_1 x_1 + A_2 x_2)$$
$$V = 2\,\pi\,(79,70 + 88,35)\ \text{cm}^3$$
$$V = 1056\ \text{cm}^3 = 1,056 \cdot 10^{-3}\ \text{m}^3$$

b) $m = V\rho = 1,056 \cdot 10^{-3}\ \text{m}^3 \cdot 7,85 \cdot 10^3\ \dfrac{\text{kg}}{\text{m}^3}$
$m = 8,289\ \text{kg}$

**261.**

a)

$A_1 = 9\ \text{cm}^2;\qquad x_1 = 13,5\ \text{cm}$

$A_2 = 34,79\ \text{cm}^2$

$x_2 = \dfrac{(6 + 10,5)\ \text{cm}}{2} + 0,5\ \text{cm} = 8,75\ \text{cm}$

Im 2. Glied dieser Summe (0,5 cm) kann die geringfügig größere Breite des Horizontalschnittes durch den kegeligen Teil (10,08 mm gegenüber 10 mm) vernachlässigt werden.

$A_3 = 10,5\ \text{cm}^2;\qquad x_3 = 6,5\ \text{cm}$

$A_4 = 8,25\ \text{cm}^2;\qquad x_4 = 8,75\ \text{cm}$

$$V = V_1 + V_2 + V_3 + V_4 = 2\,\pi\,\Sigma\,\Delta A\,x$$
$$V = 2\,\pi\,(A_1 x_1 + A_2 x_2 + A_3 x_3 + A_4 x_4)$$
$$V = 2\,\pi\,(121,5 + 304,4 + 68,25 + 72,19)\ \text{cm}^3$$
$$V = 3559\ \text{cm}^3$$

b) $m = V\rho = 3,559 \cdot 10^{-3}\ \text{m}^3 \cdot 7,2 \cdot 10^3\ \dfrac{\text{kg}}{\text{m}^3}$
$m = 25,62\ \text{kg}$

c)

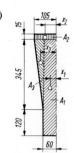

$A_1 = 279\ \text{cm}^2$

$x_1 = 3\ \text{cm}$

$A_2 = 15,75\ \text{cm}^2$

$x_2 = 5,25\ \text{cm}$

$A_3 = 77,625\ \text{cm}^2$

$x_3 = 6\ \text{cm} + \dfrac{4,5\ \text{cm}}{3} = 7,5\ \text{cm}$

$$V_{\text{Kern}} = V_1 + V_2 + V_3 = 2\,\pi\,\Sigma\,\Delta A\,x$$
$$V_{\text{Kern}} = 2\,\pi\,(A_1 x_1 + A_2 x_2 + A_3 x_3)$$
$$V_{\text{Kern}} = 2\,\pi\,(837 + 82,69 + 582,2)\ \text{cm}^3$$
$$V_{\text{Kern}} = 9437\ \text{cm}^3$$

**262.**

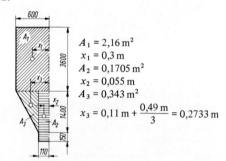

$A_1 = 2,16\ \text{m}^2$

$x_1 = 0,3\ \text{m}$

$A_2 = 0,1705\ \text{m}^2$

$x_2 = 0,055\ \text{m}$

$A_3 = 0,343\ \text{m}^2$

$x_3 = 0,11\ \text{m} + \dfrac{0,49\ \text{m}}{3} = 0,2733\ \text{m}$

$$V = V_1 + V_2 + V_3 = 2\,\pi\,\Sigma\,\Delta A\,x$$
$$V = 2\,\pi\,(A_1 x_1 + A_2 x_2 + A_3 x_3)$$
$$V = 2\,\pi\,(0,648 + 0,009378 + 0,09375)\ \text{m}^3$$
$$V = 4,719\ \text{m}^3$$

**263.**

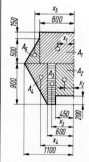

$A_1 = 0,56\ \text{m}^2$

$x_1 = 0,4\ \text{m}$

$A_2 = 0,315\ \text{m}^2$

$x_2 = 0,225\ \text{m}$

$A_3 = 0,135\ \text{m}^2$

$x_3 = 0,525\ \text{m}$

$A_4 = 0,225\ \text{m}^2$

$x_4 = 0,6\ \text{m} + \dfrac{0,5\ \text{m}}{3} = 0,7667\ \text{m}$

$A_5 = 0,0825\ \text{m}^2$

$x_5 = 0,8\ \text{m} + \dfrac{0,3\ \text{m}}{3} = 0,9\ \text{m}$

$$V = V_1 + V_2 + V_3 + V_4 + V_5 = 2\,\pi\,\Sigma\,\Delta A\,x$$
$$V = 2\,\pi\,(A_1 x_1 + A_2 x_2 + A_3 x_3 + A_4 x_4 + A_5 x_5)$$
$$V = 2\,\pi\,(0,224 + 0,07088 + 0,07088 + 0,1725 + 0,07425)\ \text{m}^3$$
$$V = 3,848\ \text{m}^3$$

**264.**

Die Teilflächen $A_2, A_3$ und $A_4$ sowie ihre Schwerpunktsabstände $x_2, x_3$ und $x_4$ sind gegenüber Aufgabe 263 unverändert und folglich auch ihre Flächenmomente $A_2 x_2, A_3 x_3$ und $A_4 x_4$.

nach dem 2. Strahlensatz ist:

$$\frac{l}{300\,\text{mm}} = \frac{250\,\text{mm}}{550\,\text{mm}}$$

$$l = \frac{300\,\text{mm} \cdot 250\,\text{mm}}{550\,\text{mm}} = 136{,}36\,\text{mm},$$

und damit

$r = 1100\,\text{mm} - 136{,}36\,\text{mm} = 963{,}64\,\text{mm} = 0{,}9636\,\text{m}$

$A_1 = 0{,}9636\,\text{m} \cdot 0{,}25\,\text{m} = 0{,}2409\,\text{m}^2$

$x_1 = \dfrac{r}{2} = 0{,}4818\,\text{m}$

$A_5 = \dfrac{0{,}13636\,\text{m} \cdot 0{,}25\,\text{m}}{2} = 0{,}017\,\text{m}^2$

$x_5 = r + \dfrac{l}{3} = 0{,}9636\,\text{m} + \dfrac{0{,}13636\,\text{m}}{3} = 1{,}009\,\text{m}$

$V = V_1 + V_2 + V_3 + V_4 + V_5 = 2\pi\, \Sigma\, \Delta A\, x$
$V = 2\pi\,(A_1 x_1 + A_2 x_2 + A_3 x_3 + A_4 x_4 + A_4 x_5)$
$V = 2\pi\,(0{,}1161 + 0{,}07088 + 0{,}07088 + 0{,}1725 + 0{,}0172)\,\text{m}^3$
$V = 2{,}812\,\text{m}^3 = 2812\,l$

## Standsicherheit

**265.**

$$S = \frac{M_s}{M_k} = \frac{G l_2}{F_1 l_3} =$$

$$S = \frac{7{,}5\,\text{kN} \cdot 1{,}02\,\text{m}}{10\,\text{kN} \cdot 0{,}6\,\text{m}} = 1{,}275$$

**266.**

$$S = \frac{M_s}{M_k} = \frac{G \frac{d}{2}}{F_w\, h} = \frac{2 \cdot 10^6\,\text{N} \cdot 2\,\text{m}}{0{,}16 \cdot 10^6\,\text{N} \cdot 18\,\text{m}} = 1{,}389$$

**267.**

Beim Ankippen ist die Standsicherheit $S = 1$; Kippkante ist die Vorderachse.

$$S = \frac{M_s}{M_k} = \frac{G\,(l_2 - l_1)}{F_{max}\, l_3} = 1$$

$$F_{max} = G\,\frac{l_2 - l_1}{l_3} = 12\,\text{kN} \cdot \frac{1{,}01\,\text{m}}{1{,}8\,\text{m}} = 6{,}733\,\text{kN}$$

**268.**

a)

Beim Ankippen ist die Standsicherheit $S = 1$. Kippend wirkt die Komponente $F\cos\alpha$ mit dem Wirkabstand $h$.

$$S = \frac{M_s}{M_k} = \frac{G\,\frac{l}{2}}{F\cos\alpha \cdot h} = 1$$

$$F = \frac{G l}{2\,h\cos\alpha} = \frac{16\,\text{kN} \cdot 0{,}5\,\text{m}}{2 \cdot 2\,\text{m} \cdot \cos 30°} = 2{,}309\,\text{kN}$$

b)

Die Mauer beginnt von selbst zu kippen, sobald der Schwerpunkt lotrecht über der Kippkante $K$ liegt. Die Kipparbeit ist das Produkt aus der Gewichtskraft $G$ und der Höhendifferenz $\Delta h$ (Hubarbeit).

Berechnung der Höhendifferenz $\Delta h$:

$$l_1 = \sqrt{\left(\frac{l}{2}\right)^2 + \left(\frac{h}{2}\right)^2} = \sqrt{(0{,}25\,\text{m})^2 + (1\text{m})^2} = 1{,}03078\,\text{m}$$

$$\Delta h = l_1 - \frac{h}{2} = 0{,}03078\,\text{m}$$

$$W = G\,\Delta h = 16 \cdot 10^3\,\text{N} \cdot 30{,}78 \cdot 10^{-3}\,\text{m} = 492{,}4\,\text{J}$$

**269.**

Beim Ankippen ist die Standsicherheit $S = 1$.

$$S = \frac{M_s}{M_k} = \frac{G \cdot 675\,\text{mm}}{F \cdot 540\,\text{mm}} = 1$$

$$F = G \cdot \frac{675\,\text{mm}}{540\,\text{mm}} = 12{,}8\,\text{kN} \cdot 1{,}25 = 16\,\text{kN}$$

**270.**

a) $S = \dfrac{M_s}{M_k} = \dfrac{G \cdot 250\,\text{mm}}{F \cdot 1100\,\text{mm}} = 1$

$$F = G \cdot \frac{250\,\text{mm}}{1100\,\text{mm}} = 2\,\text{kN} \cdot 0{,}22727 = 0{,}4545\,\text{kN}$$

$$S = \frac{G \cdot 400\,\text{mm}}{F \cdot 1100\,\text{mm}} = 1$$

$$F = G \cdot \frac{400\,\text{mm}}{1100\,\text{mm}} = 0{,}7273\,\text{kN}$$

b) $S = \dfrac{G \cdot 250\,mm}{F \cdot 800\,mm} = 1$

$F = G \cdot \dfrac{250\,mm}{800\,mm} = 0{,}625\,kN$

$S = \dfrac{G \cdot 550\,mm}{F \cdot 800\,mm} = 1$

$F = G \cdot \dfrac{550\,mm}{800\,mm} = 1{,}375\,kN$

c) $S = \dfrac{G \cdot 400\,mm}{F \cdot 500\,mm} = 1$

$F = G \cdot \dfrac{400\,mm}{500\,mm} = 1{,}6\,kN$

$S = \dfrac{G \cdot 550\,mm}{F \cdot 500\,mm} = 1$

$F = G \cdot \dfrac{550\,mm}{500\,mm} = 2{,}2\,kN$

**271.**

a)

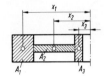

$V = 2\pi \, \Sigma A_n x_n$

$A_1 x_1 = 1{,}08 \cdot 10^{-2}\,m^2 \cdot 3 \cdot 10^{-1}\,m = 3{,}24 \cdot 10^{-3}\,m^3$

$A_2 x_2 = 0{,}555 \cdot 10^{-2}\,m^2 \cdot 1{,}625 \cdot 10^{-1}\,m = 0{,}9019 \cdot 10^{-3}\,m^3$

$A_3 x_3 = 0{,}42 \cdot 10^{-2}\,m^2 \cdot 0{,}525 \cdot 10^{-1}\,m = 0{,}2205 \cdot 10^{-3}\,m^3$

$V = 2\pi \cdot (3{,}24 + 0{,}9019 + 0{,}2205) \cdot 10^{-3}\,m^3$

$V = 27{,}41 \cdot 10^{-3}\,m^3$

b) $m = V\rho = 27{,}41 \cdot 10^{-3}\,m^3 \cdot 7{,}2 \cdot 10^3\,\dfrac{kg}{m^3} = 197{,}35\,kg$

c)

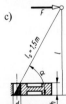

$\alpha = \arctan \dfrac{h}{d} = \arctan \dfrac{120\,mm}{70\,mm}$

$\alpha = 59{,}74°$

$l = l_s \cdot \sin\alpha = 1{,}5\,m \cdot \sin 59{,}74°$

$l = 1{,}296\,m$

d) Kippkante ist die rechte untere Kante des Radkranzes; Standsicherheit $S = 1$.

$S = \dfrac{M_s}{M_k} = \dfrac{G\dfrac{D}{2}}{Fl} = 1$

$F = G\dfrac{D}{2l} = mg\dfrac{D}{2l} = 197{,}35\,kg \cdot 9{,}81\,\dfrac{m}{s^2} \cdot \dfrac{0{,}69\,m}{2 \cdot 1{,}296\,m}$

$F = 515{,}5\,N$

e) siehe Lösung 268 b!

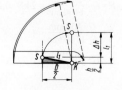

$l_1 = \sqrt{\left(\dfrac{h}{2}\right)^2 + \left(\dfrac{D}{2}\right)^2} = \sqrt{(6\,cm)^2 + (34{,}5\,cm)^2}$

$l_1 = 35{,}02\,cm$

$\Delta h = l_1 - \dfrac{h}{2} = 35{,}02\,cm - 6\,cm = 29{,}02\,cm$

$W = G\,\Delta h = mg\,\Delta h = 197{,}35\,kg \cdot 9{,}81\,\dfrac{m}{s^2} \cdot 0{,}2902\,m$

$W = 561{,}8\,J$

f) Die Kippkraft wird kleiner, weil die Stange in Wirklichkeit steiler steht und dadurch der Wirkabstand $l$ größer ist.

**272.**

a)

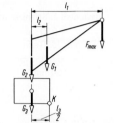

$S = \dfrac{M_s}{M_k} = \dfrac{G_1\left(\dfrac{l_3}{2} - l_2\right) + G_2\dfrac{l_3}{2} + G_3\dfrac{l_3}{2}}{F_{max}\left(l_1 - \dfrac{l_3}{2}\right)}$

$G_3 = \dfrac{S F_{max}\left(l_1 - \dfrac{l_3}{2}\right) - G_1\left(\dfrac{l_3}{2} - l_2\right) - G_2\dfrac{l_3}{2}}{\dfrac{l_3}{2}}$

$G_3 = \dfrac{2 \cdot 30\,kN \cdot 4{,}6\,m - 22\,kN \cdot 0{,}1\,m - 9\,kN \cdot 1{,}4\,m}{1{,}4\,m}$

$G_3 = 186{,}6\,kN$

b) $G_3 = mg = V\rho g$

(*m* Masse, *V* Volumen des Fundamentklotzes)

$G_3 = l_3^2 \, h\rho g$

$h = \dfrac{G_3}{l_3^2 \rho g} = \dfrac{186{,}6 \cdot 10^3\,N}{2{,}8^2\,m^2 \cdot 2{,}2 \cdot 10^3\,\dfrac{kg}{m^3} \cdot 9{,}81\,\dfrac{m}{s^2}}$

$h = 1{,}103\,m$

**273.**

Kippkante ist die Hinterachse.

$S = \dfrac{M_s}{M_k} = \dfrac{G_1\,(l_4 - l_1)}{G_2\,l_2 + Fl_3}$

$G_2\,l_2 + Fl_3 = \dfrac{G_1\,(l_4 - l_1)}{S}$

$F = \dfrac{G_1\,(l_4 - l_1) - S\,G_2\,l_2}{S\,l_3}$

$F = \dfrac{18\,kN \cdot 0{,}84\,m - 1{,}3 \cdot 4{,}2\,kN \cdot 1{,}39\,m}{1{,}3 \cdot 2{,}3\,m} = 2{,}519\,kN$

**274.**

Kippkante ist die vordere (rechte) Radachse.

$S = \dfrac{M_s}{M_k} = \dfrac{G\,(l_3 - l_2) + F_2\,l_3}{F_1\,(l_1 - l_3)}$

$S F_1 l_1 - S F_1 l_3 = G l_3 - G l_2 + F_2 l_3$

$(G + F_2 + S F_1)\,l_3 = S F_1 l_1 + G l_2$

76

$$l_3 = \frac{S F_1 l_1 + G l_2}{G + F_2 + S F_1}$$

$$l_3 = \frac{1,3 \cdot 16\,\text{kN} \cdot 2,5\,\text{m} + 7,5\,\text{kN} \cdot 0,9\,\text{m}}{7,5\,\text{kN} + 5\,\text{kN} + 1,3 \cdot 16\,\text{kN}} = 1,764\,\text{m}$$

**275.**

a) Kippkante ist die rechte Achse.

$$S = \frac{M_s}{M_k} = \frac{G_1(l_4 - l_1) + G_3(l_3 + l_4)}{G_2(l_2 - l_4)}$$

$$S G_2 l_2 - S G_2 l_4 = G_1 l_4 - G_1 l_1 + G_3 l_3 + G_3 l_4$$

$$(G_1 + G_3 + S G_2) l_4 = G_1 l_1 - G_3 l_3 + S G_2 l_2$$

$$l_4 = \frac{G_1 l_1 - G_3 l_3 + S G_2 l_2}{G_1 + G_3 + S G_2}$$

$$l_4 = \frac{95\,\text{kN} \cdot 0,35\,\text{m} - 85\,\text{kN} \cdot 2,2\,\text{m} + 1,5 \cdot 50\,\text{kN} \cdot 6\,\text{m}}{95\,\text{kN} + 85\,\text{kN} + 1,5 \cdot 50\,\text{kN}}$$

$$l_4 = 1,162\,\text{m}$$

Radstand $2\,l_4 = 2,324\,\text{m}$

b) Kippkante ist die linke Achse.

$$S = \frac{M_s}{M_k} = \frac{G_1(l_1 + l_4)}{G_3(l_3 - l_4)} = \frac{95\,\text{kN} \cdot 1,512\,\text{m}}{85\,\text{kN} \cdot 1,038\,\text{m}} = 1,628$$

c) d)

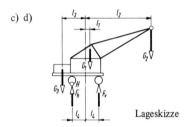

Lageskizze

belasteter Kran:

II. $\Sigma F_y \quad = 0 = F_h + F_v - G_1 - G_2 - G_3$

III. $\Sigma M_{(H)} = 0 = G_3(l_3 - l_4) + F_v \cdot 2\,l_4 - G_1(l_4 + l_1)$
$\qquad\qquad - G_2(l_4 + l_2)$

III. $F_v = \dfrac{G_1(l_4 + l_1) + G_2(l_4 + l_2) - G_3(l_3 - l_4)}{2\,l_4}$

$$= \frac{95\,\text{kN} \cdot 1,512\,\text{m} + 50\,\text{kN} \cdot 7,162\,\text{m} - 85\,\text{kN} \cdot 1,038\,\text{m}}{2,324\,\text{m}}$$

$\quad F_v = 177,93\,\text{kN}$

II. $F_h = G_1 + G_2 + G_3 - F_v$
$\quad F_h = 95\,\text{kN} + 50\,\text{kN} + 85\,\text{kN} - 177,93\,\text{kN} = 52,07\,\text{kN}$

unbelasteter Kran:

II. $\Sigma F_y \quad = 0 = F_h + F_v - G_1 - G_3$

III. $\Sigma M_{(H)} = 0 = G_3(l_3 - l_4) + F_v \cdot 2\,l_4 - G_1(l_4 + l_1)$

III. $F_v = \dfrac{G_1(l_4 + l_1) - G_3(l_3 - l_4)}{2\,l_4}$

$$F_v = \frac{95\,\text{kN} \cdot 1,512\,\text{m} - 85\,\text{kN} \cdot 1,038\,\text{m}}{2,324\,\text{m}} = 23,84\,\text{kN}$$

II. $F_h = G_1 + G_3 - F_v$
$\quad F_h = 95\,\text{kN} + 85\,\text{kN} - 23,84\,\text{kN} = 156,16\,\text{kN}$

**276.**

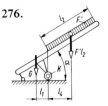

Kippkante $K$ ist die Radachse.

*Lösungshinweis:* Die Standsicherheit ist dann am kleinsten, wenn bei Betriebsende nur noch das freie Bandende rechts von der Kippkante $K$ voll belastet ist.

$$S = \frac{M_s}{M_k} = \frac{G l_1}{F' l_2 \, l_4} = \frac{2\,G l_1}{F' l_2 \cdot l_2 \cos\alpha} = \frac{2\,G l_1}{F' l_2^2 \cos\alpha}$$

$$F' = \frac{2\,G l_1}{S l_2^2 \cos\alpha} = \frac{2 \cdot 3,5\,\text{kN} \cdot 1,2\,\text{m}}{1,8 \cdot 5,6^2\,\text{m}^2 \cdot \cos 30°}$$

$$F' = 0,1718\,\frac{\text{kN}}{\text{m}} = 171,8\,\frac{\text{N}}{\text{m}}$$

**277.**

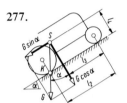

a) Der Schlepper kippt, wenn die Standsicherheit
$S = 1$ ist.

$$S = \frac{M_s}{M_k} = \frac{G \cos\alpha(l_2 - l_3)}{G \sin\alpha \cdot l_4}$$

$$\frac{\sin\alpha}{\cos\alpha} = \tan\alpha = \frac{l_2 - l_3}{l_4}$$

$$\alpha = \arctan\frac{0,76\,\text{m}}{0,71\,\text{m}} = 46,95°$$

b) $S = \dfrac{G \cos\alpha(l_2 - l_3)}{G \sin\alpha \cdot l_4}$

$$\frac{\sin\alpha}{\cos\alpha} = \tan\alpha = \frac{l_2 - l_3}{S\, l_4}$$

$$\alpha = \arctan\frac{0,76\,\text{m}}{2 \cdot 0,71\,\text{m}} = 28,16°$$

c) Die Gewichtskraft hebt sich aus der Bestimmungsgleichung für den Winkel $\alpha$ heraus. Sie hat also keinen Einfluß.

**278.**

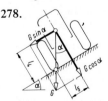

a) $S = \dfrac{M_s}{M_k} = \dfrac{G \cos\alpha \cdot l_5}{G \sin\alpha \cdot l_4} = \dfrac{l_5}{l_4 \tan\alpha} = \dfrac{0,625\,\text{m}}{0,71\,\text{m} \cdot \tan 18°}$

$\quad S = 2,709$

b) Er kippt, wenn $S = 1$ ist.

$$S = \frac{l_s}{l_4 \tan \alpha} = 1$$

$$\alpha = \arctan \frac{l_s}{l_4} = \arctan \frac{0,625 \, \text{m}}{0,71 \, \text{m}}$$

$$\alpha = 41,36°$$

**279.**

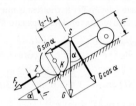

a) $S = \dfrac{M_s}{M_k} = \dfrac{G \cos \alpha \, (l_2 - l_3)}{G \sin \alpha \cdot l_4 + F_Z \, l_1} = 1$

$$\cos \alpha \, (l_2 - l_3) = \sin \alpha \cdot l_4 + \frac{F_Z}{G} l_1$$

$$(l_2 - l_3) \sqrt{1 - \sin^2 \alpha} = l_4 \sin \alpha + \frac{F_Z}{G} l_1$$

$$(l_2 - l_3)^2 \, (1 - \sin^2 \alpha) = l_4^2 \sin^2 \alpha + 2 \frac{F_Z}{G} l_1 l_4 \sin \alpha + \left( \frac{F_Z}{G} l_1 \right)^2$$

$$(l_2 - l_3)^2 - (l_2 - l_3)^2 \sin^2 \alpha = l_4^2 \sin^2 \alpha + 2 \frac{F_Z}{G} l_1 l_4 \sin \alpha + \left( \frac{F_Z}{G} l_1 \right)^2$$

$$[l_4^2 + (l_2 - l_3)^2] \sin^2 \alpha + 2 \frac{F_Z}{G} l_1 l_4 \sin \alpha + \left( \frac{F_Z}{G} l_1 \right)^2 - (l_2 - l_3)^2 = 0$$

$$\sin^2 \alpha + 2 \frac{F_Z l_1 l_4}{G \, [l_4^2 + (l_2 - l_3)^2]} \sin \alpha + \frac{\left( \frac{F_Z}{G} l_1 \right)^2 - (l_2 - l_3)^2}{l_4^2 + (l_2 - l_3)^2} = 0$$

$$\sin \alpha_{1,2} = - \frac{F_Z l_1 l_4}{G \, [l_4^2 + (l_2 - l_3)^2]} \pm \sqrt{\left( \frac{F_Z l_1 l_4}{G \, [l_4^2 + (l_2 - l_3)^2]} \right)^2 - \frac{\left( \frac{F_Z}{G} l_1 \right)^2 - (l_2 - l_3)^2}{l_4^2 + (l_2 - l_3)^2}}$$

$$\sin \alpha_{1,2} = - \frac{8 \, \text{kN} \cdot 0,4 \, \text{m} \cdot 0,71 \, \text{m}}{14 \, \text{kN} \, (0,71^2 + 0,76^2) \, \text{m}^2} \pm \sqrt{\left( \frac{8 \, \text{kN} \cdot 0,4 \, \text{m} \cdot 0,71 \, \text{m}}{14 \, \text{kN} \, (0,71^2 + 0,76^2) \, \text{m}^2} \right)^2 - \frac{\left( \frac{8 \, \text{kN}}{14 \, \text{kN}} \cdot 0,4 \, \text{m} \right)^2 - (0,76)^2}{(0,71 \, \text{m})^2 + (0,76 \, \text{m})^2}}$$

$$= - 0,15003 \pm \sqrt{0,02251 + 0,48568} = - 0,15003 \pm 0,71287$$

$\alpha_1 = \arcsin 0,56284 = 34,25°$

$\alpha_2 = \arcsin(-0,8629) = -59,64°$; das bedeutet, daß die Böschung nicht nach rechts oben, sondern nach rechts unten geneigt sein müßte. Diese Lösung erfüllt aber nicht die Bedingungen der Aufgabenstellung.

b) ja; je größer die Gewichtskraft $G$ ist, desto größer darf der Böschungswinkel sein, ehe der Schlepper kippt.

# 3. Reibung

## Reibwinkel und Reibzahl

**301.**

*Hinweis:* Normalkraft $F_N$ = Gewichtskraft $G$ und Reibkraft $F_R$ ($F_{R0max}$) = Zugkraft $F$.

$$\mu_0 = \frac{F_{R0\,max}}{F_N} = \frac{F}{G} = \frac{34\,N}{180\,N} = 0,189$$

$$\mu = \frac{F_R}{F_N} = \frac{32\,N}{180\,N} = 0,178$$

**302.**

Siehe Lösung 301!

$$\mu_0 = \frac{F_{R0\,max}}{F_N} = \frac{250\,N}{500\,N} = 0,5$$

$$\mu = \frac{F_R}{F_N} = \frac{150\,N}{500\,N} = 0,3$$

**303.**

*Hinweis:* Neigungswinkel $\alpha$ = Reibwinkel $\rho\,(\rho_0)$.

$\mu_0 = \tan \rho_0 = \tan \alpha_0 = \tan 19° = 0,344$
$\mu = \tan \rho = \tan \alpha = \tan 13° = 0,231$

**304.**

a) $\mu = \tan \alpha = \tan 25° = 0,466$
b) Die ermittelte Größe ist die Reibzahl $\mu$.

**305.**

$\tan \alpha = \tan \rho = \mu = 0,4$
  $\alpha = \arctan \mu = \arctan 0,4 = 21,8°$

**306.**

$\tan \alpha = \tan \rho = \mu = 0,51$
  $\alpha = \arctan \mu = \arctan 0,51 = 27°$

**307.**

Die gesuchten Haftreibzahlen $\mu_0$ sind die Tangensfunktionen der gegebenen Winkel.

**308.**

Die gegebenen Gleitreibzahlen $\mu$ sind die Tangensfunktionen der gesuchten Winkel.

## Reibung bei geradliniger Bewegung und bei Drehbewegung – der Reibungskegel

**309.**

a) $v_m = 2\,h\,n = 2 \cdot 0,5\,m \cdot 150\,min^{-1} = 150\,\dfrac{m}{min} = 2,5\,\dfrac{m}{s}$

b) $F_R = F_N\,\mu = 3,5\,kN \cdot 0,06 = 0,21\,kN = 210\,N$

c) $P_R = F_R\,v_m = 210\,N \cdot 2,5\,\dfrac{m}{s} = 525\,\dfrac{Nm}{s} = 525\,W$

**310.**

a) $F = F_{R0\,max} = F_N\,\mu_0 = G\,\mu_0 = 1\,kN \cdot 0,3 = 300\,N$
b) $F_1 = F_R = F_N\,\mu = G\,\mu = 260\,N$

c)

$$S = \frac{M_s}{M_k} = \frac{G\,l}{2\,F\,h} = 1$$

$$h = \frac{G\,l}{2\,F} = \frac{1\,kN \cdot 1\,m}{2 \cdot 0,3\,kN} = 1,667\,m$$

d) $h = \dfrac{G\,l}{2\,F_1} = \dfrac{1\,kN \cdot 1\,m}{2 \cdot 0,26\,kN} = 1,923\,m$

c) $W = F_R\,s = 260\,N \cdot 4,2\,m = 1092\,J$

**311.**

Verschiebekraft = Summe beider Reibkräfte
$F = F_{RA} + F_{RB} = F_{NA}\,\mu + F_{NB}\,\mu = \mu(F_{NA} + F_{NB})$
  $F_{NA} + F_{NB} = G$
$F = \mu\,G = 0,11 \cdot 1650\,N = 181,5\,N$

**312.**

Die maximale Bremskraft $F_{b\,max}$ ist gleich der Summe der Reibkräfte zwischen den Rädern und der Fahrbahn.

a) $F_{b\,max} = (F_v + F_h)\,\mu_0 = 80\,kN \cdot 0,5 = 40\,kN$
b) $F_{b\,max} = (F_v + F_h)\,\mu = 80\,kN \cdot 0,41 = 32,8\,kN$
c) $F_{b\,max} = F_h\,\mu_0 = 24\,kN$
d) $F_{b\,max} = F_h\,\mu = 19,68\,kN$

**313.**

Die Zugkraft $F_{max}$ kann nicht größer sein als die Summe der Reibkräfte, die an den Treibrädern abgestützt werden können.

a) $F_{max\,a} = 3\,F_N\,\mu_0 = 3 \cdot 160\,kN \cdot 0,15 = 72\,kN$
b) $F_{max\,b} = 3\,F_N\,\mu = 3 \cdot 160\,kN \cdot 0,12 = 57,6\,kN$

c) $M_a = \dfrac{F_{max\,a}}{3} \cdot \dfrac{d}{2} = \dfrac{72 \cdot 10^3\,N \cdot 1,5\,m}{6} = 18\,000\,Nm$

   $M_b = \dfrac{F_{max\,b}}{3} \cdot \dfrac{d}{2} = \dfrac{57,6 \cdot 10^3\,N \cdot 1,5\,m}{6} = 14\,400\,Nm$

**314.**

a) Lageskizze

$F_{NA} = F \sin \alpha = 4,1\,kN \cdot \sin 12° = 852,4\,N$
$F_{NB} = F \cos \alpha = 4,1\,kN \cdot \cos 12° = 4010\,N$

b) Lageskizze

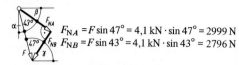

$F_{NA} = F \sin 47° = 4{,}1\,\text{kN} \cdot \sin 47° = 2999\,\text{N}$
$F_{NB} = F \sin 43° = 4{,}1\,\text{kN} \cdot \sin 43° = 2796\,\text{N}$

c) $F_{RA} = F_{NA}\,\mu = 852{,}4\,\text{N} \cdot 0{,}12 = 102{,}3\,\text{N}$
$F_{RB} = F_{NB}\,\mu = 4010\,\text{N} \cdot 0{,}12 = 481{,}2\,\text{N}$

d) $F_{RA} = F_{NA}\,\mu = 2999\,\text{N} \cdot 0{,}12 = 359{,}8\,\text{N}$
$F_{RB} = F_{NB}\,\mu = 2796\,\text{N} \cdot 0{,}12 = 335{,}5\,\text{N}$

e) $F_{vI} = F_{RA} + F_{RB} = 102{,}3\,\text{N} + 481{,}2\,\text{N} = 583{,}5\,\text{N}$
$F_{vII} = F_{RA} + F_{RB} = 359{,}8\,\text{N} + 335{,}5\,\text{N} = 695{,}4\,\text{N}$

**315.**

$F = F_R = 8\,F_N\,\mu = 8 \cdot 100\,\text{N} \cdot 0{,}06 = 48\,\text{N}$

**316.**

a) $F = pA = 10^6\,\dfrac{\text{N}}{\text{m}^2} \cdot 0{,}12566\,\text{m}^2 = 125{,}66\,\text{kN}$

b) Lageskizze

I. $\Sigma F_x = 0 = F_N - F_p \sin\alpha$
II. $\Sigma F_y = 0 = F_N\,\mu + F_p \cos\alpha - F$

I. $F_p = \dfrac{F_N}{\sin\alpha}$; in II. eingesetzt:

II. $F_N\,\mu + F_N\,\dfrac{\cos\alpha}{\sin\alpha} - F = 0$

$F_N = \dfrac{F}{\mu + \cot\alpha} = \dfrac{125{,}66\,\text{kN}}{0{,}1 + \cot 12°}$

$F_N = 26{,}15\,\text{kN}$

c) $F_R = F_N\,\mu = 26{,}15\,\text{kN} \cdot 0{,}1 = 2{,}615\,\text{kN}$

d) I. $F_p = \dfrac{F_N}{\sin\alpha} = \dfrac{26{,}15\,\text{kN}}{\sin 12°} = 125{,}8\,\text{kN}$

**317.**

a) Lageskizze

I. $\Sigma F_x = 0 = F \cos\alpha - F_N\,\mu_0$
II. $\Sigma F_y = 0 = F_N - F \sin\alpha - G$

II. $F_N = F \sin\alpha + G$; in I. eingesetzt:
I. $F \cos\alpha - F\,\mu_0 \sin\alpha - G\,\mu_0 = 0$

$F = \dfrac{G\,\mu_0}{\cos\alpha - \mu_0 \sin\alpha} = \dfrac{80\,\text{N} \cdot 0{,}35}{\cos 30° - 0{,}35 \sin 30°} = 40{,}52\,\text{N}$

b) Lageskizze

I. $\Sigma F_x = 0 = F \cos\alpha - F_N\,\mu_0$
II. $\Sigma F_y = 0 = F_N + F \sin\alpha - G$

II. $F_N = G - F \sin\alpha$; in I. eingesetzt:
I. $F \cos\alpha - G\,\mu_0 + F\,\mu_0 \sin\alpha = 0$

$F = \dfrac{G\,\mu_0}{\cos\alpha + \mu_0 \sin\alpha} = 26{,}9\,\text{N}$

**318.**

a) $F_R = F_N\,\mu = (G_1 + F)\,\mu = (15\,\text{kN} + 22\,\text{kN}) \cdot 0{,}1 = 3{,}7\,\text{kN}$

b) $F_v = F_R + F_s = 3{,}7\,\text{kN} + 18\,\text{kN} = 21{,}7\,\text{kN}$

c) $\dfrac{F_R}{F_v} \cdot 100\,\% = \dfrac{3{,}7\,\text{kN}}{21{,}7\,\text{kN}} \cdot 100\,\% = 17{,}05\,\%$

d) $P = \dfrac{F_v\,v_a}{\eta} = \dfrac{21{,}7 \cdot 10^3\,\text{N} \cdot 50\,\frac{\text{m}}{\text{s}}}{0{,}8 \cdot 60} = 22{,}6 \cdot 10^3\,\text{W} = 22{,}6\,\text{kW}$

e) Reibkraft beim Rückhub $F_R = F_N\,\mu$
$F_R = (G_1 + G_2)\,\mu = 31\,\text{kN} \cdot 0{,}1 = 3{,}1\,\text{kN}$

$P = \dfrac{F_R\,v_R}{\eta} = \dfrac{3{,}1 \cdot 10^3\,\text{N} \cdot 67\,\frac{\text{m}}{\text{s}}}{0{,}8 \cdot 60} = 4{,}327\,\text{kW}$

**319.**

Lageskizze

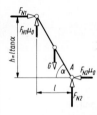

I. $\Sigma F_x = 0 = F_{N1} - F_{N2}\,\mu_0$
II. $\Sigma F_y = 0 = F_{N2} + F_{N1}\,\mu_0 - G$

III. $\Sigma M_{(A)} = 0 = G\,\dfrac{l}{2} - F_{N1}\,l \tan\alpha$
$\qquad\qquad\qquad - F_{N1}\,\mu_0\,l$

I. $F_{N2} = \dfrac{F_{N1}}{\mu_0}$; in II. eingesetzt:

II. $\dfrac{F_{N1}}{\mu_0} + F_{N1}\,\mu_0 = G$

$F_{N1} = \dfrac{G\,\mu_0}{1 + \mu_0^2}$; in III. eingesetzt:

III. $G\,\dfrac{l}{2} - \dfrac{G\,\mu_0\,l \tan\alpha}{1 + \mu_0^2} - \dfrac{G\,\mu_0^2\,l}{1 + \mu_0^2} = 0 \;\Big|\; : G\,l$

$\dfrac{1}{2} - \dfrac{\mu_0 \tan\alpha}{1 + \mu_0^2} - \dfrac{\mu_0^2}{1 + \mu_0^2} = 0$

$\dfrac{1 + \mu_0^2 - 2\,\mu_0 \tan\alpha - 2\,\mu_0^2}{2\,(1 + \mu_0^2)} = 0$

$1 + \mu_0^2 - 2\,\mu_0 \tan\alpha - 2\,\mu_0^2 = 0$

$\tan\alpha = \dfrac{1 + \mu_0^2 - 2\,\mu_0^2}{2\,\mu_0}$

$\alpha = \arctan \dfrac{1 - \mu_0^2}{2\,\mu_0} = \arctan \dfrac{1 - 0{,}19^2}{2 \cdot 0{,}19}$

$\alpha = 68{,}48°$, d.h. $\alpha = 90° - 2\,\rho_0$

**320.**

a) Lageskizze

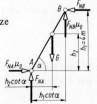

I. $\Sigma F_x = 0 = F_{NA}\,\mu_0 - F_{NB}$
II. $\Sigma F_y = 0 = F_{NA} + F_{NB}\,\mu_0 - G$
III. $\Sigma M_{(A)} = 0 = F_{NB}\,h_1 + F_{NB}\,\mu_0\,h_1 \cot\alpha - G\,h_2 \cot\alpha$

I. $F_{NA} = \dfrac{F_{NB}}{\mu_0}$;   in II. eingesetzt:

II. $\dfrac{F_{NB}}{\mu_0} + F_{NB}\,\mu_0 = G$

$F_{NB} = \dfrac{G\,\mu_0}{1+\mu_0^2}$;   in III. eingesetzt:

III. $\dfrac{G\,\mu_0\,h_1}{1+\mu_0^2} + \dfrac{G\,\mu_0^2\,h_1\cot\alpha}{1+\mu_0^2} - G\,h_2\cot\alpha = 0 \Big| : G$

$\dfrac{h_1\,\mu_0\,(1+\mu_0\cot\alpha)}{1+\mu_0^2} = h_2\cot\alpha$

$h_2 = h_1\,\dfrac{\mu_0\left(\frac{\cot\alpha}{\cot\alpha} + \mu_0\cot\alpha\right)}{(1+\mu_0^2)\cot\alpha} = h_1\,\dfrac{\mu_0\cot\alpha\,(\tan\alpha+\mu_0)}{(1+\mu_0^2)\cot\alpha}$

$h_2 = h_1\,\dfrac{\mu_0\,(\mu_0+\tan\alpha)}{1+\mu_0^2} = 4\,\text{m}\cdot\dfrac{0{,}28\,(0{,}28+\tan 65^\circ)}{1+0{,}28^2}$

$h_2 = 2{,}518\,\text{m}$

b) In der Bestimmungsgleichung für die Höhe $h_2$ erscheint die Gewichtskraft nicht. Sie hat also keinen Einfluß auf die Höhe.

c) $h_2 = h_1\,\dfrac{\mu_0\,(\mu_0+\tan\alpha)}{1+\mu_0^2} = h_1$, denn Steighöhe $h_2$ soll gleich Anstellhöhe $h_1$ sein. Daraus folgt:

$\mu_0\,(\mu_0+\tan\alpha) = 1+\mu_0^2$

$\mu_0\tan\alpha = 1+\mu_0^2 - \mu_0^2 = 1$

$\tan\alpha = \dfrac{1}{\mu_0}$

$\alpha = \arctan\dfrac{1}{\mu_0} = \arctan\dfrac{1}{0{,}28} = 74{,}36^\circ$

das heißt, der Anstellwinkel ist der Komplementwinkel des Haftreibwinkels:
$\alpha = 90^\circ - \rho_0 = 90^\circ - 15{,}64^\circ$!

**321.**

a) Lageskizze

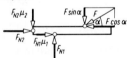

I. $\Sigma F_x = 0 = F_{N2} + F_{N1}\mu_1 - F\cos\alpha$

II. $\Sigma F_y = 0 = F_{N1} - F_{N2}\mu_2 - F\sin\alpha$

I. = II. $F_{N2} = F\cos\alpha - F_{N1}\mu_1 = \dfrac{F_{N1} - F\sin\alpha}{\mu_2}$

$F\mu_2\cos\alpha - F_{N1}\mu_1\mu_2 = F_{N1} - F\sin\alpha$

$F_{N1} = \dfrac{F\,(\sin\alpha + \mu_2\cos\alpha)}{1+\mu_1\mu_2}$

$F_{N1} = 200\,\text{N}\,\dfrac{\sin 15^\circ + 0{,}6\cdot\cos 15^\circ}{1+0{,}2\cdot 0{,}6} = 149{,}7\,\text{N}$

$F_{R1} = F_{N1}\mu_1 = 29{,}94\,\text{N}$

b) II. $F_{N2} = F\cos\alpha - F_{N1}\mu_1 = 200\,\text{N}\cdot\cos 15^\circ - 29{,}94\,\text{N}$

$F_{N2} = 163{,}2\,\text{N}$

$F_{R2} = F_{N2}\mu_2 = 97{,}95\,\text{N}$

c) $P = \dfrac{Mn}{9550} = \dfrac{F_{R2}\frac{d}{2}n}{9550} = \dfrac{97{,}95\cdot 0{,}15\cdot 1400}{9550}\,\text{kW} = 2{,}154\,\text{kW}$

**322.**

a) Lageskizze 1

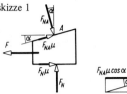 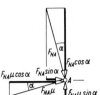

I. $\Sigma F_x = 0 = F_N\mu + F_{NA}\sin\alpha + F_{NA}\mu\cos\alpha - F$

II. $\Sigma F_y = 0 = F_N + F_{NA}\mu\sin\alpha - F_{NA}\cos\alpha$

I. = II. $F_{NA} = \dfrac{F - F_N\mu}{\sin\alpha + \mu\cos\alpha} = \dfrac{F_N}{\cos\alpha - \mu\sin\alpha}$

$F\,(\cos\alpha - \mu\sin\alpha) - F_N\mu\,(\cos\alpha - \mu\sin\alpha) = F_N\,(\sin\alpha + \mu\cos\alpha)$

$F_N = \dfrac{F\,(\cos\alpha - \mu\sin\alpha)}{\mu\,(\cos\alpha - \mu\sin\alpha) + (\sin\alpha + \mu\cos\alpha)}$

$F_N = \dfrac{F\,(\cos\alpha - \mu\sin\alpha)}{\mu\,(2\cos\alpha - \mu\sin\alpha) + \sin\alpha}$

$F_N = \dfrac{200\,\text{N}\,(\cos 15^\circ - 0{,}11\cdot\sin 15^\circ)}{0{,}11\,(2\cdot\cos 15^\circ - 0{,}11\cdot\sin 15^\circ) + \sin 15^\circ} = 400{,}5\,\text{N}$

$F_R = F_N\mu = 400{,}5\,\text{N}\cdot 0{,}11 = 44{,}05\,\text{N}$

b) II. $F_{NA} = \dfrac{F_N}{\cos\alpha - \mu\sin\alpha} = \dfrac{400{,}5\,\text{N}}{\cos 15^\circ - 0{,}11\cdot\sin 15^\circ}$

$F_{NA} = 427{,}2\,\text{N}$

$F_{RA} = F_{NA}\,\mu = 427{,}2\cdot 0{,}11 = 46{,}99\,\text{N}$

c) Lageskizze 2

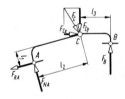 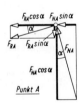

*Punkt A*

I. $\Sigma F_x = 0 = F_{Cx} - F_{NA}\sin\alpha - F_{RA}\cos\alpha$

II. $\Sigma F_y = 0 = F_B + F_{NA}\cos\alpha - F_{RA}\sin\alpha - F_{Cy}$

III. $\Sigma M_{(C)} = 0 = F_B\,l_3 - F_{NA}\,l_2 - F_{RA}\,l_1$

III. $F_B = \dfrac{F_{NA}\,l_2 + F_{RA}\,l_1}{l_3}$

$F_B = \dfrac{427{,}2\,\text{N}\cdot 35\,\text{mm} + 46{,}99\,\text{N}\cdot 10\,\text{mm}}{20\,\text{mm}} = 771{,}1\,\text{N}$

d) I. $F_{Cx} = F_{NA}\sin\alpha + F_{RA}\cos\alpha$

$F_{Cx} = 427{,}2\,\text{N}\cdot\sin 15^\circ + 46{,}99\,\text{N}\cdot\cos 15^\circ = 156\,\text{N}$

II. $F_{Cy} = F_B + F_{NA}\cos\alpha - F_{RA}\sin\alpha$

$F_{Cy} = 771{,}1\,\text{N} + 427{,}2\,\text{N}\cdot\cos 15^\circ - 46{,}99\,\text{N}\cdot\sin 15^\circ$

$F_{Cy} = 1172\,\text{N}$

$F_C = \sqrt{F_{Cx}^2 + F_{Cy}^2} = \sqrt{(156^2 + 1172^2)\,\text{N}^2}$

$F_C = 1182\,\text{N}$

**323.**

a) Lageskizze 1
(freigemachte Hülse)

Aus der Gleichgewichtsbedingung $\Sigma M_{(O)} = 0$ ergibt sich, daß $F_{RA} = F_{RC}$ ist.

$$\Sigma F_x = 0 = F - F_{RA} - F_{RC} = F - 2F_{RA}$$

$$F_{RA} = \frac{F}{2} = 8,75\,\text{N}$$

b) $F_{NA} = \dfrac{F_{RA}}{\mu_0} = \dfrac{8,75\,\text{N}}{0,22} = 39,77\,\text{N}$

c) Lageskizze 2 (freigemachter Klemmhebel)

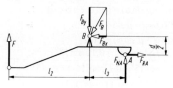

I. $\Sigma F_x = 0 = F_{RA} - F_{Bx}$
II. $\Sigma F_y = 0 = F + F_{NA} - F_{By}$

III. $\Sigma M_{(B)} = 0 = F_{NA}\,l_3 + F_{RA}\,\dfrac{d}{2} - F\,l_2$

III. $F = \dfrac{F_{NA}\,l_3 + F_{RA}\,\dfrac{d}{2}}{l_2} = \dfrac{39,77\,\text{N} \cdot 12\,\text{mm} + 8,75\,\text{N} \cdot 6\,\text{mm}}{28\,\text{mm}}$

$F = 18,92\,\text{N}$

Das Ergebnis ist positiv, d.h. der angenommene Richtungssinn ist richtig, folglich muß eine Zugfeder eingebaut werden.

d) I. $F_{Bx} = F_{RA} = 8,75\,\text{N}$
II. $F_{By} = F + F_{NA} = 18,92\,\text{N} + 39,77\,\text{N} = 58,69\,\text{N}$

$F_B = \sqrt{F_{Bx}^2 + F_{By}^2} = \sqrt{(8,75^2 + 58,69^2)\,\text{N}^2} = 59,34\,\text{N}$

**324.**

a) $\mu = 0,25$, weil der Berechnung die *kleinste* zu erwartende Reibkraft zugrunde zu legen ist.

b) Lageskizze 1
(freigemachter Kettenring)     Krafteckskizze

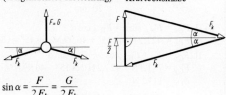

$\sin\alpha = \dfrac{F}{2F_k} = \dfrac{G}{2F_k}$

$F_k = \dfrac{G}{2\sin\alpha} = \dfrac{12\,\text{kN}}{2\sin 15^\circ} = 23,18\,\text{kN}$

c) Lageskizze 2
(freigemachter Zangenarm)

I. $\Sigma F_x = 0 = F_{Bx} - F_k\cos\alpha - F_{NA}$
II. $\Sigma F_y = 0 = F_k\sin\alpha + F_{By} - F_R$

III. $\Sigma M_{(B)} = 0 = F_k\,l_1 + F_R\,\dfrac{l_3}{2} - F_{NA}\,l_2$

III. $F_{NA} = \dfrac{F_k\,l_1 + F_R\,\dfrac{l_3}{2}}{l_2}$ ;      $F_R = \dfrac{G}{2}$

Lageskizze 3
(freigemachter Block)

*Wichtiger Lösungshinweis:* Um den Block zwischen den beiden Klemmflächen $A$ festzuhalten, ist an jeder Klemmfläche die Reibkraft $F_R = \dfrac{G}{2}$ erforderlich. Wenn die Zange mit Sicherheit festhalten soll, muß diese Reibkraft $F_R$ kleiner sein als die größtmögliche Haftreibkraft $F_{R0\,max} = F_{NA}\,\mu_0$.

Setzen wir für $F_k = \dfrac{G}{2\sin\alpha}$ (siehe Lösung b), dann wird

$$F_{NA} = \dfrac{\dfrac{G\,l_1}{2\sin\alpha} + \dfrac{G}{2}\cdot\dfrac{l_3}{2}}{l_2} = \dfrac{G}{2}\cdot\dfrac{\dfrac{l_1}{\sin\alpha} + \dfrac{l_3}{2}}{l_2} = G\,\dfrac{l_1 + \dfrac{l_3}{2}\sin\alpha}{2\,l_2\sin\alpha}$$

$$F_{NA} = 12\,\text{kN} \cdot \dfrac{1\,\text{m} + 0,15\,\text{m}\cdot\sin 15^\circ}{2\cdot 0,3\,\text{m}\cdot\sin 15^\circ} = 80,27\,\text{kN}$$

d) $F_{R0\,max} = F_{NA}\,\mu_0 = 80,27\,\text{kN} \cdot 0,25 = 20,07\,\text{kN}$

e) Die Tragsicherheit ist das Verhältnis zwischen der größten Haftreibkraft $F_{R0\,max}$, die an den Klemmflächen wirken kann, und der wirklich erforderlichen Reibkraft $F_R$:

$$S = \dfrac{F_{R0\,max}}{F_R} = \dfrac{F_{NA}\,\mu_0}{\dfrac{G}{2}} = \dfrac{\dfrac{G}{2}\cdot\dfrac{l_1 + \dfrac{l_3}{2}\sin\alpha}{l_2\sin\alpha}\cdot\mu_0}{\dfrac{G}{2}}$$

$$S = \dfrac{l_1 + \dfrac{l_3}{2}\sin\alpha}{l_2\sin\alpha}\,\mu_0 = \dfrac{1\,\text{m} + 0,15\,\text{m}\cdot\sin 15^\circ}{0,3\,\text{m}\cdot\sin 15^\circ}\cdot 0,25 = 3,345$$

f) siehe Lösung c, Ansatz und Lageskizze 2:
I. $F_{Bx} = F_k\cos\alpha + F_{NA} = 23,18\,\text{kN}\cdot\cos 15^\circ + 80,27\,\text{kN}$
$F_{Bx} = 102,7\,\text{kN}$

g) nach Lösung e ist die Tragsicherheit nur von den Abmessungen $l_1$, $l_2$, $l_3$, dem Winkel $\alpha$ und der Reibzahl abhängig. Die Gewichtskraft $G$ des Blockes hat also keinen Einfluß.

h) $\mu_{0\,min} = \dfrac{F_R}{F_{NA}} = \dfrac{\dfrac{G}{2}}{\dfrac{G}{2} \cdot \dfrac{l_1 + \dfrac{l_3}{2} \cdot \sin\alpha}{l_2 \sin\alpha}}$ (siehe Lösung c)

$\mu_{0\,min} = \dfrac{l_2 \sin\alpha}{l_1 + \dfrac{l_3}{2} \sin\alpha} = \dfrac{0,3\,\text{m} \cdot \sin 15°}{1\,\text{m} + 0,15\,\text{m} \cdot \sin 15°} = 0,0747$

## 325.

a) *Rechnerische Lösung:*
Lageskizze

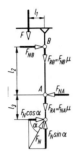

I. $\Sigma F_x = 0 = F_{NB} - F_{NA} + F_N \cos\alpha$
II. $\Sigma F_y = 0 = F_N \sin\alpha - F - F_{NA}\mu - F_{NB}\mu$
III. $\Sigma M_{(B)} = 0 = Fl_1 + F_N \cos\alpha(l_2 + l_3) - F_{NA} l_2$

I. = II.: $F_{NB} = F_{NA} - F_N \cos\alpha = \dfrac{F_N \sin\alpha - F - F_{NA}\mu}{\mu}$

$F_{NA}\mu - F_N\mu \cos\alpha = F_N \sin\alpha - F - F_{NA}\mu$

$2F_{NA}\mu = F_N(\sin\alpha + \mu\cos\alpha) - F$

$F_{NA} = \dfrac{F_N(\sin\alpha + \mu\cos\alpha) - F}{2\mu}$

in Gleichung III. eingesetzt:

III. $0 = Fl_1 + F_N \cos\alpha(l_2 + l_3) - \dfrac{F_N(\sin\alpha + \mu\cos\alpha) - F}{2\mu} l_2$

$F_N \cos\alpha(l_2 + l_3) - F_N(\sin\alpha + \mu\cos\alpha)\dfrac{l_2}{2\mu} = -F\dfrac{l_2}{2\mu} - Fl_1$

$F_N \dfrac{(\sin\alpha + \mu\cos\alpha)l_2 - 2\mu\cos\alpha(l_2 + l_3)}{2\mu} = F\dfrac{l_2 + 2\mu l_1}{2\mu}$

$F_N = F\dfrac{l_2 + 2\mu l_1}{(\sin\alpha + \mu\cos\alpha)l_2 - 2\mu\cos\alpha(l_2 + l_3)}$

$F_N = 350\,\text{N}\dfrac{320\,\text{mm} + 2\cdot 0,14\cdot 110\,\text{mm}}{(\sin 60° + 0,14\cos 60°)\cdot 320\,\text{mm} - 2\cdot 0,14\cos 60°\cdot 480\,\text{mm}} = 528,5\,\text{N}$

$F_{NA} = \dfrac{F_N(\sin\alpha + \mu\cos\alpha) - F}{2\mu}$ (s. oben!)

$F_{NA} = \dfrac{528,5\,\text{N}\cdot(\sin 60° + 0,14\cdot\cos 60°) - 350\,\text{N}}{2\cdot 0,14}$

$F_{NA} = 516,7\,\text{N}$
$F_{RA} = F_{NA}\mu = 516,7\,\text{N}\cdot 0,14 = 72,33\,\text{N}$

I. $F_{NB} = F_{NA} - F_N \cos\alpha = 516,7\,\text{N} - 528,5\,\text{N}\cdot\cos 60°$
$F_{NB} = 252,4\,\text{N}$
$F_{RB} = F_{NB}\mu = 252,4\cdot 0,14 = 35,34\,\text{N}$

*Zeichnerische Lösung:*

Lageplan ($M_L = 25\,\frac{\text{cm}}{\text{cm}}$)   Kräfteplan ($M_K = 250\,\frac{\text{N}}{\text{cm}}$)

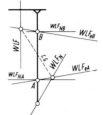   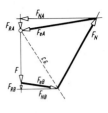

(vergleiche mit Lösung 130!)

b) Lageskizze

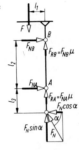

I. $\Sigma F_x = 0 = F_{NA} + F_{NB} - F_N \cos\alpha$
II. $\Sigma F_y = 0 = F_N \sin\alpha + F_{NA}\mu + F_{NB}\mu - F$
III. $\Sigma M_{(B)} = 0 = Fl_1 + F_{NA}l_2 - F_N \cos\alpha(l_2 + l_3)$

I. = II. $F_{NB} = F_N \cos\alpha - F_{NA} = \dfrac{F - F_N \sin\alpha - F_{NA}\mu}{\mu}$

$F_N\mu \cos\alpha - F_{NA}\mu = F - F_N \sin\alpha - F_{NA}\mu$

$F_N = \dfrac{F}{\sin\alpha + \mu\cos\alpha} = \dfrac{350\,\text{N}}{\sin 60° + 0,14\cdot\cos 60°}$

$F_N = 373,9\,\text{N}$

III. $F_{NA} = \dfrac{F_N \cos\alpha(l_2 + l_3) - Fl_1}{l_2}$

$F_{NA} = \dfrac{373,9\,\text{N}\cdot\cos 60°\cdot 480\,\text{mm} - 350\,\text{N}\cdot 110\,\text{mm}}{320\,\text{mm}}$

$F_{NA} = 160,1\,\text{N}$
$F_{RA} = F_{NA}\mu = 160,1\,\text{N}\cdot 0,14 = 22,42\,\text{N}$

I. $F_{NB} = F_N \cos\alpha - F_{NA} = 373,9\,\text{N}\cdot\cos 60° - 160,1\,\text{N}$
$F_{NB} = 26,83\,\text{N}$
$F_{RB} = F_{NB}\mu = 26,83\,\text{N}\cdot 0,14 = 3,756\,\text{N}$
(Kontrolle mit der zeichnerischen Lösung.)

c) Lageskizze

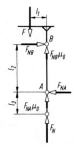

I. $\Sigma F_x = 0 = F_{NB} - F_{NA}$

II. $\Sigma F_y = 0 = F_N + F_{NA}\mu_0 + F_{NB}\mu_0 - F$

III. $\Sigma M_{(B)} = 0 = F l_1 - F_{NA} l_2$

III. $F_{NA} = \dfrac{F l_1}{l_2} = \dfrac{350\,\text{N} \cdot 100\,\text{mm}}{320\,\text{mm}} = 120,3\,\text{N}$

I. $F_{NB} = F_{NA} = 120,3\,\text{N}$

$F_{R0\,\max A} = F_{R0\,\max B} = F_{NA}\mu_0 = 120,3\,\text{N} \cdot 0,16 = 19,25\,\text{N}$

II. $F_N = F - F_{NA}\mu_0 - F_{NB}\mu_0 = 350\,\text{N} - 2 \cdot 19,25\,\text{N}$

$F_N = 311,5\,\text{N}$

(Kontrolle mit der zeichnerischen Lösung)

**326.**

Lageskizze

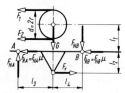

I. $\Sigma F_x = 0 = F_v - F_1 - F_2 - F_{NA}\mu - F_{NB}\mu$

II. $\Sigma F_y = 0 = F_{NA} - G - F_{NB}$

III. $\Sigma M_{(B)} = 0 = F_1(l_1 + r) + F_2(l_1 - r) + F_v l_2 + G l_4$
$\qquad - F_{NA}(l_3 + l_4)$

a) II. $F_{NB} = F_{NA} - G$;  in I. eingesetzt:

I. $F_v = F_1 + F_2 + F_{NA}\mu + F_{NA}\mu - G\mu$

III. $F_v = \dfrac{F_{NA}(l_3 + l_4) - F_1(l_1 + r) - F_2(l_1 - r) - G l_4}{l_2}$

I. = III. gesetzt:

$F_1 l_2 + F_2 l_2 + 2 F_{NA}\mu l_2 - G\mu l_2$
$\quad = F_{NA}(l_3 + l_4) - F_1(l_1 + r) - F_2(l_1 - r) - G l_4$

$F_{NA}(l_3 + l_4 - 2\mu l_2)$
$\quad = F_1(l_1 + l_2 + r) + F_2(l_1 + l_2 - r) + G(l_4 - \mu l_2)$

$F_{NA} = \dfrac{F_1(l_1 + l_2 + r) + F_2(l_1 + l_2 - r) + G(l_4 - \mu l_2)}{l_3 + l_4 - 2\mu l_2}$

$F_{NA} = \dfrac{180\,\text{N} \cdot 210\,\text{mm} + 60\,\text{N} \cdot 110\,\text{mm} + 150\,\text{N} \cdot (100\,\text{mm} - 0,22 \cdot 70\,\text{mm})}{120\,\text{mm} + 100\,\text{mm} - 2 \cdot 0,22 \cdot 70\,\text{mm}} = 301,7\,\text{N}$

$F_{RA} = F_{NA}\mu = 301,7\,\text{N} \cdot 0,22 = 66,28\,\text{N}$

b) II. $F_{NB} = F_{NA} - G = 301,7\,\text{N} - 150\,\text{N} = 151,7\,\text{N}$

$F_{RB} = F_{NB}\mu = 151,7\,\text{N} \cdot 0,22 = 33,38\,\text{N}$

c) I. $F_v = F_1 + F_2 + F_{NA}\mu + F_{NB}\mu$

$F_v = 180\,\text{N} + 60\,\text{N} + 66,38\,\text{N} + 33,38\,\text{N}$

$F_v = 339,8\,\text{N}$

(Kontrolle mit der zeichnerischen Lösung: 4-Kräfte-Verfahren)

**327.**

a) Lageskizze 1
(freigemachter Spannrollenhebel)

Lageskizze 2
(freigemachte Spannrolle)

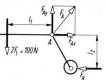

I. $\Sigma F_x = 0 = F_{Ax} - F_B$

II. $\Sigma F_y = 0 = F_{Ay} - 2 F_1$

III. $\Sigma M_{(A)} = 0 = 2 F_1 l_1 - F_B l_2$

III. $F_B = \dfrac{2 F_1 l_1}{l_2} = \dfrac{2 \cdot 50\,\text{N} \cdot 120\,\text{mm}}{100\,\text{mm}} = 120\,\text{N}$

II. $F_{Ay} = 2 F_1 = 100\,\text{N}$

I. $F_{Ax} = F_B = 120\,\text{N}$

$F_A = \sqrt{F_{Ax}^2 + F_{Ay}^2} = \sqrt{(120\,\text{N})^2 + (100\,\text{N})^2} = 156,2\,\text{N}$

(Kontrolle: Zeichnerische Lösung mit dem 3-Kräfte-Verfahren)

b) Lageskizze 3
(freigemachte Hubstange)

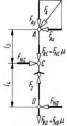

I. $\Sigma F_x = 0 = F_{NC} - F_{ND} - F_{Ax}$

II. $\Sigma F_y = 0 = F_2 - F_{Ay} - F_{NC}\mu - F_{ND}\mu$

III. $\Sigma M_{(D)} = 0 = F_{Ax}(l_3 + l_4) - F_{NC} l_4$

III. $F_{NC} = \dfrac{F_{Ax}(l_3 + l_4)}{l_4} = \dfrac{120\,\text{N} \cdot 400\,\text{mm}}{220\,\text{mm}} = 218,2\,\text{N}$

$F_{RC} = F_{NC}\mu = 218,2\,\text{N} \cdot 0,19 = 41,45\,\text{N}$

c) I. $F_{ND} = F_{NC} - F_{Ax} = 218,2\,\text{N} - 120\,\text{N} = 98,2\,\text{N}$

$F_{RD} = F_{ND}\mu = 98,2\,\text{N} \cdot 0,19 = 18,65\,\text{N}$

d) II. $F_2 = F_{Ay} + F_{NC}\mu + F_{ND}\mu = 100\,\text{N} + 41,45\,\text{N} + 18,65\,\text{N}$

$F_2 = 160,1\,\text{N}$

(Kontrolle: Zeichnerische Lösung mit dem 4-Kräfte-Verfahren)

**328.**

a) Lageskizze
(freigemachte Kupplungshülse)

$M = F_R d$

$F_R = \dfrac{M}{d} = \dfrac{10 \cdot 10^3\,\text{Nmm}}{1,1 \cdot 10^2\,\text{mm}} = 9,091 \cdot 10\,\text{N} = 90,91\,\text{N}$

b) Lageskizze (freigemachte Reibbacke)

$$F = F_N = \frac{F_R}{\mu} = \frac{90{,}91\,\text{N}}{0{,}15} = 606{,}1\,\text{N}$$

### 329.

a) Lageskizze
(freigemachte Mitnehmerscheibe)

An jeder der 4 Mitnehmerscheiben wirkt die Anpreßkraft $F_N = 400\,\text{N}$ auf beide Seiten. Die Reibkraft $F_R = F_N \mu$ wirkt also an 8 Flächen.

$$F_{R\,ges} = 8\,F_N\,\mu = 8 \cdot 400\,\text{N} \cdot 0{,}09 = 288\,\text{N}$$

b) $M = F_{R\,ges} \dfrac{d_m}{2} = 288\,\text{N} \cdot 0{,}058\,\text{m} = 16{,}7\,\text{Nm}$

### 330.

a) (siehe Lageskizze Lösung 329!)

$$M = 2\,F_R \frac{d_m}{2} = F_R\,d_m$$

$$F_R = \frac{M}{d_m} = \frac{120 \cdot 10^3\,\text{Nmm}}{240\,\text{mm}} = 500\,\text{N}$$

b) $F_N = \dfrac{F_R}{\mu} = \dfrac{500\,\text{N}}{0{,}42} = 1190\,\text{N}$

### 331.

a) $M = 9550 \dfrac{P_{rot}}{n}$

$$M = 9550 \cdot \frac{14{,}7}{120}\,\text{Nm} = 1170\,\text{Nm}$$

b)

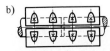

Lageskizze 1        Lageskizze 2
(freigemachte Kupplungshälfte)   (freigemachte Welle)

*Hinweis:* Die Kupplungsschalen werden auf jeden Wellenstumpf durch je 4 Schrauben gepreßt.

$$M = F_R\,d = F_N\,\mu d = 4\,F\,\mu d$$

$$F = \frac{M}{4\,\mu d} = \frac{1170 \cdot 10^2\,\text{Ncm}}{4 \cdot 0{,}2 \cdot 8\,\text{cm}} = 18280\,\text{N}$$

### 332.

a) $M = 9550 \dfrac{P_{rot}}{n} = 9550 \cdot \dfrac{18{,}4}{220}\,\text{Nm} = 798{,}7\,\text{Nm}$

b) $M = F_{R\,ges} \dfrac{d}{2}$

$$F_{R\,ges} = \frac{2\,M}{d} = \frac{2 \cdot 798{,}7\,\text{Nm}}{0{,}14\,\text{m}} = 11410\,\text{N}$$

c) Schraubenlängskraft $F =$ der von ihr hervorgerufenen Normalkraft $F_N$.

$$F_{R\,ges} = 6\,F_N\,\mu = 6\,F\mu$$

$$F = \frac{F_{R\,ges}}{6\,\mu} = \frac{11410\,\text{N}}{6 \cdot 0{,}22} = 8644\,\text{N}$$

### 333.

Lageskizze (freigemachte Welle)

 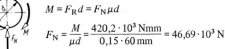

$$M = 9550 \frac{P_{rot}}{n} = 9550 \cdot \frac{11}{250}\,\text{Nm} = 420{,}2\,\text{Nm}$$

$$M = F_R\,d = F_N\,\mu d$$

$$F_N = \frac{M}{\mu d} = \frac{420{,}2 \cdot 10^3\,\text{Nmm}}{0{,}15 \cdot 60\,\text{mm}} = 46{,}69 \cdot 10^3\,\text{N}$$

### 334.

a) $M = 9550 \dfrac{P_{rot}}{n}$

$$M = 9550 \cdot \frac{1{,}5}{630}\,\text{Nm} = 22{,}74\,\text{Nm}$$

b) $M = F_R \dfrac{d}{2} = F_N\,\mu \dfrac{d}{2}$

$$F_N = \frac{2\,M}{\mu d} = \frac{2 \cdot 2274\,\text{Ncm}}{0{,}33 \cdot 18\,\text{cm}} = 765{,}6\,\text{N}$$

c) Lageskizze

$F = F_N \sin\alpha = 765{,}6\,\text{N} \cdot \sin 55°$
$F = 627{,}1\,\text{N}$

### Schiefe Ebene

### 335.

a) $F = G\,(\sin\alpha + \mu_0 \cos\alpha)$
   $F = 8\,\text{kN}\,(\sin 22° + 0{,}2 \cos 22°) = 4{,}48\,\text{kN}$

b) $F = G\,(\sin\alpha + \mu \cos\alpha)$
   $F = 8\,\text{kN}\,(\sin 22° + 0{,}1 \cos 22°) = 3{,}739\,\text{kN}$

c) $F = G\,(\sin\alpha - \mu \cos\alpha)$
   $F = 8\,\text{kN}\,(\sin 22° - 0{,}1 \cos 22°) = 2{,}255\,\text{kN}$

**336.**

a) Es liegt der zweite Grundfall vor.

$F = G\,(\sin\alpha - \mu_0\cos\alpha) = mg\,(\sin\alpha - \mu_0\cos\alpha)$

$\quad = 7,5\cdot10^6\,\text{kg}\cdot9,81\,\dfrac{\text{m}}{\text{s}^2}\,(\sin4° - 0,13\cdot\cos4°)$

$F = -4,409\cdot10^6\,\text{N} = -4,409\,\text{MN}$

(Minus bedeutet: $F$ wirkt nicht aufwärts, sondern muß abwärts schieben)

b)

$F_{\text{res}} = G\sin\alpha - F_N\,\mu$

$\quad = mg\sin\alpha - mg\cos\alpha\,\mu$

$\quad = mg\,(\sin\alpha - \mu\cos\alpha)$

$F_{\text{res}} = 7,5\cdot10^6\,\text{kg}\cdot9,81\,\dfrac{\text{m}}{\text{s}^2}\cdot(\sin4° - 0,06\cdot\cos4°)$

$F_{\text{res}} = 0,7286\cdot10^6\,\text{N} = 728,6\,\text{kN}$

c) $F_{\text{res}} = ma = mg\,(\sin\alpha - \mu\cos\alpha)$

$\quad a = g\,(\sin\alpha - \mu\cos\alpha)$

$\quad a = 9,81\,\dfrac{\text{m}}{\text{s}^2}\cdot(\sin4° - 0,06\cdot\cos4°) = 0,0971\,\dfrac{\text{m}}{\text{s}^2}$

**337.**

Es liegt der dritte Grundfall vor.

$F_u = F\tan(\alpha + \rho)$

$\quad = 180\,\text{N}\cdot\tan(15° + 6,843°)$

$F_u = 72,15\,\text{N}$

**338.**

a) $F = G\tan(\alpha + \rho) = 1\,\text{kN}\cdot\tan(7° + 9,09°) = 288,5\,\text{N}$

b) $F = G\tan(\alpha - \rho) = 1\,\text{kN}\cdot\tan(7° - 9,09°) = -36,5\,\text{N}$
   (vierter Grundfall)

c) Da $\rho_0 = \arctan 0,19 = 10,76° > \alpha$ ist, liegt Selbsthemmung vor. Der Körper bleibt ohne Haltekraft in Ruhe.

**339.**

a) Lageskizze                      Krafteckskizze

$\gamma = 90° + \rho_0 + \beta = 120,17°$

$\alpha - \rho_0 = 2,8278°$

Sinussatz:

$\dfrac{F}{\sin(\alpha - \rho_0)} = \dfrac{G}{\sin\gamma} \longrightarrow F = G\dfrac{\sin(\alpha - \rho_0)}{\sin\gamma}$

$F = 6,9\,\text{kN}\cdot\dfrac{\sin 2,8278°}{\sin 120,17°} = 393,8\,\text{N}$

b) Lageskizze                      Krafteckskizze

$\gamma = 90° - \rho_0 + \beta = 87,83°$

$\alpha + \rho_0 = 35,17°$

$\dfrac{F}{\sin(\alpha + \rho_0)} = \dfrac{G}{\sin\gamma} \longrightarrow F = G\dfrac{\sin(\alpha + \rho_0)}{\sin\gamma}$

$F = 6,9\,\text{kN}\cdot\dfrac{\sin 35,17°}{\sin 87,38°} = 3,978\,\text{kN}$

c) Lageskizze und Krafteckskizze wie Teillösung b.
   An die Stelle von $F_{R0\,\text{max}}$ und $\rho_0$ treten $F_R$ und $\rho$.

$\gamma = 90° - \rho + \beta = 92,14°; \qquad \alpha + \rho = 30,86°$

$F = G\dfrac{\sin(\alpha + \rho)}{\sin\gamma} = 6,9\,\text{kN}\cdot\dfrac{\sin 30,86°}{\sin 92,14°} = 3,542\,\text{kN}$

d) Lageskizze und Krafteckskizze wie Teillösung a.
   An die Stelle von $F_{R0\,\text{max}}$ und $\rho_0$ treten $F_R$ und $\rho$.

$\gamma = 90° + \rho + \beta = 115,86°; \qquad \alpha - \rho = 7,14°$

$F = G\dfrac{\sin(\alpha - \rho)}{\sin\gamma} = 6,9\,\text{kN}\cdot\dfrac{\sin 7,14°}{\sin 115,86°} = 953,3\,\text{N}$

(Kontrollen mit den analytischen Lösungen.)

**340.**

a) Lageskizze 1
   zur Ermittlung des Winkels $\beta$

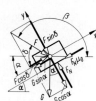

$\quad\text{I. } \Sigma F_x = 0 = F\cos\delta - F_N\,\mu_0 - G\sin\alpha$

$\quad\text{II. } \Sigma F_y = 0 = F_N - F\sin\delta - G\cos\alpha$

$\text{I.} = \text{II.:}\quad F_N = \dfrac{F\cos\delta - G\sin\alpha}{\mu_0} = F\sin\delta + G\cos\alpha$

$\qquad F\cos\delta - G\sin\alpha = F\mu_0\sin\delta + G\mu_0\cos\alpha$

$\qquad \cos\delta - \mu_0\sin\delta = \dfrac{G}{F}\,(\sin\alpha + \mu_0\cos\alpha)$

$\qquad \cos\delta - \dfrac{\sin\rho_0\sin\delta}{\cos\rho_0} = \dfrac{G}{F}\left(\sin\alpha + \dfrac{\sin\rho_0\cos\alpha}{\cos\rho_0}\right)$

$\qquad \dfrac{\cos\delta\cos\rho_0 - \sin\delta\sin\rho_0}{\cos\rho_0} = \dfrac{G}{F}\cdot\dfrac{\sin\alpha\cos\rho_0 + \cos\alpha\sin\rho_0}{\cos\rho_0}$

$\qquad\qquad \cos(\delta + \rho_0) = \dfrac{G}{F}\,\sin(\alpha + \rho_0)$

weiter ist $\delta = 180° + \alpha - \beta = 185° - \beta$

$\cos(185° - \beta + \rho_0) = \dfrac{G}{F}\,\sin(\alpha + \rho_0)$

$\cos(197,95° - \beta) = \dfrac{G}{F}\,\sin 17,95° = 0,30823\,\dfrac{G}{F}$

Lageskizze 2
zur Ermittlung des Winkels $\gamma$

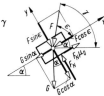

I. $\Sigma F_x = 0 = F_N \mu_0 - G \sin\alpha - F \cos\epsilon$
II. $\Sigma F_y = 0 = F_N - G \cos\alpha - F \sin\epsilon$

I. = II.:  $F_N = \dfrac{F\cos\epsilon + G\sin\alpha}{\mu_0} = F\sin\epsilon + G\cos\alpha$

$F\cos\epsilon + G\sin\alpha = F\mu_0\sin\epsilon + G\mu_0\cos\alpha$

$\cos\epsilon - \mu_0\sin\epsilon = \dfrac{G}{F}(\mu_0\cos\alpha - \sin\alpha)$

$\cos\epsilon - \dfrac{\sin\rho_0\sin\epsilon}{\cos\rho_0} = \dfrac{G}{F}\left(\dfrac{\sin\rho_0\cos\alpha}{\cos\rho_0} - \sin\alpha\right)$

$\dfrac{\cos\epsilon\cos\rho_0 - \sin\epsilon\sin\rho_0}{\cos\rho_0} = \dfrac{G}{F}\cdot\dfrac{\sin\rho_0\cos\alpha - \cos\rho_0\sin\alpha}{\cos\rho_0}$

$\cos(\epsilon + \rho_0) = \dfrac{G}{F}\sin(\rho_0 - \alpha)$

weiter ist $\epsilon = \gamma - \alpha$

$\cos(\gamma - \alpha + \rho_0) = \dfrac{G}{F}\sin(\rho_0 - \alpha)$

$\cos(\gamma + 7{,}95°) = \dfrac{G}{F}\sin 7{,}95° = 0{,}13836\,\dfrac{G}{F}$

b) je größer $G$, desto größer wird $\beta$ und desto kleiner wird $\gamma$.

c) je größer $F$, desto kleiner wird $\beta$ und desto größer wird $\gamma$.


**Symmetrische Prismenführung, Zylinderführung**

**345.**

a) $\mu' = \dfrac{\mu}{\sin\alpha} = \dfrac{0{,}11}{\sin 45°} = 0{,}1556$

b) Lageskizze 1 (Ausführung nach 311)

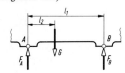

II. $\Sigma F_y = 0 = F_A + F_B - G$
III. $\Sigma M_{(A)} = 0 = F_B l_1 - G l_2$

III. $F_B = G\,\dfrac{l_2}{l_1} = 1650\,\text{N}\cdot\dfrac{180\,\text{mm}}{520\,\text{mm}} = 571{,}2\,\text{N}$

II. $F_A = G - F_B = 1650\,\text{N} - 571{,}2\,\text{N} = 1078{,}8\,\text{N}$

Lageskizze 2 (Führungsbahn $A$, neu)

$F_{RA} = F_A\mu' = 1078{,}8\,\text{N}\cdot 0{,}1556 = 167{,}83\,\text{N}$

Verschiebekraft $F = F_{RA} + F_{RB} = F_{RA} + F_B\mu$
$F = 167{,}83\,\text{N} + 571{,}2\,\text{N}\cdot 0{,}11 = 230{,}7\,\text{N}$

**346.**

*Rechnerische Lösung:*

a) Lageskizze

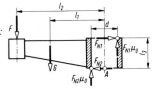

I. $\Sigma F_x = 0 = F_{N1} - F_{N2}$;   $F_{N1} = F_{N2} = F_N$
II. $\Sigma F_y = 0 = 2F_N\mu_0 - G - F$
III. $\Sigma M_{(A)} = 0 = G l_1 + F l_2 - F_N l_3 - F_N \mu_0\dfrac{d}{2} + F_N \mu_0\dfrac{d}{2}$

II. $F_N = \dfrac{G+F}{2\mu_0}$;  in III. eingesetzt:

III. $0 = G l_1 + F l_2 - \dfrac{G+F}{2\mu_0}\, l_3$

$l_3 = 2\mu_0\,\dfrac{G l_1 + F l_2}{G+F}$

$l_3 = 2\cdot 0{,}15\cdot\dfrac{400\,\text{N}\cdot 250\,\text{mm} + 350\,\text{N}\cdot 400\,\text{mm}}{400\,\text{N} + 350\,\text{N}} = 96\,\text{mm}$

b) $l_3 = 2\mu_0\,\dfrac{G l_1 + 0}{G + 0} = 2\mu_0 l_1 = 2\cdot 0{,}15\cdot 250\,\text{mm} = 75\,\text{mm}$

Die Buchse ist mit 96 mm zu lang für Selbsthemmung, also rutscht der Tisch.

c) je länger die Führungsbuchse ist, desto leichter gleitet sie.

*Zeichnerische Lösung:*

a) Lageplan ($M_L = 10\,\frac{\text{cm}}{\text{cm}}$)   Kräfteplan ($M_K = 500\,\frac{\text{N}}{\text{cm}}$)

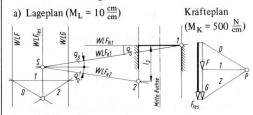

*Lösungsweg:*
Mitte Buchse festlegen.
Buchsen-Innenwände, WL $G$ und WL $F$ maßstäblich aufzeichnen.
Kräfteplan zeichnen, mit Seileckverfahren WL $F_{res}$ ermitteln.
Punkt 1 auf der rechten Innenwand beliebig festlegen (= Oberkante Buchse).
WL $F_{N1}$ durch Punkt 1 legen.
Unter $\rho_0 = 8{,}53°$ dazu WL $F_{e1}$ durch Punkt 1 legen und mit WL $F_{res}$ zum Schnitt $S$ bringen.
WL $F_{e2}$ unter dem Winkel $\rho_0$ zur Waagerechten durch $S$ legen und zum Schnitt 2 mit der linken Innenwand bringen.

**347.**

a) Lageskizze

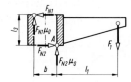

I. $\Sigma F_x = 0 = F_{N2} - F_{N1}$ ; $F_{N1} = F_{N2} = F_N$

II. $\Sigma F_y = 0 = 2F_N \mu_0 - F_1$

III. $\Sigma M_{(A)} = 0 = F_N l_3 - F_N \mu_0 b - F_1 l_1$

II. $F_N = \dfrac{F_1}{2\mu_0}$ ; in III. eingesetzt:

III. $0 = F_1 \dfrac{l_3}{2\mu_0} - F_1 \dfrac{\mu_0 b}{2\mu_0} - F_1 l_1 \;\Big|: F_1$

$0 = \dfrac{l_3}{2\mu_0} - \dfrac{b}{2} - l_1$

$l_1 = \dfrac{l_3 - \mu_0 b}{2\mu_0} = \dfrac{50\,\text{mm} - 0,15 \cdot 30\,\text{mm}}{2 \cdot 0,15} = 151,7\,\text{mm}$

Prüfen Sie mit der zeichnerischen Lösung nach!

b) Lageskizze

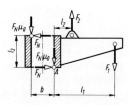

Wie in Lösung a) sind beide Normalkräfte $F_N$ gleich groß. Die Reibkräfte wirken beim Anheben nach unten.

II. $\Sigma F_y = 0 = F_2 - F_1 - 2F_N \mu_0$

III. $\Sigma M_{(A)} = 0 = F_2 l_2 + F_N l_3 + F_N \mu_0 b - F_1 l_1$

II. $F_N = \dfrac{F_2 - F_1}{2\mu_0}$ ; in III. eingesetzt:

III. $0 = F_2 l_2 + (F_2 - F_1)\dfrac{l_3}{2\mu_0} + (F_2 - F_1)\dfrac{b}{2} - F_1 l_1$

$0 = F_2 l_2 + F_2 \dfrac{l_3}{2\mu_0} - F_1 \dfrac{l_3}{2\mu_0} + F_2 \dfrac{b}{2} - F_1 \dfrac{b}{2} - F_1 l_1$

$F_2 \left( l_2 + \dfrac{l_3}{2\mu_0} + \dfrac{b}{2} \right) = F_1 \left( l_1 + \dfrac{l_3}{2\mu_0} + \dfrac{b}{2} \right)$

$= F_1 \left( \dfrac{l_3 - \mu_0 b}{2\mu_0} + \dfrac{l_3}{2\mu_0} + \dfrac{b}{2} \right)$

$F_2 = F_1 \dfrac{2l_3}{2\mu_0 l_2 + l_3 + \mu_0 b}$

$F_2 = 500\,\text{N} \cdot \dfrac{2 \cdot 50\,\text{mm}}{2 \cdot 0,15 \cdot 20\,\text{mm} + 50\,\text{mm} + 0,15 \cdot 30\,\text{mm}}$

$F_2 = 826,4\,\text{N}$

**Tragzapfen (Querlager)**

**349.**

a) Lageskizze

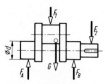

$\Sigma F_y = 0 = F_A + F_B - G - F_1 - F_2$

$F_A + F_B = G + F_1 + F_2$

Da beide Lagerzapfen den gleichen Durchmesser haben, dürfen beide Zapfenreibkräfte zur Gesamtreibkraft zusammengefaßt werden.

$F_{R\,\text{ges}} = F_{RA} + F_{RB} = F_A \mu + F_B \mu = (F_A + F_B)\mu$

$F_{R\,\text{ges}} = (G + F_1 + F_2)\mu = 133\,\text{kN} \cdot 0,08 = 10,64\,\text{kN}$

b) $M = F_{R\,\text{ges}} \dfrac{d}{2} = 10,64\,\text{kN} \cdot 0,205\,\text{m} = 2,181\,\text{kNm}$

**350.**

a) $M_R = F_{\text{ges}} r = 4 F \mu r = 4 \cdot 1,5 \cdot 10^3\,\text{N} \cdot 9 \cdot 10^{-3} \cdot 0,036\,\text{m}$

$M_R = 1,944\,\text{Nm}$

b) $P_{\text{rot}} = \dfrac{Mn}{9550} = \dfrac{1,944 \cdot 3200}{9550}\,\text{kW} = 0,6514\,\text{kW}$

c) $P = \dfrac{W}{t} = \dfrac{P_{\text{rot}}}{4}$

$W = \dfrac{P_{\text{rot}}\, t}{4} = \dfrac{651,4\,\text{W} \cdot 60\,\text{s}}{4} = 9771\,\text{J}$

**351.**

a) $P_{ab} = P_{an}\, \eta = 150\,\text{kW} \cdot 0,989 = 148,35\,\text{kW}$

$P_R = P_{an} - P_{ab} = 150\,\text{kW} - 148,35\,\text{kW} = 1,65\,\text{kW}$

b) $M_R = 9550 \dfrac{P_R}{n} = 9550 \cdot \dfrac{1,65}{355} = 44,39\,\text{Nm}$

c) Lageskizze

II. $\Sigma F_y = 0 = F_A + F_B - F_1 - F_2$

III. $\Sigma M_{(B)} = 0 = F_A (l_1 + l_2) - F_1 (l_1 + l_2 + l_3) - F_2 l_1$

III. $F_A = \dfrac{F_1 (l_1 + l_2 + l_3) + F_2 l_1}{l_1 + l_2}$

$F_A = \dfrac{10,2\,\text{kN} \cdot 0,46\,\text{m} + 25\,\text{kN} \cdot 0,23\,\text{m}}{0,35\,\text{m}} = 29,83\,\text{kN}$

II. $F_B = F_1 + F_2 - F_A = 10,2\,\text{kN} + 25\,\text{kN} - 29,83\,\text{kN}$

$F_B = 5,37\,\text{kN}$

d) $M_R = M_{RA} + M_{RB} = F_{RA} r_A + F_{RB} r_B = F_A \mu r_A + F_B \mu r_B$

$M_R = \mu(F_A r_A + F_B r_B)$

$$\mu = \frac{M_R}{F_A r_A + F_B r_B}$$

$$\mu = \frac{44,39 \cdot 10^3 \, \text{Nmm}}{29,83 \cdot 10^3 \, \text{N} \cdot 30 \, \text{mm} + 5,37 \cdot 10^3 \, \text{N} \cdot 25 \, \text{mm}}$$

$\mu = 0,04313$

e) $M_A = F_A \mu r_A = 29,83 \cdot 10^3 \, \text{N} \cdot 0,04313 \cdot 30 \cdot 10^{-3} \, \text{m}$

$M_A = 38,60 \, \text{Nm}$

$M_B = F_B \mu r_B = 5,37 \cdot 10^3 \, \text{N} \cdot 0,04313 \cdot 25 \cdot 10^{-3} \, \text{m}$

$M_B = 5,785 \, \text{Nm}$

f) $W_A = M_{RA} \varphi = M_{RA} \cdot 2\pi z$

$W_A = 38,60 \, \text{Nm} \cdot 2\pi \cdot 355 = 86103 \, \text{J}$

$W_B = M_{RB} \cdot 2\pi z = 5,785 \, \text{Nm} \cdot 2\pi \cdot 355 = 12905 \, \text{J}$

**352.**

a) $M_R = 9550 \dfrac{P}{n} = 9550 \cdot \dfrac{3}{2860} \, \text{Nm} = 10,02 \, \text{Nm}$

$$F_R = \frac{2M_R}{d_1} = \frac{2 \cdot 10,02 \, \text{Nm}}{0,14 \, \text{m}} = 143,1 \, \text{N}$$

b) $F_R = F_N \mu \longrightarrow F_N = \dfrac{F_R}{\mu} = \dfrac{143,1 \, \text{N}}{0,175} = 817,8 \, \text{N}$

c), d)  Lageskizze

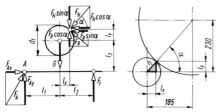

$\alpha = \arctan \dfrac{230 \, \text{mm}}{185 \, \text{mm}} = 51,19°$

$l_x = r_1 \cos\alpha = 70 \, \text{mm} \cdot \cos 51,19° = 43,87 \, \text{mm}$

$l_y = r_1 \sin\alpha = 70 \, \text{mm} \cdot \sin 51,19° = 54,54 \, \text{mm}$

I. $\Sigma F_x = 0 = F_{Ax} - F_N \cos\alpha - F_R \sin\alpha$

II. $\Sigma F_y = 0 = F_{Ay} + F_f - G - F_N \sin\alpha + F_R \cos\alpha$

III. $\Sigma M_{(A)} = 0 = F_f(l_1 + l_2) + F_R \cos\alpha(l_1 + l_x)$
$\qquad + F_R \sin\alpha(l_3 + l_y) + F_N \cos\alpha(l_3 + l_y)$
$\qquad - G l_1 - F_N \sin\alpha(l_1 + l_x)$

III. $F_f = \dfrac{G l_1 + (F_N \sin\alpha - F_R \cos\alpha)(l_1 + l_x) - (F_N \cos\alpha + F_R \sin\alpha)(l_3 + l_y)}{l_1 + l_2}$

$F_f = 190,4 \, \text{N}$

I. $F_{Ax} = F_N \cos\alpha + F_R \sin\alpha$

$F_{Ax} = 817,8 \, \text{N} \cdot \cos 51,19° + 143,1 \, \text{N} \cdot \sin 51,19°$

$F_{Ax} = 624 \, \text{N}$

II. $F_{Ay} = G + F_N \sin\alpha - F_f - F_R \cos\alpha$

$F_{Ay} = 430 \, \text{N} + 817,8 \, \text{N} \cdot \sin 51,19°$
$\qquad - 190,4 \, \text{N} - 143,1 \, \text{N} \cdot \cos 51,19° = 787,1 \, \text{N}$

$F_A = \sqrt{F_{Ax}^2 + F_{Ay}^2} = \sqrt{(624 \, \text{N})^2 + (787,1 \, \text{N})^2}$

$F_A = 1004 \, \text{N}$

e) $i = \dfrac{n_1}{n_2} = \dfrac{d_2}{d_1}$

$n_2 = n_1 \dfrac{d_1}{d_2} = 2860 \, \text{min}^{-1} \cdot \dfrac{140 \, \text{mm}}{450 \, \text{mm}} = 889,8 \, \text{min}^{-1}$

f) In den Lagern der Gegenradwelle wird die Resultierende aus Normalkraft $F_N$ und Reibkraft $F_R$ abgestützt:

$F_{res} = \sqrt{F_N^2 + F_R^2} = \sqrt{(817,8 \, \text{N})^2 + (143,1 \, \text{N})^2} = 830,2 \, \text{N}$

$M_R = F_{res} \, \mu r_3 = 830,2 \, \text{N} \cdot 0,06 \cdot 0,02 \, \text{m} = 0,9962 \, \text{Nm}$

g) $P_R = \dfrac{M_R n_2}{9550} = \dfrac{0,9962 \cdot 889,8}{9550} \, \text{kW} = 0,09282 \, \text{kW} = 92,82 \, \text{W}$

h) $\dfrac{92,82 \, \text{W}}{3000 \, \text{W}} \cdot 100\% = 3,094\%$

### Spurzapfen (Längslager)

**353.**

a) $P_R = \dfrac{M_R n}{9550} = \dfrac{F \mu r_m n}{9550}$

$P_R = \dfrac{160 \cdot 10^3 \, \text{N} \cdot 0,06 \cdot 0,165 \, \text{m} \cdot 120}{9550} \, \text{kW} = 19,9 \, \text{kW}$

b) $\dfrac{P_R}{P} \cdot 100\% = \dfrac{19,9 \, \text{kW}}{1320 \, \text{kW}} \cdot 100\% = 1,508\%$

**354.**

a) $M_R = F \mu r_m = 20\,000 \, \text{N} \cdot 0,08 \cdot 0,04 \, \text{m} = 64 \, \text{Nm}$

b) $P_R = \dfrac{M_R n}{9550} = \dfrac{64 \cdot 150}{9550} \, \text{kW} = 1,005 \, \text{kW}$

c) $W = P_R t = 1005 \, \text{W} \cdot 60 \, \text{s} = 60314 \, \text{J} \approx 60,31 \, \text{kJ}$

**355.**

a) $M_R = F \mu r_m = 4500 \, \text{N} \cdot 0,07 \cdot 0,025 \, \text{m} = 7,875 \, \text{Nm}$

b) $P_R = \dfrac{M_R n}{9550} = \dfrac{7,875 \cdot 355}{9550} = 0,2927 \, \text{kW}$

c) $W = P_R t = 0,2927 \, \text{kW} \cdot 3600 \, \text{s} = 1054 \, \text{kJ} = 1,054 \, \text{MJ}$

**356.**

Lageskizze

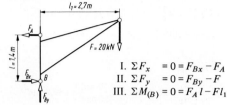

I. $\Sigma F_x \quad = 0 = F_{Bx} - F_A$

II. $\Sigma F_y \quad = 0 = F_{By} - F$

III. $\Sigma M_{(B)} = 0 = F_A\, l - Fl_1$

a) III. $F_A = \dfrac{Fl_1}{l} = \dfrac{20\,\text{kN} \cdot 2,7\,\text{m}}{1,4\,\text{m}} = 38,57\,\text{kN}$

b) I. $F_{Bx} = F_A = 38,57\,\text{kN}$

c) II. $F_{By} = F = 20\,\text{kN}$

d) $F_{RA} = F_A\,\mu = 38,57\,\text{kN} \cdot 0,12 = 4,629\,\text{kN}$
$F_{RBx} = F_{Bx}\,\mu = 38,57\,\text{kN} \cdot 0,12 = 4,629\,\text{kN}$
$F_{RBy} = F_{By}\,\mu = 20\,\text{kN} \cdot 0,12 = 2,4\,\text{kN}$

e) $M_A = F_{RA}\,r = 4629\,\text{N} \cdot 0,04\,\text{m} = 185,1\,\text{Nm}$
$M_{Bx} = M_A = 185,1\,\text{Nm}$
$M_{By} = F_{RBy}\,r_m = 2400\,\text{N} \cdot 0,02\,\text{m} = 48\,\text{Nm}$

f) $M = M_A + M_{Bx} + M_{By} = 418,3\,\text{Nm}$

g) $M = F_z\,l_1 \longrightarrow F_z = \dfrac{M}{l_1}$

$F_z = \dfrac{418,2\,\text{Nm}}{2,7\,\text{m}} = 154,9\,\text{N}$

## Bewegungsschraube

**357.**

a) $\rho' = \arctan \mu' = \arctan 0,08 = 4,574°$

b) $M_A = F_T\,\dfrac{D}{2} = \dfrac{400\,\text{N} \cdot 86\,\text{cm}}{2} = 17\,200\,\text{Ncm}$

$\alpha = \arctan \dfrac{P}{2\pi r_2} = \arctan \dfrac{10\,\text{mm}}{2\pi \cdot 37,5\,\text{mm}}$
$\alpha = 2,43°$

$M_{RG} = Fr_2 \tan(\alpha + \rho') = M_A$

$F = \dfrac{M_A}{r_2 \tan(\alpha + \rho')} = \dfrac{17\,200\,\text{Ncm}}{3,75\,\text{cm} \cdot \tan(2,43° + 4,574°)}$
$F = 37\,333\,\text{N}$

**358.**

a) $\mu' = \dfrac{\mu}{\cos \frac{\beta}{2}} = \dfrac{0,12}{\cos 15°} = 0,1242$

$\rho' = \arctan \mu' = \arctan 0,1242 = 7,082°$

b) $F = p\,A = 25 \cdot 10^5\,\dfrac{\text{N}}{\text{m}^2} \cdot \dfrac{\pi}{4} \cdot 8^2 \cdot 10^{-4}\,\text{m}^2 = 12\,566\,\text{N}$

c) $M_{RG} = Fr_2 \tan(\alpha + \rho') = F_h\,\dfrac{d_{kr}}{2}$

$\alpha = \arctan \dfrac{P}{2\pi r_2} = \arctan \dfrac{5\,\text{mm}}{2\pi \cdot 12,75\,\text{mm}}$
$\alpha = 3,571°$

$F_h = \dfrac{2\,F r_2 \tan(\alpha + \rho')}{d_{kr}}$

$F_h = \dfrac{2 \cdot 12566\,\text{N} \cdot 12,75\,\text{mm} \cdot \tan(3,571° + 7,082°)}{225\,\text{mm}}$

$F_h = 267,9\,\text{N}$

d) $F_h = \dfrac{2\,F r_2 \tan(\alpha - \rho')}{d_{kr}}$

$F_h = \dfrac{2 \cdot 12566\,\text{N} \cdot 12,75\,\text{mm} \cdot \tan(3,571° - 7,082°)}{225\,\text{mm}}$

$F_h = -87,37\,\text{N}$

(Minusvorzeichen wegen Selbsthemmung)

**359.**

a) $\mu' = \dfrac{\mu}{\cos \frac{\beta}{2}} = \dfrac{0,12}{\cos 15°} = 0,1242$

$\rho' = \arctan \mu' = \arctan 0,1242 = 7,082°$

b) $\alpha = \arctan \dfrac{P}{2\pi r_2} = \arctan \dfrac{7\,\text{mm}}{2\pi \cdot 18,25\,\text{mm}} = 3,493°$

$M_{RG} = Fr_2 \tan(\alpha + \rho')$
$M_{RG} = 11 \cdot 10^3 \cdot 18,25 \cdot 10^{-3}\,\text{m} \cdot \tan(3,493° + 7,082°)$
$M_{RG} = 37,48\,\text{Nm}$

c) $M_{RA} = F\mu_a r_a = 11 \cdot 10^3\,\text{N} \cdot 0,12 \cdot 30 \cdot 10^{-3}\,\text{m} = 39,6\,\text{Nm}$

d) $M_A = M_{RG} + M_{RA} = 37,48\,\text{Nm} + 39,6\,\text{Nm} = 77,08\,\text{Nm}$

e) $M_A = F_h\,r_h$

$F_h = \dfrac{M_A}{r_h} = \dfrac{77,08\,\text{Nm}}{0,38\,\text{m}} = 202,8\,\text{N}$

**360.**

a) $\mu' = \dfrac{\mu}{\cos \frac{\beta}{2}} = \dfrac{0,08}{\cos 15°} = 0,0828$

$\rho' = \arctan \mu' = \arctan 0,0828 = 4,735°$

b) $\alpha = \arctan \dfrac{3\,P}{2\pi r_2} = \arctan \dfrac{3 \cdot 12\,\text{mm}}{2\pi \cdot 52\,\text{mm}}$

$\alpha = 6,288°$ (*Hinweis*: Das Gewinde ist 3-gängig.)

$M_{RG} = F_1\,r_2 \tan(\alpha + \rho')$
$M_{RG} = 240 \cdot 10^3\,\text{N} \cdot 52 \cdot 10^{-3}\,\text{m} \cdot \tan(6,288° + 4,735°)$
$M_{RG} = 2431\,\text{Nm}$

c) $M_A = M_{RG} = F_{R2}\,\dfrac{d}{2} \longrightarrow F_{R2} = \dfrac{2\,M_{RG}}{d}$

$F_{R2} = \dfrac{2 \cdot 2431\,\text{Nm}}{0,85\,\text{m}} = 5720\,\text{N}$

d) $F_2 = \dfrac{F_{R2}}{\mu} = \dfrac{5720\,\text{N}}{0,28} = 20428\,\text{N}$

e) $\eta = \dfrac{\tan \alpha}{\tan(\alpha + \rho')}$

$\eta = \dfrac{\tan 6,288°}{\tan(6,288° + 4,735°)} = 0,5657$

f) nein, weil der Reibwinkel $\rho'$ kleiner als der Steigungswinkel $\alpha$ ist.

**361.**

a) $\mu' = \dfrac{\mu}{\cos\frac{\beta}{2}} = \dfrac{0{,}12}{\cos 15°} = 0{,}1242$

$\rho' = \arctan\mu' = \arctan 0{,}1242 = 7{,}082°$

b) $\alpha = \arctan\dfrac{2P}{2\pi r_2} = \arctan\dfrac{2\cdot 10\,\text{mm}}{2\pi\cdot 35\,\text{mm}} = 5{,}197°$

$M_{RG} = F\,r_2\tan(\alpha + \rho')$

$M_{RG} = 25\cdot 10^3\,\text{N}\cdot 35\cdot 10^{-3}\,\text{m}\cdot\tan(5{,}197° + 7{,}082°)$

$M_{RG} = 190{,}4\,\text{Nm}$

c) $F_u = F\tan(\alpha + \rho') = 25000\,\text{N}\cdot\tan(5{,}197° + 7{,}082°)$

$F_u = 5441\,\text{N}$

d) $\eta = \dfrac{\tan\alpha}{\tan(\alpha + \rho')} = \dfrac{\tan 5{,}197°}{\tan(5{,}197° + 7{,}082°)} = 0{,}4179$

e) $M_A = F[r_2\tan(\alpha + \rho') + \mu_a r_a]$

$M_A = 25\cdot 10^3\,\text{N}\cdot[35\cdot 10^{-3}\,\text{m}\cdot\tan 12{,}279° + 0{,}15\cdot 70\cdot 10^{-3}\,\text{m}]$

$M_A = 452{,}9\,\text{Nm}$

f) Der Wirkungsgrad von Schraube + Auflage ist das Verhältnis der Hubarbeit je Umdrehung (Nutzarbeit) zur Dreharbeit an der Spindel je Umdrehung (aufgewendete Arbeit):

$\eta_{S+A} = \dfrac{F\cdot 2P}{M_s\cdot 2\pi} = \dfrac{25\cdot 10^3\,\text{N}\cdot 2\cdot 10\cdot 10^{-3}\,\text{m}}{452{,}9\,\text{Nm}\cdot 2\pi\,\text{rad}} = 0{,}1757$

g) $\eta_{ges} = \eta_{Getr}\cdot\eta_{S+A} = 0{,}65\cdot 0{,}1757 = 0{,}1142$

h) Hubleistung = Hubkraft $\times$ Hubgeschwindigkeit:

$P_h = 4F\upsilon = 4\cdot 25\cdot 10^3\,\text{N}\cdot\dfrac{1}{60}\,\dfrac{\text{m}}{\text{s}} = 1{,}667\,\text{kW}$

i) $\eta_{ges} = \dfrac{P_h}{P_{mot}} \longrightarrow P_{mot} = \dfrac{P_h}{\eta_{ges}} = \dfrac{1{,}667\,\text{kW}}{0{,}1142} = 14{,}59\,\text{kW}$

**Befestigungsschraube**

**362.**

a) $F = 2F_R = 2F_N\mu$

$F_N = \dfrac{F}{2\mu} = \dfrac{4\,\text{kN}}{2\cdot 0{,}15} = 13{,}33\,\text{kN}$

b) $M_A = F_N[r_2\tan(\alpha + \rho') + \mu_a r_a]$

$\alpha = \arctan\dfrac{P}{2\pi r_2} = \arctan\dfrac{1{,}75\,\text{mm}}{2\pi\cdot 5{,}4315\,\text{mm}}$

$\alpha = 2{,}935°$

$\rho' = \arctan\mu' = \arctan 0{,}25 = 14{,}036°$

$r_a = 0{,}7\,d = 0{,}7\cdot 12\,\text{mm} = 8{,}4\,\text{mm}$

$M_A = 13{,}33\cdot 10^3\,\text{N}\cdot(5{,}4315\cdot 10^{-3}\,\text{m}\cdot\tan 16{,}972° + 0{,}15\cdot 8{,}4\cdot 10^{-3}\,\text{m})$

$M_A = 38{,}89\,\text{Nm}$

**363.**

$M_A = F[r_2\tan(\alpha + \rho') + \mu_a r_a]$

$\alpha = \arctan\dfrac{P}{2\pi r_2} = \arctan\dfrac{1{,}5\,\text{mm}}{2\pi\cdot 4{,}513\,\text{mm}} = 3{,}028°$

$\rho' = \arctan\mu' = \arctan 0{,}25 = 14{,}036°$

$r_a = 0{,}7\,d = 0{,}7\cdot 10\,\text{mm} = 7\,\text{mm}$

$F = \dfrac{M_A}{r_2\tan(\alpha + \rho') + \mu_a r_a}$

$F = \dfrac{60\,\text{Nm}}{4{,}513\cdot 10^{-3}\,\text{m}\cdot\tan 17{,}064° + 0{,}15\cdot 7\cdot 10^{-3}\,\text{m}}$

$F = 24{,}64\cdot 10^3\,\text{N} = 24{,}64\,\text{kN}$

**Seilreibung**

**364.**

a) $e^{\mu a} = e^{0{,}55\pi} = 5{,}629$

b) Lageskizze 1

$F_2 = \dfrac{F_1}{e^{\mu a}} = \dfrac{600\,\text{N}}{5{,}629} = 106{,}6\,\text{N}$

Lageskizze 2

$F_1 = F_2\,e^{\mu a} = 600\,\text{N}\cdot 5{,}629 = 3377\,\text{N}$

c) $F_{R1} = F_1 - F_2 = 600\,\text{N} - 106{,}6\,\text{N} = 493{,}4\,\text{N}$

$F_{R2} = F_1 - F_2 = 3377\,\text{N} - 600\,\text{N} = 2777\,\text{N}$

**365.**

a) $\alpha = \dfrac{160°}{57{,}3\,\frac{°}{\text{rad}}} = 2{,}793\,\text{rad}$

b) $e^{\mu a} = e^{0{,}3\cdot 2{,}793} = 2{,}311$

c) $F_2 = \dfrac{F_1}{e^{\mu a}} = \dfrac{890\,\text{N}}{2{,}311} = 385{,}1\,\text{N}$

d) $F_R = F_1 - F_2 = 890\,\text{N} - 385{,}1\,\text{N} = 504{,}9\,\text{N}$

e) $P = F_R\upsilon = 504{,}9\,\text{N}\cdot 18{,}8\,\dfrac{\text{m}}{\text{s}} = 9492\,\text{W}$

**366.**

a) Erforderliche Reibkraft:

$F_R = \dfrac{P}{\upsilon} = \dfrac{11500\,\text{W}}{18{,}8\,\frac{\text{m}}{\text{s}}} = 611{,}7\,\text{N}$

Spannkraft im ablaufenden Trum:

$F_2 = F_1 - F_R = 890\,\text{N} - 611{,}7\,\text{N} = 278{,}3\,\text{N}$

b) $e^{\mu a} = \dfrac{F_1}{F_2} = \dfrac{890\,\text{N}}{278{,}3\,\text{N}} = 3{,}198$

$\ln e^{\mu a} = \mu\alpha\ln e \longrightarrow \alpha = \dfrac{\ln e^{\mu a}}{\mu\ln e}$

$\alpha = \dfrac{\ln 3{,}198}{0{,}3} = 3{,}875\,\text{rad}$

$\alpha = 3{,}875\,\text{rad}\cdot\dfrac{180°}{\pi\,\text{rad}} = 222°$

**367.**

a) $\alpha = 2\pi$ rad;  $e^{\mu a} = 2{,}566$

$$F_2 = \frac{F_1}{e^{\mu a}} = \frac{25\,\text{kN}}{2{,}566} = 9{,}742\,\text{kN}$$

b) $\alpha = 6\pi$ rad;  $e^{\mu a} = 16{,}9$

$$F_2 = \frac{25\,\text{kN}}{16{,}9} = 1{,}479\,\text{kN}$$

c) $\alpha = 10\pi$ rad;  $e^{\mu a} = 111{,}32$

$$F_2 = \frac{25\,\text{kN}}{111{,}32} = 0{,}2246\,\text{kN}$$

**368.**

a) $\alpha = 4\pi$ rad $= 12{,}57$ rad

b) $e^{\mu a} = e^{0{,}18 \cdot 4\pi} = 9{,}6$

c) $F_2 = \frac{F_1}{e^{\mu a}} = \frac{1600\,\text{N}}{9{,}6} = 166{,}6\,\text{N}$

**369.**

a) Lageskizze

$$\Sigma F_y = 0 = F_N - G\cos\alpha$$
$$F_N = G\cos\alpha = 36\,\text{kN} \cdot \cos 30°$$
$$F_N = 31{,}18\,\text{kN}$$

b) $F_z = G(\sin\alpha - \mu_r \cos\alpha)$

$F_z = 36\,\text{kN}\,(\sin 30° - 0{,}18 \cdot \cos 30°) = 12{,}39\,\text{kN}$

c) $e^{\mu a} = \dfrac{F_1}{F_2} = \dfrac{F_z}{F_2} = \dfrac{12390\,\text{N}}{400\,\text{N}} = 30{,}97$

d) $\ln e^{\mu a} = \mu_s\,\alpha \ln e$

$$\alpha = \frac{\ln e^{\mu a}}{\mu_s \ln e} = \frac{\ln 30{,}97}{0{,}22} = 15{,}6\,\text{rad}$$

$$\alpha = 15{,}6\,\text{rad} \cdot \frac{180°}{\pi\,\text{rad}} = 894{,}1°$$

e) $z = \dfrac{\alpha}{2\pi} = \dfrac{15{,}6\,\text{rad}}{2\pi\,\text{rad}} = 2{,}484$ Windungen

## Backen- oder Klotzbremse

**370.**

a) Lageskizze
(freigemachter
Bremshebel)

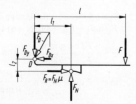

I. $\Sigma F_x \quad = 0 = F_N\mu - F_{Dx}$
II. $\Sigma F_y \quad = 0 = F_N - F - F_{Dy}$
III. $\Sigma M_{(D)} = 0 = F_N l_1 + F_N\mu l_2 - Fl$

III. $F_N = F\,\dfrac{l}{l_1 + \mu l_2}$

$$F_N = 150\,\text{N} \cdot \frac{620\,\text{mm}}{250\,\text{mm} + 0{,}4 \cdot 80\,\text{mm}} = 329{,}8\,\text{N}$$

$$F_R = F_N \mu = 329{,}8\,\text{N} \cdot 0{,}4 = 131{,}9\,\text{N}$$

I. $F_{Dx} = F_N \mu = 131{,}9\,\text{N}$
II. $F_{Dy} = F_N - F = 329{,}8\,\text{N} - 150\,\text{N} = 179{,}8\,\text{N}$

$$F_D = \sqrt{F_{Dx}^2 + F_{Dy}^2} = \sqrt{(131{,}9\,\text{N})^2 + (179{,}8\,\text{N})^2} = 223\,\text{N}$$

b) $M = F_R\,\dfrac{d}{2} = 131{,}9\,\text{N} \cdot 0{,}15\,\text{m} = 19{,}79\,\text{Nm}$

c) Lageskizze
(freigemachter
Bremshebel)

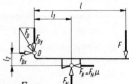

I. $\Sigma F_x \quad = 0 = F_{Dx} - F_N \mu$
II. $\Sigma F_y \quad = 0 = F_N - F - F_{Dy}$
III. $\Sigma M_{(D)} = 0 = F_N l_1 - F_N \mu l_2 - Fl$

III. $F_N = F\,\dfrac{l}{l_1 - \mu l_2} = 150\,\text{N} \cdot \dfrac{620\,\text{mm}}{250\,\text{mm} - 0{,}4 \cdot 80\,\text{mm}}$

$F_N = 426{,}6\,\text{N}$

$F_R = F_N \mu = 426{,}6\,\text{N} \cdot 0{,}4 = 170{,}6\,\text{N}$

I. $F_{Dx} = F_N \mu = 170{,}6\,\text{N}$
II. $F_{Dy} = F_N - F = 426{,}6\,\text{N} - 150\,\text{N} = 276{,}6\,\text{N}$

$$F_D = \sqrt{F_{Dx}^2 + F_{Dy}^2} = \sqrt{(170{,}6\,\text{N})^2 + (276{,}6\,\text{N})^2} = 325\,\text{N}$$

d) $M = F_R\,\dfrac{d}{2} = 170{,}6\,\text{N} \cdot 0{,}15\,\text{m} = 25{,}60\,\text{Nm}$

e) $l_2 = 0$ (Backenbremse mit tangentialem Drehpunkt)

f) $l_1 \leqq \mu l_2$

$$l_2 \geqq \frac{l_1}{\mu} = \frac{250\,\text{mm}}{0{,}4} = 625\,\text{mm}$$

**371.**

a) $M_R = 9550\,\dfrac{P}{n} = 9550 \cdot \dfrac{1}{400}\,\text{Nm} = 23{,}88\,\text{Nm}$

b) $F_R = \dfrac{M_R}{d/2} = \dfrac{23{,}88\,\text{Nm}}{0{,}19\,\text{m}} = 125{,}7\,\text{N}$

c) $F_N = \dfrac{F_R}{\mu} = \dfrac{125{,}7\,\text{N}}{0{,}5} = 251{,}3\,\text{N}$

d) Lageskizze

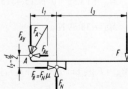

I. $\Sigma F_x \quad = 0 = F_N\mu - F_{Ax}$
II. $\Sigma F_y \quad = 0 = F_N - F_{Ay} - F$
III. $\Sigma M_{(A)} = 0 = F_N l_1 + F_N \mu \left(l_2 - \dfrac{d}{2}\right) - F(l_1 + l_3)$

III. $F = F_N \dfrac{l_1 + \mu(l_2 - \frac{d}{2})}{l_1 + l_3} = 251,3\,\text{N} \cdot \dfrac{120\,\text{mm} + 0,5 \cdot 80\,\text{mm}}{870\,\text{mm}}$

$F = 46,22\,\text{N}$

I. $F_{Ax} = F_N\,\mu = F_R = 125,7\,\text{N}$

II. $F_{Ay} = F_N - F = 251,3\,\text{N} - 46,22\,\text{N} = 205,1\,\text{N}$

$F_A = \sqrt{F_{Ax}^2 + F_{Ay}^2} = \sqrt{(125,7\,\text{N})^2 + (205,1\,\text{N})^2} = 240,5\,\text{N}$

**372.**

Lageskizze

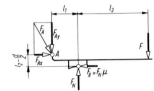

I. $\Sigma F_x = 0 = F_{Ax} - F_N\,\mu$

II. $\Sigma F_y = 0 = F_N - F - F_{Ay}$

III. $\Sigma M_{(A)} = 0 = F_N l_1 - F_N \mu(l_2 - \frac{d}{2}) - F(l_1 + l_3)$

b) III. $F_N = F \dfrac{l_1 + l_3}{l_1 - \mu(l_2 - \frac{d}{2})}$

$F_N = 46,22\,\text{N} \cdot \dfrac{8700\,\text{mm}}{120\,\text{mm} - 0,5 \cdot 80\,\text{mm}} = 502,6\,\text{N}$

$F_R = F_N\,\mu = 502,6\,\text{N} \cdot 0,5 = 251,3\,\text{N}$

a) I. $F_{Ax} = F_N\,\mu = 251,3\,\text{N}$

II. $F_{Ay} = F_N - F = 502,6\,\text{N} - 46,22\,\text{N} = 456,4\,\text{N}$

$F_A = \sqrt{F_{Ax}^2 + F_{Ay}^2} = \sqrt{(251,3\,\text{N})^2 + (456,4\,\text{N})^2} = 521\,\text{N}$

c) $M = F_R \dfrac{d}{2} = 251,3\,\text{N} \cdot 0,19\,\text{m} = 47,75\,\text{Nm}$

d) $P = \dfrac{Mn}{9550} = \dfrac{47,75 \cdot 400}{9550}\,\text{kW} = 2\,\text{kW}$

**373.**

a) $M = F_R\,r \rightarrow F_R = \dfrac{M}{r} = \dfrac{80 \cdot 10^3\,\text{Nmm}}{60\,\text{mm}} = 1333\,\text{N}$

b) $F_N = \dfrac{F_R}{\mu} = \dfrac{1,333\,\text{kN}}{0,1} = 13,33\,\text{kN}$

c) Die Belastung der Gehäusewelle ist gleich der Ersatzkraft $F_e$ aus Reibkraft und Normalkraft:

$F_e = \sqrt{F_N^2 + F_R^2} = \sqrt{(13,33\,\text{kN})^2 + (1,333\,\text{kN})^2} = 13,4\,\text{kN}$

d) Lageskizze

(freigemachter Klemmhebel)

Die Ersatzkraft $F_e$ aus Normalkraft $F_N$ und Reibkraft $F_R$ darf am Klemmhebel kein lösendes (linksdrehendes) Moment hervorrufen, d.h. ihre Wirklinie darf nicht *rechts* vom Hebeldrehpunkt $A$ liegen.

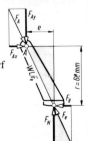

Bei Selbsthemmung muß ihre Wirklinie durch den Drehpunkt $A$ verlaufen (Grenzfall, $M = 0$) oder *links* davon liegen. Aus der Ähnlichkeit der dunklen Dreiecke ergibt sich:

$\dfrac{e}{r} = \dfrac{F_R}{F_N} \rightarrow e = r\dfrac{F_R}{F_N} = r\,\mu = 60\,\text{mm} \cdot 0,1 = 6\,\text{mm}$

e) Die Stützkraft $F_A$ am Hebelbolzen ist gleich der Ersatzkraft aus Normalkraft $F_N$ und Reibkraft $F_R$:

$F_A = F_e = 13,4\,\text{kN}$ \quad (siehe Teillösung c)

f) Aus Teillösung d ($e = r\,\mu$) folgt, daß die Selbsthemmung nur vom Gehäuseradius und der Reibzahl beeinflußt wird, also *nicht* vom Bremsmoment.

**374.**

a) Lageskizze (oberer Bremshebel)

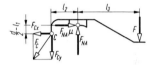

I. $\Sigma F_x = 0 = F_{NA}\,\mu - F_{Cx}$

II. $\Sigma F_y = 0 = F_{NA} - F - F_{Cy}$

III. $\Sigma M_{(C)} = 0 = F_{NA} l_2 - F_{NA}\,\mu(\frac{d}{2} - l_1) - F(l_2 + l_3)$

III. $F_{NA} = F \dfrac{l_2 + l_3}{l_2 - \mu(\frac{d}{2} - l_1)}$

$F_{NA} = 500\,\text{N} \cdot \dfrac{600\,\text{mm}}{180\,\text{mm} - 0,48 \cdot 50\,\text{mm}} = 1923\,\text{N}$

$F_{RA} = F_{NA}\,\mu = 1923\,\text{N} \cdot 0,48 = 923,1\,\text{N}$

I. $F_{Cx} = F_{NA}\,\mu = 923,1\,\text{N}$

II. $F_{Cy} = F_{NA} - F = 1923\,\text{N} - 500\,\text{N} = 1423\,\text{N}$

$F_C = \sqrt{F_{Cx}^2 + F_{Cy}^2} = \sqrt{(923,1\,\text{N})^2 + (1423\,\text{N})^2} = 1696\,\text{N}$

b) Lageskizze (unterer Bremshebel)

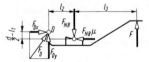

I. $\Sigma F_x = 0 = F_{Dx} - F_{NB}\,\mu$

II. $\Sigma F_y = 0 = F_{Dy} + F - F_{NB}$

III. $\Sigma M_{(D)} = 0 = F(l_2 + l_3) - F_{NB} l_2 - F_{NB}\,\mu(\frac{d}{2} - l_1)$

III. $F_{NB} = F \dfrac{l_2 + l_3}{l_2 + \mu(\frac{d}{2} - l_1)}$

$F_{NB} = 500\,\text{N} \cdot \dfrac{600\,\text{mm}}{180\,\text{mm} + 0,48 \cdot 50\,\text{mm}} = 1471\,\text{N}$

$F_{RB} = F_{NB}\,\mu = 1471\,\text{N} \cdot 0,48 = 705,9\,\text{N}$

I. $F_{Dx} = F_{NB}\mu = 705,9\,\text{N}$

II. $F_{Dy} = F_{NB} - F = 1471\,\text{N} - 500\,\text{N} = 971\,\text{N}$

$F_D = \sqrt{F_{Dx}^2 + F_{Dy}^2} = \sqrt{(705,9\,\text{N})^2 + (971\,\text{N})^2} = 1200\,\text{N}$

c) $M_A = F_{RA}\dfrac{d}{2} = 923,1\,\text{N} \cdot 0,16\,\text{m} = 147,7\,\text{N}$

$M_B = F_{RB}\dfrac{d}{2} = 705,9\,\text{N} \cdot 0,16\,\text{m} = 112,9\,\text{Nm}$

d) $M_{\text{ges}} = M_A + M_B = 260,6\,\text{Nm}$

e) Sowohl die Normalkräfte als auch die Reibkräfte sind an den Bremsbacken $A$ und $B$ verschieden groß, und demzufolge auch die Ersatzkräfte $F_{eA}$ und $F_{eB}$ (zeichnen Sie eine Lageskizze der Bremsscheibe mit Welle!). Die Bremsscheibenwelle wird mit der Differenz der beiden Ersatzkräfte belastet.

$F_{eA} = \sqrt{F_{NA}^2 + F_{RA}^2} = \sqrt{(1923\,\text{N})^2 + (923,1\,\text{N})^2} = 2133,1\,\text{N}$

$F_{eB} = \sqrt{F_{NB}^2 + F_{RB}^2} = \sqrt{(1471\,\text{N})^2 + (705,9\,\text{N})^2} = 1631,2\,\text{N}$

$F_w = F_{eA} - F_{eB} = 501,9\,\text{N}$

**375.**

a) *Lösungshinweis:* Die Bremsscheibe sitzt auf der Antriebswelle des Hubgetriebes. Beim Lasthalten sind Antriebs- und Abtriebsseite vertauscht: Das Lastdrehmoment ist das Antriebsmoment $M_1 = 3700\,\text{Nm}$, das Übersetzungsverhältnis kehrt sich um ($i_r = \dfrac{1}{i} = \dfrac{1}{34,2}$).

$M_2 = M_b = M_1 i_r \eta$

$M_b = 3700\,\text{Nm} \cdot \dfrac{1}{34,2} \cdot 0,86 = 93,04\,\text{Nm}$

b) $M_{b\,\text{max}} = \nu M_b = 3 \cdot 93,04\,\text{Nm} = 279,1\,\text{Nm}$

c) $M_{b\,\text{max}} = F_R d \longrightarrow F_R = \dfrac{M_{b\,\text{max}}}{d}$

$F_R = \dfrac{279,1\,\text{Nm}}{0,32\,\text{m}} = 872,3\,\text{N}$

d) $F_N = \dfrac{F_R}{\mu} = \dfrac{872,3\,\text{N}}{0,5} = 1745\,\text{N}$

e) Lageskizze

Beide Bremshebel haben tangentialen Drehpunkt.

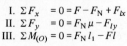

I. $\Sigma F_x = 0 = F - F_N + F_{lx}$

II. $\Sigma F_y = 0 = F_N\mu - F_{ly}$

III. $\Sigma M_{(O)} = 0 = F_N l_1 - Fl$

III. $F = F_N\dfrac{l_1}{l} = 1745\,\text{N} \cdot \dfrac{180\,\text{mm}}{480\,\text{mm}} = 654,2\,\text{N}$

f) I. $F_{lx} = F_N - F = 1745\,\text{N} - 654,2\,\text{N} = 1090,3\,\text{N}$

II. $F_{ly} = F_N\mu = 872,3\,\text{N}$

$F_l = \sqrt{F_{lx}^2 + F_{ly}^2} = \sqrt{(1090,3\,\text{N})^2 + (872,3\,\text{N})^2} = 1396\,\text{N}$

**Bandbremse**

**376.**

a) $\alpha = \dfrac{225°}{360°} \cdot 2\pi\,\text{rad} = 3,927\,\text{rad}$

b) $e^{\mu a} = e^{0,3 \cdot 3,927} = 3,248$

c) Lageskizze
(freigemachter Bremshebel)

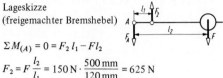

$\Sigma M_{(A)} = 0 = F_2 l_1 - Fl_2$

$F_2 = F\dfrac{l_2}{l_1} = 150\,\text{N} \cdot \dfrac{500\,\text{mm}}{120\,\text{mm}} = 625\,\text{N}$

d) $F_1 = F_2 e^{\mu a} = 625\,\text{N} \cdot 3,248 = 2030\,\text{N}$

e) $F_R = F_1 - F_2 = 2030\,\text{N} - 625\,\text{N} = 1405\,\text{N}$

f) $M = F_R r = 1405\,\text{N} \cdot 0,15\,\text{m} = 210,8\,\text{Nm}$

**377.**

a) $M = F_R r$ $\qquad F_R = \dfrac{M}{r} = \dfrac{70\,\text{Nm}}{0,15\,\text{m}} = 466,7\,\text{N}$

b) $\alpha = \dfrac{270° \cdot \pi\,\text{rad}}{180°} = 4,712\,\text{rad}$

$e^{\mu a} = e^{0,25 \cdot 4,712} = 3,248$

c) $F_1 = F_R\dfrac{e^{\mu a}}{e^{\mu a} - 1}$

$F_1 = 466,7\,\text{N} \cdot \dfrac{3,248}{3,248 - 1} = 674,2\,\text{N}$

d) $F_2 = F_1 - F_R = 674,2\,\text{N} - 466,7\,\text{N} = 207,6\,\text{N}$

e) $F_R = F\dfrac{l}{l_1} \cdot \dfrac{e^{\mu a} - 1}{e^{\mu a} + 1}$

$F = F_R\dfrac{l_1}{l} \cdot \dfrac{e^{\mu a} + 1}{e^{\mu a} - 1} = 466,7\,\text{N} \cdot \dfrac{100\,\text{mm}}{450\,\text{mm}} \cdot \dfrac{4,248}{2,248} = 196\,\text{N}$

f) Lageskizze
(freigemachter
Bremshebel)

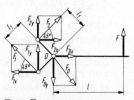

I. $\Sigma F_x = 0 = F_{2x} - F_{1x} + F_{Dx}$

II. $\Sigma F_y = 0 = F + F_{1y} + F_{2y} - F_{Dy}$

I. $F_{Dx} = F_{1x} - F_{2x} = F_1\cos 45° - F_2\cos 45°$

$F_{Dx} = (674,2\,\text{N} - 207,6\,\text{N}) \cdot \cos 45° = 330\,\text{N}$

II. $F_{Dy} = F + F_{1y} + F_{2y} = F + F_1 \sin 45° + F_2 \sin 45°$
$F_{Dy} = 196\,\text{N} + 674,3\,\text{N} \cdot \sin 45° + 207,6\,\text{N} \cdot \sin 45°$
$F_{Dy} = 819,5\,\text{N}$

$$F_D = \sqrt{F_{Dx}^2 + F_{Dy}^2} = \sqrt{(330\text{N})^2 + (819,5\,\text{N})^2}$$
$F_D = 883,4\,\text{N}$

g) Die Drehrichtung der Bremsscheibe hat keinen Einfluß auf die Bremswirkung.

**378.**

a) $\alpha = \dfrac{215° \cdot \pi\,\text{rad}}{180°} = 3,752\,\text{rad}$

$e^{\mu a} = e^{0,18 \cdot 3,752} = 1,965$

b) Lageskizze

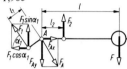

I. $\Sigma F_x = 0 = F_{Ax} - F_1 \cos\alpha_1$
II. $\Sigma F_y = 0 = F_2 + F_1 \sin\alpha_1 - F_{Ay} - F$
III. $\Sigma M_{(A)} = 0 = F_2 l_2 - F l - F_1 l_1$

III. $0 = \dfrac{F_1}{e^{\mu a}} l_2 - F l - F_1 l_1$

$F_1 = F \dfrac{l\, e^{\mu a}}{l_2 - l_1 e^{\mu a}} = 100\,\text{N} \cdot \dfrac{350\text{mm} \cdot 1,965}{90\text{mm} - 30\text{mm} \cdot 1,965}$
$F_1 = 2215\,\text{N}$

$F_2 = \dfrac{F_1}{e^{\mu a}} = \dfrac{2215\,\text{N}}{1,965} = 1127\,\text{N}$

c) $F_R = F_1 - F_2 = 2215\,\text{N} - 1127\,\text{N} = 1088\,\text{N}$
d) $M = F_R r = 1088\,\text{N} \cdot 0,1\,\text{m} = 108,8\,\text{Nm}$
e) I. $F_{Ax} = F_1 \cos\alpha_1 = 2215\,\text{N} \cdot \cos 55° = 1270\,\text{N}$
II. $F_{Ay} = F_2 + F_1 \sin\alpha_1 - F$
$F_{Ay} = 1127\,\text{N} + 2215\,\text{N} \cdot \sin 55° - 100\,\text{N} = 2841\,\text{N}$

$F_A = \sqrt{F_{Ax}^2 + F_{Ay}^2} = \sqrt{(1270\text{N})^2 + (2841\,\text{N})^2} = 3112\,\text{N}$

f) $M = F r l \dfrac{e^{\mu a} - 1}{l_2 - l_1 e^{\mu a}}$

$F = \dfrac{M(l_2 - l_1 e^{\mu a})}{r l (e^{\mu a} - 1)} = \dfrac{70\text{Nm}\,(90\text{mm} - 30\text{mm} \cdot 1,965)}{0,1\,\text{m} \cdot 350\text{mm} \cdot 0,965}$
$F = 64,36\,\text{N}$

## Rollwiderstand (Rollreibung)

**379.**

a) Lageskizze

$\Sigma M_{(D)} = 0 = G \sin\alpha \cdot r - G \cos\alpha \cdot f$

$f = r \dfrac{G \sin\alpha}{G \cos\alpha} = r \tan\alpha = 5\,\text{cm} \cdot \tan 1,1° = 0,096\,\text{cm}$

b) $f = r \tan\alpha \longrightarrow \tan\alpha = \dfrac{f}{r}$

$\alpha = \arctan \dfrac{f}{r} = \arctan \dfrac{0,096\,\text{cm}}{2,5\,\text{cm}} = 2,199°$

**380.**

$F_s = F \dfrac{f}{r} = 2\,\text{kN} \cdot \dfrac{0,06\,\text{cm}}{20\,\text{cm}} = 0,006\,\text{kN} = 6\,\text{N}$

**381.**

a) Lageskizze

$G \cdot 2f = F \cdot 2r$

$F = G \dfrac{f}{r} = 3800\,\text{N} \cdot \dfrac{0,07\,\text{cm}}{1\,\text{cm}} = 266\,\text{N}$

b) Die Diskussion der Gleichung $F = G \dfrac{f}{r}$ ergibt für kleineren Rollenradius $r$ größere Verschiebekraft $F$.

**382.**

a) siehe Lösung 381 a!

$F_{roll} = G \dfrac{f}{r} = 4200\,\text{N} \cdot \dfrac{0,005\,\text{cm}}{0,6\,\text{cm}} = 35\,\text{N}$

b) $M = F_{roll} \dfrac{d}{2} = 35\,\text{N} \cdot 0,34\,\text{m} = 11,9\,\text{Nm}$

**383.**

a) $M_R = F_R \dfrac{d_1}{2} = F \mu \dfrac{d_1}{2} = 30000\text{N} \cdot 0,12 \cdot 0,025\,\text{m} = 90\,\text{Nm}$

b) $M_{roll} = F_{roll} \dfrac{d_1}{2} = F \dfrac{f}{r} \cdot \dfrac{d_1}{2}$

$M_{roll} = 30000\,\text{N} \cdot \dfrac{0,05\,\text{cm}}{0,5\,\text{cm}} \cdot 0,025\,\text{m} = 75\,\text{Nm}$

**384.**

a) Lageskizze

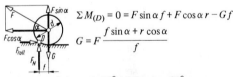

$\Sigma M_{(D)} = 0 = F \sin\alpha f + F \cos\alpha r - G f$

$G = F \dfrac{f \sin\alpha + r \cos\alpha}{f}$

$G = 500\,\text{N} \cdot \dfrac{5,4\,\text{cm} \cdot \sin 30° + 25\,\text{cm} \cdot \cos 30°}{5,4\,\text{cm}} = 2255\,\text{N}$

b) siehe Ansatzgleichung in Teillösung a!
$F \cos\alpha r = G f - F \sin\alpha f$

$r = f \dfrac{G - F \sin\alpha}{F \cos\alpha} = 5,4\,\text{cm} \cdot \dfrac{3000\text{N} - 500\text{N} \cdot \sin 30°}{500\,\text{N} \cdot \cos 30°}$

$r = 34,3\,\text{cm}; \quad d = 2r = 686\,\text{mm}$

**385.**

a) Lageskizze       Krafteckskizze

$F_N = G \sin 45° = 18\,\text{kN} \cdot \sin 45° = 12,73\,\text{kN}$

b) $F = 2 F_N \dfrac{f}{r} = 2 \cdot 12730\,\text{N} \cdot \dfrac{0,07\,\text{cm}}{1,8\,\text{cm}} = 990\,\text{N}$

95

# 4. Dynamik

**Übungen mit dem $v,t$-Diagramm**

**400.** bis **404.** siehe Aufgabensammlung S. 201!

## Gleichförmig geradlinige Bewegung

**405.**
$$v = \frac{\Delta s}{\Delta t} = \frac{1500\,\text{sm} \cdot 1,852\,\frac{\text{km}}{\text{sm}}}{7 \cdot 24\,\text{h} + 19\,\text{h} + 0,2\,\text{h}} = 14,84\,\frac{\text{km}}{\text{h}} = 4,122\,\frac{\text{m}}{\text{s}}$$
(sm = Seemeile)

**406.**
$$v = \frac{\Delta s}{\Delta t} = \frac{h}{\sin\alpha\,\Delta t} = \frac{40\,\text{m}}{\sin 60° \cdot 45\,\text{s}} = 1,026\,\frac{\text{m}}{\text{s}}$$

**407.**
$$v = \frac{\Delta s}{\Delta t} = \frac{92\,\text{m}}{138\,\text{s}} = 0,6667\,\frac{\text{m}}{\text{s}} = 40\,\frac{\text{m}}{\text{min}}$$

**408.**
$$c = 2,998 \cdot 10^{10}\,\frac{\text{cm}}{\text{s}} = 2,998 \cdot 10^8\,\frac{\text{m}}{\text{s}}$$
$$c = \frac{\Delta s}{\Delta t} \Rightarrow \Delta t = \frac{\Delta s}{c} = \frac{1,5 \cdot 10^9\,\text{m}}{2,998 \cdot 10^8\,\frac{\text{m}}{\text{s}}} = 5,003\,\text{s}$$

**409.**
a) $v = \dfrac{\Delta s}{\Delta t} = \dfrac{1\,\text{m}}{12\,\text{min}} = 0,0833\,\dfrac{\text{m}}{\text{min}}$

b) $\Delta t = \dfrac{\Delta s}{v} = \dfrac{3,75\,\text{m}}{0,0833\,\frac{\text{m}}{\text{min}}} = 45\,\text{min}$

**410.**
$$\dot V = \frac{\pi d^2}{4}\,v \quad\longrightarrow\quad v = \frac{4\,\dot V}{\pi d^2}$$
$$v = \frac{4 \cdot 4,8 \cdot 10^2\,\frac{\text{m}^3}{\text{h}}}{\pi\,(0,4\,\text{m})^2} = 3819,7\,\frac{\text{m}}{\text{h}} = 1,061\,\frac{\text{m}}{\text{s}}$$

**411.**
$$v = \frac{2\,\Delta s}{\Delta t} \longrightarrow \Delta s = \frac{v\,\Delta t}{2} = \frac{3 \cdot 10^5\,\frac{\text{km}}{\text{s}} \cdot 200 \cdot 10^{-6}\,\text{s}}{2}$$
$$\Delta s = 30\,\text{km}$$

**412.**
a) $V = A\,l = \dfrac{\pi d^2\,l_\text{B}}{4} \longrightarrow l = \dfrac{\pi d^2\,l_\text{B}}{4A}$
$$l = \frac{\pi\,(30\,\text{cm})^2 \cdot 60\,\text{cm}}{4 \cdot 25\,\text{cm}^2} = 1696\,\text{cm} = 16,96\,\text{m}$$

b) $v = \dfrac{l}{\Delta t} \longrightarrow \Delta t = \dfrac{l}{v} = \dfrac{16,96\,\text{m}}{1,3\,\frac{\text{m}}{\text{min}}} = 13,05\,\text{min}$

c) $v = \dfrac{l_B}{\Delta t} = \dfrac{0,6\,\text{m}}{13,05\,\text{min}} = 0,046\,\dfrac{\text{m}}{\text{min}}$

**413.**
$$\frac{\pi d_2^2}{4}\,v_2 = \frac{\pi d_1^2}{4}\,v_1$$
$$v_2 = v_1\,\frac{d_1^2}{d_2^2} = 2\,\frac{\text{m}}{\text{s}}\left(\frac{2,5\,\text{mm}}{2\,\text{mm}}\right)^2 = 3,125\,\frac{\text{m}}{\text{s}}$$
$$\frac{\pi d_3^2}{4}\,v_3 = \frac{\pi d_1^2}{4}\,v_1$$
$$v_3 = v_1\,\frac{d_1^2}{d_3^2} = 2\,\frac{\text{m}}{\text{s}}\left(\frac{2,5\,\text{mm}}{1,6\,\text{mm}}\right)^2 = 4,883\,\frac{\text{m}}{\text{s}}$$

**414.**
a) $m = V\rho = A^2\,l\rho \longrightarrow l = \dfrac{m}{A^2\rho}$
$$l = \frac{60000\,\text{kg}}{(0,11\,\text{m})^2 \cdot 7850\,\frac{\text{kg}}{\text{m}^3}} = 631,7\,\text{m}$$

b) $v = \dfrac{l}{8\,\Delta t} = \dfrac{631,7\,\text{m}}{8 \cdot 50\,\text{min}} = 1,579\,\dfrac{\text{m}}{\text{min}}$

**415.**

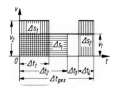

a) $\Delta s_1 = v_2\,\Delta t_1$
$$\Delta t_1 = \frac{\Delta s_1}{v_2} = \frac{20\,\text{km}}{30\,\frac{\text{km}}{\text{h}}}$$
$$\Delta t_1 = \frac{2}{3}\,\text{h} = 40\,\text{min}$$

b) $\Delta s_1 = v_1\,\Delta t_2$
$$\Delta t_2 = \frac{\Delta s_1}{v_1} = \frac{20\,\text{km}}{18\,\frac{\text{km}}{\text{h}}}$$
$$\Delta t_2 = 1,111\,\text{h} = 66,67\,\text{min}$$

c) $\Delta t_3 = \Delta t_\text{ges} - \Delta t_2 - \Delta t_4$
$$\Delta t_4 = \frac{\Delta s_2}{v_2} = \frac{10\,\text{km}}{30\,\frac{\text{km}}{\text{h}}} = \frac{1}{3}\,\text{h} = 20\,\text{min}$$
$$\Delta t_\text{ges} = \frac{\Delta s_\text{ges}}{v_1} = \frac{30\,\text{km}}{18\,\frac{\text{km}}{\text{h}}} = 1,667\,\text{h} = 100\,\text{min}$$
$$\Delta t_3 = 100\,\text{min} - 66,67\,\text{min} - 20\,\text{min} = 13,33\,\text{min}$$

**416.**

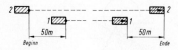

Wagen 2 muß in der Zeit $\Delta t$ einen um $\Delta s = 2 \cdot 50\,\text{m} = 100\,\text{m}$ längeren Weg zurücklegen.
$$\Delta s_2 = \Delta s_1 + \Delta s$$
$$v_2\,\Delta t = v_1\,\Delta t + \Delta s \longrightarrow \Delta t = \frac{\Delta s}{v_2 - v_1}$$
$$\Delta t = \frac{0,1\,\text{km}}{5\,\frac{\text{km}}{\text{h}}} = 0,02\,\text{h} = 72\,\text{s}$$

## Gleichmäßig beschleunigte oder verzögerte Bewegung

**417.**

$$\Delta s = \frac{\Delta v\,\Delta t}{2} = \frac{6\,\frac{m}{s}\cdot 12\,s}{2} = 36\ m$$

**418.**

$$\Delta s = \frac{\Delta v\,\Delta t}{2} \;\longrightarrow\; \Delta t = \frac{2\,\Delta s}{\Delta v} = \frac{2\cdot 100\ m}{10\,\frac{m}{s}} = 20\ s$$

**419.**

$$a = \frac{\Delta v}{\frac{\Delta t}{2}} = \frac{18\,\frac{m}{min}}{0,25\ s} = \frac{0,3\,\frac{m}{s}}{0,25\ s}$$

$$a = 1,2\ \frac{m}{s^2}$$

**420.**

$$I.\ a = \frac{\Delta v}{\Delta t} = \frac{v_0}{\Delta t}$$

$$II.\ \Delta s = \frac{v_0\,\Delta t}{2}$$

a) I. $v_0 = a\,\Delta t = 3,3\,\frac{m}{s^2}\cdot 8,8\ s = 29,04\,\frac{m}{s} = 104,5\,\frac{km}{h}$

b) I. in II. $\Delta s = \frac{a\,(\Delta t)^2}{2} = \frac{3,3\,\frac{m}{s^2}\cdot (8,8\ s)^2}{2} = 127,8\ m$

**421.**

$$I.\ a = g = \frac{\Delta v}{\Delta t} = \frac{v_0}{\Delta t} \;\longrightarrow\; v_0 = g\,\Delta t$$

$$II.\ \Delta s = h = \frac{v_0\,\Delta t}{2} \;\longrightarrow\; \Delta t = \frac{2\,h}{v_0}$$

II. in I. $v_0 = g\,\dfrac{2\,h}{v_0} \;\longrightarrow\; v_0^2 = 2gh$

$$v_0 = \sqrt{2gh} = \sqrt{2\cdot 9,81\,\frac{m}{s^2}\cdot 30\ m} = 24,26\,\frac{m}{s}$$

**422.**

$$a = \frac{\Delta v}{\Delta t} = \frac{v_t}{\Delta t}$$

$$\Delta t = \frac{v_t}{a} = \frac{\frac{70}{3,6}\cdot\frac{m}{s}}{0,18\,\frac{m}{s^2}} = 108\ s$$

**423.**

$v,t$-Diagramm s. Lösung 420!

$$I.\ a = \frac{\Delta v}{\Delta t} = \frac{v_0}{\Delta t}$$

$$II.\ \Delta s = \frac{v_0\,\Delta t}{2} \;\longrightarrow\; \Delta t = \frac{2\,\Delta s}{v_0}$$

$$II.\ in\ I.\ \ a = \frac{v_0^2}{2\,\Delta s} = \frac{1\,\frac{m^2}{s^2}}{2\cdot 0,5\ m} = 1\,\frac{m}{s^2}$$

**424.**

$$I.\ a = \frac{\Delta v}{\Delta t} = \frac{v_0 - v_t}{\Delta t}$$

$$II.\ \Delta s = \frac{(v_0 + v_t)\,\Delta t}{2}$$

a) II. $v_t = \dfrac{2\,\Delta s}{\Delta t} - v_0$

$$v_t = \frac{2\cdot 5\ m}{2,5\ s} - 3,167\,\frac{m}{s} = 0,8333\,\frac{m}{s} = 3\,\frac{km}{h}$$

b) II. in I. $\ a = \dfrac{v_0 - (\frac{2\,\Delta s}{\Delta t} - v_0)}{\Delta t} = \dfrac{2\,(v_0\,\Delta t - \Delta s)}{(\Delta t)^2}$

$$a = \frac{2\,(3,167\,\frac{m}{s}\cdot 2,5\ s - 5\ m)}{(2,5\ s)^2} = 0,9333\,\frac{m}{s^2}$$

**425.**

$$I.\ a = g = \frac{\Delta v}{\Delta t} = \frac{v_t}{\Delta t}$$

$$II.\ h = \frac{v_t\,\Delta t}{2}$$

a) I. $\Delta t = \dfrac{v_t}{g} = \dfrac{40\,\frac{m}{s}}{9,81\,\frac{m}{s^2}} = 4,077\ s$

b) II. $h = \dfrac{40\,\frac{m}{s}\cdot 4,077\ s}{2} = 81,55\ m$

**426.**

$$I.\ a = g = \frac{\Delta v}{\Delta t} = \frac{v_0}{\Delta t}$$

$$II.\quad g = \frac{v_0 - v_t}{\Delta t_1}$$

$$III.\quad h = \frac{v_0\,\Delta t}{2}$$

$$IV.\quad h_1 = \frac{(v_0 + v_t)\,\Delta t_1}{2}$$

a) I. in III. $h = \dfrac{v_0^2}{2g} = \dfrac{(1200\,\frac{m}{s})^2}{2\cdot 9,81\,\frac{m}{s^2}} = 73395\ m$

b) I. $\Delta t = \dfrac{v_0}{g} = \dfrac{1200\,\frac{m}{s}}{9,81\,\frac{m}{s^2}} = 122,3\ s$

c) II. $v_t = v_0 - g\,\Delta t_1$; in IV. $h_1 = v_0\,\Delta t_1 - \dfrac{g\,(\Delta t_1)^2}{2}$

$$(\Delta t_1)^2 - \frac{2\,v_0}{g}\,\Delta t_1 + \frac{2\,h_1}{g} = 0$$

$$(\Delta t_1)^2 - 244,6\ s\cdot\Delta t_1 + 2039\ s^2 = 0$$

Diese gemischt-quadratische Gleichung führt zu zwei Ergebnissen: $\Delta t_1 = 8,64\ s$ und $\Delta t_2 = 236\ s$. Beide sind richtig, denn nach 8,64 s erreicht das Geschoß die Höhe von 10000 m beim Steigen, und nach 236 s befindet es sich beim Fallen wieder in 10000 m Höhe.

**427.**

$\text{I. } a = \dfrac{\Delta v}{\Delta t} = \dfrac{v_t - v_0}{\Delta t}$

$\text{II. } \Delta s = \dfrac{(v_0 + v_t)\,\Delta t}{2}$

a) Nach $\Delta t$ auflösen, gleichsetzen:

$\text{I.} = \text{II. } \Delta t = \dfrac{v_t - v_0}{a} = \dfrac{2\,\Delta s}{v_0 + v_t}$

$v_t = \sqrt{v_0^2 + 2\,a\,\Delta s}$

$v_t = \sqrt{\left(\dfrac{30}{3{,}6}\ \dfrac{m}{s}\right)^2 + 2 \cdot 1{,}1\ \dfrac{m}{s^2} \cdot 400\,m}$

$v_t = 30{,}81\ \dfrac{m}{s} = 110{,}9\ \dfrac{km}{h}$

b) $\text{I. } \Delta t = \dfrac{v_t - v_0}{a} = \dfrac{30{,}81\ \frac{m}{s} - \frac{30}{3{,}6}\ \frac{m}{s}}{1{,}1\ \frac{m}{s^2}} = 20{,}44\,s$

**428.**

$v, t$-Diagramm s. Lösung 424!

$\text{I. } a = \dfrac{\Delta v}{\Delta t} = \dfrac{v_0 - v_t}{\Delta t}$

$\text{II. } \Delta s = \dfrac{(v_0 + v_t)\,\Delta t}{2}$

a) $\text{I. } \Delta t = \dfrac{v_0 - v_t}{a} = \dfrac{1{,}4\ \frac{m}{s} - 0{,}3\ \frac{m}{s}}{0{,}8\ \frac{m}{s^2}} = 1{,}375\,s$

b) $\text{II. } l = \Delta s = \dfrac{\left(1{,}4\ \frac{m}{s} + 0{,}3\ \frac{m}{s}\right) 1{,}375\,s}{2}$

$l = 1{,}169\,m$

**429.**

$v, t$-Diagramm s. Lösung 424!

$\text{I. } a = \dfrac{\Delta v}{\Delta t} = \dfrac{v_0 - v_t}{\Delta t}$

$\text{II. } \Delta s = \dfrac{(v_0 + v_t)\,\Delta t}{2}$

b) $\text{II. } \Delta t = \dfrac{2\,\Delta s}{v_0 + v_t} = \dfrac{2 \cdot 2\,m}{1{,}5\ \frac{m}{s} + 0{,}3\ \frac{m}{s}} = 2{,}222\,s$

a) $\text{I. } a = \dfrac{v_0 - v_t}{\Delta t} = \dfrac{1{,}5\ \frac{m}{s} - 0{,}3\ \frac{m}{s}}{2{,}222\,s} = 0{,}54\ \dfrac{m}{s^2}$

**430.**

$\text{I. } a = g = \dfrac{\Delta v}{\Delta t} = \dfrac{v_t}{\Delta t}$

$\text{II. } h = \dfrac{v_t\,\Delta t}{2}$

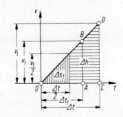

a) $\text{I. } v_t = g\,\Delta t$

$\text{I. in II. } h = \dfrac{g\,(\Delta t)^2}{2} \longrightarrow \Delta t = \sqrt{\dfrac{2\,h}{g}}$

$\Delta t = \sqrt{\dfrac{2 \cdot 45\,m}{9{,}81\ \frac{m}{s^2}}} = \sqrt{9{,}174\,s^2} = 3{,}029\,s$

b) $\text{I. } v_t = 9{,}81\ \dfrac{m}{s^2} \cdot 3{,}029\,s = 29{,}71\ \dfrac{m}{s}$

c) Nach der halben Fallzeit $\frac{\Delta t}{2}$ ist der Weg $\Delta s_1$ (senkrecht schraffiert) zurückgelegt, die Höhe $\Delta h$ über dem Boden entspricht der rechts davon liegenden Trapezfläche (waagerecht schraffiert).

$\text{III. } \Delta h = \dfrac{(v_t + 0{,}5\,v_t)}{2} \cdot \dfrac{\Delta t}{2} = \dfrac{1{,}5\,v_t\,\Delta t}{4}$

$\Delta h = \dfrac{1{,}5 \cdot 29{,}71\ \frac{m}{s} \cdot 3{,}029\,s}{4} = 33{,}75\,m$

d) wie c) nach $v, t$-Diagramm

e) Nach $\Delta t_1$ ist der zurückgelegte Weg (Dreieck 0-A-B) gleich dem Abstand zum Boden (Trapez A-C-D-B).

$g = \dfrac{v_1}{\Delta t_1} \longrightarrow v_1 = g\,\Delta t_1$

$\dfrac{h}{2} = \dfrac{v_1\,\Delta t_1}{2} \longrightarrow h = g\,(\Delta t_1)^2$

$\Delta t_1 = \sqrt{\dfrac{h}{g}} = \sqrt{\dfrac{45\,m}{9{,}81\ \frac{m}{s^2}}} = 2{,}142\,s$

**431.**

$v, t$-Diagramm s. Lösung 427!

$\text{I. } a = g = \dfrac{\Delta v}{\Delta t} = \dfrac{v_t - v_0}{\Delta t} \longrightarrow v_0 = v_t - g\,\Delta t$

$\text{II. } \Delta s = \dfrac{(v_t + v_0)\,\Delta t}{2} \longrightarrow v_0 = \dfrac{2\,\Delta s}{\Delta t} - v_t$

a) $\text{I.} = \text{II. } v_t = \dfrac{\Delta s}{\Delta t} + \dfrac{g\,\Delta t}{2} = \dfrac{28\,m}{1{,}5\,s} + \dfrac{9{,}81\ \frac{m}{s^2} \cdot 1{,}5\,s}{2}$

$v_t = 26{,}02\ \dfrac{m}{s}$

b) $\text{I. } v_0 = v_t - g\,\Delta t = 26{,}02\ \dfrac{m}{s} - 9{,}81\ \dfrac{m}{s^2} \cdot 1{,}5\,s = 11{,}31\ \dfrac{m}{s}$

**432.**

$\text{I. } a = g = \dfrac{\Delta v}{\frac{\Delta t}{2}} = \dfrac{2\,v_0}{\Delta t}$

$\text{II. } h = \dfrac{v_0\,\Delta t}{4}$

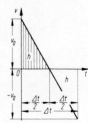

a) $\text{I. } v_0 = \dfrac{g\,\Delta t}{2} = \dfrac{9{,}81\ \frac{m}{s^2} \cdot 8\,s}{2} = 39{,}24\ \dfrac{m}{s}$

b) $\text{II. } h = \dfrac{39{,}24\ \frac{m}{s} \cdot 8\,s}{4} = 78{,}48\,m$

**433.**

I. $a = \dfrac{\Delta v}{\Delta t} = \dfrac{v}{\Delta t_1};\ \longrightarrow \Delta t_1 = \dfrac{v}{a}$

II. $\Delta s_{ges} = v\,\Delta t_{ges} - \Delta s_1 - \Delta s_3$

III. $\Delta s_1 = \dfrac{v\,\Delta t_1}{2}$

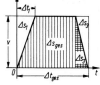

I. in III. $\Delta s_1 = \dfrac{v^2}{2a}$

II. $\Delta s_{ges} = v\,\Delta t_{ges} - \dfrac{v^2}{2a} - \Delta s_3$

$\dfrac{v^2}{2a} - v\,\Delta t_{ges} + \Delta s_{ges} + \Delta s_3 = 0$

$v^2 - 2\,a\,\Delta t_{ges}\,v + 2\,a\,(\Delta s_{ges} + \Delta s_3) = 0$

$v^2 - 144\,\dfrac{m}{s}\cdot v + 2200\,\dfrac{m^2}{s^2} = 0$

$v = 72\,\dfrac{m}{s} - 54{,}63\,\dfrac{m}{s} = 17{,}37\,\dfrac{m}{s} = 62{,}55\,\dfrac{km}{h}$

**434.**

Vorüberlegung:

$\Delta t_{ges} = 3\,\Delta t + 2\,\Delta t_p$

$\Delta t = \dfrac{\Delta t_{ges} - 2\,\Delta t_p}{3}$

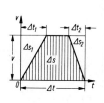

$\Delta t = \dfrac{60\,min - 6\,min}{3}$

$\Delta t = 18\,min = 1080\,s$

Teilstrecke $\Delta s = \dfrac{60\,km}{3} = 20\,km$

I. $a_1 = \dfrac{v}{\Delta t_1}$　II. $a_2 = \dfrac{v}{\Delta t_2}$

III. $\Delta s = v\,\Delta t - \Delta s_1 - \Delta s_2$

IV. $\Delta s_1 = \dfrac{v\,\Delta t_1}{2} = \dfrac{v^2}{2\,a_1}$

V. $\Delta s_2 = \dfrac{v\,\Delta t_2}{2} = \dfrac{v^2}{2\,a_2}$

IV. + V. in III. $\Delta s = v\,\Delta t - \dfrac{v^2}{2\,a_1} - \dfrac{v^2}{2\,a_2}$

$v^2\left(\dfrac{a_2 + a_1}{2\,a_1 a_2}\right) - v\,\Delta t + \Delta s = 0$

$v^2 - \dfrac{2\,\Delta t\,a_1 a_2}{a_1 + a_2}\,v + \dfrac{2\,a_1 a_2\,\Delta s}{a_1 + a_2} = 0$

$v^2 - 243\,\dfrac{m}{s}\,v + 4500\,\dfrac{m^2}{s^2} = 0$

$v = 121{,}5\,\dfrac{m}{s} - 101{,}3\,\dfrac{m}{s} = 20{,}2\,\dfrac{m}{s} = 72{,}71\,\dfrac{km}{h}$

**435.**

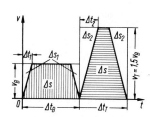

I. $a = \dfrac{\Delta v}{\Delta t} = \dfrac{v_B}{\Delta t_1} \rightarrow \Delta t_1 = \dfrac{v_B}{a}$

II. $\Delta s = v_B\,\Delta t_B - 2\,\Delta s_1$

III. $\Delta s_1 = \dfrac{v_B\,\Delta t_1}{2}$;　I. in III. $\Delta s_1 = \dfrac{v_B^2}{2a}$

a) III. in II. $\Delta s = v_B\,\Delta t_B - \dfrac{v_B^2}{a}$

$\Delta t_B = \dfrac{\Delta s + \dfrac{v_B^2}{a}}{v_B} = \dfrac{\Delta s}{v_B} + \dfrac{v_B}{a}$

$\Delta t_B = \dfrac{200\,m}{1\,\dfrac{m}{s}} + \dfrac{1\,\dfrac{m}{s}}{0{,}1\,\dfrac{m}{s^2}} = 210\,s$

b) Bergfahrt $\hat{=}$ rechter Trapezfläche, Auswertung erfolgt in gleicher Weise:

$\Delta s_2 = \dfrac{v_T^2}{2a}$;　$\Delta s = v_T\,\Delta t_T - 2\,\Delta s_2 = v_T\,\Delta t_T - \dfrac{v_T^2}{a}$

$\Delta t_T = \dfrac{\Delta s}{v_T} + \dfrac{v_T}{a} = \dfrac{200\,m}{1{,}5\,m/s} + \dfrac{1{,}5\,m/s}{0{,}1\,m/s^2} = 148{,}3\,s$

**436.**

I. $a = \dfrac{\Delta v}{\Delta t} = \dfrac{v_2}{\Delta t_2} \longrightarrow \Delta t_2 = \dfrac{v_2}{a}$

II. $\Delta s_1 = v_1\,\Delta t$

III. $\Delta s_2 = v_2\,\Delta t - \Delta s_3$
Die Wege $\Delta s_1$ (Rechteck) und $\Delta s_2$ (Trapez) sind gleichgroß.

IV. $\Delta s_3 = \dfrac{v_2^2}{2a}$ (Dreieck $0$-$A$-$B$)

a) IV. in III. $\Delta s_2 = v_2\,\Delta t - \dfrac{v_2^2}{2a}$

II. $=$ III. $v_1\,\Delta t = v_2\,\Delta t - \dfrac{v_2^2}{2a}$

$\Delta t = \dfrac{v_2^2}{2a\,(v_2 - v_1)} = \dfrac{(55{,}56\,\dfrac{m}{s})^2}{2\cdot 3{,}8\,\dfrac{m}{s^2}\,(55{,}56\,\dfrac{m}{s} - 50\,\dfrac{m}{s})} = 73{,}1\,s$

b) II. $\Delta s_1 = \Delta s_2 = v_1\,\Delta t = 50\,\dfrac{m}{s}\cdot 73{,}1\,s = 3655\,m$

99

**437.**

I. $a = \dfrac{\Delta v}{\Delta t} = \dfrac{v}{\Delta t_2} \longrightarrow \Delta t_2 = \dfrac{v}{a}$

II. $\Delta s = v\,\Delta t_1 + \dfrac{v\,\Delta t_2}{2}$

I. in II. $\Delta s = v\,\Delta t_1 + \dfrac{v^2}{2a}$

$v^2 + 2a\,\Delta t_1\,v - 2a\,\Delta s = 0$

$v^2 + 6{,}12\,\dfrac{m}{s}\,v - 408\,\dfrac{m^2}{s^2} = 0$

$v = -3{,}06\,\dfrac{m}{s} + 20{,}43\,\dfrac{m}{s} = 17{,}37\,\dfrac{m}{s} = 62{,}53\,\dfrac{km}{h}$

**438.**

I. $a = \dfrac{\Delta v}{\Delta t} = \dfrac{v_2 - v_1}{\Delta t_2}$

II. $\Delta s_1 = v_1\,\Delta t_1$

III. $\Delta s_3 = \dfrac{(v_2 - v_1)\,\Delta t_2}{2}$

IV. $\Delta s_2 = v_2\,\Delta t_1 - \Delta s_3$

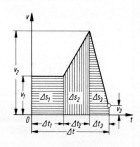

a) II. $\Delta t_1 = \dfrac{\Delta s_1}{v_1} = \dfrac{125\,m}{20\,\frac{m}{s}} = 6{,}25\,s$

b) I. $\Delta t_2 = \dfrac{v_2 - v_1}{a}$ ; in III: $\Delta s_3 = \dfrac{(v_2 - v_1)^2}{2a}$

III. = IV. $\Delta s_3 = \dfrac{(v_2 - v_1)^2}{2a} = v_2\,\Delta t_1 - \Delta s_2$

$a = \dfrac{(v_2 - v_1)^2}{2(v_2\,\Delta t_1 - \Delta s_2)} = \dfrac{(5\,\frac{m}{s})^2}{2(25\,\frac{m}{s}\cdot 6{,}25\,s - 150\,m)} = 2\,\dfrac{m}{s^2}$

**439.**

I. $a_2 = \dfrac{\Delta v}{\Delta t} = \dfrac{v_2 - v_1}{\Delta t_2}$

II. $a_3 = \dfrac{\Delta v}{\Delta t} = \dfrac{v_2 - v_3}{\Delta t_3}$

III. $\Delta s_1 = v_1\,\Delta t_1$

IV. $\Delta s_2 = \dfrac{v_1 + v_2}{2}\,\Delta t_2$

V. $\Delta s_3 = \dfrac{v_2 + v_3}{2}\,\Delta t_3$

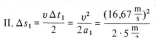

a) I. $\Delta t_2 = \dfrac{v_2 - v_1}{a_2}$

in IV. $\Delta s_2 = \dfrac{(v_2 + v_1)(v_2 - v_1)}{2a_2} = \dfrac{v_2^2 - v_1^2}{2a_2}$

$v_2 = \sqrt{2a_2\,\Delta s_2 + v_1^2} = \sqrt{2\cdot 2\,\dfrac{m}{s^2}\cdot 7\,m + (1{,}2\,\dfrac{m}{s})^2}$

$v_2 = 5{,}426\,\dfrac{m}{s}$

b) II. $\Delta t_3 = \dfrac{v_2 - v_3}{a_3}$

in V. $\Delta s_3 = \dfrac{(v_2 + v_3)(v_2 - v_3)}{2a_3} = \dfrac{v_2^2 - v_3^2}{2a_3}$

$\Delta s_3 = \dfrac{(5{,}426\,\frac{m}{s})^2 - (0{,}2\,\frac{m}{s})^2}{2\cdot 3\,\frac{m}{s^2}} = 4{,}9\,m$

c) $\Delta t = \Delta t_1 + \Delta t_2 + \Delta t_3$

III. $\Delta t_1 = \dfrac{\Delta s_1}{v_1} = \dfrac{36\,m}{1{,}2\,\frac{m}{s}} = 30\,s$

I. $\Delta t_2 = \dfrac{v_2 - v_1}{a_2} = \dfrac{5{,}426\,\frac{m}{s} - 1{,}2\,\frac{m}{s}}{2\,\frac{m}{s^2}} = 2{,}113\,s$

II. $\Delta t_3 = \dfrac{v_2 - v_3}{a_3} = \dfrac{5{,}426\,\frac{m}{s} - 0{,}2\,\frac{m}{s}}{3\,\frac{m}{s^2}} = 1{,}742\,s$

$\Delta t = 30\,s + 2{,}113\,s + 1{,}742\,s = 33{,}85\,s$

**440.**

Abstand $l = \Delta s_2 - \Delta s_1$

Bremsweg $\Delta s_1$ (Fläche $0$-$A$-$D$):

I. $a_1 = \dfrac{\Delta v}{\Delta t} = \dfrac{v}{\Delta t_1} \longrightarrow \Delta t_1 = \dfrac{v}{a_1}$

II. $\Delta s_1 = \dfrac{v\,\Delta t_1}{2} = \dfrac{v^2}{2a_1} = \dfrac{(16{,}67\,\frac{m}{s})^2}{2\cdot 5\,\frac{m}{s^2}}$

$\Delta s_1 = 27{,}78\,m$

Bremsweg $\Delta s_2$ (Fläche $0$-$B$-$C$-$D$):

I. $a_2 = \dfrac{\Delta v}{\Delta t} = \dfrac{v}{\Delta t_2} \longrightarrow \Delta t_2 = \dfrac{v}{a_2}$

II. $\Delta s_2 = v\,\Delta t_3 + \dfrac{v\,\Delta t_2}{2}$

I. in II. $\Delta s_2 = v\,\Delta t_3 + \dfrac{v^2}{2a_2} = 16{,}67\,\dfrac{m}{s}\cdot 1\,s + \dfrac{(16{,}67\,\frac{m}{s})^2}{2\cdot 3{,}5\,\frac{m}{s^2}}$

$\Delta s_2 = 56{,}35\,m$

$l = \Delta s_2 - \Delta s_1 = 56{,}35\,m - 27{,}78\,m = 28{,}57\,m$

**441.**

I. $a_1 = g = \dfrac{\Delta v}{\Delta t} = \dfrac{v_t}{\Delta t_1}$

II. $a_2 = \dfrac{v_t}{\Delta t_2}$

III. $\Delta s_1 = \dfrac{v_t\,\Delta t_1}{2}$

IV. $\Delta s_2 = \dfrac{v_t\,\Delta t_2}{2}$

V. $\Delta s_2 = h - \Delta s_1$ ; Summe beider Wege = Fallhöhe $h$

I. $\Delta t_1 = \dfrac{v_t}{g}$ ; in III. $\Delta s_1 = \dfrac{v_t^2}{2g}$ ; in V. einsetzen

V. $\Delta s_2 = h - \dfrac{v_t^2}{2g}$ ; $v_t^2$ durch II. und IV. ersetzen

II. $\Delta t_2 = \dfrac{v_t}{a_2}$ ; in IV. $\Delta s_2 = \dfrac{v_t^2}{2a_2} \longrightarrow v_t^2 = 2a_2\,\Delta s_2$

in V. einsetzen

V. $\Delta s_2 = h - \dfrac{2 a_2 \Delta s_2}{2 g} \longrightarrow \Delta s_2 \left(1 + \dfrac{a_2}{g}\right) = h$

$\Delta s_2 = \dfrac{h}{1 + \dfrac{a_2}{g}} = \dfrac{18\ \text{m}}{1 + \dfrac{40\ \text{m/s}^2}{9,81\ \text{m/s}^2}} = 3{,}545\ \text{m}$

## 442.

| | | | | | |
|---|---|---|---|---|---|
| I. $g = \dfrac{v_0}{\Delta t_1}$ | x | | x | | |
| II. $g = \dfrac{v_t - v_0}{\Delta t_2}$ | | x | x | x | |
| III. $\Delta s_1 = \dfrac{v_0 \Delta t_1}{2}$ | x | | x | | x |
| IV. $\Delta s_2 = \dfrac{v_0 + v_t}{2} \Delta t_2$ | | x | x | x | |
| V. $\Delta t = 2 \Delta t_1 + \Delta t_2$ | x | x | | | |
| 5 Unbekannte: | $\Delta t_1$ | $\Delta t_2$ | $v_0$ | $v_t$ | $s_1$ |

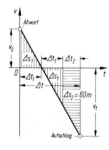

Die Tabelle zeigt, daß II. und IV. die gleichen Variablen enthalten und daß $v_0$ am häufigsten (in I., II., III. und IV.) auftritt.

*Folgerung:* II. und IV. müssen übrigbleiben, nachdem $\Delta t_2$ mit Hilfe der anderen substituiert worden ist. Als erste Variable ist $v_0$ zu bestimmen. III. kann zunächst nicht verwendet werden, da sie die Variable $s_1$ enthält, die in keiner anderen Gleichung auftritt.

I. $\Delta t_1 = \dfrac{v_0}{g}$; in V. einsetzen:

V. $\Delta t = \dfrac{2 v_0}{g} + \Delta t_2 \longrightarrow \Delta t_2 = \Delta t - \dfrac{2 v_0}{g}$; in II. und IV. einsetzen:

II. $g = \dfrac{v_t - v_0}{\Delta t - \dfrac{2 v_0}{g}} \longrightarrow v_t = g \Delta t - v_0$; in IV. einsetzen:

IV. $\Delta s_2 = \dfrac{v_0 + g \Delta t - v_0}{2} \left(\Delta t - \dfrac{2 v_0}{g}\right)$

$\Delta s_2 = \dfrac{g \Delta t}{2} \left(\Delta t - \dfrac{2 v_0}{g}\right) = \dfrac{g \Delta t^2}{2} - v_0 \Delta t$

a) IV. $v_0 = \dfrac{g \Delta t}{2} - \dfrac{\Delta s_2}{\Delta t} = \dfrac{9,81\ \frac{\text{m}}{\text{s}^2} \cdot 6\ \text{s}}{2} - \dfrac{60\ \text{m}}{6\ \text{s}} = 19{,}43\ \dfrac{\text{m}}{\text{s}}$

b) II. $v_t = g \Delta t - v_0 = 9,81\ \dfrac{\text{m}}{\text{s}^2} \cdot 6\ \text{s} - 19{,}43\ \dfrac{\text{m}}{\text{s}} = 39{,}43\ \dfrac{\text{m}}{\text{s}}$

c) $h = \Delta s_1 + \Delta s_2$

III. $\Delta s_1 = \dfrac{v_0^2}{2 g} = \dfrac{(19,43\ \frac{\text{m}}{\text{s}})^2}{2 \cdot 9,81\ \frac{\text{m}}{\text{s}^2}} = 19{,}24\ \text{m}$

$h = 19{,}24\ \text{m} + 60\ \text{m} = 79{,}24\ \text{m}$

## 443.

Steigen:

I. $g = \dfrac{\Delta v}{\Delta t} = \dfrac{v_0}{\Delta t_1}$

II. $\Delta s_1 = \dfrac{v_0 \Delta t_1}{2}$

a) I. $\Delta t_1 = \dfrac{v_0}{g} = \dfrac{4\ \frac{\text{m}}{\text{s}}}{9,81\ \frac{\text{m}}{\text{s}^2}}$

$\Delta t_1 = 0{,}4077\ \text{s}$

II. $\Delta s_1 = \dfrac{4\ \frac{\text{m}}{\text{s}} \cdot 0,4077\ \text{s}}{2}$

$\Delta s_1 = 0{,}8155\ \text{m}$

Fallen:

b) $g = \dfrac{\Delta v}{\Delta t} = \dfrac{v_t}{\Delta t_2 - \Delta t_1}$

$v_t = g (\Delta t_2 - \Delta t_1) = 9,81\ \dfrac{\text{m}}{\text{s}^2} (0{,}5\ \text{s} - 0{,}4077\ \text{s})$

$v_t = 0{,}905\ \dfrac{\text{m}}{\text{s}}$ (abwärts)

c) $\Delta s_2 = \dfrac{v_t (\Delta t_2 + \Delta t_3 - \Delta t_1)}{2} = \dfrac{0,905\ \frac{\text{m}}{\text{s}} \cdot 0,3423\ \text{s}}{2}$

$\Delta s_2 = 0{,}1549\ \text{m}$

## Waagerechter Wurf

## 444.

I. $g = \dfrac{\Delta v}{\Delta t} = \dfrac{v_y}{\Delta t}$

II. $h = \dfrac{v_y \Delta t}{2}$

III. $s_x = v_x \Delta t$

a) III. $\Delta t = \dfrac{s_x}{v_x}$; in I. und II. eingesetzt:

I. $v_y = \dfrac{g s_x}{v_x}$

II. $h = \dfrac{v_y s_x}{2 v_x}$

I. in II. $h = \dfrac{g s_x^2}{2 v_x^2} = \dfrac{g}{2} \left(\dfrac{s_x}{v_x}\right)^2$

$h = \dfrac{9,81\ \frac{\text{m}}{\text{s}^2}}{2} \cdot \left(\dfrac{100\ \text{m}}{500\ \frac{\text{m}}{\text{s}}}\right)^2 = 0{,}1962\ \text{m}$

b) $h' = \dfrac{g}{2} \left(\dfrac{s_x}{2 v_x}\right)^2 = \dfrac{g}{8} \left(\dfrac{s_x}{v_x}\right)^2 = \dfrac{1}{4} h$;

d.h. der Abstand $h'$ beträgt nur noch ein Viertel des vorher berechneten Abstandes $h$.

**445.**

I. $g = \dfrac{\Delta v}{\Delta t} = \dfrac{v_y}{\Delta t}$

II. $h = \dfrac{v_y \, \Delta t}{2}$

III. $s_x = v_x \, \Delta t$

I. = II. $\quad v_y = g \, \Delta t = \dfrac{2h}{\Delta t} \;\longrightarrow\; \Delta t = \sqrt{\dfrac{2h}{g}}$

a) III. $\quad s_x = v_x \, \Delta t = v_x \sqrt{\dfrac{2h}{g}} = 2\,\dfrac{m}{s} \cdot \sqrt{\dfrac{2 \cdot 4\,m}{9,81\,\frac{m}{s^2}}} = 1,806\,m$

b) $l_2 = l_1 - s_x = 4\,m - 1,806\,m = 2,194\,m$

**446.**

I. $g = \dfrac{\Delta v}{\Delta t} = \dfrac{v_y}{\Delta t} \;\longrightarrow\; v_y = g \, \Delta t$

II. $h = \dfrac{v_y \, \Delta t}{2}$

III. $s_x = v_x \, \Delta t$

I. in II. $\quad h = \dfrac{g \, (\Delta t)^2}{2} \;\longrightarrow\; \Delta t = \sqrt{\dfrac{2h}{g}}$

a) III. $\quad s_x = v_x \sqrt{\dfrac{2h}{g}} = \dfrac{250\,m}{3,6\,s} \cdot \sqrt{\dfrac{2 \cdot 50\,m}{9,81\,\frac{m}{s^2}}} = 221,7\,m$

b) I. $\quad v_y = g \, \Delta t = g \sqrt{\dfrac{2h}{g}} = \sqrt{2gh} = \sqrt{2 \cdot 9,81\,\frac{m}{s^2} \cdot 50\,m}$

$v_y = 31,32\,\dfrac{m}{s}$

$v = \sqrt{v_x^2 + v_y^2} = \sqrt{(69,44\,\tfrac{m}{s})^2 + (31,32\,\tfrac{m}{s})^2} = 76,18\,\dfrac{m}{s}$

$v = 274,3\,\dfrac{km}{h}$

$\tan \alpha = \dfrac{v_y}{v_x} = \dfrac{31,32\,\frac{m}{s}}{69,44\,\frac{m}{s}} = 0,4510; \qquad \alpha = 24,28°$

**447.**

$v, t$-Diagramm s. Lösung 445!

I. $g = \dfrac{\Delta v}{\Delta t} = \dfrac{v_y}{\Delta t}$

II. $h = \dfrac{v_y \, \Delta t}{2}$

III. $s_x = v_x \, \Delta t$

$\Delta t$ in III. mit Hilfe von I. und II. ersetzen:

I. $v_y = g \, \Delta t;$ II. $v_y = \dfrac{2h}{\Delta t}$

I. = II. $\quad g \, \Delta t = \dfrac{2h}{\Delta t} \;\longrightarrow\; \Delta t = \sqrt{\dfrac{2h}{g}}$

a) III. $\quad v_x = \dfrac{s_x}{\Delta t} = \dfrac{s_x}{\sqrt{\dfrac{2h}{g}}}$

$v_x = s_x \sqrt{\dfrac{g}{2h}} = 0,6\,m \sqrt{\dfrac{9,81\,\frac{m}{s^2}}{2 \cdot 1\,m}} = 1,329\,\dfrac{m}{s}$

b) $v_x = \sqrt{2gh_2} \;\longrightarrow\; h_2 = \dfrac{v_x^2}{2g} = \dfrac{(1,329\,\frac{m}{s})^2}{2 \cdot 9,81\,\frac{m}{s^2}}$

$h_2 = 0,0900\,m = 9\,cm$

**Schräger Wurf**

**448.**

I. $g = \dfrac{\Delta v}{\Delta t} = \dfrac{v_{y0}}{\dfrac{\Delta t}{2}} = \dfrac{2\,v_{y0}}{\Delta t}$

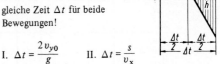

II. $s = v_x \, \Delta t$

gleiche Zeit $\Delta t$ für beide
Bewegungen!

I. $\Delta t = \dfrac{2\,v_{y0}}{g}$ II. $\Delta t = \dfrac{s}{v_x}$

I. = II. $\quad \dfrac{2\,v_{y0}}{g} = \dfrac{s}{v_x}$ ; $\quad \left.\begin{array}{l} v_x = v_0 \cos\alpha \\ v_{y0} = v_0 \sin\alpha \end{array}\right\}$ einsetzen

$2\,v_0^2 \sin\alpha \cos\alpha = gs$ III. $2\sin\alpha \cos\alpha = \sin 2\alpha$

III. in I. = II. $\quad \sin 2\alpha = \dfrac{gs}{v_0^2}$

$2\alpha = \arcsin\left(\dfrac{gs}{v_0^2}\right) = \arcsin\left(\dfrac{9,81\,m/s^2 \cdot 5\,m}{225\,m^2/s^2}\right)$

$2\alpha = \arcsin 0,218 = 12,6°$ und $167,4°$

$\alpha = 6,3°$ und $\alpha_2 = 83,7°$

Lösung ist $\alpha_2 = 83,7°$, der kleinere Winkel ist die zweite Lösung der goniometrischen Gleichung aber keine Lösung des physikalischen Problems.

**449.**

$s_{max} = \dfrac{v_0^2 \sin 2\alpha}{g}$

$v_0 = \sqrt{\dfrac{g \, s_{max}}{\sin 2\alpha}} = \sqrt{\dfrac{9,81\,\frac{m}{s^2} \cdot 90\,m}{\sin 80°}} = 29,94\,\dfrac{m}{s}$

**450.**

$l_1 = s_x - l_2$

$l_2 = h \cot\alpha = 1455,9\,m$

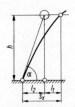

I. $g = \dfrac{\Delta v}{\Delta t} = \dfrac{v_{y0} - v_y}{\Delta t}$

II. $h = \dfrac{v_{y0} + v_y}{2}\,\Delta t$

III. $s_x = v_x \, \Delta t$

I. = II. $v_y = v_{y0} - g\,\Delta t = \dfrac{2h}{\Delta t} - v_{y0}$

$(\Delta t)^2 - \dfrac{2v_{y0}}{g}\,\Delta t + \dfrac{2h}{g} = 0$

$\Delta t = \dfrac{v_{y0}}{g} - \sqrt{\left(\dfrac{v_{y0}}{g}\right)^2 - \dfrac{2h}{g}} = \dfrac{v_{y0} - \sqrt{v_{y0}^2 - 2gh}}{g}$

in III. eingesetzt:

III. $s_x = \dfrac{v_0 \cos\alpha}{g}\left(v_0 \sin\alpha - \sqrt{v_0^2 \sin^2\alpha - 2gh}\right)$

$s_x = \dfrac{600\,\frac{m}{s}\cdot\cos 70^\circ}{9,81\,\frac{m}{s^2}}\left(600\,\frac{m}{s}\cdot\sin 70^\circ - \sqrt{\left(600\,\frac{m}{s}\right)^2 \cdot \sin^2 70^\circ - 2\cdot 9,81\,\frac{m}{s^2}\cdot 4000\ m}\right)$

$s_x = 1558,9\ m$

$l_1 = s_x - l_2 = 1558,9\ m - 1455,9\ m = 103\ m$

## 451.

a) $s_x = v_x\,\Delta t_{ges} = v_0 \cos\alpha\,\Delta t_{ges}$

$s_x = 100\,\frac{m}{s}\cdot\cos 60^\circ \cdot 15\ s$

$s_x = 750\ m$

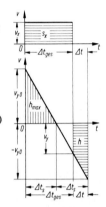

b)

| | I. $g = \dfrac{\Delta v}{\Delta t} = \dfrac{v_{y0}}{\Delta t_s}$ | x | | x | | |
|---|---|---|---|---|---|---|
| II. | $g = \dfrac{v_{y0} - v_y}{\Delta t}$ | x | x | | | x |
| III. | $h = \dfrac{(v_{y0} + v_y)\,\Delta t}{2}$ | x | x | x | | x |
| IV. | $v_{y0} = v_0 \sin\alpha$ | x | | | | |
| V. | $\Delta t_{ges} + \Delta t = 2\,\Delta t_s$ | | | | x | x |
| | 5 Unbekannte | $v_{y0}$ | $v_y$ | $h$ | $\Delta t_s$ | $\Delta t$ |

Zielgröße $h$ nur in III. enthalten: Hauptgleichung; weitere unbekannte Größen mit Hilfe der anderen Gleichungen ausdrücken. IV. enthält nur $v_{y0}$ und kann in I., II. und III. eingesetzt werden. V. liefert mit I. einen Ausdruck für $\Delta t$, der in II. und III. eingesetzt wird.

I. $\Delta t_s = \dfrac{v_0 \sin\alpha}{g}$ in V.: $\Delta t = 2\,\Delta t_s - \Delta t_{ges}$

$\Delta t = \dfrac{2v_0 \sin\alpha}{g} - \Delta t_{ges}$ in II., III. einsetzen:

II. $v_y = v_0 \sin\alpha - g\,\Delta t = v_0 \sin\alpha - g\left(\dfrac{2v_0 \sin\alpha}{g} - \Delta t_{ges}\right)$

$v_y = g\,\Delta t_{ges} - v_0 \sin\alpha$ in III. einsetzen:

III. $h = \dfrac{v_0 \sin\alpha + g\,\Delta t_{ges} - v_0 \sin\alpha}{2}\left(\dfrac{2v_0 \sin\alpha}{g} - \Delta t_{ges}\right)$

$h = v_0 \sin\alpha\,\Delta t_{ges} - \dfrac{g}{2}(\Delta t_{ges})^2$

$h = 100\,\frac{m}{s}\cdot\sin 60^\circ \cdot 15\ s - \dfrac{9,81\,\frac{m}{s^2}\cdot (15\ s)^2}{2}$

$h = 195,4\ m$

## Gleichförmige Drehbewegung

### 453.

$v_u = \pi d n = \pi \cdot 0,035\ m \cdot 2800\ min^{-1} = 307,9\,\dfrac{m}{min}$

$v_u = 5,131\,\dfrac{m}{s}$

### 454.

$v_u = 2\pi r n\,;\quad n = \dfrac{z}{\Delta t} = \dfrac{1}{24\ h} = \dfrac{1}{24\cdot 3600\ s}$

$v_u = 2\pi \cdot 6,38\cdot 10^6\ m \cdot \dfrac{1}{24\cdot 3600\ s} = 464\,\dfrac{m}{s}$

### 455.

$v_u = \pi d n = \pi \cdot 1,65\ m \cdot 3000\ min^{-1} = 15550\,\dfrac{m}{min}$

$v_u = 259,2\,\dfrac{m}{s}$

### 456.

a) Die Umfangsgeschwindigkeit $v_u$ ist gleich der Mittelpunktsgeschwindigkeit $v_M$:

$v_u = v_M = 25\,\dfrac{km}{h} = 25\cdot\dfrac{10^3\ m}{3,6\cdot 10^3\ s} = 6,944\,\dfrac{m}{s}$

b) $v_u = 2\pi r n = \pi d n \quad 1'' = 25,4\ mm = 0,0254\ m$

$n = \dfrac{v_u}{\pi d} = \dfrac{6,944\,\frac{m}{s}}{\pi \cdot 28'' \cdot \frac{0,0254\ m}{1''}} = 3,108\,\dfrac{1}{s} = 186,5\ min^{-1}$

### 457.

$v = \dfrac{\pi d n}{1000} \longrightarrow d = \dfrac{1000\,v}{\pi n} = \dfrac{1000\cdot 37}{\pi \cdot 250}\ mm = 47,11\ mm$

### 458.

$v = \dfrac{\pi d n}{60\,000} \longrightarrow d = \dfrac{60000\,v}{\pi n} = \dfrac{60000\cdot 40}{\pi \cdot 2800}\ mm = 272,8\ mm$

### 459.

a) $V_{nutz} = 2\,V_{teil}$

$\dfrac{\pi s}{4}(d_a^2 - d_i^2) = 2\,\dfrac{\pi s}{4}(d_m^2 - d_i^2)$

$d_m = \sqrt{\dfrac{d_a^2 + d_i^2}{2}} = \sqrt{\dfrac{(400mm)^2 + (180mm)^2}{2}} = 310\ mm$

103

b) $v = \dfrac{\pi d n}{60\,000}$

$n_1 = \dfrac{60000\,v}{\pi\,d_a} = \dfrac{60000 \cdot 30}{\pi \cdot 400}\,\text{min}^{-1} = 1432\,\text{min}^{-1}$

$n_2 = \dfrac{60000\,v}{\pi\,d_m} = \dfrac{60000 \cdot 30}{\pi \cdot 310}\,\text{min}^{-1} = 1848\,\text{min}^{-1}$

**460.**

$\omega_1 = \dfrac{\Delta\varphi}{\Delta t} = \dfrac{2\,\pi\,\text{rad}}{12\,\text{h}} = 0,5236\,\dfrac{\text{rad}}{\text{h}} = 1,454 \cdot 10^{-4}\,\dfrac{\text{rad}}{\text{s}}$

$\omega_2 = \dfrac{2\,\pi\,\text{rad}}{1\,\text{h}} = 1,745 \cdot 10^{-3}\,\dfrac{\text{rad}}{\text{s}}$

$\omega_3 = \dfrac{2\,\pi\,\text{rad}}{60\,\text{s}} = 1,047 \cdot 10^{-1}\,\dfrac{\text{rad}}{\text{s}}$

**461.**

$v_{u1} = r_1\,\omega = 0,06\,\text{m} \cdot 18,7\,\dfrac{1}{\text{s}} = 1,122\,\dfrac{\text{m}}{\text{s}}$

$v_{u2} = r_2\,\omega = 0,09\,\text{m} \cdot 18,7\,\dfrac{1}{\text{s}} = 1,683\,\dfrac{\text{m}}{\text{s}}$

$v_{u3} = r_3\,\omega = 0,12\,\text{m} \cdot 18,7\,\dfrac{1}{\text{s}} = 2,244\,\dfrac{\text{m}}{\text{s}}$

**462.**

a) $v_M = v_u = \dfrac{120\,\text{m}}{3,6\,\text{s}} = 33,33\,\dfrac{\text{m}}{\text{s}}$

$v_u = \pi d n \longrightarrow n = \dfrac{v_u}{\pi d}$

$n = \dfrac{33,33\,\frac{\text{m}}{\text{s}}}{\pi \cdot 0,62\,\text{m}} = 17,11\,\dfrac{1}{\text{s}} = 1027\,\text{min}^{-1}$

b) $\omega = \dfrac{v_u}{r} = \dfrac{33,33\,\frac{\text{m}}{\text{s}}}{0,31\,\text{m}} = 107,5\,\dfrac{1}{\text{s}} = 107,5\,\dfrac{\text{rad}}{\text{s}}$

**463.**

a) $v_u = v_M = \dfrac{\Delta s}{\Delta t} = \dfrac{3600\,\text{m}}{4 \cdot 60\,\text{s}} = 15\,\dfrac{\text{m}}{\text{s}} = 54\,\dfrac{\text{km}}{\text{h}}$

b) $\Delta s = \pi d z \longrightarrow d = \dfrac{\Delta s}{\pi z} = \dfrac{3600\,\text{m}}{\pi \cdot 1750} = 0,6548\,\text{m}$

c) $\omega = \dfrac{v_u}{r} = \dfrac{15\,\frac{\text{m}}{\text{s}}}{0,3274\,\text{m}} = 45,81\,\dfrac{\text{rad}}{\text{s}}$

**464.**

a) $n = \dfrac{z}{\Delta t} = \dfrac{0,5}{8\,\text{s}} = 0,0625\,\dfrac{1}{\text{s}} = 3,75\,\text{min}^{-1}$

b) $\omega = \dfrac{\Delta\varphi}{\Delta t} = \dfrac{\pi\,\text{rad}}{8\,\text{s}} = 0,3927\,\dfrac{\text{rad}}{\text{s}}$

c) $v_u = \omega\,r = 0,3927\,\dfrac{1}{\text{s}} \cdot 5,4\,\text{m} = 2,121\,\dfrac{\text{m}}{\text{s}}$

**465.**

a) $\omega_k = \dfrac{\pi n}{30} = \dfrac{\pi \cdot 24}{30}\,\dfrac{\text{rad}}{\text{s}} = 2,513\,\dfrac{\text{rad}}{\text{s}}$

b) $v_u = \omega_k\,r = 2,513\,\dfrac{1}{\text{s}} \cdot 0,15\,\text{m} = 0,377\,\dfrac{\text{m}}{\text{s}}$

c) $\omega_a = \dfrac{v_u}{l_2 + r} = \dfrac{0,377\,\frac{\text{m}}{\text{s}}}{0,6\,\text{m} + 0,15\,\text{m}} = 0,5027\,\dfrac{1}{\text{s}} = 0,5027\,\dfrac{\text{rad}}{\text{s}}$

$\omega_r = \dfrac{v_u}{l_2 - r} = \dfrac{0,377\,\frac{\text{m}}{\text{s}}}{0,6\,\text{m} - 0,15\,\text{m}} = 0,8378\,\dfrac{1}{\text{s}} = 0,8378\,\dfrac{\text{rad}}{\text{s}}$

d) Strahlensatz: $\dfrac{v_s}{v_u} = \dfrac{l_1}{l_2 + r}$

$v_s = \dfrac{0,377\,\frac{\text{m}}{\text{s}} \cdot 0,9\,\text{m}}{0,75\,\text{m}}$

$v_s = 0,4524\,\dfrac{\text{m}}{\text{s}} = 27,14\,\dfrac{\text{m}}{\text{min}}$

**466.**

a) $v_r = v_u = \pi d_1 n_1 = \pi \cdot 0,111\,\text{m} \cdot 900\,\dfrac{1}{\text{min}} = 313,8\,\dfrac{\text{m}}{\text{min}}$

$v_r = 5,231\,\dfrac{\text{m}}{\text{s}}$

b) $\omega_1 = \dfrac{v_u}{r_1} = \dfrac{2\,v_u}{d_1} = \dfrac{2 \cdot 5,231\,\frac{\text{m}}{\text{s}}}{0,111\,\text{m}} = 94,25\,\dfrac{1}{\text{s}} = 94,25\,\dfrac{\text{rad}}{\text{s}}$

c) $i = \dfrac{n_1}{n_2} = \dfrac{d_2}{d_1} \longrightarrow d_2 = d_1\,\dfrac{n_1}{n_2} = \dfrac{0,111\,\text{m} \cdot 900\,\text{min}^{-1}}{225\,\text{min}^{-1}}$

$d_2 = 0,444\,\text{m} = 444\,\text{mm}$

**467.**

a) $v_u = \pi d n \longrightarrow n_{Sch} = \dfrac{v_u}{\pi d} = \dfrac{26\,\frac{\text{m}}{\text{s}}}{\pi \cdot 0,28\,\text{m}} = 29,56\,\dfrac{1}{\text{s}}$

$n_{Sch} = 1773\,\dfrac{1}{\text{min}} = 1773\,\text{min}^{-1}$

b) $i = \dfrac{n_M}{n_{Sch}} = \dfrac{d_2}{d_1} \longrightarrow d_1 = d_2\,\dfrac{n_{Sch}}{n_M} = \dfrac{100\,\text{mm} \cdot 1773\,\text{min}^{-1}}{960\,\text{min}^{-1}}$

$d_1 = 184,7\,\text{mm}$

c) $v_r = v_u = \pi d_1 n_M = \pi \cdot 0,1847\,\text{m} \cdot 960\,\dfrac{1}{\text{min}} = 557,1\,\dfrac{\text{m}}{\text{min}}$

$v_r = 9,286\,\dfrac{\text{m}}{\text{s}}$

**468.**

a) $i = \dfrac{n_1}{n_2} = \dfrac{d_2}{d_1} \longrightarrow n_2 = \dfrac{n_1}{i} = \dfrac{1420\,\text{min}^{-1}}{3,5} = 405,7\,\text{min}^{-1}$

b) $d_1 = \dfrac{d_2}{i} = \dfrac{320\,\text{mm}}{3,5} = 91,43\,\text{mm}$

c) $v_r = v_u = \pi d_1 n_1 = \pi \cdot 0,09143\,\text{m} \cdot 1420\,\dfrac{1}{\text{min}} = 407,9\,\dfrac{\text{m}}{\text{min}}$

$v_r = 6,798\,\dfrac{\text{m}}{\text{s}}$

**469.**

$i = \dfrac{z_k}{z_s} = \dfrac{u_s}{u_k}$ ($z$ Zähnezahlen, $u$ Umdrehungen);

$u_s = \dfrac{80°}{360°} = 0,2222$

$z_s = 85 \cdot 4 = 340$ (für vollen Zahnkranz)

$u_k = u_s \cdot \dfrac{z_s}{z_k} = \dfrac{0,2222 \cdot 340}{14} = 5,397$

**470.**

$$i = \frac{n_M}{n_{1,2,3}} = \frac{d_T}{d_{1,2,3}}$$

$$d_1 = \frac{d_T}{n_M} \cdot n_1 = \frac{200 \text{ mm}}{1500 \frac{1}{\text{min}}} \cdot 33{,}33 \frac{1}{\text{min}}$$

$$d_1 = 0{,}1333 \text{ mm} \cdot \text{min} \cdot 33{,}33 \frac{1}{\text{min}} = 4{,}444 \text{ mm}$$

$$d_2 = 0{,}1333 \text{ mm} \cdot \text{min} \cdot 45 \frac{1}{\text{min}} = 6 \text{ mm}$$

$$d_3 = 0{,}1333 \text{ mm} \cdot \text{min} \cdot 78 \frac{1}{\text{min}} = 10{,}40 \text{ mm}$$

**471.**

$$v = v_u = \pi d n_4 \longrightarrow n_4 = \frac{v}{\pi d} = \frac{180 \frac{\text{m}}{\text{min}}}{\pi \cdot 0{,}6 \text{ m}} = 95{,}49 \text{ min}^{-1}$$

$$i_{ges} = \frac{z_2 z_4}{z_1 z_3} = \frac{n_1}{n_4} \longrightarrow z_2 = \frac{n_1 z_1 z_3}{n_4 z_4}$$

$$z_2 = \frac{1430 \text{ min}^{-1} \cdot 17 \cdot 17}{95{,}49 \text{ min}^{-1} \cdot 86} = 50{,}32 \approx 50 \text{ Zähne}$$

**472.**

a) $i = \dfrac{z_2 z_4}{z_1 z_3} = \dfrac{60 \cdot 80}{15 \cdot 20} = 16$

b) $i = \dfrac{n_M}{n_T} \longrightarrow n_T = \dfrac{n_M}{i} = \dfrac{960 \text{ min}^{-1}}{16} = 60 \text{ min}^{-1}$

c) $v = v_{uT} = \pi d_T \, n_T = \pi \cdot 0{,}3 \text{ m} \cdot 60 \dfrac{1}{\text{min}} = 56{,}55 \dfrac{\text{m}}{\text{min}}$

**473.**

a) $v = v_u = \pi d n$

$$n = \frac{v}{\pi d} = \frac{\frac{22}{3{,}6} \frac{\text{m}}{\text{s}}}{\pi \cdot 0{,}78 \text{ m}} = 2{,}494 \frac{1}{\text{s}} = 149{,}6 \text{ min}^{-1}$$

b) $v_u = \pi d_2 \, n = \pi \cdot 0{,}525 \text{ m} \cdot 149{,}6 \dfrac{1}{\text{min}} = 246{,}79 \dfrac{\text{m}}{\text{min}}$

$$v_u = 4{,}113 \frac{\text{m}}{\text{s}}$$

$$\omega_2 = \frac{v_u}{r_2} = \frac{4{,}113 \frac{\text{m}}{\text{s}}}{0{,}2625 \text{ m}} = 15{,}67 \frac{1}{\text{s}} = 15{,}67 \frac{\text{rad}}{\text{s}}$$

$$\omega_1 = \frac{v_u}{r_1} = \frac{4{,}113 \frac{\text{m}}{\text{s}}}{0{,}075 \text{ m}} = 54{,}84 \frac{1}{\text{s}} = 54{,}84 \frac{\text{rad}}{\text{s}}$$

c) $v_u = \pi d_1 \, n_M$

$$n_M = \frac{v_u}{\pi d_1} = \frac{4{,}113 \frac{\text{m}}{\text{s}}}{\pi \cdot 0{,}15 \text{ m}} = 8{,}729 \frac{1}{\text{s}} = 523{,}7 \text{ min}^{-1}$$

d) $i = \dfrac{d_2}{d_1} = \dfrac{525 \text{ mm}}{150 \text{ mm}} = 3{,}5$

Kontrolle der Drehzahlen: $i = \dfrac{n_M}{n} = \dfrac{523{,}7 \text{ min}^{-1}}{149{,}6 \text{ min}^{-1}}$

$i = 3{,}50$

**474.**

$$i = \frac{d_2}{d_1} = \frac{200 \text{ mm}}{40 \text{ mm}} = 5$$

$$z_2 = \frac{h}{P} = \frac{350 \text{ mm}}{9 \text{ mm}} = 38{,}89 \qquad (z_2 \text{ Anzahl der Spindelumdrehungen})$$

$$i = \frac{z_1}{z_2} \longrightarrow z_1 = i z_2 = 5 \cdot 38{,}89 = 194{,}4 \qquad \text{(Anzahl der Kurbel-umdrehungen)}$$

**475.**

$$u = nP \longrightarrow n = \frac{u}{P} = \frac{420 \frac{\text{mm}}{\text{min}}}{4 \text{ mm}} = 105 \frac{1}{\text{min}} = 105 \text{ min}^{-1}$$

**476.**

$$u = sn = 0{,}05 \frac{\text{mm}}{\text{U}} \cdot 1420 \frac{\text{U}}{\text{min}} = 71 \frac{\text{mm}}{\text{min}}$$

**477.**

a) $v = \dfrac{\pi d n}{1000}$

$$n = \frac{1000 \, v}{\pi d} = \frac{1000 \cdot 18}{\pi \cdot 25} \text{ min}^{-1} = 229{,}2 \text{ min}^{-1}$$

b) $u = sn = 0{,}35 \dfrac{\text{mm}}{\text{U}} \cdot 229{,}2 \dfrac{\text{U}}{\text{min}} = 80{,}21 \dfrac{\text{mm}}{\text{min}}$

**478.**

a) $v = \dfrac{\pi d n}{1000} = \dfrac{\pi \cdot 100 \cdot 630}{1000} \dfrac{\text{m}}{\text{min}} = 197{,}9 \dfrac{\text{m}}{\text{min}}$

b) $u = sn = 0{,}8 \dfrac{\text{mm}}{\text{U}} \cdot 630 \dfrac{\text{U}}{\text{min}} = 504 \dfrac{\text{mm}}{\text{min}}$

c) $u = \dfrac{l}{\Delta t} \longrightarrow \Delta t = \dfrac{l}{u} = \dfrac{160 \text{ mm}}{504 \frac{\text{mm}}{\text{min}}} = 0{,}3175 \text{ min} = 19{,}05 \text{ s}$

**479.**

a) $v = \dfrac{\pi d n}{1000} \longrightarrow n = \dfrac{1000 \, v}{\pi d} = \dfrac{1000 \cdot 40}{\pi \cdot 38} \text{ min}^{-1}$

$$v = 335{,}1 \text{ min}^{-1}$$

b) $s = \dfrac{u}{n} = \dfrac{\frac{l}{\Delta t}}{n} = \dfrac{l}{\Delta t \, n} = \dfrac{280 \text{ mm}}{7 \text{ min} \cdot 335{,}1 \frac{\text{U}}{\text{min}}} = 0{,}1194 \dfrac{\text{mm}}{\text{U}}$

**480.**

$$u = \frac{l}{\Delta t} \longrightarrow \Delta t = \frac{l}{u} = \frac{l}{sn} = \frac{l}{s \frac{v}{\pi d}}$$

$$\Delta t = \frac{\pi l d}{s v} = \frac{\pi \cdot 280 \text{ mm} \cdot 85 \text{ mm}}{0{,}25 \frac{\text{mm}}{\text{U}} \cdot 5500 \frac{\text{mm}}{\text{min}}} = 5{,}438 \text{ min} = 326{,}3 \text{ s}$$

**Mittlere Geschwindigkeit**

**481.**

a) $v_u = \pi d n = \pi \cdot 0{,}33 \text{ m} \cdot 500 \dfrac{1}{\text{min}} = 518{,}4 \dfrac{\text{m}}{\text{min}} = 8{,}639 \dfrac{\text{m}}{\text{s}}$

b) $v_m = \dfrac{\Delta s}{\Delta t} = \dfrac{2 \, l_h z}{\Delta t} = \dfrac{2 \cdot 0{,}33 \text{ m} \cdot 500}{60 \text{ s}} = 5{,}5 \dfrac{\text{m}}{\text{s}}$

**482.**

a) $v_u = \pi d n = \pi \cdot 0,095 \text{ m} \cdot 3300 \dfrac{1}{\text{min}} = 984,9 \dfrac{\text{m}}{\text{min}}$

$v_u = 16,41 \dfrac{\text{m}}{\text{s}}$

b) $v_m = \dfrac{2\,l_h z}{\Delta t} = \dfrac{1 \cdot 0,095 \text{ m} \cdot 3300}{60 \text{ s}} = 10,45 \dfrac{\text{m}}{\text{s}}$

**483.**

$v_m = \dfrac{2\,l_h z}{\Delta t}$

$l_h = \dfrac{v_m \Delta t}{2 z} = \dfrac{7\,\frac{\text{m}}{\text{s}} \cdot 60 \text{ s}}{2 \cdot 4000} = 0,0525 \text{ m} = 52,5 \text{ mm}$

**484.**

a) $\gamma = \arcsin \dfrac{r}{l_2} = \arcsin \dfrac{150 \text{ mm}}{600 \text{ mm}}$

$\gamma = 14,48° \approx 14,5°$

$\alpha = 180° + 2\,\gamma = 209,0°$

$\beta = 180° - 2\,\gamma = 151,0°$

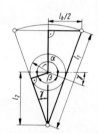

b) $\sin\gamma = \dfrac{l_h}{2\,l_1} \longrightarrow l_h = 2\,l_1 \sin\gamma = 2 \cdot 900\,\text{mm} \cdot \sin 14,5°$

$l_h = 450\,\text{mm}$

c) $v_{ma} = \dfrac{l_h}{\Delta t_a}$   $\Delta t_a$ Zeit für Kurbeldrehwinkel $\alpha$

$T = \dfrac{1}{n}$ Zeit für 1 Umdrehung

$\dfrac{\Delta t_a}{T} = \dfrac{\alpha}{360°} \longrightarrow \Delta t_a = T \dfrac{\alpha}{360°}$

$\Delta t_a = \dfrac{\alpha}{n \cdot 360°} = \dfrac{209°}{24\,\frac{1}{\text{min}} \cdot 360°} = 0,02419 \text{ min}$

$v_{ma} = \dfrac{0,45 \text{ m}}{0,02419 \text{ min}} = 18,60 \dfrac{\text{m}}{\text{min}}$

d) $\Delta t_r = \dfrac{\beta}{n \cdot 360°} = \dfrac{151°}{24\,\frac{1}{\text{min}} \cdot 360°} = 0,01748 \text{ min}$

$v_{mr} = \dfrac{0,45 \text{ m}}{0,01748 \text{ min}} = 25,75 \dfrac{\text{m}}{\text{min}}$

**485.**

a) $\sin\gamma = \dfrac{r}{l_2} = \dfrac{l_h}{2\,l_1}$   (s. Lösung 484a und c)

$r = \dfrac{l_2\,l_h}{2\,l_1} = \dfrac{600 \text{ mm} \cdot 300 \text{ mm}}{2 \cdot 900 \text{ mm}} = 100 \text{ mm}$

b) $v_{ma} = \dfrac{l_h}{\Delta t_a} = \dfrac{l_h \cdot n \cdot 360°}{\alpha} \longrightarrow n = \dfrac{\alpha\,v_{ma}}{360°\,l_h}$

$\alpha = 180° + 2\,\gamma; \quad \sin\gamma = \dfrac{r}{l_2}$

$\gamma = \arcsin \dfrac{r}{l_2} = \arcsin \dfrac{100 \text{ mm}}{600 \text{ mm}} = 9,6°$

$\alpha = 180° + 2 \cdot 9,6° = 199,2°$

$n = \dfrac{199,2° \cdot 20\,\frac{\text{m}}{\text{min}}}{360° \cdot 0,3 \text{ m}} = 36,89 \dfrac{1}{\text{min}} = 36,89 \text{ min}^{-1}$

## Gleichmäßig beschleunigte oder verzögerte Drehbewegung

**486.**

I. $\alpha = \dfrac{\Delta\omega}{\Delta t} = \dfrac{\omega_t}{\Delta t}$

II. $\Delta\varphi = \dfrac{\omega_t \Delta t}{2} = 2\,\pi z$

a) $\omega_t = \dfrac{\pi n}{30} = \dfrac{\pi \cdot 1200}{30} \dfrac{\text{rad}}{\text{s}} = 125,7 \dfrac{\text{rad}}{\text{s}}$

I. $\alpha = \dfrac{125,7\,\frac{\text{rad}}{\text{s}}}{5 \text{ s}} = 25,13 \dfrac{\text{rad}}{\text{s}^2}$

b) $a_T = \alpha r = 25,13 \dfrac{\text{rad}}{\text{s}^2} \cdot 0,1 \text{ m} = 2,513 \dfrac{\text{m}}{\text{s}^2}$

c) II. $z = \dfrac{\omega_t \Delta t}{4\,\pi} = \dfrac{125,7\,\frac{\text{rad}}{\text{s}} \cdot 5 \text{ s}}{4\,\pi \text{ rad}} = 50$ Umdrehungen

**487.**

a) I. $\alpha = \dfrac{\Delta\omega}{\Delta t} = \dfrac{\omega_t}{\Delta t}; \quad \omega_t = \alpha\,\Delta t = 2,3 \dfrac{\text{rad}}{\text{s}^2} \cdot 15 \text{ s} = 34,5 \dfrac{\text{rad}}{\text{s}}$

$\omega_t = \dfrac{\pi n}{30}$

$n = \dfrac{30\,\omega_t}{\pi} = \dfrac{30 \cdot 34,5}{\pi} = 329,5 \dfrac{1}{\text{min}} = 329,5 \text{ min}^{-1}$

b) I. $\alpha = \dfrac{\omega_{t1}}{\Delta t_1}$

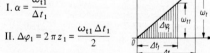

II. $\Delta\varphi_1 = 2\,\pi z_1 = \dfrac{\omega_{t1} \Delta t_1}{2}$

I. $\Delta t_1 = \dfrac{\omega_{t1}}{\alpha}$ in II. eingesetzt: $2\,\pi z_1 = \dfrac{(\omega_{t1})^2}{2\,\alpha}$

II. $\omega_{t1} = \sqrt{4\,\pi\,\alpha\,z_1} = \sqrt{4\,\pi \text{ rad} \cdot 2,3 \dfrac{\text{rad}}{\text{s}^2} \cdot 10} = 17 \dfrac{\text{rad}}{\text{s}}$

**488.**

a) $\omega_t = \dfrac{\pi n}{30} = \dfrac{3000\,\pi}{30} = 314,2 \dfrac{\text{rad}}{\text{s}}$

b) $\alpha = \dfrac{\Delta\omega}{\Delta t} = \dfrac{\omega_t}{\Delta t}; \quad \Delta t = \dfrac{\omega_t}{\alpha} = \dfrac{314,2\,\frac{\text{rad}}{\text{s}}}{11,2\,\frac{\text{rad}}{\text{s}^2}} = 28,05 \text{ s}$

**489.**

I. $\alpha = \dfrac{\Delta\omega}{\Delta t} = \dfrac{\omega_1 - \omega_2}{\Delta t}$

II. $\Delta\varphi_2 = \dfrac{(\omega_1 + \omega_2)\,\Delta t}{2}$

III. $\Delta\varphi_1 = \omega_1\,\Delta t$

a) $\omega_1 = \dfrac{\pi\,n_1}{30} = 90{,}06\ \dfrac{\text{rad}}{\text{s}}$

$\omega_2 = \dfrac{\pi\,n_2}{30} = 60\ \dfrac{\text{rad}}{\text{s}}$

I. $\Delta t = \dfrac{\omega_1 - \omega_2}{\alpha} = \dfrac{30{,}06\ \frac{\text{rad}}{\text{s}}}{15\ \frac{\text{rad}}{\text{s}^2}} = 2{,}004\ \text{s}$

b) III. $\Delta\varphi_1 = 90{,}06\ \dfrac{\text{rad}}{\text{s}} \cdot 2{,}004\ \text{s} = 180{,}5\ \text{rad}$

c) II. $\Delta\varphi_2 = \dfrac{150{,}06\ \frac{\text{rad}}{\text{s}}}{2} \cdot 2{,}004\ \text{s} = 150{,}4\ \text{rad}$

d) $\Delta\varphi = \Delta\varphi_1 - \Delta\varphi_2 = 30{,}1\ \text{rad}$

**490.**

I. $\alpha_1 = \dfrac{\Delta\omega}{\Delta t} = \dfrac{\omega}{\Delta t_1}$

II. $\alpha_3 = \dfrac{\omega}{\Delta t_3}$

III. $\Delta\varphi_1 = \dfrac{\omega\,\Delta t_1}{2}$

IV. $\Delta\varphi_2 = \omega\,\Delta t_2$

V. $\Delta\varphi_3 = \dfrac{\omega\,\Delta t_3}{2}$

VI. $\Delta\varphi = \Delta\varphi_1 + \Delta\varphi_2 + \Delta\varphi_3$

VII. $\Delta t_2 = \Delta t_{\text{ges}} - \Delta t_1 - \Delta t_3$
$\Delta t_2 = 42\ \text{s} - 4\ \text{s} - 3\ \text{s} = 35\ \text{s}$

a) III., IV., V. in VI. eingesetzt:

$\Delta\varphi = \dfrac{\omega\,\Delta t_1}{2} + \omega\,\Delta t_2 + \dfrac{\omega\,\Delta t_3}{2}$

$\omega = \dfrac{\Delta\varphi}{\frac{\Delta t_1}{2} + \Delta t_2 + \frac{\Delta t_3}{2}} = \dfrac{\pi\ \text{rad}}{2\,\text{s} + 35\,\text{s} + 1{,}5\,\text{s}} = 0{,}0816\ \dfrac{\text{rad}}{\text{s}}$

b) I. $\alpha_1 = \dfrac{0{,}0816\ \frac{\text{rad}}{\text{s}}}{4\ \text{s}} = 0{,}0204\ \dfrac{\text{rad}}{\text{s}^2}$

II. $\alpha_3 = \dfrac{0{,}0816\ \frac{\text{rad}}{\text{s}}}{3\ \text{s}} = 0{,}0272\ \dfrac{\text{rad}}{\text{s}^2}$

**491.**

$\omega, t$-Diagramm siehe Lösung 490!

I. $\alpha_1 = \dfrac{\Delta\omega}{\Delta t} = \dfrac{\omega}{\Delta t_1}$ II. $\alpha_3 = \dfrac{\Delta\omega}{\Delta t} = \dfrac{\omega}{\Delta t_3}$

III. $\Delta\varphi_1 = \dfrac{\omega\,\Delta t_1}{2}$ IV. $\Delta\varphi_2 = \omega\,\Delta t_2$ V. $\Delta\varphi_3 = \dfrac{\omega\,\Delta t_3}{2}$

VI. $\Delta\varphi_{\text{ges}} = \Delta\varphi_1 + \Delta\varphi_2 + \Delta\varphi_3$ VII. $\Delta t_{\text{ges}} = \Delta t_1 + \Delta t_2 + \Delta t_3$

a) $\omega = \dfrac{v_{\text{u}}}{r} = \dfrac{15\ \frac{\text{m}}{\text{s}}}{2{,}5\ \text{m}} = 6\ \dfrac{1}{\text{s}} = 6\ \dfrac{\text{rad}}{\text{s}}$

b) $\Delta\varphi_1 = 10 \cdot 2\,\pi\ \text{rad} = 62{,}83\ \text{rad}$

III. $\Delta t_1 = \dfrac{2\,\Delta\varphi_1}{\omega}$ in I. eingesetzt:

I. $\alpha_1 = \dfrac{\omega^2}{2\,\Delta\varphi_1} = \dfrac{36\ \frac{\text{rad}^2}{\text{s}^2}}{2\cdot 62{,}83\ \text{rad}} = 0{,}2865\ \dfrac{\text{rad}}{\text{s}^2}$

III. $\Delta t_1 = \dfrac{2\cdot 62{,}83\ \text{rad}}{6\ \frac{\text{rad}}{\text{s}}} = 20{,}94\ \text{s}$

c) $\Delta\varphi_3 = 7 \cdot 2\,\pi\ \text{rad} = 43{,}98\ \text{rad}$

V. $\Delta t_3 = \dfrac{2\,\Delta\varphi_3}{\omega}$ in II. eingesetzt:

II. $\alpha_3 = \dfrac{\omega^2}{2\,\Delta\varphi_3} = \dfrac{36\ \frac{\text{rad}^2}{\text{s}^2}}{2\cdot 43{,}98\ \text{rad}} = 0{,}4093\ \dfrac{\text{rad}}{\text{s}^2}$

V. $\Delta t_3 = \dfrac{2\cdot 43{,}98\ \text{rad}}{6\ \frac{\text{rad}}{\text{s}}} = 14{,}66\ \text{s}$

d) VII. $\Delta t_2 = \Delta t_{\text{ges}} - \Delta t_1 - \Delta t_3$
$\Delta t_2 = 45\ \text{s} - 20{,}94\ \text{s} - 14{,}66\ \text{s} = 9{,}4\ \text{s}$

IV. $\Delta\varphi_2 = \omega\,\Delta t_2 = 6\ \dfrac{\text{rad}}{\text{s}} \cdot 9{,}4\ \text{s} = 56{,}4\ \text{rad}$

VI. $\Delta\varphi_{\text{ges}} = 62{,}83\ \text{rad} + 56{,}4\ \text{rad} + 43{,}98\ \text{rad}$
$\Delta\varphi_{\text{ges}} = 163{,}2\ \text{rad}$

e) Förderhöhe = Umfangsweg der Treibscheibe
$h = \Delta s = r\,\Delta\varphi_{\text{ges}} = 2{,}5\ \text{m} \cdot 163{,}2\ \text{rad} = 408\ \text{m}$

**492.**

$\omega, t$-Diagramm siehe Lösung 486!

a) $\alpha = \dfrac{a_{\text{t}}}{r} = \dfrac{1\ \frac{\text{m}}{\text{s}^2}}{0{,}4\ \text{m}} = 2{,}5\ \dfrac{1}{\text{s}^2} = 2{,}5\ \dfrac{\text{rad}}{\text{s}^2}$

b) $\alpha = \dfrac{\Delta\omega}{\Delta t} = \dfrac{\omega_{\text{t}}}{\Delta t}$

$\omega_{\text{t}} = \alpha\,\Delta t = 2{,}5\ \dfrac{\text{rad}}{\text{s}^2} \cdot 10\ \text{s} = 25\ \dfrac{\text{rad}}{\text{s}}$

c) $v_{\text{M}} = v_{\text{u}} = \omega_{\text{t}}\,r = 25\ \dfrac{\text{rad}}{\text{s}} \cdot 0{,}4\ \text{m} = 10\ \dfrac{\text{m}}{\text{s}}$

**493.**

$\omega, t$-Diagramm siehe Lösung 486!

a) $\omega_{\text{t}} = \dfrac{v}{r} = \dfrac{\frac{70\ \frac{\text{m}}{\text{s}}}{3{,}6}}{0{,}3\ \text{m}} = 64{,}81\ \dfrac{1}{\text{s}} = 64{,}81\ \dfrac{\text{rad}}{\text{s}}$

b) $\Delta\varphi = 2\,\pi\,z = 2\,\pi\ \text{rad} \cdot 65 = 408{,}4\ \text{rad}$

c) I. $\alpha = \dfrac{\Delta\omega}{\Delta t} = \dfrac{\omega_{\text{t}}}{\Delta t}$ ; II. $\Delta\varphi = \dfrac{\omega_{\text{t}}\,\Delta t}{2} \longrightarrow \Delta t = \dfrac{2\,\Delta\varphi}{\omega_{\text{t}}}$

II. in I. $\alpha = \dfrac{\omega_{\text{t}}^2}{2\,\Delta\varphi} = \dfrac{(64{,}81\ \frac{\text{rad}}{\text{s}})^2}{2\cdot 408{,}4\ \text{rad}} = 5{,}143\ \dfrac{\text{rad}}{\text{s}^2}$

d) II. $\Delta t = \dfrac{2\,\Delta\varphi}{\omega_{\text{t}}} = \dfrac{2\cdot 408{,}4\ \text{rad}}{64{,}81\ \frac{\text{rad}}{\text{s}}} = 12{,}60\ \text{s}$

## Dynamisches Grundgesetz und Prinzip von d'Alembert

**495.**

a) $F_{res} = ma \longrightarrow a = \dfrac{F_{res}}{m}$

$F_{res} = 10\,kN$,  da keine weiteren Kräfte in Verzögerungsrichtung wirken

$a = \dfrac{10000\,\frac{kgm}{s^2}}{28000\,kg} = 0,3571\,\dfrac{m}{s^2}$

(Kontrolle mit d'Alembert)

b)  I. $a = \dfrac{\Delta v}{\Delta t} = \dfrac{v_0 - v_t}{\Delta t}$

II. $\Delta s = \dfrac{v_0 + v_t}{2}\,\Delta t$

I. = II. $\Delta t = \dfrac{v_0 - v_t}{a} = \dfrac{2\,\Delta s}{v_0 + v_t} \longrightarrow v_t = \sqrt{v_0^2 - 2a\,\Delta s}$

$v_t = \sqrt{(3,8\,\tfrac{m}{s})^2 - 2 \cdot 0,3571\,\tfrac{m}{s^2} \cdot 10\,m} = 2,702\,\dfrac{m}{s}$

**496.**

a)  I. $a = \dfrac{\Delta v}{\Delta t} = \dfrac{v_0}{\Delta t}$

II. $\Delta s = \dfrac{v_0\,\Delta t}{2} \longrightarrow \Delta t = \dfrac{2\,\Delta s}{v_0}$

II. in I. $a = \dfrac{v_0^2}{2\,\Delta s} = \dfrac{(\tfrac{60}{3,6}\,\tfrac{m}{s})^2}{2 \cdot 2\,m} = 69,44\,\dfrac{m}{s^2}$

b) $F = ma = 75\,kg \cdot 69,44\,\dfrac{m}{s^2} = 5208\,N$

**497.**

$F_{res} = ma \longrightarrow a = \dfrac{F_{res}}{m}$

$a = \dfrac{F - G}{m} = \dfrac{(F-G)g}{mg} = \dfrac{(F-G)g}{G}$

$a = \dfrac{(65\,N - 50\,N) \cdot 9,81\,\frac{m}{s^2}}{50\,N} = 2,943\,\dfrac{m}{s^2}$

**498.**

Lageskizze                    Krafteckskizze

$\tan\alpha = \dfrac{T}{G} = \dfrac{ma}{mg} = \dfrac{a}{g}$

$a = g\,\tan\alpha = 9,81\,\tfrac{m}{s^2} \cdot \tan 18° = 3,187\,\dfrac{m}{s^2}$

**499.**

$v, t$-Diagramm siehe Lösung 496!

I. $a = \dfrac{\Delta v}{\Delta t} = \dfrac{v_0}{\Delta t}$      II. $\Delta s = \dfrac{v_0\,\Delta t}{2}$

a) II. $\Delta t = \dfrac{2\,\Delta s}{v_0}$  in I. eingesetzt:

I. $a = \dfrac{v_0^2}{2\,\Delta s} = \dfrac{(0,05\,\frac{m}{s})^2}{2 \cdot 0,1\,m} = 0,0125\,\dfrac{m}{s^2}$

b) $F_{res} = ma = 1250 \cdot 10^3\,kg \cdot 0,0125\,\dfrac{m}{s^2} = 15,63\,kN$

**500.**

a) $F_{res} = ma \longrightarrow a = \dfrac{F_{res}}{m} = \dfrac{1000\,\frac{kgm}{s^2}}{3800\,kg} = 0,2632\,\dfrac{m}{s^2}$

(Kontrolle mit d'Alembert)

b)  I. $a = \dfrac{\Delta v}{\Delta t} = \dfrac{v_t}{\Delta t}$

II. $\Delta s = \dfrac{v_t\,\Delta t}{2}$

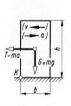

I. $\Delta t = \dfrac{v_t}{a}$

II. $\Delta s = \dfrac{v_t^2}{2a}$

$v_t = \sqrt{2a\,\Delta s} = \sqrt{2 \cdot 0,2632\,\tfrac{m}{s^2} \cdot 1\,m} = 0,7255\,\dfrac{m}{s}$

**501.**

$S = \dfrac{mg\,\frac{b}{2}}{ma\,\frac{h}{2}} = 1$

$a = \dfrac{gb}{Sh} = \dfrac{9,81\,\frac{m}{s^2} \cdot 0,8\,m}{1 \cdot 2\,m}$

$a = 3,924\,\dfrac{m}{s^2}$

**502.**

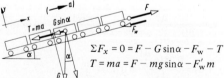

$\Sigma F_x = 0 = F - G\sin\alpha - F_w - T$

$T = ma = F - mg\sin\alpha - F_w'\,m$

$a = \dfrac{F}{m} - (g\,\sin\alpha + F_w')$

$\sin\alpha \approx \tan\alpha = \dfrac{30}{1000} = 0,03$

$F_w' = \dfrac{40\,N}{1000\,kg} = 0,04\,\dfrac{m}{s^2}$

$a = \dfrac{280000\,\frac{kgm}{s^2}}{580000\,kg} - (9,81\,\tfrac{m}{s^2} \cdot 0,03 + 0,04\,\tfrac{m}{s^2})$

$a = 0,1485\,\dfrac{m}{s^2}$

(Kontrolle mit dem Dynamischen Grundgesetz)

**503.**

Lösung nach d'Alembert

I. $\Sigma F_y = 0 = F - mg - ma$

$F = m(g + a)$

$v, t$-Diagramm siehe Lösung 496!

II. $a = \dfrac{\Delta v}{\Delta t} = \dfrac{v_0}{\Delta t}$

III. $\Delta s = \dfrac{v_0 \, \Delta t}{2} \longrightarrow \Delta t = \dfrac{2 \, \Delta s}{v_0}$

III. in II. $a = \dfrac{v_0^2}{2 \, \Delta s} = \dfrac{(18 \frac{m}{s})^2}{2 \cdot 40 \, m} = 4,05 \, \dfrac{m}{s^2}$

$F = 1100 \, kg \, (9,81 \, \frac{m}{s^2} + 4,05 \, \frac{m}{s^2}) = 152460 \, N$

Ansatz nach dem Dynamischen Grundgesetz:

$F_{res} = F - G = ma$

$F = G + ma = mg + ma = m(g + a)$

**504.**

Rolle und Seil masselos und
reibungsfrei bedeutet:
Seilkräfte $F_1$ und $F_2$ haben
gleichen Betrag: $F_1 = F_2$

Körper 1: $\Sigma F_y = 0 = F_1 + T_1 - G_1$

$\qquad F_1 = G_1 - T_1 = m_1 g - m_1 a$

Körper 2: $\Sigma F_y = 0 = F_2 - G_2 - T_2$

$\qquad F_2 = G_2 + T_2 = m_2 g + m_2 a$

$m_1 g - m_1 a = m_2 g + m_2 a$

$m_2 a + m_1 a = m_1 g - m_2 g$

$a = g \, \dfrac{m_1 - m_2}{m_1 + m_2} = g \, \dfrac{1 - \frac{m_2}{m_1}}{1 + \frac{m_2}{m_1}}$

$a = \dfrac{1 - 0,25}{1 + 0,25} \cdot 9,81 \, \dfrac{m}{s^2} = 5,886 \, \dfrac{m}{s^2}$

(Kontrolle mit dem Dyn. Grundgesetz; s. Lösung 505b!)

**505.**

a) Lösung nach d'Alembert.

Trommel:

$F_1 = F_2 + F_u$

I. $F_u = F_1 - F_2$

Fahrkorb:

$\Sigma F_y = 0 = F_1 - G_1 - m_1 a$

II. $F_1 = m_1 g + m_1 a = m_1 (g + a)$

Gegengewicht:

$\Sigma F_y = 0 = F_2 + m_2 a - G_2$

III. $F_2 = m_2 g - m_2 a = m_2 (g - a)$

III. und II. in I. eingesetzt:

$F_u = m_1 (g + a) - m_2 (g - a)$

$F_u = g(m_1 - m_2) + a(m_1 + m_2)$

---

Beschleunigung $a = \dfrac{\Delta v}{\Delta t} = \dfrac{1 \frac{m}{s}}{1,25 \, s} = 0,8 \, \dfrac{m}{s^2}$

$F_u = 9,81 \, \dfrac{m}{s^2} \, (3000 \, kg - 1800 \, kg)$

$\qquad + 0,8 \, \dfrac{m}{s^2} \, (3000 \, kg + 1800 \, kg)$

$F_u = 15612 \, N$

b) Lösung mit dem Dynamischen Grundgesetz:

Fahrkorb abwärts: $G_1$ wirkt in Richtung der
Beschleunigung;
Gegengewicht aufwärts: $G_2$ wirkt der Beschleunigung entgegen.

$F_{res} = G_1 - G_2 = g(m_1 - m_2)$

Die resultierende Kraft muß die Massen beider
Körper beschleunigen.

$F_{res} = ma$

$a = \dfrac{F_{res}}{m} = \dfrac{g(m_1 - m_2)}{m_1 + m_2} = g \, \dfrac{\frac{m_1}{m_2} - 1}{\frac{m_1}{m_2} + 1}$ (vgl. Lösung 504!)

$a = g \, \dfrac{\frac{3000 \, kg}{1800 \, kg} - 1}{\frac{3000 \, kg}{1800 \, kg} + 1} = \dfrac{g}{4}$

$a = \dfrac{9,81 \, \frac{m}{s^2}}{4} = 2,453 \, \dfrac{m}{s^2}$

(Kontrolle mit d'Alembert; s. Lösung 504!)

**506.**

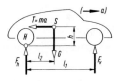

a) $\Sigma M_{(H)} = 0 = F_v \, l_1 - G \, l_2$

$F_v = \dfrac{G \, l_2}{l_1} = 1100 \, kg \cdot 9,81 \, \dfrac{m}{s} \cdot \dfrac{0,95 \, m}{2,35 \, m}$

$F_v = 4362 \, N$

$\Sigma F_y = 0 = F_h + F_v - G$

$F_h = G - F_v = 10791 \, N - 4362 \, N = 6429 \, N$

b) Lösung nach d'Alembert

$\Sigma M_{(H)} = 0 = F_v \, l_1 + m a h - G \, l_2$

$F_v = \dfrac{G \, l_2 - m a h}{l_1}; \qquad a = \dfrac{\Delta v}{\Delta t} = \dfrac{\frac{20}{3,6} \frac{m}{s}}{1,8 \, s} = 3,086 \, \dfrac{m}{s^2}$

$F_v = \dfrac{m}{l_1} \, (g \, l_2 - a \, h)$

$F_v = \dfrac{1100 \, kg}{2,35 \, m} \, (9,81 \, \frac{m}{s^2} \cdot 0,95 \, m - 3,086 \, \frac{m}{s^2} \cdot 0,58 \, m)$

$F_v = 3524 \, N; \qquad F_h = G - F_v = 7267 \, N$

**507.**

a) $\Sigma F_x = 0 = ma - F_{R0\,max}$

$ma = F_N \mu_0 = G \mu_0$

$a = \dfrac{mg\,\mu_0}{m} = \mu_0\,g$

$a = 0{,}3 \cdot 9{,}81\,\dfrac{m}{s^2} = 2{,}943\,\dfrac{m}{s^2}$

b) $\Sigma F_x = 0 = F_{R0\,max} - G_x - ma$

$ma = F_{R0\,max} - G_x$

  I. $ma = F_N \mu_0 - mg \sin \alpha$

    $\Sigma F_y = 0 = F_N - G_y$

  II. $F_N = G_y = mg \cos \alpha$

  II. in I. $\quad ma = mg\,\mu_0 \cos \alpha - mg \sin \alpha$

$\alpha = \arctan 0{,}1 = 5{,}71°$

$a = g(\mu_0 \cos\alpha - \sin\alpha) = 9{,}81\,\dfrac{m}{s^2}(0{,}3 \cdot \cos 5{,}71° - \sin 5{,}71°)$

$a = 1{,}952\,\dfrac{m}{s^2}$

**508.**

Lösung nach d'Alembert

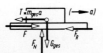

$a = \dfrac{\Delta v}{\Delta t} = \dfrac{v_r}{\Delta t} = \dfrac{0{,}5\,\frac{m}{s}}{1\,s} = 0{,}5\,\dfrac{m}{s^2}$

Tisch und Werkstück können als *ein* Körper mit der Masse $m_{ges} = m_1 + m_2$ und der Gewichtskraft $G_{ges} = G_1 + G_2 = m_{ges}\,g$ betrachtet werden.

$\Sigma F_x = 0 = F - m_{ges}\,a - F_R$

$\quad F_R = F_N \mu = (G_1 + G_2)\,\mu$

$F = m_{ges}\,a + F_R = m_{ges}\,a + m_{ges}\,g\,\mu$

$F = (m_1 + m_2)\,(a + \mu g) = 5000\,kg\,(0{,}5\,\frac{m}{s^2} + 0{,}08 \cdot 9{,}81\,\frac{m}{s^2})$

$F = 6424\,N$

(Kontrolle mit dem Dynamischen Grundgesetz)

**509.**

Lösung mit dem Dynamischen Grundgesetz.

$F_{res} = ma$;   $F_{res}$ = Summe aller Kräfte, die längs des Seiles wirken: Gewichtskraft $G$ des rechten Körpers beschleunigend (+), Reibkraft $F_R = G\mu$ des linken Körpers verzögernd (−). $F_{res}$ muß beide Körper mit der Gesamtmasse $2m$ beschleunigen.

$a = \dfrac{F_{res}}{m} = \dfrac{G - F_R}{2m} = \dfrac{mg - mg\mu}{2m} = g\,\dfrac{1-\mu}{2}$

$a = 9{,}81\,\dfrac{m}{s^2}\,\dfrac{1 - 0{,}15}{2} = 4{,}169\,\dfrac{m}{s^2}$

(Kontrolle mit d'Alembert)

**510.**

a) $\Sigma F_x = 0 = F - F_w$

$F = F_w = F'_w\,m = 350\,\dfrac{N}{t} \cdot 3{,}6\,t = 1260\,N$

b) $\Sigma F_x = 0 = F - F_w - ma$

$F = F_w + ma$

$\quad = F'_w\,m + ma$

$F = m\,(F'_w + a)$

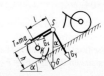

Beschleunigung $a$
nach Lösung 423:

$a = \dfrac{v^2}{2\,\Delta s} = \dfrac{\left(\frac{15}{3,6}\,\frac{m}{s}\right)^2}{2 \cdot 6\,m} = 1{,}447\,\dfrac{m}{s^2}$

$F = 3600\,kg\left(\dfrac{350\,\frac{kgm}{s^2}}{1000\,kg} + 1{,}447\,\dfrac{m}{s^2}\right) = 6468\,N$

**511.**

Standsicherheit beim
Ankippen $S = 1$

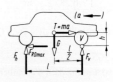

$S = \dfrac{M_s}{M_k} = \dfrac{G_y\,l}{(ma + G_x)\,h} = \dfrac{mgl\cos\alpha}{mah + mgh\sin\alpha} = 1$

$mah = m\,(gl\cos\alpha - gh\sin\alpha)$

$a = g\,\dfrac{l\cos\alpha - h\sin\alpha}{h} = g\,(\dfrac{l}{h}\cos\alpha - \sin\alpha)$

$a = 9{,}81\,\dfrac{m}{s^2}\left(\dfrac{0{,}7\,m}{0{,}5\,m} \cdot \cos 35° - \sin 35°\right) = 5{,}623\,\dfrac{m}{s^2}$

**512.**

Lösung nach d'Alembert

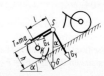

  I. $\Sigma F_x = 0 = ma - F_{R0\,max} = ma - F_h\,\mu_0$

  II. $\Sigma F_y = 0 = F_v + F_h - G$

  III. $\Sigma M_{(V)} = 0 = G \cdot \dfrac{l}{2} - mah - F_h\,l$

I. = III. $F_h = \dfrac{ma}{\mu_0} = \dfrac{mg\,\frac{l}{2} - mah}{l}$

$mal = mg\,\mu_0\,\dfrac{l}{2} - ma\,\mu_0\,h$

$a = \dfrac{g\,\mu_0\,\frac{l}{2}}{l + \mu_0\,h} = g\,\dfrac{\mu_0\,l}{2\,(l + \mu_0\,h)}$

$a = 9{,}81\,\dfrac{m}{s^2} \cdot \dfrac{0{,}6 \cdot 3\,m}{2\,(3\,m + 0{,}6 \cdot 0{,}6\,m)} = 2{,}628\,\dfrac{m}{s^2}$

**513.**

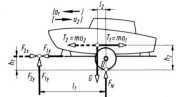

a) $\Sigma M_{(D)} = 0 = G l_2 - F_{1y} l_1$
(waagerechte Kräfte treten im Stillstand nicht auf.)

$$F_{1y} = \frac{G l_2}{l_1} = \frac{10^3 \,\mathrm{kg} \cdot 9{,}81 \,\frac{m}{s^2} \cdot 0{,}1\,\mathrm{m}}{3\,\mathrm{m}} = 327\,\mathrm{N}$$

Richtungssinn auf Pkw ↓ (Reaktion)

b) Nach d'Alembert. Es gelten die Kräfte mit dem Index 1.

$$\Sigma F_x = 0 = ma_1 - F_{1x}; \quad F_{1x} = ma_1 = 1000\,\mathrm{kg} \cdot 2\,\frac{m}{s^2}$$

$F_{1x} = 2000\,\mathrm{N}$, Richtungssinn auf Pkw → (Reaktion)

$$\Sigma M_{(D)} = 0 = G l_2 + F_{1x} h_1 - ma_1 h_2 - F_{1y} l_1$$

$$F_{1y} = \frac{mg l_2 + ma_1 h_1 - ma_1 h_2}{l_1}$$

$$F_{1y} = \frac{m}{l_1} [g l_2 - a_1(h_2 - h_1)]$$

$$F_{1y} = \frac{10^3\,\mathrm{kg}}{3\,\mathrm{m}} [9{,}81\,\tfrac{m}{s^2} \cdot 0{,}1\,\mathrm{m} - 2\,\tfrac{m}{s^2}(1\,\mathrm{m} - 0{,}4\,\mathrm{m})]$$

$F_{1y} = -73\,\mathrm{N}$   Richtungssinn in Skizze falsch angenommen;
Richtungssinn auf Pkw ↑ (Reaktion).

c) Es gelten die Kräfte mit dem Index 2.

$$\Sigma F_x = 0 = F_{2x} - ma_2; \quad F_{2x} = ma_2$$

$$F_{2x} = 1000\,\mathrm{kg} \cdot 5\,\frac{m}{s^2} = 5000\,\mathrm{N}$$

Richtungssinn auf Pkw ← (Reaktion)

$$\Sigma M_{(D)} = 0 = G l_2 + ma_2 h_2 - F_{2x} h_1 - F_{2y} l_1$$

$$F_{2y} = \frac{mg l_2 + ma_2 h_2 - ma_2 h_1}{l_1}$$

$$F_{2y} = \frac{m}{l_1} [g l_2 + a_2 (h_2 - h_1)]$$

$$F_{2y} = \frac{10^3\,\mathrm{kg}}{3\,\mathrm{m}} [9{,}81\,\tfrac{m}{s^2} \cdot 0{,}1\,\mathrm{m} + 5\,\tfrac{m}{s^2} \cdot 0{,}6\,\mathrm{m}] = 1327\,\mathrm{N}$$

Richtungssinn auf Pkw ↓ (Reaktion)

**514.**

a) Lösung nach d'Alembert

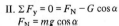
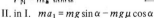

I. $\Sigma F_x = 0 = ma_1 + F_N \mu - G \sin \alpha$
$ma_1 = mg \sin \alpha - F_N \mu$

II. $\Sigma F_y = 0 = F_N - G \cos \alpha$
$F_N = mg \cos \alpha$

II. in I. $ma_1 = mg \sin \alpha - mg\mu \cos \alpha$

$a_1 = g(\sin \alpha - \mu \cos \alpha) = 9{,}81\,\tfrac{m}{s^2} (\sin 30° - 0{,}3 \cdot \cos 30°)$

$a_1 = 2{,}356\,\dfrac{m}{s^2}$

b)

I. $\Sigma F_x = 0 = F_N \mu - ma_2$
$ma_2 = F_N \mu$

II. $\Sigma F_y = 0 = F_N - G$
$F_N = G = mg$

I. = II. $ma_2 = mg\mu$

$$a_2 = \mu g = 0{,}3 \cdot 9{,}81\,\frac{m}{s^2} = 2{,}943\,\frac{m}{s^2}$$

c) Vergleiche Lösung 427: Beschleunigte Bewegung mit Anfangsgeschwindigkeit $v_1 = 1{,}2\,\frac{m}{s}$ und Beschleunigung $a_1 = 2{,}356\,\frac{m}{s}$ längs des Weges $\Delta s$.

$$\Delta s = \frac{h}{\sin \alpha} = \frac{4\,\mathrm{m}}{\sin 30°} = 8\,\mathrm{m}$$

$$v_t = \sqrt{v_1^2 + 2 a_1 \Delta s}$$

$$v_t = \sqrt{1{,}44\,\tfrac{m^2}{s^2} + 2 \cdot 2{,}356\,\tfrac{m}{s^2} \cdot 8\,\mathrm{m}} = 6{,}256\,\frac{m}{s}$$

d) Länge $l$ aus den Größen $v_t, a_2$ und $v_2$ mit Hilfe eines $v, t$-Diagramms wie in Lösung 424.

$$l = \frac{v_t^2 - v_2^2}{2 a_2} = \frac{(6{,}256\,\tfrac{m}{s})^2 - (1\,\tfrac{m}{s})^2}{2 \cdot 2{,}943\,\tfrac{m}{s^2}} = 6{,}479\,\mathrm{m}$$

**Impuls**

**515.**

$F_{res} \Delta t = m \Delta v$

$$\Delta t = \frac{m \Delta v}{F_{res}} = \frac{2 \cdot 18000\,\mathrm{kg} \cdot 2\,\frac{m}{s}}{6000\,\frac{kgm}{s^2}} = 12\,\mathrm{s}$$

**516.**

a) Weg $\Delta s \hat{=}$ Dreiecksfläche im $v, t$-Diagramm:

$$\Delta s = \frac{\Delta v \, \Delta t}{2}$$

$$\Delta t = \frac{2 \Delta s}{\Delta v} = \frac{2 \cdot 6{,}5\,\mathrm{m}}{800\,\frac{m}{s}} = 0{,}01625\,\mathrm{s}$$

b) $F_{res} \Delta t = m \Delta v \longrightarrow F_{res} = \dfrac{m \Delta v}{\Delta t}$

$$F_{res} = \frac{15\,\mathrm{kg} \cdot 800\,\frac{m}{s}}{0{,}01625\,\mathrm{s}} = 738500\,\mathrm{N} = 738{,}5\,\mathrm{kN}$$

**517.**

a) $F_{res} \Delta t = m \Delta v \longrightarrow F_{res} = \dfrac{m \Delta v}{\Delta t}$

$$F_{res} = \frac{5000\,\mathrm{kg} \cdot \frac{40}{3{,}6}\,\frac{m}{s}}{6\,\mathrm{s}} = 9{,}259\,\mathrm{kN}$$

b) Bremsweg $\hat{=}$ Dreiecksfläche im $v, t$-Diagramm:

$$\Delta s = \frac{\Delta v \, \Delta t}{2} = \frac{\frac{40}{3{,}6}\,\frac{m}{s} \cdot 6\,\mathrm{s}}{2} = 33{,}33\,\mathrm{m}$$

**518.**

a) $F_{res} \Delta t = m \Delta v$;    $F_{res} = F - G$

$$\Delta v = \frac{(F - G) \Delta t}{m} = \frac{(F - mg) \Delta t}{m}$$

$$\Delta v = \frac{(600 \frac{kgm}{s^2} - 40 \, kg \cdot 9{,}81 \frac{m}{s^2}) \cdot 100 \, s}{40 \, kg}$$

$$\Delta v = 519 \frac{m}{s}$$

b) $F_{res} = ma \longrightarrow a = \frac{F_{res}}{m} = \frac{207{,}6 \frac{kgm}{s^2}}{40 \, kg}$

$a = 5{,}19 \frac{m}{s^2}$    (Kontrolle mit $a = \frac{\Delta v}{\Delta t}$)

c) Steighöhe $h \stackrel{\frown}{=}$ Dreiecksfläche im $v, t$-Diagramm

$$h = \frac{\Delta v \, \Delta t}{2} = \frac{519 \frac{m}{s} \cdot 100 \, s}{2} = 25950 \, m$$

$$h = 25{,}95 \, km$$

**519.**

a) $F_{res} \Delta t = m \Delta v$;    $F_{res} = F_w$

$$\Delta t = \frac{m \Delta v}{F_w} = \frac{100 \, kg \cdot \frac{43}{3{,}6} \frac{m}{s}}{20 \frac{kgm}{s^2}} = 59{,}72 \, s$$

b) Ausrollweg $\Delta s \stackrel{\frown}{=}$ Dreiecksfläche im $v, t$-Diagramm

$$\Delta s = \frac{\Delta v \, \Delta t}{2} = \frac{\frac{43}{3{,}6} \frac{m}{s} \cdot 59{,}72 \, s}{2} = 356{,}7 \, m$$

**520.**

$F_{res} \Delta t = m \Delta v$;    $F_{res} = F_{br}$

$$\Delta v = \frac{F_{br} \, \Delta t}{m} = \frac{12000 \frac{kgm}{s^2} \cdot 4 \, s}{10000 \, kg} = 4{,}8 \frac{m}{s} = 17{,}28 \frac{km}{h}$$

$$v_t = v_0 - \Delta v = 30 \frac{km}{h} - 17{,}28 \frac{km}{h}$$

$$v_t = 12{,}72 \frac{km}{h} = 3{,}533 \frac{m}{s}$$

**521.**

a) $F_{res} \Delta t = m \Delta v$;    $F_{res} = F_z$

$$F_z = \frac{m \Delta v}{\Delta t} = \frac{210000 \, kg \cdot \frac{72}{3{,}6} \frac{m}{s}}{60 \, s} = 70 \, kN$$

b) $a = \frac{\Delta v}{\Delta t} = \frac{\frac{72}{3{,}6} \frac{m}{s}}{60 \, s} = 0{,}3333 \frac{m}{s^2}$

c) Weg $\Delta s \stackrel{\frown}{=}$ Dreiecksfläche im $v, t$-Diagramm

$$\Delta s = \frac{\Delta v \, \Delta t}{2} = \frac{\frac{72}{3{,}6} \frac{m}{s} \cdot 60 \, s}{2} = 600 \, m$$

**522.**

a) $a = \frac{\Delta v}{\Delta t_1} \longrightarrow \Delta v = a \, \Delta t_1 = 4 \frac{m}{s^2} \cdot 2{,}5 \, s = 10 \frac{m}{s}$

b) I. $F_{res} \Delta t_2 = m \Delta v$
II. $F_{res} = F - G$

I. = II.    $\frac{m \Delta v}{\Delta t_2} = F - G$

$$F = m \left( \frac{\Delta v}{\Delta t_2} + g \right) = 150 \, kg \left( \frac{10 \frac{m}{s}}{1 \, s} + 9{,}81 \frac{m}{s^2} \right)$$

$F = 2972 \, N$

**523.**

a) $v, t$-Diagramm siehe Lösung 500!

I. $g = \frac{\Delta v}{\Delta t} = \frac{v_t}{\Delta t}$

II. $\Delta s = \frac{v_t \, \Delta t}{2}$

I. $v_t = g \, \Delta t$;    II. $v_t = \frac{2 \Delta s}{\Delta t}$

I. = II.    $g \, \Delta t = \frac{2 \Delta s}{\Delta t} \longrightarrow \Delta t = \sqrt{\frac{2 \Delta s}{g}}$

$$\Delta t_f = \sqrt{\frac{2 \cdot 1{,}6 \, m}{9{,}81 \frac{m}{s^2}}} = 0{,}5711 \, s$$

b) $F_{res} \Delta t_b = m \Delta v = m \, v_u$
$F_{res} = 2 F_R - G = 2 F_N \mu - mg$

$$\Delta t_b = \frac{m \, v_u}{2 F_N \mu - mg}$$

$$\Delta t_b = \frac{1000 \, kg \cdot 3 \frac{m}{s}}{2 \cdot 20000 \frac{kgm}{s^2} \cdot 0{,}4 - 1000 \, kg \cdot 9{,}81 \frac{m}{s^2}} = 0{,}4847 \, s$$

c) Senkrechter Wurf mit $v = 3 \frac{m}{s}$ als Anfangsgeschwindigkeit.

$$g = \frac{\Delta v}{\Delta t} = \frac{v_u}{\Delta t_v} \longrightarrow \Delta t_v = \frac{v_u}{g} = \frac{3 \frac{m}{s}}{9{,}81 \frac{m}{s^2}} = 0{,}3058 \, s$$

d) Zeit $\Delta t_{ges}$ für ein Arbeits-
spiel. Teilzeiten bis auf $\Delta t_h$
bekannt.

I. $\Delta t_h = \frac{\Delta s_2}{v_u}$

II. $h = \Delta s_1 + \Delta s_2 + \Delta s_3$
$\Delta s_2 = h - \Delta s_1 - \Delta s_2$

III. $\Delta s_1 = \frac{v_u \, \Delta t_b}{2}$

IV. $\Delta s_3 = \frac{v_u \, \Delta t_v}{2}$

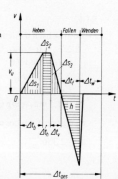

III. u. IV. in II.  $\Delta s_2 = h - \dfrac{v_u}{2} (\Delta t_b + \Delta t_v)$

in I. eingesetzt:

I.  $\Delta t_h = \dfrac{h - \dfrac{v_u}{2}(\Delta t_b + \Delta t_v)}{v_u} = \dfrac{h}{v_u} - \dfrac{\Delta t_b + \Delta t_v}{2}$

$\Delta t_h = \dfrac{1,6\ m}{3\ \frac{m}{s}} - \dfrac{0,4847\ s + 0,3058\ s}{2} = 0,1381\ s$

$\Delta t_{ges} = \Delta t_b + \Delta t_h + \Delta t_v + \Delta t_f + \Delta t_w$

$\Delta t_{ges} = 0,4847\ s + 0,1381\ s + 0,3058\ s + 0,5711\ s + 0,5\ s$

$\Delta t_{ges} = 1,9997\ s$

Schlagzahl  $n = \dfrac{1}{\Delta t_{ges}} = \dfrac{1}{2\ s} = 0,5\ \dfrac{1}{s} = 30\ \dfrac{1}{min} = 30\ min^{-1}$

## Arbeit, Leistung und Wirkungsgrad bei geradliniger Bewegung

### 526.

Lageskizze

Krafteckskizze

a)  $\sin \alpha = \dfrac{F}{G} \longrightarrow F = mg \sin \alpha$

$F = 2500\ kg \cdot 9,81\ \dfrac{m}{s^2} \cdot \sin 23° = 9,583\ kN$

b)  $W = Fs = 9,583\ kN \cdot 38\ m = 364,1\ kJ$

### 527.

a)  $c = \dfrac{\Delta F}{\Delta s} \longrightarrow F = c\ \Delta s$

$F = 8\ \dfrac{N}{mm} \cdot 70\ mm = 560\ N$

b)  $W_f \hat{=}$ Dreiecksfläche

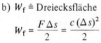

$W_f = \dfrac{F \Delta s}{2} = \dfrac{c\ (\Delta s)^2}{2}$

$W_f = \dfrac{8\ \frac{N}{mm} \cdot (70\ mm)^2}{2} = 19600\ Nmm = 19,6\ J$

### 528.

Lageskizze   Krafteckskizze

$\cos \alpha = \dfrac{F}{F_s}$

$F = F_s \cos \alpha$

$F = 8000\ N \cdot \cos 28°$

$F = 7,064\ kN$

a)  $W = Fs = 7,064\ kN \cdot 3000\ m$

$W = 21190\ kJ = 21,19\ MJ$

b)  $P = Fv = 7064\ N \cdot \dfrac{9}{3,6}\ \dfrac{m}{s}$

$P = 17660\ \dfrac{Nm}{s} = 17,66\ kW$

### 529.

a)  $W = Fs = z\,F_z\,l = 3 \cdot 120000\ N \cdot 20\ m$

$W = 7200000\ Nm = 7,2\ MJ$

b)  $P = \dfrac{W}{\Delta t} = \dfrac{7200000\ Nm}{30\ s} = 240000\ W$

$P = 240\ kW$

### 530.

$P = Fv$

Antriebskraft $F =$ Hangabtriebskomponente $G \sin \alpha$

$v = \dfrac{P}{F} = \dfrac{P}{mg \sin \alpha}$

$\alpha = \arctan 0,12 = 6,843°$

$v = \dfrac{4500\ \frac{Nm}{s}}{1800\ kg \cdot 9,81\ \frac{m}{s^2} \cdot \sin 6,843°} = 2,139\ \dfrac{m}{s}$

### 531.

$P = \dfrac{W_h}{\Delta t} = \dfrac{Gh}{\Delta t} = \dfrac{mgh}{\Delta t} = \dfrac{V \rho gh}{\Delta t}$

($W_h$ Hubarbeit)

$P = \dfrac{160\ m^3 \cdot 1200\ \frac{kg}{m^3} \cdot 9,81\ \frac{m}{s^2} \cdot 12\ m}{3600\ s}$

$P = 6278\ \dfrac{Nm}{s} = 6278\ W = 6,278\ kW$

### 532.

$P_h = \dfrac{W_h}{\Delta t} = \dfrac{mgh}{\Delta t} = \dfrac{10000\ kg \cdot 9,81\ \frac{m}{s^2} \cdot 1050\ m}{95\ s}$

$P_h = 1084000\ \dfrac{Nm}{s} = 1084\ kW$

### 533.

a)  $P_n = F_w\,v\,; \qquad P_n = P_a\,\eta$

$F_w = \dfrac{P_n}{v} = \dfrac{P_a\,\eta}{v} = \dfrac{25000\ \frac{Nm}{s} \cdot 0,83}{\frac{30}{3,6} \cdot \frac{m}{s}} = 2,490\ kN$

113

b) Steigung $4\% \;\hat{=}\; \tan\alpha = 0,04$

$\sin\alpha \approx \tan\alpha = 0,04$

$$P_a = \frac{Fv}{\eta}$$

$$\Sigma F_x = 0 = F - G_x - F_w$$
$$F = G_x + F_w = mg\sin\alpha + F_w$$

$$P_a = \frac{(mg\sin\alpha + F_w)v}{\eta}$$

$$P_a = \frac{\left(10000\,\text{kg}\cdot 9,81\,\frac{\text{m}}{\text{s}^2}\cdot 0,04 + 2490\,\text{N}\right)\cdot\frac{30}{3,6}\,\frac{\text{m}}{\text{s}}}{0,83}$$

$$P_a = 64400\,\frac{\text{Nm}}{\text{s}} = 64,40\,\text{kW}$$

**534.**

a) $P_R = F_R v = (G_T + G_W)\,\mu v$

$\quad\; P_R = (m_T + m_W)\,g\mu v$

$\quad\; P_R = (2600 + 1800)\,\text{kg}\cdot 9,81\,\frac{\text{m}}{\text{s}^2}\cdot 0,15\cdot 0,25\,\frac{\text{m}}{\text{s}}$

$\quad\; P_R = 1619\,\frac{\text{Nm}}{\text{s}} = 1,619\,\text{kW}$

b) $P_s = F_s v = 20\,\text{kN}\cdot 0,25\,\frac{\text{m}}{\text{s}} = 5\,\text{kW}$

c) $P_{\text{mot}} = \dfrac{P_n}{\eta} = \dfrac{P_r + P_s}{\eta} = \dfrac{1,619\,\text{kW} + 5\,\text{kW}}{0,96} = 6,89\,\text{kW}$

**535.**

$$P_h = P_{\text{mot}}\,\eta = mgv \longrightarrow v = \frac{P_{\text{mot}}\,\eta}{mg}$$

($P_h$ Hubleistung)

$$v = \frac{445\,000\,\frac{\text{Nm}}{\text{s}}\cdot 0,78}{30000\,\text{kg}\cdot 9,81\,\frac{\text{m}}{\text{s}^2}} = 1,179\,\frac{\text{m}}{\text{s}} = 70,76\,\frac{\text{m}}{\text{min}}$$

**536.**

$$P_h = P_{\text{mot}}\,\eta = \frac{W_h}{\Delta t} = \frac{Gh}{\Delta t} = \frac{mgh}{\Delta t} = \frac{V\rho g h}{\Delta t}$$

$$P_{\text{mot}} = \frac{V\rho g h}{\eta\,\Delta t} = \frac{1250\,\text{m}^3\cdot 1000\,\frac{\text{kg}}{\text{m}^3}\cdot 9,81\,\frac{\text{m}}{\text{s}^2}\cdot 830\,\text{m}}{0,72\cdot 86400\,\text{s}}$$

$$P_{\text{mot}} = 163\,600\,\frac{\text{Nm}}{\text{s}} = 163,6\,\text{kW}$$

**537.**

$$P_h = P_{\text{mot}}\,\eta = \frac{W_h}{\Delta t} \longrightarrow P_{\text{mot}} = \frac{mgh}{\eta\,\Delta t}$$

$$P_{\text{mot}} = \frac{5000\,\text{kg}\cdot 9,81\,\frac{\text{m}}{\text{s}^2}\cdot 4,5\,\text{m}}{0,96\cdot 12\,\text{s}} = 19\,200\,\frac{\text{Nm}}{\text{s}}$$

$$P_{\text{mot}} = 19,2\,\text{kW}$$

**538.**

$$P_h = P_a\,\eta = \frac{W_h}{\Delta t} = \frac{mgh}{\Delta t} = \frac{V\rho g h}{\Delta t}$$

$$V = \frac{P_a\,\eta\,\Delta t}{\rho g h} = \frac{44\,000\,\frac{\text{Nm}}{\text{s}}\cdot 0,77\cdot 3600\,\text{s}}{1000\,\frac{\text{kg}}{\text{m}^3}\cdot 9,81\,\frac{\text{m}}{\text{s}^2}\cdot 50\,\text{m}} = 248,7\,\text{m}^3$$

**539.**

a) $P_n = P_{\text{mot}}\,\eta = Fv$

Antriebskraft $F$ = Hangabtriebskomponente $G\sin\alpha$
des Fördergutes

$$F = mg\sin\alpha$$

$$P_{\text{mot}}\,\eta = mg\sin\alpha\cdot v \longrightarrow m = \frac{P_{\text{mot}}\,\eta}{vg\sin\alpha}$$

$$m = \frac{4400\,\frac{\text{Nm}}{\text{s}}\cdot 0,65}{1,8\,\frac{\text{m}}{\text{s}}\cdot 9,81\,\frac{\text{m}}{\text{s}^2}\cdot\sin 12°} = 779\,\text{kg}$$

b) $\dot m = m'v = \dfrac{mv}{l} = \dfrac{779\,\text{kg}\cdot 1,8\,\frac{\text{m}}{\text{s}}}{10\,\text{m}}$

($m'$ Masse je Meter Bandlänge $= \frac{m}{l}$)

$$\dot m = 140,22\,\frac{\text{kg}}{\text{s}} = 504800\,\frac{\text{kg}}{\text{h}} = 504,8\,\frac{\text{t}}{\text{h}}$$

**540.**

a) $P_s = F_s v = 6500\,\text{N}\cdot\dfrac{34}{60}\,\dfrac{\text{m}}{\text{s}}$

$\quad\; P_s = 3683\,\dfrac{\text{Nm}}{\text{s}} = 3,683\,\text{kW}$

b) $\eta = \dfrac{P_n}{P_a} = \dfrac{P_s}{P_{\text{mot}}} = \dfrac{3,683\,\text{kW}}{4\,\text{kW}} = 0,9208$

**541.**

a) $P_n = P_{\text{mot}}\,\eta = Fv_s \longrightarrow F = \dfrac{P_{\text{mot}}\,\eta}{v_s}$

$$F = \frac{10000\,\frac{\text{Nm}}{\text{s}}\cdot 0,55}{\frac{16\,\text{m}}{60\,\text{s}}} = 20630\,\text{N} = 20,63\,\text{kN}$$

b) $v_{\max} = \dfrac{P_n}{F} = \dfrac{P_{\text{mot}}\,\eta}{F} = \dfrac{10000\,\frac{\text{Nm}}{\text{s}}\cdot 0,55}{13\,800\,\text{N}} = 0,3986\,\dfrac{\text{m}}{\text{s}}$

$$v_{\max} = 23,91\,\frac{\text{m}}{\text{min}}$$

**542.**

a) $\eta_{\text{ges}} = \dfrac{P_n}{P_a} = \dfrac{Gh}{\Delta t\,P_a} = \dfrac{mgh}{\Delta t\,P_a} = \dfrac{V\rho g h}{\Delta t\,P_a}$

$$\eta_{\text{ges}} = \frac{60\,\text{m}^3\cdot 1000\,\frac{\text{kg}}{\text{m}^3}\cdot 9,81\,\frac{\text{m}}{\text{s}^2}\cdot 7\,\text{m}}{600\,\text{s}\cdot 11500\,\frac{\text{Nm}}{\text{s}}} = 0,5971$$

b) $\eta_{\text{ges}} = \eta_{\text{mot}}\,\eta_P \longrightarrow \eta_P = \dfrac{\eta_{\text{ges}}}{\eta_{\text{mot}}} = \dfrac{0,5971}{0,85} = 0,7025$

## Arbeit, Leistung und Wirkungsgrad bei Drehbewegung

**543.**

a) $W_{\text{rot}} = M\varphi = M\,2\pi z$

$\quad\; W_{\text{rot}} = 45\,\text{Nm}\cdot 2\pi\cdot 127,5\,\text{rad} = 36050\,\text{J} = 36,05\,\text{kJ}$

b) $W_h = W_{\text{rot}} = F_s\,s \longrightarrow F_s = \dfrac{W_{\text{rot}}}{s} = \dfrac{36,05\,\text{kJ}}{25\,\text{m}}$

$\quad\; F_s = 1,442\,\text{kN}$

**544.**

a) $i = \dfrac{M_2}{M_1} = \dfrac{M_{tr}}{M_k}$  $\rightarrow M_{tr} = i M_k$

$M_{tr} = G \dfrac{d}{2} \longrightarrow G = \dfrac{2 M_{tr}}{d} = mg$

$m = \dfrac{2 i M_k}{dg} = \dfrac{2 \cdot 6 \cdot 40\,\text{Nm}}{0,24\,\text{m} \cdot 9,81 \frac{m}{s^2}} = 203,9\,\text{kg}$

b) Dreharbeit = Hubarbeit

$M_k \varphi = G h$

$\varphi = 2 \pi z = \dfrac{G h}{M_k}$

$z = \dfrac{G h}{2 \pi M_k} = \dfrac{2000\,\text{N} \cdot 10\,\text{m}}{2 \pi \cdot 40\,\text{Nm}} = 79,58$ Umdrehungen

**545.**

a) $\eta = \dfrac{M_2}{M_1} \cdot \dfrac{1}{i}$

$i = \dfrac{z_h}{z_k}$  ($i < 1$, ins Schnelle)

$M_2 = F_u \dfrac{d}{2} = i \eta M_1 = \dfrac{z_h \eta M_1}{z_k}$

$F_u = \dfrac{2 z_h \eta M_1}{d z_k} = \dfrac{2 \cdot 23 \cdot 0,7 \cdot 18\,\text{Nm}}{0,65\,\text{m} \cdot 48} = 18,58\,\text{N}$

b) $\Sigma F_x = 0 = F_u - F_w - G \sin \alpha$

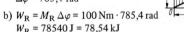
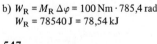

$mg \sin \alpha = F_u - F_w$

$\sin \alpha = \dfrac{F_u - F_w}{mg} = \dfrac{18,58\,\text{N} - 10\,\text{N}}{100\,\text{kg} \cdot 9,81 \frac{m}{s^2}}$

$\sin \alpha = 0,008743 \approx \tan \alpha$

Steigung $8,7 : 1000 = 0,87\,\%$

**546.**

a) $\omega_1 = \dfrac{\pi n_1}{30} = \dfrac{\pi \cdot 1500}{30} \dfrac{\text{rad}}{\text{s}} = 157,08 \dfrac{\text{rad}}{\text{s}}$

$\Delta \varphi = \dfrac{\omega_1 \Delta t}{2} = \dfrac{157,08 \frac{\text{rad}}{\text{s}} \cdot 10\,\text{s}}{2}$

$\Delta \varphi = 785,4\,\text{rad}$

b) $W_R = M_R \Delta \varphi = 100\,\text{Nm} \cdot 785,4\,\text{rad}$

$W_R = 78540\,\text{J} = 78,54\,\text{kJ}$

**547.**

$P_{rot} = \dfrac{M n}{9550} = \dfrac{F_s \frac{d}{2} n}{9550}$

$P_{rot} = \dfrac{1800 \cdot 0,03 \cdot 250}{9550}\,\text{kW} = 1,414\,\text{kW}$

**548.**

$P_{rot} = M \omega = M \dfrac{\Delta \varphi}{\Delta t}$

$P_{rot} = \dfrac{30000\,\text{Nm} \cdot \pi\,\text{rad}}{40\,\text{s}} = 2356 \dfrac{\text{Nm}}{\text{s}}$

$P_{rot} = 2,356\,\text{kW}$

**549.**

$P_{rot} = \dfrac{M n}{9550} = \dfrac{F_u \frac{d}{2} n}{9550}$

$F_u = \dfrac{9550\,P_{rot} \cdot 2}{d n} = \dfrac{9550 \cdot 22 \cdot 2}{0,3 \cdot 120}\,\text{N} = 11670\,\text{N}$

**550.**

$P_{rot} = \dfrac{M n}{9550} = \dfrac{F_u \frac{d}{2} n}{9550}$

$F_u = \dfrac{9550 \cdot P_{rot} \cdot 2}{d n} = \dfrac{9550 \cdot 900 \cdot 2}{12 \cdot 3,8}\,\text{N} = 377\,000\,\text{N}$

$F_u = 377\,\text{kN}$

**551.**

$P_{rot} = \dfrac{M n}{9550}$

$P_{rot1} = \dfrac{100 \cdot 1800}{9550}\,\text{kW} = 18,85\,\text{kW}$

$P_{rot2} = \dfrac{100 \cdot 2800}{9550}\,\text{kW} = 29,32\,\text{kW}$

**552.**

$i_{I,II,III} = \dfrac{n_{mot}}{n_{I,II,III}} \longrightarrow n_I = \dfrac{n_{mot}}{i_I} = \dfrac{3600\,\text{min}^{-1}}{3,5} = 1029\,\text{min}^{-1}$

$n_{II} = \dfrac{n_{mot}}{i_{II}} = \dfrac{3600\,\text{min}^{-1}}{2,2} = 1636\,\text{min}^{-1}$

$n_{III} = n_{mot} = 3600\,\text{min}^{-1}$

$P = M_{mot} \omega$  $\quad \omega = \dfrac{\pi n}{30} = \dfrac{3600 \pi}{30} \dfrac{\text{rad}}{\text{s}} = 377 \dfrac{\text{rad}}{\text{s}}$

$M_{mot} = \dfrac{P}{\omega} = \dfrac{65\,000 \frac{\text{Nm}}{\text{s}}}{377 \frac{\text{rad}}{\text{s}}} = 172,4\,\text{Nm} = M_{III}$

Momente verhalten sich umgekehrt wie die Drehzahlen:

$\dfrac{M_I}{M_{mot}} = \dfrac{n_{mot}}{n_I} \longrightarrow M_I = M_{mot} \dfrac{n_{mot}}{n_I} = M_{mot}\, i_I$

$M_I = 172,4\,\text{Nm} \cdot 3,5 = 603,5\,\text{Nm}$

$M_{II} = 172,4\,\text{Nm} \cdot 2,2 = 379,3\,\text{Nm}$

**553.**

a) $v = \dfrac{\pi d n}{1000}$

$n = \dfrac{1000\,v}{\pi d} = \dfrac{1000 \cdot 78,6}{\pi \cdot 50}\,\text{min}^{-1} = 500,4\,\text{min}^{-1}$

b) $P_s = F_s v_s = 12\,000\,\text{N} \cdot 78,6 \dfrac{m}{\text{min}} = 943\,200 \dfrac{\text{Nm}}{\text{min}}$

$P_s = 15\,720 \dfrac{\text{Nm}}{\text{s}} = 15,72\,\text{kW}$

c) $P_v = F_v u = \dfrac{F_s}{4} s' n$

$P_v = 3000\,\text{N} \cdot 0,2 \dfrac{\text{mm}}{\text{U}} \cdot 500,4 \dfrac{\text{U}}{\text{min}} = 300\,200 \dfrac{\text{Nmm}}{\text{min}}$

$P_v = 5004 \dfrac{\text{Nmm}}{\text{s}} = 5,004 \dfrac{\text{Nm}}{\text{s}} = 5,004\,\text{W}$

**554.**

a) $P_n = \dfrac{M n}{9550} = \dfrac{F_u \frac{d}{2} n}{9550}$

$P_n = \dfrac{150 \cdot 0,07 \cdot 1400}{9550}\ \text{kW} = 1,539\ \text{kW}$

b) $\eta_m = \dfrac{P_n}{P_a} = \dfrac{1,539\ \text{kW}}{2\ \text{kW}} = 0,7696$

**555.**

$\eta = \dfrac{P_n}{P_a} = \dfrac{M\,\omega}{P_{mot}};\qquad \omega = \dfrac{\pi n}{30} = \dfrac{125\,\pi}{30}\dfrac{\text{rad}}{\text{s}}\ 13,09\ \dfrac{\text{rad}}{\text{s}}$

$\eta = \dfrac{700\ \text{Nm} \cdot 13,09\ \frac{\text{rad}}{\text{s}}}{11\,000\ \frac{\text{Nm}}{\text{s}}} = 0,833$

**556.**

a) $i_{ges} = i_1\, i_2\, i_3 = 15 \cdot 3,1 \cdot 4,5 = 209,25$

b) $\eta_{ges} = \eta_1\, \eta_2\, \eta_3 = 0,73 \cdot 0,95 \cdot 0,95 = 0,6588$

c) $M_I = \dfrac{9550\, P_{rot}}{n} = \dfrac{9550 \cdot 0,85}{1420}\ \text{Nm} = 5,717\ \text{Nm}$

$M_{II} = M_I\, i_1\, \eta_1 = 5,717\ \text{Nm} \cdot 15 \cdot 0,73 = 62,6\ \text{Nm}$

$n_{II} = \dfrac{n_m}{i_1} = \dfrac{1420\ \text{min}^{-1}}{15} = 94,67\ \text{min}^{-1}$

$M_{III} = M_I\, i_1\, i_2\, \eta_1\, \eta_2 = 5,717 \cdot 15 \cdot 3,1 \cdot 0,73 \cdot 0,95$

$M_{III} = 184,3\ \text{Nm}$

$n_{III} = \dfrac{n_m}{i_1 i_2} = \dfrac{1420\ \text{min}^{-1}}{15 \cdot 3,1} = 30,54\ \text{min}^{-1}$

$M_{IV} = M_I\, i_{ges}\, \eta_{ges} = 5,717\ \text{Nm} \cdot 209,25 \cdot 0,6588$

$M_{IV} = 788,1\ \text{Nm}$

$n_{IV} = \dfrac{n_m}{i_{ges}} = \dfrac{1420\ \text{min}^{-1}}{209,25} = 6,786\ \text{min}^{-1}$

**557.**

a) $\eta = \dfrac{P_n}{P_a} \longrightarrow P_a = \dfrac{P_n}{\eta} = \dfrac{1\ \text{kW}}{0,8} = 1,25\ \text{kW}$

b) $P_n = \dfrac{M n}{9550} = \dfrac{F_u \frac{d}{2} n}{9550}$

$F_u = \dfrac{2 \cdot 9550 \cdot P_n}{d\, n} = \dfrac{2 \cdot 9550 \cdot 1}{0,16 \cdot 1000}\ \text{N} = 119,4\ \text{N}$

**558.**

a) $M_{mot} = 9550\ \dfrac{P_{mot}}{n_{mot}} = 9550 \cdot \dfrac{2,6}{1420}\ \text{Nm} = 17,49\ \text{Nm}$

$M_{tr} = F_s \dfrac{d}{2} = 3000\ \text{N} \cdot 0,2\ \text{m} = 600\ \text{Nm}$

b) $i = \dfrac{M_{tr}}{M_{mot}\, \eta} = \dfrac{600\ \text{Nm}}{17,49\ \text{Nm} \cdot 0,96} = 35,7$

**559.**

$v = v_M = v_u = \pi\, d_r\, n_r$

Raddrehzahl $n_r = \dfrac{v}{\pi\, d_r}$

$i = \dfrac{n_k}{n_r} \longrightarrow n_k = i\, n_r$

a) $n_k = \dfrac{i\, v}{\pi\, d_r} = \dfrac{5,2 \cdot \frac{20}{3,6}\ \frac{\text{m}}{\text{s}}}{\pi \cdot 1,05\ \text{m}} = 8,758\ \dfrac{1}{\text{s}} = 525,5\ \dfrac{1}{\text{min}}$

$n_k = 525,5\ \text{min}^{-1}$

b) $M = F_u\, \dfrac{d_k}{2} = 9550\ \dfrac{P_n}{n_k} = 9550\ \dfrac{P_{mot}\, \eta}{n_k}$

$F_u = \dfrac{2 \cdot 9550\, P_{mot}\, \eta}{d_k n_k} = \dfrac{2 \cdot 9550 \cdot 66 \cdot 0,7}{0,06 \cdot 525,5}\ \text{N} = 27989\ \text{N}$

$F_u = 27,99\ \text{kN}$

**560.**

a) $i = \dfrac{n_{mot}}{n_r}$

$n_r$ aus $v = v_M = v_u = \pi\, d\, n_r$

$n_r = \dfrac{v_u}{\pi d} = \dfrac{20000\ \frac{\text{m}}{\text{h}}}{\pi \cdot 0,65\ \text{m}} = 9794\ \dfrac{1}{\text{h}} = 163,2\ \dfrac{1}{\text{min}} = 163,2\ \text{min}^{-1}$

$i = \dfrac{3600\ \text{min}^{-1}}{163,2\ \text{min}^{-1}} = 22,05$

b) „Steigung 8 %" bedeutet:

$\tan\alpha = 0,08;\ \ \alpha = 4,574°$

$\sin\alpha = 0,07975$

$\Sigma F_x = 0 = F_u - G \sin\alpha - F_w$

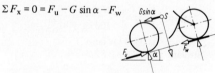

$F_u = F_w + G \sin\alpha = F_w + mg \sin\alpha$

$F_u = 20\ \text{N} + 100\ \text{kg} \cdot 9,81\ \dfrac{\text{m}}{\text{s}^2} \cdot \sin 4,574° = 98,23\ \text{N}$

c) $\eta = \dfrac{M_n}{i M_{mot}} = \dfrac{F_u \frac{d}{2}}{i M_{mot}}$

$M_{mot} = \dfrac{F_u\, d}{2\eta\, i} = \dfrac{98,23\ \text{N} \cdot 0,65\ \text{m}}{2 \cdot 0,7 \cdot 22,05} = 2,068\ \text{Nm}$

d) $P_{mot} = \dfrac{M_{mot}\, n_{mot}}{9550} = \dfrac{2,068 \cdot 3600}{9550}\ \text{kW} = 0,7795\ \text{kW}$

**Energie und Energieerhaltungssatz**

**561.**

a) $\Delta W_{kin} = \dfrac{m}{2}\,(v_1^2 - v_2^2)$

$\Delta W_{kin} = \dfrac{8000\ \text{kg}}{2}\left[\left(\dfrac{80}{3,6}\,\dfrac{\text{m}}{\text{s}}\right)^2 - \left(\dfrac{30}{3,6}\,\dfrac{\text{m}}{\text{s}}\right)^2\right]$

$$\Delta W_{kin} = 1\,698\,000 \text{ kg} \frac{m^2}{s^2} = 1{,}698 \text{ MJ}$$

b) $\Delta W_{kin} = W_a = F_u\, s \longrightarrow F_u = \dfrac{\Delta W_{kin}}{s}$

$$F_u = \frac{1\,698\,000 \frac{kgm^2}{s^2}}{150 \text{ m}} = 11\,320 \frac{kgm}{s^2} = 11{,}32 \text{ kN}$$

## 562.

a) Schlagarbeit $W = W_{pot} = mgh$

$$h = \frac{W_{pot}}{mg} = \frac{70\,000 \text{ Nm}}{1500 \text{ kg} \cdot 9{,}81 \frac{m}{s^2}} = 4{,}757 \text{ m}$$

b) $v = \sqrt{2gh} = \sqrt{2 \cdot 9{,}81 \frac{m}{s^2} \cdot 4{,}757 \text{ m}} = 9{,}661 \frac{m}{s}$

## 563.

a) $W_E = W_A - W_{ab}$

$$0 = \frac{mv^2}{2} - F_w\, s$$

b) $s = \dfrac{mv^2}{2F_w} = \dfrac{mv^2}{2F_w'm} = \dfrac{v^2}{2F_w'}$

$$s = \frac{(\frac{9{,}5}{3{,}6} \frac{m}{s})^2}{2 \cdot \frac{40 \text{ N}}{1000 \text{ kg}}} = 87{,}05 \text{ m}$$

## 564.

$W_E = W_A - W_{ab}$

$W_E = W_{pot} = mgh = mgs \sin\alpha$

$\tan\alpha = 0{,}003 \approx \sin\alpha$

$W_A = \dfrac{mv^2}{2}$

$W_{ab} = F_w\, s$

$mgs \sin\alpha = \dfrac{mv^2}{2} - F_w\, s$

$s\,(mg \sin\alpha + F_w) = \dfrac{mv^2}{2}$

$$s = \frac{mv^2}{2\,(mg \sin\alpha + F_w)}$$

$$s = \frac{34\,000 \text{ kg} \cdot (\frac{10}{3{,}6} \frac{m}{s})^2}{2\,(34\,000 \text{ kg} \cdot 9{,}81 \frac{m}{s^2} \cdot 0{,}003 + 1360 \frac{kgm}{s^2})}$$

$s = 55{,}57 \text{ m}$

## 565.

a) $W = W_{pot} + F\,h$

$W = mgh + F\,h = h\,(mg + F)$

$W = 1{,}5 \text{ m}\,(500 \text{ kg} \cdot 9{,}81 \frac{m}{s^2} + 65\,000 \text{ N})$

$W = 104\,900 \text{ J} = 104{,}9 \text{ kJ}$

b) $W_E = W_A + W_{zu}$

$$\frac{mv^2}{2} = mgh + F\,h$$

$$v = \sqrt{\frac{2h}{m}\,(mg + F)}$$

$$v = \sqrt{\frac{3 \text{ m}}{500 \text{ kg}}\,(500 \text{ kg} \cdot 9{,}81 \frac{m}{s^2} + 65\,000 \text{ N})}$$

$$v = 20{,}48 \frac{m}{s}$$

## 566.

$W_E = W_A - W_{ab}$

$0 = \dfrac{mv^2}{2} - 2\,W_f$     ($W_f$ Federarbeit für einen Puffer)

$$W_f = \frac{c}{2}\,(s_2^2 - s_1^2) = \frac{c s^2}{2}\,; \; (s_1 = 0)$$

$0 = \dfrac{mv^2}{2} - c s^2 \longrightarrow v^2 = \dfrac{2 c s^2}{m}$

$v = s\,\sqrt{\dfrac{2c}{m}}\,;$     $c = 3\,\dfrac{kN}{cm} = \dfrac{3000 \text{ N}}{0{,}01 \text{ m}} = 300\,000 \dfrac{N}{m}$

$$v = 0{,}08 \text{ m}\,\sqrt{\frac{2 \cdot 300\,000 \frac{N}{m}}{25\,000 \text{ kg}}}$$

$$v = 0{,}3919 \frac{m}{s} = 1{,}411 \frac{km}{h}$$

## 567.

$$c = 2\,\frac{N}{mm} = 2000\,\frac{N}{m}$$

a) Federkraft $F_f = $ Gewichtskraft $G$

$F_f = c\,\Delta s = mg$

$$\Delta s = \frac{mg}{c} = \frac{10 \text{ kg} \cdot 9{,}81 \frac{m}{s^2}}{2000 \frac{N}{m}}$$

$\Delta s = 0{,}04905 \text{ m} = 4{,}905 \text{ cm}$

b) $W_E = W_A - W_{ab}$     ($W_{ab} = W_f$)

$0 = mg\,\Delta s - \dfrac{c\,\Delta s^2}{2}\,;$     quadratische Gleichung
                               ohne absolutes Glied

$0 = \Delta s\,\left(mg - \dfrac{c\,\Delta s}{2}\right)$

$\Delta s = 0$ oder $mg - \dfrac{c\,\Delta s}{2} = 0$

$\Delta s = \dfrac{2mg}{c}$

$\Delta s = 9{,}81 \text{ cm}$     (doppelt so groß wie bei a)

**568.**

$W_E = W_A - W_{ab}$

$W_E = 0; \quad W_A = mgh = mgs_1 \sin\alpha$

$W_{ab} = W_{r1} + W_{r2} + W_f$

$W_{r1} = mg\,\mu\,s_1 \cos\alpha \quad (mg\cos\alpha$ Normalkraft = Normal-komponente der Gewichtskraft $G$)

$W_{r2} = mg\,\mu\,(s_2 + \Delta s)$

$W_f = \dfrac{c\,(\Delta s)^2}{2}$

$0 = mg\,s_1 \sin\alpha - mg\,\mu\,s_1 \cos\alpha - mg\,\mu\,(s_2 + \Delta s) - \dfrac{c\,(\Delta s)^2}{2}$

$s_1(mg\sin\alpha - mg\,\mu\cos\alpha) = mg\,\mu\,(s_2 + \Delta s) + \dfrac{c\,(\Delta s)^2}{2}$

$s_1 = \dfrac{2mg\,\mu\,(s_2 + \Delta s) + c\,(\Delta s)^2}{2mg\,(\sin\alpha - \mu\cos\alpha)} = \dfrac{\mu\,(s_2 + \Delta s) + \frac{c\,(\Delta s)^2}{2mg}}{\sin\alpha - \mu\cos\alpha}$

**569.**

$W_E = W_A - W_{r1} - W_{r2} \qquad$ (siehe Lösung 568!)

$\dfrac{mv_2^2}{2} = \dfrac{mv_1^2}{2} + mgh - mg\,\mu\cos\alpha\,\dfrac{h}{\sin\alpha} - mg\,\mu\,l$

$\mu\,lg = \dfrac{v_1^2 - v_2^2}{2} + gh - \dfrac{\mu\,gh\cos\alpha}{\sin\alpha}$

$l = \dfrac{v_1^2 - v_2^2}{2\mu g} + \dfrac{h}{\mu} - h\cot\alpha = \dfrac{v_1^2 - v_2^2}{2\mu g} + h\left(\dfrac{1}{\mu} - \cot\alpha\right)$

$l = \dfrac{(1,2\,\frac{m}{s})^2 - (1\,\frac{m}{s})^2}{2\cdot 0,3\cdot 9,81\,\frac{m}{s^2}} + 4\,m\left(\dfrac{1}{0,3} - \cot 30°\right) = 6,48\,m$

**570.**

a) $\alpha_1 = \alpha - 90° = 61°$

$h_1 = l + l_1 = l + l\sin\alpha_1$

$h_1 = l(1 + \sin\alpha_1)$

$h_1 = 0,655\,m\,(1 + \sin 61°)$

$h_1 = 1,228\,m$

$h_2 = l - l_2 = l - l\cos\beta = l(1 - \cos\beta)$

$h_2 = 0,655\,m\,(1 - \cos 48,5°) = 0,221\,m$

b) $W_A = G h_1 = mg h_1$

$W_A = 8,2\,kg\cdot 9,81\,\dfrac{m}{s^2}\cdot 1,228\,m = 98,77\,J$

c) $W = W_A - W_E$

$W_E = mg h_2 = 8,2\,kg\cdot 9,81\,\dfrac{m}{s^2}\cdot 0,221\,m = 17,78\,J$

$W = 98,77\,J - 17,78\,J = 81\,J$

**571.**

$W_E = W_A \pm 0 \quad$ (reibungsfrei)

$\dfrac{mv^2}{2} + mgh = mgl$

$v^2 = 2gl - 2gh$

$v = \sqrt{2g(l-h)}$

**572.**

$W = W_{pot}\;\eta = mgh\eta \qquad$ (Hinweis: $1\,kWh = 3,6\cdot 10^6\,Ws$)

$m = \dfrac{W}{gh\eta} = \dfrac{10000\cdot 3,6\cdot 10^6\,Ws\,(=\frac{kgm^2}{s^2})}{9,81\,\frac{m}{s^2}\cdot 24\,m\cdot 0,87}$

$m = 175,8\cdot 10^6\,kg = 175\,800\,t$

$V = 175\,800\,m^3$

**573.**

Energieerhaltungssatz für das durchströmende Wasser je Minute:

$\dfrac{mv_2^2}{2} = \dfrac{mv_1^2}{2} - W_a$

$W_a = \dfrac{m}{2}\,(v_1^2 - v_2^2) = \dfrac{45\,000\,kg}{2}\,(225\,\tfrac{m^2}{s^2} - 4\,\tfrac{m^2}{s^2})$

$W_a = 4972500\,J \longrightarrow P_a = 4972500\,\dfrac{J}{min} = 82880\,\dfrac{J}{s}$

$P_n = P_a\,\eta = 82,88\,kW\cdot 0,84 = 69,62\,kW$

**574.**

$\eta = \dfrac{W_n}{W_a} = \dfrac{1\,kWh}{10,4\,MJ} = \dfrac{3,6\cdot 10^6\,Ws}{10,4\cdot 10^6\,J} = 0,3462$

(Hinweis: $1\,Ws = 1\,J$)

**575.**

$\eta = \dfrac{W_n}{W_a} = \dfrac{P_n\,\Delta t}{m\,H} \longrightarrow m = \dfrac{P_n\,\Delta t}{\eta\,H}$

$m = \dfrac{120000\,\frac{Nm}{s}\cdot 45\cdot 60\,s}{0,35\cdot 42000000\,\frac{Nm}{kg}} = 22,04\,kg$

**576.**

$\eta = \dfrac{W_n}{W_a} = \dfrac{W_n}{m\,H}$

$\eta = \dfrac{3,6\cdot 10^6\,Ws}{0,224\,kg\cdot 42\cdot 10^6\,\frac{J}{kg}} = 0,3827 \quad (1\,Ws = 1\,J)$

## Gerader, zentrischer Stoß

**577.**

a) $c_1 = 0 = \dfrac{m_1 v_1 + m_2 v_2 - m_2(v_1 - v_2)k}{m_1 + m_2}$

$v_2(m_2 k + m_2) = v_1(m_2 k - m_1)$

$v_2 = v_1\,\dfrac{m_2 k - m_1}{m_2 k + m_2} = v_1\,\dfrac{m_2 k - m_1}{m_2(k+1)}$

$v_2 = 0,5\,\dfrac{m}{s}\cdot\dfrac{20\,g\cdot 0,7 - 100\,g}{20\,g(0,7+1)} = -1,265\,\dfrac{m}{s}$

($v_2$ ist *gegen* $v_1$ gerichtet)

b) $c_1 = 0 = \dfrac{(m_1 - m_2)\,v_1 + 2\,m_2\,v_2}{m_1 + m_2}$

$v_2 = v_1\,\dfrac{m_2 - m_1}{2\,m_2} = 0.5\,\dfrac{\text{m}}{\text{s}}\,\dfrac{20\,\text{g} - 100\,\text{g}}{40\,\text{g}} = -1\,\dfrac{\text{m}}{\text{s}}$

c) $c = 0 = \dfrac{m_1 v_1 + m_2 v_2}{m_1 + m_2}$

$v_2 = -v_1\,\dfrac{m_1}{m_2} = -0.5\,\dfrac{\text{m}}{\text{s}} \cdot \dfrac{100\,\text{g}}{20\,\text{g}} = -2.5\,\dfrac{\text{m}}{\text{s}}$

## 578.

Unelastischer Stoß mit $v_2 = 0$. Beide Körper schwingen mit der Geschwindigkeit $c$ aus der Ruhelage des Sandsacks in die Endlage.

$W_E = W_A$

$(m_1 + m_2)\,g\,h = \dfrac{(m_1 + m_2)\,c^2}{2}$

$h = l_s - l_s \cos\alpha = l_s\,(1 - \cos\alpha)$

$c^2 = 2\,g\,h = 2\,g\,l_s\,(1 - \cos\alpha)$

$c = \sqrt{2\,g\,l_s\,(1 - \cos\alpha)}$

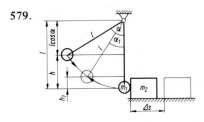

$c$ aus unelastischem Stoß:

$c = \dfrac{m_1 v_1 + m_2 v_2}{m_1 + m_2} = \dfrac{m_1 v_1}{m_1 + m_2}\quad (v_2 = 0!)$

$v_1 = c\,\dfrac{m_1 + m_2}{m_1} = \dfrac{m_1 + m_2}{m_1}\,\sqrt{2\,g\,l_s\,(1 - \cos\alpha)}$

$v_1 = \dfrac{10{,}01\,\text{kg}}{0{,}01\,\text{kg}}\,\sqrt{2 \cdot 9{,}81\,\dfrac{\text{m}}{\text{s}^2} \cdot 2{,}5\,\text{m}\,(1 - \cos 10^\circ)}$

$v_1 = 864{,}1\,\dfrac{\text{m}}{\text{s}}$

## 579.

a) $v_1 = \sqrt{2\,g\,h} = \sqrt{2\,g\,(l - l\cos\alpha)} = \sqrt{2\,g\,l\,(1 - \cos\alpha)}$

$v_1 = \sqrt{2 \cdot 9{,}81\,\dfrac{\text{m}}{\text{s}} \cdot 1\,\text{m}\,(1 - \cos 60^\circ)} = 3{,}132\,\dfrac{\text{m}}{\text{s}}$

b) $c_1 = \dfrac{(m_1 - m_2)\,v_1 + 2\,m_2\,v_2}{m_1 + m_2}\quad (v_2 = 0!)$

$c_1 = \dfrac{(m_1 - m_2)\,v_1}{m_1 + m_2} = \dfrac{m_1 - 4\,m_1}{5\,m_1}\,v_1 = -\dfrac{3}{5}\,v_1$

$c_1 = -0{,}6 \cdot 3{,}132\,\dfrac{\text{m}}{\text{s}} = -1{,}879\,\dfrac{\text{m}}{\text{s}}$

$c_2 = \dfrac{(m_2 - m_1)\,v_2 + 2\,m_1 v_1}{m_1 + m_2}\quad (v_2 = 0!)$

$c_2 = \dfrac{2\,m_1 v_1}{m_1 + m_2} = \dfrac{2\,m_1 v_1}{m_1 + 4\,m_1} = \dfrac{2}{5}\,v_1$

$c_2 = 0{,}4 \cdot 3{,}132\,\dfrac{\text{m}}{\text{s}} = 1{,}253\,\dfrac{\text{m}}{\text{s}}$

c) Energieerhaltungssatz für Rückprall der Kugel

$W_E = W_A$

$m_1 g h_1 = \dfrac{m_1 c_1^2}{2}\;\longrightarrow\; h_1 = \dfrac{c_1^2}{2\,g} = \dfrac{(0{,}6\,v_1)^2}{2\,g}$

$h_1 = \dfrac{0{,}36 \cdot 2\,g\,l\,(1 - \cos\alpha)}{2\,g} = 0{,}36\,l\,(1 - \cos\alpha)$

$h_1 = 0{,}36 \cdot 1\,\text{m}\,(1 - \cos 60^\circ) = 0{,}18\,\text{m}$

$h_1 = l\,(1 - \cos\alpha_1)\;\longrightarrow\; \cos\alpha_1 = 1 - \dfrac{h_1}{l}$

$\alpha_1 = \arccos\left(1 - \dfrac{h_1}{l}\right) = \arccos\left(1 - \dfrac{0{,}18\,\text{m}}{1\,\text{m}}\right) = 34{,}92^\circ$

d) $m_2\,\dfrac{c_2^2}{2} = m_2\,g\,\mu\,\Delta s$

$\Delta s = \dfrac{m_2\,c_2^2}{2\,m_2\,g\,\mu} = \dfrac{c_2^2}{2\,g\,\mu}$

$\Delta s = \dfrac{(0{,}4\,v_1)^2}{2\,g\,\mu} = \dfrac{0{,}16 \cdot 2\,g\,h}{2\,g\,\mu} = \dfrac{0{,}16\,h}{\mu}$

$h = l\,(1 - \cos\alpha)$ eingesetzt:

$\Delta s = \dfrac{0{,}16\,l\,(1 - \cos\alpha)}{\mu} = \dfrac{0{,}16 \cdot 1\,\text{m}\,(1 - \cos 60^\circ)}{0{,}15} = 0{,}5333\,\text{m}$

e) Energieerhaltungssatz für beide Körper als Probe:

$m_1 g h_1 = m_1 g h - m_2 g \mu \Delta s$

$m_1 g h_1 = m_1 g h - 4\,m_1 g \mu \Delta s$

$h_1 = h - 4\,\mu\,\Delta s$

$0{,}18\,\text{m} = 0{,}5\,\text{m} - 4 \cdot 0{,}15 \cdot 0{,}5333\,\text{m}$

$0{,}18\,\text{m} = 0{,}18\,\text{m}$

## 580.

a) $v_1 = \sqrt{2\,g\,h} = \sqrt{2 \cdot 9{,}81\,\dfrac{\text{m}}{\text{s}^2}\,3{,}262\,\text{m}} = 8\,\dfrac{\text{m}}{\text{s}}$

b) $c = \dfrac{m_1 v_1 + m_2 v_2}{m_1 + m_2} = \dfrac{m_1 v_1}{m_1 + m_2}\quad (v_2 = 0!)$

$c = \dfrac{3000\,\text{kg} \cdot 8\,\dfrac{\text{m}}{\text{s}}}{3600\,\text{kg}} = 6{,}667\,\dfrac{\text{m}}{\text{s}}$

c) $\Delta W = \dfrac{m_1 m_2\,v_1^2}{2\,(m_1 + m_2)}\quad (v_2 = 0!)$

$\Delta W = \dfrac{1000\,\text{kg} \cdot 600\,\text{kg} \cdot 64\,\dfrac{\text{m}^2}{\text{s}^2}}{2 \cdot 3600\,\text{kg}}$

$\Delta W = 16\,000\,\dfrac{\text{kgm}^2}{\text{s}^2} = 16\,\text{kJ}$

d) Energieerhaltungssatz für beide Körper vom Ende des ersten Stoßabschnittes bis zum Stillstand:

$0 = (m_1 + m_2)\,\dfrac{c^2}{2} + (m_1 + m_2)\,g\,\Delta s - F_R\,\Delta s$

$F_R = \dfrac{(m_1 + m_2)\,(\tfrac{c^2}{2} + g\,\Delta s)}{\Delta s}$

$F_R = \dfrac{3600\,\text{kg}\,(22{,}22\,\dfrac{\text{m}^2}{\text{s}^2} + 9{,}81\,\dfrac{\text{m}}{\text{s}^2} \cdot 0{,}3\,\text{m})}{0{,}3\,\text{m}}$

$F_R = 302\,000\,\dfrac{\text{kgm}}{\text{s}^2} = 302\,\text{kN}$

119

e) $\eta = \dfrac{1}{1 + \dfrac{m_2}{m_1}}$

$\eta = \dfrac{1}{1 + \dfrac{600\,\text{kg}}{3600\,\text{kg}}} = 0,8571 = 85,71\,\%$

## 581.

a) Arbeitsvermögen = Energieabnahme beim unelastischen Stoß.

$\Delta W = \dfrac{m_1 m_2}{2\,(m_1 + m_2)}\,v_1^2 \qquad (v_2 = 0!)$

$m_1 = \dfrac{2\,\Delta W m_2}{m_2 v_1^2 - 2\,\Delta W} = \dfrac{2\,\Delta W m_2}{2\,m_2\,g\,h - 2\,\Delta W} = \dfrac{\Delta W m_2}{g\,h\,m_2 - \Delta W}$

$m_1 = \dfrac{1000\,\text{Nm} \cdot 1000\,\text{kg}}{1000\,\text{kg} \cdot 9,81\,\frac{\text{m}}{\text{s}^2} \cdot 1,8\,\text{m} - 1000\,\text{Nm}}$

$m_1 = 60,03\,\text{kg}$

b) $\eta = \dfrac{1}{1 + \dfrac{m_1}{m_2}} = \dfrac{1}{1 + \dfrac{60,03\,\text{kg}}{1000\,\text{kg}}}$

$\eta = 0,9434 = 94,34\,\%$

## Dynamik der Drehbewegung

## 582.

a) $\alpha = \dfrac{\Delta\omega}{\Delta t} = \dfrac{20\,\pi\,\frac{\text{rad}}{\text{s}}}{2,6 \cdot 60\,\text{s}}$

$\alpha = 0,4028\,\dfrac{\text{rad}}{\text{s}^2}$

b) $M_R = M_{\text{res}} = J\,\alpha$

$M_R = 3\,\text{kg}\,\text{m}^2 \cdot 0,4028\,\dfrac{\text{rad}}{\text{s}^2}$

$M_R = 1,208\,\text{Nm}$

## 583.

Bremsmoment = resultierendes Moment

$M_{\text{res}}\,\Delta t = J\,\Delta\omega \longrightarrow J = \dfrac{M_{\text{res}}\,\Delta t}{\Delta\omega}$

$\Delta\omega = \dfrac{\pi n}{30} = \dfrac{\pi \cdot 300}{30}\,\dfrac{\text{rad}}{\text{s}} = 10\,\pi\,\dfrac{\text{rad}}{\text{s}}$

$J = \dfrac{100\,\text{Nm} \cdot 100\,\text{s}}{10\,\pi\,\frac{\text{rad}}{\text{s}}} = 318,3\,\text{kgm}^2$

## 584.

a) $\alpha = \dfrac{\Delta\omega}{\Delta t}\,; \qquad \Delta\omega = \dfrac{\pi n}{30} = \dfrac{\pi \cdot 1500}{30}\,\dfrac{\text{rad}}{\text{s}} = 50\,\pi\,\dfrac{\text{rad}}{\text{s}}$

$\alpha = \dfrac{50\,\pi\,\frac{\text{rad}}{\text{s}}}{10\,\text{s}} = 15,71\,\dfrac{\text{rad}}{\text{s}^2}$

b) $M_{\text{mot}} = M_{\text{res}} = J\,\alpha$

$M_{\text{mot}} = 15\,\text{kg}\,\text{m}^2 \cdot 15,71\,\dfrac{\text{rad}}{\text{s}^2} = 235,6\,\text{Nm}$

## 585.

a) $\alpha = \dfrac{\Delta\omega}{\Delta t} = \dfrac{12\,\pi\,\frac{\text{rad}}{\text{s}}}{5\,\text{s}} = 7,54\,\dfrac{\text{rad}}{\text{s}^2}$

b) $M_{\text{res}} = M_a - M_R \longrightarrow M_a = M_{\text{res}} + M_R$

$M_a = J\,\alpha + M_R = 3,5\,\text{kg}\,\text{m}^2 \cdot 7,54\,\dfrac{\text{rad}}{\text{s}^2} + 0,5\,\text{Nm}$

$M_a = 26,89\,\text{Nm}$

c) $P = M_a\,\omega = 26,89\,\text{Nm} \cdot 12\,\pi\,\dfrac{\text{rad}}{\text{s}}$

$P = 1014\,\dfrac{\text{Nm}}{\text{s}} = 1,014\,\text{kW}$

## 586.

a) Bremsmoment = resultierendes Moment aus Impulserhaltungssatz

$M_{\text{res}}\,\Delta t = J\,\Delta\omega \longrightarrow M_{\text{res}} = \dfrac{J\,\Delta\omega}{\Delta t}$

$\Delta\omega = \dfrac{\pi n}{30} = \dfrac{1500\,\pi}{30}\,\dfrac{\text{rad}}{\text{s}} = 50\,\pi\,\dfrac{\text{rad}}{\text{s}}$

$M_{\text{res}} = M_R = \dfrac{0,18\,\text{kg}\,\text{m}^2 \cdot 50\,\pi\,\frac{\text{rad}}{\text{s}}}{235\,\text{s}} = 0,1203\,\text{Nm}$

b) $M_R = G\,\mu\,\dfrac{d}{2} = m\,g\,\mu\,\dfrac{d}{2} \longrightarrow \mu = \dfrac{2\,M_R}{m\,g\,d}$

$\mu = \dfrac{2 \cdot 0,1203\,\text{Nm}}{10\,\text{kg} \cdot 9,81\,\frac{\text{m}}{\text{s}^2} \cdot 0,020\,\text{m}} = 0,1226$

## 587.

a) $M_{\text{res}} = F\,\dfrac{l}{2} = J\,\alpha \longrightarrow \alpha = \dfrac{F\,l}{2\,J}$

$\alpha = \dfrac{400\,\text{N} \cdot 40\,\text{m}}{2 \cdot 10^7\,\text{kgm}^2} = 8 \cdot 10^{-4}\,\dfrac{\text{rad}}{\text{s}^2}$

b) $\alpha = \dfrac{\Delta\omega}{\Delta t} = \dfrac{\omega_t}{\Delta t} \longrightarrow \omega_t = \alpha\,\Delta t$

$\omega_t = 8 \cdot 10^{-4}\,\dfrac{\text{rad}}{\text{s}^2} \cdot 30\,\text{s} = 2,4 \cdot 10^{-2}\,\dfrac{\text{rad}}{\text{s}}$

c) Bremskraft $F_1$ aus $M_{\text{res}} = F_1\,\dfrac{d}{2} = J\,\alpha_1$

$F_1 = \dfrac{2\,J\,\alpha_1}{d}$

I. $\alpha_1 = \dfrac{\omega_t}{\Delta t}$     II. $\Delta\varphi = \dfrac{\omega_t\,\Delta t}{2}$    $\omega,t$-Diagramm s. Lösung 486!

I. $\Delta t = \dfrac{\omega_t}{\alpha_1}$  in II. eingesetzt:  $\Delta\varphi = \dfrac{\omega_t^2}{2\,\alpha_1}$

$$\alpha_1 = \frac{\omega_t^2}{2\,\Delta\varphi} = \frac{5,76 \cdot 10^{-4}\,\frac{\text{rad}^2}{\text{s}^2}}{2\,\left(\frac{5\,\text{m}}{20\,\text{m}}\right)\text{rad}}$$

$$\alpha_1 = 11,52 \cdot 10^{-4}\,\frac{\text{rad}}{\text{s}^2}$$

$$F_1 = \frac{2 \cdot 10^7\,\text{kg m}^2 \cdot 11,52 \cdot 10^{-4}\,\frac{\text{rad}}{\text{s}^2}}{40\,\text{m}} = 576\,\text{N}$$

oder mit Energieerhaltungssatz für Bremsvorgang:
$$W_{\text{rot E}} = W_{\text{rot A}} - W_{\text{ab}}$$

$$0 = W_{\text{rot A}} - F_1\,\Delta s \longrightarrow F_1 = \frac{W_{\text{rot}}}{\Delta s}$$

$$F_1 = \frac{J\,\omega_t^2}{2\,\Delta s} = \frac{10^7\,\text{kg m}^2 \cdot 5,76 \cdot 10^{-4}\,\frac{\text{rad}^2}{\text{s}^2}}{2 \cdot 5\,\text{m}} = 576\,\text{N}$$

**588.**

a) Trommel:
$$\Sigma M = 0 = F_s\,r - J\alpha$$
$$F_s = \frac{J\alpha}{r}$$

Last:
$$\Sigma F_y = 0 = F_s + ma - mg$$
$$F_s = mg - ma = mg - m\,\alpha\,r$$

$$F_s = \frac{J\alpha}{r} = mg - m\,\alpha\,r$$

$$\alpha = \frac{mgr}{J + mr^2}$$

$$\alpha = \frac{2500\,\text{kg} \cdot 9,81\,\frac{\text{m}}{\text{s}^2} \cdot 0,2\,\text{m}}{4,8\,\text{kg m}^2 + 2500\,\text{kg} \cdot (0,2\,\text{m})^2} = 46,8\,\frac{\text{rad}}{\text{s}^2}$$

b) $a = \alpha\,r = 46,8\,\dfrac{\text{rad}}{\text{s}^2} \cdot 0,2\,\text{m} = 9,361\,\dfrac{\text{m}}{\text{s}^2}$

c) $v = \sqrt{2a\,\Delta s} = \sqrt{2 \cdot 9,361\,\frac{\text{m}}{\text{s}^2} \cdot 3\,\text{m}} = 7,494\,\dfrac{\text{m}}{\text{s}}$

**589.**

a) $M_{\text{res}} = \Sigma M_{(M)} = J\alpha - F_{\text{R0 max}}\,r$

$$\alpha = \frac{a}{r}$$
$$\frac{a}{r} = \frac{F_{\text{R0 max}}\,r}{J}$$

$$a = \frac{F_{\text{R0 max}}\,r^2}{J}$$

$$a = \frac{mg\cos\beta\,\mu_0\,r^2}{\frac{mr^2}{2}} = 2g\mu_0\cos\beta$$

$$a = 2 \cdot 9,81\,\frac{\text{m}}{\text{s}^2} \cdot 0,2 \cdot \cos 30° = 3,398\,\frac{\text{m}}{\text{s}^2}$$

b) $F_{\text{res}} = \Sigma F_x = F - G\sin\beta - ma - F_{\text{R0 max}}$
$$F = G\sin\beta + ma + F_{\text{R0 max}}$$
$$F = mg\sin\beta + ma + mg\,\mu_0\cos\beta$$
$$F = m\,[a + g\,(\sin\beta + \mu_0\cos\beta)]$$
$$F = 10\,\text{kg}\,[3,398\,\tfrac{\text{m}}{\text{s}^2} + 9,81\,\tfrac{\text{m}}{\text{s}^2}\,(\sin 30° + 0,2 \cdot \cos 30°)]$$
$$F = 100\,\text{N}$$

**590.**

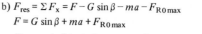

a) $m_{2\,\text{red}} = \dfrac{J_2}{r_2^2}$

$$m_{2\,\text{red}} = \frac{0,05\,\text{kg m}^2}{(0,1\,\text{m})^2}$$

$$m_{2\,\text{red}} = 5\,\text{kg}$$

b) $m_{\text{ges}} = m_1 + m_{2\,\text{red}} = 7\,\text{kg}$

c) $F_{\text{res}} = G_1 = m_1 g = 2\,\text{kg} \cdot 9,81\,\dfrac{\text{m}}{\text{s}^2} = 19,62\,\text{N}$

d) $F_{\text{res}} = m_{\text{ges}}\,a \longrightarrow a = \dfrac{F_{\text{res}}}{m_{\text{ges}}}$

$$a = \frac{m_1 g}{m_1 + \frac{J_2}{r_2^2}} = g\,\frac{m_1 r_2^2}{m_1 r_2^2 + J_2}$$

$$a = \frac{19,62\,\text{N}}{7\,\text{kg}} = 2,803\,\frac{\text{m}}{\text{s}^2}$$

**591.**

a) $J = \dfrac{m r^2}{2} = \dfrac{V\rho\,r^2}{2} = \dfrac{\pi r^2 s \rho\,r^2}{2}$

$$J = \frac{\pi r^4 s\rho}{2} = \frac{\pi\,(0,15\,\text{m})^4 \cdot 0,002\,\text{m} \cdot 7850\,\frac{\text{kg}}{\text{m}^3}}{2}$$

$$J = 0,012\,484\,\text{kg m}^2$$

$$i = \sqrt{\frac{r^2}{2}} = \sqrt{\frac{(0,15\,\text{m})^2}{2}} = 0,1061\,\text{m}$$

$$i = 106,1\,\text{mm}$$

b) $J = \dfrac{m}{2}\,(R^2 + r^2) = \dfrac{(R^2 - r^2)\,\pi s\rho\,(R^2 + r^2)}{2}$

$$J = \frac{\pi s\rho}{2}\,(R^4 - r^4)$$

$$J = \frac{\pi \cdot 0,002\,\text{m} \cdot 7850\,\frac{\text{kg}}{\text{m}^3}}{2}\,(0,15^4 - 0,02^4)\,\text{m}^4$$

$$J = 0,012481\,\text{kg m}^2 \text{ (d.h. Bohrung ist vernachlässigbar)}$$

$$i = \sqrt{\frac{R^2 + r^2}{2}} = \sqrt{\frac{(0,15\,\text{m})^2 + (0,02\,\text{m})^2}{2}} = 0,107\,\text{m}$$

$$i = 107\,\text{mm}$$

## 592.

Einteilung: Große Scheibe 1, kleine Scheibe 2,

Wellenrest 3,. $J_{ges} = J_1 + J_2 + J_3$;   $J = \dfrac{mr^2}{2}$

$m = \pi \rho r^2 h$;   mit $k = \pi \rho = \pi \cdot 7850 \dfrac{kg}{m^3} = 24\,660 \dfrac{kg}{m^3}$

wird $m = kr^2 h = 24\,660 \dfrac{kg}{m^3} r^2 h$ (für Bauteile aus

Stahl). Damit können die Massen zylindrischer Körper schneller berechnet werden (auch in den folgenden Aufgaben).

| Teil | $r$ $10^{-2}\,m$ | $r^2$ $10^{-4}\,m^2$ | $h$ $10^{-2}\,m$ | $m$ kg | $J$ $10^{-4}\,kgm^2$ |
|---|---|---|---|---|---|
| 1 | 10 | 100 | 2 | 4,932 | 246,61 |
| 2 | 5 | 25 | 2 | 1,233 | 15,41 |
| 3 | 1 | 1 | 5 | 0,1233 | 0,062 |
| | | | | | 262,1 |

$J_{ges} = 0{,}02621 \ kgm^2$

## 593.

Einteilung: Außenzylinder 1, Innenzylinder 6
2 Vollscheiben 2, 2 Bohrungen 5, Wellenmittelstück 3,
2 Lagerzapfen 4.

$J_{ges} = J_1 + 2J_2 + J_3 + 2J_4 - 2J_5 - J_6$

$m = 24\,660 \dfrac{kg}{m^3} r^2 h$ (siehe 592.);   $J = \dfrac{mr^2}{2}$

| Teil | $r$ $10^{-1}\,m$ | $r^2$ $10^{-2}\,m^2$ | $h$ $10^{-1}\,m$ | $m$ kg | $J$ $kg\,m^2$ | |
|---|---|---|---|---|---|---|
| 1 | 10 | 100 | 9 | 22195 | 11097,7 | |
| 2 | 9,85 | 97,0225 | 2·0,2 | 957,1 | 464,3 | 2 Scheiben |
| 3 | 1 | 1 | 6 | 148,0 | 0,74 | |
| 4 | 0,8 | 0,64 | 2·3 | 94,7 | 0,30 | 2 Zapfen |
| 5 | 0,8 | 0,64 | 2·0,2 | - 6,3 | - 0,02 | 2 Bohrungen |
| 6 | 9,85 | 97,0225 | 9 | -21534,5 | -10446,6 | |
| | | | | 1854,3 | 1116,3 | |

a) $J_{ges} = 1116 \ kg\,m^2$

b) $m = 1854 \ kg$

c) $i = \sqrt{\dfrac{J}{m}} = \sqrt{\dfrac{1116 \ kgm^2}{1854 \ kg}} = 0{,}7759 \ m$

## 594.

Einteilung:

| | | |
|---|---|---|
| 1: | 1 Vollscheibe | $\phi$ 0,5 m × 0,06 m |
| 2: | 1 Vollzylinder | $\phi$ 0,5 m × 0,14 m |
| 3: | 1 Vollzylinder | $\phi$ 0,19 m × 0,24 m |
| | davon abziehen: | |
| 4: | 1 Zylinder | $\phi$ 0,46 m × 0,14 m |
| 5: | 1 Bohrung | $\phi$ 0,1 m × 0,3 m |
| 6: | 6 Bohrungen | $\phi$ 0,08 m × 0,06 m |

(Steinerscher Verschiebesatz)

$m = 24\,660 \dfrac{kg}{m^3} r^2 h$;   (siehe 592.)   $J = \dfrac{mr^2}{2}$

| Teil | $r$ $10^{-1}\,m$ | $r^2$ $10^{-2}\,m^2$ | $h$ $10^{-1}\,m$ | $m$ kg | $l$ $10^{-1}\,m$ | $l^2$ $10^{-2}\,m$ | $J_s + ml^2$ $10^{-2}\,kgm^2$ |
|---|---|---|---|---|---|---|---|
| 1 | 2,5 | 6,25 | 0,6 | 92,48 | – | – | 289,00 |
| 2 | 2,5 | 6,25 | 1,4 | 215,79 | – | – | 674,34 |
| 3 | 0,95 | 0,9025 | 2,4 | 53,42 | – | – | 24,10 |
| 4 | 2,3 | 5,29 | 1,4 | -182,64 | – | – | - 483,09 |
| 5 | 0,5 | 0,25 | 3,0 | - 18,50 | – | – | - 2,31 |
| 6 | 0,4 | 0,16 | 6·0,6 | - 14,21 | 1,65 | 2,723 | - 39,81 |
| | | | | 146,34 | | | 462,23 |

$J_6 = m_6 \left( \dfrac{r^2}{2} + l^2 \right) = 14{,}21 \ kg \ (0{,}08 + 2{,}723) \cdot 10^{-2} \ m^2$

$J_6 = 39{,}81 \cdot 10^{-2} \ kgm^2$

a) $J_{ges} = 4{,}622 \ kg \ m^2$

b) $m = 146{,}3 \ kg$

c) $i = \sqrt{\dfrac{J_{ges}}{m}} = \sqrt{\dfrac{4{,}622 \ kg\,m^2}{146{,}3 \ kg}} = 0{,}1777 \ m = 177{,}7 \ mm$

## 595.

Einteilung: Vollscheibe 1, Zentralbohrung 2,
exzentrische Bohrung 3.

$J_{ges} = J_1 - J_2 - 3J_3$

$m = 24\,660 \dfrac{kg}{m^3} r^2 h$   (siehe 592.);   $J = m \dfrac{r^2}{2}$

| Teil | $r$ $10^{-2}\,m$ | $r^2$ $10^{-4}\,m^2$ | $h$ $10^{-2}\,m$ | $m$ kg | $J_s$ $10^{-4}\,kgm^2$ | $l$ $10^{-2}\,m$ | $l^2$ $10^{-4}\,m^2$ | $ml^2$ $10^{-4}\,kgm^2$ | $J_s + ml^2$ $10^{-4}\,kgm^2$ |
|---|---|---|---|---|---|---|---|---|---|
| 1 | 9 | 81 | 3 | 5,9928 | 242,71 | – | – | – | + 242,71 |
| 2 | 2 | 4 | 3 | 0,2959 | 0,592 | – | – | – | - 0,592 |
| 3 | 2,5 | 6,25 | 3·3 | 1,3872 | 4,335 | 5,5 | 30,25 | 41,96 | - 46,298 |
| | | | | | | | | | 195,816 |

$J_{ges} = 195{,}8 \cdot 10^{-4} \ kg\,m^2 = 0{,}01958 \ kg\,m^2$

## 596.

Einteilung: Nabe 1,
            Segmentstück 2

$m_1 = \pi l \rho (r^2 - r_1^2)$

$m_1 = \pi \cdot 0{,}02 \ m \cdot 7850 \dfrac{kg}{m^3} (0{,}02^2 - 0{,}0125^2) \ m^2$

$m_1 = 0{,}1202 \ kg$

$$J_1 = m\,\frac{r^2 + r_1^2}{2} = 0,1202 \text{ kg} \; \frac{(2^2 + 1,25^2) \cdot 10^{-4} \text{ m}^2}{2}$$

$$J_1 = 0,3344 \cdot 10^{-4} \text{ kg m}^2$$

$$m_2 = \frac{\pi\,b\,\rho\,(R^2 - r^2)}{6} \quad (\tfrac{1}{6} \text{ Hohlzylinder})$$

$$m_2 = \frac{\pi \cdot 0,04 \text{ m} \cdot 7850 \,\frac{\text{kg}}{\text{m}^3} \cdot (0,06^2 - 0,02^2) \text{ m}^2}{6}$$

$$m_2 = 0,5261 \text{ kg}$$

$$J_2 = m_2\,\frac{R^2 + r^2}{2} = 0,5261 \text{ kg} \; \frac{(6^2 + 2^2) \cdot 10^{-4} \text{ m}^2}{2}$$

$$J_2 = 10,52 \cdot 10^{-4} \text{ kg m}^2$$

$$J_{\text{ges}} = J_1 + J_2 = (0,3344 + 10,52) \cdot 10^{-4} \text{ kg m}^2$$
$$J_{\text{ges}} = 10,86 \cdot 10^{-4} \text{ kg m}^2 = 0,001086 \text{ kg m}^2$$

## Energie bei Drehbewegung

**597.**

$$\Delta W_{\text{rot}} = \frac{J}{2}\,(\omega_1^2 - \omega_2^2)$$

$$\omega_1 = \frac{\pi\,n_1}{30} = \frac{\pi \cdot 2800}{30}\,\frac{\text{rad}}{\text{s}} = 293,2\,\frac{\text{rad}}{\text{s}}$$

$$\omega_2^2 = \frac{J\,\omega_1^2 - 2\,\Delta W_{\text{rot}}}{J}$$

$$\omega_2 = \sqrt{\frac{145 \text{ kg m}^2 \cdot (293,2\,\frac{\text{rad}}{\text{s}})^2 - 2 \cdot 1\,200\,000 \text{ Nm}}{145 \text{ kg m}^2}}$$

$$\omega_2 = 263,5\,\frac{\text{rad}}{\text{s}}$$

$$n_2 = \frac{30\,\omega_2}{\pi} = 2516\,\frac{1}{\text{min}} = 2516 \text{ min}^{-1}$$

**598.**

a) $\Delta W_{\text{rot}} = \dfrac{J}{2}\,(\omega_1^2 - \omega_2^2)$

$$\omega_1 = \frac{\pi\,n_1}{30} = 100\,\pi\,\frac{\text{rad}}{\text{s}}; \quad \omega_2 = \frac{\pi\,n_2}{30} = 66,67\,\pi\,\frac{\text{rad}}{\text{s}}$$

$$J = \frac{2\,\Delta W_{\text{rot}}}{\omega_1^2 - \omega_2^2} = \frac{2 \cdot 200\,000 \text{ Nm}}{\pi^2\,(100^2 - 66,67^2)\,\frac{\text{rad}^2}{\text{s}^2}}$$

$$J = 7,295 \text{ kg m}^2$$

b) $J_k = 0,9\,J = m\,\dfrac{R^2 + r^2}{2}$

$$m = \frac{2 \cdot 0,9\,J}{R^2 + r^2} = \frac{2 \cdot 0,9 \cdot 7,295 \text{ kg m}^2}{(0,4 \text{ m})^2 + (0,38 \text{ m})^2} = 43,14 \text{ kg}$$

**599.**

a) $W_E = W_A - W_{\text{ab}}$

$$0 = \frac{m\,v^2}{2} - F_w'\,m\,\Delta s \qquad (F_w' \text{ Fahrwiderstand} \atop \text{in N je t Waggonmasse})$$

$$\Delta s = \frac{m\,v^2}{2\,F_w'\,m} = \frac{v^2}{2\,F_w'}$$

$$F_w' = \frac{40 \text{ N}}{10^3 \text{ kg}} = \frac{40 \text{ kg m}}{1000 \text{ kg s}^2} = 0,04\,\frac{\text{m}}{\text{s}^2}$$

$$\Delta s = \frac{(\frac{18}{3,6}\,\frac{\text{m}}{\text{s}})^2}{2 \cdot 0,04\,\frac{\text{m}}{\text{s}^2}} = 312,5 \text{ m}$$

b) $0 = \dfrac{m\,v^2}{2} + \dfrac{J\,\omega^2}{2} - F_w'\,m\,\Delta s$

$$J = \frac{m_r\,r^2}{2}; \quad \omega^2 = \frac{v^2}{r^2}$$

$$0 = \frac{m\,v^2}{2} + \frac{m_r\,r^2\,v^2}{2 \cdot 2\,r^2} - F_w'\,m\,\Delta s$$

$$\Delta s = \frac{v^2}{2\,F_w'} \cdot \frac{m + \frac{m_r}{2}}{m} = \frac{v^2}{2\,F_w'}\left(1 + \frac{m_r}{2\,m}\right)$$

Masse $m_r$ für 4 Räder:

$$m_r = \frac{4\,\pi\,d^2\,s\,\rho}{4} = \pi \cdot (0,9 \text{ m})^2 \cdot 0,1 \text{ m} \cdot 7850\,\frac{\text{kg}}{\text{m}^3}$$

$$m_r = 1997,6 \text{ kg}$$

$$\Delta s = \frac{(5\,\frac{\text{m}}{\text{s}})^2}{2 \cdot 0,04\,\frac{\text{m}}{\text{s}^2}}\left(1 + \frac{1,998 \text{ t}}{2 \cdot 40 \text{ t}}\right) = 320,3 \text{ m}$$

**600.**

Energie der Kugel an der Ablaufkante = Energie am Startpunkt:

$W_E = W_A$; $W_E$ mit $v_x = 1,329\,\dfrac{\text{m}}{\text{s}}$ nach Lösung 447 berechnet.

$$\frac{m\,v_x^2}{2} + \frac{J\,\omega^2}{2} = m\,g\,h_2$$

$$\frac{m\,v_x^2}{2} + \frac{2\,m\,r^2}{2 \cdot 5} \cdot \frac{v_x^2}{r^2} = m\,g\,h_2$$

$$\frac{v_x^2}{2} + \frac{v_x^2}{5} = g\,h_2$$

$$h_2 = \frac{7\,v_x^2}{10\,g} = 0,7\,\frac{v_x^2}{g}$$

$$h_2 = 0,7\,\frac{(1,329\,\frac{\text{m}}{\text{s}})^2}{9,81\,\frac{\text{m}}{\text{s}^2}} = 0,126 \text{ m}$$

Rechnung ohne Kenntnis des Betrages von $v_x$: Kugel fällt während $\Delta t$ im freien Fall $h = 1$ m tief, gleichzeitig legt sie gleichförmig den Weg $s_x = 0,6$ m zurück.

$$s_x = v_x\,\sqrt{\frac{2\,h}{g}}$$

$$s_x^2 = v_x^2\,\frac{2\,h}{g} \longrightarrow v_x^2 = s_x^2\,\frac{g}{2\,h}$$

(weiter wie oben, vorletzte Zeile:)

$$h_2 = \frac{0,7\,g\,s_x^2}{2\,g\,h} = \frac{0,7\,s_x^2}{2\,h} = \frac{0,7 \cdot (0,6 \text{ m})^2}{2 \cdot 1 \text{ m}} = 0,126 \text{ m}$$

## 601.

a) $W_E = W_A \pm 0$

$$\frac{m_1 v^2}{2} + \frac{J_2 \omega^2}{2} = m_1 g h$$

b) $\omega = \dfrac{v}{r_2}$ eingesetzt

$$v^2 \left( \frac{m_1}{2} + \frac{J_2}{2 r_2^2} \right) = m_1 g h$$

$$v = \sqrt{\frac{2 m_1 g h}{m_1 + \dfrac{J_2}{r_2^2}}} = \sqrt{\frac{2 \cdot 2\,\text{kg} \cdot 9{,}81\,\frac{\text{m}}{\text{s}^2} \cdot 1\,\text{m}}{2\,\text{kg} + \dfrac{0{,}05\,\text{kg}\,\text{m}^2}{(0{,}1\,\text{m})^2}}}$$

$$v = 2{,}368\,\frac{\text{m}}{\text{s}}$$

## 602.

a) $W_E = W_A \pm 0$

$$\frac{J_1 \omega^2}{2} + \frac{J_2 \omega^2}{2} + mg\left(l + \frac{l}{2}\right) = 3 m g l$$

$$\frac{\omega^2}{2} \left( \frac{m l^2}{3} + \frac{2 m (2 l)^2}{3} \right) = m g \left( 3 l - l - \frac{l}{2} \right)$$

$$\frac{m \omega^2}{2} \left( \frac{l^2}{3} + \frac{8 l^2}{3} \right) = \frac{3}{2} m g l$$

$$\frac{3 \omega^2 l^2}{2} = \frac{3 g l}{2} \longrightarrow \omega = \sqrt{\frac{g}{l}}$$

b) $v_u = 2 l \omega = 2 l \sqrt{\dfrac{g}{l}} = 2 \sqrt{g l}$

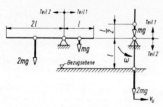

## 603.

a) $W_E = W_A + W_{zu}$

$$\frac{J \omega_2^2}{2} = 0 + M_k \, \Delta\varphi$$

b) $M_k = F r$; $\quad \Delta\varphi = 2 \pi z$

$$\frac{J \omega_2^2}{2} = 2 \pi z F r$$

$$z = \frac{J \omega_2^2}{4 \pi F r}; \quad \omega = \frac{1000\,\pi}{30}\,\frac{\text{rad}}{\text{s}} = 33{,}33\,\pi\,\frac{\text{rad}}{\text{s}}$$

$$z = \frac{3\,\text{kg}\,\text{m}^2 \left(33{,}33\,\pi\,\frac{\text{rad}}{\text{s}}\right)^2}{4\,\pi \cdot 150\,\text{N} \cdot 0{,}4\,\text{m}} = 43{,}63$$

c) $M_2 \, \Delta t = J \, \Delta\omega$; $\quad i = \dfrac{n_1}{n_2} = \dfrac{M_2}{M_k} \longrightarrow M_2 = i M_k$

$$\Delta t = \frac{J \omega_2}{i M_k} = \frac{3\,\text{kg}\,\text{m}^2 \cdot 33{,}33\,\pi\,\frac{\text{rad}}{\text{s}}}{0{,}1 \cdot 150\,\text{N} \cdot 0{,}4\,\text{m}} = 52{,}36\,\text{s}$$

## 604.

a) $\Delta W = \dfrac{J}{2}\left(\omega_1^2 - \omega_2^2\right)$; $n_1 = \dfrac{n_{mot}}{i} = \dfrac{960\,\text{min}^{-1}}{8} = 120\,\text{min}^{-1}$

$$\omega_1 = \frac{\pi n_1}{30} = \frac{\pi \cdot 120}{30}\,\frac{\text{rad}}{\text{s}} = 4\,\pi\,\frac{\text{rad}}{\text{s}}$$

$$\omega_2 = \frac{\pi n_2}{30} = \frac{\pi \cdot 100}{30}\,\frac{\text{rad}}{\text{s}} = 3{,}333\,\pi\,\frac{\text{rad}}{\text{s}}$$

$$\Delta W = 8\,\text{kg}\,\text{m}^2 \cdot \pi^2 \left[ \left(4\,\frac{\text{rad}}{\text{s}}\right)^2 - \left(3{,}333\,\frac{\text{rad}}{\text{s}}\right)^2 \right]$$

$$\Delta W = 386\,\text{J}$$

b) $P_{mot} = M_{mot}\,\omega_{mot}$

$$\omega_{mot} = \frac{\pi n_{mot}}{30} = \frac{\pi \cdot 960}{30}\,\frac{\text{rad}}{\text{s}} = 32\,\pi\,\frac{\text{rad}}{\text{s}}$$

$$M_{mot} = \frac{P_{mot}}{\omega_{mot}} = \frac{1000\,\frac{\text{Nm}}{\text{s}}}{32\,\pi\,\frac{\text{rad}}{\text{s}}} = 9{,}947\,\text{Nm}$$

$$M_s = i M_{mot} = 8 \cdot 9{,}947\,\text{Nm} = 79{,}58\,\text{Nm}$$

c) $M_s \, \Delta t = J \, \Delta\omega$

$$\Delta t = \frac{J(\omega_1 - \omega_2)}{M_s} = \frac{16\,\text{kg}\,\text{m}^2 \cdot \pi \left(4\,\frac{\text{rad}}{\text{s}} - 3{,}333\,\frac{\text{rad}}{\text{s}}\right)}{79{,}58\,\text{Nm}}$$

$$\Delta t = 0{,}4211\,\text{s}$$

## 605.

a) $M_{res}\,\Delta t = J \, \Delta\omega \longrightarrow \Delta t = \dfrac{J \omega}{M_{res}}$

$$\Delta t = \frac{0{,}8\,\text{kg}\,\text{m}^2 \cdot 33{,}33\,\pi\,\frac{\text{rad}}{\text{s}}}{50\,\text{Nm}} = 1{,}676\,\text{s}$$

b) $\Delta\varphi = \dfrac{\omega \, \Delta t}{2} = 2 \pi z$

$$z = \frac{\omega \, \Delta t}{2 \cdot 2\pi} = \frac{33{,}33 \cdot \pi\,\frac{\text{rad}}{\text{s}} \cdot 1{,}676\,\text{s}}{4\,\pi}$$

$$z = 13{,}96 \quad \text{Umdrehungen}$$

c) $W_R = M_R \, \Delta\varphi = 2 \pi z M_{res}$ $\qquad (M_R = M_{res})$

$\quad W_R = 2 \cdot 13{,}96\,\pi\,\text{rad} \cdot 50\,\text{Nm} = 4386\,\text{J}$

d) $Q = 4386\,\text{J} \cdot 40\,\dfrac{1}{\text{h}} = 175{,}5\,\dfrac{\text{kJ}}{\text{h}}$

## Fliehkraft

## 610.

a) $v_u = r_s \omega = 0{,}42\,\text{m} \cdot \dfrac{80\,\pi}{30}\,\dfrac{\text{rad}}{\text{s}} = 3{,}519\,\dfrac{\text{m}}{\text{s}}$

b) $F_z = m r_s \omega^2 = m \dfrac{v_u^2}{r_s} = 110\,\text{kg}\,\dfrac{\left(3{,}519\,\frac{\text{m}}{\text{s}}\right)^2}{0{,}42\,\text{m}} = 3242\,\text{N}$

## 611.

$$F_z = m r \omega^2 = 1300\,\text{kg} \cdot 7{,}2\,\text{m} \left( \frac{250\,\pi}{30}\,\frac{\text{rad}}{\text{s}} \right)^2$$

$$F_z = 6415\,000\,\text{N} = 6{,}415\,\text{MN}$$

**612.**

$$F_z = \frac{m\, r_s\, \omega^2}{2}; \qquad r_s = \frac{2\, r_m}{\pi}$$

$$F_z = \frac{m \cdot 2\, r_m\, \omega^2}{2\,\pi} = \frac{m\, r_m\, \omega^2}{\pi}$$

$$F_z = \frac{120\,\text{kg} \cdot 0{,}5\,\text{m}}{\pi} \cdot \left(20\,\pi\,\frac{\text{rad}}{\text{s}}\right)^2$$

$$F_z = 75\,398\,\text{N} = 75{,}4\,\text{kN}$$

**613.**

$$\Sigma F_y = 0$$

$$0 = F_s - G - F_z$$

$$F_s = mg + \frac{m\, v^2}{l}$$

$$F_s = m\left(g + \frac{v^2}{l}\right)$$

$$v = \sqrt{2\,g\,h}$$

$$h = l - l\cos\alpha$$

$$v = \sqrt{2\,g\,l\,(1 - \cos\alpha)}$$

$$F_s = m\left(g + \frac{2\,g\,l\,(1 - \cos\alpha)}{l}\right) = m\,[\,g + 2\,g\,(1 - \cos\alpha)\,]$$

$$F_s = mg\,(3 - 2\cos\alpha) = 2000\,\text{kg} \cdot 9{,}81\,\frac{\text{m}}{\text{s}^2}(3 - 2\cdot\cos 20°)$$

$$F_s = 21\,986\,\text{N} = 21{,}99\,\text{kN}$$

**614.**

$$\text{I.}\ \Sigma F_y = 0 = F_{R0\,max} - G$$

$$\text{II.}\ \Sigma F_x = 0 = F_z - F_N$$

$$\text{I.}\ F_{R0\,max} = F_N\,\mu_0 = G$$

$$\text{II.}\ F_N = F_z = mr\,\omega^2, \quad \text{in I. eingesetzt:}$$

$$F_{R0\,max} = mr\,\omega^2\,\mu_0 = G$$

$$mr\,\omega^2\,\mu_0 = mg \longrightarrow \omega = \sqrt{\frac{g}{r\,\mu_0}}$$

$$n = \frac{30\,\omega}{\pi} = \frac{30}{\pi}\sqrt{\frac{2\,g}{d\,\mu_0}}$$

(Zahlenwertgleichung!)

| $n$ | $g$ | $d$ | $\mu_0$ |
|---|---|---|---|
| $\text{min}^{-1}$ | $\frac{\text{m}}{\text{s}^2}$ | m | 1 |

$$n = \frac{30}{\pi}\sqrt{\frac{2 \cdot 9{,}81}{3 \cdot 0{,}4}}\ \text{min}^{-1} = 38{,}61\,\text{min}^{-1}$$

**615.**

a) $$F_z = \frac{m\, v^2}{r}$$

$$F_z = \frac{900\,\text{kg}\left(\frac{40}{3{,}6}\,\frac{\text{m}}{\text{s}}\right)^2}{20\,\text{m}}$$

$$F_z = 5556\,\text{N}$$

b) $$F_r = \sqrt{G^2 + F_z^2} = m\,\sqrt{g^2 + \left(\frac{v^2}{r}\right)^2}$$

$$F_r = 900\,\text{kg} \cdot \sqrt{\left(9{,}81\,\frac{\text{m}}{\text{s}^2}\right)^2 + \left(\frac{123{,}5\,\frac{\text{m}^2}{\text{s}^2}}{20\,\text{m}}\right)^2}$$

$$F_r = 10{,}43\,\text{kN}$$

$$\tan\alpha_r = \frac{G}{F_z} = \frac{mg}{\frac{m\,v^2}{r}} = \frac{g\,r}{v^2}$$

$$\alpha_r = \arctan\frac{g\,r}{v^2} = \arctan\frac{9{,}81\,\frac{\text{m}}{\text{s}^2} \cdot 20\,\text{m}}{\left(\frac{40}{3{,}6}\,\frac{\text{m}}{\text{s}}\right)^2}$$

$$\alpha_r = 57{,}82° \longrightarrow \beta = 32{,}18°$$

c) $$\rho_0 = \beta - \gamma = 32{,}18° - 4° = 28{,}18°$$

$$\mu_0 = \tan\rho_0 = \tan 28{,}18° = 0{,}5357$$

$$\mu_0 \gtrless 0{,}5357$$

**616.**

a) WL der Resultierenden aus $G$ und $F_z$ verläuft durch die Kippkante K.

$$\tan\alpha_r = \frac{G}{F_z} = \frac{2\,h}{l}$$

$$F_z = \frac{G\,l}{2\,h} = \frac{mg\,l}{2\,h}$$

$$\frac{m\,v^2}{r_s} = \frac{mg\,l}{2\,h} \longrightarrow v = \sqrt{\frac{g\,l\,r_s}{2\,h}}$$

$$v = \sqrt{\frac{9{,}81\,\frac{\text{m}}{\text{s}^2} \cdot 1{,}435\,\text{m} \cdot 200\,\text{m}}{2 \cdot 1{,}35\,\text{m}}}$$

$$v = 32{,}29\,\frac{\text{m}}{\text{s}} = 116{,}3\,\frac{\text{km}}{\text{h}}$$

b) Überhöhungswinkel $\alpha$ tritt zwischen den WL der Kraft $G$ und der Resultierenden aus $G$ und $F_z$ auf.

$$\tan\alpha = \frac{F_z}{G} = \frac{m\,v^2}{mg\,r} = \frac{v^2}{g\,r}$$

$$\alpha = \arctan\frac{v^2}{g\,r} = \arctan\frac{\left(\frac{50}{3{,}6}\,\frac{\text{m}}{\text{s}}\right)^2}{9{,}81\,\frac{\text{m}}{\text{s}^2} \cdot 200\,\text{m}} = 5{,}615°$$

$$\sin\alpha = \frac{h}{l} \longrightarrow h = l\sin\alpha = 1{,}435\,\text{m} \cdot \sin 5{,}615°$$

$$h = 0{,}1404\,\text{m} = 140{,}4\,\text{mm}$$

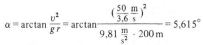

**617.**

a) $\beta = \alpha + \gamma$

$$\tan \alpha = \frac{l}{2h} = \frac{1,5\,\text{m}}{2 \cdot 1,5\,\text{m}} = 0,5$$

$$\alpha = \arctan 0,5 = 26,57°$$

$$\sin \gamma = \frac{h_1}{l}$$

$$\gamma = \arcsin \frac{h_1}{l} = \arcsin \frac{30\,\text{mm}}{1500\,\text{mm}} = 1,146°$$

$$\beta = \alpha + \gamma = 27,71°$$

b) $\tan \beta = \dfrac{F_z}{G} = \dfrac{m\,a_z}{mg} = \dfrac{a_z}{g}$

$$a_z = g \tan \beta = 9,81\,\frac{\text{m}}{\text{s}^2} \cdot \tan 27,71° = 5,153\,\frac{\text{m}}{\text{s}^2}$$

c) $a_z = \dfrac{v^2}{r_s} \longrightarrow v = \sqrt{a_z\,r_s}$

$$v = \sqrt{5,153\,\frac{\text{m}}{\text{s}^2} \cdot 150\,\text{m}} = 27,8\,\frac{\text{m}}{\text{s}} = 100,1\,\frac{\text{km}}{\text{h}}$$

**618.**

a) $\Sigma F_y = 0 = F_z - G = \dfrac{m\,v_o^2}{r_s} - mg$

$$\frac{m\,v_o^2}{r_s} = mg$$

$$v_o = \sqrt{g\,r_s}$$

$$v_o = \sqrt{9,81\,\frac{\text{m}}{\text{s}^2} \cdot 2,9\,\text{m}} = 5,334\,\frac{\text{m}}{\text{s}} = 19,2\,\frac{\text{km}}{\text{h}}$$

b) $W_E = W_A \pm 0$

$$W_{\text{pot}\,o} + W_{\text{kin}\,o} = W_{\text{kin}\,u}$$

$$mg\,2r_s + \frac{m\,v_o^2}{2} = \frac{m\,v_u^2}{2}$$

$$v_u^2 = 4\,g\,r_s + v_o^2 = 4\,g\,r_s + g\,r_s$$

$$v_u = \sqrt{5\,g\,r_s} = \sqrt{5 \cdot 9,81\,\frac{\text{m}}{\text{s}^2} \cdot 2,9\,\text{m}}$$

$$v_u = 11,93\,\frac{\text{m}}{\text{s}} = 42,94\,\frac{\text{km}}{\text{h}}$$

c) $v_u = \sqrt{2\,g\,h} \longrightarrow h = \dfrac{v_u^2}{2g} = \dfrac{5\,g\,r_s}{2g}$

$$h = 2,5\,r_s = 2,5 \cdot 2,9\,\text{m} = 7,25\,\text{m}$$

**619.**

a) $\Sigma M_{(A)} = 0 = F_B\,(l_1 + l_2) - G\,l_1$

$$F_B = \frac{G\,l_1}{l_1 + l_2}$$

$$G = mg = 1100\,\text{kg} \cdot 9,81\,\text{N} = 10,79\,\text{kN}$$

$$F_B = \frac{10,79\,\text{kN} \cdot 0,45\,\text{m}}{0,45\,\text{m} + 1,05\,\text{m}} = 3,237\,\text{kN}$$

$$\Sigma F_y = 0 = F_A + F_B - G \longrightarrow F_A = mg - F_B$$

$$F_A = 1100\,\text{kg} \cdot 9,81\,\frac{\text{m}}{\text{s}^2} - 3237\,\text{N}$$

$$F_A = 7554\,\text{N} = 7,554\,\text{kN}$$

b) $F_z = m\,r_s\,\omega^2;\qquad \omega = \dfrac{\pi n}{30} = \dfrac{\pi \cdot 180}{30}\,\dfrac{\text{rad}}{\text{s}} = 6\,\pi\,\dfrac{\text{rad}}{\text{s}}$

$$F_z = 1100\,\text{kg} \cdot 0,0023\,\text{m}\,\left(6\,\pi\,\frac{\text{rad}}{\text{s}}\right)^2$$

$$F_z = 898,9\,\text{N} = 0,8989\,\text{kN}$$

c)

$$\Sigma M_{(A)} = 0 = F_B\,(l_1 + l_2) - (G + F_z)\,l_1$$

$$F_B = \frac{(G + F_z)\,l_1}{l_1 + l_2} = \frac{(10,79 + 0,8989)\,\text{kN} \cdot 0,45\,\text{m}}{1,5\,\text{m}}$$

$$F_B = 3,507\,\text{kN}$$

$$\Sigma F_y = 0 = F_A + F_B - G - F_z$$

$$F_A = G + F_z - F_B = 10,79\,\text{kN} + 0,8989\,\text{kN} - 3,507\,\text{kN}$$

$$F_A = 8,183\,\text{kN}$$

d)

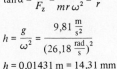

$$\Sigma M_{(A)} = 0 = F_B\,(l_1 + l_2) + (G - F_z)\,l_1$$

$$F_B = \frac{(G - F_z)\,l_1}{l_1 + l_2} = \frac{(10,79 - 0,8989)\,\text{kN} \cdot 0,45\,\text{m}}{1,5\,\text{m}}$$

$$F_B = 2,968\,\text{kN}$$

$$\Sigma F_y = 0 = F_A + F_B - G + F_z$$

$$F_A = G - F_B - F_z$$

$$F_A = 10,79\,\text{kN} - 2,968\,\text{kN} - 0,8989\,\text{kN} = 6,924\,\text{kN}$$

Beide Stützkräfte sind, wie in der Skizze angenommen, nach oben gerichtet.

**620.**

$$\omega = \frac{\pi n}{30} = \frac{\pi \cdot 250}{30}\,\frac{\text{rad}}{\text{s}} = 26,18\,\frac{\text{rad}}{\text{s}}$$

a) $\tan \alpha = \dfrac{G}{F_z} = \dfrac{mg}{m\,r\,\omega^2} = \dfrac{h}{r}$

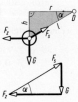

$$h = \frac{g}{\omega^2} = \frac{9,81\,\frac{\text{m}}{\text{s}^2}}{(26,18\,\frac{\text{rad}}{\text{s}})^2}$$

$$h = 0,01431\,\text{m} = 14,31\,\text{mm}$$

b) $\omega^2 = \dfrac{g}{h} \longrightarrow \omega = \sqrt{\dfrac{g}{h}}$

$$\omega = \sqrt{\frac{9,81\,\frac{\text{m}}{\text{s}^2}}{0,1\,\text{m}}} = 9,9045\,\frac{\text{rad}}{\text{s}}$$

$$n = \frac{30\,\omega}{\pi} = \frac{30 \cdot 9,9045}{\pi}\,\text{min}^{-1} = 94,58\,\text{min}^{-1}$$

c) $\tan\beta = \dfrac{G}{F_z} = \dfrac{m\,g}{m\,r_0\,\omega_0^2} = \dfrac{g}{r_0\,\omega_0^2}$

$\omega_0 = \sqrt{\dfrac{g}{r_0\,\tan\beta}}$

Mit den gegebenen Längen $l$ und $r_0$ kann im Dreieck die cos-Funktion angesetzt werden.

$\cos\beta = \dfrac{r_0}{l}$ 　 Jetzt muß $\tan\beta$ mit Hilfe von $\cos\beta$ ausgedrückt werden.

$\tan\beta = \dfrac{\sin\beta}{\cos\beta} = \dfrac{\sqrt{1-\cos^2\beta}}{\cos\beta} = \dfrac{\sqrt{1-(\frac{r_0}{l})^2}}{\frac{r_0}{l}}$

$\tan\beta = \dfrac{l}{r_0}\sqrt{\dfrac{l^2-r_0^2}{l^2}} = \dfrac{1}{r_0}\sqrt{l^2-r_0^2}$

$\dfrac{r_0}{\tan\beta} = \sqrt{l^2-r_0^2}$

$\omega_0 = \sqrt{\dfrac{g}{\sqrt{l^2-r_0^2}}} = \sqrt{\dfrac{9{,}81\,\frac{m}{s^2}}{\sqrt{(0{,}2\,m)^2-(0{,}05\,m)^2}}}$

$\omega_0 = 7{,}117\,\dfrac{rad}{s}$

$n_0 = \dfrac{30\,\omega_0}{\pi} = \dfrac{30\cdot 7{,}117}{\pi}\ \min^{-1} = 67{,}97\,\min^{-1}$

# 5. Festigkeitslehre

## Inneres Kräftesystem und Beanspruchungsarten

Die Lösungen der Aufgaben 651–656 sind im Ergebnisteil der Aufgabensammlung angegeben.

## Beanspruchung auf Zug

**661.**

$$\sigma_{z\,\text{vorh}} = \frac{F}{S} = \frac{12\,000\,\text{N}}{60\,\text{mm} \cdot 6\,\text{mm}} = 33,3\,\frac{\text{N}}{\text{mm}^2}$$

**662.**

$$S_{\text{erf}} = \frac{F}{\sigma_{z\,\text{zul}}} = \frac{25\,000\,\text{N}}{140\,\dfrac{\text{N}}{\text{mm}^2}} = 178,57\,\text{mm}^2$$

$d_{\text{erf}} = 15,1\,\text{mm}$; $d = 16\,\text{mm}$ gewählt (Normmaß)
oder zusammenfassend:

$$\sigma_z = \frac{F}{S} = \frac{F}{\dfrac{\pi d^2}{4}} = \frac{4F}{\pi d^2}$$

$$d_{\text{erf}} = \sqrt{\frac{4F}{\pi\,\sigma_{z\,\text{zul}}}} = \sqrt{\frac{4 \cdot 25\,000\,\text{N}}{\pi \cdot 140\,\dfrac{\text{N}}{\text{mm}^2}}} = 15,1\,\text{mm}$$

$d = 16\,\text{mm}$ gewählt (Normmaß)

**663.**

Spannungsquerschnitt $A_S = 157\,\text{mm}^2$

$$F_{\text{max}} = \sigma_{z\,\text{zul}}\,A_S = 90\,\frac{\text{N}}{\text{mm}^2} \cdot 157\,\text{mm}^2 = 14\,130\,\text{N}$$

**664.**

$$S_{\text{erf}} = \frac{F}{\sigma_{z\,\text{zul}}} = \frac{4\,800\,\text{N}}{70\,\dfrac{\text{N}}{\text{mm}^2}} = 68,57\,\text{mm}^2$$

gewählt M 12 mit $A_S = 84,3\,\text{mm}^2$

**665.**

$$\sigma_z = \frac{F}{S} = \frac{F}{n \cdot \dfrac{d^2 \pi}{4}}; \quad n \text{ Anzahl der Drähte}$$

$$n_{\text{erf}} = \frac{4F}{\pi d^2 \sigma_{z\,\text{zul}}} = \frac{4 \cdot 90\,000\,\text{N}}{\pi \cdot 1,6^2\,\text{mm}^2 \cdot 200\,\dfrac{\text{N}}{\text{mm}^2}} = 224 \text{ Drähte}$$

**666.**

$$\sigma_z = \frac{F + G}{S}$$

$$G = mg = V\rho g = Sl\rho g = n\,\frac{\pi d^2}{4}\,l\rho g$$

**(Spalte rechts)**

$$\sigma_z = \frac{F + n\,\dfrac{\pi d^2}{4}\,l\rho g}{n\,\dfrac{\pi d^2}{4}} \quad \begin{array}{l} n \text{ Anzahl der Drähte} \\ \rho \text{ Dichte des Werkstoffes} \\ \quad (7850\,\text{kg/m}^3 \text{ für Stahl}) \\ g \text{ Fallbeschleunigung } (9,81\,\text{m/s}^2) \end{array}$$

$$\sigma_z\,n\pi\,d^2 = 4F + n\pi d^2\,l\rho g$$
$$d^2(n\,\sigma_z\,\pi - n\pi\,l\rho g) = 4F$$

$$d_{\text{erf}} = \sqrt{\frac{4F}{\pi n\,(\sigma_{z\,\text{zul}} - l\rho g)}} \quad \sigma_{z\,\text{zul}} = \frac{1600\,\dfrac{\text{N}}{\text{mm}^2}}{8} = 200\,\frac{\text{N}}{10^{-6}\text{m}^2}$$

$$d_{\text{erf}} = \sqrt{\frac{4 \cdot 40\,000\,\text{N}}{\pi \cdot 222\,\left(200 \cdot 10^6\,\dfrac{\text{N}}{\text{m}^2} - 600\,\text{m} \cdot 7,85 \cdot 10^3\,\dfrac{\text{kg}}{\text{m}^3} \cdot 9,81\,\dfrac{\text{m}}{\text{s}^2}\right)}}$$

$d_{\text{erf}} = 1,22 \cdot 10^{-3}\,\text{m} = 1,22\,\text{mm}$
$d = 1,4\,\text{mm}$ ausgeführt (Normmaß)

**667.**

$$\sigma_z = \frac{F}{S} = \frac{F}{n\,\dfrac{\pi d^2}{4}} = \frac{4F}{\pi n\,d^2}$$

$$F = \frac{\pi n d^2 \sigma_{z\,\text{vorh}}}{4} = \frac{\pi \cdot 114 \cdot 1\,\text{mm}^2 \cdot 300\,\dfrac{\text{N}}{\text{mm}^2}}{4} = 26\,861\,\text{N}$$

**668.**

$$\sigma_z = \frac{F}{S} = \frac{F}{2\,\dfrac{\pi d^2}{4}} = \frac{2F}{\pi d^2}$$

$$d_{\text{erf}} = \sqrt{\frac{2F}{\pi\,\sigma_{z\,\text{zul}}}} = \sqrt{\frac{2 \cdot 20\,000\,\text{N}}{\pi \cdot 50\,\dfrac{\text{N}}{\text{mm}^2}}}$$

$d_{\text{erf}} = 15,96\,\text{mm}$
$d = 16\,\text{mm}$ ausgeführt (Normmaß)

**669.**

$$S_{\text{erf}} = \frac{F}{\sigma_{z\,\text{zul}}} = \frac{40\,000\,\text{N}}{65\,\dfrac{\text{N}}{\text{mm}^2}} = 615,4\,\text{mm}^2$$

gewählt M 33 mit $A_S = 694\,\text{mm}^2$

**670.**

$$\sigma_z = \frac{F}{S} = \frac{F}{S_{\text{I}} - 4d_1 s} \quad \begin{array}{l} S_{\text{I}} = 2850\,\text{mm}^2 \\ d_1 = 17\,\text{mm} \\ s = 5,6\,\text{mm} \end{array}$$

$$F_{\text{max}} = \sigma_{z\,\text{zul}}\,(S_{\text{I}} - 4d_1 s)$$

$$= 140\,\frac{\text{N}}{\text{mm}^2}\,(2850\,\text{mm}^2 - 4 \cdot 17\,\text{mm} \cdot 5,6\,\text{mm})$$

$$F_{\text{max}} = 345\,700\,\text{N} = 345,7\,\text{kN}$$

**671.**

$P = F_R \, v_R$     ($F_R$ Riemenzugkraft, $v_R$ Riemengeschwindigkeit)

$F_R = \dfrac{P}{v_R}$

$\sigma_z = \dfrac{F_R}{S_R} = \dfrac{P}{v_R \, S_R} = \dfrac{7350 \,\frac{Nm}{s}}{8 \,\frac{m}{s} \cdot 0,12 \, m \cdot 0,006 \, m}$

$\sigma_z = 1,276 \, \dfrac{N}{mm^2}$

**672.**

$F_{vorh} = \sigma_{z\,vorh} \, S; \quad S = 2 \cdot 32,2 \cdot 10^2 \, mm^2$

$F_{vorh} = 100 \, \dfrac{N}{mm^2} \cdot 6\,440 \, mm^2 = 644 \, kN$

**673.**

$\sigma_{z\,vorh} = \dfrac{F}{S} = \dfrac{F}{2 \, \frac{\pi d^2}{4}} = \dfrac{2F}{\pi d^2} = \dfrac{2 \cdot 5000 \, N}{\pi \cdot 64 \, mm^2} = 49,74 \, \dfrac{N}{mm^2}$

**674.**

$F_K = p \, A$    $F_K$ Kolbenkraft   |   $1 \, bar = 10^5 \, \dfrac{N}{m^2}$

$F_K = p \, \dfrac{\pi d^2}{4}$    $p$ Dampfdruck $A$ Zylinderfläche

$F_K = 20 \, bar \cdot \dfrac{\pi}{4} \cdot (0,38 \, m)^2 = 20 \cdot 10^5 \, \dfrac{N}{m^2} \cdot \dfrac{\pi}{4} (0,38 \, m)^2$

$F_B = 1,5 \, F_K$

$S_{erf} = \dfrac{F_B}{16 \, \sigma_{z\,zul}} = \dfrac{1,5 \cdot 20 \cdot 10^5 \, \frac{N}{m^2} \, \frac{\pi}{4} (0,38 \, m)^2}{16 \cdot 60 \, \frac{N}{mm^2}}$

$S_{erf} = 354,4 \, mm^2$

gewählt M24 mit $A_S = 353 \, mm^2$ (ist nur geringfügig kleiner als $S_{erf}$)

**675.**

$\tan \alpha = \dfrac{l_3}{l_1 + l_2} = \dfrac{2 \, m}{4 \, m} = 0,5$

$\alpha = \arctan 0,5 = 26,57°$

$l_4 = (l_1 + l_2) \cdot \sin \alpha = 4 \, m \cdot \sin 26,57° = 1,7889 \, m$

$\Sigma M_{(A)} = 0 = F_K \, l_4 - F l_2$

$F_K = \dfrac{F l_2}{l_4} = \dfrac{8000 \, N \cdot 3 \, m}{1,7889 \, m} = 13\,416 \, N$

$\sigma_z = \dfrac{F_N}{S} = \dfrac{F_K}{2 \cdot \frac{\pi d^2}{4}} = \dfrac{2 F_K}{\pi d^2}$

$d_{erf} = \sqrt{\dfrac{2 F_K}{\pi \, \sigma_{z\,zul}}} = \sqrt{\dfrac{2 \cdot 13416 \, N}{\pi \cdot 60 \, \frac{N}{mm^2}}} = 11,9 \, mm$

$d = 12 \, mm$ ausgeführt (Normmaß)

**676.**

a) $F_{max,1} = \sigma_{z\,zul} \, S_{\text{⌐⌐},\,voll} = 140 \, \dfrac{N}{mm^2} \cdot 3020 \, mm^2$

$F_{max,1} = 422\,800 \, N$

b) $F_{max,2} = \sigma_{z\,zul} \, S_{\text{⌐⌐},\,geschwächt}$

$\quad = 140 \, \dfrac{N}{mm^2} \cdot (3020 - 4 \cdot 17 \cdot 10) \, mm^2$

$F_{max,2} = 327\,600 \, N$

**677.**

a) $\Sigma M_{(D)} = 0 = F_z \, l_2 \cos \alpha - F l_1$

$F_z = \dfrac{F l_1}{l_2 \cos \alpha} = \dfrac{50 \, N \cdot 80 \, mm}{25 \, mm \cdot \cos 20°} = 170,3 \, N$

b) $\sigma_{z\,vorh} = \dfrac{F_z}{S} = \dfrac{F_z}{\frac{\pi d^2}{4}} = \dfrac{4 F_z}{\pi d^2} = \dfrac{4 \cdot 170,3 \, N}{\pi \cdot 2,25 \, mm^2} = 96,4 \, \dfrac{N}{mm^2}$

**678.**

$\sigma_z = \dfrac{F}{S} = \dfrac{F}{b s}$

$b_{erf} = \dfrac{F}{s \, \sigma_{z\,zul}} = \dfrac{3\,200 \, N}{8 \, mm \cdot 2,5 \, \frac{N}{mm^2}} = 160 \, mm$

**679.**

$S_{gef} = s(b - d)$

entweder $b = 10 \, s$ oder $s = \dfrac{b}{10}$ einsetzen:

$S_{gef} = \dfrac{b}{10} (b - d)$

$\sigma_z = \dfrac{F}{S_{gef}} = \dfrac{F}{\frac{b}{10}(b - d)} = \dfrac{10 F}{b^2 - bd}$

$(b^2 - bd) \, \sigma_z - 10 F = 0 \quad | : \sigma_z$

$b^2 - bd - \dfrac{10 F}{\sigma_z} = 0$

$b_{erf} = \dfrac{d}{2} \pm \sqrt{\left(\dfrac{d}{2}\right)^2 + \dfrac{10 F}{\sigma_{z\,zul}}}$

$b_{erf} = 12,5 \, mm \pm \sqrt{156,25 \, mm^2 + 2\,000 \, mm^2}$

$b_{erf} = 12,5 \, mm + 46 \, mm = 58,5 \, mm$

gewählt ⬜ $60 \times 6$

$\sigma_{z\,vorh} = \dfrac{F}{S} = \dfrac{F}{s(b - d)} = 85,7 \, \dfrac{N}{mm^2} < \sigma_{zul}$

**680.**

a) $\sigma_{z\,vorh} = \dfrac{F}{\frac{\pi}{4} d_1^2} = \dfrac{4 F}{\pi d_1^2} = \dfrac{4 \cdot 14\,500 \, N}{\pi \cdot (25 \, mm)^2} = 29,5 \, \dfrac{N}{mm^2}$

b) $S_{gef} = \dfrac{\pi}{4} d_1^2 - b d_1$

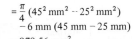

$S_{gef} = \dfrac{\pi}{4} (25 \, mm)^2 - 6 \, mm \cdot 25 \, mm = 340,87 \, mm^2$

$\sigma_{z\,vorh} = \dfrac{F}{S_{gef}} = \dfrac{14\,500 \, N}{340,87 \, mm^2} = 42,5 \, \dfrac{N}{mm^2}$

c) $S_{gef} = \dfrac{\pi}{4} (d_2^2 - d_1^2) - b(d_2 - d_1)$

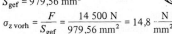

$\quad = \dfrac{\pi}{4} (45^2 \, mm^2 - 25^2 \, mm^2)$
$\quad \quad - 6 \, mm \, (45 \, mm - 25 \, mm)$

$S_{gef} = 979,56 \, mm^2$

$\sigma_{z\,vorh} = \dfrac{F}{S_{gef}} = \dfrac{14\,500 \, N}{979,56 \, mm^2} = 14,8 \, \dfrac{N}{mm^2}$

**681.**

a) $\sigma_z = \dfrac{F}{S} = \dfrac{F}{hs}$;    $h = 4s$ eingesetzt

$$\sigma_z = \dfrac{F}{4s \cdot s} = \dfrac{F}{4s^2}$$

$$s_{erf} = \sqrt{\dfrac{F}{4\,\sigma_{z\,zul}}} = \sqrt{\dfrac{16\,000\,N}{4 \cdot 40\,\dfrac{N}{mm^2}}} = 10\,mm$$

b) $h = 4s = 4 \cdot 10\,mm = 40\,mm$

c)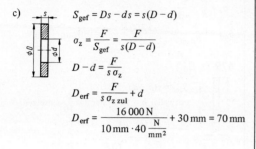

$S_{gef} = Ds - ds = s(D - d)$

$$\sigma_z = \dfrac{F}{S_{gef}} = \dfrac{F}{s(D-d)}$$

$$D - d = \dfrac{F}{s\,\sigma_z}$$

$$D_{erf} = \dfrac{F}{s\,\sigma_{z\,zul}} + d$$

$$D_{erf} = \dfrac{16\,000\,N}{10\,mm \cdot 40\,\dfrac{N}{mm^2}} + 30\,mm = 70\,mm$$

**682.**

$S_{gef} = S_{\perp\!\!\perp} - 2d_1 s$
$= 1018\,mm^2 - 2 \cdot 11\,mm \cdot 6\,mm$
$= 886\,mm^2$

$$\sigma_{z\,vorh} = \dfrac{F}{S_{gef}} = \dfrac{85 \cdot 10^3\,N}{0,886 \cdot 10^3\,mm^2} = 95,9\,\dfrac{N}{mm^2}$$

**683.**

a) $\sigma_z = \dfrac{F}{v\,S_{\perp\!\!\perp}} = \dfrac{F}{v \cdot 2 S_L}$

$$S_{L\,erf} = \dfrac{F}{2v\,\sigma_{z\,zul}} = \dfrac{120\,000\,N}{2 \cdot 0,8 \cdot 160\,\dfrac{N}{mm^2}} = 468,75\,mm^2$$

gewählt $\llcorner 45 \times 6$ mit $S_L = 509\,mm^2$

b) $\sigma_{z\,vorh} = \dfrac{F}{S_{\perp\!\!\perp} - 2d_1 s} = \dfrac{120\,000\,N}{1018\,mm^2 - 2 \cdot 13\,m \cdot 6\,mm}$

$$\sigma_{z\,vorh} = 139\,\dfrac{N}{mm^2} < \sigma_{zul}$$

**684.**

$\sigma_z = \dfrac{F}{S} = \dfrac{F}{\frac{\pi}{4}(D^2 - d^2)} = \dfrac{4F}{\pi(D^2 - d^2)}$

$$D^2 - d^2 = \dfrac{4F}{\pi\,\sigma_z}$$

$$d_{erf} = \sqrt{D^2 - \dfrac{4F}{\pi \cdot \sigma_{z\,zul}}} = \sqrt{400\,mm^2 - \dfrac{4 \cdot 13\,500\,N}{\pi \cdot 80\,\dfrac{N}{mm^2}}}$$

$d_{erf} = 13,6\,mm$

$d = 13\,mm$ ausgeführt

**685.**

a) $\sigma_{z\,vorh} = \dfrac{F}{S} = \dfrac{F}{\frac{\pi}{4}d^2} = \dfrac{4F}{\pi d^2}$

$$\sigma_{z\,vorh} = \dfrac{4 \cdot 20\,000\,N}{\pi \cdot 18^2\,mm^2} = 78,6\,\dfrac{N}{mm^2}$$

b) Sicherheit $\nu = \dfrac{R_m}{\sigma_{z\,vorh}} = \dfrac{420\,\dfrac{N}{mm^2}}{78,6\,\dfrac{N}{mm^2}} = 5,3$

**686.**

$$R_m = \dfrac{F_{max}}{S} = \dfrac{153\,000\,N}{\frac{\pi}{4}(20\,mm)^2} = 487\,\dfrac{N}{mm^2}$$

**687.**

Sicherheit $\nu = \dfrac{R_m}{\sigma_{z\,vorh}} = \dfrac{R_m}{\dfrac{F}{S}} = \dfrac{R_m\,S}{F}$

$$\nu = \dfrac{420\,\dfrac{N}{mm^2} \cdot (120 \cdot 12)\,mm^2}{150\,000\,N} = 4$$

**688.**

$\sigma_z = \dfrac{F}{S} = \dfrac{G}{S} = \dfrac{mg}{S}$;    $m = V\rho = Sl\rho$

$$\sigma_z = \dfrac{Sl\rho g}{S} = l\rho g$$

$$R_m = 340\,\dfrac{N}{mm^2} = 340\,\dfrac{N}{10^{-6}\,m^2} = 340 \cdot 10^6\,\dfrac{N}{m^2}$$

$l_{zB} = \dfrac{R_m}{\rho g} = \dfrac{340 \cdot 10^6\,\dfrac{N}{m^2}}{7,85 \cdot 10^3\,\dfrac{kg}{m^3} \cdot 9,81\,\dfrac{m}{s^2}}$;    $1\,N = 1\,\dfrac{kgm}{s^2}$

$$l_{zB} = \dfrac{340 \cdot 10^6}{7,85 \cdot 10^3 \cdot 9,81} \cdot \dfrac{\dfrac{kgm}{s^2 m^2}}{\dfrac{kg}{m^3} \cdot \dfrac{m}{s^2}} = 4\,415\,\dfrac{kgm \cdot m^3 \cdot s^2}{kg \cdot m \cdot s^2 \cdot m^2}$$

$l_{zB} = 4\,415\,m = 4,415\,km$

**689.**

$\sigma_z = \dfrac{F}{S} = \dfrac{F_{Nutz} + G}{S}$;    $G = mg = V\rho g = Sl\rho g$

$F_{Nutz} = \sigma_{z\,zul}\,S - Sl\rho g = S(\sigma_{z\,zul} - l\rho g)$

$$F_{Nutz} = 320 \cdot 10^{-6}\,m^2 \left( 180\,\dfrac{N}{10^{-6}\,m^2} - 900\,m \cdot 7,85 \cdot 10^3\,\dfrac{kg}{m^3} \cdot 9,81\,\dfrac{m}{s^2} \right)$$

Hinweis für die Klammer:

$\dfrac{N}{m^2} = \dfrac{kgm}{s^2 m^2} = \dfrac{kg}{s^2 m}$, d.h. beide Glieder haben
dieselbe Einheit.

$$F_{Nutz} = 320 \cdot 10^{-6}\,m^2 \left( 180 \cdot 10^6\,\dfrac{kg}{s^2 m} - 69,31 \cdot 10^6\,\dfrac{kg}{s^2 m} \right)$$

$F_{Nutz} = 35\,421\,N \approx 35,4\,kN$

**690.**

a) Reibkraft $F_R = F_N \mu = F = 3,5$ kN

$$F_N = \frac{F_R}{\mu} = \frac{F}{\mu} = \frac{3500\,\text{N}}{0,15} = 23333\,\text{N}$$

Schraubenzugkraft $F_S = \dfrac{F_N}{4} = 5833$ N je Schraube

Spannungsquerschnitt $A_{S\,\text{erf}} = \dfrac{F_S}{\sigma_{z\,\text{zul}}} = \dfrac{5\,833\,\text{N}}{80\,\dfrac{\text{N}}{\text{mm}^2}}$

$$A_{S\,\text{erf}} = 72,9\,\text{mm}^2$$

gewählt M 12 mit $A_S = 84,3\,\text{mm}^2$

b) $\sigma_{z\,\text{vorh}} = \dfrac{F}{S} = \dfrac{F}{bs - 2ds}$;  $d = 13$ mm für M 12

$$\sigma_{z\,\text{vorh}} = \frac{3\,500\,\text{N}}{1\,\text{mm}\,(60\,\text{mm} - 26\,\text{mm})} = 103\,\frac{\text{N}}{\text{mm}^2}$$

**691.**

a) Reibkraft $F_R = F_N \mu = F = 5$ kN;  $F_N = \dfrac{F_R}{\mu} = \dfrac{F}{\mu}$

Schraubenzugkraft $F_S = \dfrac{F_N}{2} = \dfrac{F}{2\mu} = \dfrac{5000\,\text{N}}{2 \cdot 0,15} = 16667\,\text{N}$

b) $A_{S\,\text{erf}} = \dfrac{F_S}{\sigma_{z\,\text{zul}}} = \dfrac{16\,667\,\text{N}}{60\,\dfrac{\text{N}}{\text{mm}^2}} = 278\,\text{mm}^2$

gewählt M 22 mit $A_S = 303\,\text{mm}^2$

c) $\sigma_z = \dfrac{F}{S} = \dfrac{F}{bs - ds}$;   $d = 23$ mm für M 22

  $b = 6s$ eingesetzt

$$\sigma_z = \frac{F}{6s \cdot s - ds} = \frac{F}{6s^2 - ds}$$

$$(6s^2 - ds)\,\sigma_z - F = 0 \quad |:\sigma_z$$

$$6s^2 - ds - \frac{F}{\sigma_z} = 0 \quad |:6$$

$$s^2 - \frac{d}{6}s - \frac{F}{6\sigma_z} = 0$$

$$s_{\text{erf}} = \frac{d}{12} \pm \sqrt{\left(\frac{d}{12}\right)^2 + \frac{F}{6\,\sigma_{z\,\text{zul}}}}$$

$$s_{\text{erf}} = 1,92\,\text{mm} \pm \sqrt{3,69\,\text{mm}^2 + \frac{5\,000\,\text{N}}{6 \cdot 60\,\dfrac{\text{N}}{\text{mm}^2}}} = 6,12\,\text{mm}$$

gewählt ⬭ 40 × 6

*Spannungsnachweis:* $\sigma_{z\,\text{vorh}} = \dfrac{F}{bs - ds}$

$$\sigma_{z\,\text{vorh}} = \frac{5\,000\,\text{N}}{(240 - 138)\,\text{mm}^2} = 49\,\frac{\text{N}}{\text{mm}^2} < \sigma_{z\,\text{zul}} = 60\,\frac{\text{N}}{\text{mm}^2}$$

**692.**

Lageskizze

Krafteckskizze

Sinussatz nach Krafteckskizze:

$$\frac{F}{\sin \gamma} = \frac{F_1}{\sin 2\alpha}; \qquad \frac{F}{\sin \gamma} = \frac{F_2}{\sin \alpha}$$

$$F_1 = F\frac{\sin 2\alpha}{\sin \gamma} = 20000\,\text{N}\,\frac{\sin 50°}{\sin 105°}$$

$$F_1 = 15\,861\,\text{N}$$

$$F_2 = F\frac{\sin \alpha}{\sin \gamma} = 20000\,\text{N}\,\frac{\sin 25°}{\sin 105°}$$

$$F_2 = 8\,751\,\text{N}$$

*Hinweis:* Für Festigkeitsrechnungen reicht die Genauigkeit der zeichnerischen Lösung aus. Hier wird die rechnerische Lösung nur zur Kontrolle vorgeführt.

$$\sigma_{z1\,\text{vorh}} = \frac{F_1}{\frac{\pi}{4}d^2} = \frac{4F_1}{\pi d^2} = \frac{4 \cdot 15861\,\text{N}}{\pi \cdot (16\,\text{mm})^2} = 78,9\,\frac{\text{N}}{\text{mm}^2}$$

$$\sigma_{z2\,\text{vorh}} = \frac{4F_2}{\pi d^2} = \frac{4 \cdot 8751\,\text{N}}{\pi \cdot (16\,\text{mm})^2} = 43,5\,\frac{\text{N}}{\text{mm}^2}$$

**693.**

a) $\sigma_{z\,\text{vorh}} = \dfrac{4F}{\pi d^2} = \dfrac{4 \cdot 100\,000\,\text{N}}{\pi \cdot (72\,\text{mm})^2} = 24,6\,\dfrac{\text{N}}{\text{mm}^2}$

b) $\sigma_{z\,\text{vorh}} = \dfrac{F}{A_S}$;  $A_S = 3060\,\text{mm}^2$ für M 68

$$\sigma_{z\,\text{vorh}} = \frac{100\,000\,\text{N}}{3060\,\text{mm}^2} = 32,7\,\frac{\text{N}}{\text{mm}^2}$$

**694.**

a) $\sigma_{z\,\text{zul}} = \dfrac{\sigma_{z\,\text{Sch}}\,b_1 b_2}{\nu\,\beta_k}$

Zug-Schwellfestigkeit  $\sigma_{z\,\text{Sch}} = 300\,\dfrac{\text{N}}{\text{mm}^2}$

Oberflächenbeiwert  $b_1 = 0,95$

Größenbeiwert  $b_2 = 1$

Sicherheit  $\nu = 1,5$

$$\sigma_{z\,\text{zul}} = \frac{300\,\dfrac{\text{N}}{\text{mm}^2} \cdot 0,95 \cdot 1}{1,5 \cdot 2,8} = 67,9\,\frac{\text{N}}{\text{mm}^2}$$

b) $F_{\text{max}} = \sigma_{z\,\text{zul}}\,S = \sigma_{z\,\text{zul}}\,(\frac{\pi}{4}d^2 - dd_1)$

  $d = 8$ mm;   $d_1 = 2$ mm

$$F_{\text{max}} = 67,9\,\frac{\text{N}}{\text{mm}^2}(\tfrac{\pi}{4}\,8^2\,\text{mm}^2 - 8 \cdot 2\,\text{mm}^2) = 2327\,\text{N}$$

**Hookesches Gesetz**

**696.**

a) $\sigma_{z\,\text{vorh}} = \dfrac{F}{S} = \dfrac{4F}{\pi d^2} = \dfrac{4 \cdot 60\,\text{N}}{\pi \cdot (0,8\,\text{mm})^2} = 119,4\,\dfrac{\text{N}}{\text{mm}^2}$

b) $\epsilon = \dfrac{\sigma_z}{E} = \dfrac{119,4\,\dfrac{\text{N}}{\text{mm}^2}}{2,1 \cdot 10^5\,\dfrac{\text{N}}{\text{mm}^2}} = 56,9 \cdot 10^{-5}$

$$\epsilon \approx 0,057 \cdot 10^{-2} = 0,057\,\%$$

c) $\epsilon = \dfrac{\Delta l}{l_0}$

$$\Delta l = \epsilon\,l_0 = 56,9 \cdot 10^{-5} \cdot 120\,\text{mm} = 0,068\,\text{mm}$$

**697.**

$$\sigma_z = \epsilon E = \frac{\Delta l}{l_0} E$$

$$\Delta l = \frac{\sigma_{z\,vorh}\, l_0}{E} = \frac{100\,\frac{N}{mm^2} \cdot 6 \cdot 10^3\,mm}{2,1 \cdot 10^5\,\frac{N}{mm^2}} = 2,857\,mm$$

**698.**

a) $\quad \sigma_z = \dfrac{F}{S} = \dfrac{F}{\frac{\pi}{4} d^2} = \dfrac{4F}{\pi d^2}$

$$d_{erf} = \sqrt{\frac{4F}{\pi\, \sigma_{z\,zul}}} = \sqrt{\frac{4 \cdot 40\,000\,N}{\pi \cdot 100\,\frac{N}{mm^2}}} = 22,6\,mm$$

$d = 30\,mm$ ausgeführt

b) $\quad \sigma_{z\,vorh} = \dfrac{F+G}{S} = \dfrac{F+Sl\rho g}{S} = 57,1\,\dfrac{N}{mm^2}$

c) $\quad \epsilon = \dfrac{\sigma_{z\,vorh}}{E} = \dfrac{57,1\,\frac{N}{mm^2}}{2,1 \cdot 10^5\,\frac{N}{mm^2}} = 27,2 \cdot 10^{-5} = 0,0272\,\%$

d) $\quad \Delta l = \epsilon\, l_0 = 27,2 \cdot 10^{-5} \cdot 6 \cdot 10^3\,mm$

$\quad\quad \Delta l = 1,632\,mm$

e) $\quad W_f = \dfrac{F \Delta l}{2}$

$$W_f = \frac{40\,000\,N \cdot 1,632 \cdot 10^{-3}\,m}{2} = 32,64\,J$$

**699.**

a) $\quad \epsilon = \dfrac{2\,\Delta l}{l_0} = \dfrac{160\,mm}{2 \cdot 2\,000\,mm + \pi \cdot 600\,mm} = 0,0272$

b) $\quad \sigma_{z\,vorh} = \epsilon E = 0,0272 \cdot 60\,\dfrac{N}{mm^2} = 1,632\,\dfrac{N}{mm^2}$

c) $\quad F_{vorh} = \sigma_{z\,vorh}\, S = 1,632\,\dfrac{N}{mm^2} \cdot 500\,mm^2 = 816\,N$

**700.**

a) $\quad \sigma_{d\,vorh} = \epsilon E = \dfrac{\Delta l}{l_0} E = \dfrac{l_0 - l_1}{l_0} E$

$$\sigma_{d\,vorh} = \frac{5\,mm}{30\,mm} \cdot 5\,\frac{N}{mm^2} = 0,833\,\frac{N}{mm^2}$$

b) $\quad d_{erf} = \sqrt{\dfrac{4F}{\pi\, \sigma_{d\,vorh}}} = \sqrt{\dfrac{4 \cdot 500\,N}{\pi \cdot 0,833\,\frac{N}{mm^2}}} = 27,7\,mm$

$\quad\quad d = 28\,mm$ ausgeführt

c) $\quad W_f = \dfrac{F \Delta l}{2} = \dfrac{500\,N \cdot 5\,mm}{2} = 1250\,Nmm = 1,25\,Nm$

$\quad\quad W_f = 1,25\,J$

**701.**

a) $\quad \sigma_{z\,vorh} = \epsilon E = \dfrac{\Delta l}{l_0} E$

$$\sigma_{z\,vorh} = \frac{6\,mm}{9200\,mm} \cdot 2,1 \cdot 10^5\,\frac{N}{mm^2} = 137\,\frac{N}{mm^2}$$

b) $F_{max} = \sigma_{z\,vorh}\, S_{][}$

$\quad S_{][} = 6440\,mm^2$

$$F_{max} = 137\,\frac{N}{mm^2} \cdot 6\,440\,mm^2 = 882\,280\,N \approx 882\,kN$$

**702.**

a) $\quad \sigma_{z\,vorh} = \epsilon E = \dfrac{\Delta l}{l_0} E$

$$\sigma_{z\,vorh} = \frac{0,25\,mm}{400\,mm} \cdot 2,1 \cdot 10^5\,\frac{N}{mm^2} = 131\,\frac{N}{mm^2}$$

b) $\quad \epsilon = \dfrac{\Delta l}{l_0} = \dfrac{0,25\,mm}{400\,mm} = 0,625 \cdot 10^{-3}$

**703.**

a) $\quad \epsilon = \dfrac{\Delta l}{l_0} = \dfrac{4\,mm}{2 \cdot 10^3\,mm} = 2 \cdot 10^{-3}$

b) $\quad \sigma_{z\,vorh} = \epsilon E = 2 \cdot 10^{-3} \cdot 2,1 \cdot 10^5\,\dfrac{N}{mm^2} = 420\,\dfrac{N}{mm^2}$

c) $\quad F_{vorh} = \sigma_{z\,vorh}\, S = 420\,\dfrac{N}{mm^2} \cdot 0,2\,mm^2 = 84\,N$

**704.**

a) $\quad \sigma_{z\,vorh} = \dfrac{F}{S} = \dfrac{50\,N}{0,4\,mm^2} = 125\,\dfrac{N}{mm^2}$

b) $\quad \sigma = \epsilon E = \dfrac{\Delta l}{l_0} E$

$$\Delta l = \frac{\sigma_{z\,vorh}\, l_0}{E} = \frac{125\,\frac{N}{mm^2} \cdot 800\,mm}{2,1 \cdot 10^5\,\frac{N}{mm^2}} = 0,476\,mm$$

**705.**

$$\sigma_{z\,vorh} = \frac{F}{S} = \frac{4F}{\pi d^2} = \frac{4 \cdot 10\,000\,N}{\pi \cdot 144\,mm^2} = 88,4\,\frac{N}{mm^2}$$

$$\sigma_z = \frac{\Delta l}{l_0} E$$

$$\Delta l = \frac{\sigma_{z\,vorh}\, l_0}{E} = \frac{88,4\,\frac{N}{mm^2} \cdot 8 \cdot 10^3\,mm}{2,1 \cdot 10^5\,\frac{N}{mm^2}} = 3,368\,mm$$

**706.**

a) $\quad F_{vorh} = \sigma_{z\,vorh}\, S = 140\,\dfrac{N}{mm^2} \cdot \dfrac{\pi}{4} \cdot 2500\,mm^2 = 274,9\,kN$

b) $\quad \epsilon_{vorh} = \dfrac{\sigma_{z\,vorh}}{E} = \dfrac{140\,\frac{N}{mm^2}}{2,1 \cdot 10^5\,\frac{N}{mm^2}} = 0,67 \cdot 10^{-3} = 0,067\,\%$

c) $\quad \epsilon = \dfrac{\Delta l}{l_0}$

$\quad\quad \Delta l_{vorh} = \epsilon_{vorh}\, l_0 = 0,67 \cdot 10^{-3} \cdot 8 \cdot 10^3\,mm = 5,36\,mm$

d) $\quad W_f = \dfrac{F_{vorh} \cdot \Delta l_{vorh}}{2} = \dfrac{274,9 \cdot 10^3\,N \cdot 5,36 \cdot 10^{-3}\,m}{2} = 736,7\,J$

**707.**

a) $\quad \epsilon = \dfrac{\Delta l}{l_0} = \dfrac{400\,mm}{600\,mm} = 0,667 = 66,7\,\%$

b) $\quad \sigma_{z\,vorh} = \dfrac{F}{S} = \dfrac{5\,N}{2\,mm^2} = 2,5\,\dfrac{N}{mm^2}$

c) $\quad E = \dfrac{\sigma_{z\,vorh}}{\epsilon} = \dfrac{2,5\,\frac{N}{mm^2}}{0,667} = 3,75\,\dfrac{N}{mm^2}$

**708.**

a) $\sigma_{z\,vorh} = \epsilon E = \dfrac{\Delta l}{l_0} E = \dfrac{1\,m}{5\,m} \cdot 8\,\dfrac{N}{mm^2} = 1,6\,\dfrac{N}{mm^2}$

b) $\sigma_z = \dfrac{F}{S} = \dfrac{F}{\frac{\pi}{4}d^2} = \dfrac{4F}{\pi d^2}$

$d_{vorh} = \sqrt{\dfrac{4F}{\pi\,\sigma_{z\,vorh}}} = \sqrt{\dfrac{4\cdot 1000\,N}{\pi\cdot 1,6\,\dfrac{N}{mm^2}}} = 28,2\,mm$

c) $W_f = \dfrac{F\,\Delta l}{2} = \dfrac{1000\,N\cdot 1\,m}{2} = 500\,J$

**709.**

a) $F_{max} = \sigma_{z\,zul}\,S = \dfrac{R_m}{\nu}\,n\,\dfrac{\pi}{4}\,d^2$

$F_{max} = \dfrac{1600\,\dfrac{N}{mm^2}}{6}\cdot 86\cdot\dfrac{\pi}{4}\cdot 1,2^2\,mm^2 = 25\,937\,N$

$F_{max} \approx 25,9\,kN$

b) $\sigma_z = \epsilon E = \dfrac{\Delta l}{l_0} E$

$\Delta l_{vorh} = \dfrac{\sigma_{z\,zul}\,l_0}{E} = \dfrac{\dfrac{1600}{6}\,\dfrac{N}{mm^2}\cdot 22\cdot 10^3\,mm}{2,1\cdot 10^5\,\dfrac{N}{mm^2}} = 27,9\,mm$

**710.**

a) $\sigma_{z\,vorh\,u} = \dfrac{F}{S} = \dfrac{4F}{\pi d^2} = \dfrac{4\cdot 22\,000\,N}{\pi\cdot 256\,mm^2} = 109,4\,\dfrac{N}{mm^2}$

$\sigma_{z\,vorh\,o} = \dfrac{F+G}{S}$ ;

$G = mg = V\rho g = Sl\rho g = \dfrac{\pi}{4}\,d^2 l\rho g$

$\sigma_{z\,vorh\,o} = \dfrac{22\,000\,N + \frac{\pi}{4}\cdot 256\cdot 10^{-6}\,m^2\cdot 80\,m\cdot 7,85\cdot 10^3\,\frac{kg}{m^3}\cdot 9,81\,\frac{m}{s^2}}{\frac{\pi}{4}\cdot 16^2\,mm^2} = 115,6\,\dfrac{N}{mm^2}$

b) $\sigma_{z\,mittl.} = \dfrac{\Delta l}{l_0} E = \dfrac{\sigma_{z\,vorh\,o} + \sigma_{z\,vorh\,u}}{2} = 112,5\,\dfrac{N}{mm^2}$

$\Delta l = \dfrac{\sigma_{z\,mittl.}\,l_0}{E} = \dfrac{112,5\,\dfrac{N}{mm^2}\cdot 80\cdot 10^3\,mm}{2,1\cdot 10^5\,\dfrac{N}{mm^2}} = 42,86\,mm$

**711.**

a)

Lageskizze              Krafteckskizze

$\tan\alpha = \dfrac{\dfrac{F}{2}}{F_z}$

$F_z = \dfrac{F}{2\tan\alpha} = \dfrac{65000\,N}{\tan 30°} = 56\,287\,N \approx 56,29\,kN$

*Hinweis:* Bei Festigkeitsrechnungen würde die zeichnerische Lösung ausreichen.

b) $S_{erf} = \dfrac{F_z}{\sigma_{z\,zul}\,\nu} = \dfrac{56\,287\,N}{120\,\dfrac{N}{mm^2}\cdot 0,8} = 586,3\,mm^2$

gewählt $\llcorner 35\times 5$ mit $S = 328\,mm^2$,

also $S_{\llcorner\!\llcorner} = 656\,mm^2$

c) $\sigma_{z\,vorh} = \dfrac{F_z}{S_{\llcorner\!\llcorner} - 2d_1 s} = \dfrac{56\,287\,N}{656\,mm^2 - 2\cdot 11\,mm\cdot 5\,mm}$

$\sigma_{z\,vorh} = 103\,\dfrac{N}{mm^2} < \sigma_{z\,zul} = 120\,\dfrac{N}{mm^2}$

d) $\sigma_z = \dfrac{\Delta l}{l_0} E$ ; $\sigma_{z\,vorh} = \dfrac{F_z}{S_u} = \dfrac{56\,287\,N}{656\,mm^2} = 85,8\,\dfrac{N}{mm^2}$

$\Delta l_{vorh} = \dfrac{\sigma_{z\,vorh}\,l_0}{E} = \dfrac{85,8\,\dfrac{N}{mm^2}\cdot 3\cdot 10^3\,mm}{2,1\cdot 10^5\,\dfrac{N}{mm^2}} = 1,226\,mm$

**712.**

Es liegt ein statisch unbestimmtes System vor, weil drei Unbekannten (Stabkräfte $F_1$, $F_2$, $F_3$ bzw. die entsprechenden Spannungen) nur zwei Gleichungen gegenüberstehen:

$\Sigma F_x = 0 = +F_1\sin\alpha - F_2\sin\alpha$

$\Sigma F_y = 0 = +F_2 + 2F_1\cos\alpha - F$, also

$F = F_2 + 2F_1\cos\alpha$.

Wegen Symmetrie ist $F_1 = F_3$.

Fehlende dritte Gleichung ist das Hookesche Gesetz für Zugbeanspruchung: $\sigma = \epsilon E = F/S$.

Für Stab 2 ist $\epsilon_2 = \Delta l/l_0$, für Stab 1 ist $\epsilon_1 = \Delta l\cos\alpha\cos\alpha/l_0$.

Damit wird:

$F = F_2 + 2F_1\cos\alpha = \epsilon_2 ES + 2\,\epsilon_1 ES\cos\alpha$

$F = \dfrac{\Delta l}{l_0} ES(1 + 2\cos^3\alpha)$ und daraus

$\dfrac{\Delta l}{l_0} = \dfrac{F}{ES(1 + 2\cos^3\alpha)}$

$\sigma_2 = \dfrac{F_2}{S} = \dfrac{\Delta l}{l_0} E$ und $\sigma_1 = \sigma_3 = \dfrac{F_1}{S} = \dfrac{\Delta l}{l_0} E\cos^2\alpha$

$\dfrac{\Delta l}{l_0} = \dfrac{F}{ES(1 + 2\cos^3\alpha)}$

$\sigma_2 = \dfrac{\Delta l}{l_0} E = \dfrac{F}{S(1 + 2\cos^3\alpha)}$  (E kürzt sich heraus)

$\sigma_2 = \dfrac{40\,000\,N}{314\,mm^2\,(1 + 2\cdot\cos^3 30°)} = 55,4\,\dfrac{N}{mm^2}$

$\sigma_1 = \sigma_3 = \dfrac{F}{S(1 + 2\cos^3\alpha)}\cdot\cos^2\alpha$

$\sigma_1 = \sigma_3 = 41,6\,\dfrac{N}{mm^2}$

**713.**

Lageskizze      Krafteckskizze  

$G = G'l + 0{,}1\,G'l + G_{\text{Wasser}}$

$G = 1{,}1 \cdot 94{,}6\,\dfrac{\text{N}}{\text{m}} \cdot 10\,\text{m} + \dfrac{\pi}{4}(0{,}1\,\text{m})^2 \cdot 10\,\text{m} \cdot 10^3\,\dfrac{\text{kg}}{\text{m}^3} \cdot 9{,}81\,\dfrac{\text{m}}{\text{s}^2}$

$G = 1040{,}6\,\text{N} + 770{,}5 \approx 1811\,\text{N}$

$\tan\alpha = \dfrac{l_2 - l_1}{\dfrac{l}{2}}; \quad \alpha = \arctan\dfrac{(3{,}5-1)\,\text{m}}{5\,\text{m}} = 26{,}6°$

$F = \dfrac{\dfrac{G}{2}}{\sin\alpha} = \dfrac{905{,}5\,\text{N}}{\sin 26{,}6°} = 2022\,\text{N}$

a) $\sigma_z = \dfrac{F}{S} = \dfrac{F}{n\dfrac{\pi}{4}d^2} = \dfrac{4F}{n\pi d^2};\; n$ Anzahl der Drähte

$n_{\text{erf}} = \dfrac{4F}{\pi d^2 \sigma_{z\,\text{zul}}} = \dfrac{4 \cdot 2022\,\text{N}}{\pi \cdot 1\,\text{mm}^2 \cdot 100\,\dfrac{\text{N}}{\text{mm}^2}} = 25{,}7$

$n_{\text{erf}} = 26$ Drähte

b) *Annahme:* Winkel $\alpha$ bleibt bei Senkung konstant, also $\alpha = 26{,}6°$.

Mit $l_0 = 5590\,\text{mm}$ als halbe Ursprungslänge des Seiles wird mit dem nach $\Delta l$ aufgelösten Hookeschen Gesetz:

$\Delta l = \dfrac{l_0 F}{SE} = \dfrac{5590\,\text{mm} \cdot 2022\,\text{N}}{26 \cdot \dfrac{\pi}{4} \cdot 1^2\,\text{mm}^2 \cdot 2{,}1 \cdot 10^5\,\dfrac{\text{N}}{\text{mm}^2}} = 2{,}636\,\text{mm}$

$\Delta l_1 = \dfrac{\Delta l}{\sin\alpha} = \dfrac{2{,}636\,\text{mm}}{\sin 26{,}6°} \approx 5{,}9\,\text{mm}$

## Beanspruchung auf Druck und Flächenpressung

**714.**

$p = \dfrac{F_N}{A} = \dfrac{F}{a^2}$

$a_{\text{erf}} = \sqrt{\dfrac{F}{p_{\text{zul}}}} = \sqrt{\dfrac{16 \cdot 10^4\,\text{N}}{4\,\dfrac{\text{N}}{\text{mm}^2}}} = 200\,\text{mm}$

**715.**

$p = \dfrac{F_N}{A} = \dfrac{F}{bl} = \dfrac{F}{b \cdot 1{,}6\,b} = \dfrac{F}{1{,}6\,b^2}$

$b_{\text{erf}} = \sqrt{\dfrac{F}{1{,}6\,p_{\text{zul}}}} = \sqrt{\dfrac{20 \cdot 10^4\,\text{N}}{1{,}6 \cdot 1{,}2\,\dfrac{\text{N}}{\text{mm}^2}}} = 322\,\text{mm}$

$l = 1{,}6\,b = 1{,}6 \cdot 322\,\text{mm} = 515\,\text{mm}$

**716.**

$p = \dfrac{F}{A_{\text{proj}}} = \dfrac{F}{dl} = \dfrac{F}{\dfrac{l}{1{,}6}l} = \dfrac{1{,}6\,F}{l^2}$

$l_{\text{erf}} = \sqrt{\dfrac{1{,}6\,F}{p_{\text{zul}}}} = \sqrt{\dfrac{1{,}6 \cdot 12\,500\,\text{N}}{10\,\dfrac{\text{N}}{\text{mm}^2}}} = 44{,}7\,\text{mm}$

$l = 45\,\text{mm}$ ausgeführt, damit $d = \dfrac{l}{1{,}6} = \dfrac{45\,\text{mm}}{1{,}6} \approx 28\,\text{mm}$

**717.**

a) $p = \dfrac{F}{A_{\text{proj}}} = \dfrac{F}{dl}$

$l_{\text{erf}} = \dfrac{F}{d\,p_{\text{zul}}} = \dfrac{18\,000\,\text{N}}{30\,\text{mm} \cdot 10\,\dfrac{\text{N}}{\text{mm}^2}} = 60\,\text{mm}$

b) $p_{\text{vorh}} = \dfrac{F}{A_{\text{proj}}} = \dfrac{F}{2\,ds} = \dfrac{18\,000\,\text{N}}{2 \cdot 30\,\text{mm} \cdot 6\,\text{mm}} = 50\,\dfrac{\text{N}}{\text{mm}^2}$

**718.**

$p = \dfrac{F_N}{A} = \dfrac{F}{\dfrac{\pi}{4}(D^2 - d^2)} = \dfrac{4F}{\pi(D^2 - d^2)}$

$D^2 - d^2 = \dfrac{4F}{\pi p}$

$D_{\text{erf}} = \sqrt{\dfrac{4F}{\pi p_{\text{zul}}} + d^2} = \sqrt{\dfrac{4 \cdot 8\,000\,\text{N}}{\pi \cdot 6\,\dfrac{\text{N}}{\text{mm}^2}} + 40^2\,\text{mm}^2}$

$D_{\text{erf}} = 57{,}4\,\text{mm}$      $D = 58\,\text{mm}$ ausgeführt

**719.**

a) $d_{\text{erf}} = \sqrt{\dfrac{4F}{\pi \sigma_{z\,\text{zul}}}} = \sqrt{\dfrac{4 \cdot 30\,000\,\text{N}}{\pi \cdot 80\,\dfrac{\text{N}}{\text{mm}^2}}} = 21{,}9\,\text{mm}$

$d = 22\,\text{mm}$ ausgeführt

b) $D_{\text{erf}} = \sqrt{\dfrac{4F}{\pi p_{\text{zul}}} + d^2}$    (siehe Herleitung in 718.)

$D_{\text{erf}} = \sqrt{\dfrac{4 \cdot 30\,000\,\text{N}}{\pi \cdot 60\,\dfrac{\text{N}}{\text{mm}^2}} + 22^2\,\text{mm}^2} = 33{,}5\,\text{mm}$

$D = 34\,\text{mm}$ ausgeführt

**720.**

$p = \dfrac{F}{A_{\text{proj}}} = \dfrac{F}{dl} = \dfrac{F}{d \cdot 1{,}2\,d} = \dfrac{F}{1{,}2\,d^2}$

$d_{\text{erf}} = \sqrt{\dfrac{F}{1{,}2\,p_{\text{zul}}}} = \sqrt{\dfrac{16\,000\,\text{N}}{1{,}2 \cdot 6\,\dfrac{\text{N}}{\text{mm}^2}}} = 47{,}1\,\text{mm}$

$d = 48\,\text{mm}$ ausgeführt, daher
$l = 1{,}2\,d = 1{,}2 \cdot 48\,\text{mm} = 57{,}6\,\text{mm}$
$l = 58\,\text{mm}$ ausgeführt

$D_{\text{erf}} = \sqrt{\dfrac{4F}{\pi p_{\text{zul}}} + d^2}$    (siehe Herleitung in 718.)

$D_{\text{erf}} = \sqrt{\dfrac{4 \cdot 7\,500\,\text{N}}{\pi \cdot 6\,\dfrac{\text{N}}{\text{mm}^2}} + 48^2\,\text{mm}^2} = 62{,}4\,\text{mm}$

$D = 63\,\text{mm}$ ausgeführt

**721.**

a) $p = \dfrac{F}{A_{\text{proj}}} = \dfrac{F}{\dfrac{\pi}{4}(D^2 - d^2)} = \dfrac{4F}{\pi(D^2 - d^2)}$

$F_a = \dfrac{p_{\text{zul}}\,\pi(D^2 - d^2)}{4} = \dfrac{50\,\dfrac{\text{N}}{\text{mm}^2} \cdot \pi \cdot (60^2 - 44^2)\,\text{mm}^2}{4}$

$F_a = 65\,345\,\text{N}$

b) $A_{S\,erf} = \dfrac{F_{max}}{\sigma_{z\,zul}} = \dfrac{65\,345\,N}{80\,\dfrac{N}{mm^2}} = 816,8\,mm^2$

gewählt M 36 mit $A_S = 817\,mm^2$

### 722.

a) $F_{max} = \sigma_{z\,zul}\,A_3$

$F_{max} = 120\,\dfrac{N}{mm^2} \cdot 398\,mm^2 = 47\,760\,N$

b) $m_{erf} = \dfrac{F_{max}\,P}{\pi\,d_2\,H_1\,p_{zul}}$

$m_{erf} = \dfrac{47\,760\,N \cdot 5\,mm}{\pi \cdot 25,5\,mm \cdot 2,5\,mm \cdot 30\,\dfrac{N}{mm^2}} = 39,75\,mm$

$m = 40\,mm$ ausgeführt

### 723.

a) $A_{3\,erf} = \dfrac{F}{\sigma_{z\,zul}} = \dfrac{36\,000\,N}{100\,\dfrac{N}{mm^2}} = 360\,mm^2$

gewählt Tr 28 × 5 mit $A_3 = 398\,mm^2$

b) $m_{erf} = \dfrac{FP}{\pi\,d_2\,H_1\,p_{zul}}$

$m_{erf} = \dfrac{36\,000\,N \cdot 5\,mm}{\pi \cdot 25,5\,mm \cdot 2,5\,mm \cdot 12\,\dfrac{N}{mm^2}} = 74,9\,mm$

$m = 75\,mm$ ausgeführt

### 724.

a) $\sigma_{d\,vorh} = \dfrac{F}{S} = \dfrac{F}{A_3}$

$\sigma_{d\,vorh} = \dfrac{100 \cdot 10^3\,N}{2\,734\,mm^2} = 36,6\,\dfrac{N}{mm^2}$

b) $m_{erf} = \dfrac{FP}{\pi\,d_2\,H_1\,p_{zul}}$

$m_{erf} = \dfrac{100\,kN \cdot 10\,mm}{\pi \cdot 65\,mm \cdot 5\,mm \cdot 10\,\dfrac{N}{mm^2}} = 97,9\,mm$

$m = 98\,mm$ ausgeführt

### 725.

a) $A_{3\,erf} = \dfrac{F}{\dfrac{R_m}{\nu}} = \dfrac{F\nu}{R_m} = \dfrac{200\,kN \cdot 4}{600\,\dfrac{N}{mm^2}} = 1333\,mm^2$

gewählt Tr 52 × 8 mit $A_3 = 1452\,mm^2$

b) $m_{erf} = \dfrac{FP}{\pi\,d_2\,H_1\,p_{zul}}$

$m_{erf} = \dfrac{200 \cdot 10^3\,N \cdot 8\,mm}{\pi \cdot 48\,mm \cdot 4\,mm \cdot 8\,\dfrac{N}{mm^2}} = 331,6\,mm$

$m = 332\,mm$ ausgeführt

### 726.

a) $F_{max} = \sigma_{z\,zul}\,A_S$

$F_{max} = 45\,\dfrac{N}{mm^2} \cdot 245\,mm^2 = 11\,025\,N$

b) $p_{vorh} = \dfrac{FP}{\pi\,d_2\,H_1\,m} = \dfrac{FP}{\pi\,d_2\,H_1 \cdot 0,8\,d}$

$p_{vorh} = \dfrac{11\,025\,N \cdot 2,5\,mm}{\pi \cdot 18,376\,mm \cdot 1,353\,mm \cdot 0,8 \cdot 20\,mm}$

$p_{vorh} = 22,1\,\dfrac{N}{mm^2}$

### 727.

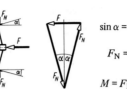

$\sin\alpha = \dfrac{\frac{F}{2}}{F_N} = \dfrac{F}{2\,F_N}$

$F_N = \dfrac{F}{2\sin\alpha}$

$M = F_R\,d = F_N\,\mu\,d = \dfrac{F}{2\sin\alpha}\,\mu\,d$

Lageskizze    Krafteckskizze

$F = \dfrac{2M\sin\alpha}{\mu\,d} = \dfrac{2 \cdot 110\,Nm \cdot \sin 15°}{0,1 \cdot 0,4\,m} = 1424\,N$

$p_{vorh} = \dfrac{F}{\pi\,d\,b\sin\alpha}$

$p_{vorh} = \dfrac{1424\,N}{\pi \cdot 400\,mm \cdot 30\,mm \cdot \sin 15°} = 0,146\,\dfrac{N}{mm^2}$

### 728.

a) $A_{S\,erf} = \dfrac{F}{\sigma_{z\,zul}} = \dfrac{5\,000\,N}{80\,\dfrac{N}{mm^2}} = 62,5\,mm^2$

gewählt M 12 mit $A_S = 84,3\,mm^2$

b) $\sigma = \dfrac{F}{S} = \dfrac{\Delta l}{l_0}\,E$

$\Delta l_{vorh} = \dfrac{Fl_0}{SE} = \dfrac{5\,000\,N \cdot 350\,mm}{\frac{\pi}{4} \cdot (12\,mm)^2 \cdot 2,1 \cdot 10^5\,\dfrac{N}{mm^2}}$

$\Delta l_{vorh} = 0,074\,mm \approx 0,1\,mm$

c)

$d_{erf} = \sqrt{\dfrac{4F}{\pi\,p_{zul}} + d_i^2}$    (Herleitung in 718.)

$d_{erf} = \sqrt{\dfrac{4 \cdot 5\,000\,N}{\pi \cdot 5\,\dfrac{N}{mm^2}} + 13^2\,mm^2} = 38\,mm$

d) $m_{erf} = \dfrac{FP}{\pi\,d_2\,H_1\,p_{zul}}$

$m_{erf} = \dfrac{5\,000\,N \cdot 1,75\,mm}{\pi \cdot 10,863\,mm \cdot 0,947\,mm \cdot 5\,\dfrac{N}{mm^2}} = 54,15\,mm$

$m = 55\,mm$ ausgeführt

135

**729.**

a) $\sigma_d = \dfrac{F}{S} = \dfrac{F}{\dfrac{\pi}{4}(d_a^2 - d_i^2)} = \dfrac{4F}{\pi(d_a^2 - d_i^2)}$

$d_a^2 - d_i^2 = \dfrac{4F}{\pi\,\sigma_d}$

$d_{i\,erf} = \sqrt{d_a^2 - \dfrac{4F}{\pi\,\sigma_{d\,zul}}}$

$d_{i\,erf} = \sqrt{(200\,\text{mm})^2 - \dfrac{4 \cdot 320\,000\,\text{N}}{\pi \cdot 80\,\dfrac{\text{N}}{\text{mm}^2}}} = 186,85\,\text{mm}$

$d_i = 186\,\text{mm}$ ausgeführt

b) Gewichtskraft ohne Fuß und Rippen:

$G = mg = V\rho g = Sh\rho g$

$\rho_{GG} = 7,3 \cdot 10^3\,\dfrac{\text{kg}}{\text{m}^3}$ angenommen

$G = \dfrac{\pi}{4}(d_a^2 - d_i^2)\,h\,\rho\,g$

$G = \dfrac{\pi}{4}(0,2^2 - 0,186^2)\,\text{m}^2 \cdot 6\,\text{m} \cdot 7300\,\dfrac{\text{kg}}{\text{m}^3} \cdot 9,81\,\dfrac{\text{m}}{\text{s}^2}$

$G = 1824\,\text{N}$

$p = \dfrac{F + G}{A} = \dfrac{F + G}{\dfrac{\pi}{4}(d_f^2 - d_i^2)}$

$d_{f\,erf} = \sqrt{\dfrac{4(F + G)}{\pi\,p_{zul}} + d_i^2}$

$d_{f\,erf} = \sqrt{\dfrac{4(320 + 1,824) \cdot 10^3\,\text{N}}{\pi \cdot 2,5\,\dfrac{\text{N}}{\text{mm}^2}} + 186^2\,\text{mm}^2}$

$d_{f\,erf} = 445,5\,\text{mm}$

$d_f = 446\,\text{mm}$ ausgeführt

**730.**

a) $d_{i\,erf} = \sqrt{d_a^2 - \dfrac{4F}{\pi\,\sigma_{d\,zul}}}$     (Herleitung in 729.)

$d_{i\,erf} = \sqrt{400^2\,\text{mm}^2 - \dfrac{4 \cdot 1500 \cdot 10^3\,\text{N}}{\pi \cdot 65\,\dfrac{\text{N}}{\text{mm}^2}}} = 360,2\,\text{mm}$

$d_i = 360\,\text{mm}$ ausgeführt; $s = 20\,\text{mm}$

b) Annahme: Wegen der großen Belastung $(F = 1500\,\text{kN})$ kann die Gewichtskraft vernachlässigt werden.

$p = \dfrac{F_N}{A} = \dfrac{F}{a^2}$

$a_{erf} = \sqrt{\dfrac{F}{p_{zul}}} = \sqrt{\dfrac{150 \cdot 10^4\,\text{N}}{4\,\dfrac{\text{N}}{\text{mm}^2}}} = 612\,\text{mm}$

**731.**

Mit Wasserdruck $p_W = 8,5\,\text{bar} = 8,5 \cdot 10^5\,\text{N/m}^2$ wird die Druckkraft

$F = \dfrac{\pi}{4}d_a^2 p_W$; also die Flächenpressung

$p = \dfrac{F}{A_{proj}} = \dfrac{\dfrac{\pi}{4}d_a^2 p_W}{\dfrac{\pi}{4}(d_a^2 - d_i^2)}$

$p = \dfrac{d_a^2 p_W}{d_a^2 - d_i^2} = \dfrac{p_W}{1 - \dfrac{d_i^2}{d_a^2}}$

$p = \dfrac{8,5 \cdot 10^5\,\dfrac{\text{N}}{\text{m}^2}}{1 - \dfrac{65^2\,\text{mm}^2}{80^2\,\text{mm}^2}} = 25 \cdot 10^5\,\dfrac{\text{N}}{\text{m}^2} = 2,5\,\dfrac{\text{N}}{\text{mm}^2}$

**732.**

$D_{erf} = \sqrt{\dfrac{4F}{\pi\,p_{zul}} + d^2}$     (Herleitung in 718.)

$D_{erf} = \sqrt{\dfrac{4 \cdot 5000\,\text{N}}{\pi \cdot 2,5\,\dfrac{\text{N}}{\text{mm}^2}} + 6400\,\text{mm}^2} = 94,6\,\text{mm}$

$D = 95\,\text{mm}$ ausgeführt

**733.**

a) $p = \dfrac{F_N}{A} = \dfrac{F}{\dfrac{\pi}{4}d^2} = \dfrac{4F}{\pi d^2}$

$d_{erf} = \sqrt{\dfrac{4F}{\pi\,p_{zul}}} = \sqrt{\dfrac{4 \cdot 10\,000\,\text{N}}{\pi \cdot 5\,\dfrac{\text{N}}{\text{mm}^2}}} = 50,45\,\text{mm}$

$d = 50\,\text{mm}$ ausgeführt

b) $\sigma_{d\,vorh} = \dfrac{F}{S} = \dfrac{4F}{\pi d^2} = \dfrac{4 \cdot 10\,000\,\text{N}}{\pi \cdot (50\,\text{mm})^2} \approx 5\,\dfrac{\text{N}}{\text{mm}^2}$

**734.**

a) $p = \dfrac{F_N}{A} = \dfrac{4F}{\pi(D^2 - d^2)}$

$p = \dfrac{4F}{\pi\left[D^2 - \left(\dfrac{D}{2,8}\right)^2\right]} = \dfrac{4F}{\pi D^2\left(1 - \dfrac{1}{2,8^2}\right)}$

$D_{erf} = \sqrt{\dfrac{4F}{\pi\left(1 - \dfrac{1}{2,8^2}\right)p_{zul}}} = \sqrt{\dfrac{4 \cdot 20\,000\,\text{N}}{\pi \cdot \left(1 - \dfrac{1}{2,8^2}\right) \cdot 2,5\,\dfrac{\text{N}}{\text{mm}^2}}}$

$D_{erf} \approx 108\,\text{mm}$

$D = 108\,\text{mm}$, also $d = \dfrac{108\,\text{mm}}{2,8} = 38,6\,\text{mm}$;

ausgeführt $d = 38\,\text{mm}$

b) $\sigma_{d\,vorh} = \dfrac{F}{A} = \dfrac{4F}{\pi(D^2 - d^2)} = \dfrac{4 \cdot 20\,000\,\text{N}}{\pi(108^2 - 38^2)\,\text{mm}^2}$

$\sigma_{d\,vorh} \approx 2,5\,\dfrac{\text{N}}{\text{mm}^2}$

**735.**

$\sigma_{d\,vorh} = \dfrac{F}{S} = \dfrac{F}{S_{\text{I}} - 4d_1 s}$;    $\begin{aligned} S_{\text{I}} &= 4080\,\text{mm}^2 \\ s &= 7\,\text{mm} \end{aligned}$

$\sigma_{d\,vorh} = \dfrac{48\,000\,\text{N}}{4\,080\,\text{mm}^2 - 4 \cdot 17\,\text{mm} \cdot 7\,\text{mm}} = 13,3\,\dfrac{\text{N}}{\text{mm}^2}$

**736.**

$$p = \frac{F_N}{A} = \frac{F}{z \cdot \pi \, d_m \, b} = \frac{F}{\pi \, z \, d_m \cdot 0{,}15 \, d}$$

$$d_m = d + b = d + 0{,}15 \, d = d(1 + 0{,}15) = 1{,}15 \, d$$

$$p = \frac{F}{\pi \, z \cdot 1{,}15 \, d \cdot 0{,}15 \, d} = \frac{F}{0{,}1725 \, \pi \, z \, d^2}$$

$$z_{erf} = \frac{F}{0{,}1725 \, \pi \, d^2 p_{zul}} = \frac{12\,000 \text{ N}}{0{,}1725 \cdot \pi \cdot 70^2 \text{ mm}^2 \cdot 1{,}5 \, \frac{\text{N}}{\text{mm}^2}}$$

$$z_{erf} = 3{,}01$$

$z = 3$ ausgeführt

(die Erhöhung der Flächenpressung wegen $z = 3 < 3{,}01$ ist vertretbar gering)

## Beanspruchung auf Abscheren

**738.**

$$F_{min} = \tau_{aB} \, S = \tau_{aB} \, \pi \, d \, s$$

$$F_{min} = 310 \, \frac{\text{N}}{\text{mm}^2} \cdot \pi \cdot 30 \text{ mm} \cdot 2 \text{ mm} = 58{,}4 \text{ kN}$$

**739.**

$$\tau_a = \frac{F_{max}}{S} = \frac{\sigma_{d\,zul} \, S_{st}}{S_L} = \frac{\sigma_{d\,zul} \frac{\pi}{4} d^2}{\pi \, d \, s} = \frac{\sigma_{d\,zul} \, d}{4 \, s}$$

$$s_{max} = \frac{\sigma_{d\,zul} \, d}{4 \, \tau_{aB}} = \frac{600 \, \frac{\text{N}}{\text{mm}^2} \cdot 25 \text{ mm}}{4 \cdot 390 \, \frac{\text{N}}{\text{mm}^2}} = 9{,}6 \text{ mm}$$

**740.**

$$F_{min} = \tau_{aB} \, S = \tau_{aB} \, 4 \, a \, s$$

$$F_{min} = 425 \, \frac{\text{N}}{\text{mm}^2} \cdot 4 \cdot 20 \text{ mm} \cdot 6 \text{ mm} = 204 \text{ kN}$$

**741.**

a) $F_{max} = \sigma_{d\,zul} \, S = \sigma_{d\,zul} \frac{\pi}{4} d^2$

$$F_{max} = \frac{600 \, \frac{\text{N}}{\text{mm}^2} \cdot \pi \cdot 30^2 \text{ mm}^2}{4} = 424{,}1 \text{ kN}$$

b) $\tau_a = \frac{F}{S} = \frac{F}{\pi \, d \, s} \; ; \quad \tau_{aB} = 0{,}85 \, R_m$

$$s_{max} = \frac{F_{max}}{\pi \, d \cdot 0{,}85 \, R_m}$$

$$s_{max} = \frac{424\,100 \text{ N}}{\pi \cdot 30 \text{ mm} \cdot 0{,}85 \cdot 370 \, \frac{\text{N}}{\text{mm}^2}} = 14{,}3 \text{ mm} \approx 14 \text{ mm}$$

**742.**

a) $\tau_a = \frac{F}{S} = \frac{F}{\pi \, d \, k} = \frac{F}{\pi \, d \cdot 0{,}7 \, d} = \frac{F}{\pi \cdot 0{,}7 \, d^2} \, ;$

$F = \sigma_{z\,vorh} \frac{\pi}{4} d^2$

$$\tau_{a\,vorh} = \frac{\sigma_{z\,vorh} \frac{\pi}{4} d^2}{\pi \cdot 0{,}7 \, d^2} = \frac{\sigma_{z\,vorh}}{4 \cdot 0{,}7} = \frac{80 \, \frac{\text{N}}{\text{mm}^2}}{2{,}8} = 28{,}6 \, \frac{\text{N}}{\text{mm}^2}$$

b) $p = \frac{F_N}{A} = \frac{F}{\frac{\pi}{4}(D^2 - d^2)} = \frac{4\,F}{\pi \,(D^2 - d^2)}$

$$D_{erf} = \sqrt{\frac{4\,F}{\pi \, p_{zul}} + d^2} = \sqrt{\frac{4 \cdot \sigma_{z\,vorh} \frac{\pi}{4} d^2}{\pi \, p_{zul}} + d^2}$$

$$D_{erf} = \sqrt{d^2 \left( \frac{\sigma_{z\,vorh}}{p_{zul}} + 1 \right)}$$

$$D_{erf} = d \sqrt{\frac{\sigma_{z\,vorh}}{p_{zul}} + 1} = 20 \text{ mm} \cdot \sqrt{\frac{80 \, \frac{\text{N}}{\text{mm}^2}}{20 \, \frac{\text{N}}{\text{mm}^2}} + 1}$$

$$D_{erf} = 44{,}8 \text{ mm}$$

$D = 45 \text{ mm}$ ausgeführt

**743.**

$$\tau_a = \frac{F}{S} = \frac{F}{2 \frac{\pi}{4} d^2} = \frac{2\,F}{\pi \, d^2} \; ; \quad \textit{Hinweis:} \; S_{gef} = 2 \cdot \frac{\pi}{4} d^2$$

$$d_{erf} = \sqrt{\frac{2\,F}{\pi \, \tau_{a\,zul}}} = \sqrt{\frac{2 \cdot 1900 \text{ N}}{\pi \cdot 60 \, \frac{\text{N}}{\text{mm}^2}}} = 4{,}36 \text{ mm}$$

$d = 4{,}5 \text{ mm}$ ausgeführt

**744.**

a) $S_{gef} = b \, s - d \, s = s \, (b - d)$

$$\sigma_{z\,vorh} = \frac{\frac{F}{2}}{S_{gef}} = \frac{F}{2 \, s \, (b - d)}$$

$$\sigma_{z\,vorh} = \frac{7\,000 \text{ N}}{2 \cdot 1{,}5 \text{ mm} \, (10 - 4) \text{ mm}} = 389 \, \frac{\text{N}}{\text{mm}^2}$$

b) $\tau_a = \frac{F}{S} = \frac{F}{m \frac{\pi}{4} d^2} = \frac{4\,F}{m \, \pi \, d^2}$

$m$ Schnittzahl (hier ist $m = 2$)

$$\tau_{a\,vorh} = \frac{4\,F}{m \, \pi \, d^2} = \frac{4 \cdot 7\,000 \text{ N}}{2 \cdot \pi \cdot 4^2 \text{ mm}^2} = 278{,}5 \, \frac{\text{N}}{\text{mm}^2}$$

c) $\sigma_{l\,vorh} = \frac{F}{2 \, d \, s} = \frac{7\,000 \text{ N}}{2 \cdot 4 \text{ mm} \cdot 1{,}5 \text{ mm}} = 583 \, \frac{\text{N}}{\text{mm}^2}$

**745.**

a) $\Sigma M_{(D)} = 0 = - G \, r_{Kurbel} + F_z \, r_{Kettenrad}$

$$F_z = \frac{G \, r_{Kurbel}}{r_{Kettenrad}} = \frac{1\,000 \text{ N} \cdot 160 \text{ mm}}{45 \text{ mm}} = 3\,556 \text{ N}$$

b) $\sigma_{z\,vorh} = \frac{F_z}{S} = \frac{F_z}{2 \, b \, s} = \frac{3\,556 \text{ N}}{2 \cdot 5 \text{ mm} \cdot 0{,}8 \text{ mm}} = 444 \, \frac{\text{N}}{\text{mm}^2}$

c) $p_{vorh} = \frac{F_z}{A_{proj}} = \frac{F_z}{2 \, d \, s}$

$$p_{vorh} = \frac{3\,556 \text{ N}}{2 \cdot 3{,}5 \text{ mm} \cdot 0{,}8 \text{ mm}} = 635 \, \frac{\text{N}}{\text{mm}^2}$$

d) $\tau_{a\,vorh} = \frac{F_z}{m \frac{\pi}{4} d^2} = \frac{4 \cdot 3\,556 \text{ N}}{2 \cdot \pi \cdot 3{,}5^2 \text{ mm}^2} = 184{,}8 \, \frac{\text{N}}{\text{mm}^2}$

**746.**

$F_{min} = \tau_{aB} S_L; \quad S_L = 691 \text{ mm}^2$

$F_{min} = 450 \dfrac{N}{mm^2} \cdot 691 \text{ mm}^2 \approx 311 \text{ kN}$

**747.**

Lageskizze

$\delta = 180° - (\alpha + \gamma) = 75°$

Krafteckskizze
(gleichschenkliges Dreieck)

Sinussatz nach Krafteckskizze:

$\dfrac{F}{\sin(90° - \beta)} = \dfrac{F_N}{\sin \alpha} \qquad \dfrac{F}{\sin(90° - \beta)} = \dfrac{F_a}{\sin \delta}$

$F_N = F \dfrac{\sin \alpha}{\sin(90° - \beta)} = F \dfrac{\sin 30°}{\sin 75°} = 20 \text{ kN} \cdot \dfrac{\sin 30°}{\sin 75°}$

$F_N = 10{,}353 \text{ kN}$

$F_a = F \dfrac{\sin \delta}{\sin(90° - \beta)} = F \dfrac{\sin 75°}{\sin 75°} = F = 20 \text{ kN}$

a) $\tau_a = \dfrac{F_a}{S} = \dfrac{F_a}{l_v b + 2 l_v a} = \dfrac{F_a}{l_v(b + 2a)}$

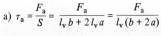

$l_{v \, erf} = \dfrac{F_a}{\tau_{a \, zul}(b + 2a)} = \dfrac{20\,000 \text{ N}}{1 \dfrac{N}{mm^2}(120 + 80) \text{ mm}} = 100 \text{ mm}$

b) $p_{vorh} = \dfrac{F_N}{A} = \dfrac{F_a}{ab} = \dfrac{20\,000 \text{ N}}{40 \cdot 120 \text{ mm}^2} = 4{,}17 \dfrac{N}{mm^2}$

*Hinweis:* Nachdem aus der Krafteckskizze erkannt worden war, daß ein gleichschenkliges Dreieck vorliegt, hätte sofort $F_a = F = 20 \text{ kN}$ hingeschrieben werden können. Die Berechnung von $F_N$ war nach der Aufgabenstellung nicht erforderlich; in der Praxis wird man sich über *alle* Größen orientieren müssen.

**748.**

a) $S_{gef} = 2[s(h - s) + \dfrac{\pi}{4} s^2]$

$h = 3s$ eingesetzt

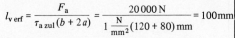

$S_{gef} = 4s^2 + \dfrac{\pi}{2} s^2$

$S_{gef} = 5{,}5708 \, s^2$

$\tau_a = \dfrac{F}{S_{gef}} = \dfrac{F}{5{,}5708 \, s^2}$

$s_{erf} = \sqrt{\dfrac{F}{5{,}5708 \, \tau_{a \, zul}}} = \sqrt{\dfrac{13\,000 \text{ N}}{5{,}5708 \cdot 30 \dfrac{N}{mm^2}}} = 8{,}82 \text{ mm}$

$s = 10 \text{ mm}$ ausgeführt, damit
$h = 3 \cdot 10 \text{ mm} = 30 \text{ mm}$

b)

$S_{gef, \, Zug} = \dfrac{\pi}{4} d^2 - ds$

$A_{proj} = ds$

$\sigma_z = \dfrac{F}{S_{gef, \, Zug}} = \dfrac{F}{\frac{\pi}{4} d^2 - ds}$

$p = \dfrac{F}{A_{proj}} = \dfrac{F}{ds}$

$\left. \right\}$ $\dfrac{F}{\frac{\pi}{4} d^2 - ds} = \dfrac{F}{ds}$

($\sigma_{z \, vorh}$ soll gleich $p_{vorh}$ sein!)

$\dfrac{\pi}{4} d^2 - ds = ds$

$\dfrac{\pi}{4} d^2 - 2ds = 0$

$d\left(\dfrac{\pi}{4} d - 2s\right) = 0;$

da $d \neq 0$ ist, muß $\dfrac{\pi}{4} d - 2s = 0$ sein:

$\dfrac{\pi}{4} d = 2s$

$d = \dfrac{8s}{\pi} = \dfrac{8 \cdot 10 \text{ mm}}{\pi} = 25{,}46 \text{ mm}$

$d = 25 \text{ mm}$ ausgeführt

**749.**

$\Sigma M_{(D)} = 0 = F \dfrac{d_2}{2} - F_s \dfrac{d_1}{2}$

$F_s = \dfrac{F d_2}{d_1} = 20 \text{ kN} \cdot \dfrac{350 \text{ mm}}{450 \text{ mm}} = 15{,}556 \text{ kN}$

$\tau_a = \dfrac{F_s}{3 \cdot \frac{\pi}{4}(d_a^2 - d_i^2)} = \dfrac{4 F_s}{3\pi(d_a^2 - d_i^2)}$

$d_a^2 = \dfrac{4 F_s}{3\pi \tau_a} + d_i^2$

$d_{a \, erf} = \sqrt{\dfrac{4 F_s}{3\pi \tau_{a \, zul}} + d_i^2} = \sqrt{\dfrac{4 \cdot 15\,556 \text{ N}}{3\pi \cdot 50 \dfrac{N}{mm^2}} + 12^2 \text{ mm}^2}$

$d_{a \, erf} = 16{,}6 \text{ mm}$

$d_a = 17 \text{ mm}$ ausgeführt, also $s = \dfrac{d_a - d_i}{2} = 2{,}5 \text{ mm}$

**750.**

a) $F_{max} = \tau_{a \, zul} S = 70 \dfrac{N}{mm^2} \cdot 5 \text{ mm} \cdot 18 \text{ mm} = 6300 \text{ N}$

b) $\tau_{aB} = \dfrac{F_{max}}{bl}$

$R_m = \dfrac{F_{max}}{sl}$

$\left. \right\}$ $\dfrac{\tau_{aB}}{R_m} = \dfrac{F_{max} \, sl}{F_{max} \, bl} = \dfrac{s}{b}$

$b_{erf} = \dfrac{R_m}{\tau_{aB}} s = \dfrac{410 \dfrac{N}{mm^2}}{140 \dfrac{N}{mm^2}} \cdot 2 \text{ mm} = 5{,}86 \text{ mm}$

$b = 6 \text{ mm}$ ausgeführt

**751.**

a) $\tau_a = \dfrac{F}{m\,n\,A_1}$

$m$ Schnittzahl der Nietverbindung
$n$ Anzahl der Niete
$A_1 = \dfrac{\pi}{4}\,d_1^2$ Fläche des geschlagenen Nietes

$A_{1\,erf} = \dfrac{F}{m\,n\,\tau_{a\,zul}} = \dfrac{30\,000\,N}{1\cdot 2\cdot 140\,\dfrac{N}{mm^2}} = 107\,mm^2$

$d_1 = 13\,mm\ (A_1 = 133\,mm^2)$ gewählt

b) $\sigma_l = \dfrac{F}{n\,d_1\,s}$

$n$ Anzahl der Niete
$d_1$ Durchmesser des geschlagenen Nietes
$s$ kleinste Blechdickensumme in einer Kraftrichtung

$\sigma_{l\,vorh} = \dfrac{F}{n\,d_1\,s} = \dfrac{30\,000\,N}{2\cdot 13\,mm \cdot 8\,mm} = 144\,\dfrac{N}{mm^2}$

c) $\sigma_z = \dfrac{F}{S} = \dfrac{F}{b\,s - d_1\,s}$

$b_{erf} = \dfrac{\dfrac{F}{\sigma_{z\,zul}} + d_1\,s}{s} = 39,8\,mm$

$b = 40\,mm$ ausgeführt

**752.**

a) $A_{1\,erf} = \dfrac{F}{m\,n\,\tau_{a\,zul}}$ (siehe 751.)

$A_{q\,erf} = \dfrac{8\,000\,N}{1\cdot 1\cdot 40\,\dfrac{N}{mm^2}} = 200\,mm^2$

$d_1 = 17\,mm\ (A_1 = 227\,mm^2)$ gewählt

b) $\sigma_{l\,vorh} = \dfrac{F}{n\,d_1\,s}$ (siehe 751.)

$\sigma_{l\,vorh} = \dfrac{8\,000\,N}{1\cdot 17\,mm \cdot 8\,mm} = 58,8\,\dfrac{N}{mm^2}$

c) $\tau_a = \dfrac{F}{S} = \dfrac{F}{2\,a\,s}$

$a_{erf} = \dfrac{F}{2\,s\,\tau_{a\,zul}} = \dfrac{8000\,N}{2\cdot 8\,mm \cdot 40\,\dfrac{N}{mm^2}} = 12,5\,mm$

**753.**

$F = \tau_{a\,zul}\,m\,n\,A_1$ (siehe 751.)
$F = 120\,\dfrac{N}{mm^2} \cdot 2 \cdot 1 \cdot 227\,mm^2 = 54\,480\,N \approx 54,5\,kN$

**754.**

a) $A_{1\,erf} = \dfrac{F}{m\,n\,\tau_{a\,zul}}$ (siehe 751.)

$A_{1\,erf} = \dfrac{23\,000\,N}{1\cdot 2\cdot 80\,\dfrac{N}{mm^2}} = 143,75\,mm^2$

gewählt $d = 14\,mm\ (d_1 = 15\,mm,\ A_1 = 177\,mm^2)$

b) $\sigma_z = \dfrac{F}{S} = \dfrac{F}{b\,s - d_1\,s} = \dfrac{F}{6\,s\cdot s - d_1\,s}$ $(b = 6\,s$ eingesetzt)

$6\,s^2 - d_1\,s = \dfrac{F}{\sigma_z}\quad |:6$

$s^2 - \dfrac{d_1}{6}\,s - \dfrac{F}{6\,\sigma_z} = 0$

$s_{erf} = \dfrac{d_1}{12} \pm \sqrt{\left(\dfrac{d_1}{12}\right)^2 + \dfrac{F}{6\,\sigma_{z\,zul}}}$

$s_{erf} = \dfrac{15\,mm}{12} \pm \sqrt{\left(\dfrac{15\,mm}{12}\right)^2 + \dfrac{23\,000\,N}{6\cdot 120\,\dfrac{N}{mm^2}}}$

$s_{erf} = 7,05\,mm$
$b_{erf} = 6\,s_{erf} = 42,3\,mm$

gewählt ☐ $45 \times 8$

c) $\sigma_{l\,vorh} = \dfrac{F}{n\,d_1\,s}$ (siehe 751.)

$\sigma_{l\,vorh} = \dfrac{23\,000\,N}{2\cdot 15\,mm \cdot 8\,mm} = 95,8\,\dfrac{N}{mm^2}$

d) $\tau_{a\,vorh} = \dfrac{F}{m\,n\,A_1} = \dfrac{23\,000\,N}{1\cdot 2\cdot 177\,mm^2} = 65\,\dfrac{N}{mm^2}$

e) $\sigma_{z\,vorh} = \dfrac{F}{b\,s - d_1\,s} = \dfrac{F}{s(b - d_1)}$ (siehe unter b)

$\sigma_{z\,vorh} = \dfrac{23\,000\,N}{8\,mm\,(45 - 15)\,mm} = 95,8\,\dfrac{N}{mm^2}$

**755.**

a) $\tau_{a\,vorh} = \dfrac{F}{m\,n\,A_1}$ (siehe 751.)

$\tau_{a\,vorh} = \dfrac{40\,000\,N}{2\cdot 2\cdot 95\,mm^2} = 105\,\dfrac{N}{mm^2}$

b) $\sigma_{l\,vorh} = \dfrac{F}{n\,d_1\,s} = \dfrac{40\,000\,N}{2\cdot 11\,mm \cdot 6\,mm} = 303\,\dfrac{N}{mm^2}$

c) $\sigma_{z\,vorh} = \dfrac{F}{S} = \dfrac{F}{s(b - d_1)} = \dfrac{40\,000\,N}{6\,mm\,(60 - 11)\,mm}$

$\sigma_{z\,vorh} = 136\,\dfrac{N}{mm^2}$

**756.**

$F_{z\,max} = \sigma_{z\,zul}\,S = \sigma_{z\,zul}\,s_1(b - d_1)$

$F_{z\,max} = 140\,\dfrac{N}{mm^2} \cdot 12\,mm\,(50 - 21)\,mm = 48\,720\,N$

$F_{a\,max} = \tau_{a\,zul}\,m\,n\,A_1$ (siehe 751.)

$F_{a\,max} = 100\,\dfrac{N}{mm^2} \cdot 2 \cdot 1 \cdot 346\,mm^2 = 69\,200\,N$

$F_{l\,max} = \sigma_{l\,zul}\,n\,d_1\,s_1$ (siehe 751.)

$s_1$ ist die kleinste Blechdickensumme in einer Kraftrichtung.

$F_{l\,max} = 240\,\dfrac{N}{mm^2} \cdot 1 \cdot 21\,mm \cdot 12\,mm = 60\,480\,N$

Die drei Rechnungen zeigen $F_{z\,max} < F_{l\,max} < F_{a\,max}$, folglich darf $F_{z\,max} = 48\,720\,N \approx 48,7\,kN$ nicht überschritten werden.

**757.**

a) $\tau_{a\,vorh} = \dfrac{F}{mnA_1} = \dfrac{80\,000\,\text{N}}{2\cdot 4\cdot 227\,\text{mm}^2} = 44\,\dfrac{\text{N}}{\text{mm}^2}$

b) $\sigma_{l\,vorh} = \dfrac{F}{nd_1 s_1} = \dfrac{80\,000\,\text{N}}{4\cdot 17\,\text{mm}\cdot 8\,\text{mm}} = 147\,\dfrac{\text{N}}{\text{mm}^2}$

c) $\sigma_z = \dfrac{F}{s_1(b-2d_1)}$

$b_{erf} = \dfrac{F}{\sigma_{z\,zul}\,s_1} + 2d_1 = \dfrac{80\,000\,\text{N}}{120\,\dfrac{\text{N}}{\text{mm}^2}\cdot 8\,\text{mm}} + 34\,\text{mm}$

$b_{erf} = 117{,}3\,\text{mm}$

$b = 120\,\text{mm}$ ausgeführt

**758.**

a) $S_{erf} = \dfrac{F}{\sigma_{z\,zul}\,v}$

$S_{erf} = \dfrac{120\,000\,\text{N}}{140\,\dfrac{\text{N}}{\text{mm}^2}\cdot 0{,}75} = 1143\,\text{mm}^2$

b) $b_{erf} = \dfrac{S_{erf}}{s} = \dfrac{1143\,\text{mm}^2}{8\,\text{mm}} = 142{,}9\,\text{mm}$

$b = 145\,\text{mm}$ ausgeführt

c) $n_{a\,erf} = \dfrac{F}{\tau_{a\,zul}\,m A_1} = \dfrac{120\,000\,\text{N}}{110\,\dfrac{\text{N}}{\text{mm}^2}\cdot 2\cdot 227\,\text{mm}^2} = 2{,}4$

also $n_a = 3$ Niete

d) $n_{l\,erf} = \dfrac{F}{\sigma_{l\,zul}\,d_1 s} = \dfrac{120\,000\,\text{N}}{280\,\dfrac{\text{N}}{\text{mm}^2}\cdot 17\,\text{mm}\cdot 8\,\text{mm}} = 3{,}15$

also $n_l = 4$ Niete

e) $\sigma_{z\,vorh} = \dfrac{F}{s(b-4d_1)} = \dfrac{120\,000\,\text{N}}{8\,\text{mm}(145-4\cdot 17)\,\text{mm}}$

$\sigma_{z\,vorh} = 195\,\dfrac{\text{N}}{\text{mm}^2} > \sigma_{z\,zul} = 140\,\dfrac{\text{N}}{\text{mm}^2}$

f) $\tau_{a\,vorh} = \dfrac{F}{mnA_1} = \dfrac{120\,000\,\text{N}}{2\cdot 4\cdot 227\,\text{mm}^2}$

$\tau_{a\,vorh} = 66\,\dfrac{\text{N}}{\text{mm}^2} < \tau_{a\,zul} = 110\,\dfrac{\text{N}}{\text{mm}^2}$

g) $\sigma_{l\,vorh} = \dfrac{F}{nd_1 s} = \dfrac{120\,000\,\text{N}}{4\cdot 17\,\text{mm}\cdot 8\,\text{mm}}$

$\sigma_{l\,vorh} = 221\,\dfrac{\text{N}}{\text{mm}^2} < \sigma_{l\,zul} = 280\,\dfrac{\text{N}}{\text{mm}^2}$

*Hinweis:*

zu d) 4 Niete 17 $\phi$ würden eine größere Breite $b$ erfordern (Nietabstände nach DIN 1050). Einfacher wäre es, die Niete je Seite zweireihig anzuordnen.

zu e) Die vorhandene Zugspannung ist größer als die zulässige. Bei der unter d) vorgeschlagenen Ausführung (zweireihige Nietung) ist der Lochabzug geringer und damit die vorhandene Zugspannung kleiner als die zulässige.

**759.**

a)

 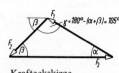

Lageskizze Krafteckskizze

Sinussatz:

$\dfrac{F_2}{\sin\alpha} = \dfrac{F_1}{\sin\beta}$ $\qquad$ $\dfrac{F_2}{\sin\alpha} = \dfrac{F_3}{\sin\gamma}$

$F_1 = F_2\,\dfrac{\sin\beta}{\sin\alpha} = 65\,000\,\text{N}\cdot\dfrac{\sin 45°}{\sin 30°} = 91\,924\,\text{N}$

$F_3 = F_2\,\dfrac{\sin\gamma}{\sin\alpha} = 65\,000\,\text{N}\,\dfrac{\sin 105°}{\sin 30°} = 125\,570\,\text{N}$

b) $S_{1\,erf} = \dfrac{F_1}{\sigma_{z\,zul}\,v} = \dfrac{91\,924\,\text{N}}{140\,\dfrac{\text{N}}{\text{mm}^2}\cdot 0{,}8} = 821\,\text{mm}^2$

gewählt $\llcorner$ 40 × 6 mit $S_{\llcorner} = 2\cdot 448\,\text{mm}^2 = 896\,\text{mm}^2$

$S_{2\,erf} = \dfrac{F_2}{\sigma_{z\,zul}\,v} = \dfrac{65\,000\,\text{N}}{140\,\dfrac{\text{N}}{\text{mm}^2}\cdot 0{,}8} = 580\,\text{mm}^2$

gewählt $\llcorner$ 35 × 5 mit $S_{\llcorner} = 2\cdot 328\,\text{mm}^2 = 656\,\text{mm}^2$

$S_{3\,erf} = \dfrac{F_3}{\sigma_{z\,zul}\,v} = \dfrac{125\,570\,\text{N}}{140\,\dfrac{\text{N}}{\text{mm}^2}\cdot 0{,}8} = 1121\,\text{mm}^2$

gewählt $\llcorner$ 50 × 6 mit $S_{\llcorner} = 2\cdot 569\,\text{mm}^2 = 1138\,\text{mm}^2$

c) $n_{1\,erf} = \dfrac{F_1}{\tau_{a\,zul}\,m A_1} = \dfrac{91\,924\,\text{N}}{120\,\dfrac{\text{N}}{\text{mm}^2}\cdot 2\cdot 133\,\text{mm}^2} = 2{,}9$

$n_1 = 3$ Niete $\qquad d = 12\,\text{mm}$

$n_{2\,erf} = \dfrac{F_2}{\tau_{a\,zul}\,m A_1} = \dfrac{65\,000\,\text{N}}{120\,\dfrac{\text{N}}{\text{mm}^2}\cdot 2\cdot 95\,\text{mm}^2} = 2{,}85$

$n_2 = 3$ Niete $\qquad d = 10\,\text{mm}$

$n_{3\,erf} = \dfrac{F_3}{\tau_{a\,zul}\,m A_1} = \dfrac{125\,570\,\text{N}}{120\,\dfrac{\text{N}}{\text{mm}^2}\cdot 2\cdot 133\,\text{mm}^2} = 3{,}93$

$n_3 = 4$ Niete $\qquad d = 12\,\text{mm}$

d) $\sigma_{l1\,vorh} = \dfrac{F_1}{n_1 d_1 s} = \dfrac{91\,924\,\text{N}}{3\cdot 13\,\text{mm}\cdot 8\,\text{mm}} = 295\,\dfrac{\text{N}}{\text{mm}^2}$

$\sigma_{l2\,vorh} = \dfrac{F_2}{n_2 d_1 s} = \dfrac{65\,000\,\text{N}}{3\cdot 11\,\text{mm}\cdot 8\,\text{mm}} = 246\,\dfrac{\text{N}}{\text{mm}^2}$

$\sigma_{l3\,vorh} = \dfrac{F_3}{n_3 d_1 s} = \dfrac{125\,570\,\text{N}}{4\cdot 13\,\text{mm}\cdot 8\,\text{mm}} = 302\,\dfrac{\text{N}}{\text{mm}^2}$

$\sigma_{l3\,vorh} = \sigma_{l\,max}$

*Hinweis:* Für den Stahlhochbau und Kranbau sind die zulässigen Spannungen vorgeschrieben, z. B. der Lochleibungsdruck für Niete im Stahlhochbau nach DIN 1050, Tafel b, $\sigma_{l\,zul} = 275$ N/mm². In diesem Fall müßten die Stäbe 1 und 3 je einen Niet mehr erhalten ($n_1 = 4$ und $n_3 = 5$).

**760.**

a) $S_{erf} = \dfrac{F_1}{\sigma_{z\,zul}} = \dfrac{100\,000\,\text{N}}{160\,\dfrac{\text{N}}{\text{mm}^2}} = 625\,\text{mm}^2$

gewählt ⌐L 35 × 5 mit $S_{⌐L} = 2 \cdot 328\,\text{mm}^2 = 656\,\text{mm}^2$
($d_1 = 11$ mm)

b) $S_{erf} = \dfrac{F_2}{\sigma_{z\,zul}} = \dfrac{240\,000\,\text{N}}{160\,\dfrac{\text{N}}{\text{mm}^2}} = 1\,500\,\text{mm}^2$

gewählt ⌐L 65 × 8 mit $A_{⌐L} = 2 \cdot 985\,\text{mm}^2 = 1970\,\text{mm}^2$
($d_1 = 17$ mm)

c) $n_{1\,erf} = \dfrac{F_1}{\tau_{a\,zul}\,m\,A_1} = \dfrac{100\,000\,\text{N}}{140\,\dfrac{\text{N}}{\text{mm}^2} \cdot 2 \cdot 95\,\text{mm}^2} = 3,75$

$n_1 = 4$ Niete  $d = 10$ mm

d) $n_{2\,erf} = \dfrac{F_2}{\tau_{a\,zul}\,m\,A_1} = \dfrac{240\,000\,\text{N}}{140\,\dfrac{\text{N}}{\text{mm}^2} \cdot 2 \cdot 227\,\text{mm}^2} = 3,8$

$n_2 = 4$ Niete  $d = 16$ mm

e) $\sigma_{l1\,vorh} = \dfrac{F_1}{n_1\,d_1\,s} = \dfrac{100\,000\,\text{N}}{4 \cdot 11\,\text{mm} \cdot 10\,\text{mm}} = 227\,\dfrac{\text{N}}{\text{mm}^2}$

$\sigma_{l2\,vorh} = \dfrac{F_2}{n_2\,d_1\,s} = \dfrac{240\,000\,\text{N}}{4 \cdot 17\,\text{mm} \cdot 12\,\text{mm}} = 294\,\dfrac{\text{N}}{\text{mm}^2}$

f) $\sigma_{z1\,vorh} = \dfrac{F_1}{S_{⌐L} - 2d_1 s} = \dfrac{100\,000\,\text{N}}{656\,\text{mm}^2 - 2 \cdot 11\,\text{mm} \cdot 5\,\text{mm}}$

$\sigma_{z1\,vorh} = 183\,\dfrac{\text{N}}{\text{mm}^2}$

$\sigma_{z2\,vorh} = \dfrac{F_2}{S_{⌐L} - 2d_1 s} = \dfrac{240\,000\,\text{N}}{1970\,\text{mm}^2 - 2 \cdot 17\,\text{mm} \cdot 8\,\text{mm}}$

$\sigma_{z2\,vorh} = 141\,\dfrac{\text{N}}{\text{mm}^2}$

g) Zeichnerische Lösung ist ausreichend.
Rechnerische Lösung mit Hilfe des Kosinussatzes:

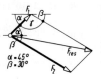

$\alpha = 45°$
$\beta = 30°$

$F_{res} = \sqrt{F_1^2 + F_2^2 - 2\,F_1 F_2 \cos\gamma}$

$\cos\gamma = \cos[180° - (\alpha + \beta)] = \cos 105°$

$F_{res} = \sqrt{(100\,\text{kN})^2 + (240\,\text{kN})^2 - 2 \cdot 100\,\text{kN} \cdot 240\,\text{kN} \cdot \cos 105°}$

$F_{res} = 283\,\text{kN}$

$n_{a\,erf} = \dfrac{F_{res}}{\tau_{a\,zul}\,m\,A_1} = \dfrac{283\,000\,\text{N}}{140\,\dfrac{\text{N}}{\text{mm}^2} \cdot 2 \cdot 491\,\text{mm}^2} = 2,1$

$n = 3$ Niete  $d = 24$ mm

$n_{l\,erf} = \dfrac{F_{res}}{\sigma_{l\,zul}\,d_1\,s} = \dfrac{283\,000\,\text{N}}{280\,\dfrac{\text{N}}{\text{mm}^2} \cdot 25\,\text{mm} \cdot 12\,\text{mm}} = 3,4$

$n = 4$ Niete  $d = 24$ mm

Ausführung also mit $n = 4$ Nieten aus dem zulässigen Lochleibungsdruck.

**761.**

a) $S_{erf} = \dfrac{F}{\sigma_{z\,zul}} = \dfrac{180\,000\,\text{N}}{160\,\dfrac{\text{N}}{\text{mm}^2}} = 1125\,\text{mm}^2$

gewählt ⌐L 50 × 8 mit $S_{⌐L} = 2 \cdot 741\,\text{mm}^2 = 1482\,\text{mm}^2$

b) $\sigma_{z\,vorh} = \dfrac{F}{S_{⌐L} - 2d_1 s} = \dfrac{180\,000\,\text{N}}{1482\,\text{mm}^2 - 2 \cdot 17\,\text{mm} \cdot 8\,\text{mm}}$

$\sigma_{z\,vorh} = 149\,\dfrac{\text{N}}{\text{mm}^2}$

c) $\sigma_z = \epsilon E = \dfrac{\Delta l}{l_0} E;$   $l_0 = l = 4000$ mm

$\Delta l_{vorh} = \dfrac{\sigma_{z\,vorh}\,l_0}{E} = \dfrac{149\,\dfrac{\text{N}}{\text{mm}^2} \cdot 4000\,\text{mm}}{2,1 \cdot 10^5\,\dfrac{\text{N}}{\text{mm}^2}} = 2,84\,\text{mm}$

d) $n_{a\,erf} = \dfrac{F}{\tau_{a\,zul}\,m\,A_1} = \dfrac{180\,000\,\text{N}}{160\,\dfrac{\text{N}}{\text{mm}^2} \cdot 2 \cdot 227\,\text{mm}^2} = 2,5$

$n_a = 3$ Niete  $d = 16$ mm

$n_{l\,erf} = \dfrac{F}{\sigma_{l\,zul}\,d_1\,s} = \dfrac{180\,000\,\text{N}}{320\,\dfrac{\text{N}}{\text{mm}^2} \cdot 17\,\text{mm} \cdot 12\,\text{mm}} = 2,8$

$n_l = n_a = 3$ Niete  $d = 16$ mm

**762.**

a) Die Herleitung der rechnerischen Beziehungen wird im Lehrbeispiel „Nietverbindung im Stahlbau" gezeigt. Mit den dort verwendeten Bezeichnungen erhalten wir hier:

$F_1 = \dfrac{Fl}{3a + \dfrac{a}{3}} = \dfrac{200\,\text{kN} \cdot 80\,\text{mm}}{3 \cdot 75\,\text{mm} + 25\,\text{mm}} = 64\,\text{kN}$

$F_{max} = \sqrt{F_1^2 + \left(\dfrac{F}{4}\right)^2} = \sqrt{(64^2 + 50^2)\,\text{kN}^2} = 81,2\,\text{kN}$

$\tau_{a\,max} = \dfrac{F_{max}}{m\,n\,A_1} = \dfrac{81\,200\,\text{N}}{2 \cdot 1 \cdot 491\,\text{mm}^2} = 82,7\,\dfrac{\text{N}}{\text{mm}^2}$

b) $\sigma_{l\,max} = \dfrac{F_{max}}{n\,d_1\,s} = \dfrac{81\,200\,\text{N}}{1 \cdot 25\,\text{mm} \cdot 8,6\,\text{mm}} = 378\,\dfrac{\text{N}}{\text{mm}^2}$

**763.**

a)

$$\sin\alpha = \frac{F}{F_1} \implies F_1 = \frac{F}{\sin\alpha} = \frac{86\,\text{kN}}{\sin 40°} = 133,8\,\text{kN}$$

$$\tan\alpha = \frac{F}{F_2} \implies F_2 = \frac{F}{\tan\alpha} = \frac{86\,\text{kN}}{\tan 40°} = 102,5\,\text{kN}$$

b) $\sigma_z = \dfrac{F_1}{2 \cdot b\,s} = \dfrac{F_1}{2 \cdot b \cdot \frac{b}{10}} = \dfrac{5\,F_1}{b^2}$

$$b_{\text{erf}} = \sqrt{\frac{5\,F_1}{\sigma_{z\,\text{zul}}}} = \sqrt{\frac{5 \cdot 133,8 \cdot 10^3\,\text{N}}{140\,\frac{\text{N}}{\text{mm}^2}}} = 69,1\,\text{mm}$$

gewählt $2 \,\square\, 70 \times 7$

c) $\tau_{\text{schw}} = \dfrac{\frac{F_1}{2}}{2a\,(l - 2a)} = \dfrac{F_1}{4a\,(l - 2a)}$

$$l_{\text{erf}} = \frac{F_1}{\tau_{\text{schw\,zul}}\,4a} + 2a = \frac{133\,800\,\text{N}}{90\,\frac{\text{N}}{\text{mm}^2} \cdot 4 \cdot 5\,\text{mm}} + 10\,\text{mm}$$

$$l_{\text{erf}} = 84,3\,\text{mm}$$

$$l = 85\,\text{mm} \ \text{ausgeführt}$$

d) $\tau_a = \dfrac{F_2}{mnS}$

$$S = \frac{\pi}{4}\,d^2 = \frac{\pi}{4}\,(20\,\text{mm})^2 = 314\,\text{mm}^2 \ \text{(Schaftquerschnitt)}$$

$$n_{a\,\text{erf}} = \frac{F_2}{\tau_{a\,\text{zul}}\,mS} = \frac{102\,500\,\text{N}}{70\,\frac{\text{N}}{\text{mm}^2} \cdot 2 \cdot 314\,\text{mm}^2} = 2,3$$

$$\sigma_l = \frac{F_2}{nds}$$

$$n_{l\,\text{erf}} = \frac{F_2}{\sigma_{l\,\text{zul}}\,ds} = \frac{102\,500\,\text{N}}{160\,\frac{\text{N}}{\text{mm}^2} \cdot 20\,\text{mm} \cdot 8\,\text{mm}} = 4$$

ausgeführt $n = 4$ Schrauben M 20

**764.**

a) $\sigma_{z\,\text{vorh}} = \dfrac{F}{b\,s} = \dfrac{50\,000\,\text{N}}{100\,\text{mm} \cdot 12\,\text{mm}} = 41,7\,\dfrac{\text{N}}{\text{mm}^2}$

b) $\tau_{\text{schw}} = \dfrac{F}{S_{\text{schw}}} = \dfrac{F}{a\,(l - 4a)} = \dfrac{50\,000\,\text{N}}{6\,\text{mm} \cdot (500 - 4 \cdot 6)\,\text{mm}}$

$$\tau_{\text{schw}} = 17,5\,\frac{\text{N}}{\text{mm}^2}$$

**765.**

$$\tau_a = \frac{F}{S} = \frac{F}{\frac{\pi}{4}\,d_2^2} = \frac{4F}{\pi\,d_2^2}; \qquad M = F d_1 \ \text{(Kräftepaar)}$$

$$\tau_a = \frac{4\,\frac{M}{d_1}}{\pi\,d_2^2} = \frac{4M}{\pi\,d_2^2\,d_1}$$

$$d_{2\,\text{erf}} = \sqrt{\frac{4M}{\tau_{a\,\text{zul}}\,\pi\,d_1}} = \sqrt{\frac{4 \cdot 7500\,\text{Nmm}}{50\,\frac{\text{N}}{\text{mm}^2} \cdot \pi \cdot 14\,\text{mm}}} = 3,7\,\text{mm}$$

$$d = 4\,\text{mm} \ \text{ausgeführt}$$

## Flächenmomente 2. Grades und Widerstandsmomente

**766.**

a) $A = \dfrac{\pi}{4}\,d^2 = 2827\,\text{mm}^2$

$$W_p = \frac{\pi}{16}\,d^3 = 42,4 \cdot 10^3\,\text{mm}^3$$

b) $A = \dfrac{\pi}{4}\,(D^2 - d^2) = \dfrac{\pi}{4}\left[\left(\dfrac{10}{8}\,d\right)^2 - d^2\right] = \dfrac{\pi}{4}\left(\dfrac{100}{64}\,d^2 - \dfrac{64}{64}\,d^2\right)$

$$A = \frac{\pi}{256}\,d^2\,(100 - 64) = \frac{\pi \cdot 36}{256}\,d^2$$

$$d = \sqrt{\frac{256 \cdot A}{36\,\pi}} = \sqrt{\frac{256 \cdot 2827\,\text{mm}^2}{36\,\pi}} = 80\,\text{mm}$$

$$d = 80\,\text{mm}; \qquad D = \frac{10}{8}\,d = 100\,\text{mm}$$

c) $W_p = \dfrac{\pi}{16}\left(\dfrac{D^4 - d^4}{D}\right)$

$$W_p = \frac{\pi}{16}\left(\frac{10^4\,\text{cm}^4 - 8^4\,\text{cm}^4}{10\,\text{cm}}\right) = 115,9\,\text{cm}^3$$

$$W_p = 115,9 \cdot 10^3\,\text{mm}^3$$

**767.**

a) $W = \dfrac{b\,h^2}{6}$

$$W = \frac{160\,\text{mm} \cdot (40\,\text{mm})^2}{6} = 42,7 \cdot 10^3\,\text{mm}^3$$

b) $W = \dfrac{h^3}{6}$

$$W = \frac{(80\,\text{mm})^3}{6} = 85,3 \cdot 10^3\,\text{mm}^3$$

c) $W = \dfrac{b\,h^2}{6} = \dfrac{40\,\text{mm} \cdot (160\,\text{mm})^2}{6} = 170,7 \cdot 10^3\,\text{mm}^3$

d) $W = \dfrac{b\,h^2}{6} = \dfrac{20\,\text{mm} \cdot (320\,\text{mm})^2}{6} = 341,3 \cdot 10^3\,\text{mm}^3$

e) $W = \dfrac{BH^3 - bh^3}{6H}$

$$W = \frac{80\,\text{mm} \cdot (110\,\text{mm})^3 - 48\,\text{mm} \cdot (50\,\text{mm})^3}{6 \cdot 110\,\text{mm}}$$

$$W = 152,2 \cdot 10^3\,\text{mm}^3$$

f) $W = \dfrac{90\,\text{mm} \cdot (320\,\text{mm})^3 - 80\,\text{mm} \cdot (280\,\text{mm})^2}{6 \cdot 320\,\text{mm}}$

$$W = 621,4 \cdot 10^3\,\text{mm}^3$$

**768.**

a) $I_x = \dfrac{BH^3 + bh^3}{12}$

$$I_x = \frac{80\,\text{mm} \cdot (240\,\text{mm})^3 + 100\,\text{mm} \cdot (30\,\text{mm})^3}{12}$$

$$I_x = \frac{(1106 \cdot 10^6 + 2,7 \cdot 10^6)\,\text{mm}^4}{12} = 92,4 \cdot 10^6\,\text{mm}^4$$

b) $W_x = \dfrac{I_x}{\dfrac{H}{2}} = \dfrac{92,4 \cdot 10^6\,\text{mm}^4}{120\,\text{mm}} = 770 \cdot 10^3\,\text{mm}^3$

*Hinweis:* Um die großen Zahlenwerte zu vermeiden, kann man in cm rechnen:

$I_x = \dfrac{BH^3 + bh^3}{12} = \dfrac{8\,\text{cm} \cdot (24\,\text{cm})^3 + 10\,\text{cm} \cdot (3\,\text{cm})^3}{12}$

$I_x = 9,24 \cdot 10^3\,\text{cm}^4 = 9,24 \cdot 10^3 \cdot 10^4\,\text{mm}^4$
$I_x = 92,4 \cdot 10^6\,\text{mm}^4$   (wie oben)

**769.**

a) $I_x = \dfrac{BH^3 + bh^3}{12}$

$I_x = \dfrac{30\,\text{mm} \cdot (50\,\text{mm})^3 + 50\,\text{mm} \cdot (10\,\text{mm})^3}{12}$

$I_x = 31,7 \cdot 10^4\,\text{mm}^4$

$I_y = \dfrac{BH^3 - bh^3}{12}$

$I_y = \dfrac{50\,\text{mm} \cdot (80\,\text{mm})^3 - 40\,\text{mm} \cdot (50\,\text{mm})^3}{12}$

$I_y = 171,7 \cdot 10^4\,\text{mm}^4$

b) $W_x = \dfrac{I_x}{\dfrac{H}{2}} = \dfrac{31,7 \cdot 10^4\,\text{mm}^4}{25\,\text{mm}} = 12,7 \cdot 10^3\,\text{mm}^3$

$W_y = \dfrac{I_y}{\dfrac{H}{2}} = \dfrac{171,7 \cdot 10^4\,\text{mm}^4}{40\,\text{mm}} = 42,9 \cdot 10^3\,\text{mm}^3$

**770.**

a) $I_x = I_y = I_\square - I_\circ = \dfrac{h^4}{12} - \dfrac{\pi}{64}\,d^4$

$I_x = \dfrac{(60\,\text{mm})^4}{12} - \dfrac{\pi}{64} \cdot (50\,\text{mm})^4 = 77,3 \cdot 10^4\,\text{mm}^4 = I_y$

b) $W_x = W_y = \dfrac{I_x}{\dfrac{h}{2}} = \dfrac{77,3 \cdot 10^4\,\text{mm}^4}{30\,\text{mm}} = 25,8 \cdot 10^3\,\text{mm}^3$

**771.**

a) $I_x = \dfrac{BH^3 + bh^3}{12}$

$I_x = \dfrac{5\,\text{mm} \cdot (40\,\text{mm})^3 + 25\,\text{mm} \cdot (5\,\text{mm})^3}{12} = 2,693 \cdot 10^4\,\text{mm}^4$

Mit denselben Bezeichnungen am um 90° gedrehten Profil:

$I_y = \dfrac{5\,\text{mm} \cdot (30\,\text{mm})^3 + 35\,\text{mm} \cdot (5\,\text{mm})^3}{12} = 1,167 \cdot 10^4\,\text{mm}^4$

$W_x - \dfrac{I_x}{\dfrac{H}{2}} - \dfrac{2,693 \cdot 10^4\,\text{mm}^4}{20\,\text{mm}} - 1,346 \cdot 10^3\,\text{mm}^3$

$W_y = \dfrac{I_y}{\dfrac{H}{2}} = \dfrac{11,67 \cdot 10^3\,\text{mm}^4}{15\,\text{mm}} = 0,774 \cdot 10^3\,\text{mm}^3$

**772.**

a) $I_{\circledcirc} = \dfrac{\pi}{64}\,(D^4 - d^4)$

$= \dfrac{\pi}{64}\,[(100\,\text{mm})^4 - (80\,\text{mm})^4] = 2\,898\,117\,\text{mm}^4$

$I_{\parallel} = \dfrac{b}{12}\,(H^3 - h^3)$

$= \dfrac{10\,\text{mm}}{12}\,[(400\,\text{mm})^3 - (100\,\text{mm})^3] = 52\,500\,000\,\text{mm}^4$

Nach dem Verschiebesatz von Steiner wird:

$I_x = I_{\parallel} + 2\,(I_{\circledcirc} + A_{\circledcirc}\,l^2)$

$A_{\circledcirc} = \dfrac{\pi}{4}\,(D^2 - d^2) = \dfrac{\pi}{4}\,[(100\,\text{mm})^2 - (80\,\text{mm})^2] = 2827\,\text{mm}^2$

$l^2 = 250^2\,\text{mm}^2 = 62\,500\,\text{mm}^2$

$I_x = [52\,500\,000 + 2\,(2\,898\,117 + 2\,827 \cdot 62\,500)]\,\text{mm}^4$

$I_x = 4,1 \cdot 10^8\,\text{mm}^4$

b) $W_x = \dfrac{I_x}{\dfrac{h}{2}} = \dfrac{4,1 \cdot 10^8\,\text{mm}^4}{300\,\text{mm}} = 1,37 \cdot 10^6\,\text{mm}^3$

**773.**

a) $I_x = \dfrac{H^4}{12} - \dfrac{h^4}{12}$

$I_x = \dfrac{(80\,\text{mm})^4}{12} - \dfrac{(60\,\text{mm})^4}{12} = 233 \cdot 10^4\,\text{mm}^4$

b) $W_x = \dfrac{I_x}{e}$;   $e$ Randfaserabstand

$e = H \sin\alpha = H\,\dfrac{1}{2}\sqrt{2}$

$\alpha = 45°$   $e = H \sin\alpha$

$W_x = \dfrac{I_x}{H \sin\alpha} = \dfrac{233 \cdot 10^4\,\text{mm}^4}{80\,\text{mm} \sin 45°} = 41,2 \cdot 10^3\,\text{mm}^3$

**774.**

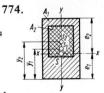

$A\,e_1 = A_1\,y_1 - A_2\,y_2$

$A_1 = (80 \cdot 50)\,\text{mm}^2 = 4\,000\,\text{mm}^2$
$A_2 = (40 \cdot 34)\,\text{mm}^2 = 1\,360\,\text{mm}^2$
$A = A_1 - A_2 = (4000 - 1360)\,\text{mm}^2 = 2\,640\,\text{mm}^2$
$y_1 = 40\,\text{mm};$   $y_2 = 50\,\text{mm}$

143

$$e_1 = \frac{A_1 y_1 - A_2 y_2}{A}$$

$$e_1 = \frac{4000\,\text{mm}^2 \cdot 40\,\text{mm} - 1360\,\text{mm}^2 \cdot 50\,\text{mm}}{2640\,\text{mm}^2} = 34{,}8\,\text{mm}$$

$$e_2 = 80\,\text{mm} - 34{,}8\,\text{mm} = 45{,}2\,\text{mm}$$

b) $I_x = I_{x1} + A_1\,l_1^2 - (I_{x2} + A_2\,l_2^2)$

(Steinerscher Satz)

$$I_{x1} = \frac{b\,h^3}{12} = \frac{50\,\text{mm} \cdot 80^3\,\text{mm}^3}{12} = 213{,}3 \cdot 10^4\,\text{mm}^4$$

$$I_{x2} = \frac{b\,h^3}{12} = \frac{34\,\text{mm} \cdot 40^3\,\text{mm}^3}{12} = 18{,}13 \cdot 10^4\,\text{mm}^4$$

$$l_1 = y_1 - e_1 = (40 - 34{,}8)\,\text{mm} = 5{,}2\,\text{mm}$$
$$l_1^2 \approx 27\,\text{mm}^2$$
$$l_2 = y_2 - e_1 = (50 - 34{,}8)\,\text{mm} = 15{,}2\,\text{mm}$$
$$l_2^2 \approx 231\,\text{mm}^2$$

$$I_x = 213{,}3 \cdot 10^4\,\text{mm}^4 + 0{,}4 \cdot 10^4\,\text{mm}^2 \cdot 27\,\text{mm}^2$$
$$- 18{,}13 \cdot 10^4\,\text{mm}^4 - 0{,}136 \cdot 10^4\,\text{mm}^2 \cdot 231\,\text{mm}^2$$
$$I_x = 174{,}6 \cdot 10^4\,\text{mm}^4$$
$$I_y = I_{y1} - I_{y2}$$

$$I_{y1} = \frac{b\,h^3}{12} = \frac{80\,\text{mm} \cdot 50^3\,\text{mm}^3}{12} = 83{,}3 \cdot 10^4\,\text{mm}^4$$

$$I_{y2} = \frac{b\,h^3}{12} = \frac{40\,\text{mm} \cdot 34^3\,\text{mm}^3}{12} = 13{,}1 \cdot 10^4\,\text{mm}^4$$

$$I_y = (83{,}3 - 13{,}1) \cdot 10^4\,\text{mm}^4 = 70{,}2 \cdot 10^4\,\text{mm}^4$$

c) $W_{x1} = \dfrac{I_x}{e_1} = \dfrac{1746 \cdot 10^3\,\text{mm}^4}{34{,}8\,\text{mm}} = 50{,}2 \cdot 10^3\,\text{mm}^3$

$W_{x2} = \dfrac{I_x}{e_2} = \dfrac{1746 \cdot 10^3\,\text{mm}^4}{45{,}2\,\text{mm}} = 38{,}6 \cdot 10^3\,\text{mm}^3$

$W_y = \dfrac{I_y}{e} = \dfrac{702 \cdot 10^3\,\text{mm}^4}{25\,\text{mm}} = 28{,}1 \cdot 10^3\,\text{mm}^3$

**775.**

a)

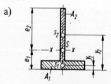

$$A\,e_1 = A_1 y_1 + A_2 y_2$$

$$A_1 = (50 \cdot 12)\,\text{mm}^2 = 600\,\text{mm}^2$$
$$A_2 = (88 \cdot 5)\,\text{mm}^2 = 440\,\text{mm}^2$$
$$A = A_1 + A_2 = 1040\,\text{mm}^2$$
$$y_1 = 6\,\text{mm}; \qquad y_2 = 56\,\text{mm}$$

$$e_1 = \frac{A_1 y_1 + A_2 y_2}{A} = \frac{(600 \cdot 6 + 440 \cdot 56)\,\text{mm}^3}{1040\,\text{mm}^2} = 27{,}15\,\text{mm}$$

$$e_1 \approx 27\,\text{mm}; \qquad e_2 = 100\,\text{mm} - 27\,\text{mm} = 73\,\text{mm}$$

b) $I_x = I_{x1} + A_1\,l_1^2 + I_{x2} + A_2\,l_2^2$

$$I_{x1} = \frac{b\,h^3}{12} = \frac{50\,\text{mm} \cdot 12^3\,\text{mm}^3}{12} = 7200\,\text{mm}^4$$

$$I_{x2} = \frac{b\,h^3}{12} = \frac{5\,\text{mm} \cdot 88^3\,\text{mm}^3}{12} = 283\,947\,\text{mm}^4$$

$$l_1 = e_1 - y_1 = (27 - 6)\,\text{mm} = 21\,\text{mm}$$
$$l_1^2 = 441\,\text{mm}^2$$
$$l_2 = y_2 - e_1 = (56 - 27)\,\text{mm} = 29\,\text{mm}$$
$$l_2^2 = 841\,\text{mm}^2$$

$$I_x = (7200 + 600 \cdot 441 + 283\,947 + 440 \cdot 841)\,\text{mm}^4$$
$$I_x = 925\,787\,\text{mm}^4 = 92{,}6 \cdot 10^4\,\text{mm}^4$$

$$I_y = I_{y1} + I_{y2}$$

$$I_y = \frac{12\,\text{mm} \cdot 50^3\,\text{mm}^3}{12} + \frac{88\,\text{mm} \cdot 5^3\,\text{mm}^3}{12} = 12{,}6 \cdot 10^4\,\text{mm}^4$$

c) $W_{x1} = \dfrac{I_x}{e_1} = \dfrac{926 \cdot 10^3\,\text{mm}^4}{27\,\text{mm}} = 34{,}3 \cdot 10^3\,\text{mm}^3$

$W_{x2} = \dfrac{I_x}{e_2} = \dfrac{926 \cdot 10^3\,\text{mm}^4}{73\,\text{mm}} = 12{,}7 \cdot 10^3\,\text{mm}^3$

$W_y = \dfrac{I_y}{e} = \dfrac{126 \cdot 10^3\,\text{mm}^4}{25\,\text{mm}} = 5{,}04 \cdot 10^3\,\text{mm}^3$

**776.**

a) $I_x = I_{\square} - I_{\circ} - I_{\square}$

$$I_{\square} = \frac{120\,\text{mm} \cdot 70^3\,\text{mm}^3}{12} = 343 \cdot 10^4\,\text{mm}^4$$

$$I_{\circ} = \frac{\pi \cdot 30^4\,\text{mm}^4}{64} = 3{,}976 \cdot 10^4\,\text{mm}^4$$

$$I_{\square} = \frac{60\,\text{mm} \cdot 30^3\,\text{mm}^3}{12} = 13{,}5 \cdot 10^4\,\text{mm}^4$$

$$I_x = (343 - 3{,}976 - 13{,}5) \cdot 10^4\,\text{mm}^4$$
$$I_x = 325{,}5 \cdot 10^4\,\text{mm}^4$$

$$I_y = I_{\square} - 2(I_{\circ} + A_{\circ}\,l^2) - I_{\square}$$

$$I_{\square} = \frac{70\,\text{mm} \cdot 120^3\,\text{mm}^3}{12} = 1008 \cdot 10^4\,\text{mm}^4$$

$$I_{\circ} = 0{,}0068\,d^4 = 0{,}0068 \cdot 30^4\,\text{mm}^4 = 0{,}5508 \cdot 10^4\,\text{mm}^4$$

$$I_{\square} = \frac{30\,\text{mm} \cdot 60^3\,\text{mm}^3}{12} = 54 \cdot 10^4\,\text{mm}^4$$

$$A_{\circ} = \frac{\pi}{8}\,d^2 = \frac{\pi}{8} \cdot 30^2\,\text{mm}^2 = 353{,}4\,\text{mm}^2$$

$$e_1 = \frac{4r}{3\pi} = \frac{4 \cdot 15\,\text{mm}}{3\pi} = 6{,}366\,\text{mm}$$

$$l = 30\,\text{mm} + e_1 = 36{,}366\,\text{mm}; \quad l^2 = 0{,}1322 \cdot 10^4\,\text{mm}^2$$
$$I_y = [1008 - 2(0{,}5508 + 46{,}7195) - 54] \cdot 10^4\,\text{mm}^4$$
$$I_y = 859{,}5 \cdot 10^4\,\text{mm}^4$$

b) $W_x = \dfrac{I_x}{e_x} = \dfrac{3255 \cdot 10^3\,\text{mm}^4}{35\,\text{mm}} = 93 \cdot 10^3\,\text{mm}^3$

$W_y = \dfrac{I_y}{e_y} = \dfrac{8595 \cdot 10^3\,\text{mm}^4}{60\,\text{mm}} = 143 \cdot 10^3\,\text{mm}^3$

777.

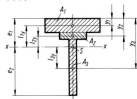

a) $Ae_1 = A_1 y_1 + A_2 y_2 + A_3 y_3$

$A_1 = (200 \cdot 60) \text{ mm}^2 = 12\,000 \text{ mm}^2$

$A_2 = (100 \cdot 20) \text{ mm}^2 = 2\,000 \text{ mm}^2$

$A_3 = (20 \cdot 320) \text{ mm}^2 = 6\,400 \text{ mm}^2$

$A = 20\,400 \text{ mm}^2$

$y_1 = 30 \text{ mm}$

$y_2 = 70 \text{ mm}$

$y_3 = 240 \text{ mm}$

$e_1 = \dfrac{12\,000 \cdot 30 + 2000 \cdot 70 + 6400 \cdot 240}{20\,400} \text{ mm}$

$e_1 = 99,8 \text{ mm}$

$e_2 = 400 \text{ mm} - e_1 = 300,2 \text{ mm}$

b) $I_{x1} = \dfrac{200 \cdot 60^3}{12} \text{ mm}^4 = 36 \cdot 10^5 \text{ mm}^4$

$I_{x2} = \dfrac{100 \cdot 20^3}{12} \text{ mm}^4 = 66\,667 \text{ mm}^4$

$I_{x3} = \dfrac{20 \cdot 320^3}{12} \text{ mm}^4 = 54\,613\,333 \text{ mm}^4$

$l_{1y} = e_1 - y_1 = 69,8 \text{ mm}$

$l_{2y} = e_1 - y_2 = 29,8 \text{ mm}$

$l_{3y} = e_1 - y_3 = -140,2 \text{ mm}$

$I_x = I_{x1} + A_1 l_{1y}^2 + I_{x2} + A_2 l_{2y}^2 + I_{x3} + A_3 l_{3y}^2$

$I_x = 2,44 \cdot 10^8 \text{ mm}^4$

c) $W_{x1} = \dfrac{I_x}{e_1} = 2,44 \cdot 10^6 \text{ mm}^3$

$W_{x2} = \dfrac{I_x}{e_2} = 812,7 \cdot 10^3 \text{ mm}^3$

778.

a) $Ae_1 = A_1 y_1 + A_2 y_2 + A_3 y_3 + A_4 y_4$

$A_1 = (450 \cdot 60) \text{ mm}^2 = 27\,000 \text{ mm}^2$

$A_2 = (35 \cdot 50) \text{ mm}^2 = 1750 \text{ mm}^2$

$A_3 = (35 \cdot 40) \text{ mm}^2 = 1400 \text{ mm}^2$

$A_4 = (120 \cdot 40) \text{ mm}^2 = 4800 \text{ mm}^2$

$A = 34\,950 \text{ mm}^2$

$y_1 = 30 \text{ mm}$

$y_2 = 85 \text{ mm}$

$y_3 = 480 \text{ mm}$

$y_4 = 520 \text{ mm}$

$e_1 = \dfrac{(27\,000 \cdot 30 + 1750 \cdot 85 + 1400 \cdot 480 + 4800 \cdot 520)}{34\,950} \text{ mm}$

$e_1 = 118 \text{ mm}$

$e_2 = (540 - e_1) \text{ mm} = 422 \text{ mm}$

b) $I_{x1} = \dfrac{450 \cdot 60^3}{12} \text{ mm}^4 = 81 \cdot 10^5 \text{ mm}^4$

$I_{x2} = \dfrac{35 \cdot 50^3}{12} \text{ mm}^4 = 364\,583 \text{ mm}^4$

$I_{x3} = \dfrac{35 \cdot 40^3}{12} \text{ mm}^4 = 186\,667 \text{ mm}^4$

$I_{x4} = \dfrac{120 \cdot 40^3}{12} \text{ mm}^4 = 64 \cdot 10^4 \text{ mm}^4$

$l_{1y} = e_1 - y_1 = 88 \text{ mm}$

$l_{2y} = e_1 - y_2 = 33 \text{ mm}$

$l_{3y} = e_1 - y_3 = 362 \text{ mm}$

$l_{4y} = e_1 - y_4 = 402 \text{ mm}$

$I_x = I_{x1} + A_1 l_{1y}^2 + I_{x2} + A_2 l_{2y}^2 + I_{x3} + A_3 l_{3y}^2$
$\qquad + I_{x4} + A_4 l_{4y}^2$

$I_x = 11,79 \cdot 10^8 \text{ mm}^4$

c) $W_{x1} = \dfrac{I_x}{e_1} = 10^7 \text{ mm}^3$

$W_{x2} = \dfrac{I_x}{e_2} = 2,81 \cdot 10^6 \text{ mm}^3$

779.

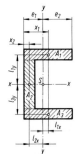

a) $Ae_1 = A_1 x_1 + A_2 x_2 + A_3 x_3$

$A_1 = A_3 = (80 \cdot 20) \text{ mm}^2 = 1600 \text{ mm}^2$

$A_2 = (20 \cdot 120) \text{ mm}^2 = 2400 \text{ mm}^2$

$A = 5600 \text{ mm}^2$

$x_1 = x_3 = 40 \text{ mm}$

$x_2 = 10 \text{ mm}$

$e_1 = \dfrac{2(1600 \cdot 40) + 2400 \cdot 10}{5600} \text{ mm}$

$e_1 = 27,14 \text{ mm}$

$e_2 = (80 - e_1) \text{ mm} = 52,86 \text{ mm}$

b) $I_{x1} = I_{x3} = \dfrac{80 \cdot 20^3}{12} \text{ mm}^4 = 53\,333 \text{ mm}^4$

$I_{x2} = \dfrac{20 \cdot 120^3}{12} \text{ mm}^4 = 28,8 \cdot 10^5 \text{ mm}^4$

$l_{1y} = l_{3y} = 70 \text{ mm}$

$l_{2y} = 0 \text{ mm}$

$I_x = I_{x1} + 2(A_1 l_{1y}^2) + I_{x2} + A_2 l_{2y}^2$

$I_x = 18,77 \cdot 10^6 \text{ mm}^4$

$I_{y1} = I_{y3} = \dfrac{20 \cdot 80^3}{12} \text{ mm}^4 = 853\,333 \text{ mm}^4$

$I_{y2} = \dfrac{120 \cdot 20^3}{12} \text{ mm}^4 = 80 \cdot 10^3 \text{ mm}^4$

145

$l_{1x} = l_{3x} = e_1 - x_1 = -12{,}86 \text{ mm}$
$l_{2x} = e_1 - x_2 = 17{,}14 \text{ mm}$
$I_y = I_{y1} + 2(A_1 l_{1x}^2) + I_{y2} + A_2 l_{2x}^2$
$I_y = 302 \cdot 10^4 \text{ mm}^4$

c) $W_x = \dfrac{I_x}{80} = 233 \cdot 10^3 \text{ mm}^3$

$W_{y1} = \dfrac{I_y}{e_1} = 111\,310 \text{ mm}^3$

$W_{y2} = \dfrac{I_y}{e_2} = 57\,150 \text{ mm}^3$

**780.**

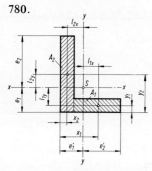

a) $Ae_1 = A_1 y_1 + A_2 y_2$
$A_1 = (40 \cdot 10) \text{ mm}^2 = 400 \text{ mm}^2$
$A_2 = (10 \cdot 80) \text{ mm}^2 = 800 \text{ mm}^2$
$A = 1200 \text{ mm}^2$

$y_1 = 5 \text{ mm}$
$y_2 = 40 \text{ mm}$

$e_1 = \dfrac{400 \cdot 5 + 800 \cdot 40}{1200} \text{ mm} = 28{,}33 \text{ mm}$

$e_2 = (80 - e_1) \text{ mm} = 51{,}67 \text{ mm}$

$Ae_1' = A_1 x_1 + A_2 x_2$
$x_1 = 30 \text{ mm}$
$x_2 = 5 \text{ mm}$

$e_1' = \dfrac{400 \cdot 30 + 800 \cdot 5}{1200} \text{ mm} = 13{,}33 \text{ mm}$

$e_2' = (50 - e_1') \text{ mm} = 36{,}67 \text{ mm}$

b) $I_{x1} = \dfrac{10 \cdot 80^3}{12} \text{ mm}^4 = 426\,667 \text{ mm}^4$

$I_{x2} = \dfrac{40 \cdot 10^3}{12} \text{ mm}^4 = 3333{,}3 \text{ mm}^4$

$l_{1y} = e_1 - y_1 = 544{,}3 \text{ mm}$
$l_{2y} = e_1 - y_2 = 136{,}2 \text{ mm}$

$I_x = I_{x1} + A_1 l_{1y}^2 + I_{x2} + A_2 l_{2y}^2$
$I_x = 75{,}7 \cdot 10^4 \text{ mm}^4$

$I_{y1} = \dfrac{80 \cdot 10^3}{12} \text{ mm}^4 = 6667 \text{ mm}^4$

$I_{y2} = \dfrac{10 \cdot 40^3}{12} \text{ mm}^4 = 53\,333 \text{ mm}^4$

$l_{1x} = (e_1' - x_1) \text{ mm} = -16{,}67 \text{ mm}$
$l_{2x} = (e_1' - x_2) \text{ mm} = 8{,}33 \text{ mm}$
$I_y = I_{y1} + A_1 l_{1x}^2 + I_{y2} + A_1 l_{2x}^2$
$I_y = 22{,}6 \cdot 10^4 \text{ mm}^4$

c) $W_{x1} = \dfrac{I_x}{e_1} = 26{,}7 \cdot 10^3 \text{ mm}^3$

$W_{x2} = \dfrac{I_x}{e_2} = 14{,}7 \cdot 10^3 \text{ mm}^3$

$W_{y1} = \dfrac{I_y}{e_1'} = 17{,}05 \cdot 10^3 \text{ mm}^3$

$W_{y2} = \dfrac{I_y}{e_2'} = 6{,}2 \cdot 10^3 \text{ mm}^3$

**781.**

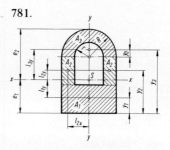

$Ae_1 = A_1 y_1 + 2 \cdot A_2 y_2 + A_3 y_3$
$A_1 = (350 \cdot 200) \text{ mm}^2 = 70\,000 \text{ mm}^2$
$A_2 = (80 \cdot 200) \text{ mm}^2 = 16\,000 \text{ mm}^2$

$A_3 = \dfrac{\pi}{2}(175^2 - 95^2) \text{ mm}^2 = 33\,929 \text{ mm}^2$

$A = A_1 + 2A_2 + A_3 = 135\,929 \text{ mm}^2$

$y_0 = \dfrac{2(D^3 - d^3)}{3\pi(D^2 - d^2)}; \ D = 2R = 350 \text{ mm}, \ d = 2r = 190 \text{ mm}$

$y_1 = 100 \text{ mm}$
$y_2 = 300 \text{ mm}$
$y_3 = 400 \text{ mm} + y_0 = 488{,}46 \text{ mm}$

$e_1 = \dfrac{70\,000 \cdot 100 + 2(16\,000 \cdot 300) + 33\,929 \cdot 488{,}46}{135\,929} \text{ mm}$

$e_1 = 244 \text{ mm}$
$e_2 = 575 \text{ mm} - e_1 = 331 \text{ mm}$

$e_1' = \dfrac{350}{2} \text{ mm} = 175 \text{ mm}$

$I_{x1} = \dfrac{350 \cdot 200^3}{12} \text{ mm}^4 = 23{,}3 \cdot 10^7 \text{ mm}^4$

$I_{x2} = \dfrac{80 \cdot 200^3}{12} \text{ mm}^4 = 53{,}3 \cdot 10^6 \text{ mm}^4$

$I_{x3} = 0{,}1098 (R^4 - r^4) - 0{,}283 R^2 r^2 \dfrac{R - r}{R + r}$
(nach Formelsammlung, Tafel 4.13)
$I_{x3} = 70\,861\,246 \text{ mm}^4$

$l_{1y} = e_1 - y_1 = 144 \text{ mm}$
$l_{2y} = e_1 - y_2 = -56 \text{ mm}$
$l_{3y} = e_1 - y_3 = -244{,}46 \text{ mm}$

$I_x = I_{x1} + A_1 l_{1y}^2 + 2(I_{x2} + A_2 l_{2y}^2) + I_{x3} + A_3 l_{3y}^2$

$I_x = 39,9 \cdot 10^8 \text{ mm}^4$

$I_{y1} = \dfrac{200 \cdot 350^3}{12} \text{ mm}^4 = 71,46 \cdot 10^7 \text{ mm}^4$

$I_{y2} = \dfrac{200 \cdot 80^3}{12} \text{ mm}^4 = 17,1 \cdot 10^6 \text{ mm}^4$

$I_{y3} = \pi \dfrac{R^4 - r^4}{8} = \pi \dfrac{175^4 - 95^4}{8} \text{ mm}^4$

$I_{y3} = 33,632 \cdot 10^7 \text{ mm}^4$

$y_1 = 25 \text{ mm}; \quad y_2 = 75 \text{ mm}; \quad y_3 = y_4 = 225 \text{ mm}$

$y_0 = \dfrac{2(D^3 - d^3)}{3\pi(D^2 - d^2)}$ nach Formelsammlung Tafel 4.13

$y_0 = \dfrac{2(200^3 - 100^3)}{3\pi(200^2 - 100^2)} \text{ mm} = 49,5 \text{ mm}$

$y_5 = 399,5 \text{ mm}$

$x_1 = 50 \text{ mm}; \quad x_2 = 225 \text{ mm}; \quad x_3 = 275 \text{ mm};$
$x_4 = 425 \text{ mm}; \quad x_5 = 350 \text{ mm}$

$e_1 = \dfrac{5000 \cdot 25 + 22\,500 \cdot 75 + 2 \cdot 12\,500 \cdot 225 + 11\,781 \cdot 399,5}{64\,281} \text{ mm}$

$e_1 = 189 \text{ mm}; \quad e_2 = (450 - 189) \text{ mm} = 261 \text{ mm}$

$e_1' = \dfrac{5000 \cdot 50 + 22\,500 \cdot 225 + 12\,500 \cdot 275 + 12\,500 \cdot 425 + 11\,781 \cdot 350}{64\,281} \text{ mm}$

$e_1' = 283 \text{ mm}; \quad e_2' = (450 - 283) \text{ mm} = 167 \text{ mm}$

$l_{1x} = 0 \text{ mm}$
$l_{2x} = (175 - 40) \text{ mm} = 135 \text{ mm}$
$l_{3x} = 0 \text{ mm}$
$I_y = I_{y1} + 2(I_{y2} + A_2 l_{2x}^2) + I_{y3}$
$I_y = 16,34 \cdot 10^8 \text{ mm}^4$

$W_{x1} = \dfrac{I_x}{e_1} = 163,52 \cdot 10^5 \text{ mm}^3$

$W_{x2} = \dfrac{I_x}{e_2} = 120,54 \cdot 10^5 \text{ mm}^3$

$W_{y1} = \dfrac{I_x}{e_1'} = 93,37 \cdot 10^5 \text{ mm}^3$

b) $I_{x1} = \dfrac{100 \cdot 50^3}{12} \text{ mm}^4 = 1\,041\,667 \text{ mm}^4$

$I_{x2} = \dfrac{450 \cdot 50^3}{12} \text{ mm}^4 = 4\,687\,500 \text{ mm}^4$

$I_{x3} = I_{x4} = \dfrac{50 \cdot 250^3}{12} \text{ mm}^4 = 65\,104\,167 \text{ mm}^4$

$I_{x5} = 0,1098(R^4 - r^4) - 0,283 R^2 r^2 \dfrac{R - r}{R + r}$

nach Formelsammlung Tafel 4.13

$I_{x5} = \left[0,1098(100^4 - 50^4) - 0,283 \cdot 100^2 \cdot 50^2 \dfrac{100 - 50}{100 + 50}\right] \text{ mm}^4$

$I_{x5} = 7\,935\,417 \text{ mm}^4$

**782.**

a) $Ae_1 = A_1 y_1 + A_2 y_2 + A_3 y_3 + A_4 y_4 + A_5 y_5$ nach Formel-
$Ae_1' = A_1 x_1 + A_2 x_2 + A_3 x_3 + A_4 x_4 + A_5 x_5$ sammlung Tafel 1.10

$A_1 = (100 \cdot 50) \text{ mm}^2 = 5000 \text{ mm}^2$
$A_2 = (450 \cdot 50) \text{ mm}^2 = 22\,500 \text{ mm}^2$
$A_3 = A_4 = (50 \cdot 250) \text{ mm}^2 = 12\,500 \text{ mm}^2$
$A_5 = \dfrac{\pi}{2}(R^2 - r^2) = \dfrac{\pi}{2}(100^2 - 50^2) \text{ mm}^2 = 11\,781 \text{ mm}^2$
$A = 64\,281 \text{ mm}^2$

$l_{1y} = e_1 - y_1 = (189 - 25) \text{ mm} = 164 \text{ mm}$
$l_{2y} = e_1 - y_2 = (189 - 75) \text{ mm} = 114 \text{ mm}$
$l_{3y} = l_{4y} = y_3 - e_1 = (225 - 189) \text{ mm} = 36 \text{ mm}$
$l_{5y} = y_5 - e_1 = (399,5 - 189) \text{ mm} = 210,5 \text{ mm}$

$I_x = I_{x1} + A_1 l_{1y}^2 + I_{x2} + A_2 l_{2y}^2 + 2(I_{x3} + A_3 l_{3y}^2)$
$\quad\quad + I_{x5} + A_5 l_{5y}^2$
$I_x = 11,252 \cdot 10^8 \text{ mm}^4$

$I_{y1} = \dfrac{50 \cdot 100^3}{12} \text{ mm}^4 = 4\,166\,667 \text{ mm}^4$

$I_{y2} = \dfrac{50 \cdot 450^3}{12} \text{ mm}^4 = 3,7969 \cdot 10^8 \text{ mm}^4$

$I_{y3} = I_{y4} = \dfrac{250 \cdot 50^3}{12} \text{ mm}^4 = 2\,604\,167 \text{ mm}^4$

$I_{y5} = \pi \dfrac{R^4 - r^4}{8} = \pi \dfrac{100^4 - 50^4}{8} \text{ mm}^4 = 36\,815\,539 \text{ mm}^4$

$l_{1x} = e_1' - x_1 = (283 - 50) \text{ mm} = 233 \text{ mm}$
$l_{2x} = e_1' - x_2 = (283 - 225) \text{ mm} = 58 \text{ mm}$
$l_{3x} = e_1' - x_3 = (283 - 275) \text{ mm} = 8 \text{ mm}$
$l_{4x} = x_4 - e_1' = (425 - 283) \text{ mm} = 142 \text{ mm}$
$l_{5x} = x_5 - e_1' = (350 - 283) \text{ mm} = 67 \text{ mm}$

$I_y = I_{y1} + A_1 l_{1x}^2 + I_{y2} + A_2 l_{2x}^2 + I_{y3} + A_3 l_{3x}^2$
$\quad\quad + I_{y4} + A_4 l_{4x}^2 + I_{y5} + A_5 l_{5x}^2$
$I_y = 10,788 \cdot 10^8 \text{ mm}^4$

147

c) $W_{x1} = \dfrac{I_x}{e_1} = 5{,}9534 \cdot 10^6 \, mm^3$

$W_{x2} = \dfrac{I_x}{e_2} = 4{,}3111 \cdot 10^6 \, mm^3$

$W_{y1} = \dfrac{I_y}{e_1'} = 3{,}812 \cdot 10^6 \, mm^3$

$W_{y2} = \dfrac{I_y}{e_2'} = 6{,}4599 \cdot 10^6 \, mm^3$

**783.**

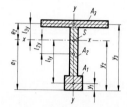

a) $Ae_1 = A_1 y_1 + A_2 y_2 + A_3 y_3$

$A_1 = (25 \cdot 29) \, mm^2 = 725 \, mm^2$

$A_2 = (10 \cdot 61) \, mm^2 = 610 \, mm^2$

$A_3 = (100 \cdot 10) \, mm^2 = 1000 \, mm^2$

$A = 2335 \, mm^2$

$y_1 = 14{,}5 \, mm$

$y_2 = 59{,}5 \, mm$

$y_3 = 95 \, mm$

$e_1 = \dfrac{725 \cdot 14{,}5 + 610 \cdot 59{,}5 + 1000 \cdot 95}{2335} \, mm$

$e_1 = 60{,}73 \, mm; \quad e_2 = (100 - 60{,}73) \, mm = 39{,}27 \, mm$

b) $I_{x1} = \dfrac{25 \cdot 29^3}{12} \, mm^4 = 50\,810 \, mm^4$

$I_{x2} = \dfrac{10 \cdot 61^3}{12} \, mm^4 = 189\,151 \, mm^4$

$I_{x3} = \dfrac{100 \cdot 10^3}{12} \, mm^4 = 8333 \, mm^4$

$l_{1y} = e_1 - y_1 = 46{,}23 \, mm$

$l_{2y} = e_1 - y_2 = 1{,}23 \, mm$

$l_{3y} = e_1 - y_3 = -34{,}27 \, mm$

$I_x = I_{x1} + A_1 l_{1y}^2 + I_{x2} + A_2 l_{2y}^2 + I_{x3} + A_3 l_{3y}^2$

$I_x = 297{,}3 \cdot 10^4 \, mm^4$

c) $W_{x1} = \dfrac{I_x}{e_1} = 48{,}9 \cdot 10^3 \, mm^3$

$W_{x2} = \dfrac{I_x}{e_2} = 75{,}7 \cdot 10^3 \, mm^3$

**784.**

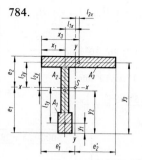

a) $Ae_1 = A_1 y_1 + A_2 y_2 + A_3 y_3$

$A_1 = (90 \cdot 140) \, mm^2 = 12\,600 \, mm^2$

$A_2 = (30 \cdot 400) \, mm^2 = 12\,000 \, mm^2$

$A_3 = (400 \cdot 60) \, mm^2 = 24\,000 \, mm^2$

$A = 48\,600 \, mm^2$

$y_1 = 70 \, mm$

$y_2 = 340 \, mm$

$y_3 = 570 \, mm$

$e_1 = \dfrac{12\,600 \cdot 70 + 12\,000 \cdot 340 + 24\,000 \cdot 570}{48\,600} \, mm$

$e_1 = 383{,}6 \, mm$

$e_2 = (600 - e_1) \, mm = 216{,}4 \, mm$

$x_1 = x_2 = 115 \, mm$

$x_3 = 200 \, mm$

$e_1' = \dfrac{12\,600 \cdot 115 + 12\,000 \cdot 115 + 24\,000 \cdot 200}{48\,600} \, mm$

$e_1' = 156{,}97 \, mm$

$e_2' = (600 - e_1') \, mm = 243{,}03 \, mm$

b) $I_{x1} = \dfrac{90 \cdot 140^3}{12} \, mm^4 = 20{,}58 \cdot 10^6 \, mm^4$

$I_{x2} = \dfrac{30 \cdot 400^3}{12} \, mm^4 = 16 \cdot 10^7 \, mm^4$

$I_{x3} = \dfrac{400 \cdot 60^3}{12} \, mm^4 = 72 \cdot 10^5 \, mm^4$

$l_{1y} = e_1 - y_1 = 313{,}6 \, mm$

$l_{2y} = e_1 - y_2 = 43{,}6 \, mm$

$l_{3y} = e_1 - y_3 = -186{,}4 \, mm$

$I_x = I_{x1} + A_1 l_{1y}^2 + I_{x2} + A_2 l_{2y}^2 + I_{x3} + A_3 l_{3y}^2$

$I_x = 22{,}84 \cdot 10^8 \, mm^4$

$I_{y1} = \dfrac{140 \cdot 90^3}{12} \, mm^4 = 85{,}1 \cdot 10^5 \, mm^4$

$I_{y2} = \dfrac{400 \cdot 30^3}{12} \, mm^4 = 9 \cdot 10^5 \, mm^4$

$I_{y3} = \dfrac{60 \cdot 400^3}{12} \, mm^4 = 32 \cdot 10^7 \, mm^4$

$l_{1x} = l_{2x} = e_1' - x_1 = 41{,}97 \, mm$

$l_{3x} = e_1' - x_3 = -43{,}03 \, mm$

$I_y = I_{y1} + A_1 l_{1x}^2 + I_{y2} + A_2 l_{2x}^2 + I_{y3} + A_3 l_{3x}^2$

$I_y = 4{,}17 \cdot 10^8 \, mm^4$

c) $W_{x1} = \dfrac{I_x}{e_1} = 5\,954\,119 \text{ mm}^3 = 5{,}95 \cdot 10^6 \text{ mm}^3$

$W_{x2} = \dfrac{I_x}{e_2} = 10\,554\,529 \text{ mm}^3 = 10{,}6 \cdot 10^6 \text{ mm}^3$

$W_{y1} = \dfrac{I_y}{e_1'} = 2\,656\,559 \text{ mm}^3 = 2{,}66 \cdot 10^6 \text{ mm}^3$

$W_{y2} = \dfrac{I_y}{e_2'} = 1\,715\,838 \text{ mm}^3 = 1{,}72 \cdot 10^6 \text{ mm}^3$

**785.**

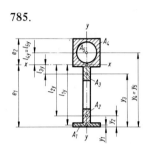

a) $Ae_1 = A_1 y_1 + A_2 y_2 + A_3 y_3 + A_4 y_4 - A_5 y_5$

$A_1 = (220 \cdot 30) \text{ mm}^2 = 6600 \text{ mm}^2$

$A_2 = (35 \cdot 100) \text{ mm}^2 = 3500 \text{ mm}^2$

$A_3 = (35 \cdot 80) \text{ mm}^2 = 2800 \text{ mm}^2$

$A_4 = 220^2 \text{ mm}^2 = 48\,400 \text{ mm}^2$

$A_5 = \dfrac{d^2 \pi}{4} = \dfrac{140^2 \pi}{4} \text{ mm}^2 = 15\,394 \text{ mm}^2$

$A = A_1 + A_2 + A_3 + A_4 - A_5 = 45\,906 \text{ mm}^2$

$y_1 = 15 \text{ mm}$

$y_2 = 80 \text{ mm}$

$y_3 = 370 \text{ mm}$

$y_4 = y_5 = 520 \text{ mm}$

$e_1 = \dfrac{6600 \cdot 15 + 3500 \cdot 80 + 2800 \cdot 370 + 48\,400 \cdot 520 - 15\,394 \cdot 520}{45\,906} \text{ mm}$

$e_1 = 404{,}7 \text{ mm}$

$e_2 = 225{,}3 \text{ mm}$

b) $I_{x1} = \dfrac{220 \cdot 30^3}{12} \text{ mm}^4 = 49{,}5 \cdot 10^4 \text{ mm}^4$

$I_{x2} = \dfrac{35 \cdot 100^3}{12} \text{ mm}^4 = 2\,916\,667 \text{ mm}^4$

$I_{x3} = \dfrac{35 \cdot 80^3}{12} \text{ mm}^4 = 149\,333 \text{ mm}^4$

$I_{x4} = \dfrac{220 \cdot 220^3}{12} = 195\,213\,333 \text{ mm}^4$

$I_{x5} = \dfrac{\pi \cdot 140^4}{64} = 18\,857\,401 \text{ mm}^4$

$l_{1y} = e_1 - y_1 = 389{,}7 \text{ mm}$

$l_{2y} = e_1 - y_2 = 324{,}7 \text{ mm}$

$l_{3y} = e_1 - y_3 = 34{,}7 \text{ mm}$

$l_{4y} = l_{5y} = e_1 - y_4 = -115{,}3 \text{ mm}$

$I_x = I_{x1} + A_1 l_{1y}^2 + I_{x2} + A_2 l_{2y}^2 + I_{x3} + A_3 l_{3y}^2$
$\quad + I_{x4} + A_4 l_{4y}^2 - (I_{x5} + A_5 l_{5y}^2)$

$I_x = 19{,}934 \cdot 10^8 \text{ mm}^4$

c) $W_{x1} = \dfrac{I_x}{e_1} = 4\,925\,624 \text{ mm}^3 = 4{,}93 \cdot 10^6 \text{ mm}^3$

$W_{x2} = \dfrac{I_x}{e_1} = 8\,847\,759 \text{ mm}^3 = 8{,}85 \cdot 10^6 \text{ mm}^3$

**786.**

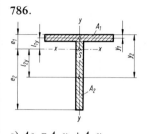

a) $Ae_1 = A_1 y_1 + A_2 y_2$

$A_1 = (400 \cdot 20) \text{ mm}^2 = 8000 \text{ mm}^2$

$A_2 = (20 \cdot 500) \text{ mm}^2 = 10\,000 \text{ mm}^2$

$A = 18\,000 \text{ mm}^2$

$y_1 = 10 \text{ mm}$

$y_2 = 270 \text{ mm}$

$e_1 = \dfrac{8000 \cdot 10 + 10\,000 \cdot 270}{18\,000} \text{ mm} = 154{,}4 \text{ mm}$

$e_2 = 520 \text{ mm} - e_1 = 365{,}6 \text{ mm}$

b) $I_{x1} = \dfrac{400 \cdot 20^3}{12} \text{ mm}^4 - 266\,667 \text{ mm}^4$

$I_{x2} = \dfrac{20 \cdot 500^3}{12} \text{ mm}^4 = 2083 \cdot 10^5 \text{ mm}^4$

$l_{1y} = e_1 - y_1 = 144{,}4 \text{ mm}$

$l_{2y} = e_1 - y_2 = -115{,}6 \text{ mm}$

$I_x = I_{x1} + A_1 l_{1y}^2 + I_{x2} + A_2 l_{2y}^2$

$I_x = 5{,}09 \cdot 10^8 \text{ mm}^4$

$I_{y1} = \dfrac{20 \cdot 400^3}{12} \text{ mm}^4 = 1066 \cdot 10^5 \text{ mm}^4$

$I_{y2} = \dfrac{500 \cdot 20^3}{12} \text{ mm}^4 = 333\,333 \text{ mm}^4$

$I_y = I_{y1} + I_{y2} = 1{,}07 \cdot 10^8 \text{ mm}^4$

c) $W_x = \dfrac{I_x}{e_1} = 3{,}2966 \cdot 10^6 \text{ mm}^3$

$W_y = \dfrac{I_x}{e_2} = 1{,}3922 \cdot 10^6 \text{ mm}^3$

787.

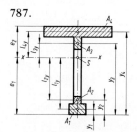

a) $Ae_1 = A_1 y_1 + A_2 y_2 + A_3 y_3 + A_4 y_4$
$A_1 = (60 \cdot 50)\ \text{mm}^2 = 3000\ \text{mm}^2$
$A_2 = (25 \cdot 20)\ \text{mm}^2 = 500\ \text{mm}^2$
$A_3 = (25 \cdot 50)\ \text{mm}^2 = 1250\ \text{mm}^2$
$A_4 = (280 \cdot 40)\ \text{mm}^2 = 11\,200\ \text{mm}^2$
$A = 15\,950\ \text{mm}^2$

$y_1 = 25\ \text{mm}$
$y_2 = 60\ \text{mm}$
$y_3 = 455\ \text{mm}$
$y_4 = 500\ \text{mm}$

$$e_1 = \frac{3000 \cdot 25 + 500 \cdot 60 + 1250 \cdot 455 + 11\,200 \cdot 500}{15\,950}$$

$e_1 = 393{,}34\ \text{mm}$
$e_2 = (520 - e_1) = 126{,}67\ \text{mm}$

b) $I_{x1} = \dfrac{60 \cdot 50^3}{12}\ \text{mm}^4 = 625\,000\ \text{mm}^4$

$I_{x2} = \dfrac{25 \cdot 20^3}{12}\ \text{mm}^4 = 16\,667\ \text{mm}^4$

$I_{x3} = \dfrac{25 \cdot 50^3}{12}\ \text{mm}^4 = 260\,417\ \text{mm}^4$

$I_{x4} = \dfrac{280 \cdot 40^3}{12}\ \text{mm}^4 = 1493 \cdot 10^3$

$l_{1y} = e_1 - y_1 = 368{,}34\ \text{mm}$
$l_{2y} = e_1 - y_2 = 333{,}34\ \text{mm}$
$l_{3y} = e_1 - y_3 = -61{,}66\ \text{mm}$
$l_{4y} = e_1 - y_4 = -106{,}66\ \text{mm}$

$I_x = I_{x1} + A_1 l_{1y}^2 + I_{x2} + A_2 l_{2y}^2 + I_{x3}$
$\qquad + A_3 l_{3y}^2 + I_{x4} + A_4 l_{4y}^2$
$I_x = 5{,}97 \cdot 10^8\ \text{mm}^4$

c) $W_{x1} = \dfrac{I_x}{e_1} = 1{,}52 \cdot 10^6\ \text{mm}^3$

$W_{x2} = \dfrac{I_x}{e_2} = 4{,}71 \cdot 10^6\ \text{mm}^3$

788.

a) $Ae_1 = 2(A_1 y_1) + 2(A_5 y_5) + A_7 y_7$
$\qquad - 2(A_4 y_4) - (A_8 y_8)$
$A_1 = A_3 = (100 \cdot 35)\ \text{mm}^2 = 3500\ \text{mm}^2$
$A_2 = A_4 = (25 \cdot 35)\ \text{mm}^2 = 875\ \text{mm}^2$
$A_5 = A_6 = (35 \cdot 180)\ \text{mm}^2 = 6300\ \text{mm}^2$
$A_7 = (270 \cdot 35)\ \text{mm}^2 = 9450\ \text{mm}^2$
$A_8 = (60 \cdot 35)\ \text{mm}^2 = 2100\ \text{mm}^2$
$A = 25\,200\ \text{mm}^2$

$y_1 = y_2 = y_3 = y_4 = 17{,}5\ \text{mm}$
$y_5 = y_6 = 125\ \text{mm}$
$y_7 = y_8 = 232{,}5\ \text{mm}$

$$e_1 = \frac{2 \cdot 350 \cdot 17{,}5 + 2 \cdot 6300 \cdot 125 + 9450 \cdot 232{,}5 - 2 \cdot 875 \cdot 17{,}5 - 2100 \cdot 232{,}5}{25\,200}\ \text{mm}$$

$e_1 = 134\ \text{mm}$
$e_2 = 250\ \text{mm} - e_1 = 116\ \text{mm}$

b) $I_{x1} = I_{x3} = \dfrac{100 \cdot 35^3}{12}\ \text{mm}^4 = 357\,292\ \text{mm}^4$

$I_{x2} = I_{x4} = \dfrac{25 \cdot 35^3}{12}\ \text{mm}^4 = 89\,323\ \text{mm}^4$

$I_{x5} = I_{x6} = \dfrac{35 \cdot 180^3}{12}\ \text{mm}^4 = 17\,010\,000\ \text{mm}^4$

$I_{x7} = \dfrac{270 \cdot 35^3}{12}\ \text{mm}^4 = 964\,688\ \text{mm}^4$

$I_{x8} = \dfrac{60 \cdot 35^3}{12}\ \text{mm}^4 = 214\,375\ \text{mm}^4$

$l_{1,2,3,4} = (e_1 - y_1)\ \text{mm} = 116{,}5\ \text{mm}$
$l_{5,6} = (e_1 - y_5)\ \text{mm} = 9\ \text{mm}$
$l_{7,8} = (e_1 - y_7)\ \text{mm} = -98{,}5\ \text{mm}$

$I = 2I_1 + 2(A_1 l_1^2) - 2I_2 - 2(A_2 l_2^2) + 2I_5$
$\qquad + 2(A_5 l_5^2) + I_7 + A_7 l_7^2 - I_8 - A_8 l_8^2$
$I_{N1} = 178\,893\,331\ \text{mm}^4 = 1{,}79 \cdot 10^8\ \text{mm}^4$

$l_{1,2,3,4} = y_{1,2,3,4} = 17{,}5\ \text{mm}$
$l_{5,6} = y_{5,6} = 125\ \text{mm}$
$l_{7,8} = y_{7,8} = 232\ \text{mm}$

$I_{N2} = 631\,103\,131\ \text{mm}^4 = 6{,}3 \cdot 10^8\ \text{mm}^4$

c) $W_{N1} = \dfrac{I_{N1}}{e_1} = \dfrac{1{,}79 \cdot 10^8}{134}\ \text{mm}^3 = 1{,}34 \cdot 10^6\ \text{mm}^3$

$W_{N1'} = \dfrac{I_{N1}}{e_1} = \dfrac{1{,}79 \cdot 10^8}{116}\ \text{mm}^3 = 1{,}54 \cdot 10^6\ \text{mm}^3$

$W_{N2} = \dfrac{I_{N2}}{250}\ \text{mm}^3 = 2{,}52 \cdot 10^6\ \text{mm}^3$

**789.**

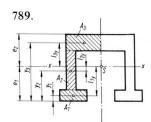

a) $Ae_1 = A_1y_1 + A_2y_2 + A_3y_3$
$A_1 = (100 \cdot 40) \text{ mm}^2 = 4000 \text{ mm}^2$
$A_2 = (30 \cdot 160) \text{ mm}^2 = 4800 \text{ mm}^2$
$A_3 = (100 \cdot 50) \text{ mm}^2 = 5000 \text{ mm}^2$
$A = 13\,800 \text{ mm}^2$

$y_1 = 20 \text{ mm}; \quad y_2 = 120 \text{ mm}; \quad y_3 = 225 \text{ mm}$

$e_1 = 129,1 \text{ mm}; \quad e_2 = 120,9 \text{ mm}$

b) $I_{x1} = \dfrac{100 \cdot 40^3}{12} \text{ mm}^4 = 53,3 \cdot 10^4 \text{ mm}^4$

$I_{x2} = \dfrac{30 \cdot 160^3}{12} \text{ mm}^4 = 10,24 \cdot 10^6 \text{ mm}^4$

$I_{x3} = \dfrac{100 \cdot 50^3}{12} \text{ mm}^4 = 10,42 \cdot 10^5 \text{ mm}^4$

$l_{1y} = e_1 - y_1 = 109,1 \text{ mm}$
$l_{2y} = e_1 - y_2 = 9,1 \text{ mm}$
$l_{3y} = e_1 - y_3 = -95,9 \text{ mm}$

$I_x = 2(I_{x1} + A_1 l_{1y}^2 + I_{x2} + A_2 l_{2y}^2 + I_{x3} + A_3 l_{3y}^2)$
$I_x = 2,116 \cdot 10^8 \text{ mm}^4$

c) $W_{x1} = \dfrac{I_x}{e_1} = 1\,639\,040 \text{ mm}^3 = 1,64 \cdot 10^6 \text{ mm}^3$

$W_{x2} = \dfrac{I_x}{e_2} = 1\,750\,207 \text{ mm}^3 = 1,75 \cdot 10^6 \text{ mm}^3$

**790.**

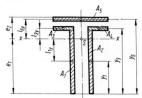

a) $Ae_1 = A_1y_1 + A_2y_2 + A_3y_3 + A_4y_4 + A_5y_5$
$A_1 = A_2 = (5 \cdot 255) \text{ mm}^2 = 1275 \text{ mm}^2$
$A_3 = A_4 = (74 \cdot 5) \text{ mm}^2 = 370 \text{ mm}^2$
$A_5 = (160 \cdot 5) \text{ mm}^2 = 800 \text{ mm}^2$
$A = 4090 \text{ mm}^2$

$y_1 = y_2 = 127,5 \text{ mm}$
$y_3 = y_4 = 257,5 \text{ mm}$
$y_5 = 272,5 \text{ mm}$

$e_1 = \dfrac{2(1275 \cdot 127,5) + 2(370 \cdot 257,5) + 800 \cdot 272,5}{4090} \text{ mm}$

$e_1 = 179,4 \text{ mm}$
$e_2 = 260 \text{ mm} + 10 \text{ mm} + a - e_1$
$e_2 = 95,6 \text{ mm}$

b) $I_{x1} = I_{x2} = \dfrac{5 \cdot 255^3}{12} \text{ mm}^4 = 6\,908\,906 \text{ mm}^4$

$I_{x3} = I_{x4} = \dfrac{74 \cdot 5^3}{12} \text{ mm}^4 = 770,8 \text{ mm}^4$

$I_{x5} = \dfrac{160 \cdot 5^3}{12} \text{ mm}^4 = 1666,6 \text{ mm}^4$

$l_{1y} = l_{2y} = (e_1 - y_1) = 51,9 \text{ mm}$
$l_{3y} = l_{4y} = (e_1 - y_3) = -78,1 \text{ mm}$
$l_{5y} = (e_1 - y_5) = -93,1 \text{ mm}$
$I_x = 2I_{x1} + 2A_1 l_{1y}^2 + 2I_{x3} + 2A_3 l_{3y}^2 + I_{x5}$
$\quad + A_5 l_{5y}^2$
$I_x = 32\,137\,525 \text{ mm}^4 = 32,14 \cdot 10^6 \text{ mm}^4$

c) $W_{x1} = \dfrac{I_x}{e_1} = 179\,138,9 \text{ mm}^3 = 179 \cdot 10^3 \text{ mm}^3$

$W_{x2} = \dfrac{I_x}{e_2} = 336\,166,6 \text{ mm}^3 = 336 \cdot 10^3 \text{ mm}^3$

**791.**

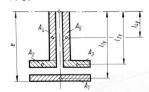

a) $A_1 = (62 \cdot 6) \text{ mm}^2 = 1116 \text{ mm}^2$
$A_2 = A_3 = (28 \cdot 6) \text{ mm}^2 = 168 \text{ mm}^2$
$A_4 = A_5 = (6 \cdot 64,5) \text{ mm}^2 = 387 \text{ mm}^2$

b) $I_{x1} = \dfrac{62 \cdot 6^3}{12} \text{ mm}^4 = 1116 \text{ mm}^4$

$I_{x2} = I_{x3} = \dfrac{28 \cdot 6^3}{12} \text{ mm}^4 = 504 \text{ mm}^4$

$I_{x4} = I_{x5} = \dfrac{6 \cdot 64,5^3}{12} \text{ mm}^4 \quad \ldots,1 \text{ mm}^4$

$l_{1y} = (86 - 3) \text{ mm} \approx 32,25 \text{ mm}$
$l_{2y} = l_{3y} = (86 \ldots$
$l_{4y} = l_{5y} = \ldots$

$I_x' = 10\,338\,283 \text{ mm}^4 = 10,3 \cdot 10^6 \text{ mm}^4$

$\dfrac{I_x}{e} = 120\,213 \text{ mm}^3 = 120,2 \cdot 10^3 \text{ mm}^3$

$\ldots = 67,5 \text{ mm}$
$\ldots x2 + 2(A_2 l_{2y}^2) + 2I_{x4}$

**792.**

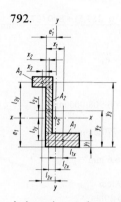

a) $Ae_1 = A_1 y_1 + A_2 y_2 + A_3 y_3$

$A_1 = (70 \cdot 30) \text{ mm}^2 = 2100 \text{ mm}^2$

$A_2 = (10 \cdot 150) \text{ mm}^2 = 1500 \text{ mm}^2$

$A_3 = (50 \cdot 20) \text{ mm}^2 = 1000 \text{ mm}^2$

$A = 4600 \text{ mm}^2$

$y_1 = 15 \text{ m}$

$y_2 = 105 \text{ mm}$

$y_3 = 190 \text{ mm}$

$e_1 = \dfrac{2100 \cdot 15 + 1500 \cdot 105 + 1000 \cdot 190}{4600} \text{ mm}$

$e_1 = 82,4 \text{ mm}$

$e_2 = (200 - e_1) \text{ mm} = 117,6 \text{ mm}$

$Ae_1' = A_1 x_1 + A_2 x_2 + A_3 x_3$

$x_1 = 35 \text{ mm}$

$x_2 = 5 \text{ mm}$

$x_3 = -15 \text{ mm}$

$e_1' = \dfrac{2100 \cdot 35 + 1500 \cdot 5 - (1000 \cdot 15)}{4600} \text{ mm}$

$e_1' = 14,3 \text{ mm}$

$e_2' = (70 - e_1') \text{ mm} = 55,7 \text{ mm}$

b) $I_{x1} = \dfrac{70 \cdot 30^3}{12} \text{ mm}^4 = 15,75 \cdot 10^4 \text{ mm}^4$

$I_{x2} = \dfrac{10 \cdot 150^3}{12} \text{ mm}^4 = 28,13 \cdot 10^5 \text{ mm}^4$

$I_{x3} = \dfrac{50 \cdot 20^3}{12} \text{ mm}^4 = 33,3 \cdot 10^3 \text{ mm}^4$

$l_{1y} = e_1 - y_1$

$l_{2y} = e_1 - y_2 - 4 \text{ mm}$

$l_{3y} = e_1 - y_3 = \text{ mm}$

$I_x = I_{x1} + A_1 l_{1y}^2 + \text{m}$

$I_x = 24,9 \cdot 10^6 \text{ mm}^4$

$\phantom{I_x = } + I_{x3} + A_3 l_{3y}^2$

$I_{y1} = \dfrac{30 \cdot 70^3}{12} \text{ mm}^4 = 85,$

$I_{y2} = \dfrac{150 \cdot 10^3}{12} \text{ mm}^4 = 1,25 \cdot$

$I_{y3} = \dfrac{20 \cdot 50^3}{12} \text{ mm}^4 = 20,83 \cdot 10^4 \text{ m}$

152

$l_{1x} = (e_1' - x_1) \text{ mm} = -20,7 \text{ mm}$

$l_{2x} = (e_1' - x_2) \text{ mm} = 9,3 \text{ mm}$

$l_{3x} = (e_1' - x_3) \text{ mm} = 29,3 \text{ mm}$

$I_y = I_{y1} + A_1 l_{1x}^2 + I_{y2} + A_2 l_{2x}^2 + I_{y3} + A_3 l_{3x}^2$

$I_y = 2,966 \cdot 10^6 \text{ mm}^4$

c) $W_{x1} = \dfrac{I_x}{e_1} = 302,2 \cdot 10^3 \text{ mm}^3$

$W_{x2} = \dfrac{I_x}{e_2} = 211,7 \cdot 10^3 \text{ mm}^3$

$W_{y1} = \dfrac{I_y}{e_1' + 40} = \dfrac{I_y}{54,3} = 54,6 \cdot 10^3 \text{ mm}^3$

$W_{y2} = \dfrac{I_y}{e_2'} = 53,3 \cdot 10^3 \text{ mm}^3$

**793.**

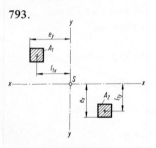

a) $I_\square = \dfrac{20 \cdot 20^3}{12} \text{ mm}^4 = 1,33 \cdot 10^4 \text{ mm}^4$

$A_1 = A_2 = 400 \text{ mm}^2$

$l_{1x} = 110 \text{ mm}; \quad l_{1y} = 210 \text{ mm}$

b) $I_x = 2 (I_\square + A_1 l_{1y}^2) \text{ mm}^4 = 35,3 \cdot 10^6 \text{ mm}^4$

$I_y = 2 (I_\square + A_2 l_{1x}^2) \text{ mm}^4 = 9,7 \cdot 10^6 \text{ mm}^4$

c) $W_x = \dfrac{I_x}{e_x} = 160 \cdot 10^3 \text{ mm}^3$

$W_y = \dfrac{I_y}{e_y} = 80,8 \cdot 10^3 \text{ mm}^3$

**794.**

a) $I_{x\,\text{Steg}} = 2 \cdot \dfrac{12 \text{ mm} \cdot 576^3 \text{ mm}^3}{12} = 38\,221 \cdot 10^4 \text{ mm}^4$

$I_{x\,\text{Gurt}} = 2 \cdot \left( \dfrac{400 \text{ mm} \cdot 12^3 \text{ mm}^3}{12} + 400 \cdot 12 \text{ mm}^2 \cdot 294^2 \text{ mm}^2 \right)$

$I_{x\,\text{Gurt}} = 2 \cdot (5,76 \cdot 10^4 \text{ mm}^4 + 41\,489 \cdot 10^4 \text{ mm}^4)$

$I_{x\,\text{Gurt}} = 82\,990 \cdot 10^4 \text{ mm}^4$

$I_{x\,\text{L}} = 4 \cdot (87,5 \cdot 10^4 \text{ mm}^4 + 1510 \text{ mm}^2 \cdot 264,6^2 \text{ mm}^2)$

Aus der Formelsammlung:

$I_x = 87,5 \cdot 10^4 \text{ mm}^4$ sowie

$A = 1510 \text{ mm}^2$ und $e = 23,4 \text{ mm}$.

Mit $e = 23,4 \text{ mm}$ wird dann

$l = (300 - 12 - 23,4) \text{ mm} = 264,6 \text{ mm}$.

$I_{x\,\text{L}} = 4 (87,5 \cdot 10^4 + 10572 \cdot 10^4) \text{ mm}^4$

$I_{x\,\text{L}} = 42\,638 \cdot 10^4 \text{ mm}^4$

$I_x = I_{x\,\text{Steg}} + I_{x\,\text{Gurt}} + I_{x\,\text{L}} = 163\,849 \cdot 10^4 \text{ mm}^4$

$I_x = 16,4 \cdot 10^8 \text{ mm}^4$

$I_{y\,\text{Steg}} = \left[2\left(\dfrac{576 \cdot 12^3}{12} + 576 \cdot 12 \cdot 106^2\right)\right] \text{ mm}^4$

$\qquad = 1,5549 \cdot 10^8 \text{ mm}^4$

$I_{y\,\text{Gurt}} = 2\,\dfrac{12 \cdot 400^3}{12} \text{ mm}^4 = 1,28 \cdot 10^8 \text{ mm}^4$

$I_{y\,\text{L}} = [4(87,5 \cdot 10^4 + 1510 \cdot 135,4^2)] \text{ mm}^4$

$\qquad = 1,1423 \cdot 10^8 \text{ mm}^4$

$I_y = I_{y\,\text{Steg}} + I_{y\,\text{Gurt}} + I_{y\,\text{L}} = 3,9772 \cdot 10^8 \text{ mm}^4$

b) $W_x = \dfrac{I_x}{e} = \dfrac{163\,849 \cdot 10^4 \text{ mm}^4}{300 \text{ mm}} = 5462 \cdot 10^3 \text{ mm}^3$

$W_x = 5,46 \cdot 10^6 \text{ mm}^3$

$W_y = \dfrac{I_y}{200 \text{ mm}} = 1,9886 \cdot 10^6 \text{ mm}^3$

**795.**

a)

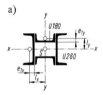

$I_x = 2I_{x\,\text{U260}} + 2(I_{y\,\text{U180}} + A l_y^2)$

$l_y = (130 - 70 + 19,2) \text{ mm} = 79,2 \text{ mm}$

$I_x = [2 \cdot 4820 \cdot 10^4 + 2(114 \cdot 10^4 + 2800 \cdot 79,2^2)] \text{ mm}^4$

$I_x = 1,3381 \cdot 10^8 \text{ mm}^4$

$I_y = 2I_{x\,\text{U180}} + 2(I_{y\,\text{U260}} + A l_x^2)$

$l_x = (90 + 23,6) \text{ mm} = 113,6 \text{ mm}$

$I_y = [2 \cdot 1350 \cdot 10^4 + 2(317 \cdot 10^4 + 4830 \cdot 113,6^2)] \text{ mm}^4$

$I_y = 1,58 \cdot 10^8 \text{ mm}^4$

b) $W_x = \dfrac{I_x}{130 \text{ mm}} = 1030 \cdot 10^3 \text{ mm}^3$

$W_y = \dfrac{I_y}{180 \text{ mm}} = 878 \cdot 10^3 \text{ mm}^3$

**796.**

a)

$I_x = I_{y\,\text{IPE220}} + 2I_{x\,\text{U260}}$

$I_x = (205 \cdot 10^4 + 2 \cdot 4820 \cdot 10^4) \text{ mm}^4$

$I_x = 9845 \cdot 10^4 \text{ mm}^4$

$I_y = I_{x\,\text{PE220}} + 2(I_{y\,\text{U260}} + A l_x^2)$

$l_x = 110 \text{ mm} + e_1 = (110 + 23,6) \text{ mm} = 133,6 \text{ mm}$

$I_y = [2770 \cdot 10^4 + 2(317 \cdot 10^4 + 4830 \cdot 133,6^2)] \text{ mm}^4$

$I_y = 20\,646 \cdot 10^4 \text{ mm}^4$

b) $W_x = \dfrac{I_x}{130 \text{ mm}} = 757 \cdot 10^3 \text{ mm}^3$

$W_y = \dfrac{I_y}{200 \text{ mm}} = 1032 \cdot 10^3 \text{ mm}^3$

**797.**

a) $I_{x\,\text{Steg}} = \dfrac{10 \cdot 600^3}{12} \text{ mm}^4 = 1,8 \cdot 10^8 \text{ mm}^4$

$I_{x\,\text{Gurt}} = \dfrac{780 \cdot 10^3}{12} \text{ mm}^4 = 6,5 \cdot 10^4 \text{ mm}^4$

$I_{x\,\text{L}} = 87,5 \cdot 10^4 \text{ mm}^4$ (nach Formelsammlung Tafel 4.26)

$I_x = 2I_{x\,\text{Steg}} + 2(I_{x\,\text{Gurt}} + A_{\text{Gurt}} \cdot l_{\text{Gurt}}^2)$

$\qquad + 4(I_{x\,\text{L}} + A_{\text{L}} l_{\text{L}}^2)$

$A_{\text{Gurt}} = 780 \cdot 10 \text{ mm}^2 = 7800 \text{ mm}^2$

$l_{\text{Gurt}} = 305 \text{ mm}$

$A_{\text{L}} = 1510 \text{ mm}^2$

$l_{\text{L}} = (300 - 23,4) \text{ mm} = 276,6 \text{ mm}$

$I_x = 22,769 \cdot 10^8 \text{ mm}^4$

b) $W_x = \dfrac{I_x}{310 \text{ mm}} = 7,3449 \cdot 10^6 \text{ mm}^3$

c) $M_b = \sigma_{b\,\text{zul}} \cdot W_x = 1,0283 \cdot 10^6 \text{ Nm}$

**798.**

a) $I_x = I_\square + 4(I_{x\,\text{L}} + A_{\text{L}} l_{\text{L}}^2) + 2(I_\square + A_\square l_\square^2)$

$\qquad - 4(I_\square + A_\square l_\square^2)$

Stegblech:

$I_\square = \dfrac{15 \cdot 570^3}{12} \text{ mm}^4 = 2,3149 \cdot 10^8 \text{ mm}^4$

Winkelprofil 120 × 13:

$I_{x\,\text{L}} + A_{\text{L}} l_{\text{L}}^2 = (394 \cdot 10^4 + 2970 \cdot 250,6^2) \text{ mm}^4$

$\qquad = 1,9046 \cdot 10^8 \text{ mm}^4$

Gurtplatte:

$I_\square + A_\square l_\square^2 = \left(\dfrac{350 \cdot 15^3}{12} + 350 \cdot 15 \cdot 292,5^2\right) \text{ mm}^4$

$\qquad = 4,4927 \cdot 10^8 \text{ mm}^4$

Bohrung:

$I_\square + A_\square l_\square^2 = \left(\dfrac{25 \cdot 28^3}{12} + 25 \cdot 28 \cdot 286^2\right) \text{ mm}^4$

$\qquad = 0,57259029 \cdot 10^8 \text{ mm}^4$

$I_x = 16,628 \cdot 10^8 \text{ mm}^4$

$I_y = I_\square + 4(_{y\,\text{L}} + A_{\text{L}} l_{\text{L}}^2) + 2I_\square - 4(I_\square + A_\square l_\square^2)$

Stegblech:

$I_\square = \dfrac{570 \cdot 15^3}{12} \text{ mm}^4 = 160\,312,5 \text{ mm}^4$

Winkelprofil 120 × 13:

$I_{y\,\text{L}} + A_{\text{L}} l_{\text{L}}^2 = (394 \cdot 10^4 + 2970 \cdot 41,9^2) \text{ mm}^4$

$\qquad = 9,1542 \cdot 10^6 \text{ mm}^4$

Gurtplatte:

$I_\square = \dfrac{15 \cdot 350^3}{12} \text{ mm}^4 = 53,593750 \cdot 10^6 \text{ mm}^4$

Bohrung:

$$I_\Box + A_\Box l_\Box^2 = \left(\frac{28 \cdot 25^3}{12} + 28 \cdot 25 \cdot 87,5^2\right) \text{mm}^4$$

$$= 2,350833 \cdot 10^6 \text{ mm}^4$$

$$I_y = 1,3456 \cdot 10^6 \text{ mm}^4$$

b) $W_x = \dfrac{I_x}{300 \text{ mm}} = 5,5427 \cdot 10^6 \text{ mm}^3$

$W_y = \dfrac{I_y}{175 \text{ mm}} = 7,6891 \cdot 10^3 \text{ mm}^3$

## 799.

a) $I_{x1} = 4(I_{xL} + A_L l_L^2) = 4(177 \cdot 10^4$
$\qquad + 1920 \cdot 158,8^2) \text{ mm}^4$
$I_{x1} = 2,0075 \cdot 10^8 \text{ mm}^4$

b) $I_{x2} = 2(I_\Box + A_\Box l_\Box^2)$
$I_{x2} = 2\left(\dfrac{280 \cdot 13^3}{12} + 280 \cdot 13 \cdot 193,5^2\right) \text{ mm}^4$
$I_{x2} = 2,7268 \cdot 10^8 \text{ mm}^4$

c) $I_{x3} = \dfrac{10 \cdot 374^3}{12} = 0,43594687 \cdot 10^8 \text{ mm}^4$

d) $I_x = I_{x1} + I_{x2} + I_{x3}$
$I_x = 5,1702 \cdot 10^8 \text{ mm}^4$

e) $W_x = 2585,1 \cdot 10^3 \text{ mm}^3$

## 800.

a) $I_x = \underbrace{2 I_{xU}}_{I_{xU}} + 2 \underbrace{(I_\Box + A_\Box l_\Box^2)}_{I_1} - 4 \underbrace{(I_\Box + A_\Box l_\Box^2)}_{I_2}$
$I_{xU} = 6280 \cdot 10^4 \text{ mm}^4$
$I_{x1} = \left(\dfrac{300 \cdot 13^3}{12} + 300 \cdot 13 \cdot 146,5^2\right) \text{mm}^4$
$I_{x1} = 8375,77 \cdot 10^4 \text{ mm}^4$
$I_{x2} = \left(\dfrac{23 \cdot 28^3}{12} + 23 \cdot 28 \cdot 139^2\right) \text{mm}^4$
$I_{x2} = 1248,4799 \cdot 10^4 \text{ mm}^4$
$I_x = 2 I_{xU} + 2 I_{x1} - 4 I_{x2}$
$I_x = 2,4318 \cdot 10^8 \text{ mm}^4$

b) $W_x = \dfrac{I_x}{153 \text{ mm}} = 1,5894 \cdot 10^6 \text{ mm}^3$

c) $pV = \dfrac{4 I_2 \cdot 100\,\%}{2 I_{xU} + 2 I_{x1}} = 17\,\%$

## 801.

a) $I_x = 2(I_\Box + A_\Box l_\Box^2) + 2 I_{xU}$
$I_x = \left[2\left(\dfrac{150 \cdot 10^3}{12} + 150 \cdot 10 \cdot 55^2\right) + 2 \cdot 206 \cdot 10^4\right] \text{mm}^4$
$I_x = 1322 \cdot 10^4 \text{ mm}^4$

b) $W_x = \dfrac{I_x}{60 \text{ mm}} = 220,33 \cdot 10^3 \text{ mm}^3$

c) $M_b = W_x \sigma_{b\,\text{zul}} = 3,0847 \cdot 10^4 \text{ Nm}$

## 802.

a) $I_x = 2(I_\Box + A_\Box l_\Box^2) + 2 I_{xU}$
$I_x = \left[2\left(\dfrac{200 \cdot 10^3}{12} + 200 \cdot 10 \cdot 105^2\right) + 2 \cdot 1910 \cdot 10^4\right] \text{mm}^4$
$I_x = 8233 \cdot 10^4 \text{ mm}^4$

b) $W_x = \dfrac{I_x}{110 \text{ mm}} = 748,48 \cdot 10^3 \text{ mm}^3$

c) $\sigma_{b\,\text{max}} = \dfrac{M_{b\,\text{max}}}{W_x} = 66,8 \text{ N/mm}^2$

d) $\dfrac{\sigma_{b\,\text{max}}}{\sigma_b} = \dfrac{110 \text{ mm}}{100 \text{ mm}}$

$\sigma_b = \sigma_{b\,\text{max}} \cdot \dfrac{100 \text{ mm}}{110 \text{ mm}} = 60,7 \text{ N/mm}^2$

## 803.

Gegeben: U 200 mit
$\qquad I_{xU} = 1910 \text{ cm}^4 \,; \ e_y = 2,01 \text{ cm}; \ A = 32,2 \text{ cm}^2$
$\qquad I_{yU} = 148 \text{ cm}^4$

$I_x = 2 I_{xU} = 3820 \text{ cm}^4$

$I_y = 2\left[I_{yU} + \left(\dfrac{l}{2} + e_y\right)^2 A\right]$

$I_y = 1,2 I_x$

$2\left[I_{yU} + \left(\dfrac{l}{2} + e_y\right)^2 A\right] = 1,2 I_x$

$\left(\dfrac{l}{2} + e_y\right)^2 = \dfrac{0,6 I_x - I_{yU}}{A} = \dfrac{0,6 \cdot 3820 \text{ cm}^4 - 148 \text{ cm}^4}{32,2 \text{ cm}^2}$

$\qquad = 66,58 \text{ cm}^2 = B$

$\dfrac{l^2}{4} + 2 \dfrac{l}{2} e_y + e_y^2 = B \mid \cdot 4$

$l^2 + 4 e_y l + 4 e_y^2 - 4 B = 0$

$l_{1/2} = -2 e_y \pm \sqrt{(2 e_y)^2 - 4(e_y^2 - B)}$

$l_{1/2} = -4,02 \text{ cm} \pm 14,8 \text{ cm}$

$l_{\text{erf}} = 10,78 \text{ cm} = 107,8 \text{ mm} \quad$ (Probe erforderlich!)

## 804.

a) $A e = A_I y_I + A_U y_U$

$e = \dfrac{A_I y_I + A_U y_U}{A_I + A_U}$

$e = \dfrac{1030 \cdot 50 + 712 \cdot 113,7}{1030 + 712} \text{ mm}$

$e = 76,036 \text{ mm}$

b) $I_{x1} = I_{xI} + A_I l_I^2$
$I_{x1} = [171 \cdot 10^4 + 1030 \cdot (76,036 - 50)^2] \text{ mm}^4$
$I_{x1} = 240,82 \cdot 10^4 \text{ mm}^4$

$I_{x2} = I_{yU} + A_U l_U^2$

$I_{x2} = [9,12 \cdot 10^4 + 712 \cdot (113,7 - 76,036)^2]\ \text{mm}^4$

$I_{x2} = 110,12 \cdot 10^4\ \text{mm}^4$

c) $I_x = I_{x1} + I_{x2} = 351 \cdot 10^4\ \text{mm}^4$

$I_y = I_{yI} + I_{xU} = (15,9 \cdot 10^4 + 26,4 \cdot 10^4)\ \text{mm}^4$

$I_y = 42,3 \cdot 10^4\ \text{mm}^4$

d) $W_{x1} = \dfrac{I_x}{e} = 46,2 \cdot 10^3\ \text{mm}^3$

$W_{x2} = \dfrac{I_x}{(138 - 76,036)\ \text{mm}} = 56,6 \cdot 10^3\ \text{mm}^3$

$W_y = \dfrac{I_y}{27,5\ \text{mm}} = 15,4 \cdot 10^3\ \text{mm}^2$

**805.**

a) $I_x = 4(I_{xL} + A_L l^2)$

$I_x = 4[177 \cdot 10^4 + 1920 \cdot (200 - 28,2)^2]\ \text{mm}^4$

$I_x = 23\,376 \cdot 10^4\ \text{mm}^4$

b) $W_x = \dfrac{I_x}{200\ \text{mm}} = 1169 \cdot 10^3\ \text{mm}^3$

**806.**

$I_x = 2\,I_{xU} + 2\left[\dfrac{22\ \text{cm} \cdot 1,3^3\ \text{cm}^3}{12} + A_\square \cdot 9,65^2\ \text{cm}^2\right]$

$I_y = 2[I_{yU} + A_U\,(\tfrac{l}{2} + e_1)^2] + 2 \cdot \dfrac{1,3\ \text{cm} \cdot 22^3\ \text{cm}^3}{12}$

$I_x = 2 \cdot 1350\ \text{cm}^4 + 2[4,028\ \text{cm}^4 + 28,6\ \text{cm}^2 \cdot 9,65^2\ \text{cm}^2]$

$I_x = 8035\ \text{cm}^4$

$I_y = 2\,[114\ \text{cm}^4 + 28\ \text{cm}^2\,(\tfrac{l}{2} + 1,92\ \text{cm})^2] + 2307\ \text{cm}^4$

$I_y = 228\ \text{cm}^4 + 56\ \text{cm}^2\,(\tfrac{l}{2} + 1,92\ \text{cm})^2 + 2307\ \text{cm}^4$

$I_y = 2535\ \text{cm}^4 + 56\ \text{cm}^2\,(\tfrac{l}{2} + 1,92\ \text{cm})^2$

$I_x = I_y$

$8035\ \text{cm}^4 = 2535\ \text{cm}^4 + 56\ \text{cm}^2 \cdot (\tfrac{l}{2} + 1,92\ \text{cm})^2$

$(\tfrac{l}{2} + 1,92\ \text{cm})^2 = \dfrac{8035\ \text{cm}^4 - 2535\ \text{cm}^4}{56\ \text{cm}^2} = 98,21\ \text{cm}^2$

$(\tfrac{l}{2})^2 + 2\,\tfrac{l}{2} \cdot 1,92\ \text{cm} + 1,92^2\ \text{cm}^2 = 98,21\ \text{cm}^2$

$\dfrac{l^2}{4} + 1,92\ \text{cm} \cdot l + 1,92^2\ \text{cm}^2 - 98,21\ \text{cm}^2 = 0$

$l^2 + 7,68\ \text{cm} \cdot l + 14,75\ \text{cm}^2 - 392,9\ \text{cm}^2 = 0$

$l^2 + 7,68\ \text{cm} \cdot l - 378,2\ \text{cm}^2 = 0$

$l_{1/2} = -3,84\ \text{cm} \pm \sqrt{3,84^2\ \text{cm}^2 + 378,2\ \text{cm}^2}$

$l_{1/2} = -3,84\ \text{cm} \pm \sqrt{392,9\ \text{cm}^2}$

$l_1 = -3,84\ \text{cm} + 19,82\ \text{cm}$

$l_1 = 15,98\ \text{cm} \approx 160\ \text{mm}$  (Probe erforderlich!)

$l_2$ nicht möglich

**807.**

a) $I_x = 4(I_{xL} + A_L l_L^2)$

$I_x = 4\,[37,5 \cdot 10^4 + 985 \cdot (150 - 18,9)^2]\ \text{mm}^4$

$I_x = 6922 \cdot 10^4\ \text{mm}^4$

b) $W_x = \dfrac{I_x}{150\ \text{mm}} = 461 \cdot 10^3\ \text{mm}^3$

**808.**

$I_x = I_{PE} + 2\left[\dfrac{b\delta^3}{12} + b\delta\left(\dfrac{h}{2} + \dfrac{\delta}{2}\right)^2\right] = W_x\left(\dfrac{h}{2} + \delta\right)$

$I_{PE} + \dfrac{b\delta^3}{6} + \dfrac{b\delta}{2}\,(h + \delta)^2 = W_x\left(\dfrac{h}{2} + \delta\right)$

$b\left[\dfrac{\delta^3}{6} + \dfrac{\delta}{2}\,(h + \delta)^2\right] = W_x\left(\dfrac{h}{2} + \delta\right) - I_{PE}$

$b = \dfrac{W_x\left(\dfrac{h}{2} + \delta\right) - I_{PE}}{\dfrac{\delta^3}{6} + \dfrac{\delta}{2}\,(h + \delta)^2}$

$\begin{aligned} & W_x = 4 \cdot 10^3\ \text{cm}^3 \\ & h = 36\ \text{cm};\quad \delta = 2,5\ \text{cm} \\ & I_{PE} = 16\,270\ \text{cm}^4 \end{aligned}$

$b = \dfrac{4000\ \text{cm}^3\,(18 + 2,5)\ \text{cm} - 16\,270\ \text{cm}^4}{2,6\ \text{cm}^3 + 1,25\ \text{cm} \cdot 38,5^2\ \text{cm}^2} = 35,4\ \text{cm}$

$b = 354\ \text{mm}$   (Probe erforderlich!)

Probe:

Mit der ermittelten Gurtbreite $b = 354\ \text{mm}$ wird:

$I_x = I_{PE} + 2\left[\dfrac{b\delta^3}{12} + b\delta\left(\dfrac{h}{2} + \dfrac{\delta}{2}\right)^2\right]$

$I_x = \left[16270 \cdot 10^4 + 2\left(\dfrac{354 \cdot 25^3}{12} + 354 \cdot 25 \cdot 192,5^2\right)\right]\text{mm}^4$

$I_x = 8,1952 \cdot 10^8\ \text{mm}^4$

$W_x = \dfrac{I_x}{205\ \text{mm}} = 3,9976 \cdot 10^6\ \text{mm}^3$

**Beanspruchung auf Torsion**

**809.**

$M_1 = 9550\,\dfrac{P}{n_1} = \dfrac{K}{n_1}$

$K = 9\,550 \cdot 1470 = 14\,038\,500$

$M_1 = \dfrac{K}{n_1} = \dfrac{14\,038\,500}{50}\ \text{Nm} = 280\,770\ \text{Nm} = T_1$

Mit $M_2 = K/n_2$; $M_3 = K/n_3$ usw. erhalten wir

$M_2 = 140\,385\ \text{Nm};\ M_3 = 35\,096\ \text{Nm};$

$M_4 = 17\,548\ \text{Nm};\ M_5 = 11\,699\ \text{Nm}$

$d_{1\,\text{erf}} = \sqrt[3]{\dfrac{T_1}{0,2\,\tau_{t\,\text{zul}}}}$

$d_{1\,\text{erf}} = \sqrt[3]{\dfrac{280\,770 \cdot 10^3\ \text{Nmm}}{0,2 \cdot 40\,\dfrac{\text{N}}{\text{mm}^2}}}$

$d_{1\,\text{erf}} = 328\ \text{mm}$

$d_1 = 330\ \text{mm}$  ausgeführt

Entsprechend ergeben sich

$d_{2\,erf} = 260\,mm; \qquad d_2 = 260\,mm \quad$ ausgeführt
$d_{3\,erf} = 164\,mm; \qquad d_3 = 165\,mm \quad$ ausgeführt
$d_{4\,erf} = 130\,mm; \qquad d_4 = 130\,mm \quad$ ausgeführt
$d_{5\,erf} = 114\,mm; \qquad d_4 = 115\,mm \quad$ ausgeführt

## 810.

Wie in Aufgabe 809 mit

$n_2 = n_1/i_{1,2} = 960\,min^{-1}/3,9 = 246\,min^{-1}$ und
$n_3 = n_2/i_{2,3} = 87,9\,min^{-1}$ .

$d_1 = 40\,mm; \quad d_2 = 60\,mm; \quad d_3 = 80\,mm$

## 811.

$$\frac{d_2}{d_1} = \frac{\sqrt[3]{\dfrac{T_2}{0,2\,\tau_{t\,zul}}}}{\sqrt[3]{\dfrac{T_1}{0,2\,\tau_{t\,zul}}}} = \frac{\sqrt[3]{T_2}}{\sqrt[3]{T_1}}$$

$T_2 = T_1 \cdot i$

$$\frac{d_2}{d_1} = \frac{\sqrt[3]{T_1 \cdot i}}{\sqrt[3]{T_1}} = \sqrt[3]{i} \quad \Rightarrow \quad d_2 = d_1 \sqrt[3]{i}$$

## 812.

a) $\varphi° = \dfrac{\tau_t\,l}{G\,r} \cdot \dfrac{180°}{\pi} \qquad G = 8 \cdot 10^4\,N/mm^2 \quad r = d/2$ eingesetzt

$$d_{erf} = \frac{2 \cdot 180° \cdot \tau_{t\,zul}\,l}{\pi \cdot \varphi° \cdot G}$$

$$d_{erf} = \frac{2 \cdot 180° \cdot 80\,\dfrac{N}{mm^2} \cdot 15 \cdot 10^3\,mm}{\pi \cdot 6° \cdot 80\,000\,\dfrac{N}{mm^2}} = 286,5\,mm$$

b) $P = M\omega = M\,2\pi n$

$M = T = \tau_t\,W_p = \tau_t\,\dfrac{\pi}{16}\,d^3$

$P_{max} = \tau_{t\,zul}\,\dfrac{\pi}{16}\,d^3 \cdot 2\,\pi\,n$

$P_{max} = \dfrac{\pi^2}{8} \cdot \tau_{t\,zul}\,d^3\,n$

$P_{max} = \dfrac{\pi^2}{8} \cdot 80\,\dfrac{N}{mm^2} \cdot 286,5^3\,mm^3 \cdot \dfrac{1460}{60} \cdot \dfrac{1}{s}$

$P_{max} = 56\,477 \cdot 10^6\,\dfrac{Nmm}{s} = 56\,477 \cdot 10^3\,W = 56\,477\,kW$

## 813.

a) $M = T = 9550 \cdot \dfrac{P}{n}$

$M = 9550 \cdot \dfrac{12}{460}\,Nm = 249,1\,Nm = T$

b) $W_{p\,erf} = \dfrac{T}{\tau_{t\,zul}}$

$W_{p\,erf} = \dfrac{249,1 \cdot 10^3\,Nmm}{30\,\dfrac{N}{mm^2}} = 8\,303\,mm^3$

c) $W_p = \dfrac{\pi}{16}\,d^3$

$d_{erf} = \sqrt[3]{\dfrac{16\,W_{p\,erf}}{\pi}} = \sqrt[3]{\dfrac{16}{\pi} \cdot 8\,303\,mm^3} = 34,8\,mm$

$d = 35\,mm$ ausgeführt

*Hinweis:* Soll nur der Wellendurchmesser $d$ bestimmt werden, dann wird man b) und c) zusammenfassen und $d_{erf} = \sqrt[3]{T/0,2 \cdot \tau_{t\,zul}}$ berechnen.

d) $W_p = \dfrac{\pi}{16} \cdot \dfrac{D^4 - d^4}{D}$

*Hinweis:* $W_{p\,erf}$ nach b) bleibt gleich groß, weil $T$ und $\tau_{t\,zul}$ gleich bleiben.

$\dfrac{16\,W_p\,D}{\pi} = D^4 - d^4$

$d_{erf} = \sqrt[4]{D^4 - \dfrac{16}{\pi}\,W_{p\,erf}\,D}$

$d_{erf} = 38,5\,mm$

$d = 38\,mm$ ausgeführt

e)
Strahlensatz:

$\dfrac{\tau_{ta}}{\tau_{ti}} = \dfrac{D}{d}$

$\tau_{ta} = \dfrac{T}{W_p} = \dfrac{T}{\dfrac{\pi}{16} \cdot \dfrac{D^4 - d^4}{D}}$

$\tau_{ta} = \dfrac{249,1 \cdot 10^3\,Nmm}{\dfrac{\pi}{16} \cdot \dfrac{(45^4 - 38^4)\,mm^4}{45\,mm}} = 28,3\,\dfrac{N}{mm^2}$

$\tau_{ti} = \tau_{ta}\,\dfrac{d}{D} = 28,3\,\dfrac{N}{mm^2} \cdot \dfrac{38\,mm}{45\,mm} = 23,9\,\dfrac{N}{mm^2}$

## 814.

$M_1 = 9550\,\dfrac{P}{n} = 9550 \cdot \dfrac{10}{1460}\,Nm = 65,41\,Nm = T_1$

$M_2 = M_1\,i\,\eta; \quad i = \dfrac{z_2}{z_1}$

$M_2 = 65,41\,Nm \cdot \dfrac{116}{29} \cdot 0,98 = 256,41\,Nm = T_2$

$d_{1\,erf} = \sqrt[3]{\dfrac{T_1}{0,2\,\tau_{t\,zul}}} = \sqrt[3]{\dfrac{65,41 \cdot 10^3\,Nmm}{0,2 \cdot 30\,\dfrac{N}{mm^2}}} = 22,2\,mm$

$d_{2\,erf} = \sqrt[3]{\dfrac{T_2}{0,2\,\tau_{t\,zul}}} = \sqrt[3]{\dfrac{256,41 \cdot 10^3\,Nmm}{0,2 \cdot 30\,\dfrac{N}{mm^2}}} = 35\,mm$

einfacher nach Aufgabe 811.

$d_{2\,erf} = d_{1\,erf} \sqrt[3]{i} = 22,2\,mm \cdot \sqrt[3]{\dfrac{116}{29}} = 35\,mm$

$d_1 = 23\,mm, \quad d_2 = 35\,mm$ ausgeführt

**815.**

a) $d_{erf} = \sqrt[3]{\dfrac{T}{0,2\,\tau_{t\,zul}}} = \sqrt[3]{\dfrac{410 \cdot 10^3\,\text{Nmm}}{0,2 \cdot 500\,\dfrac{N}{mm^2}}}$

$d_{erf} = 16\,\text{mm}$ (ausgeführt)

b) $T = F \cdot 2\,l$

$l = \dfrac{T}{2F} = \dfrac{410 \cdot 10^3\,\text{Nmm}}{2 \cdot 250\,\text{N}} = 820\,\text{mm}$

c) $\varphi = \dfrac{\tau_t\,l_s}{G\,r} \cdot \dfrac{180°}{\pi}$

Diese Gleichung darf nur deshalb benutzt werden, weil $d_{erf} = 16\,\text{mm}$ exakt ausgeführt werden soll; im anderen Falle wäre $\tau_t$ nicht mehr gleich $\tau_{t\,zul}$. Dann wird mit dem neu zu berechnenden $I_p = \pi\,d^4/32$ weiter gerechnet, also

$\varphi = T\,l \cdot 180° / I_p\,G\,\pi$.

Im vorliegenden Falle ergibt sich:

$\varphi = \dfrac{500\,\dfrac{N}{mm^2} \cdot 550\,\text{mm}}{80000\,\dfrac{N}{mm^2} \cdot 8\,\text{mm}} \cdot \dfrac{180°}{\pi} = 24,6°$

**816.**

a) $d_{erf} = \sqrt[3]{\dfrac{T}{0,2\,\tau_{t\,zul}}}$ ; $M = T = 9500 \cdot \dfrac{12}{1460}\,\text{Nm} = 78,493\,\text{Nm}$

$d_{erf} = \sqrt[3]{\dfrac{78\,493\,\text{Nmm}}{0,2 \cdot 25\,\dfrac{N}{mm^2}}} = 25\,\text{mm}$ (ausgeführt)

b) Zur Berechnung des Verdrehwinkels je Meter Wellenlänge wird $l = 1000\,\text{mm}$ eingesetzt:

$\varphi = \dfrac{\tau_t\,l}{G\,r} \cdot \dfrac{180°}{\pi}$  (siehe Bemerkungen in 815c)

$\varphi = \dfrac{25\,\dfrac{N}{mm^2} \cdot 1000\,\text{mm}}{80000\,\dfrac{N}{mm^2} \cdot 12,5\,\text{mm}} \cdot \dfrac{180°}{\pi} = 1,43°$

**817.**

a) $\tau_{ta} = \dfrac{T}{W_p} = \dfrac{T}{\dfrac{\pi}{16} \cdot \dfrac{d_a^4 - d_i^4}{d_a}} = \dfrac{16\,d_a\,T}{\pi(d_a^4 - d_i^4)}$

$\tau_{ta} = \dfrac{16 \cdot 16\,\text{mm} \cdot 70\,000\,\text{Nmm}}{\pi\,(16^4 - 12^4)\,\text{mm}^4} = 127,3\,\dfrac{N}{mm^2}$

$\tau_{ti} = \tau_{ta}\,\dfrac{d_i}{d_a} = 127,3\,\dfrac{N}{mm^2} \cdot \dfrac{12\,\text{mm}}{16\,\text{mm}} = 95,5\,\dfrac{N}{mm^2}$

b) $\varphi = \dfrac{T\,l}{I_p\,G} \cdot \dfrac{180°}{\pi}$

$I_p = \dfrac{\pi}{32}\,(d_a^4 - d_i^4)$

$\varphi = \dfrac{32 \cdot T \cdot l \cdot 180°}{\pi^2(d_a^4 - d_i^4)\,G}$

$\varphi = \dfrac{32 \cdot 180° \cdot 70 \cdot 10^3\,\text{Nmm} \cdot 3500\,\text{mm}}{\pi^2\,(16^4 - 12^4)\,\text{mm}^4 \cdot 80000\,\dfrac{N}{mm^2}} = 39,9°$

**818.**

a) $W_{p\,erf} = \dfrac{T}{\tau_{tzul}} = \dfrac{4,9 \cdot 10^7\,\text{Nmm}}{32\,\dfrac{N}{mm^2}} = 1,5313 \cdot 10^6\,\text{mm}^3$

$d = \sqrt[4]{D^4 - \dfrac{16}{\pi}\,W_{p\,erf}\,D} = 250,9\,\text{mm}$

$d = 250\,\text{mm}$ ausgeführt

b) Für den gewählten Durchmesser muß wegen $d = (250 \neq 250,9)\,\text{mm}$ das Flächenmoment berechnet werden:

$I_p = \dfrac{\pi}{32}\,(D^4 - d^4) = \dfrac{\pi}{32}\,(280^4 - 250^4)\,\text{mm}^4$

$I_p = 2,1994 \cdot 10^8\,\text{mm}^4$

Damit kann der Verdrehwinkel $\varphi$ je 1000 mm Länge berechnet werden:

$\varphi = \dfrac{T\,l}{I_p\,G} \cdot \dfrac{180°}{\pi} = \dfrac{4,9 \cdot 10^7\,\text{Nmm} \cdot 1000\,\text{mm} \cdot 180°}{2,1994 \cdot 10^8\,\text{mm}^4 \cdot 80\,000\,\dfrac{N}{mm^2} \cdot \pi}$

$\varphi = 0,16\,°/\text{m}$

**819.**

a) $\varphi = \dfrac{T\,l}{I_p\,G} \cdot \dfrac{180°}{\pi}$  mit $I_p = \dfrac{\pi}{32}\,(d_a^4 - d_i^4)$

$\varphi = \dfrac{32 \cdot 180° \cdot T \cdot l}{(d_a^4 - d_i^4) \cdot \pi^2\,G}$

$d_i = \sqrt[4]{d_a^4 - \dfrac{32 \cdot 180° \cdot T \cdot l}{\varphi\,\pi^2\,G}}$

$d_i = \sqrt[4]{300^4\,\text{mm}^4 - \dfrac{32 \cdot 180° \cdot 4 \cdot 10^7\,\text{Nmm} \cdot 10^3\,\text{mm}}{0,25° \cdot \pi^2 \cdot 8 \cdot 10^4\,\dfrac{N}{mm^2}}}$

$d_i = 288\,\text{mm}$

b) $\tau_{ta} = \dfrac{T}{W_p} = \dfrac{T}{\dfrac{\pi}{16} \cdot \dfrac{d_a^4 - d_i^4}{d_a}} = 50,083\,\dfrac{N}{mm^2}$

$\tau_{ti} = \tau_{ta}\,\dfrac{d_i}{d_a} = 50,083\,\dfrac{N}{mm^2} \cdot \dfrac{288\,\text{mm}}{300\,\text{mm}} = 48,1\,\dfrac{N}{mm^2}$

**820.**

a) $d_{erf} = \sqrt[3]{\dfrac{16\,F\,l}{\pi \cdot \tau_{tzul}}} = \sqrt[3]{\dfrac{16 \cdot 3000\,\text{N} \cdot 350\,\text{mm}}{\pi \cdot 400\,\dfrac{N}{mm^2}}}$

$= 23,7\,\text{mm}$

b) Der vorhandene Verdrehwinkel $\varphi$ beträgt

$\varphi = \dfrac{\text{Bogen}}{\text{Radius}} = \dfrac{b}{l} = \dfrac{120\,\text{mm}}{300\,\text{mm}} = 0,342\,857\,\text{rad} = 19,6°$

Damit wird die Verdrehlänge

$$l_1 = \frac{\pi \varphi r G}{180 \, \tau_t} = \pi \cdot \frac{19,6° \cdot 11,85 \text{ mm} \cdot 80\,000 \text{ N/mm}^2}{180 \cdot 400 \text{ N/mm}^2}$$

$$l_1 = 810,74 \text{ mm}$$

**821.**

a) $d_{erf} = \sqrt[3]{\dfrac{16\,T}{\pi \cdot \tau_{tzul}}} = \sqrt[3]{\dfrac{16 \cdot 4,05 \cdot 10^6 \text{ Nmm}}{\pi \cdot 35 \dfrac{N}{mm^2}}}$

$\qquad = 83,84 \text{ mm}$

$d = 90 \text{ mm ausgeführt}$

b) Wegen $d = 90 \text{ mm} \neq d_{erf} = 83,84 \text{ mm}$ muß zuerst das vorhandene polare Flächenmoment $I_p$ berechnet werden:

$$I_p = \frac{\pi}{32} d^4 = \frac{\pi \cdot 90^4 \text{ mm}^4}{32} = 6441246,7 \text{ mm}^4$$

$$\varphi = \frac{180° \, T l}{\pi \cdot I_p G} = \frac{180° \cdot 4,05 \cdot 10^6 \text{ Nmm} \cdot 8000 \text{ mm}}{\pi \cdot 6441246,7 \text{ mm}^4 \cdot 80\,000 \dfrac{N}{mm^2}}$$

$$\varphi = 3,6°$$

**822.**

a) $d_{erf} = \sqrt[3]{\dfrac{16\,T}{\pi \cdot \tau_{tzul}}} = \sqrt[3]{\dfrac{16 \cdot 50 \cdot 10^3 \text{ Nmm}}{\pi \cdot 350 \dfrac{N}{mm^2}}} = 8,994 \text{ mm}$

$d = 9 \text{ mm ausgeführt}$

b) Da der Unterschied zwischen $d_{erf}$ und $d$ gering ist ($8,994 \approx 9 \text{ mm}$), kann mit der gleichen Spannung $\tau_t = 350 \text{ N/mm}^2$ gerechnet werden:

$$l = \frac{\pi \varphi r G}{180° \cdot \tau_t} = \pi \cdot \frac{10° \cdot 4,5 \text{ mm} \cdot 80\,000 \text{ N/mm}^2}{180° \cdot 350 \text{ N/mm}^2}$$

$$= 179,52 \text{ mm}$$

$l = 180 \text{ mm ausgeführt}$

**823.**

$T = 200 \text{ N} \cdot 300 \text{ mm} = 60\,000 \text{ Nmm}$

$l = 1200 \text{ mm}; \quad d = 20 \text{ mm}$

$$I_p = \frac{\pi}{32} d^3 = \frac{\pi \cdot 20^4 \text{ mm}^4}{32} = 15\,708 \text{ mm}^4$$

$$\varphi = \frac{T l}{I_p G} \cdot \frac{180°}{\pi} = 3,28°$$

(mit $G = 80\,000 \text{ N/mm}^2$ gerechnet)

**824.**

$$T = 9550 \frac{P}{n} = 9550 \frac{22}{1000} \text{ Nm} = 210,1 \text{ Nm}$$

$$d_{erf} = \sqrt[3]{\frac{16\,T}{\pi \cdot \tau_{tzul}}} = \sqrt[3]{\frac{16 \cdot 210,1 \cdot 10^3 \text{ Nmm}}{\pi \cdot 80 \text{ N/mm}^2}}$$

$$= 23,74 \text{ mm}$$

$d = 24 \text{ mm ausgeführt}$

**825.**

$$M = 9550 \frac{P}{n} = 9550 \cdot \frac{1470}{300} \text{ Nm}$$

$$M = 46795 \text{ Nm} = T$$

$$\tau_t = \frac{T}{W_p} = \frac{T}{\dfrac{\pi}{16} \cdot \dfrac{D^4 - d^4}{D}} = \frac{16\,D\,T}{\pi(D^4 - d^4)} = \frac{16 \cdot 1,5 \, d\,T}{\pi(1,5^4 \, d^4 - d^4)}$$

$$\tau_t = \frac{24 \, d\,T}{\pi \, d^4 (1,5^4 - 1)} = \frac{24\,T}{\pi \, d^3 (1,5^4 - 1)}$$

$$d_{erf} = \sqrt[3]{\frac{24\,T}{\pi \, \tau_{t\,zul} (1,5^4 - 1)}} = \sqrt[3]{\frac{24 \cdot 46795 \cdot 10^3 \text{ Nmm}}{\pi \cdot 60 \dfrac{N}{mm^2} \cdot (1,5^4 - 1)}}$$

$$d_{erf} = 113,6 \text{ mm}$$

$D_{erf} = 1,5 \, d_{erf} = 1,5 \cdot 113,6 \text{ mm} = 170,4 \text{ mm}$

$D = 170 \text{ mm}, \ d = 113,5 \text{ mm ausgeführt} - \text{oder besser}$
mit den Normmaßen:
$D = 170 \text{ mm}$ und $d = 110 \text{ mm}$.

**826.**

$$M = 9550 \frac{P}{n} = 9500 \cdot \frac{59}{120} \text{ Nm} = 4695 \cdot 10^3 \text{ Nmm} = T$$

$$\tau_t = \frac{16\,D\,T}{\pi(D^4 - d^4)} \qquad \text{(siehe 825.)}$$

$$\tau_t = \frac{T}{W_p} \longrightarrow W_{p\,erf} = \frac{T}{\tau_{t\,zul}}$$

$$M = \frac{P}{\omega} = \frac{59 \cdot 10^3 \dfrac{Nm}{s}}{\dfrac{\pi \cdot 120}{30} \cdot \dfrac{1}{s}} = 4,695 \cdot 10^3 \text{ Nm}$$

$$W_{p\,erf} = \frac{4,695 \cdot 10^6 \text{ Nmm}}{4 \cdot 10 \dfrac{N}{mm^2}} = 1,174 \cdot 10^5 \text{ mm}^3$$

$$W_p = \frac{\pi}{16} \frac{D^4 - d^4}{D} \longrightarrow D^4 - \frac{16}{\pi} D W_p - d^4 = 0$$

Für $D$ ergibt sich Gleichung 4. Grades. Von ihren Lösungen sind nur Werte $D > 50 \text{ mm}$ Lösungen der Torsionsaufgabe.

*Lösung nach Horner.* Gegebene Größen eingesetzt:
$D^4 - 597,9 \cdot (10 \text{ mm})^3 D - 625 \cdot (10 \text{ mm})^4 = 0$
Durch Ausklammern von $(10 \text{ mm})$ wird die numerische Rechnung vereinfacht. Das Ergebnis für $D$ ist mit $10 \text{ mm}$ zu multiplizieren.

| $D$ | $D^4 +$ | $0\,D^3 +$ | $0\,D^2 -$ | $598\,D^1 -$ | $625 = f(D)$ | |
|---|---|---|---|---|---|---|
| | 1 | 0 | 0 | $-598$ | $-625$ | |
| 8 | 1 | 8 | 64 | $+512$ | $-688$ | |
| | | 8 | 64 | $-86$ | | $-1313$ |
| | | | | | | ↓ Vorz.Wechsel! |
| 9 | 1 | $+9$ | $+81$ | $+729$ | $+1179$ | $+554$ |
| | | 9 | 81 | $+131$ | | |
| | | | | | | ↓ Vorz.Wechsel! |
| 8,7 | 1 | 8,7 | 76 | $+661$ | $+548$ | $-77$ |
| | | 8,7 | 76 | $+63$ | | |
| | | | | | | ↓ Vorz.Wechsel! |
| 8,8 | 1 | 8,8 | 77,4 | $+681$ | $+712$ | |
| | | 8,8 | 77,4 | $+81$ | | $+87$ |

Lösung liegt zwischen 8,7 und 8,8.

Außendurchmesser $D = 8,8 \cdot 10\,\text{mm} = 88\,\text{mm} \approx 90\,\text{mm}$
(Normzahl: $D = 90\,\text{mm}$)

*Lösung durch Ermittlung des Graphen* im Bereich der
Lösung $D > 5 \cdot 10\,\text{mm}$

$y = D^4 - 598\,D - 625;$
$y(7) = 2401 - 4186 - 625 = -2410$
$y(10) = 10\,000 - 5980 - 625 = +3395$

Die Punkte liegen beiderseits der $D$-Achse.

$y(9) = 6561 - 5382 - 625 = +554$

Durch die drei Punkte liegt der Krümmungssinn fest.

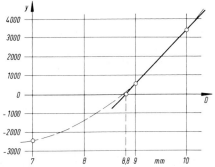

Eine Gerade durch die beiden oberen Punkte schneidet
die $D$-Achse rechts vom Nulldurchgang des angenäherten
Graphen, damit auf der sicheren Seite. Ablesung 8,8.
$D = 8,8 \cdot 10\,\text{mm} = 88\,\text{mm}$

**827.**

$T = 4695 \cdot 10^3\,\text{Nmm}$ (aus Lösung 826)

$I_\text{p} = \dfrac{\pi}{32}\,(d_\text{a}^4 - d_\text{i}^4) = \dfrac{\pi}{32}\,(90^4 - 50^4)\,\text{mm}^4$

$I_\text{p} = 5827654,4\,\text{mm}^4$

$\varphi = \dfrac{Tl}{I_\text{p}\,G} \cdot \dfrac{180°}{\pi}$

$\varphi = \dfrac{180° \cdot 4695 \cdot 10^3\,\text{Nmm} \cdot 2300\,\text{mm}}{\pi \cdot 5827654,4\,\text{mm}^4 \cdot 80\,000\,\dfrac{\text{N}}{\text{mm}^2}} = 1,327°$

**828.**

$M = 9550\,\dfrac{P}{n} = 9550 \cdot \dfrac{44}{300}\,\text{Nm} = 1401 \cdot 10^3\,\text{Nmm} = T$

$\varphi = \dfrac{T \cdot l}{I_\text{p}\,G} \cdot \dfrac{180°}{\pi} = \dfrac{\dfrac{180°}{\pi}\,T \cdot l}{\dfrac{\pi}{32}\,d^4\,G} = \dfrac{32 \cdot 180°\,T \cdot l}{\pi^2\,d^4\,G}$

$d_\text{erf} = \sqrt[4]{\dfrac{32 \cdot 180°\,T \cdot l}{\pi^2\,\varphi_\text{zul}\,G}}$

$d_\text{erf} = \sqrt[4]{\dfrac{32 \cdot 180° \cdot 1401 \cdot 10^3\,\text{Nmm} \cdot 10^3\,\text{mm}}{\pi^2 \cdot 0,25° \cdot 8 \cdot 10^4\,\dfrac{\text{N}}{\text{mm}^2}}}$

$d_\text{erf} = 80\,\text{mm}$

**829.**

$\varphi = \dfrac{T \cdot l}{I_\text{p}\,G} \cdot \dfrac{180°}{\pi} \qquad M = \dfrac{P}{2\,\pi\,n} \qquad I_\text{p} = \dfrac{\pi}{32}\,d^4$

$\varphi = \dfrac{\dfrac{P}{2\,\pi\,n}\,l \cdot 180°}{\dfrac{\pi}{32}\,d^4\,G\,\pi} = \dfrac{32 \cdot 180° \cdot Pl}{2\,\pi^3\,nd^4\,G}$

$P_\text{max} = \dfrac{2\,\pi^3\,\varphi_\text{zul}\,nd^4\,G}{32 \cdot 180°\,l}$

$P_\text{max} = \dfrac{2\,\pi^3 \cdot 0,25° \cdot \dfrac{200}{60}\,\dfrac{1}{\text{s}} \cdot 30^4\,\text{mm}^4 \cdot 8 \cdot 10^4\,\dfrac{\text{N}}{\text{mm}^2}}{32 \cdot 180° \cdot 10^3\,\text{mm}}$

$P_\text{max} = 5,81 \cdot 10^5\,\dfrac{\text{Nmm}}{\text{s}} = 581\,\text{W} = 0,581\,\text{kW}$

**830.**

a) $T = 9550\,\dfrac{P}{n} = 9550 \cdot \dfrac{100}{500}\,\text{Nm} = 1910\,\text{Nm}$

$T = 1910 \cdot 10^3\,\text{Nmm}$

$d_\text{erf} = \sqrt[3]{\dfrac{16\,T}{\pi \cdot \tau_\text{tzul}}} = \sqrt[3]{\dfrac{16 \cdot 1910 \cdot 10^3\,\text{Nmm}}{\pi \cdot 25\,\dfrac{\text{N}}{\text{mm}^2}}} = 73\,\text{mm}$

$d = 73\,\text{mm}$ ausgeführt

b) Nach Lösung 825 ist

$d_\text{erf} = \sqrt[3]{\dfrac{16 \cdot 2,5 \cdot T}{\pi \cdot \tau_\text{tzul}\,(2,5^4 - 1)}}$

$= \sqrt[3]{\dfrac{16 \cdot 2,5 \cdot 1910 \cdot 10^3\,\text{Nmm}}{\pi \cdot 25\,\dfrac{\text{N}}{\text{mm}^2} \cdot (2,5^4 - 1)}} = 29,46\,\text{mm}$

$d = 30\,\text{mm}$ ausgeführt
$D = 75\,\text{mm}$

**831.**

a) $\tau_\text{a} = \dfrac{F}{S} = \dfrac{F}{\pi db} = \dfrac{\tau_\text{aB}}{4}$

$b_\text{erf} = \dfrac{4F}{\pi d\,\tau_\text{aB}} = \dfrac{4 \cdot 1200\,\text{N}}{\pi \cdot 12\,\text{mm} \cdot 28\,\dfrac{\text{N}}{\text{mm}^2}} = 4,55\,\text{mm}$

b) $T = F\dfrac{d}{2}; \qquad F = \dfrac{\tau_\text{aB}\,\pi\,d\,b}{4}$ (aus a))

$T = \dfrac{\tau_\text{aB}\,\pi\,d\,b\,\dfrac{d}{2}}{4} = \dfrac{\pi\,d^2\,b\,\tau_\text{aB}}{8}; \qquad b = 5\,\text{mm}$ ausgeführt

$T = \dfrac{\pi \cdot (12\,\text{mm})^2 \cdot 5\,\text{mm} \cdot 28\,\dfrac{\text{N}}{\text{mm}^2}}{8} = 7917\,\text{Nmm}$

$T = 7,92\,\text{Nm}$

c) $F_{Kleb} = F_{Rohr}$

$\pi\, d\, b\, \tau_{aB} = \pi\,(d-s)\, s\, \sigma_{zB}$

$b_{erf} = \dfrac{\sigma_{zB}}{\tau_{aB}} \cdot \dfrac{s}{d}\,(d-s)$

$b_{erf} = \dfrac{410\,\dfrac{N}{mm^2}}{28\,\dfrac{N}{mm^2}} \cdot \dfrac{1\,mm}{12\,mm} \cdot (12-1)\,mm$

$b_{erf} = 13{,}4\,mm$

## 832.

*Hinweis:* Die Schweißnahtfläche $A_s$ wird zur Vereinfachung stets als Produkt aus Schweißnahtlänge $l$ und Schweißnahtdicke $a$ angesehen.

a) $M = 9550\,\dfrac{P}{n} = 9550 \cdot \dfrac{8{,}8}{960}\,Nm = 87{,}542\,Nm$

$M = 87542\,Nmm = T$

$F_{uI} = \dfrac{T}{\dfrac{d_1}{2}} = \dfrac{2\,T}{d_1} = \dfrac{2 \cdot 87542\,Nmm}{50\,mm} = 3502\,N$

$F_{uII} = \dfrac{2\,T}{d_2} = \dfrac{2 \cdot 87542\,Nmm}{280\,mm} = 625{,}3\,N$

$\tau_{schw\,I} = \dfrac{F_{uI}}{A_{sI}} = \dfrac{F_{uI}}{2\,\pi\,d_1\,a} = \dfrac{3\,502\,N}{2\,\pi \cdot 50\,mm \cdot 5\,mm}$

$\tau_{schw\,I} = 2{,}23\,\dfrac{N}{mm^2}$

b) $\tau_{schw\,II} = \dfrac{F_{uII}}{A_{sII}} = \dfrac{F_{uII}}{2\,\pi\,d_2\,a} = \dfrac{625{,}3\,N}{2\,\pi \cdot 280\,mm \cdot 5\,mm}$

$\tau_{schw\,II} = 0{,}07\,\dfrac{N}{mm^2}$

## 833.

Wie in 832 wird hier mit

$M = Fl = 4500\,N \cdot 135\,mm = 607500\,Nmm = T$

und mit der Annahme, daß jede der beiden Schweißnähte die Hälfte des Drehmomentes aufnimmt:

$F_{u1} = \dfrac{T}{2 \cdot \dfrac{d_1}{2}} = \dfrac{T}{d_1}$    $(F_{u1} > F_{u2},\ siehe\ 832\ a)\ und\ c))$

$\tau_{schw\,1} = \dfrac{F_{u1}}{A_{s1}} = \dfrac{F_{u1}}{\pi\,d_1\,a} = \dfrac{T}{\pi\,d_1^2\,a} = \dfrac{607500\,Nmm}{\pi \cdot 48^2\,mm^2 \cdot 5\,mm}$

$\tau_{schw\,1} = 16{,}8\,\dfrac{N}{mm^2}$

## Beanspruchung auf Biegung

## Freiträger mit Einzellasten

## 835.

$M_{b\,max} = W\,\sigma_{b\,zul}$

$W = \dfrac{b\,h^2}{6}$

$M_{b\,max,\,hoch} = W_{hoch}\,\sigma_{b\,zul}$

$M_{b\,max,\,hoch} = \dfrac{100\,mm \cdot (200\,mm)^2}{6} \cdot 8\,\dfrac{N}{mm^2}$

$M_{b\,max,\,hoch} = 5\,333 \cdot 10^3\,Nmm$

$M_{b\,max,\,flach} = W_{flach}\,\sigma_{b\,zul}$

$M_{b\,max,\,flach} = \dfrac{200\,mm \cdot (100\,mm)^2}{6} \cdot 8\,\dfrac{N}{mm^2}$

$M_{b\,max,\,flach} = 2\,667 \cdot 10^3\,Nmm$

$M_{b\,max,\,hoch} = 2 \cdot M_{b\,max,\,flach}$

## 836.

$\sigma_b = \dfrac{M_b}{W} = \dfrac{F\,l}{\dfrac{b\,h^2}{6}} = \dfrac{6\,F\,l}{b\,h^2}$

$F_{max} = \dfrac{\sigma_{b\,zul}\,b\,h^2}{6\,l} = \dfrac{70\,\dfrac{N}{mm^2} \cdot 10\,mm \cdot (1\,mm)^2}{6 \cdot 80\,mm} = 1{,}46\,N$

## 837.

$\sigma_b = \dfrac{M_b}{W} = \dfrac{F\,l}{\dfrac{b\,h^2}{6}} = \dfrac{6\,F\,l}{b\,h^2}$

$l_{max} = \dfrac{\sigma_{b\,zul}\,b\,h^2}{6\,F_s} = \dfrac{260\,\dfrac{N}{mm^2} \cdot 12\,mm \cdot (20\,mm)^2}{6 \cdot 12\,000\,N}$

$l_{max} = 17{,}3\,mm$

## 838.

a) $M_{b\,max} = Fl = 4\,200\,N \cdot 350\,mm = 1470 \cdot 10^3\,Nmm$

b) $W_{erf} = \dfrac{M_{b\,max}}{\sigma_{b\,zul}} = \dfrac{1470 \cdot 10^3\,Nmm}{120\,\dfrac{N}{mm^2}} = 12{,}25 \cdot 10^3\,mm^3$

c) $W_\square = \dfrac{a^3}{6}$

$a_{erf} = \sqrt[3]{6\,W_{erf}} = \sqrt[3]{6 \cdot 12{,}25 \cdot 10^3\,mm^3} = 42\,mm$

d) $W_\diamond = W_D = \sqrt{2}\,\dfrac{a_1^3}{12}$

$a_{1\,erf} = \sqrt[3]{\dfrac{12\,W_{erf}}{\sqrt{2}}} = \sqrt[3]{\dfrac{12 \cdot 12{,}25 \cdot 10^3\,mm^3}{\sqrt{2}}} = 47\,mm$

e) Ausführung c)

## 839.

a) $M_{b\,max} = Fl = 500\,N \cdot 100\,mm = 50 \cdot 10^3\,Nmm$

b) $W_{erf} = \dfrac{M_{b\,max}}{\sigma_{b\,zul}} = \dfrac{50 \cdot 10^3\,Nmm}{280\,\dfrac{N}{mm^2}} = 178{,}57\,mm^3$

c) $W_\bigcirc = \dfrac{\pi}{32} d^2$

$d_{\text{erf}} = \sqrt[3]{\dfrac{32\, W_{\text{erf}}}{\pi}} = \sqrt[3]{\dfrac{32 \cdot 178{,}57\, \text{mm}^3}{\pi}} = 12{,}21\, \text{mm}$

$d = 13\, \text{mm}$ ausgeführt

d) $\tau_{\text{a vorh}} = \dfrac{F}{A} = \dfrac{F}{\frac{\pi}{4} d^2} = \dfrac{4F}{\pi d^2} = \dfrac{4 \cdot 500\, \text{N}}{\pi \cdot 13^2\, \text{mm}^2} = 3{,}77\, \dfrac{\text{N}}{\text{mm}^2}$

**840.**

a) $M_b = F \dfrac{l}{2} = \dfrac{25\,000\, \text{N} \cdot 80\, \text{mm}}{2} = 1\,000\,000\, \text{Nmm}$

b) $W_{\text{erf}} = \dfrac{M_b}{\sigma_{\text{b zul}}} = \dfrac{10^6\, \text{Nmm}}{95\, \dfrac{\text{N}}{\text{mm}^2}} = 1{,}0526 \cdot 10^4\, \text{mm}^3$

c) $d = \sqrt[3]{\dfrac{32\, W_{\text{erf}}}{\pi}} = \sqrt[3]{\dfrac{32 \cdot 1{,}0526 \cdot 10^4\, \text{mm}^3}{\pi}}$

$\quad = 47{,}507\, \text{mm}$

$d = 50\, \text{mm}$ ausgeführt

d) $\sigma_{\text{b vorh}} = \dfrac{M_b}{W_{\text{vorh}}} = \dfrac{M_b}{\frac{\pi \cdot d^3}{32}} = \dfrac{32\, M_b}{\pi \cdot d^3}$

$\sigma_{\text{b vorh}} = \dfrac{32 \cdot 10^6\, \text{Nmm}}{\pi \cdot 50^3\, \text{mm}^3} = 81{,}5\, \dfrac{\text{N}}{\text{mm}^2}$

**841.**

a) $M_{\text{b max}} = F_1 l_1 + F_2 l_2 + F_3 l_3$

$M_{\text{b max}} = (15 \cdot 2 + 9 \cdot 1{,}5 + 20 \cdot 0{,}8)\, \text{kNm}$

$M_{\text{b max}} = 59{,}5\, \text{kNm} = 59{,}5 \cdot 10^6\, \text{Nmm}$

b) $W_{\text{erf}} = \dfrac{M_{\text{b max}}}{\sigma_{\text{b zul}}} = \dfrac{59{,}5 \cdot 10^6\, \text{Nmm}}{120\, \dfrac{\text{N}}{\text{mm}^2}} = 496 \cdot 10^3\, \text{mm}^3$

c) IPE 300 mit
$W_x = 557 \cdot 10^3\, \text{mm}^3$

d) $\sigma_{\text{b vorh}} = \dfrac{M_{\text{b max}}}{W} = \dfrac{59500 \cdot 10^3\, \text{Nmm}}{557 \cdot 10^3\, \text{mm}^3} = 107\, \dfrac{\text{N}}{\text{mm}^2}$

**842.**

a) $d_{\text{erf}} = \sqrt[3]{\dfrac{F \cdot l_2/2}{0{,}1 \cdot \sigma_{\text{b zul}}}} = \sqrt[3]{\dfrac{57{,}5 \cdot 10^3\, \text{N} \cdot 90\, \text{mm}}{0{,}1 \cdot 65\, \dfrac{\text{N}}{\text{mm}^2}}}$

$d_{\text{erf}} = 92{,}7\, \text{mm}$

$d = 95\, \text{mm}$ ausgeführt

b) $p_{\text{vorh}} = \dfrac{F}{A_{\text{proj}}} = \dfrac{F}{d\, l_2} = \dfrac{57{,}5 \cdot 10^3\, \text{N}}{95\, \text{mm} \cdot 180\, \text{mm}} = 3{,}36\, \dfrac{\text{N}}{\text{mm}^2}$

**843.**

$\sigma_b = \dfrac{M_b}{W} = \dfrac{F\left(l - \frac{d}{2}\right)}{\frac{b h^2}{6}} = \dfrac{6F\left(l - \frac{d}{2}\right)}{b \cdot (3b)^2} = \dfrac{6F\left(l - \frac{d}{2}\right)}{9 b^3} = \dfrac{2F\left(l - \frac{d}{2}\right)}{3 b^3}$

$b_{\text{erf}} = \sqrt[3]{\dfrac{2F\left(l - \frac{d}{2}\right)}{3 \cdot \sigma_{\text{b zul}}}} = \sqrt[3]{\dfrac{2 \cdot 10 \cdot 10^3\, \text{N} \cdot 195\, \text{mm}}{3 \cdot 80\, \dfrac{\text{N}}{\text{mm}^2}}} = 25{,}3\, \text{mm}$

$h_{\text{erf}} \approx 3 \cdot b_{\text{erf}} = 3 \cdot 25{,}3\, \text{mm} = 75{,}9\, \text{mm}$

ausgeführt z.B. $\square$ 80 × 25

**844.**

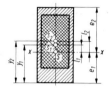

$A_\square e_1 = A_\square y_1 - A_\square y_2$

$A_\square = A_1 = 50\, \text{mm} \cdot 100\, \text{mm} = 5\,000\, \text{mm}^2$

$A_\square = A_2 = 40\, \text{mm} \cdot 70\, \text{mm} = 2\,800\, \text{mm}^2$

$A_\square = A = A_1 - A_2 = 2\,200\, \text{mm}^2$

$y_1 = 50\, \text{mm}; \qquad y_2 = 55\, \text{mm}$

$e_1 = \dfrac{A_1 y_1 - A_2 y_2}{A} = \dfrac{(5000 \cdot 50 - 2800 \cdot 55)\, \text{mm}^3}{2200\, \text{mm}^2}$

$e_1 = 43{,}6\, \text{mm}$

$e_2 = 100\, \text{mm} - e_1 = 56{,}4\, \text{mm}$

$l_1 = y_1 - e_1 = 6{,}4\, \text{mm}$

$l_2 = y_2 - e_1 = 11{,}4\, \text{mm}$

Mit dem Steinerschen Verschiebesatz wird:

$I_x = I_1 + A_1 l_1^2 - (I_2 + A_2 l_2^2)$

$I_x = 416{,}7 \cdot 10^4\, \text{mm}^4 + 0{,}5 \cdot 10^4\, \text{mm}^2 \cdot 41\, \text{mm}^2$

$\quad - (114{,}3 \cdot 10^4\, \text{mm}^4 + 0{,}28 \cdot 10^4\, \text{mm}^2 \cdot 130\, \text{mm}^2)$

$I_x = 286{,}5 \cdot 10^4\, \text{mm}^4$

$I_1 = \dfrac{(5 \cdot 10^3)\, \text{cm}^4}{12} = 416{,}7\, \text{cm}^4 \qquad\Big|\qquad l_1^2 = 41\, \text{mm}^2$

$I_2 = \dfrac{(4 \cdot 7^3)\, \text{cm}^4}{12} = 114{,}3\, \text{cm}^4 \qquad\Big|\qquad l_2^2 = 130\, \text{mm}^2$

$W_{x1} = \dfrac{I_x}{e_1} = \dfrac{286{,}5 \cdot 10^4\, \text{mm}^4}{43{,}6\, \text{mm}} = 65\,711\, \text{mm}^3$

$W_{x2} = \dfrac{I_x}{e_2} = \dfrac{286{,}5 \cdot 10^4\, \text{mm}^4}{56{,}4\, \text{mm}} = 50\,798\, \text{mm}^3$

a) $\sigma_{b1} = \dfrac{M_b}{W_{x1}} = \dfrac{5000 \cdot 10^3\, \text{Nmm}}{65{,}711 \cdot 10^3\, \text{mm}^3} = 76{,}1\, \dfrac{\text{N}}{\text{mm}^2}$

$\sigma_{b2} = \dfrac{M_b}{W_{x2}} = \dfrac{5000 \cdot 10^3\, \text{Nmm}}{50{,}798 \cdot 10^3\, \text{mm}^3} = 98{,}4\, \dfrac{\text{N}}{\text{mm}^2} = \sigma_{\text{b max}}$

b)

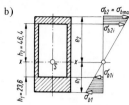

$$\frac{\sigma_{b1}}{\sigma_{b1i}} = \frac{e_1}{h_1} \qquad\qquad \frac{\sigma_{b2}}{\sigma_{b2i}} = \frac{e_2}{h_2}$$

$$\sigma_{b1i} = \sigma_{b1}\frac{h_1}{e_1} = 76{,}1\ \frac{N}{mm^2}\cdot\frac{23{,}6\ mm}{43{,}6\ mm} = 41{,}2\ \frac{N}{mm^2}$$

$$\sigma_{b2i} = \sigma_{b2}\frac{h_2}{e_2} = 98{,}4\ \frac{N}{mm^2}\cdot\frac{46{,}4\ mm}{56{,}4\ mm} = 81\ \frac{N}{mm^2}$$

**845.**

Aus dem maximalen Biegemoment $M_{b\ max}$ und der zulässigen Biegespannung $\sigma_{b\ zul}$ wird das erforderliche Widerstandsmoment berechnet (Biege-Hauptgleichung)

$$W_{x\ erf} = \frac{M_{b\ max}}{\sigma_{b\ zul}} = \frac{1050\cdot10^6\ Nmm}{140\ \dfrac{N}{mm^2}} = 7{,}5\cdot10^6\ mm^3\ .$$

Zur Bestimmung der Gurtplattendicke $\delta$ brauchen wir das erforderliche axiale Flächenmoment $I_{x\ erf}$ des Trägers:

$$I_{x\ erf} = W_{x\ erf}\ e = 7{,}5\cdot10^6\ mm^3\cdot450\ mm = 3375\cdot10^6\ mm^4.$$

Wir könnten nun mit Hilfe des Steinerschen Verschiebesatzes eine Gleichung für $I_x$ aufstellen, in der die Gurtplattendicke $\delta$ enthalten ist, also

$$I_x = I_{x\ erf} = I_{Steg} + 2\left[I_{Gurt} + A_{Gurt}\,l^2\right]$$

$$I_x = \frac{t(h_1-\delta)^3}{12} + 2\left[\frac{b\,\delta^3}{12} + b\,\delta\left(\frac{h_1}{2}-\frac{\delta}{2}\right)^2\right]$$

Diese Gleichung enthält die Variable (Unbekannte) in der dritten, zweiten und ersten Potenz und erscheint recht kompliziert.

Wir können aber das Gesamtflächenmoment $I_x$ auch als Differenz zweier Teilflächenmomente ansehen, die die gleiche Bezugsachse haben. Dann erhalten wir eine einfachere Beziehung, die letzten Endes auf die Gleichung

$$I_x = \frac{BH^3 - bh^3}{12}\ \text{hinausläuft,}$$

die wir nur noch auf die Bezeichnungen der Aufgabe umzustellen und auszuwerten haben ($B = b$; $H = h_1$; $b = b - t$; $h = h_2$):

$$I_x = \frac{b\,h_1^3 - (b-t)\,h_2^3}{12} = I_{x\ erf}$$

$$h_2\ _{erf} = \sqrt[3]{\frac{b\,h_1^3 - 12\,I_{x\ erf}}{b - t}}$$

$$h_2\ _{erf} = \sqrt[3]{\frac{260\ mm\cdot(900\ mm)^3 - 12\cdot3375\cdot10^6\ mm^4}{250\ mm}}$$

$$h_2\ _{erf} = 840\ mm;\qquad \delta = 30\ mm$$

**846.**

Wie in 845 ermitteln wir

$$W_{erf} = \frac{M_{b\ max}}{\sigma_{b\ zul}} = \frac{168\cdot10^6\ Nmm}{140\ \dfrac{N}{mm^2}} = 1{,}2\cdot10^6\ mm^3$$

$$I_{erf} = W_{erf}\ e = 1{,}2\cdot10^6\ mm^3\cdot130\ mm = 156\cdot10^6\ mm^4$$

Mit dem Steinerschen Satz erhalten wir

$$I_{erf} = 2I_U + 2\left(\frac{b\,s^3}{12} + b\,s\cdot l^2\right)$$

$$I_{erf} = 2I_U + \frac{b}{6}s^3 + 2\,b\,s\,l^2 = 2I_U + b\left(\frac{s^3}{6} + 2\,s\,l^2\right)$$

$$b_{erf} = \frac{I_{erf} - 2I_U}{\dfrac{s^3}{6} + 2\,s\,l^2} = \frac{156\cdot10^6\ mm^4 - 2\cdot26{,}9\cdot10^6\ mm^4}{\dfrac{(20\ mm)^3}{6} + 2\cdot20\ mm\cdot(120\ mm)^2}$$

$$b_{erf} = 177\ mm$$

**847.**

$$\sigma_b = \frac{M_b}{W} = \frac{Fl}{\dfrac{bh^2}{6}} = \frac{6\,Fl}{b\,h^2}$$

$$F_{max} = \frac{\sigma_{b\ zul}\ b\,h^2}{6\,l} = \frac{22\ \dfrac{N}{mm^2}\cdot120\ mm\cdot(250\ mm)^2}{6\cdot1800\ mm}$$

$$F_{max} = 15\,278\ N$$

**848.**

$$M_{b\ max} = Fl = 50\cdot10^3\ N\cdot1{,}4\ m = 70\cdot10^3\ Nm$$

$$W_{IPE} = 557\cdot10^3\ mm^3\ \text{nach Formelsammlung 4.28}$$

$$\sigma_{b\ vorh} = \frac{M_{b\ max}}{W_{IPE}} = \frac{70\cdot10^6\ Nmm}{557\cdot10^3\ mm^3} = 125{,}7\ \frac{N}{mm^2}$$

**849.**

a) $M_{b\ max} = F_1 l_1 + F_2 l_2 = 10\ kN\cdot1{,}5\ m +$
$+ 12{,}5\ kN\cdot1{,}85\ m$

$M_{b\ max} = 38{,}125\ kNm$

b) $W_{erf} = \dfrac{M_{b\ max}}{\sigma_{b\ zul}} = \dfrac{38{,}125\cdot10^6\ Nmm}{140\ \dfrac{N}{mm^2}} = 272{,}32\cdot10^3\ mm^3$

c) $W_{xU} = \dfrac{W_{erf}}{2} = \dfrac{272{,}32\cdot10^3\ mm^3}{2} = 136\cdot10^3\ mm^3$

Nach Formelsammlung 4.30 wird das U-Profil mit dem nächsthöheren axialen Widerstandsmoment $W_x$ gewählt:

U 180 mit

$2\cdot W_{x\,U180} = 2\cdot150\ mm^3 = 300\ mm^3$

**850.**

$$W_{\circledcirc} = \frac{\pi}{32} \cdot \frac{d_a^4 - d_i^4}{d_a} = \frac{\pi}{32} \cdot \frac{(300^4 - 280^4)\,\text{mm}^4}{300\,\text{mm}}$$

$$W_{\circledcirc} = 639{,}262 \cdot 10^3\,\text{mm}^3$$

$$\sigma_b = \frac{Fl}{W}$$

$$F_{\max} = \frac{W_{\circledcirc}\,\sigma_{b\,\text{zul}}}{l} = \frac{639{,}262 \cdot 10^3\,\text{mm}^3 \cdot 120\,\dfrac{\text{N}}{\text{mm}^2}}{5{,}2 \cdot 10^3\,\text{mm}}$$

$$= 14752\,\text{N}$$

$$F_{\max} = 14{,}752\,\text{kN}$$

**851.**

$$M_{b\,\max} = Fl = 15 \cdot 10^3\,\text{N} \cdot 2{,}8\,\text{m} = 42 \cdot 10^3\,\text{Nm}$$

$$W_{\text{erf}} = \frac{M_{b\,\max}}{\sigma_{b\,\text{zul}}} = \frac{42 \cdot 10^6\,\text{Nmm}}{140\,\dfrac{\text{N}}{\text{mm}^2}} = 3 \cdot 10^5\,\text{mm}^3$$

Gewähltes Profil: IPE 240 mit $W_x = 3{,}24 \cdot 10^5\,\text{mm}^3$

**852.**

a)

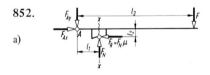

$$\Sigma M_A = 0 = F_N l_1 - F_N \mu l_2 - F l_3$$

$$F_N = \frac{F l_3}{l_1 - \mu l_2} = \frac{500\,\text{N} \cdot 1600\,\text{mm}}{300\,\text{mm} - 0{,}5 \cdot 100\,\text{mm}} = 3200\,\text{N}$$

$$F_R = F_N \mu = 3200\,\text{N} \cdot 0{,}5 = 1600\,\text{N}$$

$$M_{b\,\max} = M_{(x)} = F(l_3 - l_1) + F_R l_2$$

$$M_{b\,\max} = 500\,\text{N} \cdot 1300\,\text{mm} + 1600\,\text{N} \cdot 100\,\text{mm} = 810\,\text{Nm}$$

b) $\sigma_b = \dfrac{M_b}{W} = \dfrac{M_b}{\dfrac{sh^2}{6}} = \dfrac{6M_b}{sh^2} = \dfrac{6M_b}{\dfrac{h}{4}\cdot h^2} = \dfrac{24M_b}{h^3}$

$$h_{\text{erf}} = \sqrt[3]{\frac{24\,M_{b\,\max}}{\sigma_{b\,\text{zul}}}} = \sqrt[3]{\frac{24 \cdot 810 \cdot 10^3\,\text{Nmm}}{60\,\dfrac{\text{N}}{\text{mm}^2}}} = 69\,\text{mm}$$

ausgeführt $h = 70\,\text{mm}$; $s = 18\,\text{mm}$

**853.**

Mit den in 852 berechneten Kräften $F_N = 3200\,\text{N}$ und $F_R = 1600\,\text{N}$ erhalten wir aus

$$\Sigma F_x = 0 = F_{Ax} - F_R \implies F_{Ax} = F_R = 1600\,\text{N}$$

$$\Sigma F_y = 0 = -F_{Ay} + F_N - F \implies F_{Ay} = F_N - F = 2700\,\text{N}$$

und damit

$$F_A = \sqrt{(F_{Ax})^2 + (F_{Ay})^2}$$

$$F_A = \sqrt{(256 \cdot 10^4 + 729 \cdot 10^4)\,\text{N}^2} = 3140\,\text{N}$$

$s = 18\,\text{mm}$ aus 852.

$$M_{b\,\max} = \frac{F_A}{2}\left(\frac{s + s_1}{2}\right)$$

$$M_{b\,\max} = 1570\,\text{N} \cdot \frac{18\,\text{mm} + 10\,\text{mm}}{2}$$

$$M_{b\,\max} = 21980\,\text{Nmm}$$

a) $d_{\text{erf}} = \sqrt[3]{\dfrac{M_{b\,\max}}{0{,}1 \cdot \sigma_{b\,\text{zul}}}} = \sqrt[3]{\dfrac{21{,}98 \cdot 10^3\,\text{Nmm}}{0{,}1 \cdot 60\,\dfrac{\text{N}}{\text{mm}^2}}} = 15{,}4\,\text{mm}$

$d = 16\,\text{mm}$ ausgeführt

b) $p_{\text{vorh}} = \dfrac{F_A}{ds} = \dfrac{3140\,\text{N}}{16\,\text{mm} \cdot 18\,\text{mm}} = 10{,}9\,\dfrac{\text{N}}{\text{mm}^2}$

**854.**

$$\Sigma M_{(A)} = 0 = -F_2 l_1 + F(l_1 + l_2)$$

$$F_2 = \frac{l_1 + l_2}{F l_1} = 750\,\text{N} \cdot \frac{400\,\text{mm}}{100\,\text{mm}} = 300\,\text{N}$$

$$\Sigma F_y = 0 = F_1 - F_2 + F$$

$$F_1 = F_2 - F = 2250\,\text{N}$$

$F_1$ und $F_2$ sind die von den Schrauben zu übertragenden Reibkräfte. Wir berechnen mit der größten Reibkraft $F_2$ die Schraubenzugkraft:

$$F_s = F_N = \frac{F_R}{\mu_0} = \frac{F_2}{\mu_0} = \frac{3000\,\text{N}}{0{,}15} = 20000\,\text{N}$$

a) $A_{S\,\text{erf}} = \dfrac{F_s}{\sigma_{z\,\text{zul}}} = \dfrac{20000\,\text{N}}{100\,\dfrac{\text{N}}{\text{mm}^2}} = 200\,\text{mm}^2$

gewählt 2 Schrauben M 20 ($A_s = 245\,\text{mm}^2$)

b) $\sigma_b = \dfrac{M_b}{W} = \dfrac{F l_2}{\dfrac{sb^2}{6}} = \dfrac{6 F l_2}{s b^2} = \dfrac{6 F l_2}{\dfrac{b}{10} \cdot b^2} = \dfrac{60 \cdot F l_2}{b^3}$

$$b_{\text{erf}} = \sqrt[3]{\frac{60 \cdot F l_2}{\sigma_{b\,\text{zul}}}} = \sqrt[3]{\frac{60 \cdot 750\,\text{N} \cdot 300\,\text{mm}}{100\,\dfrac{\text{N}}{\text{mm}^2}}} = 51{,}3\,\text{mm}$$

ausgeführt $\square$ $55 \times 5$

**855.**

a) $p = \dfrac{F_r}{dl} = \dfrac{F_r}{d \cdot 1{,}2\,d} = \dfrac{F_r}{1{,}2\,d^2}$

$$d_{\text{erf}} = \sqrt{\frac{F_r}{1{,}2 \cdot p_{\text{zul}}}} = \sqrt{\frac{1150\,\text{N}}{1{,}2 \cdot 2{,}5\,\dfrac{\text{N}}{\text{mm}^2}}} = 19{,}6\,\text{mm}$$

$d = 20\,\text{mm}$ ausgeführt

b) $l = 1{,}2 \cdot d = 24\,\text{mm}$ (ausgeführt)

c) $p = \dfrac{F_a}{\dfrac{\pi}{4}(D^2 - d^2)} = \dfrac{4 F_a}{\pi(D^2 - d^2)}$

$$D_{\text{erf}} = \sqrt{\frac{4 F_a}{\pi p_{\text{zul}}} + d^2} = \sqrt{\frac{4 \cdot 620\,\text{N}}{\pi \cdot 2{,}5\,\dfrac{\text{N}}{\text{mm}^2}} + 20^2\,\text{mm}^2}$$

$$D_{\text{erf}} = 26{,}8\,\text{mm}$$

$$D = 28\,\text{mm}\;\text{ausgeführt}$$

d) $\sigma_{b\ vorh} = \dfrac{M_b}{W} = \dfrac{F_r\frac{l}{2}}{\frac{\pi}{32}d^3} = \dfrac{32\cdot F_r\, l}{2\,\pi\, d^3}$

$\sigma_{b\ vorh} = \dfrac{16}{\pi}\cdot\dfrac{F_r\, l}{d^3} = \dfrac{16}{\pi}\cdot\dfrac{1150\,\text{N}\cdot 24\,\text{mm}}{(20\,\text{mm})^3} = 17{,}6\,\dfrac{\text{N}}{\text{mm}^2}$

## 856.

a) bis c) siehe Lehrbuch Abschnitt 5.7.7 (Übungen)

d) $\sigma_{z\ max} = \dfrac{M_{b\ max}\, e_2}{I_x};\qquad \sigma_{d\ max} = \dfrac{M_{b\ max}\, e_1}{I_x}$

*Hinweis:* Zur Zugseite gehört hier $e_2$, zur Druck-seite $e_1$.

$\sigma_{z\ max} = \dfrac{F\cdot l\cdot e_2}{I_x} = \dfrac{Fl}{W_{x2}}$

$F_{max\,1} = \dfrac{\sigma_{z\ zul}\cdot W_{x2}}{l} = \dfrac{50\,\frac{\text{N}}{\text{mm}^2}\cdot 958\cdot 10^3\,\text{mm}^3}{400\,\text{mm}}$

$F_{max\,1} = 119{,}8\,\text{kN}$

$F_{max\,2} = \dfrac{\sigma_{z\ zul}\, W_{x1}}{l} = \dfrac{180\,\frac{\text{N}}{\text{mm}^2}\cdot 572\cdot 10^3\,\text{mm}^3}{400\,\text{mm}}$

$F_{max\,2} = 257{,}4\,\text{kN}$

Die Belastung darf also 119,8 kN nicht überschreiten ($F_{max} = 119\,800\,\text{N}$).

e) $\sigma_{z\ vorh} = \sigma_{z\ zul} = 50\,\dfrac{\text{N}}{\text{mm}^2}$

$\sigma_{d\ vorh} = \dfrac{M_{b\ max}}{W_{x1}} = \dfrac{F_{max}\, l}{W_{x1}}$

$\sigma_{d\ vorh} = \dfrac{119\,800\,\text{N}\cdot 400\,\text{mm}}{572\,000\,\text{mm}^3} = 83{,}2\,\dfrac{\text{N}}{\text{mm}^2} < \sigma_{d\ zul}$

## 857.

a) siehe Lehrbuch S. 226 und folgende

b) $d_{erf} = \sqrt[3]{\dfrac{32\cdot Fl_1}{\pi\cdot\sigma_{b\ zul}}} = \sqrt[3]{\dfrac{32\cdot 150\,\text{N}\cdot 140\,\text{mm}}{\pi\cdot 60\,\frac{\text{N}}{\text{mm}^2}}}$

$= 15{,}2\,\text{mm}$

$d = 16\,\text{mm ausgeführt}$

c) $W_{erf} = \dfrac{Fl_2}{\sigma_{b\ zul}} = \dfrac{bh^2}{6} = \dfrac{\frac{h}{6}h^2}{6} = \dfrac{h^3}{36}$

$h = \sqrt[3]{\dfrac{36\,Fl_2}{\sigma_{b\ zul}}} = \sqrt[3]{\dfrac{36\cdot 150\,\text{N}\cdot 300\,\text{mm}}{60\,\frac{\text{N}}{\text{mm}^2}}} = 30\,\text{mm}$

$h = 30\,\text{mm};\quad b = \dfrac{h}{6} = 5\,\text{mm}$

## 858.

a) $p = \dfrac{F_r}{d_2\, l} = \dfrac{F_r}{d_2\cdot 1{,}3\, d_2} = \dfrac{F_r}{1{,}3\cdot d_2^2} \leqslant p_{zul}$

$d_{2\ erf} = \sqrt{\dfrac{F_r}{1{,}3\cdot p_{zul}}} = \sqrt{\dfrac{1260\,\text{N}}{1{,}3\cdot 2{,}5\,\frac{\text{N}}{\text{mm}^2}}} = 19{,}7\,\text{mm}$

$d_2 = 20\,\text{mm ausgeführt}$

$l = 1{,}3\cdot d_2 = 1{,}3\cdot 20\,\text{mm} = 26\,\text{mm}$

b) $p = \dfrac{F_a}{\frac{\pi}{4}(d_3^2 - d_2^2)} \leqslant p_{zul}$

$d_3^2 - d_2^2 = \dfrac{4\cdot F_a}{\pi\cdot p_{zul}}$

$d_{3\ erf} = \sqrt{\dfrac{4\cdot F_a}{\pi\cdot p_{zul}} + d_2^2} = \sqrt{\dfrac{4\cdot 410\,\text{N}}{\pi\cdot 2{,}5\,\frac{\text{N}}{\text{mm}^2}} + 20^2\,\text{mm}^2}$

$= 24{,}7\,\text{mm}$

$d_3 = 25\,\text{mm ausgeführt}$

c) $\sigma_{b\ vorh} = \dfrac{F_r\frac{l}{2}}{\frac{\pi}{32}\left(\frac{d_2^4 - d_1^4}{d_2}\right)} = \dfrac{1260\,\text{N}\cdot 13\,\text{mm}}{\frac{\pi}{32}\left(\frac{20^4 - 4^4}{20}\right)\text{mm}^3}$

$\sigma_{b\ vorh} = 20{,}9\,\dfrac{\text{N}}{\text{mm}^2}$

## 859.

a)

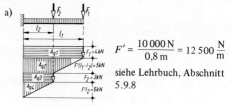

$F' = \dfrac{10\,000\,\text{N}}{0{,}8\,\text{m}} = 12\,500\,\dfrac{\text{N}}{\text{m}}$

siehe Lehrbuch, Abschnitt 5.9.8

$M_{b\ max} \,\hat{=}\, A_{q1} + A_{q2} + A_{q3} + A_{q4}$

$A_{q1} = F_1 l_1 = 4\,000\,\text{N}\cdot 0{,}8\,\text{m} = 3\,200\,\text{Nm}$

$A_{q2} = \dfrac{l_1 + l_2}{2}\cdot F'(l_1 - l_2)$

$A_{q2} = \dfrac{1{,}2\,\text{m}}{2}\cdot 12\,500\,\dfrac{\text{N}}{\text{m}}\cdot 0{,}4\,\text{m} = 3\,000\,\text{Nm}$

$A_{q3} = F_2\, l_2 = 3\,000\,\text{N}\cdot 0{,}4\,\text{m} = 1\,200\,\text{Nm}$

$A_{q4} = \dfrac{l_2}{2}F'l_2 = F'\dfrac{l_2^2}{2} = 12\,500\,\dfrac{\text{N}}{\text{m}}\cdot\dfrac{(0{,}4\,\text{m})^2}{2} = 1\,000\,\text{Nm}$

$M_{b\ max} = 8\,400\,\text{Nm} = 8\,400\cdot 10^3\,\text{Nmm}$

b) $W_{erf} = \dfrac{M_{b\ max}}{\sigma_{b\ zul}} = \dfrac{8\,400\cdot 10^3\,\text{Nmm}}{12\,\frac{\text{N}}{\text{mm}^2}} = 700\cdot 10^3\,\text{mm}^3$

c) $W = \dfrac{bh^2}{6} = \dfrac{\frac{3}{4}h\cdot h^2}{6} = \dfrac{h^3}{8}$

$h_{erf} = \sqrt[3]{8\,W_{erf}} = \sqrt[3]{8\cdot 700\cdot 10^3\,\text{mm}^3} = 178\,\text{mm}$

$h = 180\,\text{mm};\quad b = \dfrac{3}{4}h = 135\,\text{mm ausgeführt}$

**860.**

$$F' = 4 \ \frac{kN}{m} \qquad \text{siehe Lehrbuch, Abschnitt 5.9.8}$$

$$M_{b\,max} \triangleq A_{q1} + A_{q2}$$

$$A_{q1} = Fl = 1\,000 \ N \cdot 1,2 \ m = 1\,200 \ Nm$$

$$A_{q2} = \frac{l}{2} F'l = F' \frac{l^2}{2} = 4\,000 \ \frac{N}{m} \cdot \frac{(1,2\,m)^2}{2} = 2\,880 \ Nm$$

$$M_{b\,max} = 4\,080 \ Nm = 4\,080 \cdot 10^3 \ Nmm$$

$$W_{erf} = \frac{M_{b\,max}}{\sigma_{b\,zul}} = \frac{4\,080 \cdot 10^3 \ Nmm}{120 \ \frac{N}{mm^2}} = 34 \cdot 10^3 \ mm^3$$

gewählt IPE 100 mit $W_x = 34,2 \cdot 10^3 \ mm^3$

$$\sigma_{b\,vorh} = \frac{M_{b\,max}}{W_x} = \frac{4\,080 \cdot 10^3 \ Nmm}{34,2 \cdot 10^3 \ mm^3} = 119,3 \ \frac{N}{mm^2}$$

**861.**

a) $M_{b\,max} = Fl$

$\qquad M_{b\,max} = 5\,000 \ N \cdot 2,5 \ m = 12\,500 \ Nm$

$$W_{erf} = \frac{M_{b\,max}}{\sigma_{b\,zul}} = \frac{12\,500 \cdot 10^3 \ Nmm}{140 \ \frac{N}{mm^2}} = 89,3 \cdot 10^3 \ mm^3$$

gewählt IPE 160 mit $W_x = 109 \cdot 10^3 \ mm^3$

b) $M_{b\,max} = \dfrac{Fl}{2}$

$$M_{b\,max} = \frac{5\,000 \ N \cdot 2,5 \ m}{2} = 6\,250 \ Nm$$

$$W_{erf} = \frac{M_{b\,max}}{\sigma_{b\,zul}} = \frac{6\,250 \cdot 10^3 \ Nmm}{140 \ \frac{N}{mm^2}} = 44,6 \cdot 10^3 \ mm^3$$

gewählt IPE 120 mit $W_x = 53 \cdot 10^3 \ mm^3$

c) $G_1 = G_1' l = 155 \ \dfrac{N}{m} \cdot 2,5 \ m = 387,5 \ N$

$\quad G_2 = G_2' l = 102 \ \dfrac{N}{m} \cdot 2,5 \ m = 255 \ N$

Für Fall a) *ohne* Gewichtskraft $G_1$ wird:

$$\sigma_{b\,vorh} = \frac{M_{b\,max}}{W_x} = \frac{12\,500 \cdot 10^3 \ Nmm}{109 \cdot 10^3 \ mm^3} = 115 \ \frac{N}{mm^2}$$

Allein durch die Gewichtskraft $G_1$ wird:

$$\sigma_{b\,vorh} = \frac{G_1 \, l}{2 \, W_x} = \frac{387,5 \ N \cdot 2,5 \cdot 10^3 \ mm}{2 \cdot 109 \cdot 10^3 \ mm^3} = 4,44 \ \frac{N}{mm^2}$$

Damit ergibt sich:

$$\sigma_{b\,gesamt} = (115 + 4,44) \ \frac{N}{mm^2} \approx 119,4 \ \frac{N}{mm^2} < \sigma_{b\,zul}$$

Für *Fall b)* rechnen wir ebenso und erkennen:
Die Gewichtskraft erhöht die vorhandene Biegespannung nur geringfügig.

**862.**

a) $p = \dfrac{F}{A_{proj}} = \dfrac{F}{dl}$

$$d_{erf} = \frac{F}{p_{zul} \, l} = \frac{60\,000 \ N}{2 \ \frac{N}{mm^2} \cdot 180 \ mm} = 167 \ mm$$

$d = 170 \ mm$ ausgeführt

b) $M_{b\,max} = \dfrac{Fl}{2}$

$$M_{b\,max} = \frac{60 \cdot 10^3 \ N \cdot 180 \ mm}{2} = 5\,400 \cdot 10^3 \ Nmm$$

c) $\sigma_{b\,vorh} = \dfrac{M_{b\,max}}{W} = \dfrac{M_{b\,max}}{\frac{\pi}{32} d^3} = \dfrac{32 \cdot M_{b\,max}}{\pi \, d^3}$

$$\sigma_{b\,vorh} = \frac{32 \cdot 5\,400 \cdot 10^3 \ Nmm}{\pi \cdot (170 \ mm)^3} = 11,2 \ \frac{N}{mm^2}$$

**863.**

a)

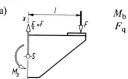

$$M_b = Fl$$
$$F_q = F$$

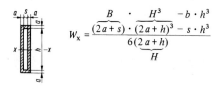

$$W_x = \frac{B \cdot H^3 - b \cdot h^3}{\underbrace{(2a+s) \cdot (2a+h)^3 - s \cdot h^3}_{H}}{6(2a+h)}$$

$$M_b = Fl = 26\,000 \ N \cdot 320 \ mm$$

$$M_b = 8\,320 \cdot 10^3 \ Nmm$$

$$W_x = \frac{28 \ mm \cdot (266 \ mm)^3 - 12 \ mm \cdot (250 \ mm)^3}{6 \cdot 266 \ mm}$$

$$W_x = 212,7 \cdot 10^3 \ mm^3$$

$$\sigma_{schw\,b} = \frac{M_b}{W_x} = \frac{8320 \cdot 10^3 \ Nmm}{212,7 \cdot 10^3 \ mm^3} = 39,1 \ \frac{N}{mm^2}$$

b) $\tau_{schw\,s} = \dfrac{F_q}{A} = \dfrac{F_q}{(2a+s)(2a+h) - sh}$

$$\tau_{schw\,s} = \frac{26\,000 \ N}{28 \ mm \cdot 266 \ mm - 12 \ mm \cdot 250 \ mm} = 5,8 \ \frac{N}{mm^2}$$

## Stützträger mit Einzellasten

### 864.

a) $\Sigma M_{(A)} = 0 = -F_1 l_1 - F_2 (l_1 + l_2) + F_B \, l_3$

$$F_B = \frac{F_1 l_1 + F_2 (l_1 + l_2)}{l_3} = 28,3 \text{ kN}$$

Auf gleiche Weise
$F_A = 11,7$ kN
(Kontrolle mit $\Sigma F_y = 0$)

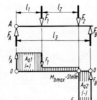

b) $M_{b\,max} \triangleq A_{q2} = A_{q1}$
$M_{b\,max} = F_B (l_3 - l_1 - l_2) = 28,3 \text{ kN} \cdot 1 \text{ m}$
$M_{b\,max} = 28,3 \text{ kNm} = 28,3 \cdot 10^6 \text{ Nmm}$

### 865.

a) $\Sigma M_{(A)} = 0 = F_1 l_1 - F_2 (l_4 - l_2) + F_B l_4 - F_3 (l_3 + l_4)$

$$F_B = \frac{F_2 (l_4 - l_2) + F_3 (l_3 + l_4) - F_1 l_1}{l_4} = 4,76 \text{ kN}$$

Auf gleiche Weise $F_A = -1,76$ kN (nach unten gerichtet.) (Kontrolle mit $\Sigma F_y = 0$.)

b)
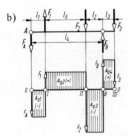

$M_{bI} \triangleq A_{q1} = F_A l_1 = 1760 \text{ N} \cdot 0,1 \text{ m} = 176 \text{ Nm}$
$M_{bII} \triangleq A_{q1} - A_{q2} = F_A l_1 - (F_1 - F_A) l_5$
$\quad l_5 = l_4 - (l_1 + l_2)$
$M_{bII} = 176 \text{ Nm} - 1240 \text{ N} \cdot 0,28 \text{ m} = -171,2 \text{ Nm}$
(Minus-Vorzeichen ohne Bedeutung)
$M_{bB} \triangleq A_{q4} = F_3 l_3 = 2000 \text{ N} \cdot 0,08 \text{ m} = 160 \text{ Nm}$
$M_{bIII} = 0$

### 866.

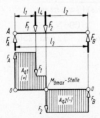

$\Sigma M_A = 0 = -F_1 l_1 - F_2 (l_3 - l_2) + F_B l_3$

$$F_B = \frac{F_1 l_1 + F_2 (l_3 - l_2)}{l_3} = 14\,280 \text{ N}$$

Auf gleiche Weise $F_A = 24\,720$ N
(Kontrolle mit $\Sigma F_y = 0$)

$M_{b\,max} \triangleq A_{q2} = F_B \, l_2 = 14\,280 \text{ N} \cdot 2,9 \text{ m} = 41\,412 \text{ Nm}$

zur Kontrolle:
$M_{b\,max} \triangleq A_{q1} = F_A l_1 + (F_A - F_1) l_4$
$M_{b\,max} = 24\,720 \text{ N} \cdot 1,4 \text{ m} + 9\,720 \text{ N} \cdot 0,7 \text{ m} = 41\,412 \text{ Nm}$

$$W_{erf} = \frac{M_{b\,max}}{\sigma_{b\,zul}} = \frac{41\,412 \cdot 10^3 \text{ Nmm}}{140 \, \frac{\text{N}}{\text{mm}^2}} = 295,8 \cdot 10^3 \text{ mm}^3$$

gewählt 2 IPE 200
mit $W_x = 2 \cdot 194 \cdot 10^3 \text{ mm}^3 = 388 \cdot 10^3 \text{ mm}^3$

### 867.

a) Stützkräfte wie üblich (z.B. 864...866):
$F_A = 21\,500 \text{ N}; \qquad F_B = 28\,500 \text{ N}$

b)
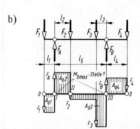

$M_{bI} \triangleq A_{q1} = F_1 l_1 = 10 \text{ kN} \cdot 1 \text{ m} = 10 \text{ kNm}$
$M_{bII} \triangleq A_{q1} - A_{q2} = Fl_1 - (F_A - F_1) l_2 = -7,25 \text{ kN}$
$M_{bIII} \triangleq A_{q4} = F_4 l_4 = 10 \text{ kN} \cdot 2 \text{ m} = 20 \text{ kNm}$
$M_{b\,max} = M_{bIII} = 20 \cdot 10^6 \text{ Nmm}$

### 868.

a) Wie üblich (z.B. 864...866):
$F_A = 5\,620 \text{ N}; \; F_B = -620 \text{ N}$ (nach unten gerichtet)

b)
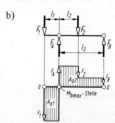

$M_{b\,max} \triangleq A_{q1} = F_1 l_1 = 3,6 \text{ kN} \cdot 2 \text{ m} = 7,2 \text{ kNm}$

c) $W_{erf} = \dfrac{M_{b\,max}}{\sigma_{b\,zul}} = \dfrac{7\,200 \cdot 10^3 \text{ Nmm}}{120 \, \frac{\text{N}}{\text{mm}^2}} = 60 \cdot 10^3 \text{ mm}^3$

gewählt IPE 140 mit $W_x = 77,3 \cdot 10^3 \text{ mm}^3$

**869.**

Stützkräfte wie üblich (z.B. 864...866):

$F_A = 7\,800\,N; \qquad F_B = 5\,200\,N$

$M_{b\,max}$ wie üblich mit Querkraftfläche:

$M_{b\,max} = F_A\,l_1 = 7\,800\,N \cdot 1{,}8\,m = 14\,040\,Nm$

$$\sigma_b = \frac{M_b}{W} = \frac{M_b}{\dfrac{bh^2}{6}} = \frac{6 \cdot M_b}{\dfrac{h}{2{,}5} \cdot h^2} = \frac{15 \cdot M_b}{h^3}$$

$$h_{erf} = \sqrt[3]{\frac{15 \cdot M_{b\,max}}{\sigma_{b\,zul}}} = \sqrt[3]{\frac{15 \cdot 14\,040 \cdot 10^3\,Nmm}{18\,\dfrac{N}{mm^2}}} = 227\,mm$$

$h = 230\,mm; \qquad b = 90\,mm$ ausgeführt

**870.**

a) $\quad m_1 = m_2$

$A_1\,l\,\rho = A_2\,l\,\rho$

$$\frac{\pi}{4}d_1^2 = \frac{\pi}{4}[D^2 - (\tfrac{2}{3}d_1)^2]$$

$d_1^2 = D^2 - \frac{4}{9}d_1^2$

$D_2^2 = \frac{13}{9}d_1^2$

$$D_2 = \sqrt{\frac{13}{9}}\,d_1 = 1{,}2 \cdot 100\,mm = 120\,mm$$

$d_2 = \frac{2}{3}D_2 = 80\,mm$

b) $W_1 = \dfrac{\pi}{32}d_1^3 = 98{,}17 \cdot 10^3\,mm^3$

$$W_2 = \frac{\pi}{32} \cdot \frac{D_2^4 - d_2^4}{D} = 136{,}1 \cdot 10^3\,mm^3$$

c) $M_{b\,max} = \sigma_{b\,zul}\,W = \dfrac{F}{2} \cdot \dfrac{l}{2} = \dfrac{Fl}{4}$

$$F_1 = \frac{4 \cdot \sigma_{b\,zul}\,W_1}{l} = \frac{4 \cdot 100\,\dfrac{N}{mm^2} \cdot 98{,}17 \cdot 10^3\,mm^3}{10^3\,mm}$$

$= 39270\,N$

$$F_2 = \frac{4 \cdot \sigma_{b\,zul}\,W_2}{l} = 54450\,N$$

**871.**

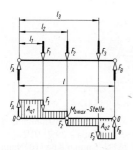

a) $\Sigma M_{(A)} = 0 = -F_1\,l_1 - F_2\,l_2 - F_3\,l_3 + F_B\,l$

$$F_B = \frac{F_1\,l_1 + F_2\,l_2 + F_3\,l_3}{l} = 28{,}75\,kN$$

$F_A = F_1 + F_2 + F_3 - F_B = 24{,}25\,kN$

b) $M_{b\,max} = F_B(l - l_2) - F_3(l_3 - l_2) = 50\,250\,Nmm$

c) $W_{erf} = \dfrac{M_{b\,max}}{\sigma_{b\,zul}} = \dfrac{50\,250\,Nmm}{120\,N/mm^2} = 418{,}75\,mm^3$

gewählt: IPE 270

$W_x = 429 \cdot 10^3\,mm^3$

**872.**

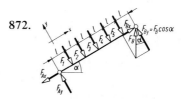

$\Sigma M_{(A)} = 0 = -F_1\,l - F_2 \cdot 2\,l - F_3 \cdot 3\,l - F_4 \cdot 4\,l - F_5 \cdot 5\,l$
$\qquad\qquad + F_{By} \cdot 6\,l$

$$F_{By} = \frac{l(F_1 + 2F_2 + 3F_3 + 4F_4 + 5F_5)}{6\,l} = 6500\,N$$

$F_{Ay} = \Sigma F - F_{By} = 6\,500\,N$

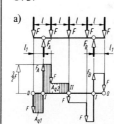

$M_{b\,max} \hat{=} A_{q1} = F_1\,l + F_2 \cdot 2\,l + \overbrace{[F_{Ay} - (F_1 + F_2)]}^{1{,}5\,kN} \cdot 3\,l$

$M_{b\,max} = 1{,}2\,m\,(2\,kN + 6\,kN + 4{,}5\,kN) = 15\,kNm$

$$W_{erf} = \frac{M_{b\,max}}{\sigma_{b\,zul}} = \frac{15\,000 \cdot 10^3\,Nmm}{120\,\dfrac{N}{mm^2}} = 125 \cdot 10^3\,mm^3$$

gewählt 2 U 140 DIN 1026
mit $W_x = 2 \cdot 86{,}4 \cdot 10^3\,mm^3 = 172{,}8 \cdot 10^3\,mm^3$

**873.**

a)

$F = 2\,500\,N$
$l = 600\,mm$

Bei symmetrischer Belastung

wird $F_A = F_B = \dfrac{5F}{2}$

Bei symmetrischer Belastung kann $M_{b\,max}$ in I oder in II liegen. Nur wenn in beiden Querschnittsstellen der Betrag des Biegemomentes gleich groß ist ($M_{b\,I} = M_{b\,II}$), wird $M_{b\,max}$ am kleinsten.

Für Querschnittsstelle I gilt

$M_{b\,I} \hat{=} A_{q1} = F\,l_1$

ebenso für Querschnittsstelle II:

$M_{b\,II} \hat{=} A_{q1} - A_{q2} = F\,l_1 - [\tfrac{3}{2}F(l - l_1) + \tfrac{F}{2}l]$

Beide Ausdrücke gleichgesetzt und nach $l_1$ aufgelöst ergibt:

$M_{b\,I} = M_{b\,II}$
$A_{q\,I} = A_{q\,II} - A_{q\,I}$
$2\,A_{q\,I} = A_{q\,II}$

$$2\,Fl_1 = \frac{3}{2}F\,(l - l_1) + \frac{F}{2}\,l \mid : F$$

$$2\,l_1 = \frac{3}{2}\,l - \frac{3}{2}\,l_1 + \frac{l}{2}$$

$$\frac{7}{2}\,l_1 = 2\,l$$

$$l_1 = \frac{4}{7}\,l = \frac{4}{7}\cdot 600\,\text{mm} = 342{,}9\,\text{mm}$$

b) $M_{\text{b I}} = Fl_1 = 2500\,\text{N}\cdot 0{,}3429\,\text{m} = 857{,}25\,\text{Nm}$

$$M_{\text{b II}} = F\cdot 2\,l - \frac{5}{2}\,F(2\,l - l_1) + Fl$$

$$M_{\text{b II}} = F(2{,}5\,l_1 - 2\,l) = 2500\,\text{N}\left(2{,}5\cdot\frac{4}{7}\cdot 0{,}6 - 2\cdot 0{,}6\right)\text{m}$$

$$M_{\text{b II}} = -857{,}14\,\text{Nm}$$

$$M_{\text{b max}} = M_{\text{b I}} = |M_{\text{b II}}| = 857{,}25\,\text{Nm}$$

c) $W_{\text{erf}} = \dfrac{M_{\text{b max}}}{\sigma_{\text{b zul}}} = \dfrac{857{,}25\cdot 10^3\,\text{Nmm}}{120\,\dfrac{\text{N}}{\text{mm}^2}} = 7{,}1438\cdot 10^3\,\text{Nmm}$

Es genügt das kleinste Profil:
IPE 80 mit $W_{\text{x}} = 20\cdot 10^3\,\text{mm}^3$

## 874.

$M_{\text{b max}}$ kann nur am Rollenstützpunkt wirken:
$$M_{\text{b max}} = Fl_1$$

$$\sigma_{\text{b}} = \frac{M_{\text{b}}}{W} = \frac{M_{\text{b}}}{\dfrac{bh^2}{6}} = \frac{6\cdot Fl_1}{10h\cdot h^2} = \frac{0{,}6\cdot Fl_1}{h^3}$$

$$h_{\text{erf}} = \sqrt[3]{\frac{0{,}6\cdot Fl_1}{\sigma_{\text{b zul}}}} = \sqrt[3]{\frac{0{,}6\cdot 10^3\,\text{N}\cdot 2{,}5\cdot 10^3\,\text{mm}}{8\,\dfrac{\text{N}}{\text{mm}^2}}}$$

$$= 57{,}2\,\text{mm}$$

$h = 58\,\text{mm};\qquad b = 580\,\text{mm ausgeführt}$

## 875.

a) Stützkräfte wie üblich:
$F_{\text{A}} = 11{,}43\,\text{kN};\qquad F_{\text{B}} = 8{,}57\,\text{kN}$

b)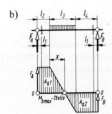

Berechnung von $x$ mit Strahlensatz:

$$\frac{F}{l_3} = \frac{F_{\text{A}}}{x} \;\Rightarrow\; x = \frac{F_{\text{A}}}{F}\,l_3 = \frac{11{,}43\,\text{kN}}{20\,\text{kN}}\cdot 120\,\text{mm} = 68{,}58\,\text{mm}$$

$$M_{\text{b max}} \;\hat{=}\; A_{\text{q1}} = F_{\text{A}}\,l_2 + \frac{F_{\text{A}}\,x}{2} = F_{\text{A}}\left(l_2 + \frac{x}{2}\right)$$

$$M_{\text{b max}} = 11{,}43\,\text{kN}\cdot 94{,}29\,\text{mm} = 1078\cdot 10^3\,\text{Nmm}$$

c) $d_{3\,\text{erf}} = \sqrt[3]{\dfrac{M_{\text{b max}}}{0{,}1\cdot\sigma_{\text{b zul}}}}$

$$d_{3\,\text{erf}} = \sqrt[3]{\frac{1078\cdot 10^3\,\text{Nmm}}{0{,}1\cdot 50\,\dfrac{\text{N}}{\text{mm}^2}}} = 60\,\text{mm}\quad(\text{ausgeführt})$$

d) $d_{1\,\text{erf}} = \sqrt[3]{\dfrac{M_{\text{b 1}}}{0{,}1\cdot\sigma_{\text{b zul}}}} = \sqrt[3]{\dfrac{F_{\text{A}}\,l_1}{0{,}1\cdot\sigma_{\text{b zul}}}}$

$$d_{1\,\text{erf}} = \sqrt[3]{\frac{11{,}43\cdot 10^3\,\text{N}\cdot 20\,\text{mm}}{0{,}1\cdot 50\,\dfrac{\text{N}}{\text{mm}^2}}} = 36\,\text{mm (ausgeführt)}$$

$$d_{2\,\text{erf}} = \sqrt[3]{\frac{F_{\text{B}}\,l_1}{0{,}1\cdot\sigma_{\text{b zul}}}} = \sqrt[3]{\frac{8{,}57\cdot 10^3\,\text{N}\cdot 20\,\text{mm}}{0{,}1\cdot 50\,\dfrac{\text{N}}{\text{mm}^2}}} = 33\,\text{mm}$$

$d_2 = 34\,\text{mm ausgeführt}$

e) $p_{\text{A vorh}} = \dfrac{F_{\text{A}}}{d_1\cdot 2\,l_1} = \dfrac{11\,430\,\text{N}}{2\cdot 36\,\text{mm}\cdot 20\,\text{mm}} = 7{,}9\,\dfrac{\text{N}}{\text{mm}^2}$

$p_{\text{B vorh}} = \dfrac{F_{\text{B}}}{d_2\cdot 2\,l_1} = \dfrac{8\,570\,\text{N}}{2\cdot 34\,\text{mm}\cdot 20\,\text{mm}} = 6{,}3\,\dfrac{\text{N}}{\text{mm}^2}$

## 876.

a) $M_{\text{b max}} = \dfrac{F}{2}\left(\dfrac{l_1 + l_2}{2}\right) = 600\,\text{N}\cdot 5{,}75\,\text{mm} = 3\,450\,\text{Nmm}$

$$W = \frac{\pi}{32}\,d^3 = \frac{\pi}{32}\,(6\,\text{mm})^3 = 21{,}2\,\text{mm}^3$$

$$\sigma_{\text{b vorh}} = \frac{M_{\text{b max}}}{W} = \frac{3\,450\,\text{Nmm}}{21{,}2\,\text{mm}^3} = 163\,\frac{\text{N}}{\text{mm}^2}$$

b) $\tau_{\text{a vorh}} = \dfrac{F}{A\,m} = \dfrac{1\,200\,\text{N}}{\dfrac{\pi}{4}\cdot(6\,\text{mm})^2\cdot 2} = 21{,}2\,\dfrac{\text{N}}{\text{mm}^2}$

c) $p_{\text{max}} = \dfrac{F}{2\,l_2\,d} = \dfrac{1\,200\,\text{N}}{2\cdot 3{,}5\,\text{mm}\cdot 6\,\text{mm}} = 28{,}6\,\dfrac{\text{N}}{\text{mm}^2}$

## 877.

a) Stützkräfte:  $F_{\text{A}} = 883\,\text{N};\quad F_{\text{B}} = 1767\,\text{N}$

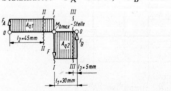

$M_{\text{b I}} = M_{\text{b max}} = F_{\text{B}}\,l_1 = 1767\,\text{N}\cdot 30\,\text{mm} = 53\cdot 10^3\,\text{Nmm}$
$M_{\text{b II}} = F_{\text{A}}\,l_2 = 883\,\text{N}\cdot 45\,\text{mm} = 39{,}7\cdot 10^3\,\text{Nmm}$
$M_{\text{b III}} = F_{\text{B}}\,l_3 = 1767\,\text{N}\cdot 5\,\text{mm} = 8{,}84\cdot 10^3\,\text{Nmm}$

b) $\sigma_{bI} = \dfrac{M_{bI}}{W_I}$;  Schnitt I–I

$$W_I = \frac{h^2}{6}(b-d)$$

$$W_I = \frac{(16\,\text{mm})^2}{6} \cdot (35-16)\,\text{mm} = 810{,}7\,\text{mm}^3$$

$$\sigma_{bI} = \frac{53\,000\,\text{Nmm}}{810{,}7\,\text{mm}^3} = 65{,}4\,\frac{\text{N}}{\text{mm}^2}$$

c) $\sigma_{bII} = \dfrac{M_{bII}}{W_{II}} = \dfrac{32 \cdot 39\,700\,\text{Nmm}}{\pi \cdot (16\,\text{mm})^3} = 98{,}7\,\dfrac{\text{N}}{\text{mm}^2}$

d) $\sigma_{bIII} = \dfrac{M_{bIII}}{W_{III}} = \dfrac{32 \cdot 8\,840\,\text{Nmm}}{\pi \cdot (12\,\text{mm})^3} = 52{,}1\,\dfrac{\text{N}}{\text{mm}^2}$

## 878.

a)

$$F_{res} = \sqrt{F^2 + F^2 + 2F^2 \cos\alpha}$$

$$F_{res} = \sqrt{2F^2(1+\cos\alpha)}$$

$$F_{res} = \sqrt{2 \cdot 64\,(\text{kN})^2 \cdot 1{,}5} = 13{,}85\,\text{kN}$$

b) $F_A = 4\,155\,\text{N}$;  $F_B = 9\,695\,\text{N}$

$M_{b\,max} = F_A\,l_1 = 4\,155\,\text{N} \cdot 0{,}42\,\text{m} = 1745\,\text{Nm}$

d) $d_{erf} = \sqrt[3]{\dfrac{M_{b\,max}}{0{,}1 \cdot \sigma_{b\,zul}}} = \sqrt[3]{\dfrac{1745 \cdot 10^3\,\text{Nmm}}{0{,}1 \cdot 90\,\dfrac{\text{N}}{\text{mm}^2}}} = 58\,\text{mm}$

e) $\sigma_{b\,vorh} = \dfrac{32 \cdot M_{b\,max}}{\pi\,d^3} = \dfrac{32 \cdot 1745 \cdot 10^3\,\text{Nmm}}{\pi\,(60\,\text{mm})^3}$

$\sigma_{b\,vorh} = 82{,}3\,\dfrac{\text{N}}{\text{mm}^2}$

Mit der Ungefährbeziehung $W \approx 0{,}1\,d^3$ würde

$$\sigma_{b\,vorh} = \frac{M_{b\,max}}{0{,}1\,d^3} = \frac{1745 \cdot 10^3\,\text{Nmm}}{0{,}1 \cdot (60\,\text{mm})^3} = 80{,}8\,\frac{\text{N}}{\text{mm}^2}$$

## 879.

a) $M_{b\,max} = \dfrac{F}{2} \cdot \dfrac{l_2}{2} = \dfrac{F\,l_2}{4} = \dfrac{45 \cdot 10^3\,\text{N} \cdot 10\,\text{m}}{4}$

$= 1{,}125 \cdot 10^5\,\text{Nm}$

$$W_{erf} = \frac{M_{b\,max}}{\sigma_{b\,zul}} = \frac{1{,}125 \cdot 10^8\,\text{Nmm}}{85\,\dfrac{\text{N}}{\text{mm}^2}} = 1323{,}5 \cdot 10^3\,\text{mm}^3$$

$W_{x\,erf} = \dfrac{W_{erf}}{2} = 661{,}73 \cdot 10^3\,\text{mm}^3$ je Profil

gewählt IPE 330 mit $W_x = 713 \cdot 10^3\,\text{mm}^3$

$$\sigma_{b\,vorh} = \frac{M_{b\,max}}{2 \cdot W_x} = \frac{1{,}125 \cdot 10^8\,\text{Nmm}}{2 \cdot 713 \cdot 10^3\,\text{mm}^3} = 78{,}9\,\frac{\text{N}}{\text{mm}^2}$$

b) $M_{b\,max} = \dfrac{F\,l_2}{4} - \dfrac{F\,l_1}{4} = \dfrac{F(l_2 - l_1)}{4}$

$$M_{b\,max} = \frac{45 \cdot 10^3\,\text{N} \cdot (10 - 0{,}6)\,\text{m}}{4} = 1{,}0575 \cdot 10^5\,\text{Nm}$$

$$W_{erf} = \frac{M_{b\,max}}{\sigma_{b\,zul}} = \frac{1{,}0575 \cdot 10^8\,\text{Nmm}}{85\,\dfrac{\text{N}}{\text{mm}^2}} = 1244{,}1 \cdot 10^3\,\text{mm}^3$$

$$W_{x\,erf} = \frac{W_{erf}}{2} = 622 \cdot 10^3\,\text{mm}^3$$

Es bleibt bei IPE 330 wie unter a)

$$\sigma_{b\,vorh} = \frac{M_{b\,max}}{2 \cdot W_x} = \frac{1{,}0575 \cdot 10^8\,\text{Nmm}}{2 \cdot 713 \cdot 10^3\,\text{mm}^3} = 74{,}2\,\frac{\text{N}}{\text{mm}^2}$$

## 880.

a) $e_1 = \dfrac{A_1 y_1 + A_2 y_2 + A_3 y_3}{A}$   $e_2 = h - e_1$

$A_1 = b_2\,d_2 = (90 \cdot 30)\,\text{mm}^2 = 2\,700\,\text{mm}^2$

$A_2 = (h - d_1 - d_2)\,d_3 = (110 \cdot 20)\,\text{mm}^2 = 2\,200\,\text{mm}^2$

$A_3 = b_1\,d_1 = (120 \cdot 20)\,\text{mm}^2 = 2\,400\,\text{mm}^2$

$A = A_1 + A_2 + A_3 = 7\,300\,\text{mm}^2$

$y_1 = \dfrac{d_2}{2} = 15\,\text{mm}$;  $y_2 = 85\,\text{mm}$;  $y_3 = 150\,\text{mm}$

$$e_1 = \frac{(2700 \cdot 15 + 2200 \cdot 85 + 2400 \cdot 150)\,\text{mm}^3}{7\,300\,\text{mm}^2} = 80{,}5\,\text{mm}$$

$e_2 = 160\,\text{mm} - 80{,}5\,\text{mm} = 79{,}5\,\text{mm}$

b) $I = I_1 + A_1 l_1^2 + I_2 + A_2 l_2^2 + I_3 + A_3 l_3^2$

$I_1 = \dfrac{b_2\,d_2^3}{12} = \dfrac{90\,\text{mm} \cdot (30\,\text{mm})^3}{12} = 20{,}25 \cdot 10^4\,\text{mm}^4$

$I_2 = \dfrac{20\,\text{mm} \cdot (110\,\text{mm})^3}{12} = 221{,}8 \cdot 10^4\,\text{mm}^4$

$I_3 = \dfrac{120\,\text{mm} \cdot (20\,\text{mm})^3}{12} = 8 \cdot 10^4\,\text{mm}^4$

$l_1^2 = \left(e_1 - \dfrac{d_2}{2}\right)^2 = 65{,}5^2\,\text{mm}^2 = 4\,290\,\text{mm}^2$

$l_2^2 = (85\,\text{mm} - e_1)^2 = 20{,}25\,\text{mm}^2$

$l_3^2 = \left(e_2 - \dfrac{d_1}{2}\right)^2 = 4\,830\,\text{mm}^2$

$I = (20{,}25 + 0{,}27 \cdot 4290 + 221{,}8 + 0{,}22 \cdot 20{,}25$
$\quad + 8 + 0{,}24 \cdot 4830) \cdot 10^4\,\text{mm}^4$

$I = 2572 \cdot 10^4\,\text{mm}^4$

c) $W_1 = \dfrac{I}{e_1} = \dfrac{2572 \cdot 10^4\,\text{mm}^4}{80{,}5\,\text{mm}} = 319{,}5 \cdot 10^3\,\text{mm}^3$

$W_2 = \dfrac{I}{e_2} = \dfrac{2572 \cdot 10^4\,\text{mm}^4}{79{,}5\,\text{mm}} = 323{,}5 \cdot 10^3\,\text{mm}^3$

d) Stützkräfte wie üblich:

$F_A = 9\,000\,\text{N}$;  $F_B = 6\,000\,\text{N}$

$M_{b\,max} = F_A\,l_1 = F_B\,l_2$

$\sigma_{b1\,vorh} = \dfrac{M_{b\,max}}{W_{x1}} = \dfrac{9 \cdot 10^3\,\text{N} \cdot 400\,\text{mm}}{319{,}5 \cdot 10^3\,\text{mm}^3} = 11{,}3\,\dfrac{\text{N}}{\text{mm}^2}$

$\sigma_{b2\,vorh} = \dfrac{M_{b\,max}}{W_{x2}} = \dfrac{9 \cdot 10^3\,\text{N} \cdot 400\,\text{mm}}{323{,}5 \cdot 10^3\,\text{mm}^3} = 11{,}1\,\dfrac{\text{N}}{\text{mm}^2}$

Die größte Spannung tritt demnach als Biege-*Zug*spannung
$\sigma_{b1} = \sigma_{bz} = 11{,}3\,\text{N/mm}^2$ an der Unterseite des Profils auf.

## Stützträger mit Mischlasten

**881.**

a) $F_A = F_B = \dfrac{F'\,l}{2}$

$F_A = F_B = \dfrac{2\,000\,\frac{N}{m} \cdot 6\,m}{2} = 6\,000\,N$

b)

$M_{b\,max} \triangleq A_{q1} = A_{q2}$

$M_{b\,max} = \dfrac{F_A\,\frac{l}{2}}{2} = \dfrac{F_A\,l}{4} = 9\,000\,Nm$

**882.**

$F_A = F_B = \dfrac{G}{2} = \dfrac{mg}{2} = \dfrac{A\,l\,\rho\,g}{2}$

$M_{b\,max} = \dfrac{F_A\,l}{4} = \dfrac{A\,l\,\rho\,g\,l}{2 \cdot 4} = \dfrac{b\,h\,l^2\,\rho\,g}{8}$

$\sigma_b = \dfrac{M_{b\,max}}{W} = \dfrac{M_{b\,max}}{\frac{b\,h^2}{6}} = \dfrac{6\,b\,h\,l^2\,\rho\,g}{8\,b\,h^2} = \dfrac{3\,l^2\,\rho\,g}{4\,h}$

$h_{erf} = \dfrac{3\,l^2\,\rho\,g}{4 \cdot \sigma_{b\,zul}} = \dfrac{3 \cdot 100\,m^2 \cdot 1{,}1 \cdot 10^3\,\frac{kg}{m^3} \cdot 9{,}81\,\frac{m}{s^2}}{4 \cdot 10\,\frac{N}{10^{-6}\,m^2}}$

$h_{erf} = 0{,}081\,m = 81\,mm$

$b_{erf} = \dfrac{h_{erf}}{3} = 27\,mm$

**883.**

a)

$\Sigma M_{(B)} = 0 = -F_A\,l_1 + F\,\dfrac{l_2}{2}$

$F_A = F\,\dfrac{l_2}{2\,l_1} = 19\,500\,N \cdot \dfrac{2{,}8\,m}{8\,m} = 6\,825\,N$

$F_B = 12\,675\,N$

b) $\dfrac{F}{l_2} = \dfrac{F_A}{x} \;\Longrightarrow\; x = \dfrac{F_A}{F}\,l_2 = 0{,}98\,m$

$M_{b\,max} \triangleq A_{q1} = A_{q2}$

$M_{b\,max} = \dfrac{F_B\,(l_2 - x)}{2} = 12\,675\,N \cdot 0{,}91\,m = 11\,534\,Nm$

c) $W_{x\,erf} = \dfrac{M_{b\,max}}{\sigma_{b\,zul}} = \dfrac{11\,534 \cdot 10^3\,Nmm}{120\,\frac{N}{mm^2}} = 96{,}1 \cdot 10^3\,mm^3$

gewählt **IPE 160** mit $W_x = 109 \cdot 10^3\,mm^3$

**884.**

$G' = 59\,\dfrac{N}{m}\,; \quad F' = 20\,\dfrac{N}{m}$

$F'_{ges} = F' + G' = (59 + 20)\,\dfrac{N}{m} = 79\,\dfrac{N}{m}$

$F_{ges} = F'_{ges}\,l = 79\,\dfrac{N}{m} \cdot 5\,m = 395\,N$

$M_{b\,max} = \dfrac{F_{ges}}{8}\,l = 0{,}125\,F_{ges}\,l$

$W_x = 19{,}5 \cdot 10^3\,mm^3$

$\sigma_{b\,vorh} = \dfrac{M_{b\,max}}{W_x} = \dfrac{0{,}125 \cdot 395\,N \cdot 5 \cdot 10^3\,mm}{20 \cdot 10^3\,mm^3} = 12{,}3\,\dfrac{N}{mm^2}$

**885.**

a) Stützkräfte wie üblich: $F_A = 500\,N$; $F_B = 300\,N$

b)

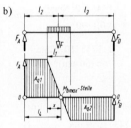

$\dfrac{F}{l_1} = \dfrac{F_A}{x} \;\Longrightarrow\; x = \dfrac{F_A}{F}\,l_1 = \dfrac{500\,N}{800\,N} \cdot 200\,mm = 125\,mm$

$l_4 = l_2 - \dfrac{l_1}{2} + x = (300 - 100 + 125)\,mm = 325\,mm$

c) $M_{b\,max} \triangleq A_{q1} = A_{q2}$

$M_{b\,max} = \dfrac{l_4 + (l_2 - \frac{l_1}{2})}{2} \cdot F_A = 131{,}25 \cdot 10^3\,Nmm$

d) $d_{erf} = \sqrt[3]{\dfrac{M_{b\,max}}{0{,}1 \cdot \sigma_{b\,zul}}}$

$d_{erf} = \sqrt[3]{\dfrac{131{,}25 \cdot 10^3\,Nmm}{0{,}1 \cdot 80\,\frac{N}{mm^2}}} = 25{,}5\,mm$

$d = 26\,mm$ ausgeführt

**886.**

a)

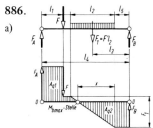

$$F_1 = F'l_2 = 2\,\frac{kN}{m} \cdot 3\,m = 6\,kN$$

$$\Sigma M_{(B)} = 0 = -F_A\,l_4 + F(l_4 - l_1) + F_1\,l_3$$

$$F_A = \frac{F(l_4 - l_1) + F_1\,l_3}{l_4} = 7\,000\,N$$

$$F_B = 5\,000\,N$$

$$\frac{F_1}{l_2} = \frac{F_B}{x} \implies x = \frac{F_B}{F_1}\,l_2 = 2,5\,m$$

b) $M_{b\,max} \stackrel{\triangle}{=} A_{q1} = A_{q2}$

$$M_{b\,max} = \frac{l_5 + x + l_5}{2}\,F_B$$

$$M_{b\,max} = \frac{(1 + 2,5 + 1)\,m}{2} \cdot 5\,000\,N$$

$$M_{b\,max} = 11\,250\,Nm$$

**887.**

a)

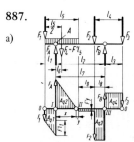

$$\Sigma M_{(A)} = 0 = F_1\,l_1 - F_4\,l_6 - F_2\,l_7 + F_B\,l_2 - F_3\,(l_2 + l_3)$$

$$F_B = \frac{F_3\,(l_2 + l_3) + F_2\,l_7 + F_4\,l_6 - F_1\,l_1}{l_2} = 6100\,N$$

$$F_A = 7400\,N$$

$F_4$ ist die Resultierende der Streckenlast $F'$, also

$$F_4 = F'l_5 = 2\,\frac{kN}{m} \cdot 3\,m = 6\,kN$$

b) Berechnung der Länge $x$ aus der Bedingung, daß an
der Trägerstelle II die Summe aller Querkräfte
$F_q = 0$ sein muß:

$$\Sigma F_q = 0 = -F_1 - F'l_1 + F_A - F'x$$

$$x = \frac{F_A - F_1 - F'l_1}{F'} = \frac{7,4\,kN - 1,5\,kN - 2\,\frac{kN}{m} \cdot 1\,m}{2\,\frac{kN}{m}}$$

$$x = 1,95\,m; \quad y = 0,05\,m$$

$$A_{q1} = F_1\,l_1 + \frac{F'l_1}{2} = 2,5\,kNm$$

$$A_{q2} = (F_A - F'l_1 - F_1) \cdot \frac{x}{2} = 3,803\,kNm$$

$$A_{q3} = F_2\,l_8 + F'y\,(l_8 + l_9) + \frac{F' \cdot y \cdot y}{2} = 4,5\,kNm$$

$$A_{q4} = F_3\,l_3 = 3\,kNm$$

$$M_{b\,I} \stackrel{\triangle}{=} A_{q1} = 2500\,Nm$$
$$M_{b\,II} \stackrel{\triangle}{=} A_{q2} - A_{q1} = 1303\,Nm$$
$$M_{b\,III} \stackrel{\triangle}{=} A_{q4} = 3000\,Nm = M_{b\,max}$$

c) $$W_{x\,erf} = \frac{M_{b\,max}}{\sigma_{b\,zul}} = \frac{3000 \cdot 10^3\,Nmm}{120\,\frac{N}{mm^2}} = 25 \cdot 10^3\,mm^3$$

gewählt IPE 100 mit $W_x = 34,2 \cdot 10^3\,mm^3$

**888.**

a)

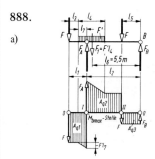

$$\Sigma M_{(B)} = 0 = F'(l_1 + l_2) - F_A\,l_2 + F_1\,l_6 + Fl_5$$

$$F_A = \frac{F(l_1 + l_2) + F_1\,l_6 + Fl_5}{l_2} = 44,3\,kN$$

$$F_B = 7,7\,kN$$

Die Querkraftfläche $A_{q1}$ (von I nach links gesehen)
ist deutlich erkennbar größer als $A_{q3}$ (von II nach
rechts gesehen), also gilt:

$$M_{b\,max} \stackrel{\triangle}{=} A_{q1} = F(l_3 + l_7) + \frac{F'\,l_7\,l_7}{2}$$

$$M_{b\,max} = 20\,kN \cdot 2\,m + \frac{4\,kN \cdot 1\,m^2}{m \cdot 2}$$

$$M_{b\,max} = 42\,kNm = 42 \cdot 10^6\,Nmm$$

b) $$e_1 = \frac{A_1\,y_1 + A_2\,y_2 + A_3\,y_3}{A}$$

$$A_1 = (20 \cdot 5)\,cm^2 = 100\,cm^2; \quad y_1 = 2,5\,cm$$
$$A_2 = (4 \cdot 14)\,cm^2 = 56\,cm^2; \quad y_2 = 12\,cm$$
$$A_3 = (20 \cdot 6)\,cm^2 = 120\,cm^2; \quad y_3 = 22\,cm$$
$$A = \Sigma A = 276\,cm^2$$

$$e_1 = \frac{[(100 \cdot 2,5) + (56 \cdot 12) + (120 \cdot 22)]\,cm^3}{276\,cm^2}$$

$$e_1 = 12,9\,cm = 129\,mm$$

c) $I_{x1} = \dfrac{200 \cdot 50^3}{12}$ mm$^4$ = 2,083 $\cdot$ 10$^6$ mm$^4$

$I_{x2} = \dfrac{40 \cdot 140^3}{12}$ mm$^4$ = 9,157 $\cdot$ 10$^6$ mm$^4$

$I_{x3} = \dfrac{200 \cdot 60^3}{12}$ mm$^4$ = 3,6 $\cdot$ 10$^6$ mm$^4$

$l_{1y} = e_1 - y_1 = 104,05$ mm

$l_{2y} = e_1 - y_2 = 9,05$ mm

$l_{3y} = e_1 - y_3 = -90,95$ mm

$I_x = I_{x1} + A_1 l_{1y}^2 + I_{x2} + A_2 l_{2y}^2 + I_{x3} + A_3 l_{3y}^2$

$I_x = 222,8 \cdot 10^6$ mm$^4$

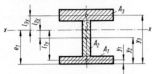

d) $W_{x1} = \dfrac{I_x}{e_1} = 1,7265 \cdot 10^6$ mm$^3$

$W_{x2} = \dfrac{I_x}{e_2} = 1,8421 \cdot 10^6$ mm$^3$

e) $\sigma_{b1} = \dfrac{M_{b\,max}}{W_{x1}} = \dfrac{42 \cdot 10^6 \text{ Nmm}}{1,7265 \cdot 10^6 \text{ mm}^3} = 24,3$ N/mm$^2$

$\sigma_{b2} = \dfrac{M_{b\,max}}{W_{x2}} = 22,8$ N/mm$^2$

f) $\sigma_{b\,max} = \sigma_{b1} = 24,3$ N/mm$^2$

tritt als Druckspannung an der unteren Profilseite auf.

**889.**

a) $F_{1\,res} = F_1' l_2 = 4$ kN/m $\cdot$ 0,45 m = 1,8 kN

$F_{2\,res} = F_2' l_4 = 6$ kN/m $\cdot$ 0,3 m = 1,8 kN

$\Sigma M_{(A)} = 0 = F_1 l_1 - F_{1\,res}\left(l_1 + \dfrac{l_2}{2}\right) - F_2(l_1 + l_2)$

$\qquad + F_B l_5 - F_{2\,res}\left(l_5 + \dfrac{l_4}{2}\right) + F_3(l_4 + l_5)$

$F_B = 1,075$ kN; $\quad F_A = 525$ kN

b) $M_{b\,max} = A_{q1} = (F_A + F_1)(l_1 + l_2) - F_1 l_1 - \dfrac{F_{1\,res} l_2}{2}$

$M_{b\,max} = 1310$ Nm

**890.**

a)

$\Sigma M_{(B)} = 0 = F_1(l_2 + l_1) + F_{1\,res} l_3 - F_A l_1 + F_{2\,res} l_4$

$\qquad - F_{1\,res} l_5 - F_2 l_2$

$(F_{1\,res} = F_1' l_2; \quad F_{2\,res} = F_2' l_1)$

$F_A = \dfrac{F_1(l_1 + l_2) + F_1' l_2 l_3 + F_2' l_1 l_4 - F_1' l_2 l_5 - F_2 l_2}{l_1}$

$F_A = 31,36$ kN $\qquad F_B = 34,64$ kN

b) Die Querkraftfläche $A_{q4}$ (von III nach rechts gesehen) ist erkennbar größer als $A_{q1}$ (von I nach links gesehen); ebenso ist die Summe $-A_{q1} + A_{q2}$ gewiß kleiner als $A_{q4}$. Daher gilt:

$M_{b\,max} \,\hat{=}\, A_{q4} = F_2 l_2 + \dfrac{F_1' l_2 l_2}{2}$

$M_{b\,max} = 8$ kN $\cdot$ 0,8 m $+ \dfrac{13,75 \,\frac{\text{kN}}{\text{m}} \cdot 0,64\,\text{m}^2}{2}$

$M_{b\,max} = 10,8$ kNm = 10,8 $\cdot$ 10$^6$ Nmm

c) $\sigma_{b\,vorh} = \dfrac{M_{b\,max}}{W} = 5,2 \,\dfrac{\text{N}}{\text{mm}^2}$

**891.**

a) $l_7 = 4$ m; $\quad l_8 = 1$ m; $\quad l_9 = 5,5$ m

$F_{1\,res} = F_1' l_7 = 6$ kN/m $\cdot$ 4 m = 24 kN

$F_{2\,res}' = F_2' l_4 = 3$ kN/m $\cdot$ 5 m = 15 kN

$\Sigma M_{(A)} = 0 = -F_{1\,res} l_8 - F_1 l_2 - F_2 l_3 - F_{2\,res} l_9$

$\qquad + F_B(l_3 + l_5) - F_3(l_3 + l_5 + l_6)$

$F_B = 61,92$ kN; $\quad F_A = 42,08$ kN

b) $M_{bI} \triangleq A_{q1} = \dfrac{F_1' l_1}{2} = 3 \text{ kNm}$

$M_{bII} \triangleq A_{q2} - A_{q1} = (F_A - F_1' l_1) l_2 - \dfrac{F_1' l_2}{2} l_2 - A_{q1}$

$M_{bII} = 44{,}25 \text{ kNm}$

$M_{bIII} \triangleq A_{q4} = (F_3 + F_2' l_6) l_6 - F_2' l_6 \dfrac{l_6}{2} = 36 \text{ kNm}$

$M_{b\,max} = M_{b\,II} = 44{,}25 \text{ kNm}$

c) $W_{erf} = \dfrac{M_{b\,max}}{\sigma_{b\,zul}} = \dfrac{44\,250 \cdot 10^3 \text{ Nmm}}{140 \text{ N/mm}^2} = 316 \cdot 10^3 \text{ mm}^3$

gewählt IPE 240 mit $W_x = 324 \cdot 10^3 \text{ mm}^3$

**892.**

a) $F_A = F_B = 150 \text{ kN}$

b)

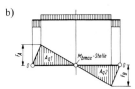

$M_{b\,max} \triangleq A_{q1} = A_{q2}$

$M_{b\,max} = \dfrac{F_A(l_1 + l_2)}{2} = 150 \text{ kN} \cdot \dfrac{0{,}1 \text{ m}}{2} = 7{,}5 \text{ kNm}$

c) $d_{erf} = \sqrt[3]{\dfrac{M_{b\,max}}{0{,}1 \cdot \sigma_{b\,zul}}} = \sqrt[3]{\dfrac{7500 \cdot 10^3 \text{ Nmm}}{0{,}1 \cdot 140 \ \frac{N}{mm^2}}} = 82 \text{ mm}$

d) $\tau_{a\,vorh} = \dfrac{F}{A} = \dfrac{300\,000 \text{ N}}{2 \cdot \frac{\pi}{4}(82 \text{ mm})^2} = 28{,}4 \ \dfrac{N}{mm^2}$

e) $p_{vorh} = \dfrac{F}{A_{proj}} = \dfrac{300\,000 \text{ N}}{2 \cdot 82 \text{ mm} \cdot 18 \text{ mm}} = 101{,}6 \ \dfrac{N}{mm^2}$

f) $p_{vorh} = \dfrac{F}{A_{proj}} = \dfrac{300\,000 \text{ N}}{82 \text{ mm} \cdot 164 \text{ mm}} = 22{,}3 \ \dfrac{N}{mm^2}$

**893.**

a) $F_A = F_B = F/2 = 70 \text{ kN} = 70\,000 \text{ N}$

$\tau_a = \dfrac{F}{2 \ \dfrac{d^2 \pi}{4}} = \dfrac{4F}{2 \pi d^2}$

$d_{erf} = \sqrt{\dfrac{2F}{\pi \tau_{a\,zul}}} = 27{,}3 \text{ mm}$

$d_{gewählt} = 28 \text{ mm (Normmaß)}$

b)

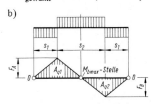

$M_{b\,max} \triangleq A_{q1} = A_{q2}$

$M_{b\,max} = \dfrac{F_A\left(s_1 + \dfrac{s_2}{2}\right)}{2} = \dfrac{70 \text{ kN}\left(30 + \dfrac{60}{2}\right) \text{mm}}{2}$

$= 2100 \text{ kNmm}$

$\sigma_{b\,vorh} = \dfrac{M_{b\,max}}{0{,}1 \cdot d^3} = \dfrac{2100 \cdot 10^3 \text{ Nmm}}{0{,}1 \cdot 28^3 \text{ mm}^3}$

$= 957 \text{ N/mm}^2$

c) $\sigma_{b\,vorh} = 957 \text{ N/mm}^2 > \sigma_{b\,zul} = 140 \text{ N/mm}^2$

$d_{erf} = \sqrt[3]{\dfrac{M_{b\,max}}{0{,}1 \cdot \sigma_{b\,zul}}} = \sqrt[3]{\dfrac{2100 \cdot 10^3 \text{ Nmm}}{0{,}1 \cdot 140 \text{ N/mm}^2}}$

$= 53{,}1 \text{ mm}$

ausgeführt $d = 53{,}5 \text{ mm}$

d) $\tau_{a\,vorh} = \dfrac{4F}{2\pi d^2} = 31 \text{ N/mm}^2$

e) $p_{vorh} = \dfrac{F}{d s_2} = \dfrac{140 \cdot 10^3 \text{ N}}{53{,}5 \text{ mm} \cdot 60 \text{ mm}} = 43{,}6 \text{ N/mm}^2$

**894.**

a)

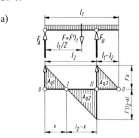

$\Sigma M_{(B)} = 0 = -F_A l_2 + F' l_1 \left(l_2 - \dfrac{l_1}{2}\right)$

$F_A = \dfrac{F' l_1 (l_2 - \dfrac{l_1}{2})}{l_2} = F'x \quad \text{(siehe Querkraftfläche)}$

$x = \dfrac{l_1}{l_2}\left(l_2 - \dfrac{l_1}{2}\right) = l_1 - \dfrac{l_1^2}{2 l_2}$

$A_{q1} = A_{q3}$

$\dfrac{F'x \cdot x}{2} = \dfrac{F'x \cdot (l_1 - l_2)}{2}$

$x = l_1 - l_2$

$l_1 - l_2 = l_1 - \dfrac{l_1^2}{2 l_2}$

$l_2^2 = \dfrac{l_1^2}{2}$

$l_2 = \dfrac{l_1}{\sqrt{2}} = \dfrac{4 \text{ m}}{\sqrt{2}} = 2{,}828 \text{ m}$

*Hinweis:*

1. Der Flächeninhalt der beiden positiven Querkraftflächen $A_{q1}$ und $A_{q3}$ muß gleich dem der negativen Querkraftfläche $A_{q2}$ sein (wegen $\Sigma M = 0$).

2. $M_{b\,max}$ kann nur dann den kleinsten Betrag annehmen, wenn die Biegemomente in I und II gleich groß sind ($A_{q1} = A_{q3}$).

3. Die Stützkraft $F_A$ ergibt sich aus der Bedingung (siehe Querkraftfläche), daß (von links aus gesehen) im Schnitt I die Querkraftsumme gleich Null ist: $\Sigma F_q = 0 = F_A - F'x \implies F_A = F'x$.

4. Aus den beiden voneinander unabhängigen Gleichungen $\Sigma M = 0$ und $A_{q1} = A_{q3}$ ergibt sich je eine Beziehung für $x$ und daraus durch Gleichsetzen die Beziehung für $l_2$.

b) $M_{b\,max} \stackrel{\wedge}{=} A_{q1}$;   $x = l_1 - l_2 = 1{,}171\,m$

$$M_{b\,max} = \frac{F'x^2}{2} = \frac{2{,}5\,\frac{kN}{m} \cdot (1{,}171\,m)^2}{2} = 1{,}714\,kNm$$

## 895.

$$f = \frac{F l^3}{3 E I}; \quad I = \frac{b h^3}{12}$$

$$F = \frac{3 E I f}{l^3} = \frac{3 \cdot 2{,}1 \cdot 10^5 \frac{N}{mm^2} \cdot \frac{10}{12}\,mm^4 \cdot 12\,mm}{60^3\,mm^3} = 29{,}2\,N$$

## 896.

a) $f_a = \dfrac{F l^3}{3 E I}$

$I = I_x = 171 \cdot 10^4\,mm^4$

$$f_a = \frac{10^3\,N \cdot (1200\,mm)^3}{3 \cdot 2{,}1 \cdot 10^5 \frac{N}{mm^2} \cdot 171 \cdot 10^4\,mm^4} = 1{,}6\,mm$$

b) $F_{res} = F' l = 4\,\dfrac{kN}{m} \cdot 1{,}2\,m = 4{,}8\,kN$

$$f_b = \frac{F_{res} l^3}{8 E I} = \frac{4{,}8 \cdot 10^3\,N \cdot (1200\,mm)^3}{8 \cdot 2{,}1 \cdot 10^5 \frac{N}{mm^2} \cdot 171 \cdot 10^4\,mm^4}$$

$= 2{,}89\,mm$

c) $G = G' l = 79\,\dfrac{N}{m} \cdot 1{,}2\,m = 94{,}8\,N$

$$f_c = \frac{G l^3}{8 E I} = \frac{94{,}8\,N \cdot (1200\,mm)^3}{8 \cdot 2{,}1 \cdot 10^5 \frac{N}{mm^2} \cdot 171 \cdot 10^4\,mm^4}$$

$f_c = 0{,}057\,mm$

d) $f_{res} = f_a + f_b + f_c = 4{,}547\,mm$

## 897.

a) $W = \dfrac{\pi}{32} d^3 = \dfrac{\pi}{32} \cdot (30\,mm)^3 = 2651\,mm^3$

$$I = W_x \frac{d}{2} = 2651\,mm^3 \cdot 15\,mm = 39765\,mm^4$$

$$\sigma_{b\,max} = \frac{M_{b\,max}}{W} = \frac{2000\,N \cdot 200\,mm}{2651\,mm^3} = 151\,\frac{N}{mm^2}$$

b) $f = \dfrac{F l^3}{48 E I}$

$$f = \frac{4000\,N \cdot (4000\,mm)^3}{48 \cdot 2{,}1 \cdot 10^5 \frac{N}{mm^2} \cdot 39765\,mm^4} = 0{,}64\,mm$$

c) $\tan \alpha = \dfrac{3 f}{l}$

$$\alpha = \arctan \frac{3 f}{l} = \arctan \frac{3 \cdot 0{,}64\,mm}{400\,mm} = 0{,}275°$$

d) Die Durchbiegung vervielfacht sich (bei sonst gleichbleibenden Größen) entsprechend der Durchbiegungsgleichung im Verhältnis:

$$\frac{E_{St}}{E_{Al}} = \frac{2{,}1 \cdot 10^5 \frac{N}{mm^2}}{0{,}7 \cdot 10^5 \frac{N}{mm^2}} = 3$$

$$f_{Al} = 3 \cdot f_{St} = 3 \cdot 0{,}64\,mm = 1{,}92\,mm$$

e) Aus der Gleichung $f = \dfrac{F l^3}{48 E I}$ ist zu erkennen, daß das Produkt $E I$ den gleichen Wert erhalten muß. Da $E_{Al}$ nur $\frac{1}{3} E_{St}$ ist, muß $I_{Al} = 3 \cdot I_{St}$ werden:

$I_{erf} = 3 \cdot I_{St} = 3 \cdot 39765\,mm^4 = 119295\,mm^4$

$I = \dfrac{\pi}{64} d^4$

$$d_{erf} = \sqrt[4]{\frac{64 I_{erf}}{\pi}} = \sqrt[4]{\frac{64}{\pi} \cdot 11{,}93 \cdot 10^4\,mm^4} = 39{,}48\,mm$$

## Beanspruchung auf Knickung

Für alle Aufgaben: siehe Arbeitsplan für Knickungsaufgaben im Lehrbuch.

### 898.

Da hier Durchmesser $d$ und freie Knicklänge $s$ bekannt sind, wird der Schlankheitsgrad $\lambda$ als erstes bestimmt. Damit kann festgestellt werden, ob elastische oder unelastische Knickung vorliegt (*Hinweis:* Für Kreisquerschnitt ist der Trägheitsradius $i = d/4$.).

$$\lambda = \frac{s}{i} = \frac{4s}{d} = \frac{4 \cdot 250\,\text{mm}}{8\,\text{mm}} = 125 > \lambda_0 = 89$$

Da $\lambda = 125 > \lambda_0 = 89$ ist, liegt elastische Knickung vor (Eulerfall); damit gilt:

$$F_K = \frac{E I_{min} \pi^2}{s^2}; \qquad I_{min} = \frac{\pi}{64} d^4$$

$$F_K = \frac{2,1 \cdot 10^5 \frac{\text{N}}{\text{mm}^2} \cdot \frac{\pi}{64} \cdot (8\,\text{mm})^4 \cdot \pi^2}{(250\,\text{mm})^2} = 6668\,\text{N}$$

$$F = \frac{F_K}{\nu} = \frac{6668\,\text{N}}{10} = 667\,\text{N}$$

### 899.

a) $M_{b\,max} = F r$

$$d_{erf} = \sqrt[3]{\frac{M_{b\,max}}{0,1 \cdot \sigma_{b\,zul}}} = \sqrt[3]{\frac{400\,\text{N} \cdot 350\,\text{mm}}{0,1 \cdot 140 \frac{\text{N}}{\text{mm}^2}}} = 21,6\,\text{mm}$$

$d = 22\,\text{mm}$

b) $F r = F_{Stempel}\, r_0; \qquad r_0 = \dfrac{z\,m}{2}$

$$F_{Stempel} = \frac{F r}{r_0} = \frac{2 F r}{z m} = \frac{2 \cdot 400\,\text{N} \cdot 350\,\text{mm}}{30 \cdot 5\,\text{mm}} = 1867\,\text{N}$$

$$\lambda = \frac{s}{i} = \frac{4 \cdot 2 l}{d_2} = \frac{4 \cdot 800\,\text{mm}}{36\,\text{mm}}$$

$\lambda = 88,9 \approx 89 = \lambda_0 = 89$; also gerade noch Eulerfall.

$$I_{min} = \frac{\pi}{64} d_2^4 = \frac{\pi}{64} \cdot (36\,\text{mm})^4 = 82448\,\text{mm}^4$$

$$F_{Stempel} \cdot \nu = \frac{E I_{min} \pi^2}{(2 l)^2}$$

$$\nu = \frac{2,1 \cdot 10^5 \frac{\text{N}}{\text{mm}^2} \cdot 82448\,\text{mm}^4 \cdot \pi^2}{(800\,\text{mm})^2 \cdot 1867\,\text{N}} = 143$$

### 900.

a) $A_{3\,erf} = \dfrac{F}{\sigma_{d\,zul}} = \dfrac{800 \cdot 10^3\,\text{N}}{100 \frac{\text{N}}{\text{mm}^2}} = 8000\,\text{mm}^2$

b) gewählt Tr 120 × 14 DIN 103
mit $A_3 = 8495\,\text{mm}^2$

c) $m_{erf} = \dfrac{F P}{\pi d_2 H_1 p_{zul}}$

$$m_{erf} = \frac{800 \cdot 10^3\,\text{N} \cdot 14\,\text{mm}}{\pi \cdot 113\,\text{mm} \cdot 7\,\text{mm} \cdot 30 \frac{\text{N}}{\text{mm}^2}} = 150,2\,\text{mm}$$

$m = 150\,\text{mm}$ ausgeführt

d) $\lambda = \dfrac{s}{i} = \dfrac{4 s}{d_3} = \dfrac{6400\,\text{mm}}{104\,\text{mm}} = 61,5 < \lambda_{0,\,St\,50} = 89,$

Es liegt unelastische Knickung vor (Tetmajer).

e) $\sigma_K = 335 - 0,62 \cdot \lambda$

(Zahlenwertgleichung)

$$\sigma_K = 335 - 0,62 \cdot 61,5 = 297 \frac{\text{N}}{\text{mm}^2}$$

f) $\sigma_{d\,vorh} = \dfrac{F}{A_3} = \dfrac{800 \cdot 10^3\,\text{N}}{8,495 \cdot 10^3\,\text{mm}^2} = 94,2 \frac{\text{N}}{\text{mm}^2}$

g) $\nu = \dfrac{\sigma_K}{\sigma_{d\,vorh}} = \dfrac{297 \frac{\text{N}}{\text{mm}^2}}{94,2 \frac{\text{N}}{\text{mm}^2}} = 3,15$

### 901.

$$I_{erf} = \frac{\nu F s^2}{E \pi^2}$$

$$I_{erf} = \frac{8 \cdot 6000\,\text{N} \cdot (600\,\text{mm})^2}{2,1 \cdot 10^5 \frac{\text{N}}{\text{mm}^2} \cdot \pi^2} = 8337\,\text{mm}^4$$

$$I = \frac{\pi}{64} d^4$$

$$d_{erf} = \sqrt[4]{\frac{64 \cdot I_{erf}}{\pi}} = \sqrt[4]{\frac{64 \cdot 8337\,\text{mm}^4}{\pi}} = 20,3\,\text{mm}$$

$d = 21\,\text{mm}$ gewählt

$\lambda$-Kontrolle:

$$\lambda = \frac{4 s}{d} = \frac{4 \cdot 600\,\text{mm}}{21\,\text{mm}} = 114 > \lambda_0 = 89;$$

Es war richtig, nach Euler zu rechnen; die Rechnung ist beendet.

### 902.

a) $M_{RG} = F r_2 \tan(\alpha + \rho')$

*Hinweis:* Es tritt keine Reibung an der Mutterauflage auf, daher wird nicht mit
$M_A = F[r_2 \tan(\alpha + \rho') + \mu_a r_a]$ gerechnet
$(F \mu_a r_a = 0)$.

$M_{RG} = F_h l_1 = 150\,\text{N} \cdot 200\,\text{mm} = 30000\,\text{Nmm}$
$r_2 = 18,376\,\text{mm}/2 = 9,188\,\text{mm}$

$$\tan \alpha = \frac{P}{2 \pi r_2}$$

$$\alpha = \arctan \frac{2,5\,\text{mm}}{2 \pi \cdot 9,188\,\text{mm}} = 2,48°$$

$\rho' = 10,2°$ für St/Bz – trocken –

$\tan(\alpha + \rho') = \tan 12,68°$

$$F = \frac{M_{RG}}{r_2 \tan(\alpha + \rho')} = \frac{30000\,\text{Nmm}}{9,188\,\text{mm} \cdot \tan 12,68°} = 14512\,\text{N}$$

b) $\sigma_{d\,vorh} = \dfrac{F}{A_S} = \dfrac{14512\,\text{N}}{245\,\text{mm}^2} = 59,2\,\dfrac{\text{N}}{\text{mm}^2}$

c) $m_{erf} = \dfrac{F\,P}{\pi\,d_2\,H_1\,p_{zul}}$

$$m_{erf} = \frac{14512\,\text{N} \cdot 2,5\,\text{mm}}{\pi \cdot 18,376\,\text{mm} \cdot 1,353\,\text{mm} \cdot 12\,\dfrac{\text{N}}{\text{mm}^2}} = 38,7\,\frac{\text{N}}{\text{mm}^2}$$

$m = 40\,\text{mm}$ ausgeführt

d) $\lambda = \dfrac{4\,s}{d_3} = \dfrac{4 \cdot 380\,\text{mm}}{16,933\,\text{mm}} = 89,8 > \lambda_0 = 89$ (Eulerfall)

$$\nu_{vorh} = \frac{\sigma_K}{\sigma_{d\,vorh}} = \frac{E\,\pi^2}{\lambda^2\,\sigma_{d\,vorh}}$$

$$\nu_{vorh} = \frac{2,1 \cdot 10^5\,\dfrac{\text{N}}{\text{mm}^2} \cdot \pi^2}{89,8^2 \cdot 59,2\,\dfrac{\text{N}}{\text{mm}^2}} = 4,3$$

**903.**

a)

Lageskizze        Krafteckskizze

$\tan \alpha = \dfrac{l_3}{l_1}$

$\alpha = \arctan \dfrac{0,75\,\text{m}}{1,7\,\text{m}} = 23,8°$

$\tan \beta = \dfrac{l_3}{l_2}$

$\beta = \arctan \dfrac{0,75\,\text{m}}{0,7\,\text{m}} = 47°$

$\dfrac{F}{\sin(\alpha + \beta)} = \dfrac{F_1}{\sin(90° - \beta)}$

$F_1 = F \dfrac{\sin(90° - \beta)}{\sin(\alpha + \beta)} = 20\,\text{kN} \cdot \dfrac{\sin 43°}{\sin 70,8°} = 14,44\,\text{kN}$

$\dfrac{F}{\sin(\alpha + \beta)} = \dfrac{F_2}{\sin(90° - \alpha)}$

$F_2 = F \dfrac{\sin(90° - \alpha)}{\sin(\alpha + \beta)} = 20\,\text{kN} \cdot \dfrac{\sin 66,2°}{\sin 70,8°} = 19,38\,\text{kN}$

$\sigma_z = \dfrac{F}{S} = \dfrac{4F}{\pi d^2}$

$$d_{1\,erf} = \sqrt{\frac{4F_1}{\pi\,\sigma_{z\,zul}}} = \sqrt{\frac{4 \cdot 14440\,\text{N}}{\pi \cdot 120\,\dfrac{\text{N}}{\text{mm}^2}}} = 12,4\,\text{mm}$$

$d_1 = 13\,\text{mm}$ ausgeführt

$$d_{2\,erf} = \sqrt{\frac{4F_2}{\pi\,\sigma_{z\,zul}}} = \sqrt{\frac{4 \cdot 19380\,\text{N}}{\pi \cdot 120\,\dfrac{\text{N}}{\text{mm}^2}}} = 14,3\,\text{mm}$$

$d_2 = 15\,\text{mm}$ ausgeführt

b)

Lageskizze        Krafteckskizze

$F_{s1} = F_1 \cos \alpha = 14440\,\text{N} \cdot \cos 23,8° = 13215\,\text{N}$

$F_{K1} = F_1 \sin \alpha = 14440\,\text{N} \cdot \sin 23,8° = 5828\,\text{N}$

$F_{K2} = F - F_{K1} = 20000\,\text{N} - 5828\,\text{N} = 14172\,\text{N}$

$S_K = 2\,\dfrac{\pi}{4}\,d_K^2 = \dfrac{\pi}{2}\,d_K^2 = \dfrac{\pi}{2}\,(13\,\text{mm})^2 = 265\,\text{mm}^2$

$\sigma_{z1\,vorh} = \dfrac{F_{K1}}{S_K} = \dfrac{5828\,\text{N}}{265\,\text{mm}^2} = 22\,\dfrac{\text{N}}{\text{mm}^2}$

$\sigma_{z2\,vorh} = \dfrac{F_{K2}}{S_K} = \dfrac{14172\,\text{N}}{265\,\text{mm}^2} = 53,5\,\dfrac{\text{N}}{\text{mm}^2}$

c) $\sigma_{d\,vorh} = \dfrac{F_{s1}}{S_s} = \dfrac{13215\,\text{N}}{\dfrac{\pi}{4}(60^2 - 50^2)\,\text{mm}^2} = 15,3\,\dfrac{\text{N}}{\text{mm}^2}$

d) $i = 0,25\,\sqrt{D^2 + d^2}$

$i = 0,25\,\sqrt{(60^2 + 50^2)\,\text{mm}^2} = 19,5\,\text{mm}$

$\lambda = \dfrac{s}{i} = \dfrac{2400\,\text{mm}}{19,5\,\text{mm}} = 123 > \lambda_0 = 105$

Also liegt elastische Knickung vor (Eulerfall):

$$\nu_{vorh} = \frac{\sigma_K}{\sigma_{d\,vorh}} = \frac{E\,\pi^2}{\lambda^2\,\sigma_{d\,vorh}} = \frac{2,1 \cdot 10^5\,\dfrac{\text{N}}{\text{mm}^2} \cdot \pi^2}{123^2 \cdot 15,3\,\dfrac{\text{N}}{\text{mm}^2}} = 9$$

**904.**

a)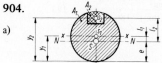

$A_1 = \dfrac{\pi}{4}\,d_1^2 = \dfrac{\pi}{4}\,(1,2\,\text{mm})^2 = 1,131\,\text{mm}^2$

$A_2 = (0,3 \cdot 0,4)\,\text{mm}^2 = 0,12\,\text{mm}^2$

$A = A_1 - A_2 = 1,011\,\text{mm}^2$

$y_1 = 0,6\,\text{mm};$        $y_2 = 1,05\,\text{mm}$

$$A e = A_1 y_1 - A_2 y_2$$

$$e = \frac{A_1 y_1 - A_2 y_2}{A} = \frac{(1,131 \cdot 0,6 - 0,12 \cdot 1,05)\,\text{mm}^3}{1,011\,\text{mm}^2}$$

$$e = 0,547\,\text{mm}$$

$$I_N = I_{x1} + A_1 l_1^2 - (I_{x2} + A_2 l_2^2)$$

$$l_1 = y_1 - e = (0,6 - 0,547)\,\text{mm} = 0,053\,\text{mm}$$

$$l_1^2 = 0,053^2\,\text{mm}^2 = 0,00281\,\text{mm}^2$$

$$l_2 = y_2 - e = (1,05 - 0,547)\,\text{mm} = 0,503\,\text{mm}$$

$$l_2^2 = 0,503^2\,\text{mm}^2 = 0,253\,\text{mm}^2$$

$$I_{x1} = \frac{\pi}{64} d_1^4 = \frac{\pi}{64}(1,2\,\text{mm})^4 = 0,10179\,\text{mm}^4$$

$$I_{x2} = \frac{b\,h^3}{12} = \frac{0,4\,\text{mm} \cdot (0,3\,\text{mm})^3}{12} = 0,0009\,\text{mm}^4$$

$$I_N = [(0,10179 + 1,131 \cdot 0,00281)$$
$$\qquad - (0,0009 + 0,12 \cdot 0,253)]\,\text{mm}^4$$

$$I_N = 0,07371\,\text{mm}^4$$

b) $\quad I_y = I_{y1} - I_{y2} = \frac{\pi}{64} d_1^4 - \frac{b\,h^3}{12}$

$$I_y = 0,10179\,\text{mm}^4 - \frac{0,3 \cdot 0,4^3\,\text{mm}^4}{12} = 0,1\,\text{mm}^4$$

c) $\quad i_N = \sqrt{\dfrac{I_N}{S}} = \sqrt{\dfrac{0,07371\,\text{mm}^4}{1,011\,\text{mm}^2}} = 0,27\,\text{mm}$

d) $\quad \lambda = \dfrac{s}{i_N} = \dfrac{2\,l}{i_N} = \dfrac{56\,\text{mm}}{0,27\,\text{mm}} = 207 > \lambda_0 = 89$

also Eulerfall (elastische Knickung)

e) $\quad F_K = \dfrac{E\,I_{\min}\,\pi^2}{s^2}$

$$F_K = \frac{2,1 \cdot 10^5\,\frac{\text{N}}{\text{mm}^2} \cdot 0,07371\,\text{mm}^4 \cdot \pi^2}{(56\,\text{mm})^2} = 48,7\,\text{N}$$

## 905.

a) $\quad G = mg = V \rho g = 25\,016\,\text{N}$

$$\Sigma F_y = 0 = F_A + F_B - 1,2\,\frac{G}{2}$$

$$\Sigma M_{(B)} = 0 = -F_A\,l + 1,2\,\frac{G}{2}\,l_1$$

$$F_A = \frac{1,2\,G\,l_1}{2\,l} = \frac{1,2 \cdot 25\,016\,\text{N} \cdot 1,5\,\text{m}}{2 \cdot 2,5\,\text{m}} = 9006\,\text{N}$$

$$F_B = \frac{1,2\,G}{2} - F_A = \frac{1,2 \cdot 25\,016\,\text{N}}{2} - 9006\,\text{N} = 6\,004\,\text{N}$$

$$M_{b\,\max} = F_B\,l_1 = 6004\,\text{N} \cdot 1,5\,\text{m} = 9006\,\text{Nm}$$

$$W_{\text{erf}} = \frac{M_{b\,\max}}{\sigma_{b\,\text{zul}}} = \frac{9006 \cdot 10^3\,\text{Nmm}}{120\,\frac{\text{N}}{\text{mm}^2}} = 75 \cdot 10^3\,\text{mm}^3$$

gewählt IPE 140 mit $W_x = 77,3 \cdot 10^3\,\text{mm}^3$

b) $\quad I_{\text{erf}} = \dfrac{\nu F s^2}{E\pi^2}$ $\quad$ Für die linke Stütze $A$ gerechnet:

$$\nu = 10; \quad F = F_A = 9006\,\text{N}; \quad s = 1500\,\text{mm};$$
$$E_{\text{Holz}} = 10\,000\,\text{N/mm}^2$$

$$I_{\text{erf}} = \frac{10 \cdot 9006\,\text{N} \cdot (1500\,\text{mm})^2}{10000\,\frac{\text{N}}{\text{mm}^2} \cdot \pi^2} = 205,3 \cdot 10^4\,\text{mm}^4$$

$$d_{\text{erf}} = \sqrt[4]{\frac{64\,I_{\text{erf}}}{\pi}} = \sqrt[4]{\frac{64 \cdot 205,3 \cdot 10^4\,\text{mm}^4}{\pi}} = 80,4\,\text{mm}$$

$$\lambda = \frac{s}{i} = \frac{4\,s}{d} = \frac{4 \cdot 1500\,\text{mm}}{80,4\,\text{mm}} = 74,6 < \lambda_0 = 100$$

also liegt unelastische Knickung vor (Tetmajerfall):
Da anzunehmen ist, daß $d \approx 81\,\text{mm}$ nicht ausreicht, erhöhen wir auf $d = 90\,\text{mm}$ und berechnen damit

$$\lambda_{\text{neu}} = \frac{4\,s}{d} = \frac{4 \cdot 1500\,\text{mm}}{90\,\text{mm}} = 66,7$$

Damit wird mit der zugehörigen Zahlenwertgleichung nach Tetmajer:

$$\sigma_K = 29,3 - 0,194 \cdot \lambda_{\text{neu}} = 16,4\,\frac{\text{N}}{\text{mm}^2}$$

$$\sigma_{d\,\text{vorh}} = \frac{F}{S} = \frac{9006\,\text{N}}{\frac{\pi}{4} \cdot (90\,\text{mm})^2} = 1,42\,\frac{\text{N}}{\text{mm}^2}$$

$$\nu_{\text{vorh}} = \frac{\sigma_K}{\sigma_{d\,\text{vorh}}} = \frac{16,4\,\frac{\text{N}}{\text{mm}^2}}{1,42\,\frac{\text{N}}{\text{mm}^2}} = 11,6$$

$\nu_{\text{vorh}}$ ist etwas größer als 10; eine weitere Rechnung mit $d = 87\,\text{mm}$ würde $\nu_{\text{vorh}} = 10$ ergeben. In der Praxis würde man sicherlich bei $d = 90\,\text{mm}$ bleiben.

## 906.

$$I_{\text{erf}} = \frac{\nu F s^2}{E\pi^2}$$

$$I_{\text{erf}} = \frac{3,5 \cdot 60 \cdot 10^3\,\text{N} \cdot (1350\,\text{mm})^2}{2,1 \cdot 10^5\,\frac{\text{N}}{\text{mm}^2} \cdot \pi^2} = 18,47 \cdot 10^4\,\text{mm}^4$$

$$d_{\text{erf}} = \sqrt[4]{\frac{64 \cdot I_{\text{erf}}}{\pi}} = \sqrt[4]{\frac{64 \cdot 18,47 \cdot 10^4\,\text{mm}^4}{\pi}} = 44\,\text{mm}$$

## 907.

Die in der Schubstange wirkende Kolben-Druckkraft beträgt $F_S = 24,99\,\text{kN}$ (Aufgabe 91.). Damit wird

$$I_{\text{erf}} = \frac{\nu F_S s^2}{E\pi^2} = \frac{6 \cdot 24990\,\text{N} \cdot (400\,\text{mm})^2}{210000\,\frac{\text{N}}{\text{mm}^2}} = 11575\,\text{mm}^4$$

$$d_{\text{erf}} = \sqrt[4]{\frac{64\,I_{\text{erf}}}{\pi}} = \sqrt[4]{\frac{64 \cdot 11\,575\,\text{mm}^4}{\pi}} = 22,2\,\text{mm}$$

$$\lambda = \frac{s}{i} = \frac{4\,s}{d} = \frac{4 \cdot 400\,\text{mm}}{22,2\,\text{mm}} = 72 < \lambda_0 = 89,$$

d.h. es liegt unelastische Knickung vor (Tetmajerfall).

Wie in Aufgabe 905 erhöht man den Durchmesser, hier z. B. auf $d = 25$ mm. Damit wird

$$\lambda_{neu} = \frac{4\,s}{d} = \frac{1600\,\text{mm}}{25\,\text{mm}} = 64$$

und nach Tetmajer:

$$\sigma_K = 335 - 0{,}62 \cdot \lambda_{neu} = 295{,}3\ \frac{\text{N}}{\text{mm}^2}$$

$$\sigma_{d\ vorh} = \frac{F_S}{S} = \frac{24990\,\text{N}}{\frac{\pi}{4}\cdot(25\,\text{mm})^2} = 50{,}9\ \frac{\text{N}}{\text{mm}^2}$$

$$\nu_{vorh} = \frac{\sigma_K}{\sigma_{d\ vorh}} = \frac{295{,}3\ \frac{\text{N}}{\text{mm}^2}}{50{,}9\ \frac{\text{N}}{\text{mm}^2}} = 5{,}8$$

$\nu_{vorh}$ ist noch etwas kleiner als $\nu_{erf} = 6$, d. h. der Durchmesser muß noch etwas erhöht und die Rechnung von $\lambda_{neu} = \dots$ an wiederholt werden. Mit $d = 26$ mm ergibt sich $\nu_{vorh} = 6{,}3$.

## 908.

Die Pleuelstange würde um die (senkrechte) $y$-Achse knicken, denn ganz sicher ist $I_y = I_{min} < I_x$.

$$I_{min} = \frac{10\,\text{mm}\cdot(20\,\text{mm})^3 + 30\,\text{mm}\cdot(15\,\text{mm})^3}{12}$$
$$= 15104\,\text{mm}^4$$

($I_x = 95417\,\text{mm}^4$, also wesentlich größer als $I_{min}$.)

$$i = \sqrt{\frac{I_{min}}{S}}$$

$$S = Hb - (b-s)h = [40\cdot20 - (20-15)\cdot30]\,\text{mm}^2$$
$$S = 650\,\text{mm}^2$$

$$i = \sqrt{\frac{15104\,\text{mm}^4}{650\,\text{mm}^2}} = 4{,}82\,\text{mm}$$

$$\lambda = \frac{s}{i} = \frac{370\,\text{mm}}{4{,}82\,\text{mm}} = 76{,}8 < \lambda_0 = 89 \quad \text{(Tetmajerfall)}:$$

$$\sigma_K = 335 - 0{,}62\cdot\lambda = 287{,}4\ \frac{\text{N}}{\text{mm}^2}$$

$$\sigma_{d\ vorh} = \frac{F}{S} = \frac{16000\,\text{N}}{650\,\text{mm}^2} = 24{,}6\ \frac{\text{N}}{\text{mm}^2}$$

$$\nu_{vorh} = \frac{\sigma_K}{\sigma_{d\ vorh}} = \frac{287{,}4\ \frac{\text{N}}{\text{mm}^2}}{24{,}6\ \frac{\text{N}}{\text{mm}^2}} = 11{,}7$$

## 909.

$$\sin\alpha = \frac{100\,\text{mm}}{550\,\text{mm}} = 0{,}1818$$
$$\alpha = 10{,}5°$$

$$\Sigma M_{(A)} = 0 = -F_1\,l_1 + F_2\,l_3 ; \qquad l_3 = l_2\cos\alpha$$

$$F_2 = \frac{F_1\,l_1}{l_2\cos\alpha} = \frac{4\,\text{kN}\cdot150\,\text{mm}}{100\,\text{mm}\cdot\cos10{,}5°} = 6{,}1\,\text{kN}$$

$$I_{erf} = \frac{\nu F_2\,s^2}{E\pi^2} = \frac{10\cdot6100\,\text{N}\cdot(550\,\text{mm})^2}{210000\ \frac{\text{N}}{\text{mm}^2}\cdot\pi^2} = 8905\,\text{mm}^4$$

$$d_{erf} = \sqrt[4]{\frac{64\cdot I_{erf}}{\pi}} = \sqrt[4]{\frac{64\cdot8905\,\text{mm}^4}{\pi}} = 20{,}7\,\text{mm}$$

$d = 21$ mm ausgeführt

$$\lambda = \frac{s}{i} = \frac{4\,s}{d} = \frac{4\cdot550\,\text{mm}}{21\,\text{mm}} = 104{,}8 \approx 105 = \lambda_0$$

Die Rechnung nach Euler war (gerade noch) berechtigt; es kann bei $d = 21$ mm bleiben.

## 910.

a) $\sigma_d = \dfrac{F}{S} = \dfrac{F}{b\,h} = \dfrac{F}{b\cdot3{,}5\,b} = \dfrac{F}{3{,}5\,b^2}$

$$b_{erf} = \sqrt{\frac{F}{3{,}5\cdot\sigma_{d\ zul}}} = \sqrt{\frac{20000\,\text{N}}{3{,}5\cdot60\ \frac{\text{N}}{\text{mm}^2}}} = 9{,}8\,\text{mm}$$

gewählt $\square$ $35 \times 10$; $S = 350\,\text{mm}^2$

$$I_{min} = \frac{hb^3}{12} = \frac{(35\,\text{mm})\cdot(10\,\text{mm})^3}{12} = 2917\,\text{mm}^4$$

*Hinweis:* Der Stab knickt um die Achse, für die das axiale Flächenmoment den kleinsten Wert hat; daher muß mit $I = hb^3/12$, nicht mit $I = bh^3/12$ gerechnet werden.

$$i = \sqrt{\frac{I_{min}}{S}} = \sqrt{\frac{2917\,\text{mm}^4}{350\,\text{mm}^2}} = 2{,}89\,\text{mm}$$

$$\lambda = \frac{s}{i} = \frac{300\,\text{mm}}{2{,}89\,\text{mm}} = 104 > \lambda_0 = 89$$

also elastische Knickung (Eulerfall):

$$\sigma_K = \frac{E\pi^2}{\lambda^2} = \frac{2{,}1\cdot10^5\ \frac{\text{N}}{\text{mm}^2}\cdot\pi^2}{104^2} = 191{,}6\ \frac{\text{N}}{\text{mm}^2}$$

$$\sigma_{d\ vorh} = \frac{F}{S} = \frac{20000\,\text{N}}{350\,\text{mm}^2} = 57{,}1\ \frac{\text{N}}{\text{mm}^2}$$

$$\nu_{vorh} = \frac{\sigma_K}{\sigma_{d\ vorh}} = \frac{191{,}6\ \frac{\text{N}}{\text{mm}^2}}{57{,}1\ \frac{\text{N}}{\text{mm}^2}} = 3{,}36$$

b) $\sigma_d = \dfrac{F}{S} = \dfrac{F}{a^2}$

$$a_{erf} = \sqrt{\frac{F}{\sigma_{d\ zul}}} = \sqrt{\frac{20000\,\text{N}}{60\ \frac{\text{N}}{\text{mm}^2}}} = 18{,}3\,\text{mm}$$

gewählt $\square$ $19 \times 19$

$$I_{min} = I_x = I_y = I_D = \frac{h^4}{12} = \frac{a^4}{12}$$

$$I_{min} = \frac{(19\,\text{mm})^4}{12} = 10860\,\text{mm}^4$$

Die weitere Rechnung wie unter a) ergibt hier $\nu_{vorh} = 5{,}43$; also größer als beim Rechteckquerschnitt.

**911.**

a) $\Sigma M_{(D)} = 0 = F_1 l_1 - F_S l_2$

$$F_S = \frac{F l_1}{l_2} = \frac{4\,\text{kN} \cdot 40\,\text{mm}}{28\,\text{mm}} = 5714\,\text{N}$$

b) $F_K = F_S \nu = 5714\,\text{N} \cdot 3 = 17142\,\text{N}$

c) $I_{\text{erf}} = \dfrac{F_K s^2}{E \pi^2} = \dfrac{17142\,\text{N} \cdot (305\,\text{mm})^2}{210000\,\frac{\text{N}}{\text{mm}^2} \cdot \pi^2} = 769\,\text{mm}^4$

d) $I = \dfrac{\pi}{64}(D^4 - d^4) = \dfrac{\pi}{64}[D^4 - (0{,}8\,D)^4] = \dfrac{\pi}{64}(D^4 - 0{,}41 D^4)$

$I = \dfrac{\pi}{64} D^4 (1 - 0{,}41) = \dfrac{\pi}{64} \cdot 0{,}59\,D^4$

$D_{\text{erf}} = \sqrt[4]{\dfrac{64 \cdot I_{\text{erf}}}{0{,}59 \cdot \pi}} = \sqrt[4]{\dfrac{64 \cdot 769\,\text{mm}^4}{0{,}59 \cdot \pi}} = 12{,}8\,\text{mm}$

$D = 13\,\text{mm ausgeführt}; \quad d = 10\,\text{mm}$

e) $i = 0{,}25\,\sqrt{D^2 + d^2}$

$i = 0{,}25\,\sqrt{(13^2 + 10^2)\,\text{mm}^2} = 4{,}1\,\text{mm}$

f) $\lambda = \dfrac{s}{i} = \dfrac{305\,\text{mm}}{4{,}1\,\text{mm}} = 74{,}4 > \lambda_0;$   die Rechnung nach Euler war richtig.

**912.**

a) $\sigma_{d\,\text{vorh}} = \dfrac{F}{A_3} = \dfrac{15000\,\text{N}}{1452\,\text{mm}^2} = 10{,}3\,\dfrac{\text{N}}{\text{mm}^2}$

b) $p_{\text{vorh}} = \dfrac{F P}{\pi d_2 H_1 m} = \dfrac{15000\,\text{N} \cdot 8\,\text{mm}}{\pi \cdot 48\,\text{mm} \cdot 4\,\text{mm} \cdot 120\,\text{mm}}$

$p_{\text{vorh}} = 1{,}66\,\dfrac{\text{N}}{\text{mm}^2}$

c) $\lambda = \dfrac{s}{i} = \dfrac{4\,s}{d_3} = \dfrac{4 \cdot 1800\,\text{mm}}{43\,\text{mm}} = 167 > \lambda_0 = 89$, also Euler

d) $\nu_{\text{vorh}} = \dfrac{F_K}{F} = \dfrac{E I \pi^2}{s^2 F} = \dfrac{2{,}1 \cdot 10^5\,\frac{\text{N}}{\text{mm}^2} \cdot \frac{\pi}{64}(43\,\text{mm})^4 \cdot \pi^2}{(1800\,\text{mm})^2 \cdot 15000\,\text{N}}$

$= 7{,}2$

e) $F_R = \dfrac{F}{3 \cdot \sin 60°} = \dfrac{15000\,\text{N}}{3 \cdot \sin 60°} = 5774\,\text{N}$

f) $\sigma_{d\,\text{vorh}} = \dfrac{F_R}{\frac{\pi}{4}(D^2 - d^2)} = \dfrac{4 \cdot 5774\,\text{N}}{\pi (60^2 - 50^2)\,\text{mm}^2} = 6{,}7\,\dfrac{\text{N}}{\text{mm}^2}$

g) $i = 0{,}25\,\sqrt{D^2 + d^2} = 0{,}25\,\sqrt{(60^2 + 50^2)\,\text{mm}^2} = 19{,}5\,\text{mm}$

$\lambda = \dfrac{s}{i} = \dfrac{800\,\text{mm}}{19{,}5\,\text{mm}} = 41 < \lambda_{0,\text{St}37} = 105$ (Tetmajerfall)

h) $\sigma_K = 310 - 1{,}14 \cdot \lambda$

$\sigma_K = 310 - 1{,}14 \cdot 41 = 263\,\dfrac{\text{N}}{\text{mm}^2}$

$\nu_{\text{vorh}} = \dfrac{\sigma_K}{\sigma_{d\,\text{vorh}}} = \dfrac{263\,\frac{\text{N}}{\text{mm}^2}}{6{,}7\,\frac{\text{N}}{\text{mm}^2}} = 39{,}3$

**913.**

a) $I_{\text{erf}} = \dfrac{\nu F s^2}{E \pi^2} = \dfrac{6 \cdot 30 \cdot 10^3\,\text{N} \cdot (1800\,\text{mm})^2}{2{,}1 \cdot 10^5\,\frac{\text{N}}{\text{mm}^2} \cdot \pi^2} = 28{,}1 \cdot 10^4\,\text{mm}^4$

$I = \dfrac{\pi}{64} d^4$

$d_{\text{erf}} = \sqrt[4]{\dfrac{64 \cdot I_{\text{erf}}}{\pi}} = \sqrt[4]{\dfrac{64 \cdot 28{,}1 \cdot 10^4\,\text{mm}^4}{\pi}} = 48{,}9\,\text{mm}$

$d = 50\,\text{mm ausgeführt}$

$\lambda = \dfrac{s}{i} = \dfrac{4\,s}{d} = \dfrac{4 \cdot 1800\,\text{mm}}{50\,\text{mm}} = 144 > \lambda_0 = 89$

Die Rechnung nach Euler war richtig.

b) $M_b = F l = 30000\,\text{N} \cdot 320\,\text{mm} = 9{,}6 \cdot 10^6\,\text{Nmm}$

$\sigma_b = \dfrac{M_b}{W} = \dfrac{M_b}{\frac{s h^2}{6}} = \dfrac{6 M_b}{\frac{h}{10} \cdot h^2} = \dfrac{60 M_b}{h^3}$

$h_{\text{erf}} = \sqrt[3]{\dfrac{60 M_b}{\sigma_{b\,\text{zul}}}} = \sqrt[3]{\dfrac{60 \cdot 9{,}6 \cdot 10^6\,\text{Nmm}}{120\,\frac{\text{N}}{\text{mm}^2}}} = 170\,\text{mm}$

$s_{\text{erf}} = \dfrac{h_{\text{erf}}}{10} = 17\,\text{mm}$

**914.**

a) $A_{3\,\text{erf}} = \dfrac{F}{\sigma_{d\,\text{zul}}} = \dfrac{40\,000\,\text{N}}{60\,\frac{\text{N}}{\text{mm}^2}} = 667\,\text{mm}^2$

b) Tr $40 \times 7$ mit   $A_3 = 804\,\text{mm}^2$

$d_3 = 32\,\text{mm}$

$d_2 = 36{,}5\,\text{mm}; \quad r_2 = 18{,}25\,\text{mm}$

$H_1 = 3{,}5\,\text{mm}$

c) $\lambda = \dfrac{4\,s}{d_3} = \dfrac{4 \cdot 800\,\text{mm}}{32\,\text{mm}} = 100 > \lambda_0 = 89$ (Eulerfall)

d) $I = \dfrac{\pi}{64} d_3^4 = \dfrac{\pi}{64}(32\,\text{mm})^4 = 51472\,\text{mm}^4$

$\nu_{\text{vorh}} = \dfrac{F_K}{F} = \dfrac{E I \pi^2}{s^2 F} = \dfrac{2{,}1 \cdot 10^5\,\frac{\text{N}}{\text{mm}^2} \cdot 51472\,\text{mm}^4 \cdot \pi^2}{(800\,\text{mm})^2 \cdot 0{,}4 \cdot 10^5\,\text{N}} = 4{,}2$

e) $m_{\text{erf}} = \dfrac{F P}{\pi d_2 H_1 p_{\text{zul}}} = \dfrac{40\,000\,\text{N} \cdot 7\,\text{mm}}{\pi \cdot 36{,}5\,\text{mm} \cdot 3{,}5\,\text{mm} \cdot 10\,\frac{\text{N}}{\text{mm}^2}}$

$m_{\text{erf}} = 70\,\text{mm}$

f) $M_{RG} = F_1 D = F r_2 \tan(\alpha + \rho')$

(Handrad wird mit 2 Händen gedreht: Kräftepaar mit $F_1$ und Wirkabstand $D$.)

$r_2 = \dfrac{d_2}{2} = 18{,}25\,\text{mm}$

$\tan \alpha = \dfrac{P}{2 \pi r_2}; \quad \alpha = \arctan \dfrac{7\,\text{mm}}{2 \pi \cdot 18{,}25\,\text{mm}} = 3{,}49°$

$\rho' = \arctan \mu' = \arctan 0{,}1 = 5{,}7°; \quad \alpha + \rho' = 9{,}2°$

$D = \dfrac{40\,000\,\text{N} \cdot 18{,}25\,\text{mm} \cdot \tan 9{,}2°}{300\,\text{N}} = 394\,\text{mm}$

**915.**

a) $A_{3\,\mathrm{erf}} = \dfrac{F}{\sigma_{d\,\mathrm{zul}}} = \dfrac{50\,000\ \mathrm{N}}{60\ \dfrac{\mathrm{N}}{\mathrm{mm}^2}} = 833\ \mathrm{mm}^2$

b) Tr $44 \times 7$ mit $A_3 = 1018\ \mathrm{mm}^2$

$\qquad\qquad\qquad d_3 = 36\ \mathrm{mm}$

$\qquad\qquad\qquad d_2 = 40{,}5\ \mathrm{mm}; \quad r_2 = 20{,}25\ \mathrm{mm}$

$\qquad\qquad\qquad H_1 = 3{,}5\ \mathrm{mm}$

c) $\lambda = \dfrac{4\,s}{d_3} = \dfrac{4 \cdot 1400\ \mathrm{mm}}{36\ \mathrm{mm}} = 156 > \lambda_0 = 89$

d) $I = \dfrac{\pi}{64} \cdot d_3^4 = \dfrac{\pi}{64}\,(36\ \mathrm{mm})^4 = 82\,448\ \mathrm{mm}^4$

$\nu_{\mathrm{vorh}} = \dfrac{E\,I\,\pi^2}{s^2\,F} = \dfrac{2{,}1 \cdot 10^6\ \dfrac{\mathrm{N}}{\mathrm{mm}^2} \cdot 82\,448\ \mathrm{mm}^4 \cdot \pi^2}{(1400\ \mathrm{mm})^2 \cdot 50\,000\ \mathrm{N}} = 1{,}74$

e) $m_{\mathrm{erf}} = \dfrac{F\,P}{\pi \cdot d_2\,H_1\,p_{\mathrm{zul}}} = \dfrac{50\,000\ \mathrm{N} \cdot 7\ \mathrm{mm}}{\pi \cdot 40{,}5\ \mathrm{mm} \cdot 3{,}5\ \mathrm{mm} \cdot 8\ \dfrac{\mathrm{N}}{\mathrm{mm}^2}}$

$m_{\mathrm{erf}} = 98{,}2\ \mathrm{mm}$

f) $M_{\mathrm{RG}} = F\,r_2 \tan(\alpha + \rho')$

$\quad M_{\mathrm{RG}} = 50\,000\ \mathrm{N} \cdot 20{,}25\ \mathrm{mm} \cdot \tan(3{,}15° + 9{,}09°)$

$\qquad\qquad$ mit $\rho' = \arctan \mu' = \arctan 0{,}16 = 9{,}09°$

$\quad M_{\mathrm{RG}} = 219\,650\ \mathrm{Nmm}$

$\quad M_{\mathrm{RG}} = F_{\mathrm{Hand}}\,l_1$

$\quad l_1 = \dfrac{M_{\mathrm{RG}}}{F_{\mathrm{Hand}}} = \dfrac{219\,650\ \mathrm{Nmm}}{300\ \mathrm{N}} = 732\ \mathrm{mm}$

g) $\sigma_{\mathrm{b}} = \dfrac{M_{\mathrm{b}}}{\dfrac{\pi \cdot d_1^3}{32}}; \quad M_{\mathrm{b}} = F_{\mathrm{Hand}}\,l_1$

$\quad d_1 = \sqrt[3]{\dfrac{F_{\mathrm{Hand}}\,l_1 \cdot 32}{\pi \cdot \sigma_{\mathrm{b\,zul}}}}$

$\quad d_1 = \sqrt[3]{\dfrac{300\ \mathrm{N} \cdot 732\ \mathrm{mm} \cdot 32}{\pi \cdot 60\ \dfrac{\mathrm{N}}{\mathrm{mm}^2}}} = 33{,}4\ \mathrm{mm}$

**916.**

$\nu = \dfrac{F_{\mathrm{K}}}{F_{\mathrm{St}}} = \dfrac{E\,I\,\pi^2}{s^2\,F_{\mathrm{St}}}$

$F_{\mathrm{St}} = \dfrac{E\,I\,\pi^2}{s^2\,\nu_{\mathrm{vorh}}} = \dfrac{10\,000\ \dfrac{\mathrm{N}}{\mathrm{mm}^2} \cdot \dfrac{\pi}{64} \cdot (150\ \mathrm{mm})^4 \cdot \pi^2}{(4500\ \mathrm{mm})^2 \cdot 10}$

$F_{\mathrm{St}} = 12\,112\ \mathrm{N}$

Halbe Winkelhalbierende des gleichseitigen Dreiecks:

$WH = \dfrac{1500\ \mathrm{mm}}{\cos 30°} = 1732\ \mathrm{mm}$

Neigungswinkel der Stütze:

$\alpha = \arccos \dfrac{WH}{s} = \arccos \dfrac{1732\ \mathrm{mm}}{4500\ \mathrm{mm}} = 67{,}4°$

$F_{\mathrm{ges}} = 3\,F_{\mathrm{St}} \sin \alpha = 3 \cdot 12\,112\ \mathrm{N} \cdot \sin 67{,}4°$

$F_{\mathrm{ges}} = 33\,546\ \mathrm{N} = 33{,}5\ \mathrm{kN}$

**Omegaverfahren**

**920.**

$\sigma_\omega = \dfrac{F\,\omega}{S} \leqq \sigma_{\mathrm{zul}} \qquad\qquad \lambda = \dfrac{s_{\mathrm{K}}}{i}$

$i = 27{,}4\ \mathrm{mm}; \quad S_{\bot} = 2 \cdot 1550\ \mathrm{mm}^2 = 3100\ \mathrm{mm}^2$

$\lambda = \dfrac{s_{\mathrm{K}}}{i} = \dfrac{2000\ \mathrm{mm}}{27{,}4\ \mathrm{mm}} = 73 \implies \omega = 1{,}45$

$F = \dfrac{\sigma_{\mathrm{zul}}\,S}{\omega} = \dfrac{140\ \dfrac{\mathrm{N}}{\mathrm{mm}^2} \cdot 3100\ \mathrm{mm}^2}{1{,}45} = 299{,}3\ \mathrm{kN}$

**921.**

Die Knickzahl $\omega$ kann nicht bestimmt werden, denn es fehlt der Trägheitsradius $i$, mit dem $\lambda = s_{\mathrm{K}}/i$ berechnet wird. Daher zunächst mit der Faustformel

$I_{\mathrm{erf}} = 0{,}12\,F\,s_{\mathrm{K}}^2 \qquad$ (Zahlenwertgleichung)

$I_{\mathrm{erf}} = 0{,}12 \cdot 300 \cdot 4^2 = 576\ \mathrm{cm}^4$

$I = \dfrac{\pi}{64}\,(D^4 - d^4)$

$d_{\mathrm{erf}} = \sqrt[4]{D^4 - \dfrac{64\,I_{\mathrm{erf}}}{\pi}} = \sqrt[4]{(12\ \mathrm{cm})^4 - \dfrac{64 \cdot 576\ \mathrm{cm}^4}{\pi}}$

$d_{\mathrm{erf}} = 9{,}74\ \mathrm{cm} = 97{,}4\ \mathrm{mm}$

gewählt $d = 96\ \mathrm{mm}$; also $\delta = 12\ \mathrm{mm}$ und $A = 4072\ \mathrm{mm}^2$

$i = 0{,}25\,\sqrt{D^2 + d^2}$

$i = 0{,}25\,\sqrt{(12^2 + 9{,}6^2)\ \mathrm{cm}^2} = 3{,}85\ \mathrm{cm} = 38{,}5\ \mathrm{mm}$

$\lambda = \dfrac{s_{\mathrm{K}}}{i} = \dfrac{4000\ \mathrm{mm}}{38{,}5\ \mathrm{mm}} = 104 \implies \omega = 1{,}98$

$\sigma_\omega = \dfrac{F\,\omega}{S} = \dfrac{300 \cdot 10^3\ \mathrm{N} \cdot 1{,}98}{4072\ \mathrm{mm}^2} = 145{,}9\ \dfrac{\mathrm{N}}{\mathrm{mm}^2} > \sigma_{\mathrm{zul}}$

Die $\omega$-Spannung ist größer als die zulässige, daher muß mit einem etwas kleineren Innendurchmesser $d$ vom Trägheitsradius $i$ an neu gerechnet werden. Dies zeigt dann die richtige Lösung:

$d = 94\ \mathrm{mm}; \qquad \delta = 13\ \mathrm{mm};$

$\sigma_\omega \approx 137\ \mathrm{N/mm}^2 < \sigma_{\mathrm{zul}} = 140\ \mathrm{N/mm}^2$.

## 922.

Wie in 921. wird zunächst mit der Faustformel $I_{erf}$ bestimmt:

$I_{erf} = 0,12\,F\,s_K^2 = 0,12 \cdot 84 \cdot 9 = 90,72\,cm^4$

gewählt IPE 180 mit $I_y = 101\,cm^4$; $A = 2390\,mm^2$; $i_y = 20,6\,mm$

$\lambda = \dfrac{s_K}{i_y} = \dfrac{3000\,mm}{20,6\,mm} = 146 \Rightarrow \omega = 3,54$

$\sigma_\omega = \dfrac{F\,\omega}{S} = \dfrac{84 \cdot 10^3\,N \cdot 3,54}{2390\,mm^2} = 124,4\,\dfrac{N}{mm^2}$

$\sigma_\omega = 124\,\dfrac{N}{mm^2} < \sigma_{zul} = 140\,\dfrac{N}{mm^2}$

## 923.

$i = 0,25\,\sqrt{D^2 + d^2} = 0,25\,\sqrt{(108^2 + 96^2)}\,mm^2$

$i = 36\,mm$

$\lambda = \dfrac{s_K}{i} = \dfrac{4500\,mm}{36\,mm} = 125$

$\omega = 2,64$ für $\lambda = 125$

$F = \dfrac{\sigma_{zul}\,S}{\omega} = \dfrac{140\,\dfrac{N}{mm^2} \cdot \dfrac{\pi}{4} \cdot (108^2 - 96^2)\,mm^2}{2,64}$

$F = 102\,kN$

Für $\sigma_{zul} = 210\,N/mm^2$ ist $\omega = 3,96$ und es ergibt sich ebenfalls $F = 102\,kN$.

## 924.

Siehe Erläuterungen im Ergebnisteil der Aufgabensammlung.

## 925.

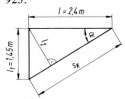

$\alpha = \arctan \dfrac{l_1}{l} = \arctan \dfrac{1,45\,m}{2,4\,m} = 31°$

$s_k = \dfrac{l}{\cos \alpha} = \dfrac{2,4\,m}{\cos 31°} = 2,8\,m$

$l_2 = l \sin \alpha = 2,4\,m \cdot \sin 31° = 1,24\,m$

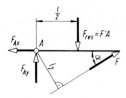

$F_{res} = F'A = 2,5\,\dfrac{kN}{m^2} \cdot 2,4\,m \cdot 3\,m = 18\,kN$

$\sum M_{(A)} = 0 = -F_{res}\dfrac{l}{2} + F\,l_2$

$F = \dfrac{F_{res}\,l}{2\,l_2} = \dfrac{18\,kN \cdot 2,4\,m}{2 \cdot 1,24\,m} = 17,4\,kN$

$I_{erf} = 0,12\,F\,s_k^2 = 0,12 \cdot 17,4 \cdot 2,8^2\,cm^4$

$I_{erf} = 16,4\,cm^4 = 16,4 \cdot 10^4\,mm^4$

gewählt U80 DIN 1026 mit

$I_y = 19,4 \cdot 10^4\,mm^4$ und $S = 1100\,mm^2$

$\lambda = \dfrac{s_k}{i_y} = \dfrac{s_k}{\sqrt{\dfrac{I_y}{S}}} = \dfrac{2800\,mm}{\sqrt{\dfrac{19,4 \cdot 10^4\,mm^4}{1100\,mm^2}}} = 211$

Für $\lambda = 211$ ist $\omega = 7,52$ und damit

$\sigma_{\omega\,vorh} = \dfrac{F\,\omega}{S} = \dfrac{17\,400\,N \cdot 7,52}{1100\,mm^2} = 119\,\dfrac{N}{mm^2}$

wegen $\sigma_{\omega\,vorh} = 119\,\dfrac{N}{mm^2} < \sigma_{zul} = 140\,\dfrac{N}{mm^2}$

wird mit dem nächstkleineren Profil U65 probiert:

$i_y = 12,5\,mm$; $\lambda = 224$; $\omega = 8,47$

$\sigma_{\omega\,vorh} = 163\,\dfrac{N}{mm^2} > \sigma_{zul} = 140\,\dfrac{N}{mm^2}$

Folglich bleibt es bei U80 DIN 1026

## 926.

*Gegeben:* Stütze aus IPE 200 mit

$I_x = 1940 \cdot 10^4\,mm^4$
$I_y = 142 \cdot 10^4\,mm^4$
$S = 2850\,mm^2$

Knicklänge $s_K = 4000\,mm$
$\sigma_{zul} = 140\,N/mm^2$

a) $\lambda = \dfrac{s_K}{i_x}$; $i_x = \sqrt{\dfrac{I_x}{S}} = \sqrt{\dfrac{1940 \cdot 10^4\,mm^4}{2850\,mm^2}} = 82,5\,mm$

$\lambda = \dfrac{4000\,mm}{82,5\,mm} = 48,48 \Rightarrow \omega = 1,19$

$\sigma_\omega = \dfrac{F\,\omega}{S}$

$F = \dfrac{S\,\sigma_{zul}}{\omega} = \dfrac{2850\,mm^2 \cdot 140\,\dfrac{N}{mm^2}}{1,19} = 335,3\,kN$

b)

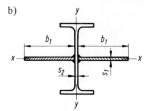

$I_x + 2\dfrac{b_1\,s_1^3}{12} = I_y + 2\left[\dfrac{s_1\,b_1^3}{12} + b_1\,s_1\left(\dfrac{b_1}{2} + \dfrac{s_2}{2}\right)^2\right]$

Die algebraische Entwicklung führt zu dem Term:

$$\underbrace{b_1^3 \left( \frac{s_1}{6} + \frac{s_1}{2} \right)}_{k_1} + \underbrace{b_1^2 \, s_1 \, s_2}_{k_2} - \underbrace{b_1 \left( \frac{s_1^3}{6} - \frac{s_1 \, s_2^2}{2} \right)}_{k_3} = I_x - I_y$$

$$k_1 \, b_1^3 + k_2 \, b_1^2 - k_3 \, b_1 = I_x - I_y$$

Die Näherungsrechnung ergibt $b_1 = 147,2$ mm.
Ausgeführt wird $b_1 = 150$ mm, also $\square\,150 \times 8$.

c) $I_{x\,neu} = I_x + 2 \, \dfrac{b_1 \, s_1^3}{12} = 1940 \cdot 10^4 \, \text{mm}^4 + \dfrac{2 \cdot 150 \, \text{mm} \cdot 8^3 \, \text{mm}^3}{12}$

$I_{x\,neu} = 1941 \cdot 10^4 \, \text{mm}^4$

$i_{x\,neu} = \sqrt{\dfrac{I_{x\,neu}}{S_{neu}}} = \sqrt{\dfrac{1941 \cdot 10^4 \, \text{mm}^4}{2850 \, \text{mm}^2 + 2 \cdot 150 \, \text{mm} \cdot 8 \, \text{mm}}} = 60,8 \, \text{mm}$

$\lambda_{neu} = \dfrac{s_K}{i_{x\,neu}} = \dfrac{4000 \, \text{mm}}{60,8 \, \text{mm}} = 65,8 \;\Rightarrow\; \omega_{neu} = 1,36$

$F = \dfrac{S_{neu} \, \sigma_{zul}}{\omega_{neu}} = \dfrac{5250 \, \text{mm}^2 \cdot 140 \, \frac{N}{\text{mm}^2}}{1,36} = 540 \, \text{kN}$

## Biegung und Zug/Druck

**927.**

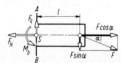

a) $\tau_{a\,vorh} = \dfrac{F_q}{S} = \dfrac{F \sin \alpha}{\frac{\pi}{4} d^2} = \dfrac{6000 \, \text{N} \cdot \sin 20°}{\frac{\pi}{4} \cdot (20 \, \text{mm})^2} = 6,53 \, \dfrac{N}{\text{mm}^2}$

b) $\sigma_{z\,vorh} = \dfrac{F_N}{S} = \dfrac{F \cos \alpha}{\frac{\pi}{4} d^2} = \dfrac{6000 \, \text{N} \cdot \cos 20°}{\frac{\pi}{4} \cdot (20 \, \text{mm})^2} = 17,9 \, \dfrac{N}{\text{mm}^2}$

c) $\sigma_{b\,vorh} = \dfrac{M_b}{W} = \dfrac{F \sin \alpha \cdot l}{\frac{\pi}{32} d^3} = \dfrac{6000 \, \text{N} \cdot \sin 20° \cdot 60 \, \text{mm}}{\frac{\pi}{32} \cdot (20 \, \text{mm})^3}$

$\sigma_{b\,vorh} = 156,8 \, \dfrac{N}{\text{mm}^2}$

d) $\sigma_{res\,Zug} = \sigma_z + \sigma_{bz} = (17,9 + 156,8) \, \dfrac{N}{\text{mm}^2}$

$\sigma_{res\,Zug} = 174,7 \, \dfrac{N}{\text{mm}^2}$

**928.**

a)

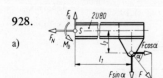

$F_N = F \cos \alpha = 10 \, \text{kN} \cdot \cos 50° = 6,428 \, \text{kN}$

$F_q = F \sin \alpha = 10 \, \text{kN} \cdot \sin 50° = 7,66 \, \text{kN}$

$M_b = F \cos \alpha \cdot l_2 - F \sin \alpha \cdot l_1 = F_N \, l_2 - F_q \, l_1$

$M_b = 6428 \, \text{N} \cdot 0,2 \, \text{m} - 7660 \, \text{N} \cdot 0,8 \, \text{m} = 4842 \, \text{Nm}$

b) $\tau_{a\,vorh} = \dfrac{F_q}{S_{][}} = \dfrac{7660 \, \text{N}}{2200 \, \text{mm}^2} = 3,48 \, \dfrac{N}{\text{mm}^2}$

c) $\sigma_{z\,vorh} = \dfrac{F_N}{S_{][}} = \dfrac{6428 \, \text{N}}{2200 \, \text{mm}^2} = 2,92 \, \dfrac{N}{\text{mm}^2}$

d) $\sigma_{b\,vorh} = \dfrac{M_b}{W_{][}} = \dfrac{4842 \cdot 10^3 \, \text{Nmm}}{53 \cdot 10^3 \, \text{mm}^3} = 91,4 \, \dfrac{N}{\text{mm}^2}$

e) $\sigma_{res\,Zug} = \sigma_z + \sigma_{bz} = (2,92 + 91,4) \, \dfrac{N}{\text{mm}^2} = 94,3 \, \dfrac{N}{\text{mm}^2}$

f) $M_b = F_N \, l_2 - F_q \, l_1 = 0$

$l_2 = \dfrac{F_q \, l_1}{F_N} = \dfrac{7,66 \, \text{kN} \cdot 800 \, \text{mm}}{6,428 \, \text{kN}} = 953,4 \, \text{mm}$

oder

$M_b = F \cos \alpha \cdot l_2 - F \sin \alpha \cdot l_1 = 0$

$l_2 = \dfrac{F \sin \alpha \cdot l_1}{F \cos \alpha} = l_1 \dfrac{\sin \alpha}{\cos \alpha} = 800 \, \text{mm} \cdot \dfrac{\sin 50°}{\cos 50°} = 953,4 \, \text{mm}$

**929.**

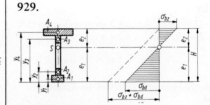

$A_1 = 7 \cdot 3 \, \text{cm}^2 = 21 \, \text{cm}^2$

$A_2 = 1 \cdot 4 \, \text{cm}^2 = 4 \, \text{cm}^2$

$A_3 = 1 \cdot 4 \, \text{cm}^2 = 4 \, \text{cm}^2$

$A_4 = b \cdot 4 \, \text{cm}$

$A = \Sigma A = 29 \, \text{cm}^2 + b \cdot 4 \, \text{cm}$

$y_1 = 1,5 \, \text{cm}; \quad y_2 = 5 \, \text{cm}; \quad y_3 = 29 \, \text{cm}; \quad y_4 = 33 \, \text{cm}$

Aus der Spannungsskizze:

$\dfrac{\sigma_{bz} + \sigma_{bd}}{H} = \dfrac{\sigma_{bd}}{e_1}$

$e_1 = H \, \dfrac{\sigma_{bd}}{\sigma_{bz} + \sigma_{bd}} = 350 \, \text{mm} \cdot \dfrac{150 \, \frac{N}{\text{mm}^2}}{200 \, \frac{N}{\text{mm}^2}} = 262,5 \, \text{mm}$

Momentensatz für Flächen:

$A \, e_1 = A_1 \, y_1 + A_2 \, y_2 + A_3 \, y_3 + b \cdot 4 \, \text{cm} \cdot y_4$

$(29 \, \text{cm}^2 + b \cdot 4 \, \text{cm}) \, e_1 \;=\; A_1 \, y_1 + A_2 \, y_2 + A_3 \, y_3 + b \cdot 4 \, \text{cm} \cdot y_4$

$29 \, \text{cm}^2 \cdot e_1 + b \cdot 4 \, \text{cm} \cdot e_1 \;=\; A_1 \, y_1 + A_2 \, y_2 + A_3 \, y_3 + b \cdot 4 \, \text{cm} \cdot y_4$

$b \cdot 4 \, \text{cm} \, (y_4 - e_1) \;=\; 29 \, \text{cm}^2 \, e_1 - A_1 \, y_1 - A_2 \, y_2 - A_3 \, y_3$

$b = \dfrac{29 \, \text{cm}^2 \cdot 26,25 - (21 \cdot 1,5 + 4 \cdot 5 + 4 \cdot 29) \, \text{cm}^3}{4 \, \text{cm} \cdot (33 - 26,25) \, \text{cm}}$

$b = 21,99 \, \text{cm}$

$b = 220 \, \text{mm}$

**930.**

a)

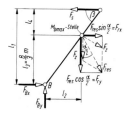

$$F_{res} = \sqrt{F_z^2 + F_z^2 + 2F_z^2 \cos\alpha} = \sqrt{2F_z^2(1 + \cos\alpha)}$$

$$F_{res} = F_z\sqrt{2(1 + \cos\alpha)} = 20\,\text{kN}\sqrt{2(1 + \cos 60°)} = 34{,}6\,\text{kN}$$

$$F_{rx} = F_{res}\sin\frac{\alpha}{2} = 34{,}6\,\text{kN} \cdot \sin 30° = 17{,}3\,\text{kN}$$

$$F_{ry} = F_{res}\cos\frac{\alpha}{2} = 34{,}6\,\text{kN} \cdot \cos 30° = 30\,\text{kN}$$

$$\Sigma M_{(B)} = 0 = F_s l_1 - F_{rx} l_3 - F_{ry} l_2$$

$$F_s = \frac{F_{rx} l_3 + F_{ry} l_2}{l_1} = \frac{(17{,}3 \cdot \frac{8}{3} + 30 \cdot 2)\,\text{kNm}}{4\,\text{m}} = 26{,}5\,\text{kN}$$

b) $\Sigma F_x = 0 = F_{Bx} - F_s + F_{rx} \implies F_{Bx} = 9{,}2\,\text{kN}$
   $\Sigma F_y = 0 = F_{By} - F_{ry} \implies F_{By} = 30\,\text{kN}$

$$F_B = \sqrt{F_{Bx}^2 + F_{By}^2} = 31{,}4\,\text{kN}$$

c) $\sigma_z = \dfrac{F_s}{S} = \dfrac{F_s}{n \cdot \frac{\pi}{4}d^2}$

$$n_{erf} = \frac{4F_s}{\pi d^2 \sigma_{z\,zul}} = \frac{4 \cdot 26\,500\,\text{N}}{\pi \cdot (1{,}5\,\text{mm})^2 \cdot 300\,\frac{\text{N}}{\text{mm}^2}} = 50\,\text{Drähte}$$

d) $M_{b\,max} = F_s l_4 = F_s(l_1 - l_3) = 26{,}5\,\text{kN} \cdot \frac{4}{3}\,\text{m} = 35{,}3\,\text{kNm}$

$$\sigma_b = \frac{M_b}{W} = \frac{M_b}{\frac{\pi}{32} \cdot \frac{D^4 - d^4}{D}} = \frac{32 M_b D}{\pi[D^4 - (\frac{9}{10}D)^4]}$$

$$\sigma_b = \frac{32 M_b D}{\pi D^4(1 - \frac{6561}{10000})}$$

$$\sigma_b = \frac{32 M_b}{\pi D^3 \cdot \frac{3439}{10000}} = \frac{320000 M_b}{3439\,\pi D^3}$$

$$D_{erf} = \sqrt[3]{\frac{320 M_{b\,max}}{3{,}439\,\pi \cdot \sigma_{b\,zul}}} = \sqrt[3]{\frac{320 \cdot 35{,}3 \cdot 10^6\,\text{Nmm}}{3{,}439\,\pi \cdot 100\,\frac{\text{N}}{\text{mm}^2}}}$$

$$D_{erf} = 216\,\text{mm}$$

ausgeführt Rohr 216 × 12 DIN 2448

e) $\sigma_{b\,vorh} = \dfrac{M_{b\,max}}{W} = \dfrac{M_{b\,max}}{\frac{\pi}{32} \cdot \frac{D^4 - d^4}{D}} = \dfrac{32 D M_{b\,max}}{\pi(D^4 - d^4)}$

$$\sigma_{b\,vorh} = \frac{32 \cdot 216\,\text{mm} \cdot 35{,}3 \cdot 10^6\,\text{Nmm}}{\pi(216^4 - 192^4)\,\text{mm}^4} = 95\,\frac{\text{N}}{\text{mm}^2}$$

$$\sigma_{d\,vorh} = \frac{F_B}{\frac{\pi}{4}(D^2 - d^2)} = \frac{31{,}4\,\text{kN}}{\frac{\pi}{4}(216^2 - 192^2)\,\text{mm}^2} = 4{,}08\,\frac{\text{N}}{\text{mm}^2}$$

$$\sigma_{res\,Druck} = \sigma_d + \sigma_{bd} = 99{,}1\,\frac{\text{N}}{\text{mm}^2} < \sigma_{b\,zul} = 100\,\frac{\text{N}}{\text{mm}^2}$$

**931.**

Inneres Kräftesystem im Schnitt A–B.

$$\sigma_{res\,Zug} = \frac{F}{S} + \frac{M_b}{W} \leq \sigma_{zul}$$

$$\sigma_{res\,Zug} = \frac{F}{S} + \frac{Fle}{I}$$

$$\sigma_{res\,Druck} = \frac{M_b}{W} - \frac{F}{S} \leq \sigma_{zul}$$

$$\sigma_{res\,Druck} = \frac{Fle}{I} - \frac{F}{S}$$

Für U 120 ist: $S = 1700\,\text{mm}^2$

$$I_y = 43{,}2 \cdot 10^4\,\text{mm}^4$$
$$e_1 = 16\,\text{mm}$$
$$e_2 = 39\,\text{mm}$$

$$F_{max\,1} = \frac{\sigma_{zul}}{\frac{1}{A} + \frac{le_2}{I}} = \frac{60\,\frac{\text{N}}{\text{mm}^2}}{(\frac{1}{1700} + \frac{450 \cdot 39}{432\,000})\frac{1}{\text{mm}^2}} = 1456\,\text{N}$$

$$F_{max\,2} = \frac{\sigma_{zul}}{\frac{le_2}{I} - \frac{1}{A}} = \frac{60\,\frac{\text{N}}{\text{mm}^2}}{(\frac{450 \cdot 39}{432\,000} - \frac{1}{1700})\frac{1}{\text{mm}^2}} = 1499\,\text{N}$$

**932.**

a) $S_{erf} = \dfrac{F}{\sigma_{z\,zul}} = \dfrac{180 \cdot 10^3\,\text{N}}{140\,\frac{\text{N}}{\text{mm}^2}} = 1286\,\text{mm}^2$

gewählt U 100 mit $S = 1350\,\text{mm}^2$

b) α) $\sigma_{z\,vorh} = \dfrac{F}{S} = \dfrac{180 \cdot 10^3\,\text{N}}{1{,}35 \cdot 10^3\,\text{mm}^2} = 133\,\dfrac{\text{N}}{\text{mm}^2}$

β) $\sigma_{b1\,vorh} = \dfrac{Fl e_y}{I_y}$;   $l = \dfrac{s}{2} + e_y = 23{,}5\,\text{mm}$;

$$e_y = 15{,}5\,\text{mm}$$

$$\sigma_{b1\,vorh} = \frac{180 \cdot 10^3\,\text{N} \cdot 23{,}5\,\text{mm} \cdot 15{,}5\,\text{mm}}{29{,}3 \cdot 10^4\,\frac{\text{N}}{\text{mm}^2}} = 224\,\frac{\text{N}}{\text{mm}^2}$$

$$\sigma_{b1\,vorh} = \sigma_{bz}$$

$$\sigma_{b2\,vorh} = \frac{Fl(b - e_y)}{I_y}; \qquad b - e_y = 34{,}5\,\text{mm}$$

$$\sigma_{b2\,vorh} = \frac{180 \cdot 10^3\,\text{N} \cdot 23{,}5\,\text{mm} \cdot 34{,}5\,\text{mm}}{29{,}3 \cdot 10^4\,\frac{\text{N}}{\text{mm}^2}} = 498\,\frac{\text{N}}{\text{mm}^2}$$

$$\sigma_{b2\,vorh} = \sigma_{bd}$$

γ) $\sigma_{\text{res Zug}} = \sigma_z + \sigma_{bz} = (133 + 224)\,\dfrac{N}{mm^2} = 357\,\dfrac{N}{mm^2}$

$\sigma_{\text{res Druck}} = \sigma_{bd} - \sigma_z = (498 - 133)\,\dfrac{N}{mm^2} = 365\,\dfrac{N}{mm^2}$

c) Gewählt U120 mit

$S = 1700\ mm^2$

$I_y = 43{,}2\ mm^4$

$e_1 = 16\ mm;\quad e_2 = 39\ mm$

α) $\sigma_{z\,\text{vorh}} = \dfrac{F}{S} = \dfrac{180 \cdot 10^3\,N}{1700\ mm^2} \approx 106\,\dfrac{N}{mm^2}$

β) $\sigma_{bz} = \dfrac{180 \cdot 10^3\,N \cdot 24\ mm \cdot 16\ mm}{43{,}2 \cdot 10^4\ mm^4} = 160\,\dfrac{N}{mm^2}$

$\sigma_{bd} = \dfrac{180 \cdot 10^3\,N \cdot 24\ mm \cdot 39\ mm}{43{,}2 \cdot 10^4\ mm^4} = 390\,\dfrac{N}{mm^2}$

γ) $\sigma_{\text{res Zug}} = \sigma_z + \sigma_{bz} = (106 + 160)\,\dfrac{N}{mm^2} = 266\,\dfrac{N}{mm^2}$

$\sigma_{\text{res Druck}} = \sigma_{bd} - \sigma_z = (390 - 106)\,\dfrac{N}{mm^2} = 284\,\dfrac{N}{mm^2}$

d) In beiden Fällen ist die resultierende Normalspannung größer als die zulässige Spannung.

## 933.

a) $\sigma_{\text{res Zug}} = \dfrac{F}{S} + \dfrac{F l e}{I_x} \leqslant \sigma_{\text{zul}}$ \qquad (vgl. 931.)

$$F_{\max} = \dfrac{\sigma_{\text{zul}}}{\left(\dfrac{1}{S} + \dfrac{le}{I_x}\right)}$$

$S = 1920\ mm^2$
$l = (8 + 28{,}2 = 36{,}2\ mm$
$e = 28{,}2\ mm$
$I_x = 177 \cdot 10^4\ mm^4$

$$F_{\max} = \dfrac{140\,\dfrac{N}{mm^2}}{\left(\dfrac{1}{1920} + \dfrac{36{,}2 \cdot 28{,}2}{1770000}\right)\dfrac{1}{mm^2}} = 128\ kN$$

b) $F_{\max} = \sigma_{\text{zul}}\,S_{\text{⌐L}} = 140\,\dfrac{N}{mm^2} \cdot 3840\ mm^2 = 537{,}6\ kN$

## 934.

a) $\Sigma M_{(D)} = 0 = F_1 \cdot 350\ mm \cdot \sin\alpha - F_2 \cdot 250\ mm$

$F_2 = \dfrac{3\ kN \cdot 350\ mm \cdot \sin 60^\circ}{250\ mm} = 3637\ N$

b) $\sigma_b = \dfrac{F_1 \sin\alpha \cdot 300\ mm}{\dfrac{b_1(4b)^2}{6}} = \dfrac{6 F_1 \sin\alpha \cdot 300\ mm}{16\,b_1^3}$

$b_{1\,\text{erf}} = \sqrt[3]{\dfrac{6 F_1 \sin\alpha \cdot 300\ mm}{16 \cdot \sigma_{b\,\text{zul}}}}$

$b_{1\,\text{erf}} = \sqrt[3]{\dfrac{6 \cdot 3000\ N \cdot \sin 60^\circ \cdot 300\ mm}{16 \cdot 120\,\dfrac{N}{mm^2}}} = 13{,}45\ mm$

gewählt $b_1 = 13{,}5\ mm;\quad h_1 = 4 b_1 = 54\ mm$

c) $b_{2\,\text{erf}} = \sqrt[3]{\dfrac{6 \cdot 3637\ N \cdot 200\ mm}{16 \cdot 120\,\dfrac{N}{mm^2}}} = 13{,}15\ mm$

Es wird das gleiche Profil wie unter b) gewählt:
▭ 54 × 13,5 mm

d) $\sigma_{\text{res Zug}} = \sigma_z + \sigma_b = \dfrac{F_1 \cos\alpha}{b_1 h_1} + \dfrac{F_1 \sin\alpha \cdot 300\ mm}{\dfrac{b_1 h_1^2}{6}}$

$\sigma_{\text{res Zug}} = 3000\ N \left[\dfrac{\cos 60^\circ}{(13{,}5 \cdot 54)\ mm^2} + \dfrac{\sin 60^\circ \cdot 300\ mm \cdot 6}{(13{,}5 \cdot 54^2)\ mm^3}\right]$

$\sigma_{\text{res Zug}} = 121\,\dfrac{N}{mm^2}$

## 935.

a)

b) IPE 120 mit $S = 1320\ mm^2;\ I_x = 318 \cdot 10^4\ mm^4;$
$W_x = 53 \cdot 10^3\ mm^3$

$\sigma_{\text{res Zug}} = \dfrac{F}{S} + \dfrac{M_b}{W} \leqslant \sigma_{\text{zul}} \qquad M_b = F l$

$F_{\max} = \dfrac{\sigma_{\text{zul}}}{\dfrac{1}{S} + \dfrac{l}{W_x}}$

$$F_{\max} = \dfrac{140\,\dfrac{N}{mm^2}}{\left(\dfrac{1}{1320} + \dfrac{67}{53000}\right)\dfrac{1}{mm^2}} = 69\,250\ N$$

c) $\sigma_{z\,\text{vorh}} = \dfrac{F_{\max}}{S} = \dfrac{69\,250\ N}{1320\ mm^2} = 52{,}5\,\dfrac{N}{mm^2}$

d) $\sigma_{b\,\text{vorh}} = \dfrac{F_{\max}\,l}{W_x} = \dfrac{69\,250\ N \cdot 67\ mm}{53\,000\ mm^3} = 87{,}5\,\dfrac{N}{mm^2}$

e) $\sigma_{\text{res Zug}} = \sigma_z + \sigma_{bz} = 140\,\dfrac{N}{mm^2}$

$\sigma_{\text{res Druck}} = \sigma_{bd} - \sigma_z = 35\,\dfrac{N}{mm^2}$

f) $a = \dfrac{i^2}{l}\qquad i_x = \sqrt{\dfrac{I_x}{S}} = \sqrt{\dfrac{318 \cdot 10^4\ mm^4}{1320\ mm^2}} = 49\ mm$

$a = \dfrac{(49\ mm)^2}{67\ mm} = 35{,}96\ mm$

**936.**

Für L $100 \times 50 \times 10$ ist:

$S_L = 1410 \text{ mm}^2$ ;

$e_x = 36{,}7 \text{ mm}$ ($e_x' = 100 \text{ mm} - 36{,}7 \text{ mm} = 63{,}3 \text{ mm}$);

$I_x = 141 \cdot 10^4 \text{ mm}^4$ ; $\quad S = 2S_L = 2820 \text{ mm}^2$ ;

$I = 2 I_x = 282 \cdot 10^4 \text{ mm}^4$

a)

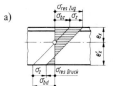

*Erste Annahme:*

$\sigma_{max} = \sigma_{res \, Zug} = \sigma_z + \sigma_{bz}$

$\sigma_{max} \leqq \sigma_{zul} > \sigma_z + \sigma_{bz}$

$$\sigma_{zul} \leqslant \frac{F_{max \, 1} \cos \alpha}{S} + \frac{F_{max \, 1} \sin \alpha \cdot l \cdot e_x}{I}$$

$$F_{max \, 1} = \frac{\sigma_{zul}}{\dfrac{\cos \alpha}{S} + \dfrac{l e_x \sin \alpha}{I}}$$

$$F_{max \, 1} = \frac{140 \, \dfrac{N}{mm^2}}{\left( \dfrac{\cos 50°}{2820} + \dfrac{800 \cdot 36{,}7 \cdot \sin 50°}{282 \cdot 10^4} \right) \dfrac{1}{mm^2}} = 17070 \text{ N}$$

*Zweite Annahme:*

$\sigma_{max} = \sigma_{res \, Druck} = \sigma_{bd} - \sigma_z$

$$F_{max \, 2} = \frac{\sigma_{zul}}{\dfrac{l \, e_x' \sin \alpha}{I} - \dfrac{\cos \alpha}{S}}$$

$$F_{max \, 2} = \frac{140 \, \dfrac{N}{mm^2}}{\left( \dfrac{800 \cdot 63{,}3 \cdot \sin 50°}{282 \cdot 10^4} - \dfrac{\cos 50°}{2820} \right) \dfrac{1}{mm^2}} = 10350 \text{ N}$$

Demnach ist die zweite Annahme richtig, und es muß sein: $F_{max} = F_{max \, 2} = 10350 \text{ N}$

b)

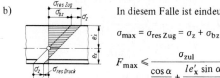

In diesem Falle ist eindeutig

$\sigma_{max} = \sigma_{res \, Zug} = \sigma_z + \sigma_{bz}$

$$F_{max} \leqslant \frac{\sigma_{zul}}{\dfrac{\cos \alpha}{S} + \dfrac{l e_x' \sin \alpha}{I}}$$

$$F_{max} = \frac{140 \, \dfrac{N}{mm^2}}{\left( \dfrac{0{,}6428}{2820} + \dfrac{800 \cdot 63{,}3 \cdot 0{,}766}{282 \cdot 10^4} \right) \dfrac{1}{mm^2}} = 10012 \text{ N}$$

$F_{max} = 10{,}012 \text{ kN}$

**937.**

Schnitt A–B:

$$\sigma_z = \frac{F}{S} = \frac{900 \text{ N}}{5 \cdot 80 \text{ mm}^2} = 2{,}25 \, \frac{N}{mm^2}$$

Schnitt C–D:

$\sigma_z = 2{,}25 \, \dfrac{N}{mm^2}$ wie im Schnitt A–B

$$\sigma_b = \frac{M_b}{W} = \frac{900 \text{ N} \cdot 20 \text{ mm}}{\dfrac{80 \cdot 5^2}{6} \text{ mm}^3} = 54 \, \frac{N}{mm^2}$$

$$\sigma_{max} = \sigma_z + \sigma_b = 56{,}25 \, \frac{N}{mm^2}$$

Schnitt E–F:
Wie Schnitt C–D.

Schnitt G–H:

$$\tau_a = \frac{F}{S} = \frac{900 \text{ N}}{5 \cdot 80 \text{ mm}^2} = 2{,}25 \, \frac{N}{mm^2}$$

$$\sigma_b = \frac{M_b}{W} = \frac{900 \text{ N} \cdot 17{,}5 \text{ mm}}{\dfrac{80 \cdot 5^2}{6} \text{ mm}^3} = 47{,}25 \, \frac{N}{mm^2}$$

**938.**

Wie üblich werden die Schwerpunktsabstände
$e_1 = 9{,}2 \text{ mm}$ und $e_2 = 15{,}8 \text{ mm}$ und mit der Gleichung
für das T-Profil das axiale Flächenmoment
$I = \frac{1}{3} (Be_1^3 - bh^3 + ae_2^3) = 2{,}1 \cdot 10^4 \text{ mm}^4$ bestimmt.
$S = 410 \text{ mm}^2$ ; $\quad l = 65 \text{ mm} + e_1 = 74{,}2 \text{ mm}$.

a) Wie in Aufgabe 936 wird $F_{max}$ mit den beiden An-
nahmen bestimmt
(hier mit $\sigma_{z \, zul} \neq \sigma_{d \, zul}$):

$$F_{max \, 1} = \frac{\sigma_{z \, zul}}{\dfrac{1}{S} + \dfrac{l e_1}{I}}$$

$$F_{max \, 1} = \frac{60 \, \dfrac{N}{mm^2}}{\left( \dfrac{1}{410} + \dfrac{74{,}2 \cdot 9{,}2}{21000} \right) \dfrac{1}{mm^2}} = 1717 \text{ N}$$

$$F_{max \, 2} = \frac{\sigma_{d \, zul}}{\dfrac{l e_2}{I} - \dfrac{1}{S}}$$

$$F_{max \, 2} = \frac{85 \, \dfrac{N}{mm^2}}{\left( \dfrac{74{,}2 \cdot 15{,}8}{21000} - \dfrac{1}{410} \right) \dfrac{1}{mm^2}} = 1592 \text{ N}$$

also ist $F_{max} = F_{max \, 2} = 1592 \text{ N}$

b) Wie in Aufgabe 914. wird

$$M_{RG} = F_{max}\, r_2 \tan(\alpha + \rho') = M$$

$$r_2 = \frac{d_2}{2} = \frac{9{,}026\ mm}{2} = 4{,}513\ mm$$

$P = 1{,}5\ mm;\quad d_3 = 8{,}16\ mm;\quad H_1 = 0{,}812\ mm;$

$A_S = 58\ mm^2$

$$\tan\alpha = \frac{P}{2\,\pi r_2}$$

$$\alpha = \arctan\frac{1{,}5\ mm}{2\,\pi \cdot 4{,}513\ mm} = 3{,}03°$$

$$\rho' = \arctan\mu' = \arctan 0{,}15 = 8{,}53°$$

$$\alpha + \rho' = 3{,}03° + 8{,}53° = 11{,}56°$$

$$M = M_{RG} = 1592\ N \cdot 4{,}513\ mm \cdot \tan 11{,}56°$$
$$= 1469\ Nmm$$

c) $M = F_h\, r$

$$F_h = \frac{M}{r} = \frac{1469\ Nmm}{60\ mm} = 24{,}5\ N$$

d) $\quad m_{erf} = \dfrac{F_{max}\, P}{\pi\, d_2\, H_1\, p_{zul}}$

$$m_{erf} = \frac{1592\ N \cdot 1{,}5\ mm}{\pi \cdot 9{,}026\ mm \cdot 0{,}812\ mm \cdot 3\ \dfrac{N}{mm^2}} = 34{,}6\ mm$$

$m = 35\ mm$ ausgeführt

e) $\lambda = \dfrac{s}{i} = \dfrac{4\,s}{d_3} = \dfrac{400\ mm}{8{,}16\ mm} = 49 < \lambda_0 = 89$

Es liegt unelastische Knickung vor (Tetmajerfall):

$$\sigma_K = 335 - 0{,}62\ \lambda$$

$$\sigma_K = 335 - 0{,}62 \cdot 49 = 304{,}6\ \frac{N}{mm^2}$$

$$\sigma_{d\,vorh} = \frac{F_{max}}{A_S} = \frac{1592\ N}{58\ mm^2} = 27{,}4\ \frac{N}{mm^2}$$

$$\nu_{vorh} = \frac{\sigma_K}{\sigma_{d\,vorh}} = \frac{304{,}6\ \dfrac{N}{mm^2}}{27{,}4\ \dfrac{N}{mm^2}} = 11$$

## Biegung und Torsion

### 939.

a) $\sigma_b = \dfrac{Fl}{\dfrac{b(5b)^2}{6}} = \dfrac{6\,Fl}{25\ b^3}$

$$b_{erf} = \sqrt[3]{\frac{6\,Fl}{25\ \sigma_{b\,zul}}} = \sqrt[3]{\frac{6 \cdot 1000\ N \cdot 230\ mm}{25 \cdot 60\ \dfrac{N}{mm^2}}}$$

$$= 9{,}73\ mm$$

gewählt $b = 10\ mm;\quad h = 5b = 50\ mm$

b) $\tau_a = \dfrac{F}{A} = \dfrac{1000\ N}{(10 \cdot 50)\ mm^2} = 2\ \dfrac{N}{mm^2}$

c) $T = Fl = 1000\ N \cdot 0{,}3\ m = 300\ Nm$

d) $d_{erf} = \sqrt[3]{\dfrac{T}{0{,}2\ \tau_{t\,zul}}} = \sqrt[3]{\dfrac{300 \cdot 10^3\ Nmm}{0{,}2 \cdot 20\ \dfrac{N}{mm^2}}} = 42{,}2\ mm$

$d = 44\ mm$ ausgeführt

e) $\sigma_{b\,vorh} = \dfrac{M_b}{\dfrac{\pi}{32} d^3} = \dfrac{1000\ N \cdot 120\ mm}{\dfrac{\pi}{32} \cdot (44\ mm)^3} = 14{,}3\ \dfrac{N}{mm^2}$

f) $\tau_{t\,vorh} = \dfrac{T}{\dfrac{\pi}{16} d^3} = \dfrac{1000\ N \cdot 300\ mm}{\dfrac{\pi}{16} \cdot (44\ mm)^3} = 17{,}9\ \dfrac{N}{mm^2}$

$$\sigma_v = \sqrt{\sigma_b^2 + 3(\alpha_0\,\tau_t)^2}$$

$$\sigma_v = \sqrt{\left(14{,}3\ \frac{N}{mm^2}\right)^2 + 3\left(0{,}7 \cdot 17{,}9\ \frac{N}{mm^2}\right)^2} = 26\ \frac{N}{mm^2}$$

### 940.

a) $T = F_h\, r_h = 300\ N \cdot 0{,}4\ m = 120\ Nm$

b) $T = F_u\, r;\qquad r = \dfrac{m\,z}{2} = \dfrac{8\ mm \cdot 24}{2} = 96\ mm$

$$F_u = \frac{T}{r} = \frac{120\ Nm}{0{,}096\ m} = 1250\ N$$

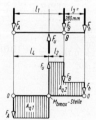

$$\Sigma M_{(B)} = 0 = F_A\, l_1 - F_u\, l_2 - F_h\, l_3$$

$$F_A = \frac{F_u\, l_2 + F_h\, l_3}{l_1} = 491\ N;\quad F_B = 759\ N$$

$$M_{b\,max} = F_A\, l_4$$
$$M_{b\,max} = 491\ N \cdot 0{,}48\ m = 236\ Nm$$

c) $M_v = \sqrt{M_b^2 + 0,75\,(\alpha_0\,T)^2}$

$\quad M_v = \sqrt{(236\,\text{Nm})^2 + 0,75\,(0,7 \cdot 120\,\text{Nm})^2} = 247\,\text{Nm}$

d) $d_{\text{erf}} = \sqrt[3]{\dfrac{M_v}{0,1 \cdot \sigma_{b\,\text{zul}}}} = \sqrt[3]{\dfrac{247 \cdot 10^3\,\text{Nmm}}{0,1 \cdot 60\,\dfrac{\text{N}}{\text{mm}^2}}} = 34,6\,\text{mm}$

$\quad d = 35\,\text{mm}$ ausgeführt

## 941.

a) Mit $F_A = 3400\,\text{N}$ und $F_B = 2600\,\text{N}$ wird
$\quad M_{b\,\text{max}} = 442\,\text{Nm}$

b) $T = F_u\,\dfrac{D_F}{2} = 6000\,\text{N} \cdot 0,09\,\text{m} = 540\,\text{Nm}$

c) $\sigma_{b\,\text{vorh}} = \dfrac{M_{b\,\text{max}}}{W} = \dfrac{M_{b\,\text{max}}}{\dfrac{\pi}{32} \cdot \dfrac{D^4 - d^4}{D}} = \dfrac{32\,D\,M_{b\,\text{max}}}{\pi\,(D^4 - d^4)}$

$\quad \sigma_{b\,\text{vorh}} = \dfrac{32 \cdot 120\,\text{mm} \cdot 442 \cdot 10^3\,\text{Nmm}}{\pi\,(120^4 - 80^4)\,\text{mm}^4} = 3,2\,\dfrac{\text{N}}{\text{mm}^2}$

d) $\tau_{t\,\text{vorh}} = \dfrac{T}{W_p} = \dfrac{T}{\dfrac{\pi}{16} \cdot \dfrac{D^4 - d^4}{D}} = \dfrac{16\,D\,T}{\pi\,(D^4 - d^4)}$

$\quad \tau_{t\,\text{vorh}} = \dfrac{16 \cdot 120\,\text{mm} \cdot 540 \cdot 10^3\,\text{Nmm}}{\pi\,(120^4 - 80^4)\,\text{mm}^4} = 1,98\,\dfrac{\text{N}}{\text{mm}^2}$

e) $\sigma_v = \sqrt{\sigma_b^2 + 3\,(\alpha_0\,\tau_t)^2} = \sqrt{[3,2^2 + 3\,(0,7 \cdot 1,98)^2]\,\dfrac{\text{N}^2}{\text{mm}^4}}$

$\quad \sigma_v = 4\,\dfrac{\text{N}}{\text{mm}^2}$

## 942.

a) $T = F\,r = 500\,\text{N} \cdot 0,12\,\text{m} = 60\,\text{Nm}$

b) $M_{b\,\text{max}} = F\,l = 500\,\text{N} \cdot 0,045\,\text{m} = 22,5\,\text{Nm}$

c) $M_v = \sqrt{M_b^2 + 0,75\,(\alpha_0\,T)^2}$

$\quad M_v = \sqrt{(22,5\,\text{Nm})^2 + 0,75\,(0,7 \cdot 60\,\text{Nm})^2} = 43\,\text{Nm}$

d) $d_{\text{erf}} = \sqrt[3]{\dfrac{M_v}{0,1\,\sigma_{b\,\text{zul}}}} = \sqrt[3]{\dfrac{43 \cdot 10^3\,\text{Nmm}}{0,1 \cdot 80\,\dfrac{\text{N}}{\text{mm}^2}}} = 17,5\,\text{mm}$

$\quad d = 18\,\text{mm}$ ausgeführt

## 943.

a) $M_{b\,\text{max}} = F\,l = 8000\,\text{N} \cdot 0,12\,\text{m} = 960\,\text{Nm}$

b) $T = F\,r = 8000\,\text{N} \cdot 0,1\,\text{m} = 800\,\text{Nm}$

c) $M_v = \sqrt{M_b^2 + 0,75\,(\alpha_0\,T)^2} = 1076\,\text{Nm}$

d) $d_{\text{erf}} = \sqrt[3]{\dfrac{M_v}{0,1\,\sigma_{b\,\text{zul}}}} = \sqrt[3]{\dfrac{1076 \cdot 10^3\,\text{Nmm}}{0,1 \cdot 80\,\dfrac{\text{N}}{\text{mm}^2}}} = 51\,\text{mm}$

$\quad d = 52\,\text{mm}$ ausgeführt

## 944.

a) $M_v = \sqrt{M_b^2 + 0,75\,(\alpha_0\,T)^2} = 13,2\,\text{Nm}$

b) $d_{1\,\text{erf}} = \sqrt[3]{\dfrac{M_v}{0,1\,\sigma_{b\,\text{zul}}}} = \sqrt[3]{\dfrac{13,2 \cdot 10^3\,\text{Nmm}}{0,1 \cdot 72,2\,\dfrac{\text{N}}{\text{mm}^2}}} = 12,2\,\text{mm}$

$\quad d_1 = 13\,\text{mm}$ ausgeführt

c) $p = \dfrac{F}{A_{\text{proj}}} = \dfrac{F_u}{\dfrac{d_2}{2}\,l}; \qquad F_u = \dfrac{T}{\dfrac{d_1}{2}} = \dfrac{2\,T}{d_1}$

$\quad l_{\text{erf}} = \dfrac{4\,T}{d_1\,d_2\,p_{\text{zul}}} = \dfrac{4 \cdot 15\,000\,\text{Nmm}}{13\,\text{mm} \cdot 5\,\text{mm} \cdot 30\,\dfrac{\text{N}}{\text{mm}^2}} = 30,8\,\text{mm}$

$\quad l = 32\,\text{mm}$ ausgeführt

d) $\tau_{a\,\text{vorh}} = \dfrac{F_u}{d_2\,l} = \dfrac{2\,T}{d_1\,d_2\,l} = \dfrac{2 \cdot 15000\,\text{Nmm}}{13\,\text{mm} \cdot 5\,\text{mm} \cdot 32\,\text{mm}}$

$\quad \tau_{a\,\text{vorh}} = 14,4\,\dfrac{\text{N}}{\text{mm}^2}$

## 945.

a)

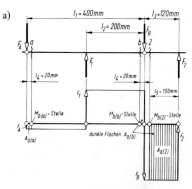

$\quad \Sigma M_{(B)} = 0 = F_A\,l_1 - F_1\,l_2 + F_2\,l_3$

$\quad F_A = 400\,\text{N}; \qquad F_B = 19\,600\,\text{N}$

b) $M_{b(a)} \triangleq A_{q(a)}$
$\quad M_{b(a)} = F_A\,l_4 = 400\,\text{N} \cdot 20\,\text{mm} = 8 \cdot 10^3\,\text{Nmm}$

$\quad d_{a\,\text{erf}} = \sqrt[3]{\dfrac{M_{b(a)}}{0,1\,\sigma_{b\,\text{zul}}}} = \sqrt[3]{\dfrac{8000\,\text{Nmm}}{0,1 \cdot 80\,\dfrac{\text{N}}{\text{mm}^2}}} = 10\,\text{mm}$

$\quad d_a = 10\,\text{mm}$ ausgeführt

$\quad M_{b(b)} \triangleq A_{q(b)}$
$\quad M_{b(b)} = F_2\,l_3 - (F_B - F_2)\,l_4$
$\quad M_{b(b)} = 12 \cdot 10^3\,\text{N} \cdot 120\,\text{mm} - 7,6 \cdot 10^3\,\text{N} \cdot 20\,\text{mm}$
$\quad M_{b(b)} = 1288 \cdot 10^3\,\text{Nmm}$

$\quad M_{v(b)} = \sqrt{M_{b(b)}^2 + 0,75\,(\alpha_0\,T)^2}$
$\quad M_{v(b)} = \sqrt{(1288\,\text{Nm})^2 + 0,75\,(0,77 \cdot 1000\,\text{Nm})^2}$
$\quad M_{v(b)} = 1450 \cdot 10^3\,\text{Nmm}$

187

$$d_{b\,erf} = \sqrt[3]{\frac{M_{v(b)}}{0,1\,\sigma_{b\,zul}}} = \sqrt[3]{\frac{1450\cdot10^3\,\text{Nmm}}{0,1\cdot80\,\dfrac{\text{N}}{\text{mm}^2}}} = 56,6\,\text{mm}$$

$d_b = 58\,\text{mm}$ ausgeführt

$$M_{b(2)} \stackrel{\wedge}{=} A_{q(2)}$$
$$M_{b(2)} = F_2\,l_5 = 12\cdot10^3\,\text{N}\cdot100\,\text{mm} = 1200\cdot10^3\,\text{Nmm}$$

$$M_{v(2)} = \sqrt{M_{b(2)}^2 + 0,75(\alpha_0\,T)^2} = 1370\cdot10^3\,\text{Nmm}$$

$$d_{2\,erf} = \sqrt[3]{\frac{M_{v(2)}}{0,1\,\sigma_{b\,zul}}} = \sqrt[3]{\frac{1370\cdot10^3\,\text{Nmm}}{0,1\cdot80\,\dfrac{\text{N}}{\text{mm}^2}}} = 55,6\,\text{mm}$$

$d_2 = 56\,\text{mm}$ ausgeführt

c) $p_{A\,vorh} = \dfrac{F_A}{d_a\,l_A} = \dfrac{400\,\text{N}}{(10\cdot40)\,\text{mm}^2} = 1\,\dfrac{\text{N}}{\text{mm}^2}$

$p_{B\,vorh} = \dfrac{F_B}{d_b\,l_B} = \dfrac{19\,600\,\text{N}}{(58\cdot40)\,\text{mm}^2} = 8,4\,\dfrac{\text{N}}{\text{mm}^2}$

**946.**

a) $\sigma_{b\,vorh} = \dfrac{800\,\text{N}\cdot150\,\text{mm}}{\dfrac{\pi}{32}\cdot(16\,\text{mm})^3} = 298\,\dfrac{\text{N}}{\text{mm}^2}$

b) $\nu_{vorh} = \dfrac{\sigma_{bW}}{\sigma_{b\,vorh}} = \dfrac{600\,\dfrac{\text{N}}{\text{mm}^2}}{298\,\dfrac{\text{N}}{\text{mm}^2}} \approx 2$

c) $\tau_{t\,vorh} = \dfrac{800\,\text{N}\cdot100\,\text{mm}}{\dfrac{\pi}{16}\cdot(16\,\text{mm})^3} = 99,5\,\dfrac{\text{N}}{\text{mm}^2}$

d) $\sigma_v = \sqrt{[298^2 + 3(1\cdot99,5)^2]}\,\dfrac{\text{N}}{\text{mm}^2} = 344\,\dfrac{\text{N}}{\text{mm}^2}$

e) $\nu_{vorh} = \dfrac{\sigma_{bW}}{\sigma_v} = \dfrac{600\,\dfrac{\text{N}}{\text{mm}^2}}{344\,\dfrac{\text{N}}{\text{mm}^2}} = 1,7$

f) $\sigma_{b\,vorh} = \dfrac{800\,\text{N}\cdot130\,\text{mm}}{\dfrac{\pi}{32}(15\,\text{mm})^3} = 314\,\dfrac{\text{N}}{\text{mm}^2}$

g) $\tau_{t\,vorh} = \dfrac{800\,\text{N}\cdot170\,\text{mm}}{\dfrac{\pi}{16}\cdot(15\,\text{mm})^3} = 205\,\dfrac{\text{N}}{\text{mm}^2}$

h) $\sigma_v = \sqrt{314^2 + 3(0,7\cdot205)^2}\,\dfrac{\text{N}}{\text{mm}^2} = 400\,\dfrac{\text{N}}{\text{mm}^2}$

**947.**

a) $F_A = 5840\,\text{N}$;   $F_B = 4160\,\text{N}$   (wie üblich)

b)

$M_{b\,max} = F_B\,l_3 = 4160\,\text{N}\cdot0,1\,\text{m} = 416\,\text{Nm}$

c) $M_v = \sqrt{416^2 + 0,75\,(0,7\cdot200)^2}\,\text{Nm} = 433\,\text{Nm}$

d) $d_{erf} = \sqrt[3]{\dfrac{433\cdot10^3\,\text{Nmm}}{0,1\cdot60\,\dfrac{\text{N}}{\text{mm}^2}}} = 42\,\text{mm}$ ausgeführt

**948.**

a) $\sigma_b = \dfrac{M_b}{W} = \dfrac{M_b}{\dfrac{b\,b^2}{6}} = \dfrac{M_b}{\dfrac{h\,h^2}{4\cdot6}} = \dfrac{24\,M_b}{h^3}$

$h_{erf} = \sqrt[3]{\dfrac{24\,M_b}{\sigma_{b\,zul}}} = \sqrt[3]{\dfrac{24\cdot800\,\text{N}\cdot170\,\text{mm}}{100\,\dfrac{\text{N}}{\text{mm}^2}}} = 32\,\text{mm}$

$b_{erf} = \dfrac{h_{erf}}{4} = 8\,\text{mm}$

b) $\sigma_{b\,vorh} = \dfrac{M_b}{\dfrac{\pi}{32}d^3} = \dfrac{32\cdot800\,\text{N}\cdot280\,\text{mm}}{\pi\,(30\,\text{mm})^3} = 84,5\,\dfrac{\text{N}}{\text{mm}^2}$

c) $\tau_{t\,vorh} = \dfrac{T}{\dfrac{\pi}{16}d^3} = \dfrac{16\cdot800\,\text{N}\cdot200\,\text{mm}}{\pi(30\,\text{mm})^3} = 30,2\,\dfrac{\text{N}}{\text{mm}^2}$

d) $\sigma_v = \sqrt{\sigma_b^2 + 3\,(\alpha_0\,\tau_t)^2} = 92,1\,\dfrac{\text{N}}{\text{mm}^2}$

**949.**

a) $M_I = 9550\,\dfrac{P}{n} = 9550\cdot\dfrac{4}{960}\,\text{Nm} = 39,8\,\text{Nm}$

b) $d_1 = m_{1/2}\,z_1 = 6\,\text{mm}\cdot19 = 114\,\text{mm}$

c) $i_1 = \dfrac{z_2}{z_1} \Rightarrow z_2 = z_1\,i_1 = 19\cdot3,2 = 61$

d) $F_{t1} = \dfrac{M_I}{\dfrac{d_1}{2}} = \dfrac{2\,M_I}{d_1} = \dfrac{2\cdot39,8\cdot10^3\,\text{Nmm}}{114\,\text{mm}} = 698\,\text{N}$

e) $F_{r1} = F_{t1}\,\tan\alpha = 698\,\text{N}\cdot\tan20° = 254\,\text{N}$

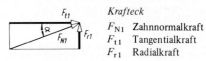

*Krafteck*

$F_{N1}$  Zahnnormalkraft
$F_{t1}$  Tangentialkraft
$F_{r1}$  Radialkraft

f) Lageskizze der Welle I

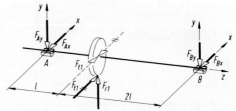

*y, z-Ebene:*

$\Sigma F_y = 0 = -F_{Ay} + F_{r1} - F_{By}$

$\Sigma M_{(A)} = 0 = F_{r1}\,l - F_{By}\cdot3\,l$

$F_{By} = \dfrac{F_{r1}\,l}{3\,l} = \dfrac{254\,\text{N}\cdot0,1\,\text{m}}{0,3\,\text{m}} = 84,7\,\text{N}$

$F_{Ay} = F_{r1} - F_{By} = 254\,\text{N} - 84,7\,\text{N} = 169,3\,\text{N}$

*x, y-Ebene:*

$\Sigma F_x = 0 = -F_{Ax} + F_{t1} - F_{Bx}$

$\Sigma M_{(A)} = 0 = F_{t1}\, l - F_{Bx} \cdot 3\,l$

$F_{Bx} = \dfrac{F_{t1}\, l}{3\,l} = \dfrac{698\ \text{N} \cdot 0,1\ \text{m}}{0,3\ \text{m}} = 232,7\ \text{N}$

$F_{Ax} = F_{t1} - F_{Bx} = 698\ \text{N} - 232,7\ \text{N} = 465,3\ \text{N}$

$F_A = \sqrt{F_{Ax}^2 + F_{Ay}^2} = \sqrt{(465,3\ \text{N})^2 + (169,3\ \text{N})^2}$

$\quad = 495\ \text{N}$

$F_B = \sqrt{F_{Bx}^2 + F_{By}^2} = \sqrt{(232,7\ \text{N})^2 + (\,84,7\ \text{N})^2}$

$\quad = 248\ \text{N}$

g) $M_{b\,\text{max}\,I} = F_A\, l = F_B \cdot 2\,l$

$M_{b\,\text{max}\,I} = 495\ \text{N} \cdot 0,1\ \text{m} = 49,5\ \text{Nm}$

$M_{b\,\text{max}\,I} = 248\ \text{N} \cdot 0,2\ \text{m} = 49,6\ \text{Nm} \approx 49,5\ \text{Nm}$

h) $M_{v\,I} = \sqrt{M_{b\,\text{max}\,I}^2 + 0,75\,(0,7 \cdot M_I)^2}$

$M_{v\,I} = \sqrt{(49,5\ \text{Nm})^2 + 0,75\,(0,7 \cdot 39,8\ \text{Nm})^2} = 55\ \text{Nm}$

i) $d_{1\,\text{erf}} = \sqrt[3]{\dfrac{32\, M_{v\,I}}{\pi\, \sigma_{b\,\text{zul}}}} = \sqrt[3]{\dfrac{32 \cdot 55 \cdot 10^3\ \text{Nmm}}{\pi \cdot 50\ \frac{\text{N}}{\text{mm}^2}}} = 22,4\ \text{mm}$

$d_I = 23\ \text{mm ausgeführt}$

k) $M_{II} = M_I\, \dfrac{z_2}{z_1} = 39,8\ \text{Nm} \cdot \dfrac{61}{19} = 128\ \text{Nm}$

l) $d_2 = m_{1/2}\, z_2 = 6\ \text{mm} \cdot 61 = 366\ \text{mm}$

$\quad d_3 = m_{3/4}\, z_3 = 8\ \text{mm} \cdot 25 = 200\ \text{mm}$

m) $z_4 = z_3\, i_2 = 25 \cdot 2,8 = 70$

$\quad d_4 = m_{3/4}\, z_4 = 8\ \text{mm} \cdot 70 = 560\ \text{mm}$

n) $F_{t3} = \dfrac{2\, M_{III}}{d_3} = \dfrac{2\, M_{II}}{d_3} = \dfrac{2 \cdot 128\ \text{Nm}}{0,2\ \text{m}} = 1280\ \text{N}$

$\quad F_{r3} = F_{t3} \tan\alpha = 1280\ \text{N} \cdot \tan 20° = 466\ \text{N}$

o) Lageskizze der Welle II

$F_{t2} = 698\ \text{N}; \quad F_{r2} = 254\ \text{N}$

$F_{t3} = 1280\ \text{N}; \quad F_{r3} = 466\ \text{N}$

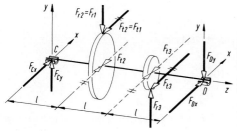

*x, z-Ebene:*

$\Sigma F_x = 0 = F_{Cx} - F_{t2} - F_{t3} + F_{Dx}$

$\Sigma M_{(C)} = 0 = -F_{t2}\, l - F_{t3} \cdot 2\,l + F_{Dx} \cdot 3\,l$

$F_{Dx} = \dfrac{F_{t2}\, l + F_{t3} \cdot 2\,l}{3\,l} = 1086\ \text{N}$

$F_{Cx} = F_{t2} + F_{t3} - F_{Dx} = 892\ \text{N}$

*y, z-Ebene:*

$\Sigma F_y = 0 = F_{Cy} - F_{r2} + F_{r3} - F_{Dy}$

$\Sigma M_{(C)} = 0 = -F_{r2}\, l + F_{r3} \cdot 2\,l - F_{Dy} \cdot 3\,l$

$F_{Dy} = \dfrac{F_{r3} \cdot 2\,l - F_{r2}\, l}{3\,l} = 226\ \text{N}$

$F_{Cy} = F_{r2} - F_{r3} + F_{Dy} = 14\ \text{N}$

$F_C = \sqrt{F_{Cx}^2 + F_{Cy}^2} = \sqrt{(892\ \text{N})^2 + (14\ \text{N})^2} = 892,1\ \text{N}$

$F_C \approx 892\ \text{N}$

$F_D = \sqrt{F_{Dx}^2 + F_{Dy}^2} = \sqrt{(1086\ \text{N})^2 + (226\ \text{N})^2}$

$F_D = 1109\ \text{N}$

p) $M_{b2} = F_C\, l = 892\ \text{N} \cdot 0,1\ \text{m} = 89,2\ \text{Nm}$

$\quad M_{b3} = F_D\, l = 1109\ \text{N} \cdot 0,1\ \text{m} = 110,9\ \text{Nm}$

$\quad M_{b\,\text{max}\,II} \approx 111\ \text{Nm}$

q) $M_{v\,II} = \sqrt{M_{b\,\text{max}\,II}^2 + 0,75\,(0,7 \cdot M_{II})^2}$

$\quad M_{v\,II} = \sqrt{(111\ \text{Nm})^2 + 0,75\,(0,7 \cdot 128\ \text{Nm})^2}$

$\quad = 135\ \text{Nm}$

r) $d_{II\,\text{erf}} = \sqrt[3]{\dfrac{32\, M_{v\,II}}{\pi\, \sigma_{b\,\text{zul}}}} = \sqrt[3]{\dfrac{32 \cdot 135 \cdot 10^3\ \text{Nmm}}{\pi \cdot 50\ \frac{\text{N}}{\text{mm}^2}}}$

$\quad = 30,2\ \text{mm}$

$\quad d_{II} = 30\ \text{mm ausgeführt}$

# 6. Hydraulik

## Hydrostatischer Druck, Ausbreitung des Druckes

**1001.**

$$p = \frac{F}{A} = \frac{F}{\frac{\pi}{4}d^2}$$

$$d = \sqrt{\frac{4F}{\pi p}} = \sqrt{\frac{4 \cdot 80\,000\ \text{N}}{\pi \cdot 160 \cdot 10^5\ \text{Pa}}} = 79{,}79\ \text{mm}$$

**1002.**

$$p = \frac{F}{A} = \frac{F}{\frac{\pi}{4}d^2}$$

$$F = \frac{\pi}{4}d^2 p = \frac{\pi}{4} \cdot (0{,}015\ \text{m})^2 \cdot 4{,}5 \cdot 10^5\ \text{Pa} = 79{,}52\ \text{N}$$

**1003.**

$$p = \frac{F}{A} = \frac{F}{\frac{\pi}{4}d^2}$$

$$F = \frac{\pi}{4}d^2 p = \frac{\pi}{4} \cdot (0{,}15\ \text{m})^2 \cdot 15 \cdot 10^5\ \text{Pa} = 0{,}2651 \cdot 10^5\ \text{N}$$

$$F = 26{,}51\ \text{kN}$$

**1004.**

$$p = \frac{F_1}{A_1} = \frac{F_1}{\frac{\pi}{4}d_1^2}$$

$$F_1 = \frac{\pi}{4}d_1^2 p = \frac{\pi}{4} \cdot (0{,}02\ \text{m})^2 \cdot 6 \cdot 10^5\ \text{Pa} = 188{,}5\ \text{N}$$

$$p = \frac{F_2}{A_2} = \frac{F_2}{\frac{\pi}{4}d_2^2}$$

$$F_2 = \frac{\pi}{4}d_2^2 p = \frac{\pi}{4}(0{,}08\ \text{m})^2 \cdot 6 \cdot 10^5\ \text{Pa} = 3016\ \text{N}$$

**1005.**

a) $\sigma_1 = \dfrac{F_1}{A_1} = \dfrac{p\,\frac{\pi}{4}d^2}{\pi(d+s)s} = \dfrac{p\,d^2}{4\,s\,(d+s)}$

$$\sigma_1 = \frac{40 \cdot 10^5\ \frac{\text{N}}{\text{m}^2} \cdot 0{,}45^2\ \text{m}^2}{4 \cdot 0{,}006\ \text{m} \cdot 0{,}456\ \text{m}} = 740{,}1 \cdot 10^5\ \frac{\text{N}}{\text{m}^2}$$

$$\sigma_1 = 74{,}01\ \frac{\text{N}}{\text{mm}^2}$$

b) $\sigma_2 = \dfrac{p\,d}{2\,s}$

$$\sigma_2 = \frac{40 \cdot 10^5\ \frac{\text{N}}{\text{m}^2} \cdot 0{,}45\ \text{m}}{2 \cdot 0{,}006\ \text{m}} = 1500 \cdot 10^5\ \frac{\text{N}}{\text{m}^2} = 150\ \frac{\text{N}}{\text{mm}^2}$$

c) Der Kessel wird im Längsschnitt eher reißen als im Querschnitt.

d) $p = \dfrac{2\,s\,\sigma_{\text{zB}}}{d} = \dfrac{2 \cdot 0{,}006\ \text{m} \cdot 600 \cdot 10^6\ \frac{\text{N}}{\text{m}^2}}{0{,}45\ \text{m}}$

$$p = 16 \cdot 10^6\ \frac{\text{N}}{\text{m}^2} = 160\ \text{bar}$$

**1006.**

$$s = \frac{p\,d}{20\,\sigma_{\text{zul}}} \quad \text{(Zahlenwertgleichung)}$$

$$s = \frac{8 \cdot 1000}{20 \cdot 65}\ \text{mm} = 6{,}154\ \text{mm}$$

(Kontrolle mit Größengleichung $s = \dfrac{p\,d}{2\,\sigma_{\text{zul}}}$)

**1007.**

a) $p = \dfrac{F}{A} = \dfrac{4F}{\pi d^2} = \dfrac{4 \cdot 520 \cdot 10^3\ \text{N}}{\pi \cdot 0{,}21^2\ \text{m}^2}$

$$p = 15013 \cdot 10^3\ \text{Pa} = 150{,}1\ \text{bar}$$

b) $\dot{V} = \dfrac{V}{\Delta t} = \dfrac{\pi d^2 l}{4\,\Delta t} = \dfrac{\pi (0{,}21\ \text{m})^2 \cdot 0{,}93\ \text{m}}{4 \cdot 20\ \text{s}}$

$$\dot{V} = 0{,}001611\ \frac{\text{m}^3}{\text{s}} = 96{,}63\ \frac{l}{\text{min}}$$

**1008.**

$$p = \frac{F}{A} = \frac{4F}{\pi d^2}$$

$$d_1 = \sqrt{\frac{4F_1}{\pi p}} = \sqrt{\frac{4 \cdot 3000\ \text{N}}{\pi \cdot 80 \cdot 10^5\ \text{Pa}}} = 0{,}02185\ \text{m}$$

$$d_1 = 21{,}85\ \text{mm}$$

$$d_2 = \sqrt{\frac{4F_2}{\pi p}} = \sqrt{\frac{4 \cdot 200\,000\ \text{N}}{\pi \cdot 80 \cdot 10^5\ \text{Pa}}} = 0{,}1784\ \text{m}$$

$$d_2 = 178{,}4\ \text{mm}$$

**1009.**

$$p_1 = \frac{F_1}{A_1} \qquad p_2 = \frac{F_2}{A_2}$$

$F_1 = F_2 = F = $ Kraft in der gemeinsamen Kolbenstange

$$F = p_1 A_1 = p_2 A_2$$

$$p_2 = p_1 \frac{A_1}{A_2} = p_1 \frac{\frac{\pi}{4}d_1^2}{\frac{\pi}{4}d_2^2} = p_1 \frac{d_1^2}{d_2^2}$$

$$p_2 = 6\ \text{bar} \cdot \frac{(0{,}3\ \text{m})^2}{(0{,}08\ \text{m})^2} = 84{,}38\ \text{bar}$$

## 1010.

$$F = p_1 A_1 = p_2 A_2 \longrightarrow p_1 d_1^2 = p_2 d_2^2$$

$$d_2 = \sqrt{\frac{p_1}{p_2}} \, d_1 = \sqrt{\frac{30\,\text{bar}}{60\,\text{bar}}} \cdot 0.2^2\,\text{m}^2 = 0.1414\,\text{m}$$

$$d_2 = 141.4\,\text{mm}$$

## 1011.

a) $p = \dfrac{F}{A} = \dfrac{4F}{\pi d^2} = \dfrac{4 \cdot 6500\,\text{N}}{\pi \cdot (0.06\,\text{m})^2} = 22.99 \cdot 10^5\,\dfrac{\text{N}}{\text{m}^2}$

$p = 22.99\,\text{bar}$

b) $p_1 = \dfrac{F - F_r}{A} = \dfrac{F}{A} - \dfrac{F_r}{A} = p - \dfrac{\pi p d h \mu}{A}$

$$p_1 = p \left(1 - \frac{\pi d h \mu}{\frac{\pi}{4} d^2}\right) = p \left(1 - \frac{4 \mu h}{d}\right)$$

$$p_1 = 22.99\,\text{bar} \left(1 - \frac{4 \cdot 0.12 \cdot 8\,\text{mm}}{60\,\text{mm}}\right) = 21.52\,\text{bar}$$

## 1012.

a) $F_1' = p \dfrac{\pi}{4} d_1^2 \left(1 + 4\mu \dfrac{h_1}{d_1}\right)$

$$p = \frac{4F_1'}{\pi d_1 (d_1 + 4\mu h_1)}$$

$$p = \frac{4 \cdot 2000\,\text{N}}{\pi \cdot 20 \cdot 10^{-3}\,\text{m} \cdot (20 + 4 \cdot 0.12 \cdot 8) \cdot 10^{-3}\,\text{m}}$$

$$p = 5.341 \cdot 10^6\,\frac{\text{N}}{\text{m}^2} = 53.41\,\text{bar}$$

b) $\eta = \dfrac{1 - 4\mu \dfrac{h_2}{d_2}}{1 + 4\mu \dfrac{h_1}{d_1}} = \dfrac{1 - 4 \cdot 0.12 \cdot \dfrac{20\,\text{mm}}{280\,\text{mm}}}{1 + 4 \cdot 0.12 \cdot \dfrac{8\,\text{mm}}{20\,\text{mm}}}$

$\eta = 0.8102$

c) $F_2' = F_1' \dfrac{d_2^2}{d_1^2} \eta = 2000\,\text{N} \cdot \dfrac{(28\,\text{cm})^2}{(2\,\text{cm})^2} \cdot 0.8102 = 317600\,\text{N}$

$F_2' = 317.6\,\text{kN}$

d) $\dfrac{s_2}{s_1} = \dfrac{d_1^2}{d_2^2}$

$$s_2 = s_1 \frac{d_1^2}{d_2^2} = 30\,\text{mm} \cdot \frac{(20\,\text{mm})^2}{(280\,\text{mm})^2} = 0.1531\,\text{mm}$$

e) $W_1 = F_1' s_1 = 2000\,\text{N} \cdot 0.03\,\text{m} = 60\,\text{J}$

f) $W_2 = F_2' s_2 = 317.6 \cdot 10^3\,\text{N} \cdot 0.1531 \cdot 10^{-3}\,\text{m} = 48.61\,\text{J}$

g) $z = \dfrac{s}{s_2} = \dfrac{28\,\text{mm}}{0.1531\,\text{mm}} = 182.9 \approx 183\,\text{Hübe}$

## Druckverteilung unter Berücksichtigung der Schwerkraft

## 1013.

$p = \rho g h = 1000\,\dfrac{\text{kg}}{\text{m}^3} \cdot 9.81\,\dfrac{\text{m}}{\text{s}^2} \cdot 0.3\,\text{m}$

$p = 2943\,\text{Pa} = 0.02943\,\text{bar}$

## 1014.

$p = \rho g h$

$p = 1030\,\dfrac{\text{kg}}{\text{m}^3} \cdot 9.81\,\dfrac{\text{m}}{\text{s}^2} \cdot 6000\,\text{m} = 606.3 \cdot 10^5\,\dfrac{\text{N}}{\text{m}^2}$

$p = 606.3\,\text{bar}$

## 1015.

$p = \rho g h = 1700\,\dfrac{\text{kg}}{\text{m}^3} \cdot 9.81\,\dfrac{\text{m}}{\text{s}^2} \cdot 3.25\,\text{m}$

$p = 54\,200\,\text{Pa} = 0.542\,\text{bar}$

## 1016.

$p = \rho g h \longrightarrow h = \dfrac{p}{\rho g}$

$$h = \frac{100000\,\dfrac{\text{N}}{\text{m}^2}}{13590\,\dfrac{\text{kg}}{\text{m}^3} \cdot 9.81\,\dfrac{\text{m}}{\text{s}^2}} = 0.7501\,\text{m} = 750.1\,\text{mm}$$

## 1017.

$F = p A = \rho g h \pi r^2$

$$\quad = 1030\,\frac{\text{kg}}{\text{m}^3} \cdot 9.81\,\frac{\text{m}}{\text{s}^2} \cdot 11\,000\,\text{m} \cdot \pi \cdot (1.1\,\text{m})^2$$

$F = 422.5 \cdot 10^6\,\dfrac{\text{kgm}}{\text{s}^2} = 422.5\,\text{MN}$

## 1018.

$A_1 = \dfrac{\pi}{4}(d_1^2 - d_2^2) = \dfrac{\pi}{4}(0.4^2 - 0.34^2)\,\text{m}^2 = 0.03487\,\text{m}^2$

$A_2 = \dfrac{\pi}{4}(d_2^2 - d_3^2) = \dfrac{\pi}{4}(0.34^2 - 0.1^2)\,\text{m}^2 = 0.08294\,\text{m}^2$

$A_3 = \dfrac{\pi}{4}(d_3^2 - d_4^2) = \dfrac{\pi}{4}(0.1^2 - 0.04^2)\,\text{m}^2 = 0.00660\,\text{m}^2$

$F_1 = p_1 (A_1 + A_3) = \rho g h_1 (A_1 + A_3)$

$F_1 = 7.2 \cdot 10^3\,\dfrac{\text{kg}}{\text{m}^3} \cdot 9.81\,\dfrac{\text{m}}{\text{s}^2} \cdot 0.21\,\text{m}\,(34.87 + 6.6) \cdot 10^{-3}\,\text{m}^2$

$F_1 = 615.1\,\text{N}$

$F_2 = p_2 A_2 = \rho g h_2 A_2$

$F_2 = 7.2 \cdot 10^3\,\dfrac{\text{kg}}{\text{m}^3} \cdot 9.81\,\dfrac{\text{m}}{\text{s}^2} \cdot 0.24\,\text{m} \cdot 82.94 \cdot 10^{-3}\,\text{m}^2$

$F_2 = 1406\,\text{N}$

$F = F_1 + F_2 = 2021\,\text{N}$

## 1019.

$F_b = \rho g h A$

$F_b = 1000\,\dfrac{\text{kg}}{\text{m}^3} \cdot 9.81\,\dfrac{\text{m}}{\text{s}^2} \cdot 2.4\,\text{m} \cdot \dfrac{\pi}{4} \cdot (0.16\,\text{m})^2 = 473.4\,\text{N}$

**1020.**

$$F_s = \rho\, g\, A\, y_0 = 1000\,\frac{kg}{m^3}\cdot 9{,}81\,\frac{m}{s^2}\cdot\frac{\pi}{4}\cdot(0{,}08\text{ m})^2\cdot 4{,}5\text{ m}$$

$$F_s = 221{,}9\text{ N}$$

**1021.**

a) $F_s = \rho\, g\, A\, y_0$

$$F_s = 1000\,\frac{kg}{m^3}\cdot 9{,}81\,\frac{m}{s^2}\cdot 3{,}5\text{ m}\cdot 0{,}4\text{ m}\cdot 1{,}75\text{ m} = 24\,030\text{ N}$$

b) $e = \dfrac{I}{A\, y_0}$

$$e = \frac{b\, h^3}{12\cdot b\, h\cdot\frac{h}{2}} = \frac{h}{6} = \frac{3{,}5\text{ m}}{6} = 0{,}5833\text{ m}$$

($h$ Höhe des Wasserspiegels über dem Boden)

$$y = y_0 + e; \qquad h_1 = h - y$$

($h_1$ Höhe des Druckmittelpunktes über dem Boden)

$$h_1 = h - y_0 - e = 3{,}5\text{ m} - 1{,}75\text{ m} - 0{,}5833\text{ m} = 1{,}167\text{ m}$$

c) $M_b = F_s\, h_1$

$$M_b = 24\,030\text{ N}\cdot 1{,}167\text{ m} = 28\,040\text{ Nm}$$

**1022.**

a) $\dfrac{\rho_2}{\rho_1} = \dfrac{h_1}{h_2}$

$$\rho_2 = \rho_1\,\frac{h_1}{h_2} = 1000\,\frac{kg}{m^3}\cdot\frac{12\text{ mm}}{13{,}2\text{ mm}} = 909{,}1\,\frac{kg}{m^3}$$

b) $h_1 = h_2\,\dfrac{\rho_2}{\rho_1} = 13{,}2\text{ mm}\cdot\dfrac{1100\,\frac{kg}{m^3}}{1000\,\frac{kg}{m^3}} = 14{,}52\text{ mm}$

$h_1$ Höhe der Wassersäule über der Trennfläche

$h_2$ Höhe der Ölsäule über der Trennfläche

## Auftriebskraft

**1023.**

$F_a = V\rho\, g = G + F$

$F = V\rho\, g - G = g(V\rho - m)$

$$F = 9{,}81\,\frac{m}{s^2}\left(\frac{\pi}{6}\cdot 0{,}4^3\text{ m}^3\cdot 1000\,\frac{kg}{m^3} - 0{,}5\text{ kg}\right)$$

$F = 323{,}8\text{ N}$

**1024.**

$F_a = F_{nutz} + G_1 + G_2$

$F_{nutz} = F_a - G_1 - G_2 = V\rho_w\, g - m_1\, g - m_2\, g$

$F_{nutz} = (V\rho_w - m_1 - m_2)g$

$$F_{nutz} = (10300\text{ kg} - 300\text{ kg} - 7000\text{ kg})\cdot 9{,}81\,\frac{m}{s^2}$$

$F_{nutz} = 29430\,\dfrac{kgm}{s^2} = 29{,}43\text{ kN}$

## Bernoullische Gleichung

**1025.**

a) $A_1 w_1 = A_2 w_2$

$$w_2 = w_1\,\frac{A_1}{A_2} = w_1\,\frac{\frac{\pi}{4}d_1^2}{\frac{\pi}{4}d_2^2} = w_1\,\frac{d_1^2}{d_2^2}$$

$$w_2 = 4\,\frac{m}{s}\cdot\frac{(3\text{ cm})^2}{(2\text{ cm})^2} = 9\,\frac{m}{s}$$

b) Bernoullische Druckgleichung:

$$p_1 + \frac{\rho}{2}w_1^2 = p_2 + \frac{\rho}{2}w_2^2$$

$$p_2 = p_1 + \frac{\rho}{2}(w_1^2 - w_2^2)$$

$$p_2 = 10000\text{ Pa} + 500\,\frac{kg}{m^3}(4^2 - 9^2)\,\frac{m^2}{s^2}$$

$$p_2 = -22\,500\,\frac{kgm}{s^2 m^2} = -0{,}225\text{ bar (Unterdruck)}$$

**1026.**

$$p_1 + \frac{\rho}{2}w_1^2 = p_2 + \frac{\rho}{2}w_2^2$$

erforderliche Strömungsgeschwindigkeit:

$$\frac{\rho}{2}w_2^2 = p_1 - p_2 + \frac{\rho}{2}w_1^2$$

$$w_2 = \sqrt{\frac{p_1 - p_2 + \frac{\rho}{2}w_1^2}{\frac{\rho}{2}}}$$

$$w_2 = \sqrt{\frac{5000\,\frac{N}{m^2} + 40000\,\frac{N}{m^2} + 500\,\frac{kg}{m^3}\cdot(4\,\frac{m}{s})^2}{500\,\frac{kg}{m^3}}} = 10{,}3\,\frac{m}{s}$$

*Hinweis:* $-p_2 = -(-0{,}4\text{ bar}) = +0{,}4\text{ bar}$.

$A_1 w_1 = A_2 w_2$ \quad (Kontinuitätsgleichung)

$$\frac{\pi}{4}d_1^2 w_1 = \frac{\pi}{4}d_2^2 w_2$$

$$d_2 = \sqrt{\frac{w_1}{w_2}}\,d_1^2 = \sqrt{\frac{4\,\frac{m}{s}}{10{,}3\,\frac{m}{s}}\cdot(80\text{ mm})^2} = 49{,}86\text{ mm}$$

**1027.**

a) $\dfrac{w^2}{2g} = \dfrac{(12\,\frac{m}{s})^2}{2\cdot 9{,}81\,\frac{m}{s^2}} = 7{,}339\text{ m}$

b) $H = h + \dfrac{w^2}{2g} = 15\text{ m} + 7{,}339\text{ m} = 22{,}34\text{ m}$

c) $p = \rho\, g\, h = 1000\,\dfrac{kg}{m^3}\cdot 9{,}81\,\dfrac{m}{s^2}\cdot 15\text{ m}$

$\quad p = 147150\text{ Pa} = 1{,}472\text{ bar}$

**Ausfluß aus Gefäßen**

**1028.**

a) $w = \sqrt{2gh} = \sqrt{2 \cdot 9,81 \frac{m}{s^2} \cdot 0,9\,m} = 4,202\,\frac{m}{s}$

b) $V_e = \dot{V}_e\,t = \mu\,A\,w\,t = \mu\,\frac{\pi}{4}d^2\,w\,t$

$V_e = 0,64 \cdot \frac{\pi}{4} \cdot (0,02\,m)^2 \cdot 4,202\,\frac{m}{s} \cdot 86\,400\,s$

$V_e = 73\,m^3$

**1029.**

$\dot{V}_e = \frac{V_e}{t} = \mu\,\dot{V}$

$t = \frac{V_e}{\mu\,\dot{V}} = \frac{V_e}{\mu\,A\,\sqrt{2gh}}$

$t = \dfrac{200\,m^3}{0,815 \cdot 0,001963\,m^2 \cdot \sqrt{2 \cdot 9,81\,\frac{m}{s^2} \cdot 7,5\,m}}$

$t = 10306\,s = 2\,h\;51\,min\;46\,s$

**1030.**

$\dot{V}_e = \mu\,A\,\sqrt{2gh} \longrightarrow A = \dfrac{\dot{V}_e}{\mu\,\sqrt{2gh}}$

$A = \dfrac{10^{-3}\frac{m^3}{s}}{0,96 \cdot \sqrt{2 \cdot 9,81\,\frac{m}{s^2} \cdot 3,6\,m}}$

$A = 0,1239 \cdot 10^{-3}\,m^2 = 123,9\,mm^2$

$d = \sqrt{\frac{4A}{\pi}} = \sqrt{\frac{4 \cdot 123,9\,mm^2}{\pi}} = 12,56\,mm$

**1031.**

$\dot{V}_e = \mu\,A\,\sqrt{2gh} = \frac{V_e}{t}$

$\mu = \dfrac{V_e}{t\,A\,\sqrt{2gh}}$

$\mu = \dfrac{1,8\,m^3}{106,5\,s \cdot 0,001963\,m^2 \cdot \sqrt{2 \cdot 9,81\,\frac{m}{s^2} \cdot 4\,m}} = 0,9717$

**1032.**

a) $w_e = \varphi\,\sqrt{2gh}$

$w_e = 0,98\,\sqrt{2 \cdot 9,81\,\frac{m}{s^2} \cdot 6\,m} = 10,63\,\frac{m}{s}$

b) $\dot{V}_e = \mu\,A\,\sqrt{2gh} = \mu\,\frac{\pi}{4}d^2\,\sqrt{2gh}$

$\dot{V}_e = 0,63 \cdot \frac{\pi}{4}(0,08\,m)^2 \cdot \sqrt{2 \cdot 9,81\,\frac{m}{s^2} \cdot 6\,m}$

$\dot{V}_e = 0,03436\,\frac{m^3}{s} = 123,7\,\frac{m^3}{h}$

c) $\dot{V}_e = \mu\,\frac{\pi}{4}d^2\,\sqrt{2g(h_1 - h_2)}$

$\dot{V}_e = 0,63 \cdot \frac{\pi}{4}(0,08\,m)^2 \cdot \sqrt{2 \cdot 9,81\,\frac{m}{s^2}(6\,m - 2\,m)}$

$\dot{V}_e = 0,02805\,\frac{m^3}{s} = 101\,\frac{m^3}{h}$

**1033.**

$w = \sqrt{2g\left(h + \frac{p_ü}{\rho g}\right)}$

$w = \sqrt{2g\left(0 + \frac{p_ü}{\rho g}\right)} = \sqrt{\frac{2p_ü}{\rho}}$

$w = \sqrt{\dfrac{2 \cdot 6 \cdot 10^5\,\frac{N}{m^2}}{1000\,\frac{kg}{m^3}}} = 34,64\,\frac{m}{s}$

(Kontrolle mit $p_ü = \frac{\rho}{2}w^2$)

**1034.**

a) $w_e = \varphi\,\sqrt{2gh} = 0,98\,\sqrt{2 \cdot 9,81\,\frac{m}{s^2} \cdot 2,3\,m} = 6,583\,\frac{m}{s}$

b) $\dot{V}_e = \mu\,A\,\sqrt{2gh} = 0,64 \cdot 0,00785\,m^2 \cdot \sqrt{2 \cdot 9,81\,\frac{m}{s^2} \cdot 2,3\,m}$

$\dot{V}_e = 0,03377\,\frac{m^3}{s} = 33,77\,\frac{l}{s}$

c) $t_1 = \dfrac{V_{e1}}{\dot{V}_e} = \dfrac{2\,m \cdot 8\,m \cdot 1,7\,m}{0,03377\,\frac{m^3}{s}} = 805,5\,s$

$t_1 = 13\,min\;25,5\,s$

d) $t_2 = \dfrac{2\,V_{e2}}{\mu\,A\,\sqrt{2gh}} = \dfrac{2 \cdot 2\,m \cdot 8\,m \cdot 2,3\,m}{0,64 \cdot 0,00785\,m^2\,\sqrt{2 \cdot 9,81\,\frac{m}{s^2} \cdot 2,3\,m}}$

$t_2 = 2179,7\,s = 36\,min\;19,7\,s$

$t_{ges} = t_1 + t_2 = 49\,min\;45\,s$

**1035.**

a) $w_e = \varphi\,\sqrt{2gh} = 0,98\,\sqrt{2 \cdot 9,81\,\frac{m}{s^2} \cdot 280\,m} = 72,64\,\frac{m}{s}$

b) $\dot{V}_e = \mu\,\frac{\pi}{4}d^2\,\sqrt{2gh}$

$\dot{V}_e = 0,98 \cdot \frac{\pi}{4}(0,15\,m)^2 \cdot \sqrt{2 \cdot 9,81\,\frac{m}{s^2} \cdot 280\,m}$

$\dot{V}_e = 1,284\,\frac{m^3}{s}$

c) $P = \dfrac{W}{t}$

$W$ Arbeitsvermögen des Wassers = kinetische Energie

$P = \dfrac{\frac{mw^2}{2}}{t} = \dfrac{mw^2}{2t} = \dot{m}\,\frac{w^2}{2}$

$\dot{m}$ Massenstrom, d.h. die Masse des je Sekunde durch die Düse strömenden Wassers

$P = 1284\,\frac{kg}{s} \cdot \dfrac{(72,64\,\frac{m}{s})^2}{2} = 3\,386\,000\,\frac{kg\,m^2}{s^3}$

$P = 3386\,kW\quad (1\,\frac{kgm^2}{s^3} = 1\,\frac{kgm}{s^2} \cdot 1\,\frac{m}{s} = 1\,\frac{Nm}{s} = 1\,\frac{J}{s} = 1\,W)$

## Strömung in Rohrleitungen

### 1036.

a) $\dot V = A w$

$$w = \frac{\dot V}{A} = \frac{\frac{V_e}{t}}{\frac{\pi}{4}d^2} = \frac{4\,V_e}{\pi\,d^2\,t}$$

$$w = \frac{4 \cdot 11\ \text{m}^3}{\pi\,(0{,}08\ \text{m})^2 \cdot 3600\ \text{s}} = 0{,}6079\ \frac{\text{m}}{\text{s}}$$

b) $\Delta p = \lambda \dfrac{l}{d}\dfrac{\rho}{2}w^2 = 0{,}028 \cdot \dfrac{230\,\text{m}}{0{,}08\,\text{m}} \cdot 500\,\dfrac{\text{kg}}{\text{m}^3} \cdot (0{,}6079\,\tfrac{\text{m}}{\text{s}})^2$

$\Delta p = 14873\,\text{Pa} = 0{,}1487\,\text{bar}$

### 1037.

a) $\dot V = A w \longrightarrow w = \dfrac{4\,V_e}{\pi\,d^2\,t}$  (s. Lösung 1036)

$$w = \frac{4 \cdot 280\ \text{m}^3}{\pi \cdot (0{,}125\ \text{m})^2 \cdot 3600\ \text{s}} = 6{,}338\ \frac{\text{m}}{\text{s}}$$

b) $\Delta p = \lambda \dfrac{l}{d}\dfrac{\rho}{2}w^2 = 0{,}015 \cdot \dfrac{350\,\text{m}}{0{,}125\,\text{m}} \cdot 500\,\dfrac{\text{kg}}{\text{m}^3} \cdot (6{,}338\,\tfrac{\text{m}}{\text{s}})^2$

$\Delta p = 843\,500\,\text{Pa} = 8{,}435\,\text{bar}$

### 1038.

a) $\dot V = A w = \dfrac{\pi}{4}d^2\,w$

$$d = \sqrt{\frac{4\,\dot V}{\pi\,w}} = \sqrt{\frac{4 \cdot 0{,}002\,\frac{\text{m}^3}{\text{s}}}{\pi \cdot 2\,\frac{\text{m}}{\text{s}}}} = 0{,}03568\ \text{m}$$

$d = 36\,\text{mm}$  (NW 36)

b) $w = \dfrac{\dot V}{A} = \dfrac{4 \cdot 0{,}002\,\frac{\text{m}^3}{\text{s}}}{\pi \cdot (0{,}036\ \text{m})^2} = 1{,}965\,\dfrac{\text{m}}{\text{s}}$

c) $\Delta p = \lambda \dfrac{l}{d}\dfrac{\rho}{2}w^2 = 0{,}025 \cdot \dfrac{300\,\text{m}}{0{,}036\,\text{m}} \cdot 500\,\dfrac{\text{kg}}{\text{m}^3} \cdot (1{,}965\,\tfrac{\text{m}}{\text{s}})^2$

$\Delta p = 402\,160\,\text{Pa} = 4{,}022\,\text{bar}$

d) $\dfrac{\rho}{2}w^2 = 500\,\dfrac{\text{kg}}{\text{m}^3} \cdot (1{,}965\,\tfrac{\text{m}}{\text{s}})^2 = 1930{,}4\,\text{Pa} = 0{,}0193\,\text{bar}$

e) $p_{ges} = \dfrac{\rho}{2}w^2 + \rho\,g\,h + \Delta p$

$$\rho\,g\,h = 1000\,\frac{\text{kg}}{\text{m}^3} \cdot 9{,}81\,\frac{\text{m}}{\text{s}^2} \cdot 20\,\text{m}$$

$$= 196200\,\text{Pa} = 1{,}962\,\text{bar}$$

$p_{ges} = 0{,}0193\,\text{bar} + 1{,}962\,\text{bar} + 4{,}022\,\text{bar}$
$p_{ges} = 6{,}003\,\text{bar}$

f) $\text{Leistung} = \dfrac{\text{Energie}}{\text{Zeit}} \longrightarrow P = \dfrac{W}{t} = \dfrac{p_{ges}\,V}{t}$

$$P = p_{ges}\,\frac{V}{t} = p_{ges}\,\dot V = 6{,}003 \cdot 10^5\,\frac{\text{N}}{\text{m}^2} \cdot 2 \cdot 10^{-3}\,\frac{\text{m}^3}{\text{s}}$$

$P = 12{,}01 \cdot 10^2\,\text{W} = 1{,}201\,\text{kW}$

*Alfred Böge / Walter Schlemmer*

unter Mitarbeit von *Wolfgang Weißbach*

## Lösungen zur Aufgabensammlung Mechanik und Festigkeitslehre

8., überarbeitete Auflage

Mit 762 Abbildungen

**Diese Auflage ist abgestimmt auf die 13. Auflage der Aufgabensammlung**

Alle Rechte vorbehalten
© Friedr. Vieweg & Sohn Verlagsgesellschaft mbH, Braunschweig/Wiesbaden, 1992
Der Verlag Vieweg ist ein Unternehmen der Verlagsgruppe Bertelsmann International.

Umschlaggestaltung: Hanswerner Klein, Leverkusen
Satz: Vieweg, Braunschweig
Druck und buchbinderische Verarbeitung: Lengericher Handelsdruckerei, Lengerich
Gedruckt auf säurefreiem Papier
Printed in Germany

ISBN 3-528-74029-9